자연생태복원
기사 실기

필답형+작업형

머리말

환경문제는 국지적이지만 지구 차원에서 고려되고, 그에 따른 국제동향이 정해지며 각 나라의 법과 제도가 따라가게 됩니다. 산업혁명 이후의 인구증가와 기술발전은 인간을 편리하고 윤택하게 했지만 기후변화, 생물다양성 감소, 환경오염이라는 환경문제를 인류에게 숙제로 안겨주기도 하였습니다. 최근에는 환경문제의 중요성이 더욱 커지고 국제동향과 나라별 법과 제도가 빠르게 변하면서 환경분야 전문가의 수요가 늘고 있습니다.

이러한 흐름에서 자연생태복원기사는 환경문제와 생태계를 잘 이해하고 생태계를 조성 또는 복원함으로써 생태적 방법으로 환경문제를 해결할 수 있는 지식과 경험을 Test하여 사회적 수요에 부응하는 자격증이라 할 수 있습니다. 이러한 국제적·사회적 흐름에 따라 저자는, 전문인력 양성의 기본 전제인 자격증 시험의 쉽고 빠른 합격을 위하여 NCS(국가직무능력표준)에 맞는 이론과 그동안 출제되었던 기출문제를 분석하여 되도록 핵심적인 내용을 중심으로 쉽게 설명하고자 노력하였습니다.

□ 이 책의 특징

- 최신 출제 경향에 따른 문제 완전 분석
- 필기에서 공부했던 이론을 필답형에서 작성하기 쉽도록 간략·명쾌하게 정리
- 한 권으로 필답형과 작업형 두 마리 토끼 동시에 잡기

끝으로, 본 문제집이 발간되기까지 많은 도움을 주시고 세심하게 배려해 주신 모든 분들께 감사의 말씀을 전하며, 관련분야 발전에 힘써 주시는 모든 분들께 존경을 표합니다.

저자 일동

시험안내 (실기)

Ⅰ. 시험시간

항목	내용	
시험시간	08:30~09:00	수험생 교육
	09:00~10:30	필답형 시험(서술형 필기시험)
	10:30~11:00	휴식
	11:00~11:20	작업형 시험 설명
	11:20~14:20	작업형 시험(도면 그리기)

Ⅱ. 시험 준비물

항목	내용	
준비물	필답형	검은색 필기도구(연필 안 됨), 계산기
	작업형	제도용구(스케일, 삼각자, 테이프, 제도용 샤프, 지우개, 지우개판, 제도판, 모형자(원형 템플릿), 빗자루, 컴퍼스), 검은색 볼펜(사인펜), 계산기

Ⅲ. 배점기준

항목	내용		
배점기준	필답형	45점	점수(필답형 + 작업형) 60점 이상 합격
	작업형	55점	

출제기준 (실기)

| 직무 분야 | 환경·에너지 | 중직무 분야 | 환경 | 자격 종목 | 자연생태복원기사 | 적용 기간 | 2025.1.1.~2027.12.31. |

- **직무내용**: 자연환경분야의 전문지식을 가지고 현황조사와 교란원인을 분석하여 생태복원 기획 및 계획을 수립하고, 생태복원 후 운영 및 관리 업무를 수행하는 직무이다.
- **수행준거**
  1. 생태계 종합평가 결과를 토대로 사업목표 수립, 목표종 설정, 공간을 구상하고 프로그래밍하며, 문제점에 대한 의견을 수렴하여 대안을 작성하는 과정을 거쳐 생태복원사업의 기본방향을 수립할 수 있다.
  2. 생태복원 구상안을 바탕으로 토지이용 및 동선, 지형복원, 토양환경복원, 수환경복원 등을 계획하여 복원사업의 기본계획을 수립할 수 있다.
  3. 생태복원사업 이후 모니터링과 평가결과를 분석하고 이를 토대로 관리목표와 세부관리계획 등을 수립할 수 있다.
  4. 생태복원 구상안을 바탕으로 목표종의 서식지복원, 숲, 초지, 습지, 기타서식지 등 복원사업의 기본계획을 수립할 수 있다.
  5. 생태복원 구상안을 바탕으로 보전시설, 관찰시설, 체험시설, 전시·연구시설, 편의시설, 관리시설 등 복원사업의 기본계획을 수립할 수 있다.
  6. 생태계 보전 또는 복원사업 이후의 생태계 구조와 기능의 변화를 파악하기 위해 모니터링의 목표와 범위를 설정하고, 항목과 방법을 선정할 수 있다.
  7. 복원사업의 진행을 위해 지자체, 국가부처, 지역주민 등 사업관계자와 협의하고, 현장관리를 위해 공정관리, 예산관리, 품질관리, 안전관리 등을 수행할 수 있다.
  8. 환경·생태 조사·분석 결과를 활용하여 이를 종합분석, 가치평가, 계획시사점 도출의 단계를 통해 복원사업의 방향을 설정할 수 있다.

| 실기검정방법 | 복합형 | 시험시간 | 4시간 30분 정도(작업형 3시간, 필답형 1시간 30분) |

실기과목명	주요항목	세부항목	세세항목
생태복원 전문실무	1. 생태복원 구상	1. 사업목표 수립하기	1. 생태복원관련 법규 검토를 할 수 있다. 2. 생태계 종합평가 결과에서 도출된 계획과제에 부합하는 사업 목표를 수립하고 미래상을 정립할 수 있다. 3. 대상지 및 주변지역의 생태적 가치에 근거하여 사업 컨셉트 및 테마를 작성할 수 있다. 4. 사업 목표와 사업 컨셉트를 실현하기 위하여 생태기반환경, 생태환경, 현명한 이용 등에 대한 사업의 기본전략(기본방향)을 설정할 수 있다.
		2. 목표종 선정하기	1. 생태복원을 위한 목표종의 유형을 이해할 수 있다. 2. 사업 대상지의 자연환경 조사 및 분석 결과를 바탕으로 대상지의 목표종을 선정할 수 있다. 3. 선정된 목표종의 서식지 구성요소와 서식 특성을 파악할 수 있다.

실기과목명	주요항목	세부항목	세세항목
		3. 공간 구상하기	1. 생태계 보전가치 평가 결과를 활용하여 대상지를 핵심구역, 완충구역, 협력구역으로 공간을 구분할 수 있다. 2. 핵심구역을 중심으로 적정 규모의 목표종 서식지를 구성하고 배치할 수 있다. 3. 핵심구역, 완충구역, 협력구역의 용도를 고려하여 원활한 이동 동선을 구성하고 생태시설물을 계획할 수 있다. 4. 사업 목적에 부합하는 복수의 대안을 수립하고 이들을 비교·검토하여 최종 공간 구상도를 작성할 수 있다. 5. 최종 공간 구상도를 바탕으로 기본계획도(마스터플랜)를 작성할 수 있다.
		4. 공간활동 프로그래밍 하기	1. 핵심구역, 완충구역, 협력구역 등 공간별로 목표종의 서식지와 도입활동을 프로그래밍할 수 있다. 2. 목표종의 서식지 구성요소와 서식 특성을 고려하여 서식지 규모를 산정할 수 있다. 3. 도입활동에 필요한 생태시설물을 선정하고 생태적 수용력과 적정 이용 수요를 추정하여 도입되는 생태시설별 규모를 산출할 수 있다.
	2. 생태기반환경 복원 계획	1. 토지이용 및 동선 계획하기	1. 토지환경 조사 결과를 바탕으로 생물 서식에 적합한 환경을 조성하기 위하여 토지이용 및 동선계획을 수립할 수 있다. 2. 공간구상안을 바탕으로 핵심구역, 완충구역, 협력구역 등으로 공간계획을 수립할 수 있다. 3. 동선체계를 바탕으로 생물 서식 및 이동에 방해하지 않도록 동선계획을 수립할 수 있다.
		2. 지형복원 계획하기	1. 지형환경의 조사 결과를 바탕으로 생물 서식에 적합한 환경을 조성하기 위하여 구조적으로 안정된 지형복원 계획을 수립할 수 있다. 2. 대상지의 원지형이 훼손되거나 훼손될 우려가 있는 경우 지형복원 계획을 수립할 수 있다. 3. 대상지의 생태복원사업의 효과를 위하여 절·성토계획을 최소한으로 수립할 수 있다. 4. 대상지내 존재하는 자원을 파악하여 생태복원사업 과정에서 도입할 수 있는 자원 재활용 계획을 수립할 수 있다.
		3. 토양환경복원 계획하기	1. 토양환경의 조사 결과를 바탕으로 생물 서식에 적합한 환경을 조성하기 위하여 토양환경복원 계획을 수립할 수 있다. 2. 대상지 중 지형복원계획에 의해 이동되어야 할 표토가 존재할 경우, 재활용을 하기 위한 표토활용계획을 수립할 수 있다.
		4. 수환경복원 계획하기	1. 수환경 조사 결과를 바탕으로 생태복원 목표를 달성하기 위하여 수환경복원을 계획할 수 있다. 2. 대상지 수체계 복원을 위하여 수리·수문계획을 수립할 수 있다. 3. 수리·수문 결과를 바탕으로 대상지에 적합한 습지 규모를 결정할 수 있다. 4. 대상지 내에 있는 수환경의 수질이 생물서식에 적합하지 않을 경우, 수질복원 계획을 수립할 수 있다.

실기과목명	주요항목	세부항목	세세항목
	3. 복원 후 관리계획	1. 모니터링 결과 분석하기	1. 모니터링 결과를 분석하기 위해 모니터링 결과 보고서를 활용하여 대상지의 모니터링 목표, 범위, 항목 및 방법을 파악할 수 있다. 2. 모니터링 결과를 분석하기 위해 모니터링 결과 보고서를 활용하여 대상지의 생태기반환경 모니터링 결과를 파악할 수 있다. 3. 모니터링 결과를 분석하기 위해 모니터링 결과 보고서를 활용하여 대상지의 동물 모니터링 결과를 파악할 수 있다. 4. 모니터링 결과를 분석하기 위해 모니터링 결과 보고서를 활용하여 대상지의 식물 모니터링 결과를 파악할 수 있다. 5. 모니터링 결과를 분석하기 위해 모니터링 결과 보고서를 활용하여 대상지의 이용자 모니터링 결과를 파악할 수 있다.
		2. 모니터링 결과 평가하기	1. 모니터링 결과를 평가하기 위해 모니터링 결과 보고서를 활용하여 대상지의 생태기반환경 변화 분석 결과를 평가할 수 있다. 2. 모니터링 결과를 평가하기 위해 모니터링 결과 보고서를 활용하여 대상지의 동물과 식물의 변화 분석 결과를 평가할 수 있다. 3. 모니터링 결과를 평가하기 위해 모니터링 결과 보고서를 활용하여 대상지의 이용자 평가 결과를 평가할 수 있다. 4. 모니터링 결과를 평가하기 위해 모니터링 결과 보고서를 활용하여 대상지의 관리방향 설정 결과를 평가할 수 있다.
		3. 복원 후 관리 목표 설정하기	1. 복원 후 관리목표를 설정하기 위해 모니터링 결과와 평가 결과를 활용하여 현 시점의 대상지 현황을 파악할 수 있다. 2. 복원 후 관리목표를 설정하기 위해 생태복원사업 계획 시 수립한 사업목표를 이해할 수 있다. 3. 복원 후 관리목표를 설정하기 위해 대상지의 현재 상황과 최초 사업목표를 비교하여 대상지의 생태적 변화를 파악할 수 있다. 4. 복원 후 관리목표를 설정하기 위해 대상지의 생태적 변화를 바탕으로 관리목표를 설정할 수 있다.
		4. 세부관리계획 수립하기	1. 설정한 관리목표를 바탕으로 대상지를 관리하기 위한 세부 관리항목을 도출할 수 있다. 2. 세부관리계획을 수립하기 위해 대상지의 계획서와 설계도서, 현장관찰 등을 바탕으로 대상지의 핵심, 완충, 전이 공간별 특성을 파악할 수 있다. 3. 세부관리계획을 수립하기 위해 대상지의 계획서와 설계도서, 현장관찰 등을 바탕으로 대상지의 생태기반환경의 특성을 파악할 수 있다. 4. 세부관리계획을 수립하기 위해 대상지의 계획서와 설계도서, 현장관찰 등을 바탕으로 대상지의 동식물종의 특성을 파악할 수 있다. 5. 파악한 결과를 바탕으로 세부관리계획을 수립할 수 있다.

실기과목명	주요항목	세부항목	세세항목
	4. 서식지 복원계획	1. 목표종 서식지 복원 계획하기	1. 선정된 목표종에 따라 서식지 요구조건과 핵심 구성요소를 파악하여 서식지복원 계획을 수립할 수 있다. 2. 훼손된 서식지의 복원을 위해 분류군별 대체서식지 조성계획을 수립할 수 있다. 3. 자연환경조사 결과에 따라 보호종 이주 또는 이식계획을 수립할 수 있다.
		2. 숲복원 계획하기	1. 목표종 서식에 필요한 핵심 구성요소를 파악하여 숲복원을 계획할 수 있다. 2. 대상지의 생태기반환경, 목표종 먹이원 등을 반영한 식물종을 선정할 수 있다. 3. 잠재자연식생을 고려해 향후 대상지 식생 변화상을 예측한 계획을 수립할 수 있다. 4. 숲의 내부와 주연부 식생대의 수직, 수평적 다층구조를 반영한 식생계획을 수립할 수 있다. 5. 숲복원을 위한 재료조달 계획을 수립할 수 있다.
		3. 초지복원 계획하기	1. 목표종 서식에 필요한 핵심 구성요소를 파악하여 초지복원을 계획할 수 있다. 2. 대상지의 생태기반환경, 목표종 먹이원 등을 반영한 식물종을 선정할 수 있다. 3. 초지복원을 위한 재료조달 계획을 수립할 수 있다.
		4. 습지복원 계획하기	1. 수환경 복원계획을 바탕으로 수원 확보 방안을 수립할 수 있다. 2. 확보 가능한 수원의 양에 따라 습지의 규모를 결정할 수 있다. 3. 습지 조성 위치의 기반환경과 지하수위 등 조사 결과를 토대로 방수기법을 선택할 수 있다. 4. 생물종 서식기반과 수질 정화를 위한 완충식생대 조성계획을 수립할 수 있다.
		5. 기타 서식지복원 계획하기	1. 산지개발, 임도개설, 산불 등에 의해 훼손된 산림 및 비탈면을 복원하기 위하여 복원 계획을 수립할 수 있다. 2. 하천 본래의 자연성이 유지될 수 있도록 하천을 생태적으로 복원할 수 있다. 3. 보호지역으로 지정된 습지 등이 각종 개발사업, 오염, 육화 등으로 훼손된 경우 복원계획을 수립할 수 있다. 4. 이·치수 목적에 의해 조성된 저수지, 호소 등의 효과적인 활용과 오염을 막기 위한 복원계획을 수립할 수 있다. 5. 광물 및 골재 채취 후 훼손된 폐광산 및 채석장의 복원을 위하여 복원계획을 수립할 수 있다. 6. 개발로 인하여 야생생물의 서식지가 단절 또는 훼손된 경우, 이들의 이동을 돕기 위한 생태통로 복원계획을 수립할 수 있다. 7. 도시생태계의 생태공간 창출 및 환경개선을 위하여 인공지반의 복원계획을 수립할 수 있다.

실기과목명	주요항목	세부항목	세세항목
	5. 생태시설물 계획	1. 보전시설 계획하기	1. 대상지 내 수용능력을 고려하여 목적별 생태시설물 계획을 수립할 수 있다. 2. UNESCO MAB에 의한 공간 구분과 동선계획에 따라 보전시설 배치를 계획할 수 있다. 3. 사용 자재 적정성 검토 및 유지관리를 고려하여 보전시설을 계획할 수 있다.
		2. 관찰시설 계획하기	1. 관찰의 목적, 방법을 고려하여 관찰시설을 계획할 수 있다. 2. 주변 자연환경과 관찰대상에 영향을 주지 않도록 적정 위치에 배치할 수 있다. 3. 사용 자재 적정성 검토 및 유지관리를 고려하여 관찰시설을 계획할 수 있다.
		3. 체험시설 계획하기	1. UNESCO MAB에 의한 공간 구분과 동선계획에 따라 체험시설 배치를 계획할 수 있다. 2. 이용의 목적과 동선에 따라 체험시설을 선정할 수 있다. 3. 사용 자재 적정성 검토 및 유지관리를 고려하여 체험시설을 계획할 수 있다.
		4. 전시·연구시설 계획하기	1. 전시·연구시설의 목적을 고려하여 시설의 규모와 종류를 결정할 수 있다. 2. 교육활동을 지원할 수 있도록 자연자원의 분포를 고려하여 전시·연구시설을 배치할 수 있다. 3. 사용 자재 적정성 검토 및 이용을 고려하여 전시·연구시설을 계획할 수 있다.
		5. 편의시설 계획하기	1. 편의시설의 목적과 수용능력에 부합하도록 편의시설 계획을 수립할 수 있다. 2. UNESCO MAB에 의한 공간 구분과 동선계획에 따라 편의시설 배치를 계획할 수 있다. 3. 편의시설 종류별 형상 및 자재를 고려한 계획을 할 수 있다. 4. 사용 자재 적정성 검토 및 유지관리를 고려한 편의시설을 계획할 수 있다.
		6. 관리시설 계획하기	1. 관리시설의 목적과 수용능력에 부합하도록 관리시설 계획을 수립할 수 있다. 2. UNESCO MAB에 의한 공간 구분과 동선계획에 따라 관리시설 배치를 계획할 수 있다. 3. 관리시설 종류별 형상 및 관리기능을 수행할 수 있도록 계획할 수 있다. 4. 사용 자재 적정성 검토 및 유지관리를 고려한 관리시설을 계획할 수 있다.

실기과목명	주요항목	세부항목	세세항목
	6. 모니터링 계획	1. 대상지 사업계획 검토하기	1. 대상지의 사업계획을 검토하기 위해 사업계획서를 활용하여 대상지의 사전 조사결과를 파악할 수 있다. 2. 대상지의 사업계획을 검토하기 위해 사업계획서를 활용하여 대상지의 사업목표와 전략을 파악할 수 있다. 3. 대상지의 사업계획을 검토하기 위해 설계도서를 활용하여 공간계획을 파악할 수 있다. 4. 대상지의 사업계획을 검토하기 위해 설계도서를 활용하여 목표종을 파악할 수 있다. 5. 대상지의 사업계획을 검토하기 위해 사업 전·중·후 모니터링 자료를 활용하여 대상지의 복원 전후 변화를 파악할 수 있다.
		2. 모니터링 목표 수립하기	1. 모니터링의 목표를 수립하기 위해 검토한 대상지 사업계획을 활용하여 모니터링의 기본방향을 수립할 수 있다. 2. 모니터링의 목표를 수립하기 위해 수립한 모니터링의 기본방향을 바탕으로 모니터링의 기본원칙을 설정할 수 있다. 3. 기본방향과 기본원칙을 바탕으로 모니터링의 목표를 수립할 수 있다.
		3. 모니터링 방법 선정하기	1. 모니터링의 방법을 선정하기 위해 모니터링의 범위를 설정할 수 있다. 2. 설정한 모니터링의 범위를 바탕으로 모니터링의 항목을 선정할 수 있다. 3. 선정한 모니터링의 항목을 바탕으로 모니터링의 조사시기와 주기를 설정할 수 있다. 4. 모니터링의 범위, 항목, 조사시기와 주기를 바탕으로 모니터링을 수행할 인력을 구성할 수 있다.
		4. 모니터링 예산 수립하기	1. 모니터링 예산을 수립하기 위해 예산 수립 기준을 설정할 수 있다. 2. 모니터링 예산을 수립하기 위해 항목별 비용을 산정할 수 있다.
	7. 생태복원 현장관리	1. 공정관리하기	1. 사업에 투입되는 자재, 인력, 장비 등이 기재된 예정공정표를 작성할 수 있다. 2. 매주, 매월 등 정기적으로 사업의 진도를 확인하여 예정공정과 비교하고 사업의 정상적인 진행 여부를 파악할 수 있다. 3. 계획공정에 의거하여 인력, 자재, 장비 동원계획을 수립·시행할 수 있다. 4. 특수 인력, 장비 등의 특성별 리스크를 파악하고 대처할 수 있다. 5. 공정률 달성 부진 시 그 사유를 파악하여 공정만회 대책을 수립, 시행할 수 있다.

실기과목명	주요항목	세부항목	세세항목
		2. 예산관리하기	1. 설계도서와 현장조사를 통하여 실제 공사 수행이 가능한 시행예산금액을 산정할 수 있다. 2. 예상투입 자재·인력·장비 등을 고려해 직접 투입 비용을 산정할 수 있다. 3. 간접비용을 산출하기 위해 4대보험, 퇴직공제부금, 일반관리비 등의 법정기준 간접비용을 포함하여 실제로 투입될 간접비용을 산출할 수 있다. 4. 설계의 문제점 또는 현장여건 변경으로 설계변경이 필요한 경우 발주처 보고, 승인 후 예산을 변경, 산정할 수 있다.
		3. 품질관리하기	1. 설계도서에서 정한 품질요건을 충족하는 품질관리계획서를 작성, 운용할 수 있다. 2. 공사별 사용자재의 품질시험과 검사의 기준을 설정하고, 시공정밀도와 시공허용오차를 감안하여 시공성을 확인할 수 있다. 3. 완성된 시공상태의 검사를 위한 규격관리 기준을 수립하고, 품질확보를 위해 사전 품질교육을 시행할 수 있다. 4. 하자 발생빈도가 높고, 사업내용에 큰 영향을 끼치는 사항을 파악하여, 중점 품질관리 대상에 포함하여 특별 관리를 실시할 수 있다. 5. 품질보증과 품질관리를 시행하며, 결과를 피드백하여 사업에 반영할 수 있다.
		4. 안전관리하기	1. 산업안전보건법에 의거한 현장에 적합한 안전관리 계획서를 작성하여 시행할 수 있다. 2. 공종별 안전위협요소의 종류와 특성을 이해하고, 현장여건에 적합한 안전도구와 시설을 설치하며 법정 안전관리비를 관리할 수 있다. 3. 안전관리계획을 위한 각종 관련 법규를 이해하고 안전관리 조직, 일일점검, 안전교육을 시행할 수 있다. 4. 공종별 인력, 장비의 안전관리계획을 수립 관리하고, 비상시 긴급조치계획을 시행할 수 있다. 5. 안전사고 발생 시 적절한 응급조치를 취하고, 피해의 확산과 재발방지를 위한 조치를 취할 수 있다.
	8. 생태계 종합평가	1. 자연환경조사 결과 분석하기	1. 문헌조사와 현장조사 결과를 토대로 자연환경 조사결과에 대해 종합적으로 파악할 수 있다. 2. 자연환경 조사결과를 토대로 생물상과 주변환경과의 역학관계를 확인하기 위하여 동물, 식물, 생태기반환경, 서식지의 상호 관계를 분석할 수 있다. 3. 분류군별 먹이망 관계를 분석하기 위해 생물상호간 섭식 및 포식관계를 파악할 수 있다. 4. 분류군별 서식처 유형 조사결과를 바탕으로 행동영역 및 서식영역을 분석할 수 있다.

실기과목명	주요항목	세부항목	세세항목
		2. 종합분석하기	1. 조사·분석된 결과를 생태기반환경, 동·식물, 인문환경의 각 분야별로 핵심 내용을 요약할 수 있다. 2. 조사·분석된 결과에 따른 대상지의 문제점을 각 분야별로 도출할 수 있다. 3. 조사·분석된 결과에 따른 대상지의 기회 요인을 각 분야별로 도출할 수 있다. 4. 각 분야별로 도출된 문제점을 해결하기 위한 계획의 방향을 도출할 수 있다. 5. 대상지의 현황을 한눈에 파악할 수 있는 종합분석도를 작성할 수 있다.
		3. 비오톱유형 분석하기	1. 비오톱유형을 구분할 대상지 범위를 설정할 수 있다. 2. 비오톱유형을 구분하기 위해 설정된 대상지 범위내 토지이용현황도, 토지피복도, 지형주제도, 식생도, 동물상주제도 등의 자료와 현장조사 자료를 수집할 수 있다. 3. 수집한 자료를 종합하여 비오톱의 유형을 구분하고 비오톱 유형도를 작성할 수 있다.
		4. 가치평가하기	1. 생태계 보전 가치 평가의 목표를 설정하고 평가 항목 및 평가 기준을 도출할 수 있다. 2. 인문환경 및 자연환경 분석자료를 활용하여 항목별 주제도를 작성할 수 있다. 3. 작성한 평가 항목별 주제도를 활용하여 생태계 보전 가치를 평가할 수 있다. 4. 생태계 보전 가치 평가 결과를 종합하고 보전 등급을 구분할 수 있다. 5. 생태계 보전 가치 평가 등급에 따라 보전 향상, 복원 방안의 기본 방향을 도출할 수 있다. 6. 대상지가 제공하는 각종 혜택을 파악하여 대상지의 생태계 서비스에 대한 가치를 평가할 수 있다.
		5. 시사점 도출하기	1. 생태계 보전 가치 평가 등급에 따라 보전 향상, 복원 방안의 기본 방향을 도출할 수 있다. 2. 조사결과 종합분석과 보전가치평가를 통해 생태복원을 위한 기본 접근방향을 설정하기 위하여 시사점을 도출할 수 있다. 3. 내부 환경 요인과 외부 환경 요인의 분석을 통하여 계획 과제를 도출하고 기본 전략을 수립할 수 있다.

목차

1편 생태학

Keyword 01 생태계의 구조와 기능 ········· 3
- 01 생태학과 생태계 ········· 3
- 02 생태계의 구성요소 ········· 4
- 03 열역학법칙 ········· 6
- 04 먹이사슬 vs 먹이망 ········· 6
- 05 생태계 물질순환 ········· 6
- 06 자연생태계의 지속가능성 ········· 9
- 07 IUCN RED LIST ········· 12
- 08 서식지 소실, 생물다양성 및 보전 ········· 12

Keyword 02 환경과 적응 ········· 15
- 01 기후환경 ········· 15
- 02 수환경 ········· 19
- 03 토양환경 ········· 22
- 04 육상생태계 ········· 28
- 05 생물의 적응과 자연선택 ········· 29
- 06 식물의 환경적응 ········· 30
- 07 동물의 환경적응 ········· 31
- 08 생활사유형 ········· 32

Keyword 03 개체군/군집생태 ········· 34
- 01 개체군 특징 ········· 34
- 02 종 내 개체군 조절 ········· 36
- 03 메타개체군 ········· 38
- 04 종 간 경쟁 ········· 40
- 05 포식 ········· 43
- 06 기생과 상리공생 ········· 45
- 07 군집구조 ········· 47
- 08 천이 ········· 51

Keyword 04 경관생태학 ·· **55**
  01 경관생태학의 정의 ·· 55
  02 경관의 구조와 기능 ··· 56
  03 토지모자이크 ·· 58
  04 가장자리의 기능 ·· 59
  05 조각의 크기와 형태 ··· 60
  06 도서생물지리설 ·· 62
  07 이동통로(Corridor) ··· 65
  08 교란 ··· 66

Keyword 05 자연생태환경 조사분석 ·· **67**
  01 대상지 여건분석 ·· 67
  02 육상동물상 조사분석 ··· 76
  03 육수생물상 조사분석 ··· 85
  04 식물상 조사분석 ·· 90
  05 식생조사분석 ·· 92

2편 법규

Keyword 01 환경관련 법령 ·· **101**
  01 환경정책기본법 ·· 101
  02 환경영향평가법 ·· 105
  03 자연환경보전법 ·· 118
  04 생물다양성보전 및 이용에 관한 법률(약칭 : 생물다양성법) ················ 131
  05 야생생물보호 및 관리에 관한 법률(약칭 : 야생생물법) ······················· 142
  06 자연공원법 ··· 152
  07 습지보전법 ··· 154
  08 백두대간보호에 관한 법률(약칭 : 백두대간법) ····································· 156
  09 기후위기 대응을 위한 탄소중립 · 녹색성장 기본법
     (약칭 : 탄소중립기본법) ·· 158
  10 물환경보전법 ··· 163
  11 지속가능발전기본법 ·· 165

| Keyword 02 | 국토이용 등에 관한 법령 | 167 |

01 국토기본법 ··· 167
02 국토계획평가에 관한 업무처리지침 ··· 169
03 국토계획 및 환경보전계획의 통합관리에 관한 공동훈령(국토부) ······ 171
04 국토의 계획 및 이용에 관한 법률 ··· 172

3편 환경계획

| Keyword 01 | 환경문제에 대한 국제적 대응 | 183 |

01 정상회의 ·· 183
02 SDGs ·· 184
03 환경 관련 주요 협력기구 ·· 185
04 기후변화대응 ·· 186
05 오염대응 ··· 188
06 생물다양성 감소대응 ·· 188

| Keyword 02 | 우리나라 환경계획 | 190 |

01 우리나라 환경계획의 체계 ·· 190
02 국가환경종합계획(2020~2040) ··· 192
03 자연환경보전기본계획(2016~2025) ·· 193
04 자연공원기본계획(2023~2032) ··· 194
05 백두대간보호기본계획(2016~2025) ·· 195
06 습지보전기본계획(2023~2027) ··· 196
07 국가생물다양성 전략(2024~2029) ·· 198
08 야생생물보호 기본계획(2021~2025) ·· 199

4편 생태복원

| Keyword 01 | 생태계종합평가 | 203 |

01 자연환경 조사결과 분석하기 ·· 203
02 종합분석하기 ·· 205
03 비오톱유형 분석하기 ·· 209
04 가치평가하기 ·· 218
05 시사점 도출하기 ·· 227

Keyword 02 생태복원구상 ·· 229
01 사업목표 수립하기 ··· 229
02 목표종 선정하기 ··· 237
03 생태네트워크 구상 ·· 242
04 공간구상하기 ··· 243
05 공간활동프로그래밍하기 ·· 258

Keyword 03 생태기반환경 복원계획 ·· 261
01 토지이용 및 동선계획하기 ··· 261
02 지형복원계획하기 ··· 264
03 토양환경복원계획하기 ··· 267
04 수환경복원계획하기 ·· 270

Keyword 04 서식지 복원계획 ·· 279
01 목표종 서식지복원계획하기 ··· 279
02 숲복원계획하기 ·· 303
03 초지복원계획하기 ··· 311
04 습지복원계획하기 ··· 314
05 기타 서식지복원계획하기 ·· 321

Keyword 05 생태시설물 계획 ·· 372
01 자연환경보전·이용시설 개요 ··· 372
02 생태시설물 계획 ··· 373

Keyword 06 생태복원 현장관리 ·· 383
01 사업관계자 협의하기 ·· 383
02 공정관리하기 ··· 387
03 예산관리하기 ··· 393
04 품질관리하기 ··· 393
05 안전관리하기 ··· 395

Keyword 07 모니터링 계획 ·· 398
01 대상지 사업계획 검토하기 ·· 398
02 모니터링 목표 수립하기 ·· 399
03 모니터링방법 선정 ·· 400
04 모니터링 예산 수립 ·· 404

Keyword 08 복원 후 관리계획 ··· 405
　01 모니터링 결과 분석·평가하기 ··· 405
　02 관리방향 설정 ··· 407
　03 세부관리계획 수립하기 ·· 409

5편 필답형 문제풀이편

Keyword 01 생태학 ··· 417
Keyword 02 법규 ··· 453
Keyword 03 환경계획 ··· 493
Keyword 04 생태복원 ··· 509
Keyword 05 최근 기출문제 풀이(2022년 1회 ~ 2024년 2회) ················· 548

6편 작업형 문제풀이편(제도편)

Keyword 01 제도의 기초 ··· 603
Keyword 02 기출문제 [PDF 제공] ··· 615
　01 육교형 생태통로 ··· 615
　02 조류습지 및 인공섬 ··· 619
　03 조류습지 및 관찰숲 ··· 623
　04 조류 관찰숲 ··· 628
　05 폐도복원(1) ··· 634
　06 폐도복원(2) ··· 639
　07 폐도복원(3) ··· 644
　08 옥상잠자리서식지(1) ··· 650
　09 옥상잠자리서식지(2) ··· 654
　10 적지분석 ··· 658

참고문헌

※ PDF 파일은 예문사 홈페이지 자료실에서 다운로드할 수 있습니다. (패스워드 : 이효준생태원픽)

PART 01 생태학

01 생태계의 구조와 기능
02 환경과 적응
03 개체군/군집생태
04 경관생태학
05 자연생태환경 조사분석

01 생태계의 구조와 기능

KEY POINT

- **01** 생태학과 생태계
- **02** 생태계의 구성요소
- **03** 열역학법칙
- **04** 먹이사슬 vs 먹이망
- **05** 생태계 물질순환
- **06** 자연생태계의 지속가능성
- **07** IUCN RED LIST
- **08** 서식지 소실, 생물다양성 및 보전

1 생태학과 생태계

1) **생태학** : 생물과 환경의 관계를 연구하는 학문

2) **생태계** : 비생물환경과 생물요소 간 유기적인 상호작용이 일어나는 집합체

3) **생태계의 구조**

   ① 생물요소 : 생산자, 소비자, 분해자
   ② 비생물요소 : 기후환경, 수환경, 토양환경 등

4) **생태계의 기능** : 에너지, 물질 흐름

5) **생태계의 계층**

   개체 → 개체군 → 군집 → 경관 → 생물군계 → 생물권

6) **생태계의 비생물환경과 생물요소 간 유기적인 상호작용**

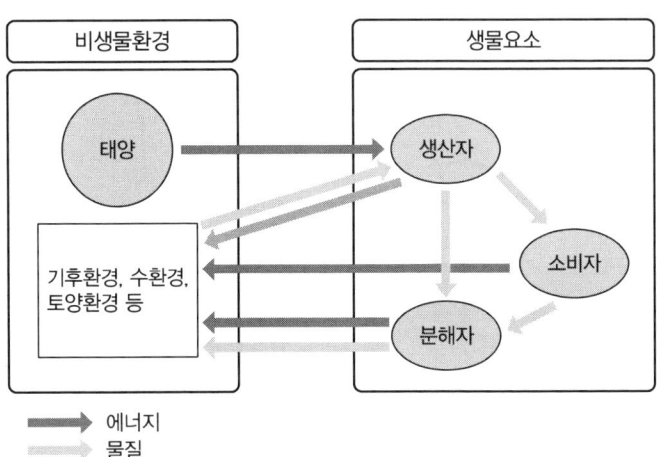

2 생태계의 구성요소

1. 생산자

1) 종류 : 대부분 광합성을 하는 독립영양생물

육상생태계	수생태계
관속식물, 선태류, 지의류	조류, 남세균, 산호

2) 1차 생산력

① 총 1차 생산력(GPP) : 총광합성률
② 순 1차 생산력(NPP) : GPP−R(독립영양생물의 호흡)
③ 현존량 : 주어진 시간에 일정면적 내에 축적된 유기물량

> 식물의 1차 생산력은 영양소가 토양으로 공급되는 속도에 의해 제한됨

2. 소비자

1) 종류 : 대부분 먹이활동을 하는 동물들

1차 소비자	2차 소비자	3차 소비자
초식동물	1차 소비자를 먹는 동물	2차 소비자를 먹는 동물

2) 소비자의 생산효율

① **섭취효율** : 전 영양단계에서 생산된 에너지 중 다음 영양단계로 섭취되는 비율
② **동화효율** : 한 영양단계에서 섭취된 에너지 중 체내로 흡수되는 비율
③ **생산효율** : 한 영양단계에서 동화된 에너지 중 물질생산(생장, 번식)으로 전환되는 비율

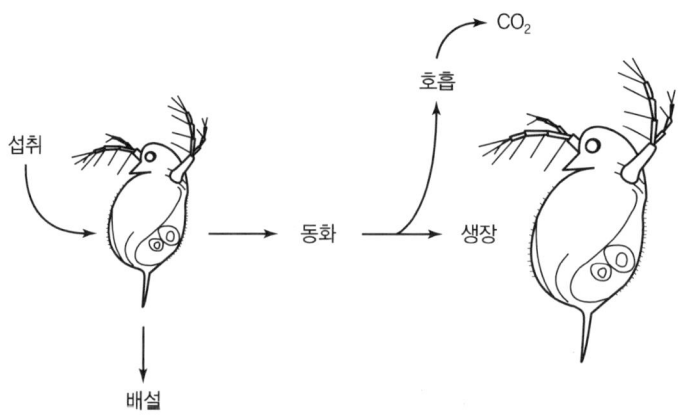

3) 생태학적 피라미드

① **개체수** : 생물의 숫자

② **생물량**(Biomass) : 일정지역 내의 생물에 포함된 유기물의 총량

③ 영양단계마다 일부 에너지나 물질이 소멸되므로 영양단계가 높아질수록 개체수, 생물량, 에너지 등은 감소하게 된다.

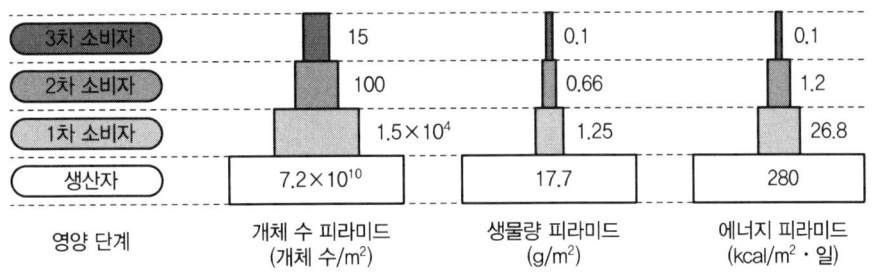

3. 분해자

1) **종류** : 유기물을 분해하는 미생물

  ① **부식성 동물** : 썩은 먹이를 먹는 동물

  예 파리, 애벌레 등

  ② **분식성 동물** : 동물의 변을 분해하는 동물

  예 쇠똥구리, 송장벌레 등

  ③ 균류 및 세균류

2) 분해와 영양소순환

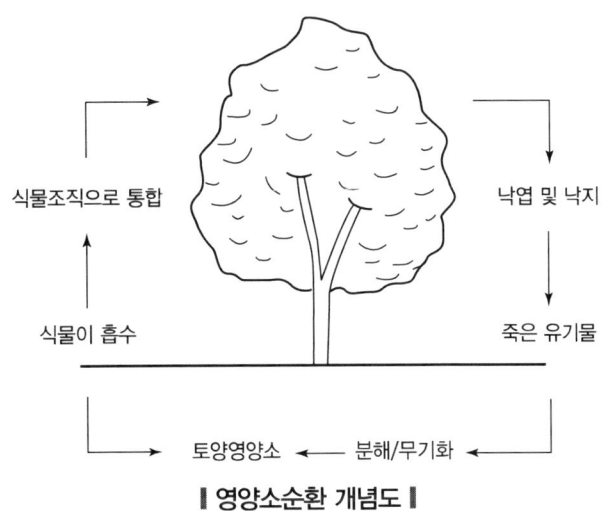

┃영양소순환 개념도┃

3 열역학법칙

열역학 제0법칙	물체 A와 B가 다른 물체 C와 각각 열평형을 이루었다면 A와 B도 열평형을 이룬다.	열역학 제1법칙, 제2법칙의 기본개념이 되는 법칙
열역학 제1법칙	$\Delta E = Q - W$ 여기서, E : 내부에너지, Q : 계에 흡수되는 열 W : 계가 한 일(방출되는 열)	에너지보존의 법칙
열역학 제2법칙	$\Delta S \geq 0$ 여기서, ΔS : 엔트로피의 변화, ≥ 0 : 항상 증가한다.	엔트로피 증가의 법칙
열역학 제3법칙	• 절대영도에서의 엔트로피에 관한 법칙이다. • 엔트로피의 변화(ΔS)는 절대온도(T)가 0에 접근함에 따라 0(일정한 값)이 된다. 즉, 계가 크든 작든 간에 하나의 가장 낮은 에너지상태를 갖는다.	

4 먹이사슬 vs 먹이망

먹이사슬(Food Chain)	먹이망(Food Web)
군집 내 섭식관계를 함축적으로 표현	여러 종 간 상호작용을 복잡하게 표현
풀 → 메뚜기 → 멧새 → 매	

5 생태계 물질순환

1. 탄소순환

   1) 육지, 해양 → 대기 : 동식물의 호흡, 화석연료 연소 등
   2) 대기 → 육지, 해양 : 식물, 조류의 광합성 등

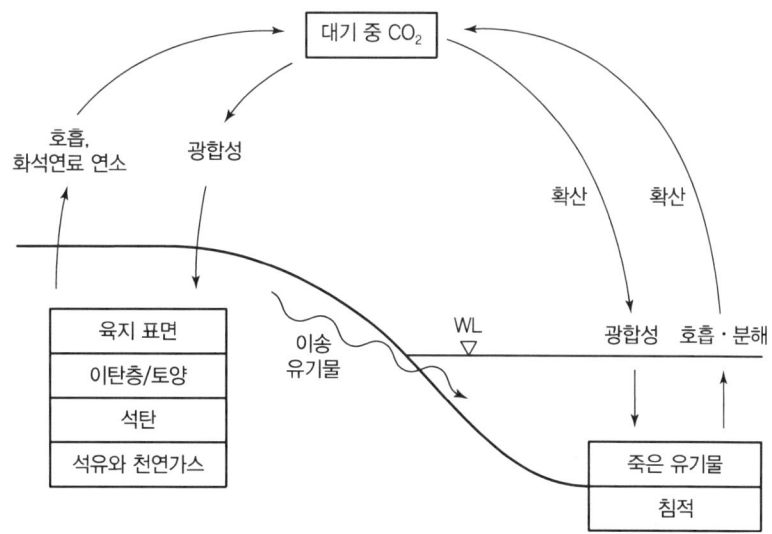

2. 질소순환

1) **질소고정** : 식물이 이용가능한 무기질소[암모늄(NH_4^+)과 질산염(NO_3^-)] 상태로 변하는 것
2) **탈질소작용** : 무기질소가 질소(N_2) 상태로 변하는 것
3) **질소고정 방법**

자연적 질소고정		• 번개에 의한 방전 • 자외선 및 복사에너지
미생물에 의한 질소고정	비공생 질소고정균	• 호기성균 : Azotobacter • 혐기성균 : Clostridium • 남조류 : Cyanobacteria
	공생 질소고정균	• 곰팡이류, 지의류 : Cyanobacteria • 콩과식물 : Rhizobium • 비콩과식물(오리나무류, 보리수나무류, 소귀나무, 갈매나무) : Frankia

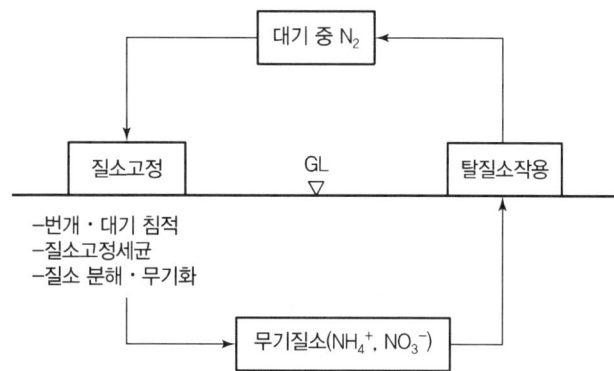

3. 인순환

1) 대기로 순환하지 않는다.
2) 육지에서 바다까지 부분적으로 물순환을 따른다.

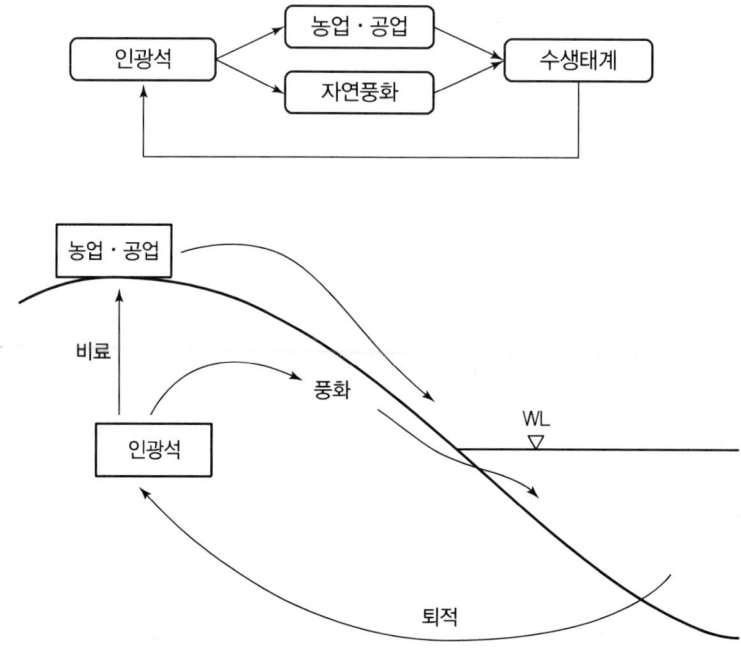

4. 물순환

지구의 대기를 가열하고 물을 증발시키는 에너지를 제공하는 태양복사는 물순환의 원동력이다.

1) **강수** : 비, 눈, 우박, 안개 따위로 지상에 내리는 물
2) **침투** : 강수가 지표면(토양) 밑으로 스며드는 것
3) **증발** : 액체상태에서 기체상태로 변하는 것
4) **응결** : 증기의 일부가 액체로 변하는 것

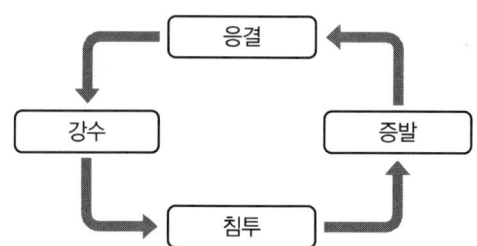

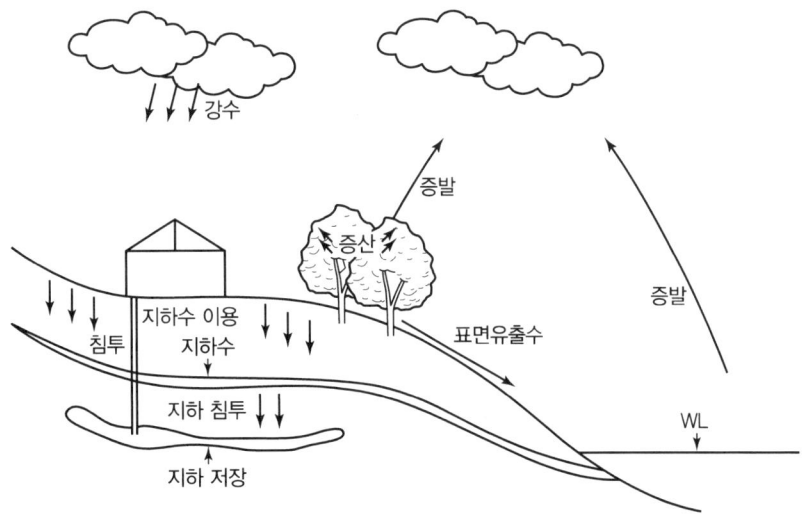

6 자연생태계의 지속가능성

1. 인구성장, 지속가능한 자원의 사용

1) 지속가능한 자원의 사용

① 지속가능한 자원의 이용을 제한하는 것은 수요와 공급이다. 자원을 지속가능하게 사용하려면, 자원이 사용되는 속도(소비 또는 수확률)가 자원이 공급되는 속도를 넘지 않아야 한다.

② 재생불능 자원
  ㉠ 광물자원
  ㉡ 화석연료 : 석탄, 석유, 천연가스
  ㉢ 많은 재생불능 자원들은 재활용되어 최초의 자원이 수확되는 속도를 줄여준다. (화석연료는 재활용 불가능)

2) 지속가능한 자원 사용의 부작용

① 지속가능한 사용도 자원의 관리, 추출 또는 사용에서 발생하는 생태계서비스의 부정적 영향의 결과로 인해 간접적으로 제한될 수도 있다.
  예 쓰레기 문제 등

② 지속가능성에 대한 의문들을 평가할 때, 현재와 미래의 자원소비 속도를 유지하는 능력 외에도 환경과 인간 모두의 안녕을 위해 이러한 자원의 관리와 소비의 결과에도 초점을 두어야 한다.

3) 자연생태계의 지속가능성
   ① 자연생태계는 지속가능한 단위로 작동한다.
      ㉠ 식물의 영양소 수확속도와 그에 따른 생태계 내 1차생산력은 영양소가 토양으로 공급되는 속도에 의해 제한되며 그 속도를 넘을 수 없다.
      ㉡ 유기물에 묶인 영양소들은 미생물 분해와 무기화 과정을 통해 재활용된다.
   ② 자원의 공급속도가 시간에 따라 달라질 때, 자원의 사용속도 또한 유사하게 달라져야 한다.

2. 지구의 환경수용력과 인간의 생태발자국

1) 인간의 생태발자국
   ① 인간에 의한 환경압력
   ② 도시, 지역, 국가 차원에서 사람들이 소비하는 물질을 추출, 생산, 처리하는 데 필요한 자연생태계 총면적
   ③ 선진국일수록 1인당 생태발자국이 큼

2) 환경수용력
   특정 환경이 안정적으로 부양할 수 있는 특정 종의 최대 개체수를 말한다.

3) 인구 증가와 산업화는 지구의 환경수용력을 넘어서는 생태발자국 증가를 가져올 수 있음
   ① 지구의 환경수용력 증대 방안 : 지구생태계 보전, 온실가스 감축, 과학발전
   ② 생태발자국 감소 방안 : 재생불가능자원의 이용 제한, 재생가능자원 이용, 채식, 검소하게 생활하기

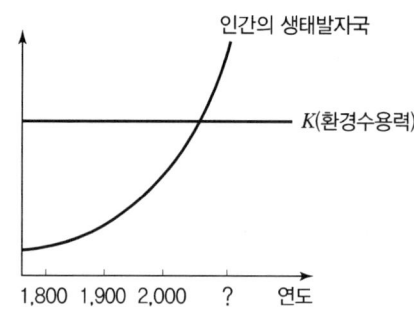

3. 생물다양성

1) **시간에 따른 생물다양성 변화**

   ① 지질학적 시간 동안, 지구의 다양성 양상에는 장기간에 극적인 진화에 따른 변화가 있었다. 즉, 지난 6억년 동안 다양한 유형의 생물들 수가 증가해 왔다.

   ② **육상 관속식물의 다양성 진화**
   - ㉠ 뿌리와 잎이 없는 초기 관속식물
   - ㉡ 석탄기 양치식물
   - ㉢ 트라이아스기 초기 : 양치식물 감소, 겉씨식물(은행나무, 소철, 침엽수 등) 증가
   - ㉣ 속씨식물(현화식물) 번성

2) **과거의 절멸**

   ① **백악기** : 대부분의 공룡들 멸종
   ② **페름기 말** : 곤충 포함 57%의 과, 83% 속이 모두 멸종
   ③ 현재의 인간에 의한 절멸

3) **종다양도의 지리적 변화**

   ① 육상생물종의 수는 적도에서 극지방으로 올라갈수록 감소
   ② 기후 및 필수자원의 가용성 등의 변화

4) **육상생태계의 종풍부도**

   ① 육상생태계의 종풍부도는 기후 및 생산력과 연관되어 있다.
   ② 광합성과 식물의 생장에 유리한 환경조건은 진화적 시간 동안 식물다양성을 증가시켰다.
   ③ 식물종의 다양성은 동물에게 적절한 서식지뿐만 아니라 다양한 잠재 먹이자원을 제공하므로 동물다양성은 식물다양성과 깊이 연관되어 있다.

5) **해양환경에서 생산력과 다양성의 역관계**

   ① 해양생산력의 위도기울기는 육상과 반대이다.
   ② 해양에서 1차생산력은 적도에서 극지방으로 갈수록 증가한다.
   ③ 1차생산력에 대한 계절적 온도 변화의 영향이 증가할수록 종풍부도는 감소하고 우점도는 증가한다.

7 IUCN RED LIST

절멸(EX)	개체가 하나도 없음
야생절멸(EW)	보호시설에서 일부 생존함
위급(CR)	• 야생에서 절멸할 가능성 대단히 높음 • 10년 내 50% 이상
위기(EN)	• 야생에서 절멸할 가능성이 높음 • 20년 내 20% 이상
취약(VU)	• 야생에서 절멸할 위기에 처할 가능성 높음 • 100년 내 10% 이상
준위협(NT)	가까운 미래에 야생에서 멸종위기에 처할 가능성이 높음
관심대상(LC)	위험이 낮고 위험범주에 도달하지 않음
정보부족(DD)	멸종위험에 관한 평가자료 부족
미평가(NE)	아직 평가작업을 거치지 않음

8 서식지 소실, 생물다양성 및 보전

1. 서식지 소실

현재 지구는 대절멸을 겪고 있으며 연간 수천 종이 사라질 것으로 예측되고 있다.

1) 열대우림 및 삼림의 단편화
2) 온대초지 소실

2. 외래종 유입에 따른 영향

1) 포식, 방목, 경쟁, 서식지 변경을 통해 자생종이 절멸한다.
2) 섬에 서식하는 종이 가장 큰 영향을 받는다.
3) 식물 침입종들은 자생종과의 경쟁에서 이기고 산불유형, 영양물질순환, 에너지흐름, 수리수문을 바꾼다.

3. 절멸에 대한 민감도가 큰 종

1) **고유종** : 자연적으로 유일한 지역에서 발견되고 다른 곳에 분포하지 않는 종
2) 작은 메타개체군
3) 계절적으로 이주하는 종
4) 특수한 서식지종
5) 넓은 행동권이 필요한 종
6) 사냥종이거나 인간의 요구 및 활동과 충돌하는 종

4. IUCN 절멸위기종

1) 희귀하거나 절멸위기에 놓인 종들의 상황을 정의하기 위해, 국제자연보호연맹(IUCN)은 절멸확률에 근거한 정량적 분류를 발전시켰다.

2) 3단계
   ① **심각한 절멸위기종** : 10년 내 또는 3세대 내에 절멸확률이 50% 이상
   ② **절멸위기종** : 20년 내 또는 5세대 내에 절멸확률이 20% 이상
   ③ **취약종** : 100년 내에 절멸확률이 10% 이상

3) 이 중 한 범주로 종을 지정하려면 다음 중 하나에 해당해야 한다.
   ① 주목할 만한 개체수의 감소
   ② 한 종과 개체군들이 서식하는 지역의 면적
   ③ 생존해 있는 개체의 총 수와 번식개체의 수
   ④ 현재 예측된 개체군 감소 또는 지속적인 서식지 파괴경향이 있을 경우 예상되는 개체수의 감소
   ⑤ 특정 연도 또는 세대에 종이 절멸할 확률

5. 종다양성이 높은 곳 보전

1) **열대우림** : 지표의 7% 면적이지만, 동식물의 반 이상이 이 생태계에 서식한다.
2) 지구상 대부분의 종이 고유종이며 작고 제한된 지역에 분포한다.
3) **중점지역(Hotspot)** : 특정 지역들은 높은 종풍부도와 고유성을 동시에 나타낸다.
   ① 생물다양성 중점지역(1,500종 이상 고유종 유지, 원래 서식지의 70% 이상 소실)
   ② 지역의 전반적 다양성
   ③ 인간활동 영향의 중요성

6. 개체군 보호

1) 가능한 최대면적에 최대개체수를 보전하는 것이 적절한 보전전략이다.
2) **최소생존개체군(MVP)** : 한 종의 장기 생존 보장에 필요한 개체수
   ① **섀퍼의 최소생존개체군(MVP)** : 개체군의 통계적, 환경적 임의변동, 자연의 대참사의 예측가능한 영향에도 불구하고 천 년 동안 존속확률이 99%인 가장 작은 격리된 개체군
   ② 한 종의 MVP는 그 종의 생활사(수명, 교배체계 등)와 서식지 조각 간의 분사능력에 따라 다르다.
      ㉠ 척추동물종의 경우 유효개체군 크기가 100 이하이다. 실질적으로 1,000개체 미만의 개체군은 절멸에 고도로 취약하다.

ⓒ 무척추동물 또는 일년생식물처럼 개체군 크기가 극단적으로 변하는 종들의 경우 최소생존개체군은 10,000개체가 되어야 한다.

3) **최소역동면적(MDA)** : 최소생존개체군 유지에 필요한 서식지 면적이다.
   ① 한 종의 MDA를 추정하기 위해서는 개체들, 혈연무리들, 집단번식무리들의 행동권 면적을 먼저 알아야 한다.
     ㉠ 한 종 내 한 개체의 요구면적(행동권)은 신체크기와 함께 증가한다.
     ㉡ 동일 크기일 경우 육식동물의 행동권은 초식동물보다 더 크다.
   ② 한 종의 개체당 요구면적과 MVP를 알 경우 생존가능 개체군을 유지하는 데 필요한 면적을 계산할 수 있다.

4) 메타개체군 공급조각에서는 국지적 번식률이 국지적 사망률보다 높다.
   ① 수용조각에서는 사망률이 번식률보다 높고 따라서 새로운 이입자들이 정기적으로 재점유하지 않으면 국지개체군은 소멸할 것이다.
   ② 핵심 공급조각들과 이들을 연결하는 이동통로들을 확인하는 것은 종의 보전에 매우 중요하다.
   ③ 메타개체군 구조에 대한 이해가 종 보전에 중요하다.

7. 재도입

1) 일부 종들은 개체군 재조성을 위해 재도입이 필요하다.
   ① 개체들을 한 지역에서 다른 지역으로 이동시킨다.
   ② 방사 후 개체들 간의 싸움으로 사망할 수 있다.

2) **사육개체의 도입** : 먹이습득, 피난처 모색, 같은 종 다른 개체들과의 상호작용, 인간에 대한 두려움과 회피 등을 포함하는 방사 전후의 조건 형성이 필요하다.

3) 재도입 계획들은 절멸소용돌이를 중지시켰고, 어떤 경우에는 소용돌이의 방향을 바꾸기도 한다.

8. 서식지 보전

1) 생물다양성을 보전하는 가장 효율적인 방법은 서식지 또는 전체 생태적 군집들을 보호하는 것이다.

2) 큰 지역은 작은 지역에 비해 일반적으로 더 많은 종을 보유한다.
   ① 보다 큰 지역은 더 이질적이어서, 작은 지역에 비해 더 다양한 서식지가 있다. 따라서 더 다양한 종들의 요구를 조달할 수 있다.
   ② 행동권이 큰 동물은 최소생존개체군을 유지하기 위해 더 넓은 서식지가 필요하다.
   ③ 많은 종들은 국지적으로 희귀하고 소수로 있더라도 보다 큰 면적을 필요로 한다.

02 환경과 적응

KEY POINT

01 기후환경　　　　　02 수환경
03 토양환경　　　　　04 육상생태계
05 생물의 적응과 자연선택　06 식물의 환경적응
07 동물의 환경적응　　08 생활사유형

1 기후환경

1. 개념

1) **기후** : 일정한 지역에서 여러 해에 걸쳐 나타나는 날씨의 평균
2) **기후변화** : 장기간에 걸친 기후의 변화
3) **온실효과** : 대기 중 온실기체에 의하여 지구 평균온도가 15~18℃로 유지되는 효과

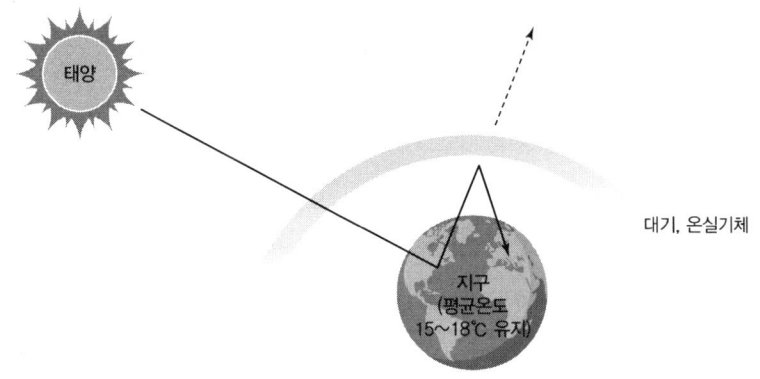

❙ 온실효과 개념도 ❙

4) **지구온난화** : 장기간 전 지구의 평균기온이 상승하는 현상

❙ 정상적 온실효과 ❙　　❙ 온실기체 증가로 온실효과 증가에 의한 지구온난화 ❙

5) 6대 온실가스 : 이산화탄소(CO_2), 메탄(CH_4), 아산화질소(N_2O), 수소불화탄소(HFCs), 과불화탄소(PFCs), 육불화황(SF_6)

6) 엘니뇨와 라니냐
　① 엘니뇨
　　㉠ 적도지역 해수면 온도가 올라가는 현상
　　㉡ 동태평양 지역의 강수량이 많아짐
　　㉢ 서태평양 지역에 가뭄이 발생함
　② 라니냐
　　㉠ 적도지역 해수면 온도가 낮아지는 현상
　　㉡ 서태평양 지역의 강수량이 많아짐
　　㉢ 동태평양 지역에 가뭄이 발생함

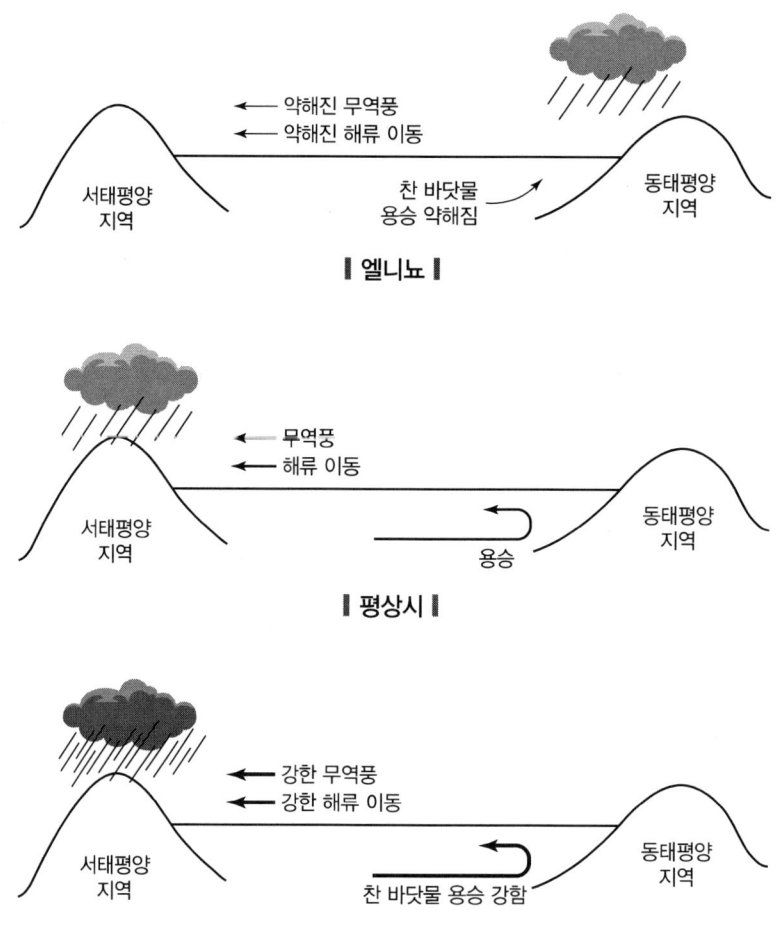

7) 미기후
   ① 일반적인 기후 특성과 일치하지 않는 국지적 기후이다.
   ② 대부분의 생물은 그들을 둘러싸고 있는 더 큰 지역의 일반적인 기후 특성과 일치하지 않는 국지적 기후에서 살아간다.
   ③ 각 생물들이 느끼는 실제 환경조건을 규정하는 것은 국지적 미기후의 양상이다.
   ④ 이 국지적 미기후에 따라서 특정지역 내 생물의 분포와 활동을 결정한다.

8) 도심열섬현상
   ① 정의
      ㉠ 도심지역 기온이 근교교외보다 1~4℃ 높게 나타나는 현상
      ㉡ 등온선이 마치 섬처럼 폐곡선으로 나타나는 현상
   ② 원인
      ㉠ 화석연료(NOx, SOx)의 사용
         • 건물 냉난방
         • 자동차 배기가스, 매연
      ㉡ 인공구조물 증가
         • 밀집한 고층건물
         • 알베도 증가
         • 바람길 차단
      ㉢ 불투수포장면 증가
         • 녹지량 감소로 자연투수량 감소
         • 물순환균형(고리)이 깨져 대기의 냉각기회 상실
   ③ 문제점
      ㉠ 대기질 저하
         • 대기오염 가중
         • 스모그 발생
         • 호흡기질환 발생
      ㉡ 생물상 변화
         • 식물 조기 개화
         • 병충해 증가
         • 생물다양성 감소
      ㉢ 에너지소비 악순환
         • 냉방기 사용 증가
      ㉣ 오염정화시설 증설

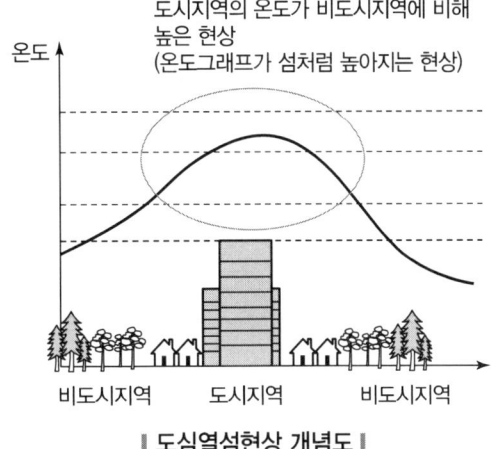

| 도심열섬현상 개념도 |

9) 스모그
   ① 개념
      ㉠ 기체·액체·고체상의 오염물질 Smoke+안개 Fog의 합성어
      ㉡ 안개와 오염물질이 합쳐져 하늘이 뿌옇게 보이는 현상
      ㉢ 여름보다는 겨울에, 농촌보다는 도시에 연무·농무 발생률이 높음
   ② 유형
      ㉠ 런던형 스모그
         • 1952년, 런던지역에서 석탄 등의 화석연료 사용으로 발생
         • 5일 만에 4,000여 명 사망
         • CO_2, SO_2, 미세먼지가 원인
         • 습한 공기와 오염물질, 겨울의 기온역전층에 갇혀 유발 → '어두운 대낮' 현상 발생
      ㉡ LA형 스모그
         • 미국 LA에서 1962년 큰 피해
         • 자동차 배기가스 N_2O, NO, HC+여름 햇빛 → 옥시던트 생성
         • 분지형 도시 LA에서 여름과 가을에 기온역전층 발생
         • 인체의 눈·코·목·허파, 가축·농작물, 고무·탄성재 피해
   ③ 스모그 비교

비교항목	런던형	LA형
원인물질	CO, SO_2	NO, N_2O, HC
발생시기	겨울·밤	여름·낮
발생원인	난방용 화석연료	자동차 배기가스
색깔	짙은 회색	옅은 갈색
피해대상	사람의 호흡기	사람 눈·목·식물 등

2 수환경

1. 유수생태계(하천생태계)

▼ 상류, 중류, 하류의 구분

구분	상류	중류	하류
특징	작고, 직선으로 빠르게 흐르기도 하고, 폭포와 급류가 있을 수도 있다.	• 기울기가 덜 급해져서 유속이 느려지고, 하천은 굽이쳐 흐르기 시작하면서 침니, 모래, 뻘 등의 침전물 부하를 퇴적시킨다. • 홍수 때 침전물 부하가 하천 주변의 평지에 쌓이고, 물이 이들 위로 퍼져나가 범람원 퇴적물이 만들어진다.	• 강이 바다로 흘러드는 곳에서 유속이 갑자기 느려진다. • 강어귀에 있는 부채모양의 지역에 침전물 부하를 퇴적시켜 삼각주를 형성한다.
차수	1~3차 하천	4~6차 하천	6차 하천보다 큰 하천
유속	하천수로의 형태와 경사, 바닥폭, 깊이와 요철, 강우강도 등은 유속에 영향을 준다.		
	유속이 50cm/sec 이상, 물살이 지름 5mm 이하인 모든 입자를 제거하면 돌바닥을 남긴다.	• 하천 기울기가 감소하고 폭, 깊이, 물의 양이 증가함에 따라, 침니와 부패 중인 유기물이 바닥에 쌓인다. • 여울과 소(웅덩이)가 나타난다.	-
생태계	• 1차생산력이 낮아 총유기물 유입량의 90% 이상을 하천변 육상식생 부니질 유입에 의존한다. • 뜯어먹는 무리, 모아먹는 무리의 우점, 냉수어종 작은 물고기가 대부분이다.	• 조류와 유근 수생식물이 1차 생산을 한다. • 모아먹는 무리와 독립영양생산을 섭식하는 긁어먹는 무리의 우점, 온수어종이 대부분이다.	• 에너지원의 근간은 F.P.O.M.이다. • 모아먹는 무리의 우점, 식물플랑크톤과 동물플랑크톤 개체군을 부양한다.

> ▶ **하천 차수**
> 하천은 강으로 가면서 커지고 또 다른 강들과 합쳐지기 때문에 차수에 따라 하천을 분류할 수 있다. 같은 차수의 두 하천이 만나는 곳에서 하천은 다음 차수의 하천이 된다.
> 만일 두 1차 하천이 만나면 2차 하천이 되고 두 2차 하천이 합쳐지면 3차 하천이 된다.

> ▶ **거친 여울과 조용한 웅덩이**
> 유수생태계는 다르지만 서로 연관된 서식지가 번갈아 나타난다.

여울	소(웅덩이)
1차 생산이 이루어지는 곳	분해가 일어나는 장소
식물 표면 부착생물과 침수된 바위나 나무의 표면에 붙어 살고 있는 생물들이 우세하다.	여름과 가을에 이산화탄소를 생산해서 물속에 중탄산염이 계속 공급될 수 있게 해 주는 장소 – 웅덩이가 없다면 여울에서 일어나는 광합성 때문에 중탄산염이 고갈될 것이고, 하류에서 사용할 수 있는 이산화탄소의 양이 점점 적어질 것이다.

2. 호수생태계

1) 호수 수직층

① 연안대(친수역) : 빛이 바닥까지 닿아 유근식물이 생장함
② 준조광대(호수 중앙부) : 개방수면, 빛이 침투할 수 있는 깊이
③ 심연대 : 빛이 침투할 수 없는 지역
④ 저서대 : 바닥층

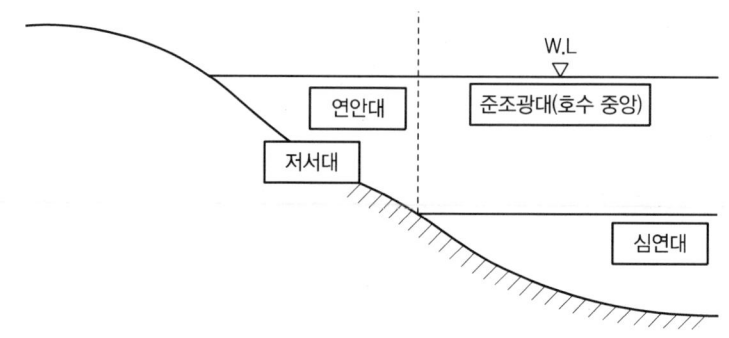

▌호수 수직층 개념도 ▌

2) 수온약층

① 표수층 : 햇볕에 의해 수온이 올라가는 층
② 수온약층 : 표수층과 심수층 사이의 수온차가 심할 때 생김
③ 심수층 : 수온이 낮은 층
④ 역전 : 봄, 가을, 수온약층이 사라지고 수체 전체가 혼합됨

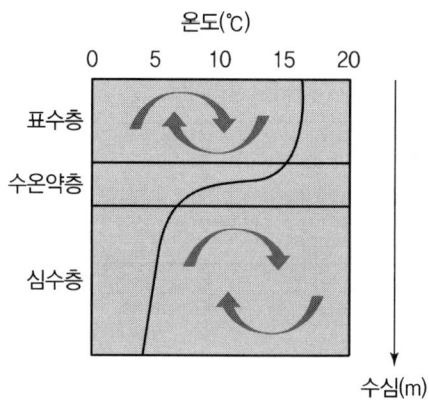

3. 담수, 기수, 염수

1) 담수 : 해수의 염분이 섞이지 않은 물
2) 염수 : 해수

3) **기수** : 담수와 염수가 만나는 수역

  예 하구역, 석호

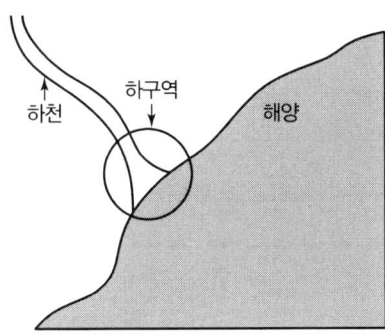
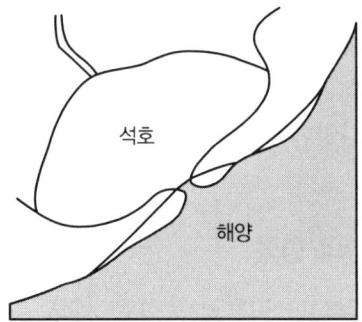

┃ 하구역 개념도 ┃

4. 부영양화

1) 다량의 인과 질소 유입
2) 조류와 기타 수생식물의 대폭적 성장
3) 광합성 산물 증가로 영양소 증가
4) 식물생장 더욱 촉진
5) 식물플랑크톤은 따뜻한 상층부에 밀집 : 진초록색
6) 조류, 유기물잔해 다량이 바닥으로 떨어짐
7) 바닥에 서식하는 세균이 죽은 유기물을 분해함
8) 세균 활동에 의한 바닥의 산소 고갈
9) 저서종의 수 감소
10) 극단적인 경우 산소 고갈로 인해 무척추동물과 어류의 집단폐사

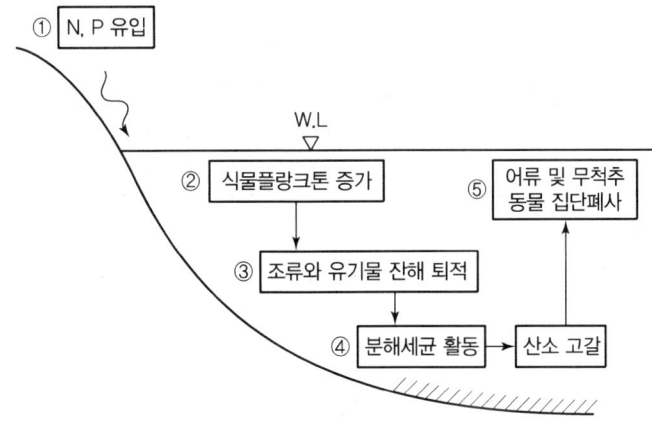

┃ 부영양화 개념도 ┃

3 토양환경

1. 토양의 기능

1) 물 조절
2) 식물과 동물의 노폐물 분해로 자연의 재순환시스템 작용에 중요한 역할
3) 다양한 동물의 서식지

2. 토양의 형성

1) 암석과 광물의 풍화로 시작

   ① **기계적 풍화** : 물, 바람 및 온도의 복합적 활동에 노출된 암석 표면은 얇게 조각나고 벗겨짐
   ② **화학적 풍화** : 화학적으로 변형되고 분해되는 과정
   ③ **생물학적 풍화** : 동물, 식물, 미생물 등 여러 가지 생물에 의한 풍화

2) 토양 형성 5요인

   ① **모재** : 토양이 만들어지는 물질
   ② **기후** : 온도, 강수, 바람 등
   ③ **생물적 요소** : 식물, 동물, 박테리아, 균류 등
   ④ **지형** : 경사지는 물이 더 흘러내리고 덜 스며듦
   ⑤ **시간** : 잘 발달된 토양이 형성되는 데는 2,000~20,000년이 필요

3. 토양의 물리적 특성

1) 색

   ① 유기물은 어둡거나 검은 토양을 만든다.
   ② 철의 산화물은 황갈색부터 붉은 토양을 만든다.
   ③ 망간의 산화물은 토양에 자주에서 검정까지 색을 부여한다.
   ④ 석영, 고령토, 석고, 칼슘 및 마그네슘의 탄산염은 희고 잿빛인 토양을 만든다.
   ⑤ 황갈색과 회색 등 다양한 색조의 얼룩들은 배수가 좋지 않은 토양이나 물에 포화된 토양을 나타낸다.
   ⑥ 표준화된 색상표를 이용하여 토양의 색을 분류한다.

2) 토성

   ① 크기가 다양한 토양입자의 비율이다.
   ② 모재로부터 기인하고 부분적으로 토양 형성과정의 결과이다.

③ 입자의 크기에 따라 자갈(>2mm), 모래(0.05~2mm), 미사(0.002~0.005mm), 점토(<0.2mm)로 분류된다.
④ 토성은 모래, 미사, 점토의 백분율에 따라 토성등급이 나뉜다.
⑤ 토성은 토양 내 공기와 물의 이동, 뿌리에 의한 침투 시 중요한 역할을 하는 공극에 영향을 미친다.(이상적 토양은 토양입자 : 공극 = 50 : 50)

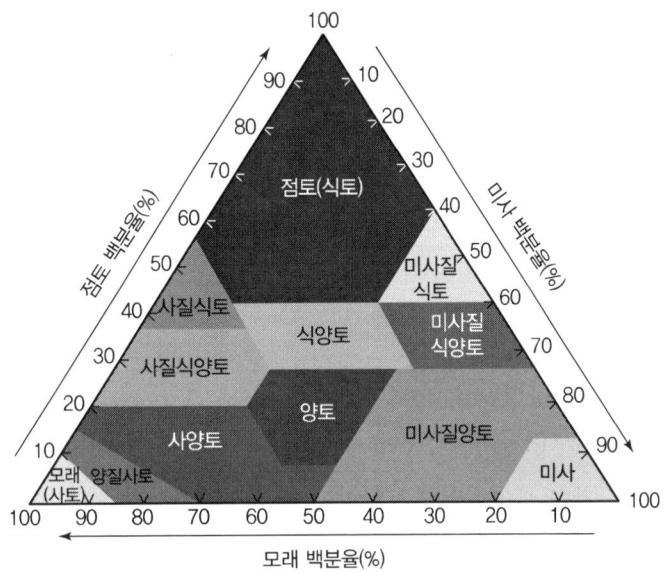

┃ 토성차트 ┃

4. 토양의 층위

Organic Horizon O층 : 유기물층	유기물이 대부분이고, 낙엽처럼 덜 분해되거나 또는 부분적으로 분해된 식물물질로 이루어짐
Topmost Mineral Horizon A층 : 무기물표층	• 부식화된 유기물로 암색(검은색)을 띰 • 대부분 입단구조가 발달되어 식물의 잔뿌리가 뻗어 나가기 쉬움 • O층이 없거나 경사지는 침식되기 쉬움
Eluvial, Maximum Leaching Horizon E층 : 최대용탈층	• 점토, Al·Fe산화물 등의 용탈층(담색) • 삼림에서 발달된 토양에는 아주 흔하지만, 초지에서 형성된 토양에는 적은 강수 때문에 거의 생기지 않음(강수량이 많은 지역일수록 E층 발달)
Illuvial Horizon B층 : 집적층	• B층은 위아래 층보다 색이 더 진하고 토괴의 표면에는 점토피막(Clay Skin)이 형성됨 • O층, A층, E층의 상부토층으로부터 Fe, Al의 산화물, 세점토(Fine Clay) 등이 용탈되어 생성됨
Parent Material Layer C층 : 모재층	• 토양이 기원한 원래의 모재에서 파생된, 뭉치지 않은 물질 • 모재의 특성 유지, 아래에 기반암이 놓여 있음

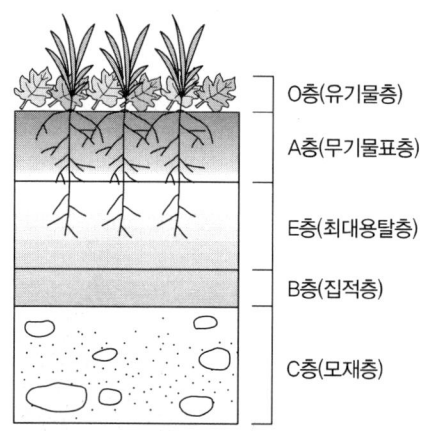

| 토양단면도 |

5. 토양수분

1) 포장용수량(Field Capacity) : 식물의 생육에 가장 적합한 수분조건을 말한다.
2) 위조점(Wilting Point) : 식물이 물을 흡수하지 못하여 시들게 되는 토양수분상태이다.
3) 유효수분(Plant-available Water) : 토양에 저장되어 있는 수분 중 식물이 이용할 수 있는 수분으로 포장용수량과 위조점 사이의 수분을 말한다.

▼ 토성별 포장용수량·위조점·유효수분의 함량(단위 : %)

구분	포장용수량	위조점수분함량	유효수분함량
사양토	11.3	3.4	7.9
양토	18.1	6.8	11.3
미사질양토	19.8	7.9	11.9
식양토	21.5	10.2	11.3
식토	22.3	14.1	8.2

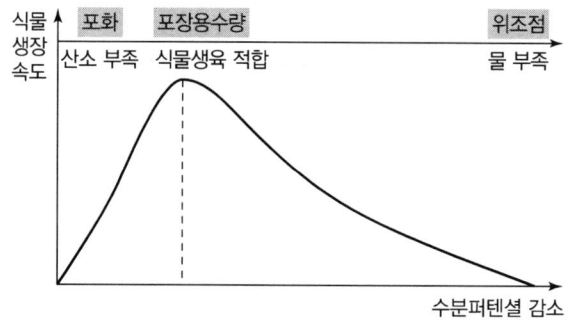

| 포장용수량 개념도 |

▼ 토양수분의 물리적 분류

구분	설명	특징
흡습수 (Hygroscopic Water)	대기로부터 토양에 흡착되는 물	이동하지 못하며 식물이 흡수할 수 없다.
모세관수 (Capillary Water)	토양공극 중 모세관공극에 존재하는 물	• 토양 표면에 가까이 있는 모세관수를 제외하면 대부분의 식물이 흡수할 수 있는 물이다. • 토양의 모세관공극률을 높이면 토양 중 식물이 흡수할 수 있는 물이 많아진다.
중력수 (Gravitational Water)	자유수(Free Water)라고도 하며, 중력의 작용에 의하여 토양공극에서 쉽게 제거되는 물	점토함량이 적은 양질사토는 비 온 후 1일 이내에 중력수가 제거되어 포장용수량에 도달하고, 점토함량이 많은 식양토는 비가 온 후 4일 정도 지난 후 포장용수량에 도달한다.

6. 토양공극

1) 토양공극(Pore Space)

토양 입자들의 배열에 따라 만들어지는 공간으로, 공극의 크기에 따라 토양이 보유할 수 있는 공기와 물의 양이 달라진다.

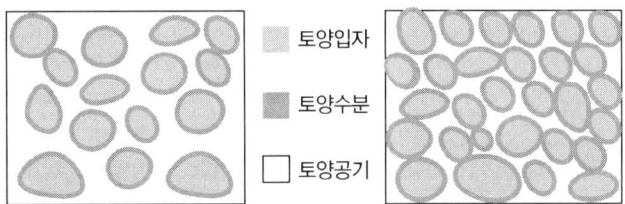

▮ 공극이 큰 토양 ▮　　　　▮ 공극이 작은 토양 ▮

2) 공극의 크기에 따른 기능

▼ 토양공극의 크기와 기능

구분	크기(mm)	기능
대공극	0.08~5 이상	• 물이 빠지는 통로 • 식물 뿌리가 뻗는 공간 • 작은 토양생물의 이동통로
중공극	0.03~0.08	• 모세관수 보유 • 곰팡이와 뿌리털이 자라는 공간
소공극	0.005~0.03	• 모세관수 보유 • 세균이 자라는 공간
미세공극	0.0001~0.005	• 점토입자 사이의 공간 • 미생물의 일부만 자랄 수 있는 공간
극소공극	0.0001 이하	미생물도 자랄 수 없는 아주 극소의 공극

7. 토양의 입단구조

1) 입단(粒團)

작은 토양입자들이 서로 응집하여 뭉쳐진 덩어리 형태의 토양으로, 토양의 물리적 구조를 변화시켜 수분보유력과 통기성을 향상시킨다.

2) 토양의 입단화

양이온에 의하여 점토가 뭉쳐지는 응집현상에 유기물이 첨가되면서 안정한 형태로 변하는 것이다.

3) 입단형성요인

▼ 토양의 입단형성요인

구분	원리
양이온의 작용	토양용액 중의 양이온이 음전하를 가지고 있는 점토 사이에 위치하여 정전기적인 힘이 작용한다.
유기물의 작용	유기물은 곰팡이, 세균, 미소동물 등의 에너지원이 되며, 미생물들이 분비하는 점액성 유기물질들은 토양입단의 형성에 유익한 역할을 한다.
미생물의 작용	미생물이 유기물을 분해하면서 만들어 내는 균사는 실같이 가늘어 점토입자들 사이에 들어가 토양입자와 서로 엉켜서 입단을 생성한다.
기후의 작용	강우에 의한 젖음과 마름, 기온 변화에 따른 얼기와 녹기 등이 반복되면 토양의 수축과 팽창으로 큰 토괴는 부서지고 작은 토양입자들이 뭉칠 수 있는 기회를 제공한다.
토양개량제의 작용	양이온과 유기물이 입단화시키는 원리와 유사하게 작용한다.

4) 입단의 크기와 공극의 특성

입단의 크기가 클수록 공극량이 많아지고, 토양의 통기성과 배수성이 좋아진다.

8. 토양의 생성작용

토양 단면의 안팎에서 일어나는 각종 작용을 통들어 말한다.

구분		내용
토양무기성분변화	초기토양 생성 작용	암석에 녹조류, 남조류, 규조류 등의 각종 자급영양미생물 번성 → 암석 표면에 골이 파이고 표면적 증가 → 타급영양세균인 점균류, 사상균, 방선균 서식 → 육안으로 관찰 가능한 지의류(Lichen) 형성 → 암석 표면에 세토층 형성 및 곤충류 번성 → 초본류 발생 및 토양동물·곤충류 번성 → 토양의 입단구조 발달 및 고등식물 생육
	점토 생성 작용	토양 중의 1차 광물이 분해되어 2차 규산염광물을 생성하는 과정
	갈색화 작용	화학적 풍화작용으로 토양을 갈색으로 착색시키는 과정
	철·알루미늄 집적 작용	• 염기와 규산의 용탈이 강하여 수산화알루미늄과 수산화철이 침전되는 작용 • 습윤 열대지방에서 흔함
유기물변화	부식 집적 작용	• 부식화 : 유기물이 토양미생물에 분해되면서 토양 중 재합성되는 과정 • 부식 집적 작용 : 부식화된 토양이 토양에 집적되는 작용
	이탄 집적 작용	습윤한 지역 토양이 혐기상태로 되면서 완전히 분해되지 못한 유기물이나 습지식물이 지표에 쌓이는 작용
토양생물작용과 물질이동	회색화 작용	• 청록회색이나 암회색 토층 • 수직배수가 잘 안 되는 투수불량지나 지하수위가 높은 곳
	염기 용탈 작용	토양 중 유리염류(K, Na)나 교환성 양이온(Ca, Mg) 등이 토양용액과 함께 용탈되는 작용
	점토의 기계적 이동 작용	점토, 철산화물, 규산염 등이 물과 함께 하부 토층으로 이동하는 작용
	포드졸화 작용	• 온도가 낮아 미생물의 활동이 느려지면 표토에 유기물이 집적되고, 하방작용으로 집적층에서 흑갈색의 부식이 집적되며 적갈색을 띤 철집적층이 생성되는 등 층위분화가 명료하게 보이는 작용 • 습윤한 한대지방에서 흔함
	염류화 작용과 탈염류화 작용	• 지하수가 상승하여 지표에서 증발현상이 나타나 표토 밑에 수용성 염류가 침전·석출되어 집적되는 현상 • 증발량이 강수량보다 많은 건조한 기후조건에서 발생
	알칼리화 작용	가용성 염류가 집적된 토양에서 토양에 흡착된 치환성 Na가 탄산나트륨이나 탄산수소나트륨의 가수분해로 토양이 강알칼리성을 나타내는 작용
	석회화 작용	• Ca와 Mg 등의 탄산염이 토양 단면에 집적되어 석회나 석고집적층을 이루는 작용 • 건조 또는 반건조지대의 비세탈형 토양수분상에서 볼 수 있음
	수성표백 작용	• 혐기상태에서 포층이 회백색이 되는 현상 • 토양의 표층이 물로 포화된 곳

4 육상생태계

1. 휘태커 생물군계

1) 연평균온도와 연평균강수량의 기울기에 따른 생물군계이다.
2) 생물군계 간 경계가 넓고 군계들이 서로 섞여 있기 때문에 경계가 불분명하다.

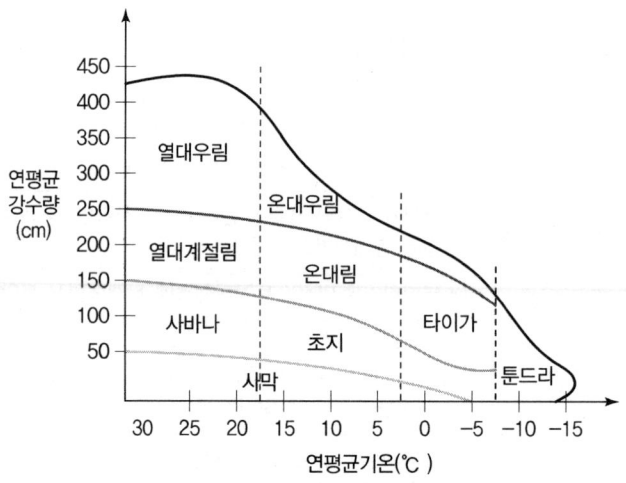

열대 - 아열대 - 온대 - 한대 - 극지방 - 고산

┃ 휘태커 생물군계 개념도 ┃

3) **열대림** : 연중 따뜻하며 거의 매일 비가 내리는 적도지역
4) **열대사바나** : 뚜렷한 계절적 강우가 있고 총 강수량이 연간 크게 변하는 온난한 대륙성 기후
5) **온대초지** : 가뭄이 빈번함
    예) 북미의 프레리, 유라시아대륙의 스텝, 아르헨티나 팜파스
6) **사막** : 강수 부족
7) **온대관목지** : 여름 가뭄과 냉습한 겨울
    예) 아프리카 핀보스, 호주 퀑간, 북미 채퍼럴, 칠레 마토랄
8) **온대낙엽수림** : 온화하고 습윤한 지역
9) **타이가** : 냉온대와 아한대지역의 침엽수림, 영구동토층
10) **북극 툰드라** : 영구동토층

> ▶ **영구동토층**
> 연중 얼어 있는 지하부로 불투수층이다. 때문에 강수량이 적더라도 지면은 물에 젖어 있어 북극의 가장 건조한 지역에서도 식물이 살 수 있게 한다.

5 생물의 적응과 자연선택

1. 생물의 적응

1) **적응** : 주어진 환경조건에서 한 생물이 장기적 번식에 성공하여 진화하는 유전적 과정
2) **유전** : 부모에서 자손으로 전달되는 형질
3) **유전자풀** : 개체군 내 모든 개체들의 유전적 정보의 합
4) **표현형** : 생물의 주어진 특성의 겉모습

2. 자연선택설

1) 개념

자손에게 부모의 형질이 전달될 때 환경에 잘 적응하는 형질이 선택되어 진화가 일어난다는 이론

2) 유성생식에서 진화가 발생하는 요인

① 자연선택
② 돌연변이
③ 유전자부동
④ 유전자이동

3) 자연선택의 3가지 유형

① 방향성 선택
  ㉠ 한쪽 극단을 선택
  ㉡ 환경기울기에 따른 연속변이

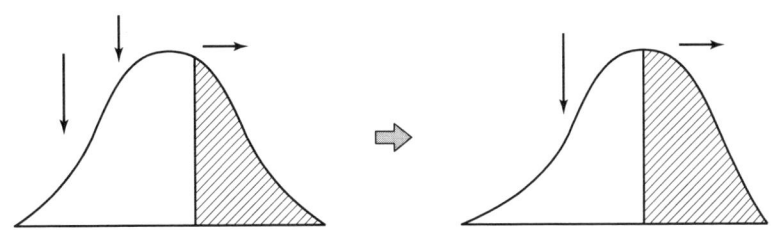

│ 연속변이 : 방향성 선택 │

② 안정화 선택
  ㉠ 평균값을 선택
  ㉡ 독특한 국지 환경조건에 적응한 생태형

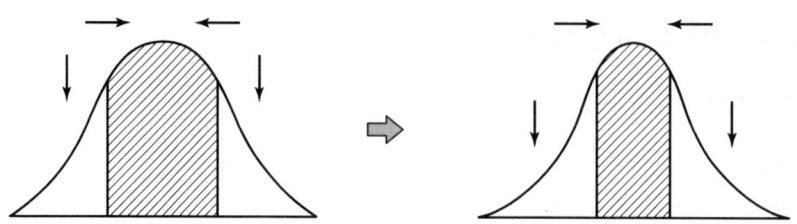

| 생태형 : 안정화 선택 |

③ 분단적 선택
　　㉠ 양 극단을 선택
　　㉡ 지리적 격리집단

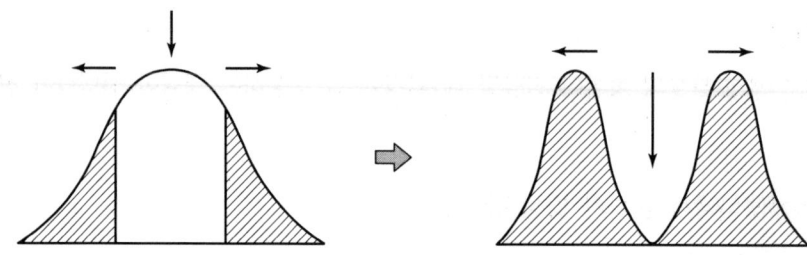

| 지리적 격리집단 : 분단적 선택 |

6 식물의 환경적응

1. 식물의 에너지 획득

1) 광합성 : 빛에너지 → 화학에너지
$$6CO_2 + 12H_2O \rightarrow C_6H_{12}O_6 + 6O_2 + 6H_2O$$

2) 호흡 : 화학에너지 → 열에너지
$$C_6H_{12}O_6 + 6O_2 + 6H_2O \rightarrow 6CO_2 + 12H_2O + 38ATP + 열에너지$$

2. 온도와 수분에 대한 적응

1) 광합성의 대체 경로

구분	내용	사례
C_3	광합성 과정이 낮에 엽육세포에서 일어남	대부분의 식물
C_4	• 광합성 과정이 낮에 엽육세포와 유관속초세포에서 일어남 • 햇빛이 강하고, 낮은 CO_2농도에서 적응함	옥수수, 사탕수수, 잔디, 억새
CAM	• 광합성 과정이 밤에 엽육세포에서 일어남 • 고온 건조한 사막환경에 적응	선인장, 바위채송화, 파인애플

2) 습지식물의 산소와 가스교환을 위한 적응

① 통기조직
② 부정근
③ 호흡근

3) 염생식물

① 조직에 저장된 물로 염분을 희석
② 잎에 소금을 분비시켜 비에 의해 씻어 냄
③ 뿌리의 막에서 기계적으로 소금을 제거

7 동물의 환경적응

1. 영양소와 에너지 획득방법

1) 초식성 동물 : 식물 섭취
2) 육식성 동물 : 다른 동물 섭취
3) 잡식성 동물 : 식물과 동물 모두 섭취

2. 체온조절

구분	내용	사례
항온동물	대사작용에 의한 내부열	조류, 포유류
변온동물	외부환경	어류, 양서류, 파충류, 곤충 등
이온동물	대사작용에 의한 내부열 + 외부환경	박쥐, 벌, 벌새

8 생활사유형

1. 생물의 생활사

1) 생물의 일생에 걸친 생장, 발달, 번식의 양상
2) 물리적 환경 및 다른 생물과의 상호작용에 대한 적응의 결과

2. 생식

구분	내용	사례
유성생식	• 두 개체 간 유전자와 염색체들의 섞임 • 유전자 재조합의 경우의 수가 많음 • 유전자 다양성의 직접적이고 중요한 원천 • 환경변화 시 무성생식보다 소멸위험 적음	• 자웅이주 • 자웅동체 • 자웅동주
무성생식	• 새로운 개체는 부모와 유전적으로 동일 • 국지환경에 잘 적응되어 있음 • 환경변화 시 개체군 소멸위험이 큼	• 포복경 • 분열 • 출아법 • 단성생식

3. r-선택, K-선택

두 다른 환경에 적응한 종들의 크기, 번식력, 최초 번식연령, 총 번식횟수, 총수명 같은 생활사 특징이 다를 것을 예측한 것이다.

구분		r-선택(전략종)	K-선택(전략종)
서식환경		일시적 서식지	안정된 환경
사멸원인		비예측적 환경조건	밀도와 관련됨
생존전략	전략	쉽게 정착, 교란에 신속 반응	물리적·생물적 압력에 대처
	수명	짧음	긺
	번식시기	이른 번식	지연번식, 반복번식
	번식률	개체군 밀도 낮을 때 높음	고밀도에서 생장률 유지
	몸 크기	작고, 빠른 성장	크고, 느린 성장
	자손 수	많음	적음
	부모교육	최소	최대

4. 그라임의 식물생활사 분류

서로 다른 서식지에 대한 식물의 세 가지 기본전략이다.

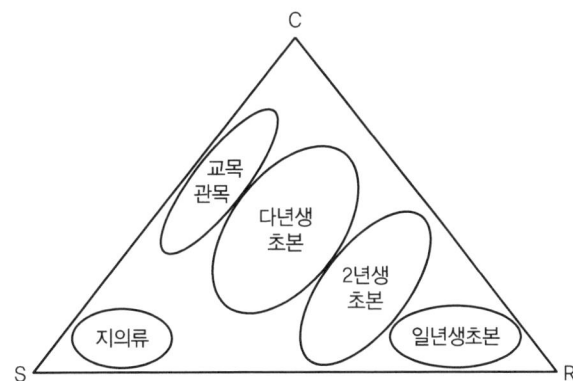

| 그라임의 식물생활사 전략 |

구분	서식지	전략
R (황무지전략)	교란지	• 교란지역에 신속히 정착 • 새로운 교란지로 종자 분산
C (경쟁)	자원이 풍부한 안전된 서식지	자원 획득과 경쟁력에 유리한 생장에 자원을 분배
S (스트레스-내성)	자원이 제한된 서식지	• 유지에 자원을 분배 • 스트레스 내성종

03 개체군/군집생태

01 개체군 특징   02 종 내 개체군 조절
03 메타개체군   04 종 간 경쟁
05 포식   06 기생과 상리공생
07 군집구조   08 천이

1 개체군 특징

1. 개체군 개념

1) 개체 : 독립된 하나의 생물체
2) 개체군 : 일정한 지역에 살고 있는 같은 종개체들의 무리로서 개체군 내 구성원 간 상호교배가 가능

2. 개체군 풍부도

1) 개체군 크기=밀도×면적
2) 개체군 밀도=$\dfrac{개체수}{단위면적}$
3) 풍부도=개체군의 총 개체수

3. 개체군 동태

1) 개체군 분산

① 식물의 분산(종자)

구분		내용	사례
풍산포		바람을 이용해 널리 퍼지는 방식	민들레씨앗
동물산포	섭취	영양가가 높은 열매를 먹은 동물에 의해 영양소는 소화되고 종자만 배설	으름덩굴
	접착	끈끈한 점액질 또는 가시나 털을 이용해 동물의 몸에 붙어서 이동	도깨비바늘
	비축	다람쥐나 일부 새들도 종자를 은닉처에 비축하는 습성이 있는데 이 중 먹히지 않은 종자들은 자라남	도토리
중력산포		열매가 성숙하면 무거워지고 중력에 의해 땅에 떨어짐	사과
수산포		물에 의해 종자를 산포	수련

② 동물의 분산

이동성 동물	배우자와 빈 서식지를 찾음
회유성 동물	태어난 곳으로 다시 돌아가기 위해 규칙적 이동을 함

2) 개체군 분포

① 개념 : 개체군 내의 모든 개체들이 살고 있는 공간적 분포

② 개체군 분포 영향
  ㉠ 환경조건
  ㉡ 지리적 장벽
  ㉢ 다른 종과의 상호작용

③ 개체군 분포방식

구분	임의분포	균일분포	군생분포
원인	• 자원의 고른 분포 • 개체들 간 상호작용 중립적	• 자원경쟁이 심함 • 최소거리 균일하게 유지	• 자원의 밀집 또는 사회적 집단 형성 • 무리를 지어 분포
사례	풀밭의 민들레 등	사막의 식물 등	무성생식하는 식물 등
그림	(점들이 불규칙하게 분포)	(점들이 균일하게 분포)	(점들이 무리지어 분포)

3) 개체군 성장

① 개체군 성장 : 출생률 > 사망률
② 개체군의 지수적 생장 : 좋은 환경에서 저밀도로 서식하는 개체군

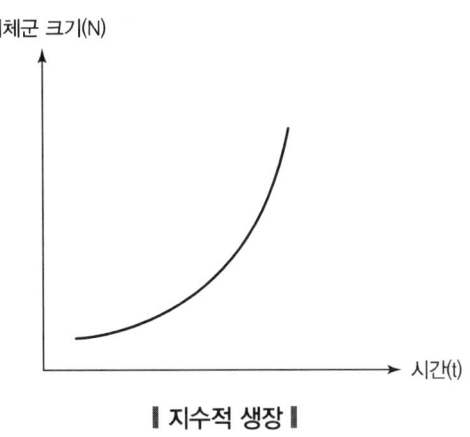

┃ 지수적 생장 ┃

4) 개체군 소멸

① 개체군 소멸 : 출생률 < 사망률
② 작은 개체군은 큰 개체군에 비하여 절멸될 가능성이 높다.
③ 소멸원인
   ㉠ 사회구조 붕괴
   ㉡ 유전다양성 감소
   ㉢ 임의변동

❷ 종 내 개체군 조절

1. 개체군 성장환경

1) 환경수용능력(K) : 특정환경에서 안정적으로 수용할 수 있는 최대개체군이다.
2) 로지스트형 개체군 성장모델 : 개체군 성장률은 개체군의 크기가 작을 때는 빠른 속도로 증가하고, 이후 환경수용력(K)에 접근함에 따라 감소한다.

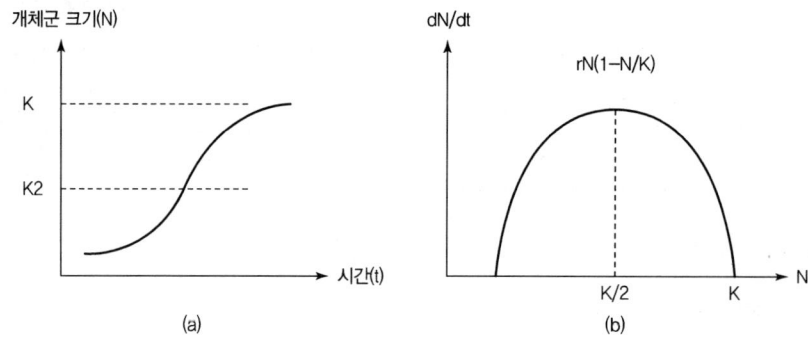

2. 밀도의존성

밀도의존효과는 개체군 밀도의 증가와 함께 사망률을 높이거나 번식력을 감소시키거나 또는 두 가지 모두에 의해 개체군 성장률을 낮추도록 작용한다.

1) 자원 가용성
2) 포식의 양상 또는 질병과 기생자 확산

3. 역밀도의존성(알리효과)

개체군의 밀도가 낮을 때 출생률과 생존율을 낮춘다.

1) 잠재적 배우자를 찾는 능력이 제한된다.
2) 교배, 먹이획득 또는 방어와 관련된 협동 또는 촉진행동을 수행하는 종의 사회구조 붕괴를 가져온다.
3) 개체군의 어떤 최저 밀도 이하에서는 개체군 성장률이 음수이다.

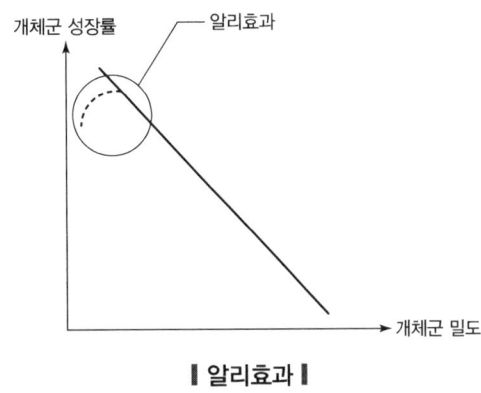

┃ 알리효과 ┃

4. 자원제한에 따른 경쟁(종 내 경쟁)

생장과 발달 저하, 사망률 증가, 번식 감소 등의 현상이 나타난다.

쟁탈경쟁(무서열경쟁)	• 경쟁이 심해져 개체군 내 개체들의 생장과 생식이 똑같이 억제됨 • 자원이 부족할 때, 순식간에 절멸에 이를 수 있음
시합경쟁(서열경쟁)	• 일부 개체들은 충분한 자원을 확보하나 다른 개체들과 공유하지 않을 때 • 자원이 부족할 때, 경쟁에서 이긴 개체는 잘 살아남을 수 있음

5. 동물의 세력권제

1) 행동권
   ① 생활사에서 정상적으로 섭렵하는 지역
   ② 몸의 크기에 영향을 받음

2) 세력권
   ① 독점적 방어지역
   ② 개체군 일부가 번식에서 배제되는 일종의 시합경쟁

┃ 행동권과 세력권의 개념도 ┃

3 메타개체군

1. 정의 및 조건

1) 정의 : 넓은 면적이나 지역 내에서 상호작용하는 국지개체군들의 집합이다.

2) 메타개체군의 4가지 조건
   ① 적절한 서식지는 국지번식개체군에 의하여 채워질 수 있는 불연속적인 조각으로 나타난다.
   ② 가장 큰 개체군이라도 상당한 소멸위험이 있다.
   ③ 국지 소멸 후에 재정착이 방해될 정도로 서식지 조각들이 너무 격리되어서는 안 된다.
   ④ 국지개체군들의 동태는 동시적이 아니다.

3) 메타개체군은 더 작은 위성개체군들로 이동하는 이출자의 주 공급원으로 작용하는 하나의 보다 큰 핵심개체군을 가지고 있다. 이런 조건에서 핵심개체군의 국지적 소멸확률은 극히 낮다.

2. 메타개체군 동태(정착과 소멸의 균형)

1) 이입률 > 국지적 소멸률 : 국지개체군들은 하나의 연속적인 개체군으로서 존속한다.
2) 정착률 < 국지적 소멸률 : 메타개체군의 존속이 어렵다.

3. 조각면적과 격리

1) 국지적 소멸확률은 조각면적이 증가함에 따라 감소하고 다른 국지개체군들과 격리됨에 따라 증가한다.
2) 정착확률은 조각면적과 함께 증가하고 다른 국지개체군들과 격리될수록 감소한다.

4. 서식지 이질성

1) 많은 연구에서 큰 조각이 작은 조각보다 공간적 이질성이 높다.
2) 조각크기가 증가하면 더 큰 국지개체군을 부양할 뿐만 아니라 환경 이질성의 잠재력을 증가시켜 국지개체군 존속에 영향을 미칠 수 있다.

5. 구조효과

1) 이입률 증가로 발생하는 개체군 크기의 증가로 절멸위험의 감소를 의미한다.

2) 본토-도서 메타개체군의 구조
   ① 본토 : 크고, 질 좋은 서식지-공급개체군
   ② 도서 : 열등한 서식지-수용개체군

3) 수용개체군들은 번식을 통해 양의 성장률을 유지할 수 없더라도 공급개체군으로부터의 높은 이입률에 의해 지속적이거나 심지어는 큰 개체군을 이룸

6. 국지개체군 동태 동시화

많은 환경적 요인들이 국지개체군들의 동태를 동시화할 수 있다.

1) 날씨 : 가뭄, 자연재해 등
2) 경관과 서식지 변화

7. 잠재적 정착률과 소멸률

1) 일시적 서식지 또는 국지적 환경수용능의 변이가 큰 곳에 사는 종들의 분산이 크다.
2) 고번식력 종들의 분산력이 크다.
3) 번식방식, 몸의 크기와 행동권 크기에 따라 다르다.

8. 개체군의 계층적 개념

국지개체군 < 메타개체군 < 아종 < 종

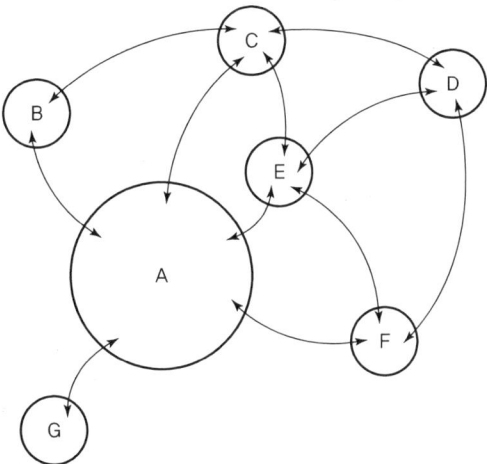

- 개체군 A+B+C+D+E+F+G= 메타개체군
- 개체군 A : 본토, 공급개체군
- 개체군 B, C, D, E, F, G : 도서, 수용개체군

| 메타개체군의 개념도 |

4 종 간 경쟁

1. 개념

1) 두 종 이상의 개체군들에 부정적 영향을 주는 관계이다.

2) 종 간 경쟁형태
   ① 소비 : 한 종의 개체들이 공통자원을 소비하여 다른 종의 개체들의 섭취를 방해
   ② 선취 : 한 개체가 선점하여 다른 생물의 정착을 방해
   ③ 과다생장 : 한 생물체가 다른 생물체보다 훨씬 더 성장하여 어떤 필수자원에 접근하는 것을 방해
   ④ 화학적 상호작용 : 개체가 화학적 생장저해제나 독성물질을 방출하여 다른 종을 저해하거나 죽일 때
   ⑤ 세력권제 : 세력권으로 방어하는 특정공간에 다른 종이 접근하지 못하도록 하는 행동적 배타
   ⑥ 우연한 만남 : 세력권과 무관한 개체들의 접촉이 부정적 효과를 초래하는 것

2. 종 간 경쟁의 결과

1) 로트카-볼테라 모델

   동일한 자원을 이용하는 두 종(A종, B종)관계 모델

   ① 한 종의 세력이 더 우수한 경우
      ㉠ A종이 성장, B종 소멸   ㉡ B종이 성장, A종 소멸

   ② 두 종의 세력이 비슷한 경우
      ㉠ 서로 다른 종의 성장을 방해하여 결국 한 종이 이기고 나머지 종은 소멸
      ㉡ 각 종은 다른 종을 제거할 수 없고 종 내 경쟁을 하며 두 종은 공존

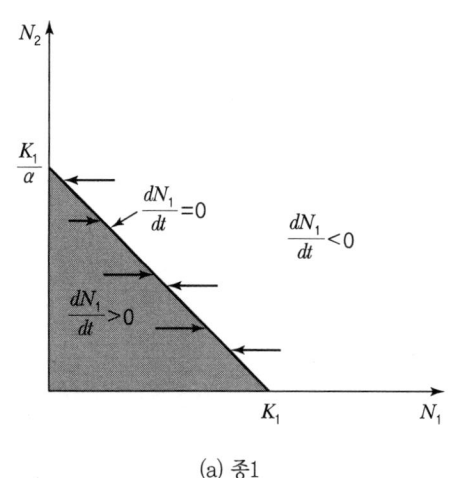

(a) 종1

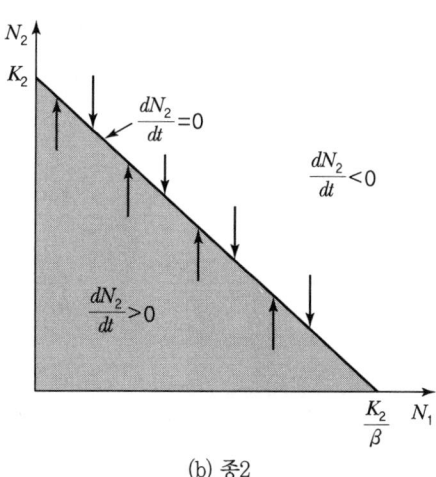

(b) 종2

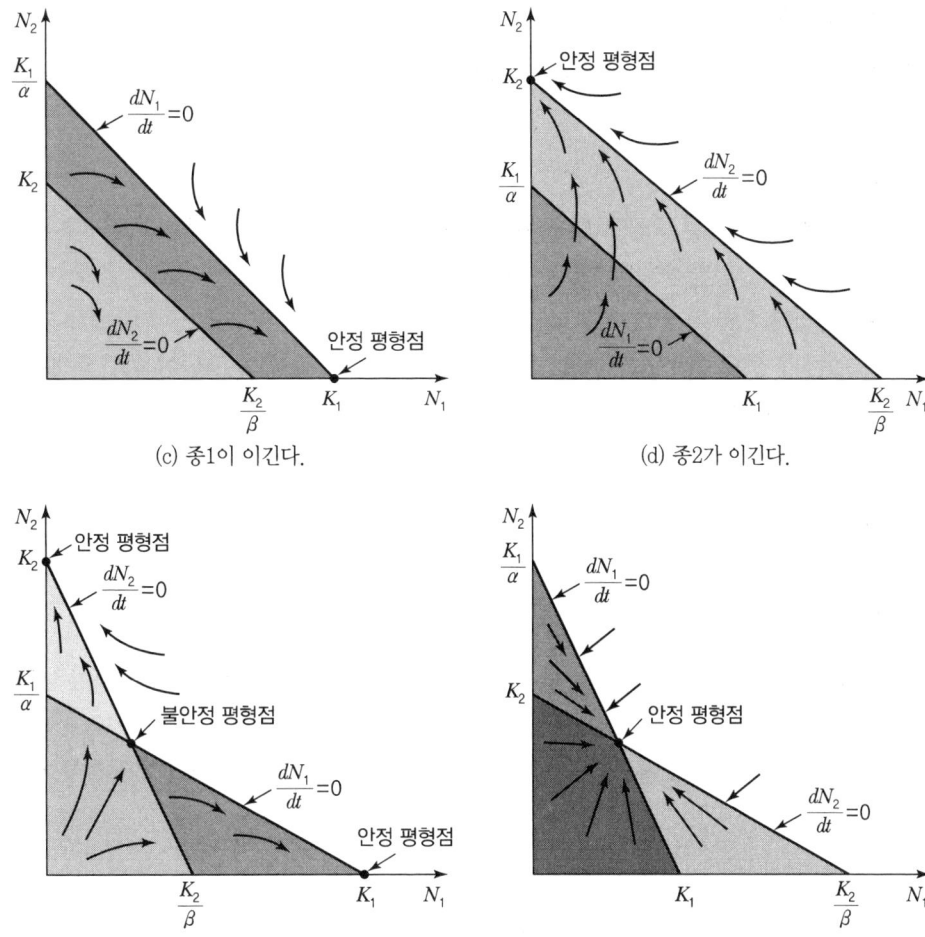

(c) 종1이 이긴다.
(d) 종2가 이긴다.
(e) 경쟁은 어느 방향으로도 갈 수 있다.
(f) 공존

(a, b) 각 종에 대한 제로 등사습곡은 $dN/dt=0$(개체군 성장 0)인 (N_1, N_2)의 조합으로 정의된다. 직선 아래의 색칠한 부분(N_1, N_2의 조합 값)에서 개체군 성장은 양수이고 개체군은 증가한다(화살표로 표시하였듯이). 반면에 직선 위의 (N_1, N_2) 조합 값에서 개체군은 감소한다.
(c) 종1의 등사습곡은 종2의 등사습곡의 바깥쪽에 있다. 종1이 항상 이기며, 종2를 소멸시킨다.
(d) (c)와 반대의 경우이다.
(e) 등사습곡이 교차한다. 각 종은 자신의 성장보다 다른 종의 성장을 더욱 저해한다. 더 풍부한 종이 주로 이긴다.
(f) 각 종이 다른 종의 성장보다는 종내경쟁으로 자신의 개체군 성장을 더욱 저해한다. 두 종이 공존한다.

┃두 종의 경쟁에 대한 로드카-볼테라 모델┃

출처 : Thomas M. Smith, Robert Leo Smith, 생태학(7판), 라이프사이언스, 2011

2) 경쟁-배타원리

① 개념 : 완벽한 경쟁자는 공존할 수 없다.(로트카-볼테라 식으로 예측할 수 있는 네 경우 중 세 경우에서 한 종이 다른 종을 소멸시킴)

② 경쟁-배타원리의 한계
  ㉠ 경쟁자들은 자원 요구에 있어 완전히 동일하고 환경조건이 일정하게 유지된다고 가정한다.
  ㉡ 그러나 자연환경에서 이러한 조건들은 매우 드물다.

③ 자연환경에서 변수
  ㉠ 종들의 생존, 생장, 생식에 직접적 영향을 미치나 소비성 자원이 아닌 환경요인의 영향
  ㉡ 자원가용성의 시공간적 변이
  ㉢ 다수의 제한자원에 대한 경쟁
  ㉣ 자원분배 등 종 간 경쟁의 결과에 미치는 다양한 요인

3. 생태적 지위

1) **기본니치** : 다른 종의 간섭 없이 생존, 생식할 수 있는 모든 범위의 조건과 자원을 이용하는 것이다.
2) **실현니치** : 다른 종과의 상호작용으로 한 종이 실제 이용하는 기본니치의 일부이다.

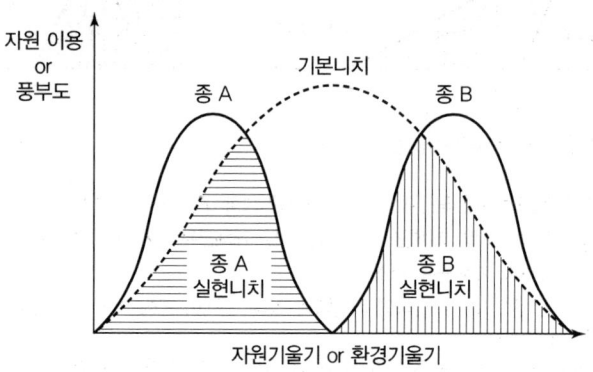

| 기본니치, 실현니치의 개념도 |

3) **니치중복** : 둘 이상의 생물이 먹이 또는 서식지의 동일한 자원을 동시에 이용하는 것이다.
4) **니치분화** : 이용자원의 범위 또는 환경내성 범위의 분화이다.
5) **다차원니치** : 실제로 한 종의 니치는 많은 유형의 자원(먹이, 섭식장소, 커버, 공간 등)을 포함한다.
6) 둘 이상의 종들이 정확히 동일한 요구들의 조합을 갖는 경우는 드물다. 종들은 니치의 한 차원에서는 중복될 수 있으나 다른 차원에서는 그렇지 않다.

5 포식

1. 개념

1) 한 생물에 의한 다른 생물의 전부 또는 일부의 소비를 의미한다.
2) 먹는 자와 먹히는 자인 두 종 이상의 종들의 직접적이고 복잡한 상호작용이다.

2. 로트카-볼테라 포식모형

1) 포식자-피식자 상호작용에 대한 로트카-볼테라모델에 의하여 예측되는 양상이다.
2) 포식자와 피식자 개체군 상호조절을 지나치게 강조한다고 비판 받아 왔다.
3) 하지만, 간단한 수리적 묘사와 포식자-피식자 사이에서 발생하는 진동행동을 잘 표현한다.

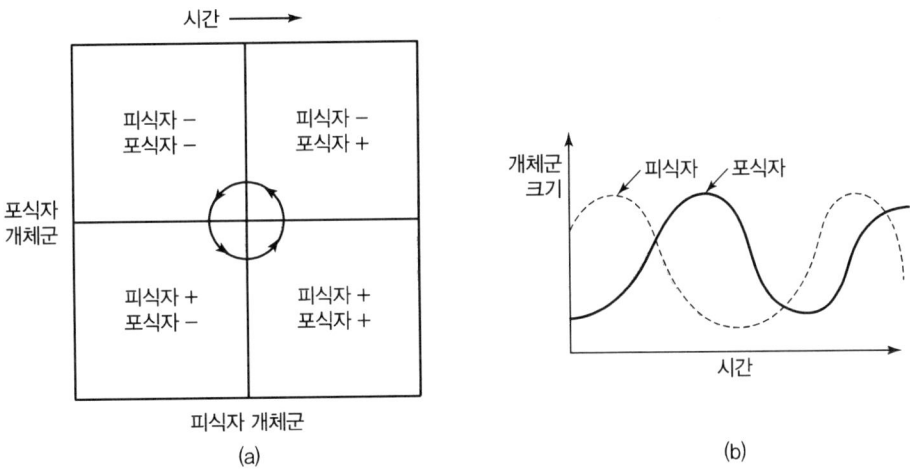

(a) 등사습곡을 결합하면 포식자와 피식자 개체군의 결합된 개체군 궤적을 조사하는 수단이 된다. 화살표는 결합된 개체군 궤적을 나타낸다. -부호는 개체군의 감소를, +부호는 개체군의 증가를 나타낸다. 이 궤적은 포식자-피식자 상호작용의 주기적 성격을 보여 준다.
(b) 시간에 따른 포식자, 피식자 개체군 크기의 내재적 변화를 도식화하면, 포식자 밀도가 피식자 밀도를 뒤따르는 어긋난 위상으로 두 개체군이 끊임없이 순환함을 볼 수 있다.

┃로트카-볼테라 포식모형┃

3. 먹이획득행동과 포식위험

1) 먹이획득행동

① 최적먹이획득 : 가장 효율적 먹이획득이다.
② 이질적 환경에서 먹이획득 : 최적장소에서 먹이가 소진되었을 경우 다른 곳으로 이동한다.

2) 포식위험

만일 포식자들이 근처에 있으면 먹이획득자는 수익성은 최고지만 포식당하기 쉬운 지역은 방문하지 않고, 덜 유익하나 더 안전한 서식지로 이동하는 것이 이롭다.

4. 포식자와 피식자의 공진화

1) 피식자
   ① 포식자에게 발견되고 포획되는 것을 피할 수 있도록 적응도를 높인다.
   ② 자연선택은 더 똑똑하고 더 잡기 어려운 피식자를 만들어 낸다.

2) 포식자
   ① 피식자 포획에 실패한 포식자는 생식이 저하되고 사망이 증가한다.
   ② 자연선택은 더 똑똑하고 더 기술이 좋은 포식자를 만들어 낸다.

3) 공진화

   피식자들은 포획을 피하는 수단을 진화시켜야 하고, 굶어 죽지 않기 위해 포식자들은 포획하는 더 좋은 기술을 진화시켜야 한다.

5. 피식자의 방어기작

1) **화학적 방어** : 페로몬, 냄새, 독물

2) **보호색** : 환경과 섞이는 색과 문양
   ① 대상물 의태 : 나뭇가지 또는 잎 흉내
   ② 안점표지 : 포식자 위협, 시선 또는 주위 전환
   ③ 과시채식 : 눈에 잘 띄는 색을 드러내서 포식자로 하여금 혼란케 함
   ④ 경계색 : 포식자에게 고통 또는 불쾌감을 상기시킴
   ⑤ 베이츠 의태 : 독성 종들의 경계색을 닮거나 흉내내어 채색을 진화
   ⑥ 뮐러 의태 : 맛이 없거나 독이 있는 많은 종들의 유사한 색채, 문양 공유
   ⑦ 보호외장 : 위험 시 외장덮개나 껍데기 속으로 움츠림

3) 행동방어
   ① 경계성 고음
   ② **전환과시** : 포식자의 주위를 서식지나 새끼로부터 다른 곳으로 돌림
   ③ 무리생활

4) 포식자 포만 : 자손을 단기간에 생산하며 일부만 잡아먹힌다.

6. 포식자 사냥전략 진화

1) 잠복   2) 암행   3) 추적

7. 초식동물의 식물포식

1) 자신이 섭취하는 식물을 죽이지 않는 특이한 포식형태

2) 식물의 진화
   ① 구조적 방어
      ㉠ 털이 많은 잎
      ㉡ 줄기가 변형된 가시
      ㉢ 턱잎이 변형된 가시

   ② 그 밖의 방어
      ㉠ 2차 화합물 : 초식동물이 식물조직을 소화하는 능력을 감소시키거나 초식동물의 섭식을 억제
      ㉡ 식물-곤충 상호작용 : 일부 식물에서 자신의 포식자의 포식자를 유인

6 기생과 상리공생

1. 기생자와 숙주

1) 개념
   ① 기생자 : 먹이, 서식지, 분산을 위하여 숙주를 이용, 숙주를 죽이지 않음
   ② 숙주 : 2차 감염으로 죽거나 생장 지연, 쇠약, 이상행동 또는 불임으로 고통받음

2) 감염 : 기생자의 과부하이다.

3) 질병 : 감염의 결과이다.

4) 서식지 : 숙주는 기생자의 서식지이다.
   ① 동물
      ㉠ 외부기생자 : 깃털과 털의 보호덮개 안의 피부에 사는 기생자
      ㉡ 내부기생자 : 숙주 내부에 사는 기생자

② 식물
　　㉠ 뿌리와 줄기
　　㉡ 뿌리와 수피 밑에 있는 목부조직 아래
　　㉢ 뿌리근원부
　　㉣ 잎의 내부, 어린 잎 위, 성숙한 잎 위
　　㉤ 꽃, 꽃가루, 열매 위

5) 매개자 : 일부 기생자는 중간생물 또는 매개자에 의해 숙주 간에 전파된다.

2. 상리공생

1) 개념

직접적, 간접적 상리공생 관계는 이제 막 인정하고 이해하기 시작한 방식으로, 개체군 동태에 영향을 미칠 수 있는 개념이다. 종 간 관계에서 한 종은 부정적 영향을 받는 편리공생과 대조적으로 상리공생은 관계되는 두 종 모두 이익이 되는 관계를 말한다.

2) 상리공생의 종류

① **절대적 상리공생** : 상리적 상호작용이 없으면 생존하거나 번식할 수 없다.
② **조건적 상리공생** : 상리적 상호작용이 없어도 생존하거나 번식이 가능하다.
③ **공생적 상리공생** : 같이 살기　예 산호초, 지의류
④ **비공생적 상리공생** : 따로 살기
　　예 꽃피는 식물의 수분과 종자분산 – 여러 식물, 수분매개자, 종자 분산자

3) 상리공생의 사례

① **질소고정세균과 콩과식물** : 콩과식물뿌리에서 삼출액과 효소를 방출하여 질소고정세균을 유인→뿌리혹 형성→뿌리세포 내 세균은 가스상태 질소를 암모니아로 환원→세균은 숙주 식물로부터 탄소와 그 밖의 자원을 받는다.

② **식물 뿌리와 균근** : 균류는 식물이 토양에서 물과 양분을 흡수하는 것을 돕고 그 대신 식물은 균류에게 에너지의 근원인 탄소를 공급한다.

③ **다년생 호밀풀과 키큰김 털의 독성효과** : 호밀풀은 식물조직 내에 사는 내부착생 공생균류로 감염→균류는 초본조직에서 풀에 쓴맛을 내게 하는 알칼로이드 화합물을 생산함→알칼로이드는 초식포유류와 곤충에게 유독함→균류는 식물생장과 종자생산을 촉진한다.

④ **아카시아의 부푼가시 안에 사는 중미의 개미종** : 식물은 개미에게 은신처와 먹이 제공→개미는 초식동물로부터 식물 보호→아주 작은 교란에도 개미는 불쾌한 냄새를 내뿜음→공격자가 쫓겨날 때까지 공격한다.

⑤ 산호초 군락에서 청소새우, 청소어류와 많은 어종 간의 청소 상리공생 : 청소어류와 청소새우는 숙주어류에서 외부기생자와 병들고 죽은 조직을 청소하여 먹이를 얻고 해로운 물질을 제거한 숙주어류를 이롭게 한다.

⑥ 수분매개자 : 곤충, 조류, 박쥐−식물은 색, 향기, 냄새로 동물을 유인하여 이들을 꽃가루로 덮고 당이 풍부한 꽃꿀, 단백질이 풍부한 꽃가루, 지질이 풍부한 오일 등 좋은 먹이원으로 보상한다.

> ▶ **종자분산**
> 종자가 친개체로부터 떨어져 나가는 것을 뜻하며, 고착성 생물인 식물의 개체가 상당거리를 이동할 수 있는 유일한 기회다. 종자분산에는 여러 방법이 있는데, 그중 동물을 종자 분산매체로 이용하는 경우는 개미분산, 피식분산, 저식분산, 부착분산 4가지로 나눌 수 있다.
> **예** 개미분산 : 종자껍질에 엘라이오좀이라 불리는 개미 유인 먹이가 있다. 개미들이 엘라이오좀이 붙은 씨앗을 집으로 이동시키면, 땅속에서 안전하게 발아하게 된다. 개미집은 질소와 인이 풍부하여 좋은 기질을 제공한다.

7 군집구조

1. 다양도

1) **종풍부도(S)** : 군집에 나타나는 종의 수이다.
2) **상대풍부도** : 모든 종이 포함된 총 개체수에서 각 종이 차지하는 백분율이다.
3) **종균등도** : 각 종에 속하는 개체수의 균등도이다.
4) **다양도지수** : 군집 내 종수와 종들의 상대풍부도 모두를 고려한다.
5) **심슨지수(D)**
   ① 다양도 지수 중 가장 단순하고 널리 사용되는 지수로, 한 표본에서 임의로 추출된 두 개체가 같은 종(같은 범주)에 속할 확률을 나타낸다.
   ② D값은 0~1이다. D값이 1이면 1종만 존재하며, 0에 접근하면 종풍부도와 균등도가 증가한다.
   ③ $D = \sum (n_i/N)^2$
   $n_i = i$종의 개체수, $N =$ 총 개체수

6) **샤논지수(H')**
   ① 종풍부도와 균등도를 모두 고려한 다양도 지수 중 하나이다.
   ② $H' = -\sum (P_i \log P_i)$
   $P_i = N_i/N$ ($P_i =$ 상대풍부도, $N_i = i$종의 개체수, $N =$ 총 개체수)

2. 우점도

1) 군집에서 한 종 또는 소수의 종이 우세할 때, 이들 종이 우점했다고 한다.
2) 우점은 다양도와 반대되는 말이다. 실제로, 기본적 심슨지수인 D는 종종 우점도의 척도로 사용된다. D값이 1이면 군집 내 단 한 종이 존재하는 완벽한 우점을 나타낸다.
3) 일반적으로 우점종은 군집 내 다른 종을 희생시켜 그 지위에 오르므로, 이들은 지배적인 환경조건하에서 우세한 경쟁자인 경우가 많다.

3. 종과 길드

1) 핵심종
   ① 풍부도에 비하여 군집에 비비례적으로 큰 영향을 주는 종이다(풍부도가 낮은 반면 군집에 큰 영향을 주는 종이다).
   ② 이들을 제거하면 군집구조가 변하기 시작하고, 종종 군집의 종다양도가 낮아진다.
   ③ 사례
      ㉠ 아프리카코끼리
      ㉡ 해달

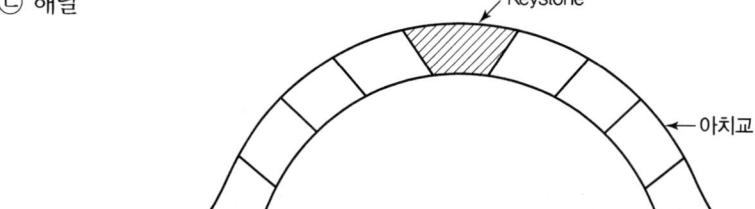

| 핵심종 개념도 |

2) 우점종
   ① 군집에서 한 종 또는 소수의 종이 우세할 때 이들 종을 우점종이라 한다.
   ② 군집에서 우점종이 우세하면 종다양도는 낮아진다.
   ③ 일반적으로 우점종은 군집 내 다른 종을 희생시켜 그 지위에 오르므로, 이들은 지배적인 환경조건하에서 우세한 경쟁자인 경우가 많다.

3) 길드(Gild)
   ① 군집 내에서 비슷한 기능을 수행하거나 같은 자원을 이용하는 일부 생물종들의 집단을 말한다.
   ② 공동의 서식지 및 먹이 등을 이용하는 집단으로 구분된다.

4) 군집구조에 영향을 미치는 요인
   ① 기본니치
   ② 먹이망
   ③ 종 간 상호작용
   ④ 환경적 이질성
   ⑤ 자원 가용성

4. 먹이사슬과 먹이망

1) 먹이사슬(Food Chain)

   군집 내 섭식관계를 함축적으로 표현한 것으로, 어떤 한 종에서 출발하여 다른 종을 향하는 일련의 화살표는 피식자(먹히는 생물)에서 포식자(먹는 생물)로 먹이에너지가 흐르는 것을 나타낸다.

   예 풀 → 메뚜기 → 멧새 → 매

2) 먹이망(Food Wep)

   여러 종 간 상호작용을 보여 주는 연결(화살표로 표시)때문에 아주 복잡하게 얽혀진다.
   ① **기저종** : 다른 종을 먹지 않고 다른 종에게 먹히기만 한다.
   ② **중간종** : 다른 종을 먹지만, 이들도 다른 포식자에게 잡아먹힌다.
   ③ **최상위포식자** : 다른 종에 잡아먹히지 않고 중간종 또는 기저종을 잡아먹는다.

3) **영양단계** : 독립영양생물 → 초식동물 → 육식동물

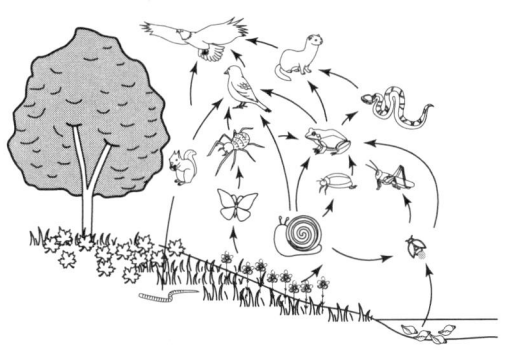

| 먹이망 개념도 |

5. 기능집단

1) **길드** : 한 공통자원을 유사한 방식으로 이용하는 종들의 무리로서 종들을 길드로 구분하면 군집연구를 단순화시켜, 연구자가 감당할 만한 군집의 부분집합들에 집중할 수 있게 된다.
2) **군집** : 상호작용하는 구성길드들의 복잡한 조합이다.
3) **기능형** : 환경, 생활사 특성 또는 군집 내의 역할에 대한 공통적 반응에 근거하여 종의 무리를 규정하기 위해 현재 통상적으로 이용한다.
    예 C_3, C_4, CAM

6. 군집의 물리적 구조

1) 육상식물군집의 수직구조
    ① 임관
    ② 하층식생
    ③ 초본층
    ④ 근권

▮ 식물군집 수직구조 개념도 ▮

2) 수생태계 : 온도와 산소에 따라
    ① **표수층** : 따뜻하고, 밀도가 낮으며 영양소가 적은 물이다.
    ② **수온약층** : 급격한 온도기울기가 나타나는 곳이다.
    ③ **심수층** : 차갑고, 밀도가 높으며 영양소가 많은 물이다.

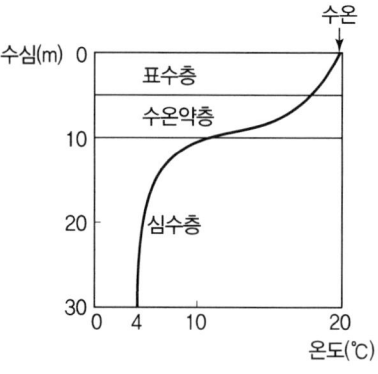

3) 수생태계 : 빛에 의해
    ① **투광대** : 빛이 주로 식물플랑크톤의 광합성을 부양하는 곳인 상층이다.
    ② **무광대** : 빛이 없는 보다 깊은 층이다.
    ③ **저서대** : 유기물 분해가 가장 활발한 호수의 바닥이다.

7. 군집의 개념

1) 클레멘츠의 군집유기체 개념
① 군락을 생명체에 비유하여 각 종을 상호작용하면서 통합된 전체의 한 요소로 본다.
② 천이는 생물체의 발달에 비유한다.
③ 한 군락에 속한 종들은 환경기울기상에서 분포한계가 서로 비슷하며, 이 중 많은 종들은 동일 지점에서 풍부도가 최대가 된다.
④ 인접한 군집들 사이의 전이지대는 폭이 좁고 두 군집이 서로 공유하는 종은 거의 없다.

2) 글리슨의 개체론적 개념(연속체 개념)
① 종 분포의 개체적 성격을 강조한다.
② 환경기울기에 따른 종풍부도의 변화는 매우 점진적으로 일어나므로 식생(종)을 군락으로 나누는 것이 비현실적이다.
③ 환경전이는 점진적이고 구분하기 어렵다. 군집이라고 말하는 것은 어떤 특정한 일련의 환경조건에서 공존하는 것으로 밝혀진 종들의 무리일 뿐이다.

8. 군집구조에 영향을 미치는 요인
1) 기본니치
2) 먹이망
3) 종 간 상호작용
4) 환경적 이질성
5) 자원가용성

8 천이

1. 천이

1) **개념** : 군집구조의 시간에 따른 변화이다.
2) **천이계열** : 초본 → 관목 → 교목
3) **천이단계** : 시간에 따른 연속체상의 한 단계이다.
4) **천이과정** : 육상과 수환경 모두에서 일어난다.
5) **천이초기종** : 최초의 종, 선구종, 개척종 - 대개 높은 성장률, 작은 크기, 높은 분산력 및 높은 개체당 개체군 성장률이 특징이다.
6) **천이후기종** : 분산율과 정착률이 낮으며 개체당 개체군 성장률도 낮고, 몸이 크며 수명이 길다.

7) 천이유형
　① 1차 천이 : 전에 군집이 없었던 장소에서 일어난다.
　　예 암반, 조간대환경의 콘크리트 벽돌과 같이 새로 노출된 표면
　② 2차 천이 : 이미 생물에 의해 점유되었던 공간이 교란된 후에 일어난다.

2. 1차 천이

1) 암반 절벽, 모래언덕, 새로 노출된 빙하쇄설물과 같이 이전에 군집이 살지 않았던 장소에서 시작한다.
2) 황무지 → 화본과 초본류 등의 선구식물이 안정화 → 관목 → 교목(소나무-참나무) 범람원 → 오리나무류와 사시나무류 등 다양한 종 점유 → 가문비나무와 솔송나무류 등의 천이후기종으로 교체 → 주변경관 삼림군집과 유사해짐

3. 2차 천이

1) 육상환경에서 2차 천이
　① 묵밭천이 : 첫해 한해살이 풀 바랭이 → 망초, 쑥부쟁이, 돼지풀 → 다년생 바랭이새속 식물, 소나무 묘목 → 소나무 성장 → 활엽수림

2) 해양환경 2차 천이
　① 켈프 숲 : 켈프 숲 제거 → 1년 후 여러 종의 켈프 혼합, 쇠미역과 다시마 하층식생 → 다시마류의 연속적 발달 → 원래의 구성으로 되돌아감
　② 잘피군집 : 잘피밭 훼손 → 조류에 의한 국지적 교란 → 지하경이 있는 대형 조류 정착 → 죽고 분해됨 → 잘피종류 중 국지적 선구종 정착 → 밀생 → 주변 잘피군집과 비슷해짐

4. 천이연구의 역사

1) 클레멘츠의 단극상가설

　천이과정이란 궁극적 또는 극상단계를 향한 군집의 단계적이고 점진적인 발달을 나타낸다.

2) 이글러의 초기식생구성가설

　어느 지점의 천이과정은 어떤 종이 그곳에 먼저 도착하는지에 달렸다. 먼저 도착하여 정착한 종은 뒤늦게 도착하는 종이 정착하지 못하도록 방해한다. 천이는 개별적이고, 그 자리에 정착한 특정 종들과 도착하는 순서에 달려 있다.

3) 코넬과 슬라티어의 세 가지 모델

① **촉진모델** : 천이초기종이 환경을 변화시켜 천이후기종의 침입, 생장, 성숙에 유리한 조건이 된다고 하였다.

② **억제모델** : 종 간 경쟁이 심한 경우에 해당된다. 어떤 종도 다른 종보다 모든 면에서 우세하지는 않다. 처음 도착한 종은 모든 다른 종으로부터 자기를 방어한다. 생존하고 번식하는 한, 최초 종은 자리를 유지한다. 그러나 단명한 종은 장수하는 종에게 자리를 내주면서 점진적으로 종 구성이 바뀐다.

③ **내성모델** : 후기단계 종은 그들보다 앞선 종이나 늦은 종에 상관없이 새로 노출된 장소에 침입하여 정착하고 성장할 수 있다. 이들이 자원 수준이 낮은 것을 견딜 수 있기 때문이다.

4) 최근

변화하는 환경조건하에서 개별 종들의 적응과 생활사 특성들이 종 간 상호작용과 궁극적으로 종들의 분포와 풍부도에 어떤 영향을 주는지에 초점을 두고 있다.

5. 천이과정의 종다양도 변화

1) 종다양도는 초본단계 후까지 증가하고 관목단계에서 감소한다. 그 후 숲이 어릴 때 종다양도는 다시 증가하지만 숲의 나이가 많아지면서 감소한다.

① **휴스턴** : 천이과정 중 천이초기종을 대치할 경쟁종의 개체군 성장률을 느리게 함으로써 공존기간이 연장되어 종다양도가 높게 유지된다.(자원 가용성이 낮거나 중간인 수준에서 다양도가 최대에 이를 것이라 예측)

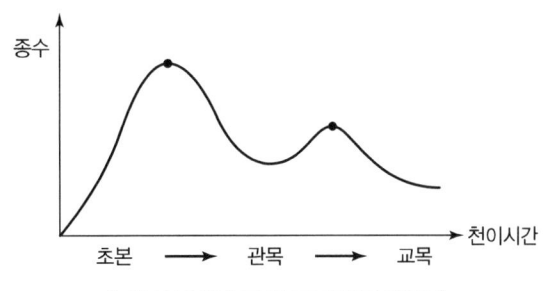

┃천이시간에 따른 종다양도 변화┃

2) 중규모교란설(휴스턴, 코넬리)

① **교란** : 천이의 시계를 되돌림. 식물개체군을 감소시키거나 제거함으로써 그 장소에는 다시 천이초기종이 정착하고, 종의 정착과 대치과정이 다시 시작된다.(교란은 종들의 공존기간을 연장시켜 생장률이 저하되었을 때와 유사한 효과를 보인다)

② **중규모교란설** : 만일 교란빈도가 높으면 천이후기종이 정착할 기회가 없을 것이고, 교란이 없다면 천이후기종이 궁극적으로 천이초기종을 대치할 것이다. 교란빈도가 중간인 경우, 정착은 일어날 수 있으나 경쟁적 대치는 최소한으로 유지된다.

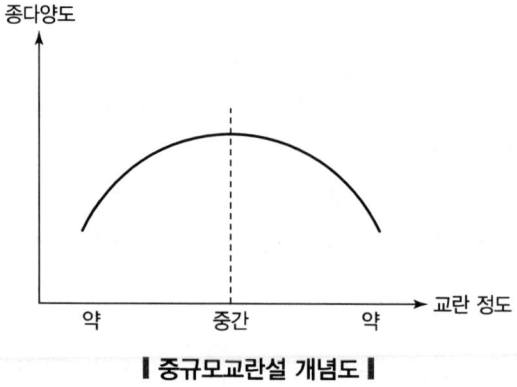

❙ 중규모교란설 개념도 ❙

6. 숲틈천이

숲틈 → 나무좀, 천공성 딱정벌레 → 쓰러진 나무의 부패 → 이끼, 지의류, 식물 묘목 → 고사분해 (종다양도 가장 높음) → 토양과 혼합

04 경관생태학

KEY POINT

01 경관생태학의 정의 02 경관의 구조와 기능
03 토지모자이크   04 전이지역
05 조각의 크기와 형태 06 도서생물지리설
07 이동통로(Corridor) 08 교란

1 경관생태학의 정의

1. 경관생태학의 정의

1) 하나의 경관 안에 있는 공간적·시간적 구성요소와 생물 및 지질학적 과정, 정보이동 사이의 상호관계를 연구하는 학문으로 구조적 측면과 기능적 측면이 양 축을 이룬다.

2) 경관의 구조, 기능, 변화를 고려한다.

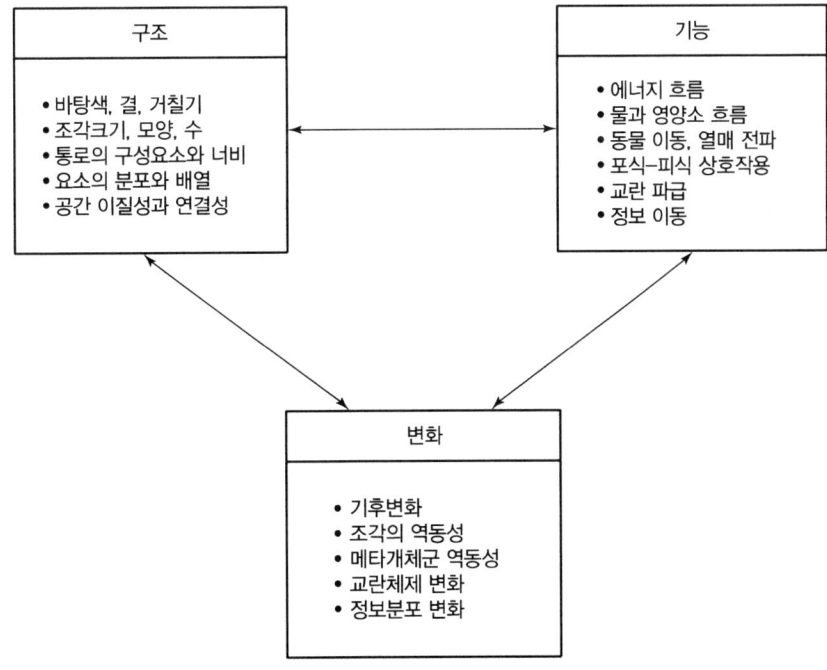

┃ 경관의 구조·기능·변화 개념도 ┃

① **구조** : 뚜렷한 차이가 있는 생태 소공간의 공간적인 관계, 즉 경관요소의 공간적 크기와 형상, 수, 종류, 방향, 대비, 구성요소들의 짜임과 관련된 에너지와 물질, 생물, 그리고 유형의 정보분포상태를 말함
② **기능** : 공간적인 요소의 상호작용을 말하며, 경관요소 사이에서 일어나는 에너지와 물질, 생물종 그리고 정보의 흐름을 말함
③ **변화** : 시간에 따른 경관구조와 기능의 변화특성을 말함

3) 에너지는 경관의 이질적인 구조를 창조하며 동시에 구조는 에너지가 어디에 어떻게 작용할 것인지 결정한다. 즉 구조는 흐름을 결정하고 흐름은 구조의 변화를 초래한다.

2 경관의 구조와 기능

1. 경관구조

1) 개념

   이질적인 공간요소들이 이루는 유형이다.

2) 경관요소

   경관을 이루는 기본적인 단위이다.

   ① **바탕(Matrix)** : 가장 넓은 면적을 차지하고 연결성이 가장 좋은 경관
   ② **조각(Patch)** : 생태적, 시각적 특성이 주변과 다르게 나타나는 비선형적 지역인 경관요소
   ③ **통로(Corridor)** : 바탕에 놓여 있는 선형의 경관요소

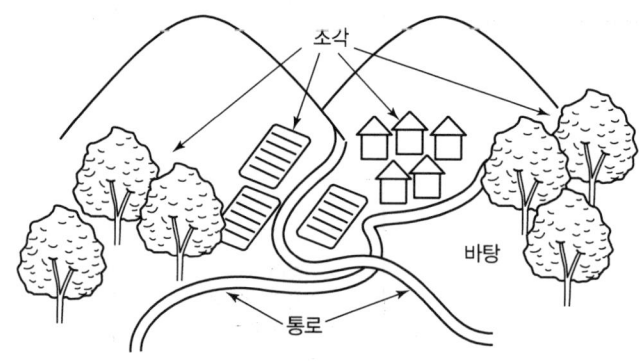

| 경관요소 개념도 |

3) 경관에서 바탕을 조각과 통로로부터 구별하는 방법

① **전체면적** : 전체 토지면적의 반 이상을 덮고 있는 부분이 경관바탕이다.
② **연결성** : 두 가지 특징이 한 구역에서 동등하게 나타나는 경우에는 연결성이 높은 부분이 경관바탕이다.
③ **역동성 통제력** : 구역의 경관 역동성을 좌우하는 공간 부분이 경관바탕이다.

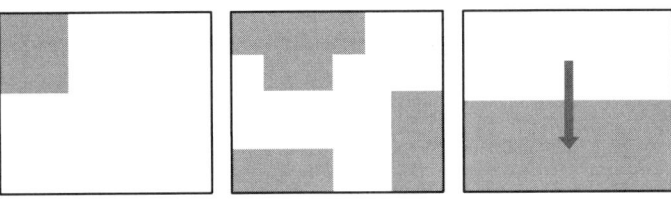

4) 조각의 종류

경관조각의 종류는 생성요인에 따라 다섯 가지로 나누어 볼 수 있다.

① **잔류조각** : 교란이 주위를 둘러싸고 일어나 원래의 서식지가 작아지는 경우
② **재생조각** : 잔류조각과 유사하지만 교란된 지역의 일부가 회복되면서 주변과 차별성을 가지는 경우
③ **도입조각** : 바탕 안에 새로 도입된 종이 우점하는 경우, 예를 들어 인간이 숲을 베어 내고 농경지 개발이나 식재활동을 하거나 골프장 또는 주택지를 조성하는 경우
④ **환경조각** : 암석, 토양형태와 같이 주위를 둘러싸고 있는 지역과 물리적 자원이 다른 경우
⑤ **교란조각** : 벌목이나 폭풍, 화재와 같이 경관바탕에서 국지적으로 일어난 교란에 의해서 생긴 경우

5) 이동통로의 기능

① **서식처** : 조각 사이의 개별 생물이동을 연결하고 통로 안에 서식하는 개체군 사이의 유전자 흐름을 용이하게 하는 것으로 알려져 있다.
   예 산능선, 생울타리, 하천
② **도관** : 에너지와 바람, 식물의 씨앗, 동물들의 이동통로의 기능을 가진다(역기능 : 병원균, 해충, 도입종, 불, 교란요소 등의 위해요소 또한 통로를 따라 용이하게 이동한다).
③ **장벽** : 통로는 주변의 경관요소와 경계를 이루며, 이웃하는 요소의 대비가 늘어나면 그것을 가로지르는 가장자리 침투력은 감소한다. 따라서 통로는 길이방향에 평행한 이동에 대해서는 도관의 기능을 하지만, 수직적인 이동에 대해서는 장벽역할을 하는 경우가 많다.
   예 전선과 담, 송유관, 방화선, 도로, 철도, 운하와 하천
④ **여과대** : 경계부 표면의 움푹 들어간 곳과 튀어나온 곳은 물이나 바람의 흐름을 저지시킬 뿐만 아니라 실려 가는 물이나 눈, 영양소, 식물의 씨앗 등의 이동을 더디게 하거나 일부를 머물게 한다.

⑤ 공급원 : 통로는 물질을 공급하기도 하며, 통로를 따라 이동하는 동물이나 물, 자동차, 도보 여행자는 바탕으로 퍼져감으로써 공급원 기능을 한다. 공급원으로서 기능과 관련된 구조적인 특징은 통로의 너비와 이질성, 환경경사, 곡률, 내부요소의 특성에 의해서 좌우된다.

⑥ 수용처 : 바람에 날리는 눈이나 토양입자, 씨앗은 밭이나 목장의 가장자리를 따라 형성된 생울타리지역에 잡혀 생울타리 통로는 새로운 정착지가 된다. 지표유출수에 포함된 부유입자와 농약 등은 식생완충대에 잡히며 유수에 의해 운반된 토양입자와 입자성 유기물질, 용존영양소는 범람원에 축적되고, 하천 주변 지역의 동물들은 하천변 식생대에 모여든다.

2. 경관기능

1) 개념

경관생태학은 서로 다른 경관요소와 요소의 경계를 가로질러 일어나는 에너지와 물질, 생물, 정보의 이동원리와 함께 이동과 지역을 이루는 각기 다른 특징의 토지 크기, 모양, 배열, 구성요소들 사이의 관계에 관심을 갖는다.

2) 경관요소들의 상호작용 또는 흐름경로

① **확산과 덩어리흐름**
  ㉠ 확산 : 농도가 높은 곳에서 낮은 곳으로
  ㉡ 덩어리흐름 : 물질이 바람이나 물의 흐름에 실려 이동하는 경우

② **능동적 동물이동** : 동물이 옮겨가는 현상 예 철새 떼 등

③ 동물과 사람의 운반과 교신수단

3. 변화와 구조기능의 상호작용

1) 개념

경관구조와 기능의 상호작용에 의해서 경관은 변한다.

2) 의의

초기의 경관생태학이 경관의 유형화라는 명목으로 구조파악에 많은 시간을 보냈다면, 토지이용과 환경 및 자원관리, 생물다양성 보존에서 유용성을 높이기 위해서는 경관의 기능적 측면을 이해하려는 노력이 더욱 가중되어야 할 것이다.

3 토지모자이크

1. 개념

1) 독특한 군집들의 물리적, 생물적 구조의 변화로 정의되는 경계들, 즉 모자이크요소인 조각들의 산물이다.
2) 경관생태학은 경관 과정이 분석될 수 있는 시공간적 규모에서 이질적인 토지모자이크를 형성하는 중심수준에 초점을 맞춘다.
3) 작은 규모에 비해서 큰 규모의 현상은 지속적이고 안정적이다. 짧은 기간에 일어나는 대부분의 변화는 작은 면적에 영향을 주는 반면에 장기적인 변화는 큰 면적에 영향을 미친다. 경관 차원에서는 몇 시간 또는 며칠 안에 척추동물의 이동이 일어나며, 대부분의 경관과 광역수준의 토지모자이크는 수십 년부터 수세기에 걸쳐 조금씩 변형된다.

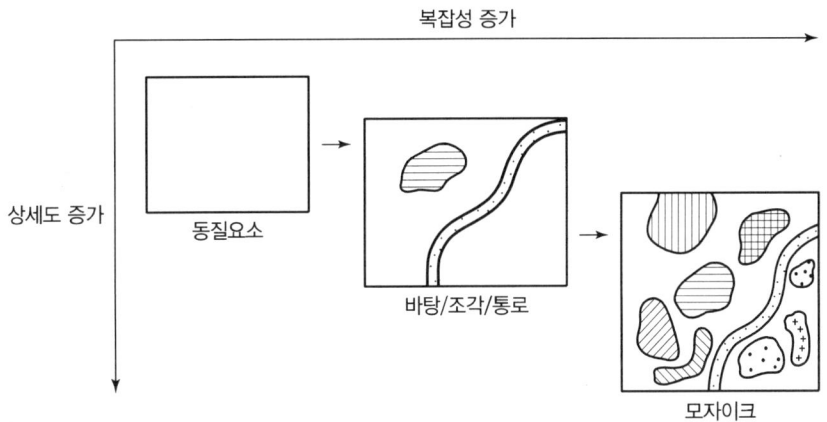

| 경관생태학에서 다루는 공간변이유형의 개념도 |

4 가장자리의 기능

1. 가장자리(Edge) 또는 경계(Border) 종류

1) **고유가장자리** : 장기적인 자연적 특징들이 인접 식생에 영향을 주는 곳에서 가장자리는 통상적이고 안정되며 영구적이다.
2) **유도가장자리** : 자연교란 또는 인간교란과 관련된 가장자리들은 시간이 흐르면서 연속적 변화가 일어난다.
3) **경계** : 한 조각의 가장자리가 다른 조각의 가장자리를 만나는 지점을 조각 간 접촉, 격리 또는 전이지역인 경계라고 한다.
4) **점이대(Ecotone)** : 넓은 경계는 인접 조각들 사이에 종종 점이대라고 불리는 전이지역을 형성한다.

2. 가장자리의 기능

1) 물질, 에너지, 생물의 유동 또는 흐름을 통해 조각들을 기능적으로 연결한다.
2) 전적으로 가장자리 환경에 국한되는 가장자리 종들을 부양한다.
3) 가장자리 효과
   ① 가장자리에서 종다양도가 높아지는 효과가 있다.
   ② 경계면적이 클수록, 인접한 식물군집들이 상이할수록 종다양도가 높다.
   ③ 가장자리에 서식하는 종은 보통 일반종이 많다.

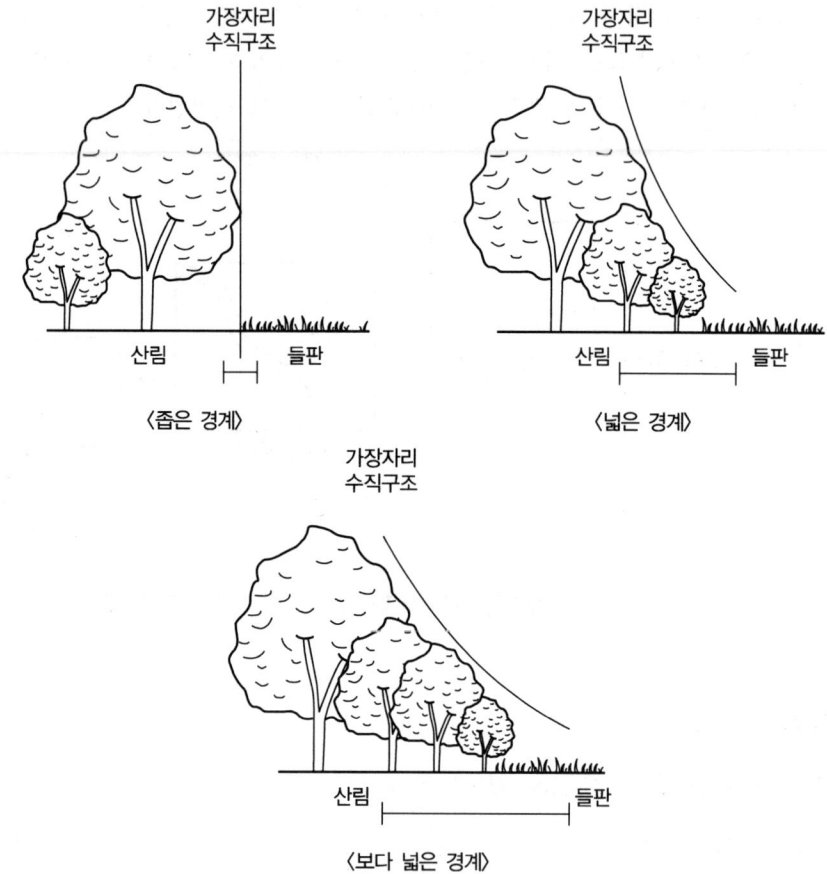

┃시간 변화에 따른 경계 변화 개념도┃

5 조각의 크기와 형태

1. 조각크기에 따른 군집구조, 종다양도, 종의 존재

1) 큰 서식지에서는 행동권이 큰 동물군집이 생존 가능하다.
2) 조각크기가 클수록 다양한 서식지를 창출한다.
3) 가장자리 내부환경에 있는 서식지 간의 차이
   ① 조각이 충분히 클 때에만 경계보다 폭이 커서 내부 조건을 발달시킬 수 있다.
   ② 아주 작은 조각의 경우 모두 경계이거나 가장자리 서식지이다. 조각의 크기가 증가할수록 내부에 대한 경계의 비율은 점점 감소한다. 길고 좁아 그 너비가 경계의 폭을 넘지 않는 삼림지 조각은 총 조각면적에 상관없이 모두 경계 군집이다.

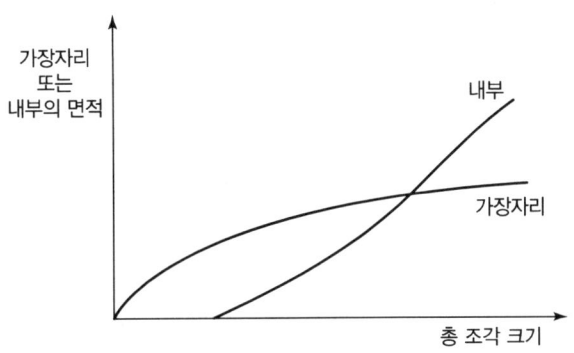

│ 조각크기와 가장자리 및 내부면적 사이 일반적 관계 │

4) 조각면적과 종수의 관계
   일반적으로 숲 조각의 면적이 크면 서식하는 종의 수는 많아진다.

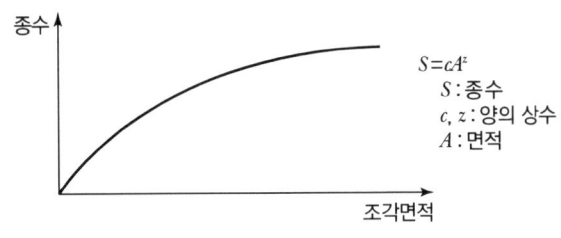

│ 조각면적과 종수의 관계 │

$S = cA^z$
S : 종수
c, z : 양의 상수
A : 면적

5) 조각모양에 따른 내부와 가장자리 크기 비교
   원의 경우에는 핵심구역(회색원)과 내부(빗금부분)가 같다. 경계로부터 100m까지를 가장자리(백색부분)라 했을 때, 각 모양 아래 숫자는 전체 면적 1평방킬로미터에 대한 가장자리 면적의 백분율을 가리킨다.

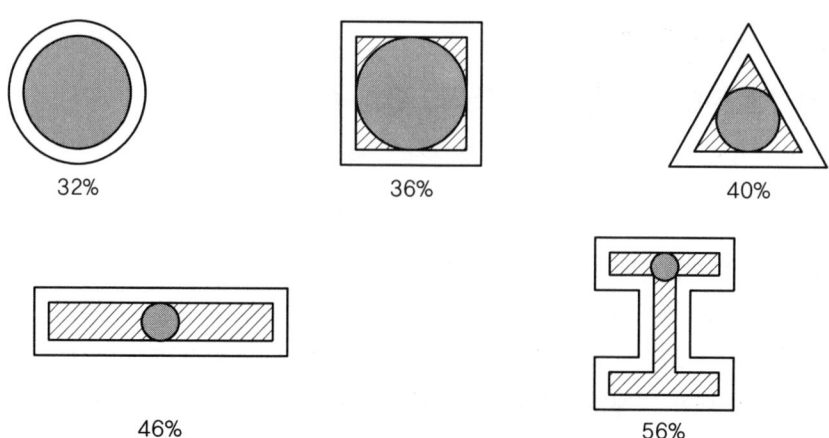

| 조각모양에 따른 핵심구역과 내부 그리고 가장자리 면적의 상대적인 크기 비교 |

2. 내부종

1) 경계환경에 관련된 돌연한 변화와 거리가 먼, 내부 서식지에 특징적인 환경조건이 필요하다.
2) 내부종 유지에 필요한 서식지의 최소 면적은 동물과 식물이 다르다.
   ① 식물 : 조각크기 자체는 환경조건보다 종의 존속에 덜 중요함
   ② 동물 : 조각크기가 어느 한도까지 증가할 때까지 종풍부도가 증가함

> 숲과 초지 조각 모두에서 조류 종다양도를 조사한 많은 연구들은 조각크기가 어느 한도까지 증가할 때까지 종풍부도가 증가함을 보여 준다. 즉 24ha크기의 삼림지에서 조류종의 최대 다양성이 나타난다. 중간크기 조각의 경우, 최대종다양도의 일반적 양상은 내부종과 증가된 면적 간의 양(+)의 상관관계와 더불어 가장자리종과 서식지 조각크기 간의 음(-)의 상관관계에서 기인한다.
> 이러한 연구들은 둘 이상의 작은 삼림조각들이 동일한 면적의 연속된 삼림보다 더 많은 종을 부양하는 것을 나타낸다. 그러나 보다 작은 삼림지는 광범위한 삼림지역을 필요로 하는 진정한 삼림 내부종을 부양하지 않았다. 따라서 종다양도의 추정치는 삼림 단편화가 경관의 생물다양성에 어떻게 영향을 미치는지에 대한 완벽한 그림을 제시하지 못한다. 내부 서식지와 가장자리 서식지 모두에 특징적인 조류종 무리를 부양하려면 이질성이 높은 커다란 숲 지대가 필요하다.

6 도서생물지리설

1. 도서생물지리설

1) **1963년 맥아더와 윌슨** : 한 섬에 정착한 종의 수는 새롭게 정착하는 종들의 이입과 예전에 정착했던 종들의 절멸 사이의 역동적 평형을 나타낸다.
2) **섬에서의 평형종수** : 종풍부도 증가에 따라 이입률은 감소하나 절멸률은 증가한다. 절멸률과 이입률 간의 균형(이입률=절멸률)은 섬에서의 평형종수를 정의한다.

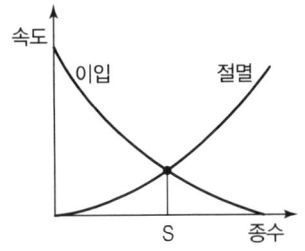

｜섬에서 평형종수 개념도｜

3) **이입률** : 본토로부터 가장 잘 분산할 수 있는 종이 섬에 가장 먼저 정착할 것이다. 섬에서 종수가 증가함에 따라, 새로운 종의 이입률이 감소할 것이다. 이는 섬에 성공적으로 정착하는 종이 많을수록, 본토(이입하는 종들의 공급지)에 남아 있는 잠재적인 새로운 정착종이 적어지기 때문이다. 본토의 모든 종들이 섬에 존재할 때 이입률은 0이 된다.

4) **절멸률** : 초기 이입종들이 사용 가능한 서식지와 자원들을 이미 사용했을 터이므로 후기 이입종들은 개체군을 확립하지 못할 수 있다. 종의 수가 증가함에 따라 종들의 경쟁이 더 치열해져서 절멸률이 점차 높아지게 된다. 만일 섬에 서식하는 종의 수가 이 평형을 초과한다면, 절멸률이 이입률보다 더 높아서 종풍부도의 감소를 초래한다.

5) **도서생물지리설** : 본토에서 섬까지의 거리와 섬의 크기 모두 종풍부도의 평형에 영향을 준다는 이론이다.
   ① 거리 : 섬과 본토 간의 거리가 멀수록 많은 이입종들이 성공적으로 도착할 확률이 낮다. 그 결과는 평형종수의 감소이다.
   ② 크기 : 넓은 지역은 일반적으로 자원과 서식지가 더 다양하기 때문에 면적에 따라 변하는 절멸률은 큰 섬에서 더 낮다. 큰 섬은 더 많은 종들의 요구를 수용할 수 있을 뿐만 아니라 더 많은 각 종의 개체들을 부양할 수도 있다. 큰 섬은 작은 섬에 비해 절멸률이 낮아 평형종수가 더 높다.

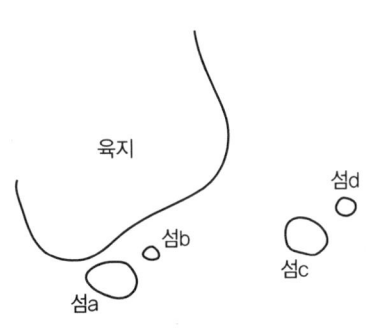

(a) 육지와 가까운 섬 a, b
육지와 먼 섬 c, d
크기가 큰 섬 a, c
크기가 작은 섬 b, d

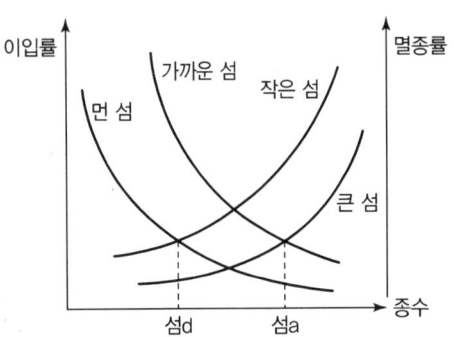

(b) 이입률은 거리와 관계있고 멸종률은 섬의 크기와 관계가 있다. 따라서 크기가 크고 거리가 가까운 섬 a의 종수가 가장 많고, 크기가 작고 거리가 먼 섬 d의 종수가 가장 적다.

｜도서생물지리설의 개념도｜

2. 도서생물지리설의 이용

1) 처음에는 도서생물지리설이 해양의 섬들에 적용되었지만 많은 다른 유형의 섬이 있다.
2) 심벌로프는 "섬이란 조각의 생물들이 지나기 어려운 상대적으로 황폐하고 상이한 지형에 의해 유사한 서식지와 격리된 모든 서식지 조각"이라고 했다.
3) 도서생물지리설이 경관조각에 어떻게 적용될 수 있을까?(만약 도시의 콘크리트 구조물이 바다이고 녹지가 섬이라고 생각한다면?)

해양의 섬	경관조각
물이라는 분산에 대한 장벽으로 포위된 육상 환경	조각 간 이동과 분산에 별다른 장벽이 없는 다른 육상환경과 연관되어 있다.

3. 다이아몬드 이론

1975년 다이아몬드에 의해 육상에서 자연환경보전구역 설정 시 적용한다.

1) 큰 조각이 작은 조각보다 유리하다.
2) 하나의 큰 조각이 여러 개의 작은 조각보다 유리하다.
3) 조각들의 모양이 모여있는 것이 일렬로 있는 것보다 유리하다.
4) 연결되어 있는 조각이 연결이 없는 조각보다 유리하다.
5) 거리가 가까운 조각들이 먼 조각보다 유리하다.
6) 원형 모양이 기다란 모양보다 유리하다.

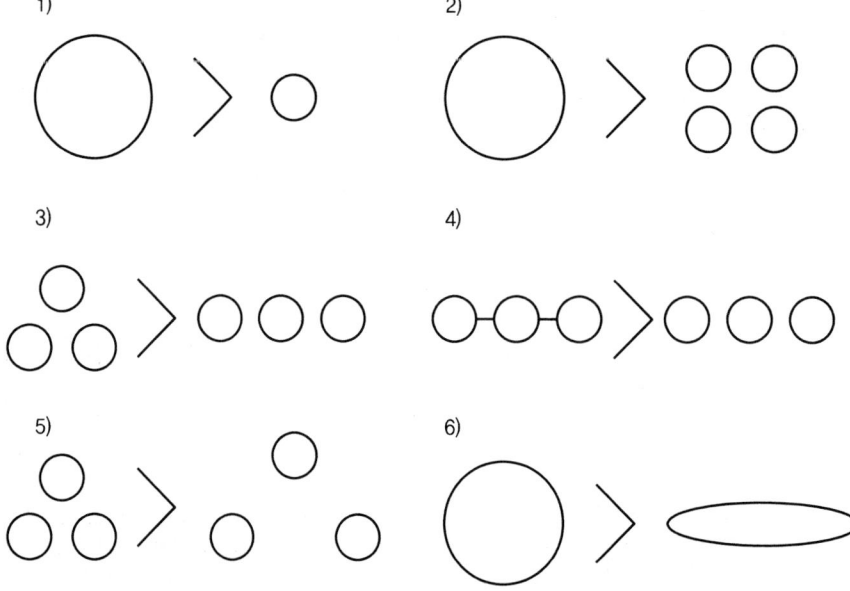

▮ 다이아몬드 이론 개념도 ▮

7 이동통로(Corridor)

1. 이동통로의 종류

1) 선형 이동통로(Narrow Line Corridor)

생울타리, 급류 위에 놓인 다리, 고속도로 중간지대 등 식생의 띠 형태이다.

2) 띠 조각형 이동통로(Strip Corridor)

보다 넓은 식생대는 내부와 외부 환경 모두로 구성될 수 있다. 택지개발지, 송전선 용지, 하천과 강변의 식생대 사이에 남은 넓은 삼림지 띠 조각 등이 해당한다.

3) 징검다리형 이동통로(Stepping Stone Corridor)

옥상조경, 벽면녹화 등 작은 조각 형태이다.

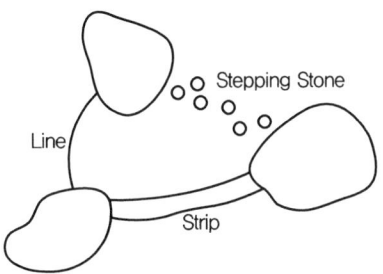

┃이동통로 개념도┃

2. 이동통로의 역할

1) 통로
2) 필터 : 크기가 다른 이동통로의 틈은 특정 생물은 건너가도록 하나 다른 종은 제한함
3) 서식지 제공
4) 종 공급처
5) 종 수용처

3. 이동통로의 부정적 영향

1) 포식자에게 정찰위치를 제공한다.
2) 질병 전파, 외래종의 침입이나 확산을 위한 통로 제공한다.
3) 만약 이동통로가 너무 좁다면 집단들의 사회적인 이동성을 억제한다.

8 교란

1. 교란의 개념
군집구조와 기능에 지장을 주는 불, 폭풍, 홍수, 혹한, 가뭄과 전염병 같은 비교적 불연속적인 사건이다. 교란은 경관상 패턴을 만들어 내고 또한 패턴의 영향을 받는다.

2. 교란사건과 교란체제
1) **교란사건** : 1회의 폭풍이나 불 등 특정한 교란사건
2) **교란체제(양상)** : 장기간에 걸쳐 경관을 특징 짓는 교란으로 시공간적 특성을 모두 갖고 있고 이 특성들은 세기, 빈도, 공간적 범위, 즉 규모를 포함한다.

3. 교란크기
1) **소규모교란**
   ① 대표적 사례는 숲틈
   ② 새로운 개체들의 정착을 위한 물리적 공간의 제공뿐 아니라 그 이상을 제공

2) **대규모교란**
   ① 사례 : 화재, 벌채, 토지개발
   ② 국지개체군들의 실질적인 감소를 초래하거나 제거시키고, 물리적 환경을 바꾼다.
   ③ 장기적 복구는 원 군집에 특징적인 종들이 결국 초기 정착 종들을 대치하는 2차 천이과정을 수반한다.

4. 교란 종류
1) **자연교란** : 폭풍, 홍수, 바람, 유수, 불

   - 지표화 : 지표만을 태우는 빈번한 가벼운 불(1~25년에 한 번 발생)
   - 수관화 : 나무를 태우는 불(50년, 100년, 300년에 한 번 발생)
   - 지중화 : 땅속을 태우는 불

2) **인간교란** : 가장 오랜 시간 지속되는 경관교란의 일부는 인간에 의한 것이고, 지속적인 생태계 관리를 수반하기 때문에 자연교란보다 생태계에 더 큰 영향을 미친다.
   예 농업, 벌목(택벌, 개벌)

05 자연생태환경 조사분석

01 대상지 여건분석
02 육상동물상 조사분석
03 육수생물상 조사분석
04 식물상 조사분석
05 식생조사분석

1 대상지 여건분석

1. 환경생태적 여건

1) 기상환경 조사분석하기

① 기상환경 조사계획을 수립하고 조사항목을 선정한다.

▼ 기후환경 조사항목 및 세부사항

조사항목	세부사항
기온	최근 10년간 평균기온, 최고기온, 최저기온
강수량	최근 10년간 평균강수량
상대습도	최근 10년간 평균상대습도
강우일수	최근 10년간 강우일수
일조시간	최근 10년간 평균일조시간
풍속 · 풍향	최근 10년간 평균풍속, 풍향별 발생빈도

② 실내조사항목과 현장조사항목을 구분한다.

▼ 기상환경 조사항목

구분		필수조사	선택조사
조사항목	실내조사	기온, 풍향·풍속, 습도, 강수량	강우일수, 일조시간, 일사량, 적설량
	현장조사	–	기온, 풍향·풍속, 습도, 일조시간, 일사량

③ 실내조사(문헌조사)를 통해 전반적인 기상환경을 분석한다.
  ㉠ 기상청 홈페이지(http://www.kma.go.kr)
  ㉡ 농촌진흥청 농업기상정보 홈페이지(http://weather.rda.go.kr)

④ 수치지형도를 이용하여 현지조사가 필요한 지점을 선정한다.
  ㉠ 국가공간정보포털 홈페이지(http://www.nsdi.go.kr) : 수치지형도 제공
  ㉡ 습지 · 하천 등 수자원이 있거나 울폐도(Crown Density : 임목의 수관과 수관이 서로

접하여 이루고 있는 임관의 폐쇄정도) 변화가 심하여 기후환경이 변할 가능성이 있는 지역
   ⓒ GPS 등을 이용하여 수치지형도에 표시
⑤ 현지조사를 통해 세부적인 기상환경을 분석한다.
   ㉠ 온도·습도 조사 : 온습도계
   ㉡ 풍향·풍속 : 풍향·풍속계
   ㉢ 기타 기상환경 : 광량, 일조시간 등
⑥ 문헌조사자료와 현지조사자료를 종합하여 도면화한다.
   ㉠ 문헌조사자료와 현지조사자료를 비교·검토한다.
   ㉡ 현지조사자료를 구체화하여 도면화한다.(Mapping)

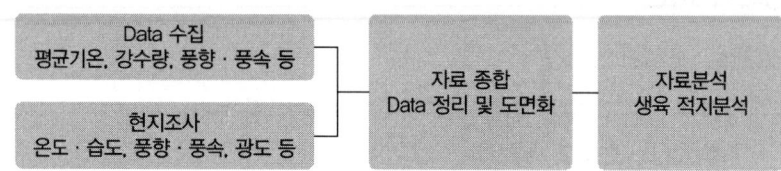

| 기상환경분석 과정 |

2) 지형환경

① 지형환경 조사계획을 수립하고 조사항목을 선정한다.

표고	산 하단부를 기준으로 산의 높이로서 지반고
향	동·서·남·북의 4개 방향 또는 남동·남서·북동·북서를 포함한 8향 기준으로 조사
경사	대상지의 가파르고 완만한 정도 분석 〈경사도 계산방법〉 <table><tr><th>경사도 계산 1</th><th>경사도 계산 2</th></tr><tr><td>경사도(θ) = $\frac{h}{l}$ × 100%</td><td>전체경사도 = $\frac{d_1 l_1 + d_2 l_2 + d_3 l_3 + d_4 l_4 + d_5 l_5}{l_1 + l_2 + l_3 + l_4 + l_5}$ = $\frac{\sum d_i l_i}{\sum l_i}$ d_i : 구간 i에서의 경사도 l_i : 구간 i에서의 평면거리</td></tr><tr><td>지형의 단면을 단순한 삼각형으로 가정하여 그 삼각형의 각도를 경사도로 하는 방법</td><td>지형이 구간에 따라 변화되는 경우, 복잡한 지형을 고려하여 지형단면의 여러 면을 삼각형으로 분할하고 각각의 수평거리 가중치를 더하여 평균하는 방법</td></tr></table>

기타	지형적 장애물	일반적으로 인정될 수 있는 동물의 이동을 방해하는 인공적, 자연적 장애물
	보전가치 지형·지질	자연·경관적, 학술적, 문화적, 역사적, 예술적 가치를 지닌 지형·지질 요소

② 실내조사항목과 현장조사항목을 구분한다.

▼ 지형환경 조사항목

구분		필수조사	선택조사
조사 항목	실내조사	표고, 향, 경사	시계열(지형변화)
	현장조사	토양 침식 및 유실, 비탈면 표면 안정성, 건습상태	표고, 향, 경사

③ 실내조사(문헌조사)를 통해 전반적인 지형환경을 조사한다.
   ㉠ 수치지형도
   ㉡ 항공사진 및 기타

④ 현지조사가 필요한 지점을 선정한다.
   ㉠ 국가공간정보포털(http://www.nsdi.go.kr) : 수치지형도 제공
   ㉡ 토양 침식 및 유실 지점, 비탈면 안정성이 우려되는 지점, 기타 조사가 필요한 지점을 선정한다.
   ㉢ GPS 등을 이용하여 조사지점을 표시한다.

⑤ 현지조사를 통해 세부적인 지형환경을 조사한다.
   ㉠ 경사 : 경사도계
   ㉡ 향 : 방위계
   ㉢ 표고 : 고도계
   ㉣ 지형장애물 및 보전가치 지형·지질

⑥ 문헌조사자료와 현지조사자료를 종합하여 도면화한다.
   ㉠ 표고분석도
   ㉡ 방위분석도
   ㉢ 경사분석도
   ㉣ 과거지형과 현재지형 비교분석도

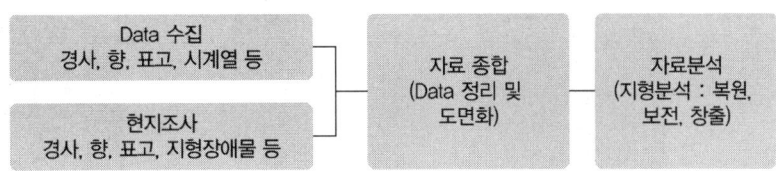

❘ 지형환경분석 과정 ❘

3) 토양환경

① 토양환경 조사계획을 수립하고 조사할 항목을 선정한다.
  ㉠ 표토의 토성
  ㉡ 배수등급
  ㉢ 토양경도
  ㉣ 토양습도
  ㉤ 토양산도

② 실내조사항목과 현장조사항목으로 구분한다.

▼ 토양조사항목

구분		필수조사	선택조사
조사 항목	실내조사	표토의 토성, 배수등급	• 토양 물리성(입도 및 토성, 토양 입단율, 토양공극률, 유효 토실 등) • 화학성(산도, 전기전도도, 양이온치환용량, 유기물함량, 전질소, 유효인산, 염분농도, 치환성 양이온 등), 토양 동물 출현
	현장조사	토양경도, 토양습도, 토양산도	유기물층, 토심, 간이토성

③ 실내조사(문헌조사)를 통해 전반적인 토양환경을 조사한다.
  ㉠ 토양환경정보시스템(http://soil.rda.go.kr)을 이용한다.
  ㉡ 토성, 유효토심, 배수등급, 침식정도, 경사, 토지이용형태를 확인한다.

④ 실내조사(문헌조사)자료를 바탕으로 현지조사를 실시한다.
  ㉠ 유기물층 : 시료 채취와 겸하여 깊이 30cm 이상 조사가 가능한 단면을 만들고 토양상태를 조사한다.
  ㉡ 유효토심 : 구덩이를 파고, 줄자 또는 수직자를 이용한다.

▼ 유효토심의 구분

내용	토심 구분
유효토심	뿌리가 가장 많이 분포하는 깊이
A층 토심	A층 하단부까지의 깊이
B층 토심	B층 하단부까지의 깊이

  ㉢ 토성 : 촉감법

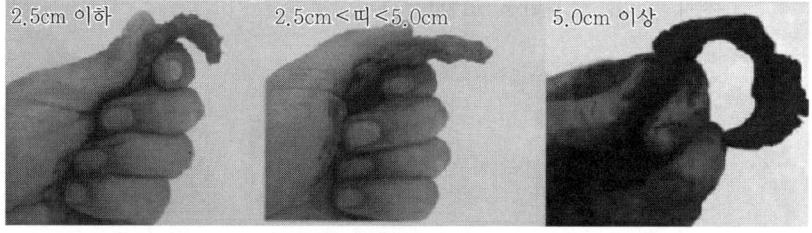

| 촉감법에 의한 토성조사 |

▼ 촉감법에 의한 토성조사방법

띠의 길이	촉감	토성
2.5cm 이하	매우 거칠다.	사질양토
	거칠지도 부드럽지도 않다.	양토
	매우 부드럽다.	미사질양토
2.5cm<띠<5.0cm	매우 거칠다.	사질식 양토
	거칠지도 부드럽지도 않다.	식양토
	매우 부드럽다.	미사질식 양토
5.0cm 이상	매우 거칠다.	사질식 토
	거칠지도 부드럽지도 않다.	식토
	매우 부드럽다.	미사질식 토

㉣ 토양건습 : 촉감법

▼ 촉감법에 의한 토양건습 조사방법

촉감법에 의한 토양건습 조사				
건조	약건	적윤	약습	습
손으로 꽉 쥐었을 때 수분에 대한 감촉이 거의 없음	꽉 쥐었을 때 손바닥에 습기가 약간 묻을 정도	손으로 꽉 쥐었을 때 손바닥 전체에 습기가 묻고 물의 감촉이 뚜렷함	꼭 쥐었을 때 손가락 사이에 물기가 약간 비침	꼭 쥐었을 때 손가락 사이에 물방울이 맺힘

㉤ 토양산도 : 휴대용 pH측정기, 리트머스시험지
㉥ 토양수분 : 토양수분 조사장비
㉦ 토양경도 : 토양경도계

▼ 토양경도지수와 수목생장

구분(mm)	내용
18mm 이하	수목의 생육이 가능함
18~23mm	수목의 근계생장이 가능함
23~27mm	수목의 생육이 양호하지 않음
27mm 이상	수목의 생육이 불가능

㉧ 기타 대상지에 필요한 자료

⑤ 문헌조사자료와 현지조사자료를 종합하여 도면화한다.

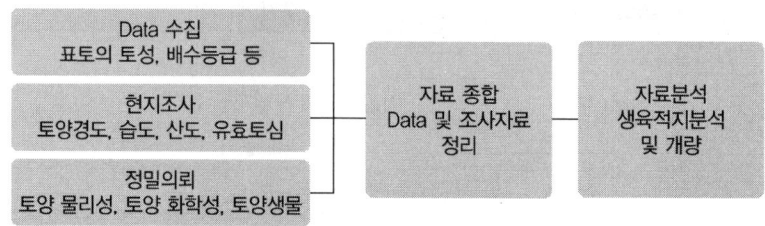

▌토양환경분석 과정 ▌

4) 수환경

① 수환경 조사계획을 수립하고 조사항목을 선정한다.

▼ 수질분석항목

구분	분석항목
수온	수온을 기록한다.
pH	수소이온지수, 즉 수소이온농도를 지수로 나타낸 것이다. 수질의 산성이나 알칼리성의 농도를 나타내는 수치이며 물속에 존재하는 수소이온은 화학반응이나 미생물의 활동에 큰 영향을 미친다.
DO	물속에 녹아 있는 산소(Dissolved Oxygen)를 뜻하며, 유기물에 의하여 심하게 오염된 수역일수록 낮은 농도를 보인다. 용존산소는 수중생물의 생존 및 성장에 반드시 필요한 물질로, 수질관리나 수처리 측면에서 매우 중요한 인자이며, 수질을 판단하는 데 주로 이용된다. 또한 하천이나 호수의 수질분석항목 중에서 용존산소를 가장 중요한 인자로 간주한다.
BOD	생화학적 산소요구량(Biochemical Oxygen Demand)을 뜻하며, 호기성 미생물이 일정 기간 동안 수중의 유기물을 산화·분해할 때에 소비하는 산소량으로, 수질오염을 나타내는 지표로 쓰이며 Ppm으로 나타낸다.
COD	유기물 등의 오염물질 산화제로 산화·분해시켜 정화하는 데 소비되는 산화제의 양을 산소 상당량으로 환산한 것을 말한다.
SS	현탁물질(Suspended Solid)로 부유물질이라고 하는 경우도 있다. 또한 부유 물질량을 지칭하는 경우도 있으며, 물속에 현탁되어 있는 불용성 물질 또는 입자를 가리키기도 한다.
EC	전기전도란 전류를 통과시키는 정도를 말하며 이는 이온의 존재, 이온들의 총 농도와 온도의 영향을 받는다. 전류는 수중에 존재하는 이온성 물질이 증가하면 전기전도도가 증가한다. 또한 온도가 높아지면 전기전도도가 증가한다.
T-P	총인(Total Phosphorus)을 뜻하며, 하천, 호소 등의 부영양화를 나타내는 지표의 하나이다. 수중에 포함된 인의 총량을 뜻한다. 조류의 다량발생과 이로 인한 산소공급의 부족, 햇빛의 부족으로 인한 문제를 발생시킬 수 있다.
T-N	총질소(Total Nitrogen)를 뜻하며, 유기성 질소(단백질, 아미노산), 암모니아 질소, 아질산성 질소, 질산성 질소 형태로 이루어져 있다. 수중에 존재하는 질소의 총량은 수중의 생산력을 좌우한다. 영양염류가 다량 수계로 유입되어 수중의 생산력이 증가하면 조류의 성장이 빠르게 진행되어 용존산소의 결핍과 같은 악영향을 나타낸다.

② 실내조사항목과 현장조사항목을 구분한다.

▼ 수환경의 조사항목

구분		필수조사	선택조사
조사 항목	실내조사	유역범위, 수문현황	오염원 및 처리시설현황, 수위, 유량
	현장조사	수질(녹조, 오염정도), 수계를 유지하는 유입 및 유출부, 수위 및 수량, 호안, 하안 및 하상 유지	수온, pH, DO, BOD, COD, SS, T-P, T-N

③ 실내조사(문헌조사)를 통해 전반적인 수환경을 조사한다.
　㉠ 유역범위 산정 : 수치지형도 및 항공지도 이용
　㉡ 수원 및 유입·유출구 파악하기

▼ 수문현황조사 구분

구분	유입	유출
수원	강우	증발
	용출수	증산
	지하수	지하침투
	지표수 유입	지표수 유출

④ 실내조사(문헌조사)자료를 바탕으로 현장조사를 실시한다.
　㉠ 유역범위조사
　㉡ 수환경범위조사

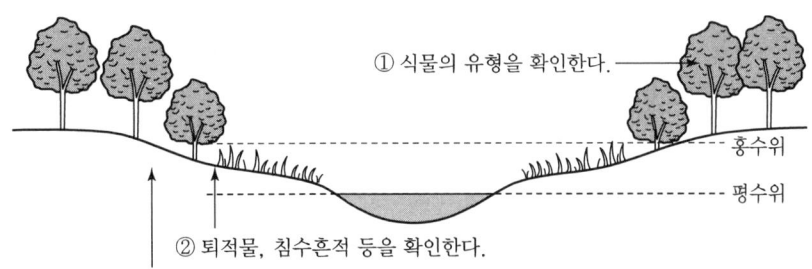

┃ 수환경의 범위 인식방법 ┃

▼ 수환경의 인식 지표

구분	지표
수환경 인식	범람 흔적
	토양의 침윤조사
	퇴적물 침전
	나무줄기의 이끼류
	식물의 유형
	침수되었거나 침식된 흔적

ⓒ 수원의 유입·유출 확인

▼ 수문현황 조사방법

구분	유입	유출
	유입량(%)	유출량(%)
수원	강우	증발
	용출수	증산
	지하수	지하침투
	지표수 유입	지표수 유출

ⓔ 수질측정 : 휴대용 수질측정기

⑤ 문헌조사자료와 현지조사자료를 종합하여 도면화한다.

㉠ 수리수문분석도

㉡ 기타 도면

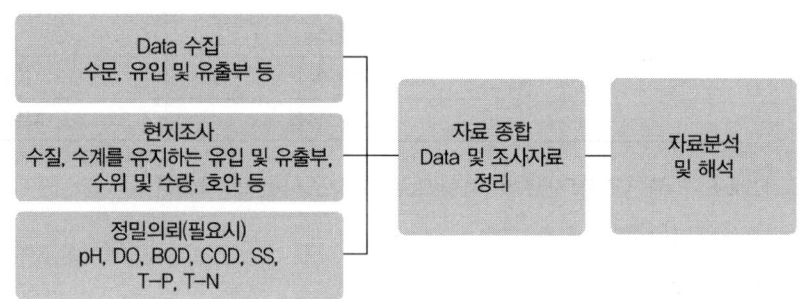

┃수질환경분석 과정┃

5) 생태네트워크

① 환경공간정보를 바탕으로 생태네트워크현황을 조사한다.

㉠ 광역생태네트워크 : 도시와 도시 간의 생태적 연대

㉡ 지역생태네트워크 : 도시 내의 생태적 연대

㉢ 지구생태네트워크 : 대상지의 생태적 연대

② 현장조사를 실시한다.

㉠ 생태네트워크를 형성하기 위한 핵심지역, 완충지역, 코리더를 구분한다.

㉡ 생물종의 이동장애물을 조사한다.

㉢ 환경공간정보에 나타나지 않았던 기타 정보를 매핑(Mapping)한다.

③ 경관의 유형, 구조 및 기능을 파악하여 도면화한다.

㉠ 생물종의 공급원(Source)과 수용처(Sink)관계를 파악한다.

㉡ 환경공간정보와 현장조사 결과에 의한 정보를 종합하여 효율적인 생태네트워크 구조 및 기능을 파악한다.

ⓒ 실현가능성을 도면화한다.

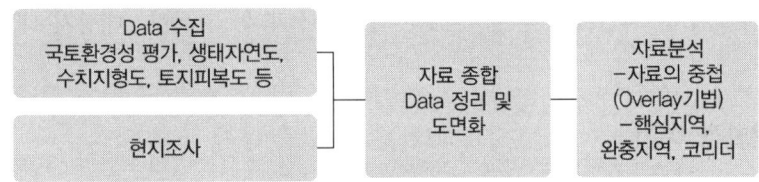

∥ 생태네트워크환경분석 과정 ∥

6) 기타 환경

① **소음 · 진동** : 교통, 산업설비, 공사장, 생활 및 기타
② **빛공해**
③ **대기오염** : 가스상 물질, 입자상 물질, 고정배출원, 이동배출원

2. 사회경제적 여건

1) 인구 및 주거

① 인구
  ㉠ 총 인구수, 인구밀도(인구수/면적), 성별 · 연령별 구성비율
  ㉡ 세대수, 세대별 인구수(총 인구수/세대수)

② 주거
  ㉠ 주택의 형태
  ㉡ 주택보급률

③ **변화추이** : 인구 및 주거현황의 시계열적 변화 추세

④ 이용 수요 추정
  ㉠ **수용능력 추정** : 자연생태계가 안정적으로 유지되면서 부양할 수 있는 인간활동량이다.
  ㉡ **사회적 수요 추정** : 과거의 통계자료 및 유사시설의 사례를 바탕으로 관련된 변수 간의 통계적 관계를 찾아낸 후 이를 미래로 연장시키는 것을 기본방향으로 하고 있다.
    • **정성적 예측** : 명확한 수치적인 기술을 문제 삼지 않고 주관적인 관점을 주로 이용
    • **정량적 예측** : 시계열 자료를 연장하거나 예측을 위한 인과변수를 이용

2) 토지이용

① **토지이용** : 지목, 용도지역 · 지구, 토지이용 항목
② **토지피복** : 토지피복 유형 구분 및 면적 산출
③ **관련 계획** : 상위계획과 기타 사업에 영향을 미칠 수 있는 기 수립된 또는 수립 중인 관련 계획

④ 관련 법규 : 사업의 영향을 미칠 수 있는 관련 법규들
⑤ 교통체계 : 사업지구 주변 가로망, 접근동선체계, 교통량, 대상지 내 주요 동선현황

3. 역사문화적 여건

1) 역사문화환경

① 교육시설 : 초·중·고등학교, 특수학교, 대학, 평생교육기관, 유치원 등

② 문화시설
㉠ 공연시설
㉡ 박물관 및 미술관 등 전시시설
㉢ 도서시설
㉣ 공연시설과 다른 문화시설이 복합된 종합시설
㉤ 예술인의 창작공간, 창작물을 공연·전시하기 위하여 조성된 시설
㉥ 지역문화복지시설, 문화보급·전수시설, 그 밖에 문화예술활동에 지속적으로 이용되는 시설

③ 문화재
㉠ 유형문화재
㉡ 무형문화재
㉢ 기념물
㉣ 민속문화재

④ 생태관광자원 : 생태관광이란 생태계가 특히 우수하거나 자연경관이 수려한 지역에서 자연자산의 보전 및 현명한 이용을 통하여 환경의 중요성을 체험할 수 있는 자연친화적인 관광을 말한다(자연환경보전법, 제2조).

2 육상동물상 조사분석

1. 포유류

1) 포획조사

① 포획조사 일반
㉠ 조사 대상지 내 야생동물의 예상되는 이동로나 잠자리 등의 지역에 포획장비를 설치한다.
㉡ 포획 후 종을 확인하고 조사표를 작성한다.
㉢ 조사가 끝난 야생동물은 방사한다.

② 포획조사의 종류
  ㉠ 함정포획조사(Pitfall Trap) : 소형 포유류나 식충류의 탈출 방지까지 고려한 크기의 트랩(Trap)을 제작하여 포획하는 방법이다.
  ㉡ 쥐덫(Snap Trap) : 먹이로 유인 후 압살하여 포획하는 방법이다.
  ㉢ 생포틀(Sheman Trap) : 먹이로 유인 후 덫 안에 들어오면 입구가 닫히는 구조의 트랩(Trap)을 이용하여 포획하는 방법이다.
  ㉣ 박쥐그물(Bat Trap) : 대상지 내 주변환경(나무, 바위 등)을 이용하여 그물을 걸어 포획하는 방법이다.

2) 흔적조사

① 대상분류군
  ㉠ 직접적인 관찰이 용이하지 않은 포유동물을 조사하는 방법이다.
  ㉡ 대상지 내 서식하는 종과 이동패턴 등을 파악할 수 있다.

② 관찰대상의 흔적 : 배설물, 둥지, 휴식처, 털, 발자국, 먹이흔적 등

③ 포유류조사표 작성
  ㉠ 흔적의 크기 측정
  ㉡ 사진 촬영
  ㉢ 발견 위치 좌표
  ㉣ 종명 및 흔적구분, 특이사항

3) 청문조사

① 청문대상 : 지역주민, 약초재배꾼, 수렵인, 지역전문가, 생태해설가 등

② 청문조사표 작성
  ㉠ 청문대상자의 정보
  ㉡ 청문대상종

③ 청문조사 시 주의점
  ㉠ 연령, 학력, 성별에 따른 편차가 심함을 고려한다.
  ㉡ 이해관계가 있는 사업종사자의 왜곡된 의견이 존재함을 고려한다.
  ㉢ 객관적인 문헌자료를 바탕으로 조사를 실시한다.

4) 직접관찰조사

① 직접관찰조사
  ㉠ 야생동물의 직접관찰을 시도하는 방법이다.
  ㉡ 은폐하고 직접관찰하거나 다음 ②의 직접관찰조사의 종류법을 이용한다.

ⓒ 조사방법에 따른 조사표를 작성한다.

② 직접관찰조사의 종류
  ㉠ 정점조사 : 전망이 좋은 산 능선, 해안에서 조사지역을 관찰하여 센서를 이용하거나 사진촬영을 하여 확인하는 방법이다.
  ㉡ 라이트센서스 : 야간에 수행하는 조사로, 불빛(라이트)을 이용하여 동물의 눈에 빛 반사로 존재를 확인하는 야간조사방법이다.
  ㉢ 항공조사 : 중대형 포유류를 소형 항공기로 관찰하여 광범위한 지역을 조사하는 방법이다. 드론(Drone)을 활용할 수 있다.
  ㉣ 무인센서카메라조사 : 무인카메라센서를 이용하여 지나가는 야생포유류의 서식 유무를 파악하는 데 활용하는 방법이다.
  ㉤ 발신추적장치조사 : 특정 포유류의 몸에 발신장치를 걸어 포유류의 이동경로, 행동범위, 서식 여부 등을 파악하는 방법이다.

2. 조류

1) 조류의 특징

① 이동에 따른 분류

구분	개념
텃새(Resident)	계절에 따라 이동하지 않고 서식하는 새
철새(Migrant)	계절에 따라 정기적으로 이동하는 새
여름철새 (Summer Visitor)	더운 동남아지역에서 우리나라 여름철에 도착하여 둥지를 틀고 번식하는 새
겨울철새 (Winter Visitor)	우리나라 북쪽에서 번식하고 겨울에 먹이활동을 위해 남하하는 종으로, 대부분 무리를 지어 이동하여 월동하는 새
나그네새 (Passage Migrant)	북쪽지역에서 번식하고, 호주, 동남아 등지에서 월동하는 종으로, 우리나라에 잠시 들러 휴식을 취하는 새
미조(Vagrant)	태풍과 같은 자연현상, 기후변화 또는 다른 이유로 찾아온 길 잃은 새

② 조류의 서식행동

행동형태	행동습성
번식시기 (Breeding Season)	조류의 서식지 내에서 번식관계에 따른 시기로, 둥지를 짓고, 산란하여 새끼를 기르는 기간이다. 종마다 다소 차이를 보이고 있으나 보통 4~7월(북반구), 10~2월(남반부)이다.
비번식시기 (Nonbreeding Season)	번식이 이루어지지 않는 시기로, 종에 따라 번식기와 비번식기는 다른 깃털의 양상을 보인다.

행동형태	행동습성
서식지 (Habitat)	조류가 생활하는 지역으로, 종마다 다른 서식공간을 가지고 살아가는 장소이다.
포란기간 (Incubation Period)	암컷이 산란 후 알을 품고 있는 시기이다.
탁란 (Brood Parasitism)	탁란은 둥지를 짓지 않고 다른 조류의 둥지에 알을 위탁하여 포란시키는 습성이다.
이소 (Nest Leaving)	어린 유조가 자라서 날개를 얻은 후 둥지를 떠나는 것을 말한다.
행동권 (Territory)	조류가 자기 둥지를 중심으로 일정한 면적의 영역을 지키기 위해 방어하는 행동이다.
지저귐 (Song)	지저귐은 번식기 때 암컷을 부르는 행동으로 수컷이 내는 소리이다.
울음소리 (Call)	울음소리는 날아오르며 짧게 내는 비상음(Flight Call), 둥지에 천적이 나타날 경우 내는 소리(Alarm Call), 새끼가 어미새에게 먹이를 조르거나 수컷에게 먹이를 달라는 울음(Begging Call) 등이 있다.

2) 조류관찰

① **조사시기**
  ㉠ 번식기를 기본으로 한다.
  ㉡ 다만, 비번식기에 조사할 필요성이 있는 경우에는 비번식기의 조류 생태특성을 고려하여 조사를 시행한다.
  ㉢ 번식기 조류조사는 3월 말~6월 중순이 가장 알맞은 시기이다.
  ㉣ 조류 번식지는 지역마다 차이가 있으므로 기존 연구와 예비조사를 통하여 조사시작 시기와 마무리시기를 결정한다.

② **조사시간**
  ㉠ 조류에 대한 관찰력이 높은 시간을 기준으로 한다.
  ㉡ 번식기의 조류 군집조사는 해 뜨는 시각부터 3시간 동안 진행하는 것을 기본으로 하고 조사대상이 되는 조류의 생태적 특성을 고려한다.
  ㉢ 조류의 활동과 소리 감지를 위해 날씨가 맑은 날 조사를 실시한다.

③ **조사방법 일반**
  ㉠ 산림의 경우, 조사자의 이동으로 인한 방해요소를 제거하기 위해 조사지점에 도착 후 조사 시작 전 1분 정도 정지 후 시작한다.
  ㉡ 조사 시 육안, 쌍안경, 소리 등을 통해 종, 개체수, 행동특성 등을 파악한다.
  ㉢ 조사자가 조사지점 사이를 이동하면서 관찰한 것도 기록하여 분석한다.

④ 조사법 종류

구분	내용
정점조사법 (Point Census Method)	• 다양한 서식지 형태가 존재하는 지역을 조사할 경우, 소규모의 일정 면적을 정해진 시간 동안 머물면서 관찰하는 방법이다. • 일정한 간격으로 정점지역을 선정하여 관찰된 조류의 모습, 울음소리를 기록하는 방법이다. • 주로 넓은 행동권을 가지고 있는 맹금류, 두루미류 또는 야행성 올빼미, 수리부엉이, 쏙독새 등의 개체수 및 서식지를 파악하는 방법이다.
선조사법 (Line Census Method)	일정한 속력으로 걸으면서 조사자의 양쪽에 나타나는 조류의 형태, 색깔, 나는 모양이나 우는 소리 등을 식별하여 조사하는 방법이다.
세력권조사법 (Territory Mapping Method)	• 대부분의 조류는 번식기 때 일정면적의 세력권 또는 행동권을 가지고, 이들이 생활하는 범위를 방어하는 습성을 지니고 있다. • 따라서, 둥지를 중심으로 방어하는 지역의 위치를 지도에 표기하여 조류의 종 및 개체수를 명확히 조사하는 방법이다. • 지도상의 일정면적을 선정하여 세력권도식법을 실시하는 방법이다.
메시법 (Mesh Method)	• 특정지역의 면적을 대상으로 조사구역을 여러 개의 소규모 방형구를 설치하여 전체 방형구를 조사하는 방법이다. • 조류의 개체수를 조사하는 데 많이 이용된다.
플롯조사법 (Plot Census Method)	• 우리나라 산림의 경우 숲이 울창하여 하층식생 및 관목층이 발달하여 안에 들어가 조사하기 쉽지 않은 경우가 많다. • 따라서 이러한 지역을 지나 일정시간을 머물면서 반경 내에 관찰되는 조류의 종 및 개체수를 조사하는 방법이다.
포획조사	• 소형 솔새류 관찰이나 새들이 이동하는 시기에 종의 확인을 위해서 그물이나 캐넌포를 이용하여 채집조사를 한다. • 하지만 최근에는 새 그물을 이용하는 방법 이외에는 잘 사용하지 않는다.
항공조사	• 드론을 활용하는 조사로 조사자가 접근할 수 없는 섬, 절벽 등의 번식지 및 조류를 관찰하는 방법이다. • 일정장소 외에는 잘 이용하지 않는다.
무인추적발신장치조사	• 대상지 내 특정 조류의 목, 발에 발신장치를 부착하여 조류의 이동경로, 행동범위 등을 파악한다. • 생태복원 설계에 반영하여 도면화 작업에 활용되는 방법이다.

3. 양서 · 파충류

1) 서식지

① 양서류

㉠ 저지대의 습지, 하천, 웅덩이, 산지, 계곡, 논 등 저지대의 수계가 지속적으로 유지되고 있는 지역이다.

㉡ 그중 논습지를 가장 많이 선호하지만 종에 따라 산간계곡에서 산란, 번식하여 생활하는 종도 있다.

▼ 양서류의 서식유형 및 서식종

서식유형	서식종
논습지, 하천, 웅덩이, 습지	맹꽁이, 청개구리, 수원청개구리, 참개구리, 금개구리, 한국산개구리, 황소개구리, 고리도롱뇽
저지대수계와 산림	북방산개구리, 도롱뇽, 제주도롱뇽, 두꺼비, 옴개구리
산간계곡	물두꺼비, 계곡산개구리, 이끼도롱뇽, 꼬리치레도롱뇽

2) 번식시기

① 양서류

㉠ 각 종마다 다르기 때문에 조사 시 종의 서식지 유형, 번식시기 등을 고려하여 관찰할 수 있도록 한다.

㉡ 대부분 야행성이며, 번식할 수 있는 장소에 모여 집단으로 산란하는 특성이 있다.

㉢ 우리나라에 서식하는 양서류는 겨울잠에서 깨어나 주로 봄철에서 이른 여름에 산란하는 경우가 많다.

▼ 양서류의 번식시기에 따른 종 구분

번식시기	서식종
2~4월	두꺼비, 도롱뇽, 한국산개구리, 북방산개구리, 계곡산개구리, 물두꺼비, 무당개구리, 고리도롱뇽, 제주도롱뇽
5~7월	금개구리, 청개구리, 수원청개구리, 옴개구리, 참개구리, 꼬리치레도롱뇽
6월 장마시기	맹꽁이

3) 조사방법

① 일반

㉠ 조사대상지역의 현지조사 전 하천 및 수변지역, 삼림 등의 입지를 파악한 후 생태적 특성을 고려하여 현지조사에서 서식이 예상되는 곳으로 이동하며 조사를 실시한다.

㉡ 양서류는 주로 하천 및 수변지역에서 난괴와 유생, 성체를 직접 관찰하여 조사하며, 뜰채를 이용하여 직접 포획하여 확인 후 양서류 조사표에 종명, 관찰내용, 특이사항 등을 기록하고 방사한다.

ⓒ 양서류의 서식이 예상되는 지역에 트랩 및 통발(설치 시 통발 전체를 물에 잠기게 설치하면 포획에 성공하여도 전부 폐사하게 되므로 설치 시 통발이 절반만 잠기게 하여 설치한다)을 설치한다.
② 포획 후 종을 확인할 수 있으며, 설치 후 야간을 보낸 후 다음 날 수거를 실시한다.
⑩ 양서류는 울음소리로도 조사가 가능하며 주로 주간보다 야간에 논이나 밭 근처, 수로, 웅덩이 등에 모여 집단으로 울기 때문에 울음소리로 종을 식별한다.
ⓑ 파충류 현지조사 시 주로 하천변, 도로 주변, 삼림 일대의 바위나 초본류가 있는 곳에 중점을 두고 조사를 실시하며, 도보로 이동하면서 포충망 및 뱀집게 등을 이용하여 포획 후 동정을 실시한다.
ⓢ 현지에서 확인된 파충류의 종명, 관찰내용, 특이사항 등을 조사표에 기록한다.

② **조사법의 종류**

직접관찰조사		• 산란시기에 실시하는 것을 원칙으로 한다. • 비산란기의 조사는 생태적 특성을 고려하여 서식이 예상되는 곳으로 이동하며 실시한다. • 양서류는 하천 및 수변지역에서 난괴와 유생, 성체를 직접 관찰하여 조사한다. • 파충류는 하천변, 도로 주변, 삼림 일대의 바위나 초본류가 있는 곳에서 소형 포충망 및 뱀집게 등을 이용하여 조사한다.
포획조사	함정포획조사 (Pitfall Trap)	포유류 함정포획조사방법과 동일하나 설치위치, 트랩의 크기 등이 상이하며, 주로 양서류를 포획하는 것을 목적으로 한다.
	통발조사	• 주로 어류나 새우류를 포획하는 통발을 이용하여 논이나, 하천 수변에 서식하는 양서류를 포획하는 방법이다. • 단, 설치 시 통발 전체를 물에 잠기게 설치하면 포획에 성공하여도 전부 폐사하게 되므로 설치 시 통발이 절반만 잠기게 설치하여야 한다.
울음소리 조사		주간보다 야간에 논이니 밭 근처, 수로, 웅덩이 등에 모여 집단으로 울기 때문에 울음소리로 종을 식별하여 조사하는 방법이다.
흔적조사		• 뱀류는 성장을 하면서 영양상태가 양호하면 수시로 허물을 벗게 된다. • 그래서 자연상태에서 뱀들이 탈피한 허물을 수거하여 종의 서식 유무를 확인할 수 있다.
라이트 센서스		야간에 수행하는 조사로, 논습지, 웅덩이, 계곡 등을 다니며 불빛(라이트)을 이용하여 양서·파충류의 존재를 확인하는 야간조사방법이다.
표식조사		대상지 내 특정 양서·파충류의 목 또는 꼬리부분에 표식을 부착하여 방사한 후 방형구 내 트랩을 설치, 재포획하여 특정종의 이동경로, 행동범위 등을 파악하여 생태복원 설계에 반영하여 도면화작업에 활용하는 방법이다.
청문조사		조사시간, 범위, 계절적 조사의 한계가 발생하므로 지역전문가, 주민, 생태해설가 등을 대상으로 조사대상지의 양서류 종 서식을 파악하는 데 이용하는 방법이다.

4. 곤충류

1) 조사 일반

① 육상곤충상을 조사하기 위해 조사대상지역을 이동하면서 채집방법을 이용하여 조사를 실시한다.
② 곤충류의 특성상 몇몇 종을 제외하고는 빠르게 이동하는 곤충류를 육안으로 확인한 후 현장에서 동정하기가 쉽지 않으므로 직접 및 간접적인 채집방법으로 채집하여 실내에서 동정을 실시한다.

2) 직접채집방법

▼ 육상곤충류의 직접채집방법

조사방법	내용
채어잡기법 (Brandishing Method)	빠르게 비행하고 있는 곤충을 포충망을 이용해 재빨리 낚아 채 포획한다.
쓸어잡기법 (Sweeping Method)	포충망을 이용해 키 작은 초본류 등 식물군락을 구분하여 약 30회 정도 쓸어 잡는다. 곤충조사의 정량화 데이터로 이용할 수 있다.
털어잡기법 (Beating Method)	새우망이나 우산을 이용하여 목본류 등 식물의 밑동에 펼쳐놓고 식물을 타격하여 떨어지는 곤충류를 채집한다.
흡충관이용법 (Aspirator Method)	손으로 포획하기 어려운 미세한 곤충류를 흡충관을 이용하여 포획한다.

3) 간접채집방법

조사방법	내용
말레이즈트랩 (Malaise Trap)	• 곤충류가 위로 올라가는 특성을 고려하여 설계된 트랩이다. • 곤충류가 그물집에 들어오면 위로 올라가 알코올이 담긴 채집병에 모이게 된다.
함정법 (Cup Trap)	• 종이컵에 먹이를 두고 땅의 표면까지만 묻어 포획하는 채집방법이다. • 땅을 기어다니는 곤충류가 주로 포획된다.
당밀유인법 (Sticky Trap)	• 화장솜이나 나무 표면에 혼합액을 묻혀 유인하는 채집방법이다. • 주로 개미류나, 말벌류, 딱정벌레류가 채집된다.
황색수반채집 (Yellow Pan Trap)	• 꽃으로 모이는 곤충류의 습성을 이용한 포획방법이다. • 그릇 안에 물을 부어 곤충류가 빠지면 다시 나갈 수 없게 한 것이다. • 파리목, 벌목 같은 종류가 주로 채집된다.
야간등화채집 (Light Trap)	• 야간에 곤충류가 불빛에 의하여 모이는 특성을 이용하여 전등이나 불빛의 간섭이 없는 지역에서 조사를 실시한다. • 주로 나방류가 유입된다.

③ 육수생물상 조사분석

1. 어류조사하기

1) 조사 일반

① 조사대상항목
　㉠ 종수, 개체수
　㉡ 군집지수(우점도, 다양도, 풍부도, 균등도)
　㉢ 고유종/외래종
　㉣ 여울성 어종/정수성 어종
　㉤ 민감종/중간종/내성종
　㉥ 잡식종/충식종/초식종/육식종
　㉦ 비정상종/생태계 교란종
　㉧ 어류지수/생물등급

② **조사 및 채집장소** : 어류 조사 장소(Point)를 선택하기 위해 하천 차수 및 하천 특성을 고려하여 총 200m 구간에 가능한 여울(Riffle), 소(Pool), 유속이 느린 구간(Run)을 모두 포함하는 장소를 선정한다.

③ **종 분류 및 개체수 산정**
　㉠ 어류 체장길이가 20mm 이하의 동정이 불가능한 치어의 경우에는 개체수 산정에서 제외한다.
　㉡ 종 동정은 채집 시 현장에서 바로 수행하며, 현장 동정이 어려운 경우 10% 포르말린 용액에 고정한 후 실험실로 운반하여 동정을 실시한다.
　㉢ 멸종위기야생생물 및 천연기념물과 같은 법정보호종은 채집 시 바로 방사조치하여야 한다.
　㉣ 채집일자, 채집지역, 조사자 등을 기록해야 한다.

④ 정량조사

구분	내용
유로 폭 3m 이하	투망 0~5회, 족대 30분 이내
유로 폭 3~5m	투망 5~10회, 족대 30~40분 이내
유로 폭 5m 이상	투망 10회 이상, 족대 40분 이상

⑤ **비정상어류의 동정** : 현장에서 비정상어류의 외형적 동정 구분은 기형, 지느러미 손상, 피부 손상 및 종양으로 구분한다.

▼ 비정상어류의 외형적 동정

비정상어류	특징	증상
기형	변형	머리, 근육, 지느러미, 몸의 다른 부분의 변형
지느러미 손상	지느러미 짓무름	정상 지느러미의 후천적 영향으로 파괴 및 부식
피부 손상	피부 손상	체벽과 조직의 상해, 부상
종양	종양	체벽 외부로 조직의 돌출

⑥ 어류의 생물등급 평가

생물등급	환경상태	어류평가지수(FAI)	지표생물군
A	매우 좋음	80≤-≤100	금강모치, 둑중개, 미유기, 버들치, 산천어, 새미, 열목어, 참갈겨니
B	좋음	60≤-<80	갈겨니, 감돌고기, 꺽저기, 꺽지, 꾸구리, 남방종개, 눈동자개 등
C	보통	40≤-<60	각시붕어, 강준치, 기름종개, 긴몰개, 납자루, 대농갱이, 동사리 등
D	나쁨	20≤-<40	가물치, 가숭어, 꼬리, 누치, 눈불개, 메기, 몰개, 미꾸라지 등
E	매우 나쁨	0≤-<20	붕어, 잉어, 참붕어

2) 어류조사방법

조사방법	내용
투망	투망을 이용하여 정해진 횟수를 던져 출현한 어류종 및 개체수를 기록한다.
족대	족대를 이용하여 채집하고 정해진 시간 동안 채집된 어류종 및 개체수를 기록한다.
통발	통발 안에 먹이를 두고 어류가 이동하는 길목이나 주로 휴식하는 곳에 설치하여 일정한 시간이 지난 후 수거하여 채집된 어류종을 기록한다.

조사방법	내용
유인망	주로 유로 폭이 넓은 하천이나 저수지 등에서 많이 사용되나 지나치게 많은 개체수 및 어린 치어들이 포획될 수 있으므로 허가를 받고 채집을 실시한다.

▼ 대상지 내 조사지 개황(예시)

조사지점	Wa.1(좌표 기재)
하천분류	
유역환경	
제방	
하폭/수폭/수심	
하상구조	
교란/기타	

2. 담수무척추동물

1) 조사 일반

① **대상동물** : 무척추동물의 대상생물은 편형동물, 태형동물, 환형동물, 연체동물, 절지동물(갑각류 및 수서곤충류) 등 대형무척추동물을 대상으로 한다.

② **조사내용** : 무척추동물의 조사항목을 보면 대형무척추동물의 출현종수, 종별 개체밀도, 우점종 및 우점률, 군집지수(우점도, 다양도, 풍부도, 균등도), 크기 측정 등을 조사한다.

③ **조사대상지역** : 조사대상지역은 대표할 수 있는 정점을 선정하고, 선정된 정점에서 좌우안 수변부와 중심부의 중간지점 등을 고려하여 선정한다.

④ **현장조사방법**

구분	내용
수변부	• 정량조사는 드렛지넷(폭 40cm, 망목 1.0m)을 사용하여 조사정점과 바닥을 0.5m를 끄는 방식으로 2회 조사한다. • 정성조사는 필요할 경우 정점 부근의 다양한 서식처에서 뜰채를 사용하여 조사한다.
중심부	포나그랩 혹은 에크만그랩(가로 20cm, 세로 20cm)을 사용하여 각 정점에서 3회씩 정량채집을 실시한다.
고정 및 보관	모든 채집물은 500mL 플라스크(Vial)에 넣고 현장에서 95% 에틸알코올에 고정하며, 실험실로 운반하여 동정한다.

⑤ 동물상 군집분석

구분	분석방법
우점도(DJ.) Dominance Index (McNaughton, 1967)	각 조사점별로 총 개체수를 기록하여 우점도를 산출한다. • $DI(\%) - (ni/N) \times 100$ 여기서, DI : 우점도지수, N : 총 개체수 ni : 제 i 번째 종의 개체수
종다양도(H') Biodiversity Index (Margalef, 1968, Pielou, 1966)	Margalef(1968)의 정보이론에 의하여 유도된 Shannon-Wiener Function(Pielou, 1969)을 이용하여 산출한다. • $H' = -\sum pi \ln(pi)$ 여기서, H' : 다양도 pi : i 번째에 속하는 개체수의 비율(ni/N)로 계산(N : 군집 내의 전체 개체수, ni : 각종의 개체수)
균등도(E') Evenness Index (Pielou, 1975)	Pielou(1975)의 식을 이용하여 산출하였으며, 균등도는 각 지수의 최대치에 대한 실제치의 비로써 표현된다. 각 다양도지수는 군집 내 모든 종의 개체수가 동일할 때 최대가 되므로 결국 균등도지수는 군집 내 종구성의 균일한 정도를 나타내는 것이다. • $E' = D'/\ln(S)$ 여기서, E' : 균등도, D' : 다양도, S : 전체 종수
종풍부도(R') Richness Index (Margalef, 1958)	종풍부도지수는 총 개체수와 총 종수만을 가지고 군집의 상태를 표현하는 지수로서, 지수값이 높을수록 환경의 정도가 양호하다는 것을 전제로 하며, Margalef(1958)의 계산을 이용한다. • $R' = (S-1)/\ln(N)$ 여기서, R' : 풍부도, S : 전체 종수, N : 총 개체수

2) 조사방법

▼ 무척추동물의 정량채집방법

조사방법		내용
서버넷 (Surber Net)		가장 일반적인 정량채집방법으로서 연구 목적 및 하천의 규모에 따라서 다양한 크기의 서버넷을 사용한다.
드레지 (Dredge)		물이 정체되어 있는 정수역에서 주로 사용하며, 드레지로 바닥을 긁어서 채집한다.

3. 조류(Algae)조사하기

1) 조사 일반

① **부착조류**: 부착조류는 수중의 암반 또는 인공구조물 등에 붙어 자라는 미세조류 및 대형 조류가 있으며, 대부분 환경조건이 극히 좋지 않은 유기오탁수역에서 많이 서식한다.

② **미세조류**: 미세조류는 색소를 가지고 광합성을 하는 단세포동물을 말한다.

③ **담수조류**

  ㉠ 저수지, 논, 호소, 강 등의 수계에 서식하는 조류로, 바위 등에서 생육하는 녹조 Trentepohli, 토양에 생육하는 Chlorococcum 등을 담수조류라 한다.
  ㉡ 담수조류는 유기물의 생산자로 육상수계의 생태계에서 중요한 위치를 차지하고 있지만 해양조류에 비하면 현존량의 계절적 변동이 많다.
  ㉢ 담수조류는 주변환경이 악화되면 유성생식을 하여 접합자를 만들거나 또는 세포주위에 후막을 형성하여 휴면상태로 변한다.

2) 조사방법

① **채집**: 조류채집에 있어 대상 수계에서 가장 안정적이고 견고한 자갈, 단단한 돌을 채집하며, 수심은 10~30cm 깊이의 대상 수계의 대표적인 위치를 선정하여 조사를 실시한다.

② **생물량 및 유기물량 측정**

  ㉠ 조류의 생체량에 대한 간접적인 지표인 엽록소-a는 부착조류의 정량시료 20~100mL를 GF/C Filter로 여과한 후 여지를 90% 아세톤 10mL에 넣어 조직마쇄기(Tissue Grinder)로 마쇄하여 측정한 후 최종 농도를 면적당 무게($\mu g/cm^2$)로 환산한다.
  ㉡ 조류기질의 유기물량은 조류의 정량시료 20~100mL를 GF/C Filter로 여과한 후 여과지를 105℃에서 2시간 건조하여 무게를 측정하고, 500℃에서 2시간 동안 유기물을 모두 태운 후 무게를 측정하여 그 무게차를 이용하여 산출한다. 유기물량은 면적당 무게($\mu g/cm^2$)로 환산한다.

③ **군집분석**

  ㉠ 출현종분석
  ㉡ 상태풍부도: 규조류 표본에서 200개체 이상을 계수 및 동정하여 총 세포수당 각 분류군별 세포수로 계산한다.

④ **조류(Algae)를 이용한 수환경평가**

  ㉠ 유기오탁지수(Diatom Assemblage Index of Organic Water Pollution, DAIpo): 0-가장 오염된 상태, 100-가장 청정한 상태

$$DAI_{po} = 50 + 0.5\left(\sum_{i=1}^{s} X_i - \sum_{i=1}^{s} S_i\right)$$

$\sum_{i=1}^{s} X_i$: 민감종의 %상대풍부도 합

$\sum_{i=1}^{s} S_i$: 내성종의 %상대풍부도 합

    ⓒ 영양염지수(Trophic Diatom Index, TDI) : 0-가장 청정한 상태, 100-가장 오염된 상태

$$TDI = (WMS \times 25) - 25$$
$$WMS = \sum_{j=1}^{s}(A_j S_j V_j) / \sum_{i=1}^{s}(A_j V_j)$$

WMS : 가중평균민감도
A_j : j종의 개체수 출현도
S_j : j종의 민감도
V_j : j종의 가중치

4 식물상 조사분석

1. 조사 일반

1) 서식지조사 및 분석과정

과정	조사과정	조사내용
1	조사 대상지 선정	연구에 필요한 조사 및 분석을 실시할 조사 대상지 선정
2	대상지 유형에 따른 조사계획 수립	• 대상지 내에 주로 서식이 예상되는 분류군에 대한 조사계획 수립 • 대상지 내 생태적 서식지 유형에 따른 조사계획 수립
3	대상지 유형에 따른 조사시행	• 대상지 내 서식지의 유형별 조사 시행 • 현지조사를 통한 대상지 내 자료 확보 • 확보한 자료를 바탕으로 서식지의 유형별 분석 실시
4	대상지 유형별 결과 도출	• 분석한 자료를 바탕으로 유형별 결과 도출 • 자료의 디지털이미지화 및 도면화

2) 조사방법

관속식물 현황	조사지역을 직접 도보로 이동하면서 관찰·확인되는 모든 관속식물의 출현종을 식물상 조사 야장에 기재하며, 분류와 동정은 식물도감들을 이용한다. **조사지역의 소산식물 집계표(예시)** | 구분		과	속	종	변종	품종	계
---	---	---	---	---	---	---	---
양치식물							
나자식물							
피자식물	쌍자엽식물						
	단자엽식물						
합계								
생활형 분석	최종 집계된 식물종에 대하여 Raunkiaer(1934)의 생활형을 분석하여 조사지역의 주요환 경요소 등의 상호 작용 또는 공존하는 식물 간의 직접적인 경쟁을 나타낸다. **Raunkiaer(1934)의 생활형 구분** 		구분	개요
---	---	---
G	Geophyte(지중식물)	휴면아가 땅속에 있는 다년초로 지상부는 마른 상태
H	Hemicryptophytes(반지중식물)	휴면아가 지표 바로 밑에 있는 다년초
Ch	Chamephytes(지표식물)	휴면아가 지표면에서 0~0.3m 이내에 있는 다년초
N	Phanerophytes(지상식물-소형)	조목, 미소지상식물로 휴면아가 지표면에서 0.3~2m 사이에 있는 것
M	Phanerophytes(지상식물-대형)	대고목, 대형 지상식물로 휴면아가 지표면에서 8~30m 사이에 있는 것
HH	Hydatophytes(수생식물)	1년생 수생식물, 뿌리가 진흙 속에 있거나 수면에 뜨는 부엽식물
E	Epiphytes(착생식물)	바위나 다른 식물체에 붙어서 서식하는 종
Th	Therophytes(일년생식물)	월동하지 않는 1년 초이거나 월동하는 월년초. 지하에 있는 휴면아가 모체에서 분리되어 월동하고 모체는 그해에 죽는 영양번식형 1년초와 다년초의 중간형태	
귀화식물	• 귀화식물의 분포율에 따라 도시화정도를 나타내기 위하여 도시화지수 및 귀화율을 산출한다. • 국가생물종정보시스템(www.nature.go.kr)의 귀화식물목록(310종) 등 한국의 귀화식물을 기준할 수 있는 서적 및 정보를 참고한다. **도시화지수 및 귀화율** 	구분	내용
도시화지수 (UI)	$UI-S/N \times 100$ (S : 해당 조사지역의 귀화식물 종수, N : 남한의 귀화식물 종수 310종)
귀화율 (PN)	$PN-S/N \times 100$ (S : 해당 조사지역의 귀화식물 종수, N : 해당 조사지역의 관속식물 종수) 입지별 평균귀화율(PN) | 언덕 주택지 | 밭 | 시가지 | 평지 주택지 | 논 | 냇가 | 계단식 논 | 풀밭 | 숲 | |---|---|---|---|---|---|---|---|---| | 48.8 | 32.1 | 27.7 | 18.1 | 14.5 | 13.3 | 7.2 | 4.9 | 4.4 |	

구분	내용
식물 구계학적 특정식물	• 식물 구계학적 특정식물은 서로 다른 지역의 환경을 서로 다르게 표현해 주고, 서로 유사한 지역의 환경은 서로 유사하게 표현해 주는 데 이용하는 분류이다. • 그 분포역의 범위에 따라 5등급(Ⅰ~Ⅴ)으로 구분하여 총 1,258분류군이 정리되었다. **식물 구계학적 특성식물 분포역** <table><tr><th>등급</th><th>분포역</th></tr><tr><td>Ⅴ</td><td>국내에서 고립되어 분포하거나 불연속적으로 분포하는 분류군</td></tr><tr><td rowspan="2">Ⅳ</td><td>북방계 식물로서 일반적으로 1개의 아구에 분포하는 분류군</td></tr><tr><td>남방계 식물로서 일반적으로 2개의 아구에 분포하는 분류군</td></tr><tr><td rowspan="2">Ⅲ</td><td>북방계 식물로서 일반적으로 2개의 아구에 분포하는 분류군</td></tr><tr><td>남방계 식물로서 일반적으로 2개의 아구에 분포하는 분류군</td></tr><tr><td>Ⅱ</td><td>비교적 전국적으로 분포하지만 일반적으로 1,000m 이상 지역에 분포하는 분류군</td></tr><tr><td rowspan="2">Ⅰ</td><td>북방계 식물로서 일반적으로 3개의 아구에 분포하는 분류군</td></tr><tr><td>남방계 식물로서 일반적으로 3개의 아구에 분포하는 분류군</td></tr></table>
환경부 지정 법정보호종 및 산림청 지정 희귀식물	• 멸종위기야생생물의 분포 • 보호되어야 하는 자생지의 개체군 크기 • 서식지의 특이성 등 • 보전이 필요한 산림청 지정 희귀식물
보호수 및 노거수	• 보호할 가치가 있는 노목(老木), 거목, 희귀목 • 현지 참문, 문헌조사, 현지조사 등 • 수종, 수령, 수고, 흉고직경(DHB) 등과 분포위치를 기록

5 식생조사분석

1. 조사방법

1) 산림식생

① 현존식생(Actual Vegetation)

㉠ 기존에 준비된 위성지도 및 수치지도를 바탕으로 도보로 이동하면서 식물군락유형을 판별한다.

㉡ 이동경로는 대부분 능선 및 계곡부를 이용하여 진입하며, 사면으로 이동한다.

㉢ 우점(최상층 수목의 수종)하는 수종을 대표하여 식물군락 판별을 실시한다.

㉣ 식물군락 판별 시 단일군락이 아닌 혼효가 되어 있는 군락의 경우 상위우점수종-하위우점수종(예 소나무-신갈나무군락)으로 표기를 하여 도면에 기재한다.

㉤ 일부 군락단위의 경계를 확인할 수 있을 경우 현장에서 도면에 표시하되 어려운 경우 조사 후 실내에서 위성도면 및 수치지도를 바탕으로 경계를 재작성하고 확인한다.

㉥ 현장조사에서 군락 판별 후 해당 군락의 대표성을 띠는 지점을 설정하여 식생조사표를 작성한다.

㉦ 식물사회학적 방법(Braun-Blanquet, 1965)에 따라 실시한다.

㉧ 최상층 수목의 수고를 기준으로 줄자를 사용하여 가로세로 방형구를 설정한다.

ⓒ 표고, 사면방향, 경사도, 조사지점 좌표, 조사일, 조사시간, 조사자 등과 함께 교목층, 아교목층, 관목층, 초본층으로 나누어 종조성 및 피도값을 기록한다.
ⓒ 우점종 및 수고, 식피율 등을 주관적인 판단하에 기재한다.

▼ 수도 및 피도범위 판정기준

계급	수도(Abundance)	피도범위(Cover)
r	한 개 또는 수개의 개체	고려하지 않음
+	다수의 개체이며	조사구(Releve) 면적의 5% 미만
1	어떤 경우나 조사구 면적의 5% 미만	
	많은 개체이면서	매우 낮은 피도 또는
	보다 적은 개체이면서	보다 높은 피도
2	매우 풍부하며 피도 5% 미만 또는 조사구 내에서 피도 5~25%	
3	수도를 고려하지 않으며	26~50%
4	수도를 고려하지 않으며	51~75%
5	수도를 고려하지 않으며	76~100%

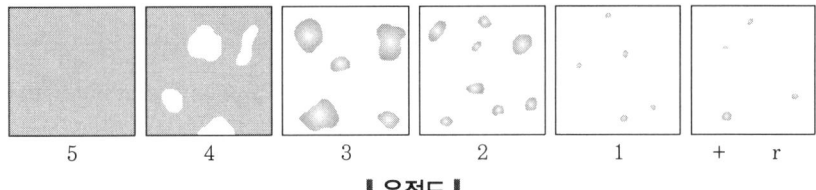

┃우점도┃

② **식생보전등급** : 조사대상지역의 현존식생을 자연성, 희귀성 및 분포상황 등에 따라 그 보전가치를 평가하고, Ⅰ~Ⅴ의 5개 등급으로 등급화한다.

〈식생보전등급 평가 및 등급분류기준〉
(환경부, 자연환경조사방법 및 등급분류기준 등에 관한 규정)

1. 평가항목 및 평가요령

평가항목	평가요령
분포희귀성 (Rarity)	• 평가대상이 되는 식물군락이 한반도 내에서 분포하는 패턴을 의미 • 분포면적이 국지적으로 좁으면 높게, 전국적으로 분포하면 낮게 평가
식생복원잠재성 (Potentiality)	• 평가대상이 되는 식물군락(식분)이 형성되는 데 소요되는 기간(잠재 자연식생의 형성기간)을 의미 • 오랜 시간이 요구되면 높게, 짧은 시간에 형성되는 식물군락은 낮게 평가. 다만, 식생 발달기원이 부영화, 식재 등에 의한 것이면 상대적으로 낮은 것으로 평가

평가항목	평가요령
구성식물종온전성 (Integrity)	• 평가대상이 되는 식물군락의 구성식물종(진단종군)이 해당 입지에 잠재적으로 형성되는 식물사회의 구성식물종인가에 대한 평가를 의미 • 이는 입지의 자연식생 구성종을 엄밀히 파악하는 것으로, 삼림의 경우 흔히 천이후기종(극상종)으로 구성되면 높게, 초기종의 구성비가 높으면 낮게 평가
식생구조온전성	• 평가대상이 되는 식물군락이 해당 입지에 전형적으로 발달하는 식생구조(층위구조)와 얼마나 원형에 가까운가를 가지고 판정 • 삼림식생은 4층의 식생구조를 가지며, 각 층위는 고유의 식생고(Height)와 식피율(Coverage)을 가지고 있으므로 층위구조가 온전하면 보전생태학적으로 높게 평가
중요종서식	• 식물군락은 식물종의 구성으로 이루어지므로 식물종 자체에 대한 보전생태학적 가치를 평가 • 그 분포면적이 좁거나, 중요한 식물종(멸종위기야생식물 I · II급 또는 식물구계학적 중요종)이 포함되면 더욱 높게 평가
식재림 흉고직경	식재림의 경우 가장 큰 개체, 보통 개체의 흉고직경(DBH)을 기록

2. 등급분류기준

등급구분	분류기준

I 등급	• 식생천이의 종국적인 단계에 이른 극상림 또는 그와 유사한 자연림
	  − 아고산대 침엽수림(분비나무군락, 구상나무군락, 주목군락 등)
	  − 산지 계곡림(고로쇠나무군락, 층층나무군락 등), 하반림(오리나무군락, 비술나무군락 등), 너도밤나무군락 등의 낙엽활엽수림
	• 삼림식생 이외의 특수한 입지에 형성된 자연성이 우수한 식생이나 특이식생 중 인위적 간섭의 영향을 거의 받지 않아 자연성이 우수한 식생
	  − 해안사구, 단애지, 자연호소, 하천습지, 습원, 염습지, 고산황원, 석회암지대, 아고산초원, 자연암벽 등에 형성된 식생. 다만, 이와 같은 식생유형은 조사자에 의해 규모가 크고 절대보전가치가 있을 경우에만 지형도에 표시하고, 보고서에 기재사유를 상세히 기술하여야 함

II 등급	• 자연식생이 교란된 후 2차 천이에 의해 다시 자연식생에 가까울 정도로 거의 회복된 상태의 삼림식생
	  − 군락의 계층구조가 안정되어 있고, 종조성의 대부분이 해당 지역의 잠재 자연식생을 반영하고 있음
	  − 난온대 상록활엽수림(동백나무군락, 신갈나무−당단풍군락, 졸참나무군락, 서어나무군락 등의 낙엽활엽수림)
	• 특이식생 중 인위적 간섭의 영향을 약하게 받고 있는 식생

III 등급	• 자연식생이 교란된 후 2차 천이의 진행에 의하여 회복단계에 들어섰거나 인간에 의한 교란이 지속되고 있는 삼림식생
	  − 군락의 계층구조가 불안정하고, 종조성의 대부분이 해당 지역의 잠재자연식생을 충분히 반영하지 못함
	  − 조림기원 식생이지만 방치되어 자연림과 구별이 어려울 정도로 회복된 경우
	• 산지대에 형성된 2차 관목림이나 2차 초원
	• 특이식생 중 인위적 간섭의 영향을 심하게 받고 있는 식생

등급구분	분류기준
Ⅳ등급	인위적으로 조림된 식재림
Ⅴ등급	• 2차적으로 형성된 키가 큰 초원식생(묵밭이나 훼손지 등의 억새군락이나 기타 잡초군락 등) • 2차적으로 형성된 키가 작은 초원식생(골프장, 공원묘지, 목장 등) • 과수원이나 유실수 재배지역 및 묘포장 • 논·밭 등의 경작지 • 주거지 또는 시가지 • 강, 호수, 저수지 등에 식생이 없는 수면과 그 하안 및 호안

비고 : 식재림은 인위적으로 조림된 수종 또는 자연적(2차림)으로 형성되었다 하더라도 아까시나무 등의 조림기원 도입종이나 개량종에 의해 식피율이 70% 이상인 식물군락으로 한다. 다만, 녹화목적으로 적지적수(適地適樹)가 식재된 경우에는 식재림으로 보지 않는다.

2) 하천 식생

① 하천생태계는 유수에 의해 지형형성과정이 역동적이며, 유수량과 수위의 계절적 변화가 심하여 하천식생구조가 다양하게 나타난다. 따라서 조사시기를 정하는 것이 중요하다.

② 시기상 여름철이 가장 적기이며, 그 외 불가피할 경우 봄철 및 가을철에 조사를 실시하는 것이 바람직하다.

③ 하천현장조사 시 조사대상지역의 하천 시점으로부터 도보로 조사를 실시하며, 식물군락을 판별하고 도면에 표시한다.

④ 하천의 현존식생도(Actual Vegetation Map)는 조사지역의 식생구조와 기능이 대표되는 지점을 선정한다.

⑤ 식물군락 판별 시 군락의 우점종 및 상층을 이루는 높이를 기준으로 방형구를 설정한다.

⑥ 해당 방형구 내 종조성 및 피도식피율, 우점종 등을 식생조사표에 기록한다.

⑦ 하천 내 식생단면도는 크게 5개 구역(수역, 수생식물역, 정수식물역, 하원식물역, 하변림)의 우점식생에 의한 군락단면도를 작성한다.

⑧ 하천의 하류방향을 주시하여 좌안 및 우안의 식생분포현황(종조성 및 종의 분포형태)을 지면형태에 맞게 작성하며, 주변 인접 식물상에 대한 수반종을 기록한다.

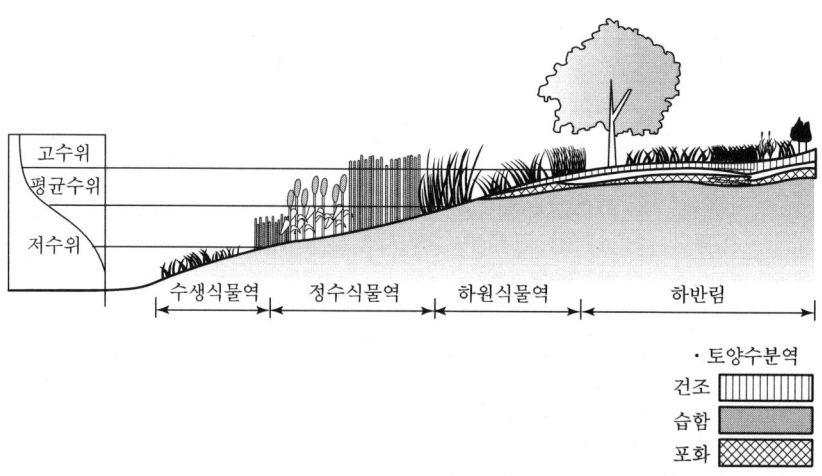

▌지표수, 지하수위와의 관계에 따른 하천식생 분포역 ▌

▼ 하천식생의 횡단구조 구분기준

분류	분류기준	우점식물	우점종(예)
수생식물역 (Aquatic Plant Zone)	• 개방수면과 육상의 중간지대인 연안대에 발달 • 연안대에 관속(管束)이 있는 고등식물 • 물속 또는 물 위에 생장하거나 경엽의 일부가 항상 물에 잠겨 있는 식물	부유식물	개구리밥, 생이가래, 자라풀 등
		침수식물	물수세미, 검정말, 나사말, 말즘 등
		부엽식물	마름, 수련, 어리연꽃 등
정수식물역 (Emergent Plant Zone)	• 하안이 직접 맞닿는 하안선을 중심으로 발달 • 뿌리와 줄기의 하부는 수중이나 토양층에 존재, 줄기와 잎의 대부분은 수면 위에 존재	대형수생 관속식물	갈대, 부들, 줄 등
하원식물역 (Riparian Meadow Zone)	• 계절적 홍수에 의해 범람되면서 생성된 지역에 발달 • 주로 초본류에 의해 피복 • 높은 지하수위에 따른 습한 토양 수분 조건과 주기적인 범람에 대해 내성이 강한 식물종	초본류	부처꽃, 물억새 등
하변림 (Riparian Woodland)	• 하천의 영향을 받는 범위 내에 형성된 수림 • 주로 대형 관속식물 우점 • 성장이 빠른 속성수, 수명이 짧음	버드나무류, 사시나무류	갯버들, 키버들, 선버들 등

3) 녹지자연도

녹지자연도의 사정기준은 다음과 같다.

▼ 녹지자연도 사정기준

지역	등급	개요	해당 식생형
수역	0	수역	수역(강, 호수, 저수지 등 수체가 존재하는 부분과 식생이 존재하지 않는 하중도 및 하안을 포함)
개발 지역	1	시가지, 조성지	식생이 존재하지 않는 지역
	2	농경지(논, 밭)	논, 밭, 텃밭 등의 경작지 • 비교적 녹지가 많은 주택지(녹피율 60% 이상)
	3	농경지(과수원)	과수원이나 유실수 재배지역 및 묘포장
	4	이차초원A (키 작은 초원)	이차적으로 형성된 키가 작은 초원식생(골프장, 공원묘지, 목장 등)
	5	이차초원B (키 큰 초원)	이차적으로 형성된 키가 큰 초원식생(묵밭 등 훼손지역의 억새군락이나 기타 잡초군락 등)
반자연 지역	6	조림지	인위적으로 조림된 후 지속적으로 관리되고 있는 식재림 • 인위적으로 조림된 수종이 약 70% 이상 우점하고 있는 식생과 아까시나무림이나 사방오리나무림과 같이 도입종이나 개량종에 의해 우점된 식물군락
	7	이차림(Ⅰ)	자연식생이 교란된 후 2차 천이의 진행에 의하여 회복단계에 들어섰거나 인간에 의한 교란이 심한 삼림식생 • 군락의 계층구조가 불안정하고, 종조성의 대부분이 해당지역의 잠재자연식생을 반영하지 못함 • 조림기원 식생이지만 방치되어 자연림과 구별이 어려울 정도로 회복된 경우
	8	이차림(Ⅱ)	자연식생이 교란된 후 2차 천이에 의해 다시 자연식생에 가까울 정도로 거의 회복된 상태의 삼림식생 • 군락의 계층구조가 안정되어 있고 종조성의 대부분이 해당 지역의 잠재자연식생을 반영하고 있음 • 난온대 상록활엽수림(동백나무군락, 구실잣밤나무군락 등), 산지계곡림(고로쇠나무군락, 층층나무군락), 하반림(버드나무-신나무군락, 오리나무군락, 비술나무군락 등), 너도밤나무군락, 신갈나무-당단풍군락, 졸참나무군락, 서어나무군락 등
자연 지역	9	자연림	식생천이의 종국적인 단계에 이른 극상림 또는 그와 유사한 자연림 • 8등급 식생 중 평균수령이 50년 이상된 삼림 • 아고산대 침엽수림(분비나무군락, 구상나무군락, 잣나무군락, 찝빵나무군락 등)
	10	자연초원, 습지	산림식생 이외의 자연식생이나 특이식생 • 고산황원, 아고산초원, 습원, 하천습지, 염습지, 해안사구, 자연암벽 등

PART 02 법규

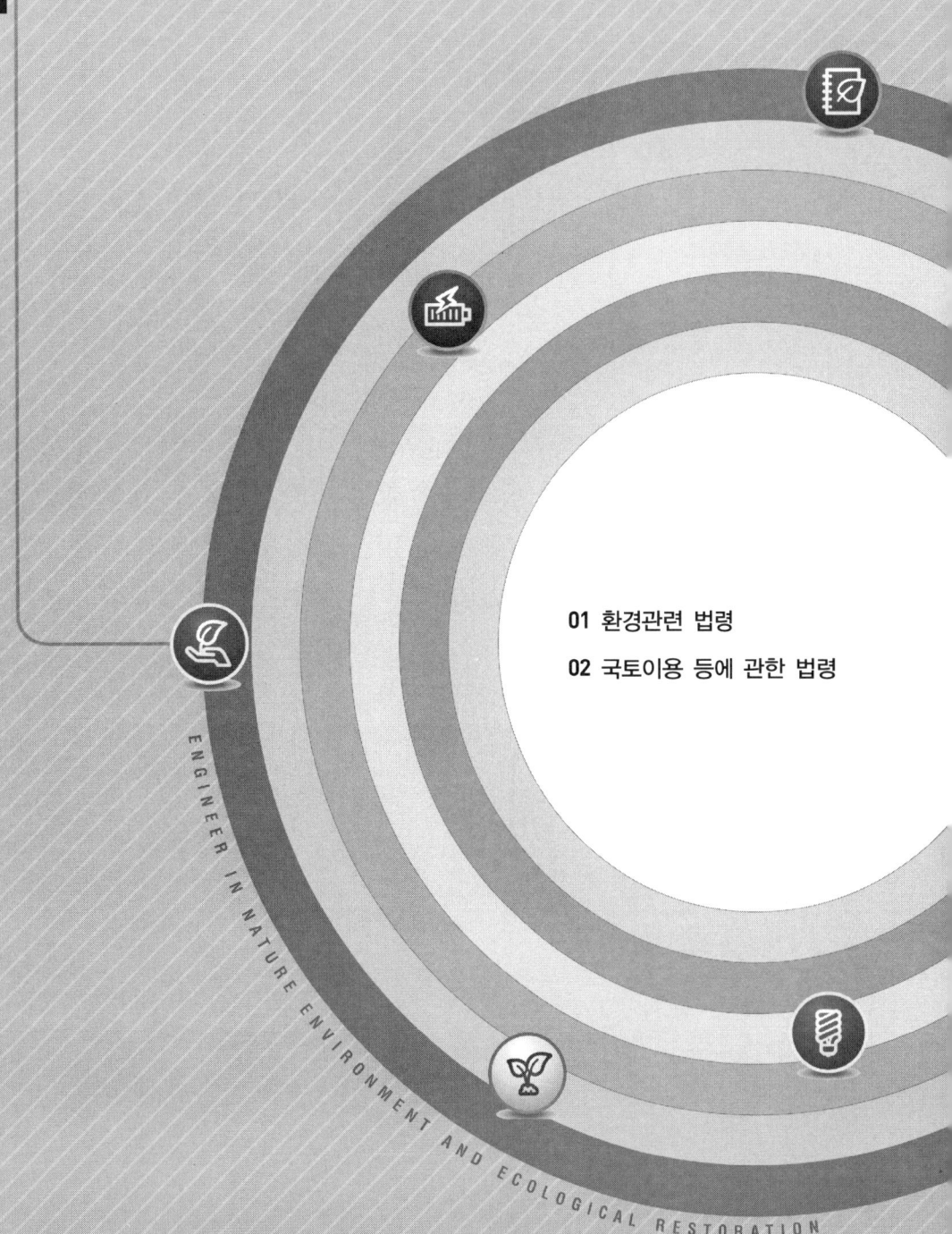

01 환경관련 법령
02 국토이용 등에 관한 법령

01 환경관련 법령

KEY POINT

01 환경정책기본법
02 환경영향평가법
03 자연환경보전법
04 생물다양성보전 및 이용에 관한 법률
05 야생생물보호 및 관리에 관한 법률
06 자연공원법
07 습지보전법
08 백두대간보호에 관한 법률
09 기후위기 대응을 위한 탄소중립·녹색성장 기본법
10 물환경보전법
11 지속가능발전기본법

1 환경정책기본법

1. 총칙

1) 목적

이 법은 환경보전에 관한 국민의 권리·의무와 국가의 책무를 명확히 하고 환경정책의 기본 사항을 정하여 환경오염과 환경훼손을 예방하고 환경을 적정하고 지속가능하게 관리·보전함으로써 모든 국민이 건강하고 쾌적한 삶을 누릴 수 있도록 함을 목적으로 한다.

2) 정의

① "환경"이란 자연환경과 생활환경을 말한다.
② "자연환경"이란 지하·지표(해양을 포함한다) 및 지상의 모든 생물과 이들을 둘러싸고 있는 비생물적인 것을 포함한 자연의 상태(생태계 및 자연경관을 포함한다)를 말한다.
③ "생활환경"이란 대기, 물, 토양, 폐기물, 소음·진동, 악취, 일조(日照), 인공조명 등 사람의 일상생활과 관계되는 환경을 말한다.
④ "환경오염"이란 사업활동 및 그 밖의 사람의 활동에 의하여 발생하는 대기오염, 수질오염, 토양오염, 해양오염, 방사능오염, 소음·진동, 악취, 일조 방해, 인공조명에 의한 빛공해 등으로서 사람의 건강이나 환경에 피해를 주는 상태를 말한다.
⑤ "환경훼손"이란 야생동식물의 남획(濫獲) 및 그 서식지의 파괴, 생태계 질서의 교란, 자연경관의 훼손, 표토(表土)의 유실 등으로 자연환경의 본래적 기능에 중대한 손상을 주는 상태를 말한다.
⑥ "환경보전"이란 환경오염 및 환경훼손으로부터 환경을 보호하고 오염되거나 훼손된 환경을 개선함과 동시에 쾌적한 환경상태를 유지·조성하기 위한 행위를 말한다.
⑦ "환경용량"이란 일정한 지역에서 환경오염 또는 환경훼손에 대하여 환경이 스스로 수용, 정화 및 복원하여 환경의 질을 유지할 수 있는 한계를 말한다.
⑧ "환경기준"이란 국민의 건강을 보호하고 쾌적한 환경을 조성하기 위하여 국가가 달성하고 유지하는 것이 바람직한 환경상의 조건 또는 질적인 수준을 말한다.

3) 기본원칙

① 오염원인자 책임원칙
② 사전예방의 원칙
③ 환경과 경제의 통합적 고려
④ 자원 등의 절약 및 순환적 사용 원칙
⑤ 수익자부담원칙 : 국가 및 지방자치단체 이외의 자가 환경보전을 위한 사업으로 현저한 이익을 얻는 경우 이익을 얻는 자에게 그 이익의 범위에서 해당 환경보전을 위한 사업비용의 전부 또는 일부를 부담하게 할 수 있다.

2. 환경계획의 수립

1) 국가환경종합계획의 수립

20년마다

2) 국가환경종합계획의 내용

국가환경종합계획에는 다음 각 호의 사항이 포함되어야 한다.

1. 인구·산업·경제·토지 및 해양의 이용 등 환경변화 여건에 관한 사항
2. 환경오염원·환경오염도 및 오염물질 배출량의 예측과 환경오염 및 환경훼손으로 인한 환경의 질(質)의 변화 전망
3. 환경의 현황 및 전망
4. 환경정의 실현을 위한 목표 설정과 이의 달성을 위한 대책
5. 환경보전 목표의 설정과 이의 달성을 위한 다음 각 목의 사항에 관한 단계별 대책 및 사업계획

    가. 생물다양성·생태계·생태축(생물다양성을 증진시키고 생태계 기능의 연속성을 위하여 생태적으로 중요한 지역 또는 생태적 기능의 유지가 필요한 지역을 연결하는 생태적 서식공간을 말한다)·경관 능 자연환경의 보전에 관한 사항〈개정 2021. 1. 5.〉
    나. 토양환경 및 지하수 수질의 보전에 관한 사항
    다. 해양환경의 보전에 관한 사항
    라. 국토환경의 보전에 관한 사항
    마. 대기환경의 보전에 관한 사항
    바. 물환경의 보전에 관한 사항〈개정 2021. 1. 5.〉
    사. 수자원의 효율적인 이용 및 관리에 관한 사항〈신설 2021. 1. 5.〉
    아. 상하수도의 보급에 관한 사항
    자. 폐기물의 관리 및 재활용에 관한 사항
    차. 화학물질의 관리에 관한 사항
    카. 방사능오염물질의 관리에 관한 사항
    타. 기후변화에 관한 사항
    파. 그 밖에 환경의 관리에 관한 사항

6. 사업의 시행에 드는 비용의 산정 및 재원조달방법
7. 직전 종합계획에 대한 평가
8. 제1호부터 제6호까지의 사항에 부대되는 사항

[시행일 : 2021. 7. 6.]

3) 환경친화적 계획기법 등의 작성·보급

환경부장관은 국토환경을 효율적으로 보전하고 국토를 환경친화적으로 이용하기 위해 국토에 대한 환경적 가치를 평가하여 등급으로 표시한 환경성평가지도를 작성·보급할 수 있다.

> **국토환경성평가지도**

1. 정의

우리가 살고 있는 국토를 친환경적이고 계획적으로 보전, 개발 및 이용하기 위하여 환경적 가치(환경성)를 평가하여 전국을 5개 등급(환경적 가치가 높은 경우 1등급으로 분류)으로 나누고, 등급에 따라 색을 달리하여 지형도에 표시한 지도이다.

2. 국토환경성평가와 토지적성평가 비교

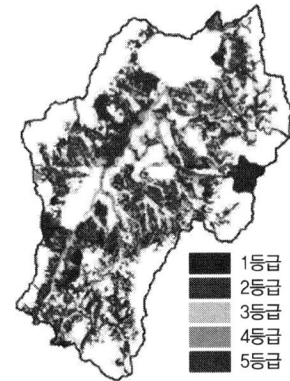

| 국토환경성평가 |

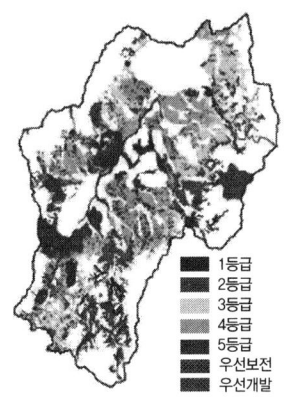

| 토지적성평가 |

▼ 국토환경성평가와 토지적성평가 등급결과(안) 비교

국토환경성평가			토지적성평가		
등급	면적(km²)	비율(%)	등급	면적(km²)	비율(%)
1등급	6.41	11.19%	우선보전	4.87	8.51%
2등급	8.79	15.35%	1등급	1.36	2.37%
3등급	6.15	10.74%	2등급	5.55	9.70%
4등급	7.44	13.00%	3등급	8.87	15.48%
5등급	28.48	49.72%	4등급	15.34	26.78%
			5등급	4.75	8.30%
			우선개발	16.53	28.86%
계	57.28	100.00%	계	57.28	100.00%

3. 국토환경성평가지도 발전방안

① 기존평가항목 조정
② 신규평가항목 추가
③ 1 : 5,000 축적 국토환경성평가지도 구축
④ 토지적성평가와 연계

목차		적용 여부
기존 평가 항목	녹지자연도 사용	• 녹지자연도는 식생이 빈약한 시가화 지역 및 습지 등에 대한 평가가 이루어지지 않았으며, 녹지자연도 구축 이후에 갱신이 이루어지지 않음 • 국토환경성평가에서는 참조도면으로 사용
	소밀도 사용	• 소밀도는 다른 임상가치를 나타내는 영급, 경급 등의 지표들과 상충되는 부분이 발생하고 있어 국토환경성평가지도에서 환경성을 나타내는 지표로 활용하기 어려움 • 국토환경성평가의 등급산정 보류
	기개발지 추출	• 기개발지 추출방식은 국토계획법상의 주거·상업·공업지역 및 택지개발예정지구 등을 포함하고 있으나, 이는 국토의 현황을 반영하는 국토환경성평가지도와 기본개념에 차이가 있음 • 국토환경성평가의 활용 보류
	경사도 적용	• 도로로부터의 거리를 통해 허약성을 평가하는 방식에서 도로 주변지역의 경사도를 적용하여 개발가능성 측면에서 현실성을 높임 • 국토환경성평가지도의 등급 산정 가능
신규 평가 항목	LiDAR를 이용한 산림천이 분석 및 적용	• 전국단위의 LiDAR 측량의 어려움 및 등급화의 가치판단 기준 필요 • 국토환경성평가지도에 적용 보류
	Landsat ETM을 이용한 산림천이 분석 및 적용	• 전국단위의 동일한 시기의 위성영상 획득이 용이하지 않으며, 이를 통한 정규식생지수 산출이 어려움 • 국토환경성평가지도에 적용 보류
	녹지보전축 적용방안 및 현황	• 백두대간의 보전지역과 완충지역에 대한 녹지보전축은 법제적 항목(백두대간보호에 관한 법률, 2005년 1월 시행)으로서 국토환경성평가지도 법제적 항목으로 적용
	불투수층 적용 및 물환경 분야	• 불투수층에 대한 자료는 토지피복지도 등과 같이 국토환경성평가지도의 기존 항목과 중복되므로 적용 보류 • 불투수층 적용에 대한 다른 기법 적용 고려
	상대고도 적용	• 상대고도 추출은 국지적 지역에서의 추출이 가능하며 전국단위의 지형에는 어려움 • 상대고도 적용은 국토환경성평가의 참조자료로 활용
	하구역 공간적 관리 범위	• 하구역에 대한 경계설정은 국토환경성평가지도의 기존 시가화 지역 등의 항목과 상충되므로 적용 보류 • 하구역 공간 관리에 대한 다른 기법 적용 고려
	식생구조 측면에서의 SAR 적용방안	• 동일한 시기의 전국단위의 SAR영상 획득이 어려우며, 영상의 해상도의 특성상 임상의 개별적인 분류가 어려움 • 식생천이를 측정하기 하기 위한 다른 기법의 적용 고려 • 국토환경성평가지도에 적용 보류
	패치크기, 연결성, 가장자리	• 패치크기, 연결성, 가장자리는 국토환경성평가지도에 전국단위로 등급화하기 위한 객관적인 가치판단의 기준 필요 • 국토환경성평가의 참조도면으로 사용

2 환경영향평가법

1. 총칙

1) 목적
이 법은 환경에 영향을 미치는 계획 또는 사업을 수립·시행할 때에 해당 계획과 사업이 환경에 미치는 영향을 미리 예측·평가하고 환경보전방안 등을 마련하도록 하여 친환경적이고 지속가능한 발전과 건강하고 쾌적한 국민생활을 도모함을 목적으로 한다.

2) 정의
① "전략환경영향평가"란 환경에 영향을 미치는 상위계획을 수립할 때에 환경보전계획과의 부합 여부 확인 및 대안의 설정·분석 등을 통하여 환경적 측면에서 해당 계획의 적정성 및 입지의 타당성 등을 검토하여 국토의 지속가능한 발전을 도모하는 것을 말한다.
② "환경영향평가"란 환경에 영향을 미치는 실시계획·시행계획 등의 허가·인가·승인·면허 또는 결정 등(이하 "승인등"이라 한다)을 할 때에 해당 사업이 환경에 미치는 영향을 미리 조사·예측·평가하여 해로운 환경영향을 피하거나 제거 또는 감소시킬 수 있는 방안을 마련하는 것을 말한다.
③ "소규모환경영향평가"란 환경보전이 필요한 지역이나 난개발(亂開發)이 우려되어 계획적 개발이 필요한 지역에서 개발사업을 시행할 때에 입지의 타당성과 환경에 미치는 영향을 미리 조사·예측·평가하여 환경보전방안을 마련하는 것을 말한다.
④ "환경영향평가 등"이란 전략환경영향평가, 환경영향평가 및 소규모환경영향평가를 말한다.
⑤ "협의기준"이란 사업의 시행으로 영향을 받게 되는 지역에서 다음 각 목의 어느 하나에 해당하는 기준으로는 「환경정책기본법」 제12조에 따른 환경기준을 유지하기 어렵거나 환경의 악화를 방지할 수 없다고 인정하여 사업자 또는 승인기관의 장이 해당 사업에 적용하기로 환경부장관과 협의한 기준을 말한다.
　가. 「가축분뇨의 관리 및 이용에 관한 법률」 제13조에 따른 방류수수질기준
　나. 「대기환경보전법」 제16조에 따른 배출허용기준
　다. 「물환경보전법」 제12조 제3항에 따른 방류수 수질기준
　라. 「물환경보전법」 제32조에 따른 배출허용기준
　마. 「폐기물관리법」 제31조 제1항에 따른 폐기물처리시설의 관리기준
　바. 「하수도법」 제7조에 따른 방류수수질기준
　사. 그 밖에 관계 법률에서 환경보전을 위하여 정하고 있는 오염물질의 배출기준
⑥ "환경영향평가사"란 환경현황조사, 환경영향예측·분석, 환경보전방안의 설정 및 대안평가 등을 통하여 환경영향평가서 등의 작성 등에 관한 업무를 수행하는 사람으로서 제63조 제1항에 따른 자격을 취득한 사람을 말한다.

3) 환경영향평가 등의 기본원칙
① 환경영향평가 등은 보전과 개발이 조화와 균형을 이루는 지속가능한 발전이다.
② 환경보전방안 및 그 대안은 과학적으로 조사·예측된 결과를 근거로 하여 경제적·기술적으로 실행할 수 있는 범위에서 마련되어야 한다.
③ 환경영향평가 등의 대상이 되는 계획 또는 사업에 대하여 충분한 정보 제공 등을 함으로써 주민 등이

원활하게 참여할 수 있도록 노력하여야 한다.
④ 환경영향평가 등의 결과는 지역주민 및 의사결정권자가 이해할 수 있도록 간결하고 평이하게 작성되어야 한다.
⑤ 환경영향평가 등은 계획 또는 사업이 특정지역 또는 시기에 집중될 경우에는 이에 대한 누적적 영향을 고려하여 실시되어야 한다.

4) 환경보전목표의 설정
① 환경기준
② 생태·자연도(生態·自然圖)
③ 지역별 오염총량기준
④ 그 밖에 관계 법률에서 환경보전을 위하여 설정한 기준

5) 환경영향평가 등의 분야 및 평가항목

> **환경영향평가 등의 분야별 세부평가항목**

1. 전략환경영향평가

가. 정책계획
　1) 환경보전계획과의 부합성
　　가) 국가 환경정책
　　나) 국제환경 동향·협약·규범
　2) 계획의 연계성·일관성
　　가) 상위 계획 및 관련 계획과의 연계성
　　나) 계획목표와 내용과의 일관성
　3) 계획의 적정성·지속성
　　가) 공간계획의 적정성
　　나) 수요 공급 규모의 적정성
　　다) 환경용량의 지속성

나. 개발기본계획
　1) 계획의 적정성
　　가) 상위계획 및 관련 계획과의 연계성
　　나) 대안 설정·분석의 적정성
　2) 입지의 타당성
　　가) 자연환경의 보전
　　　(1) 생물다양성·서식지 보전
　　　(2) 지형 및 생태축의 보전
　　　(3) 주변 자연경관에 미치는 영향
　　　(4) 수환경의 보전
　　나) 생활환경의 안정성
　　　(1) 환경기준 부합성
　　　(2) 환경기초시설의 적정성
　　　(3) 자원·에너지 순환의 효율성

다) 사회 · 경제 환경과의 조화성 : 환경친화적 토지이용

2. 환경영향평가
가. 자연생태환경 분야
   1) 동식물상
   2) 자연환경자산

나. 대기환경 분야
   1) 기상
   2) 대기질
   3) 악취
   4) 온실가스

다. 수환경 분야
   1) 수질(지표 · 지하)
   2) 수리 · 수문
   3) 해양환경

라. 토지환경 분야
   1) 토지이용
   2) 토양
   3) 지형 · 지질

마. 생활환경 분야
   1) 친환경적 자원 순환
   2) 소음 · 진동
   3) 위락 · 경관
   4) 위생 · 공중보건
   5) 전파장해
   6) 일조장해

바. 사회환경 · 경제환경 분야
   1) 인구
   2) 주거(이주의 경우를 포함한다)
   3) 산업

3. 소규모환경영향평가
가. 사업개요 및 지역 환경현황
   1) 사업개요
   2) 지역개황
   3) 자연생태환경
   4) 생활환경
   5) 사회 · 경제환경

나. 환경에 미치는 영향 예측 · 평가 및 환경보전방안

> 1) 자연생태환경(동식물상 등)
> 2) 대기질, 악취
> 3) 수질(지표, 지하), 해양환경
> 4) 토지이용, 토양, 지형·지질
> 5) 친환경적 자원순환, 소음·진동
> 6) 경관
> 7) 전파장해, 일조장해
> 8) 인구, 주거, 산업

6) 환경영향평가협의회

① 승인기관 장 및 승인등을 받지 아니하여도 되는 사업자는 다음 각 호의 사항을 심의하기 위하여 환경영향평가협의회를 구성·운영하여야 한다.
  1. 평가 항목·범위 등의 결정에 관한 사항
  2. 환경영향평가 협의내용의 조정에 관한 사항
  3. 약식절차에 의한 환경영향평가 실시 여부에 관한 사항
  4. 의견 수렴내용과 협의내용의 조정에 관한 사항
  5. 그 밖에 원활한 환경영향평가 등을 위하여 필요한 사항으로서 대통령령으로 정하는 사항
② 제1항에 따른 환경영향평가협의회(이하 "환경영향평가협의회"라 한다)는 환경영향평가 분야에 관한 학식과 경험이 풍부한 자로 구성하되, 주민대표, 시민단체 등 민간전문가가 포함되도록 하여야 한다. 다만, 「환경보건법」 제13조에 따라 건강영향평가를 실시하여야 하는 경우에는 본문에 따른 민간전문가 외에 건강영향평가 분야 전문가가 포함되도록 하여야 한다. 〈개정 2015.1.20.〉

2. 전략환경영향평가

1) 전략환경영향평가의 대상

① 전략환경영향평가의 대상
  ㉠ 다음 각 호의 어느 하나에 해당하는 계획을 수립하려는 행정기관의 장은 전략환경영향평가를 실시하여야 한다.
    1. 도시의 개발에 관한 계획
    2. 산업입지 및 산업단지의 조성에 관한 계획
    3. 에너지개발에 관한 계획
    4. 항만의 건설에 관한 계획
    5. 도로의 건설에 관한 계획
    6. 수자원의 개발에 관한 계획
    7. 철도(도시철도를 포함한다)의 건설에 관한 계획
    8. 공항의 건설에 관한 계획
    9. 하천의 이용 및 개발에 관한 계획
    10. 개간 및 공유수면의 매립에 관한 계획

11. 관광단지의 개발에 관한 계획
12. 산지의 개발에 관한 계획
13. 특정지역의 개발에 관한 계획
14. 체육시설의 설치에 관한 계획
15. 폐기물 처리시설의 설치에 관한 계획
16. 국방·군사시설의 설치에 관한 계획
17. 토석·모래·자갈·광물 등의 채취에 관한 계획
18. 환경에 영향을 미치는 시설로서 대통령령으로 정하는 시설의 설치에 관한 계획

ⓒ 제1항에 따른 전략환경영향평가 대상계획(이하 "전략환경영향평가 대상계획"이라 한다)은 그 계획의 성격 등을 고려하여 다음 각 호와 같이 구분한다.
1. 정책계획 : 국토의 전 지역이나 일부 지역을 대상으로 개발 및 보전 등에 관한 기본방향이나 지침 등을 일반적으로 제시하는 계획
2. 개발기본계획 : 국토의 일부 지역을 대상으로 하는 계획으로서 다음 각 목의 어느 하나에 해당하는 계획
   가. 구체적인 개발구역의 지정에 관한 계획
   나. 개별 법령에서 실시계획 등을 수립하기 전에 수립하도록 하는 계획으로서 실시계획 등의 기준이 되는 계획

② 평가항목·범위 등의 결정
  ㉠ 전략환경영향평가 대상계획을 수립하려는 행정기관의 장은 전략환경영향평가를 실시하기 전에 평가준비서를 작성하여 환경영향평가협의회의 심의를 거쳐 다음 각 호의 사항(이하 "전략환경영향평가항목 등"이라 한다)을 결정하여야 한다.
    1. 전략환경영향평가 대상지역
    2. 토지이용구상안
    3. 대안
    4. 평가항목·범위·방법 등
  ㉡ 전략환경영향평가 대상계획을 수립하려는 행정기관의 장은 전략환경영향평가항목 등을 결정할 때에는 다음 각 호의 사항을 고려하여야 한다.
    1. 해당 계획의 성격
    2. 상위계획 등 관련 계획과의 부합성
    3. 해당 지역 및 주변 지역의 입지여건, 토지이용현황 및 환경 특성
    4. 계절적 특성 변화(환경적·생태적으로 가치가 큰 지역)
    5. 그 밖에 환경기준 유지 등과 관련된 사항

2) 전략환경영향평가서 초안에 대한 의견 수렴 등
① 전략환경영향평가서 초안의 작성
  ㉠ 개발기본계획을 수립하는 행정기관의 장은 결정된 전략환경영향평가항목 등에 맞추어 전략환경영향평가서 초안을 작성한 후 주민 등의 의견을 수렴하여야 한다.

ⓒ 개발기본계획을 수립하는 행정기관의 장은 전략환경영향평가서 초안을 다음 각 호의 자에게 제출하여 의견을 들어야 한다.
1. 환경부장관
2. 승인기관의 장
3. 그 밖에 대통령령으로 정하는 관계 행정기관의 장

② 주민 등의 의견 수렴
㉠ 개발기본계획을 수립하려는 행정기관의 장은 개발기본계획에 대한 전략환경영향평가서 초안을 공고·공람하고 설명회를 개최하여 해당 평가 대상지역 주민의 의견을 들어야 한다. 다만, 대통령령으로 정하는 범위의 주민이 공청회의 개최를 요구하면 공청회를 개최하여야 한다.
㉡ 개발기본계획을 수립하려는 행정기관의 장은 개발기본계획이 생태계의 보전가치가 큰 지역으로서 대통령령으로 정하는 지역을 포함하는 경우에는 관계 전문가 등 평가 대상지역의 주민이 아닌 자의 의견도 들어야 한다.

> ▶ 관계전문가 의견이 필요한 지역
> 1. 자연환경보전지역(국계법)
> 2. 자연공원(자연공원법)
> 3. 습지보호지역 습지주변관리지역(습지보전법)
> 4. 특별대책지역(환경정책기본법)

3) 전략환경영향평가서의 협의, 재협의, 변경협의 등

① **전략환경영향평가서의 작성 및 협의 요청** : 전략환경영향평가 대상계획을 수립하려는 행정기관의 장은 해당 계획을 확정하기 전에 전략환경영향평가서를 작성하여 환경부장관에게 협의를 요청하여야 한다.

② **전략환경영향평가서의 검토** : 환경부장관은 주민의견 수렴절차 등의 이행 여부 및 내용 등을 검토하여야 한다.

③ **협의내용의 이행** : 통보받은 협의내용을 해당 계획에 반영하기 위하여 필요한 조치 후 그 조치결과 또는 조치계획을 환경부장관에게 통보하여야 한다.

④ **재협의** : 개발기본계획을 수립하는 행정기관의 장은 협의한 개발기본계획을 변경하는 경우로서 다음 각 호의 어느 하나에 해당하는 경우에는 전략환경영향평가를 다시 하여야 한다.

> ▶ 재협의 대상
> 1. 규모 30% 이상 증가(누적 포함)
> 2. 원형보전 제외지 10% 이상 토지이용계획 변경 시, 변경면적이 1만m^2 이상인 경우
> 3. 도시군관리계획의 경우(도시지역 6만m^2 이상, 그 외 지역 1만m^2 이상)

⑤ 변경협의 : 주관 행정기관의 장은 협의한 개발기본계획에 대하여 대통령령으로 정하는 사항을 변경하려는 경우에는 미리 환경부장관과 변경내용에 대하여 협의를 하여야 한다.

> **변경협의 대상**
> 1. 규모 5~30% 이상 증가
> 2. 최소 전략환경영향평가 대상규모 이상 증가 & 재협의 대상 아닌 경우
> 3. 최소 전략환경영향평가 대상규모 내 증가 & 규모 30% 이상 증가
> 4. 도시군관리계획의 경우 규모 30% 이상 증가 & 도시지역 6만m^2 이하, 그 외 1만m^2 이하
> 5. 원형보전지, 제오지 개발 시 10% 미만 토지이용계획 변경
> 6. 미리 협의기관장 의견을 듣도록 정한 사항 변경 시

4) 전략환경영향평가서 절차도

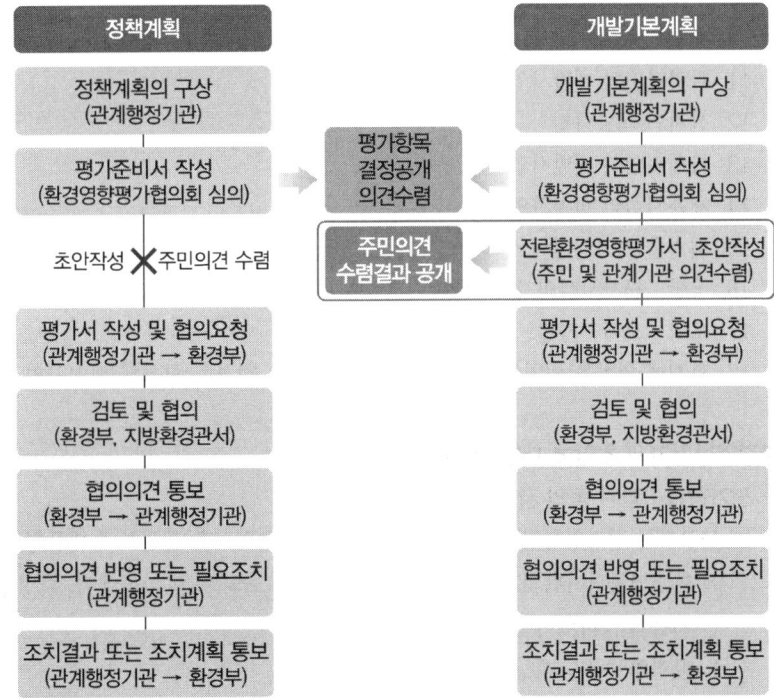

3. 환경영향평가

1) 전략환경영향평가의 대상
① 환경영향평가의 대상
1. 도시의 개발사업
2. 산업입지 및 산업단지의 조성사업
3. 에너지 개발사업
4. 항만의 건설사업
5. 도로의 건설사업
6. 수자원의 개발사업
7. 철도(도시철도를 포함한다)의 건설사업
8. 공항의 건설사업
9. 하천의 이용 및 개발사업
10. 개간 및 공유수면의 매립사업
11. 관광단지의 개발사업
12. 산지의 개발사업
13. 특정지역의 개발사업
14. 체육시설의 설치사업
15. 폐기물 처리시설의 설치사업
16. 국방ㆍ군사시설의 설치사업
17. 토석ㆍ모래ㆍ자갈ㆍ광물 등의 채취사업
18. 환경에 영향을 미치는 시설로서 대통령령으로 정하는 시설의 설치사업

2) 환경영향평가서 초안에 대한 의견 수렴 등
① 평가항목ㆍ범위 등의 결정
㉠ 사업자는 환경영향평가를 실시하기 전에 평가준비서를 작성하여 대통령령으로 정하는 기간 내에 환경영향평가협의회의 심의를 거쳐 다음 각 호의 사항(이하에서 "환경영향평가항목 등"이라 한다)을 결정하여야 한다.
1. 환경영향평가 대상지역
2. 환경보전방안의 대안
3. 평가항목ㆍ범위ㆍ방법 등
㉡ 환경영향평가항목 등을 결정할 때에는 다음 각 호의 사항을 고려하여야 한다.
1. 결정한 전략환경영향평가항목 등(개발기본계획을 수립한 환경영향평가 대상사업만 해당한다)
2. 해당 지역 및 주변 지역의 입지 여건
3. 토지이용상황
4. 사업의 성격
5. 환경 특성
6. 계절적 특성 변화(환경적ㆍ생태적으로 가치가 큰 지역)

② 주민 등의 의견 수렴

사업자는 결정된 환경영향평가항목 등에 따라 환경영향평가서 초안을 작성하여 주민 등의 의견을 수렴하여야 한다.

3) 환경영향평가서의 협의, 재협의, 변경협의 등

① **환경영향평가서의 작성 및 협의 요청 등** : 승인기관장 등은 환경영향평가 대상사업에 대한 승인 등을 하거나 환경영향평가 대상사업을 확정하기 전에 환경부장관에게 협의를 요청하여야 한다.

② **협의내용의 반영 등** : 사업자나 승인기관의 장은 협의내용을 통보받았을 때에는 그 내용을 해당 사업계획 등에 반영하기 위하여 필요한 조치를 하여야 한다.

③ **조정 요청 등** : 사업자나 승인기관의 장은 통보받은 협의내용에 대하여 이의가 있으면 환경부장관에게 협의내용을 조정하여 줄 것을 요청할 수 있다.

④ **재협의**

> ➤ **재협의 대상**
> 1. 사업계획 등을 승인 확정 후 5년 동안 착공하지 아니한 경우
> 2. 대상사업의 면적, 길이 등을 규모 이상 증가
>   ① 규모 30% 이상 증가(누적 포함)
>   ② 최소환경영향평가 대상의 규모 이상 증가되는 경우
> 3. 원형보전지, 제외지 개발 또는 위치 변경 규모가 해당 사업의 최소 환경영향평가 대상규모의 30% 이상인 경우(누적 포함)
> 4. 대통령령으로 정하는 사유
>   ① 환경영향평가서의 재협의를 하지 아니한 사업자가 그 부지에서 자연환경을 훼손 또는 오염물질 배출을 발생시키는 행위를 하려는 경우
>   ② 공사가 7년 이상 중지된 후 재개되는 경우

⑤ **변경협의**

> ➤ **변경협의 대상**
> 1. 협의기준을 변경하는 경우
> 2. 사업 시설규모가 다음 각 목의 어느 하나에 해당하는 경우
>   ① 규모 10% 이상 증가(누적 포함)
>   ② 사업규모 증가가 소규모환경영향평가 대상사업에 해당 시
> 3. 원형보전지, 제외지 5% 이상 토지이용계획 변경 또는 변경면적이 1만m^2 이상인 경우(누적 포함)
> 4. 부지면적의 15% 이상 토지이용계획 변경 시(누적 포함)
> 5. 미리 협의기관 장의 의견을 듣도록 정한 사항의 변경 시
> 6. 배출오염물질이 30% 이상 증가(누적 포함)되거나 새로운 오염물질이 배출되는 경우

⑥ **사전공사의 금지** : 사업자는 협의·재협의 또는 변경협의의 절차가 끝나기 전에 환경영향평가 대상사업의 공사를 하여서는 아니 된다.

4) 협의내용의 이행 및 관리 등
① 협의내용의 이행 등
㉠ 사업자는 사업계획 등을 시행할 때에 사업계획 등에 반영된 협의내용을 이행하여야 한다.
㉡ 사업자는 협의내용을 적은 관리대장에 그 이행상황을 기록하여 공사현장에 갖추어 두어야 한다.
㉢ 사업자는 협의내용이 적정하게 이행되는지를 관리하기 위하여 협의내용 관리책임자(이하 "관리책임자"라 한다)를 지정하여 환경부령으로 정하는 바에 따라 다음 각 호의 자에게 통보하여야 한다.
  1. 환경부장관
  2. 승인기관의 장(승인 등을 받아야 하는 환경영향평가 대상사업만 해당한다.)

② 사후환경영향조사
㉠ 사업자는 해당 사업을 착공한 후에 그 사업이 주변 환경에 미치는 영향을 조사(이하 "사후환경영향조사"라 한다)하고, 그 결과를 다음 각 호의 자에게 통보하여야 한다.
  1. 환경부장관
  2. 승인기관의 장(승인 등을 받아야 하는 환경영향평가 대상사업만 해당한다.)
㉡ 사업자는 사후환경영향조사 결과 주변 환경의 피해를 방지하기 위하여 조치가 필요한 경우에는 지체 없이 통보하고 필요한 조치를 하여야 한다.
㉢ 환경부장관은 사후환경영향조사의 결과 및 통보받은 사후환경영향조사의 결과 및 조치의 내용 등을 검토하여야 한다.

③ 조치명령 등
㉠ 승인기관의 장은 승인 등을 받아야 하는 사업자가 협의내용을 이행하지 아니하였을 때에는 그 이행에 필요한 조치를 명하여야 한다.
㉡ 승인기관의 장은 승인 등을 받아야 하는 사업자가 ㉠에 따른 조치명령을 이행하지 아니하여 해당 사업이 환경에 중대한 영향을 미친다고 판단하는 경우에는 그 사업의 전부 또는 일부에 대한 공사중지명령을 하여야 한다.

④ 재평가
㉠ 환경부장관은 해당 사업을 착공한 후에 환경영향평가협의 당시 예측하지 못한 사정이 발생하여 주변 환경에 중대한 영향을 미치는 경우로서 조치나 조치명령으로는 환경보전방안을 마련하기 곤란한 경우에는 승인기관장 등과의 협의를 거쳐 한국환경정책·평가연구원의 장 또는 관계 전문기관 등의 장에게 재평가를 하도록 요청할 수 있다.

5) 시·도의 조례에 따른 환경영향평가
① 시·도의 조례에 따른 환경영향평가
㉠ 특별시, 광역시, 특별자치도 또는 인구 50만 이상 시·도
㉡ 대상사업 50% 이상 100% 이하 사업

6) 환경영향평가 절차도

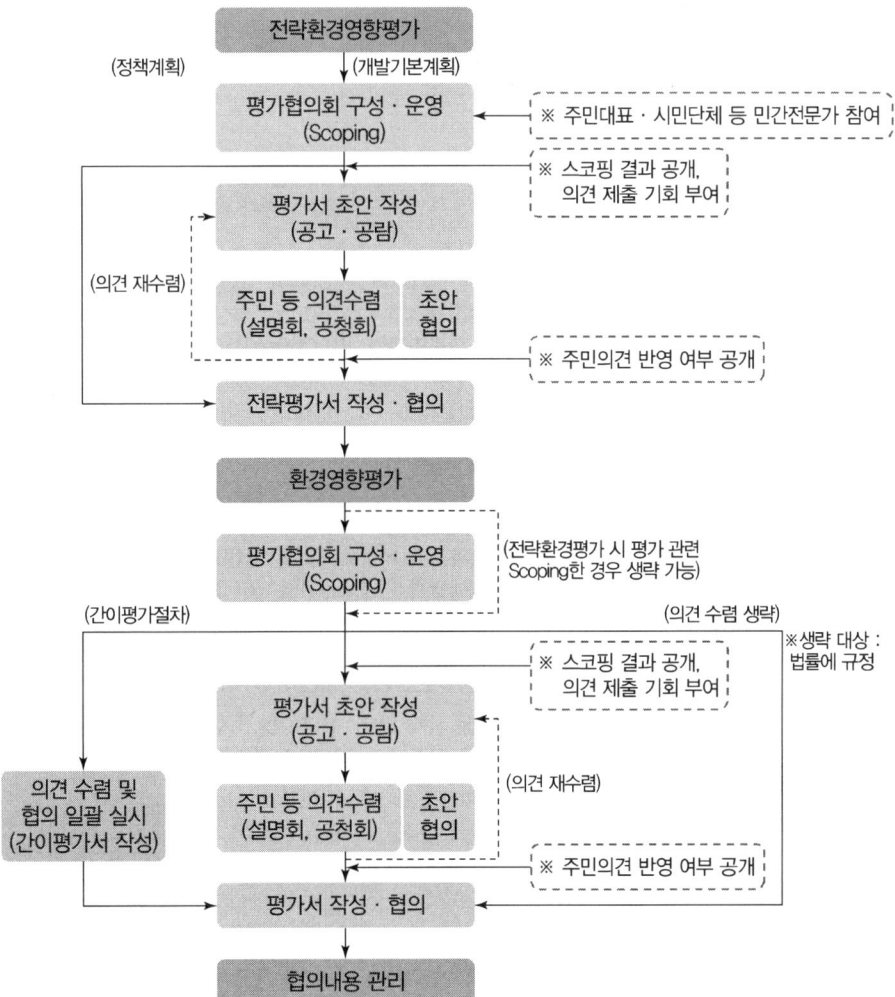

4. 소규모환경영향평가

1) 소규모환경영향평가의 대상
① 보전필요지역, 난개발 우려지역의 개발
② 환경영향평가 대상사업의 종류 및 범위에 해당하지 아니하는 개발사업으로서 대통령령으로 정하는 개발사업

구분	소규모환경영향평가 대상사업의 종류 및 규모
1. 국계법	가. 관리지역 　1) 보전관리지역 : 5,000m^2 이상 　2) 생산관리지역 : 7,500m^2 이상 　3) 계획관리지역 : 10,000m^2 이상 나. 농림지역 : 7,500m^2 이상 다. 자연환경보전지역 : 5,000m^2 이상
2. GB 지정 및 관리에 관한 특별조치법 적용지역	면적 5,000m^2 이상
3. 자연환경보전법, 야생생물보호 및 관리에 관한 법률	가. 자연환경보전법 　1) 생태경관 핵심보전구역 : 5,000m^2 이상 　2) 생태경관 완충보전구역 : 7,500m^2 이상 　3) 생태경관 전이보전구역 : 10,000m^2 이상 나. 자연유보지역 : 5,000m^2 이상 다. 야생생물보호구역 : 5,000m^2 이상
4. 산지관리법	가. 공익용 산지 경우 : 10,000m^2 이상 나. 공익용 산지 외 : 30,000m^2 이상
5. 자연공원법	가. 공원자연보존지구 : 5,000m^2 이상 나. 공원자연환경지구, 공원문화유산지구 : 7,500m^2 이상
6. 습지보전법	가. 습지보호지역 : 5,000m^2 이상 나. 습지주변관리지역, 습지개선지역 : 7,500m^2 이상
7. 수도법, 하천법, 소하천정비법, 지하수법	가. 수도법 　1) 광역상수도 호소경계면 상류 1km 이내 　2) 수변구역 : 7,500m^2 이상(공동주택 : 5,000m^2 이상) 나. 하천법 : 하천구역 10,000m^2 이상 다. 소하천정비법 : 소하천구역 7,500m^2 이상 라. 지하수법 : 지하수보전구역 5,000m^2 이상
8. 초지법	초지조성허가신청 : 30,000m^2 이상
9. 그 밖의 개발사업	1~8호 최소소규모환경영향평가 대상 면적의 60% 이상 개발사업 중 환경오염, 자연환경훼손 등으로 지역균형발전과 생활환경이 파괴될 우려가 있는 사업으로서 시·군·구 조례로 정하는 사업과 관계 행정기관장이 미리 소규모환경영향평가가 필요하다고 인정한 사업

2) 소규모환경영향평가서의 작성 및 협의 요청 등
사업자는 소규모환경영향평가 대상사업에 대한 승인 등을 받기 전에 소규모환경영향평가서를 작성하여 승인기관의 장에게 제출하여야 한다.

3) 협의내용의 반영 등

사업자나 승인기관의 장은 협의내용을 통보받았을 때에는 이를 해당 사업계획에 반영하기 위하여 필요한 조치를 하여야 한다.

4) 사전공사의 금지 등

사업자는 협의절차가 끝나기 전에 소규모환경영향평가 대상사업에 관한 공사를 착공하여서는 아니 된다.

5) 협의내용 이행의 관리 · 감독

사업자는 개발사업을 시행할 때에 그 사업계획에 반영된 협의내용을 이행하여야 한다.

6) 소규모환경영향평가 절차도

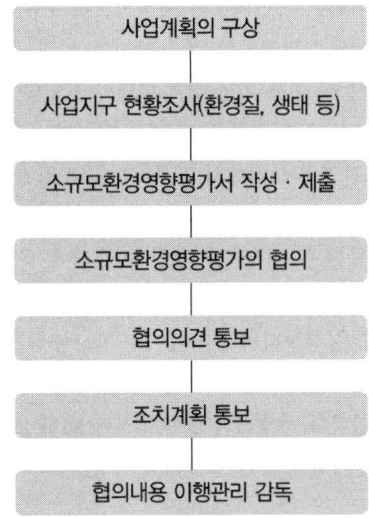

5. 환경영향평가 등에 관한 특례

1) 개발기본계획과 사업계획의 통합 수립 등에 따른 특례

개발기본계획과 환경영향평가 대상사업에 대한 계획을 통합하여 수립하는 경우에는 전략환경영향평가와 환경영향평가를 통합하여 검토하되, 전략환경영향평가 또는 환경영향평가 중 하나만을 실시할 수 있다.

2) 환경영향평가의 협의절차 등에 관한 특례

사업자는 환경영향평가 대상사업 중 환경에 미치는 영향이 적은 사업으로서 대통령령으로 정하는 사업에 대하여는 대통령령으로 정하는 환경영향평가서(이하 "약식평가서"라 한다)를 작성하여 의견 수렴과 협의 요청을 함께 할 수 있다.

3 자연환경보전법

1. 총칙

1) 목적
자연환경을 인위적 훼손으로부터 보호하고, 생태계와 자연경관을 보전하는 등 자연환경을 체계적으로 보전·관리함으로써 자연환경의 지속가능한 이용을 도모하고, 국민이 쾌적한 자연환경에서 여유있고 건강한 생활을 할 수 있도록 함을 목적으로 한다.

2) 정의
① "자연환경"이라 함은 지하·지표(해양을 제외한다) 및 지상의 모든 생물과 이들을 둘러싸고 있는 비생물적인 것을 포함한 자연의 상태(생태계 및 자연경관을 포함한다)를 말한다.
② "자연환경보전"이라 함은 자연환경을 체계적으로 보존·보호 또는 복원하고 생물다양성을 높이기 위하여 자연을 조성하고 관리하는 것을 말한다.
③ "자연환경의 지속가능한 이용"이라 함은 현재와 장래의 세대가 동등한 기회를 가지고 자연환경을 이용하거나 혜택을 누릴 수 있도록 하는 것을 말한다.
④ "자연생태"라 함은 자연의 상태에서 이루어진 지리적 또는 지질적 환경과 그 조건 아래에서 생물이 생활하고 있는 일체의 현상을 말한다.
⑤ "생태계"란 식물·동물 및 미생물군집(群集)들과 무생물환경이 기능적인 단위로 상호작용하는 역동적인 복합체를 말한다.
⑥ "소(小)생태계"라 함은 생물다양성을 높이고 야생동식물의 서식지 간의 이동가능성 등 생태계의 연속성을 높이거나 특정한 생물종의 서식조건을 개선하기 위하여 조성하는 생물서식공간을 말한다.
⑦ "생물다양성"이라 함은 육상생태계 및 수생생태계(해양생태계를 제외한다)와 이들의 복합생태계를 포함하는 모든 원천에서 발생한 생물체의 다양성을 말하며, 종내(種內)·종간(種間) 및 생태계의 다양성을 포함한다.
⑧ "생태축"이라 함은 생물다양성을 증진시키고 생태계 기능의 연속성을 위하여 생태적으로 중요한 지역 또는 생태적 기능의 유지가 필요한 지역을 연결하는 생태적 서식공간을 말한다.
⑨ "생태통로"란 도로·댐·수중보(水中洑)·하굿둑 등으로 인하여 야생동식물의 서식지가 단절되거나 훼손 또는 파괴되는 것을 방지하고 야생동식물의 이동 등 생태계의 연속성 유지를 위하여 설치하는 인공구조물·식생 등의 생태적 공간을 말한다.〈개정 2017. 11. 28.〉
⑩ "자연경관"이라 함은 자연환경적 측면에서 시각적·심미적인 가치를 가지는 지역·지형 및 이에 부속된 자연요소 또는 사물이 복합적으로 어우러진 자연의 경치를 말한다.
⑪ "대체자연"이라 함은 기존의 자연환경과 유사한 기능을 수행하거나 보완적 기능을 수행하도록 하기 위하여 조성하는 것을 말한다.
⑫ "생태·경관보전지역"이라 함은 생물다양성이 풍부하여 생태적으로 중요하거나 자연경관이 수려하여 특별히 보전할 가치가 큰 지역으로서 제12조 및 제13조 제3항의 규정에 의하여 환경부장관이 지정·고시하는 지역을 말한다.
⑬ "자연유보지역"이라 함은 사람의 접근이 사실상 불가능하여 생태계의 훼손이 방지되고 있는 지역 중 군사상의 목적으로 이용되는 외에는 특별한 용도로 사용되지 아니하는 무인도로서 대통령령이 정하

는 지역과 관할권이 대한민국에 속하는 날부터 2년간의 비무장지대를 말한다.
⑭ "생태·자연도"라 함은 산·하천·내륙습지·호소(湖沼)·농지·도시 등에 대하여 자연환경을 생태적 가치, 자연성, 경관적 가치 등에 따라 등급화하여 규정에 의하여 작성된 지도를 말한다.
⑮ "자연자산"이라 함은 인간의 생활이나 경제활동에 이용될 수 있는 유형·무형의 가치를 가진 자연상태의 생물과 비생물적인 것의 총체를 말한다.
⑯ "생물자원"이란 사람을 위하여 가치가 있거나 실제적 또는 잠재적 용도가 있는 유전자원, 생물체, 생물체의 부분, 개체군 또는 생물의 구성요소를 말한다.
⑰ "생태마을"이라 함은 생태적 기능과 수려한 자연경관을 보유하고 이를 지속가능하게 보전·이용할 수 있는 역량을 가진 마을로서 환경부장관 또는 지방자치단체의 장이 규정에 의하여 지정한 마을을 말한다.
⑱ "생태관광"이란 생태계가 특히 우수하거나 자연경관이 수려한 지역에서 자연자산의 보전 및 현명한 이용을 통하여 환경의 중요성을 체험할 수 있는 자연친화적인 관광을 말한다.
⑲ "자연환경복원사업"이란 훼손된 자연환경의 구조와 기능을 회복시키는 사업으로서 다음에 해당하는 사업을 말한다. 다만, 다른 관계 중앙행정기관의 장이 소관 법률에 따라 시행하는 사업은 제외한다.〈신설 2021. 1. 5.〉
   가. 생태·경관보전지역에서의 자연생태·자연경관과 생물다양성의 보전·관리를 위한 사업
   나. 도시지역 생태계의 연속성 유지 또는 생태계 기능의 향상을 위한 사업
   다. 단절된 생태계의 연결 및 야생동물의 이동을 위하여 생태통로 등을 설치하는 사업
   라. 「습지보전법」 제3조 제3항의 습지보호지역등(내륙습지로 한정한다)에서의 훼손된 습지를 복원하는 사업
   마. 그 밖에 훼손된 자연환경 및 생태계를 복원하기 위한 사업으로서 대통령령으로 정하는 사업
   [시행일 : 2022. 1. 6.]

3) 자연환경보전의 기본원칙

자연환경은 다음의 기본원칙에 따라 보전되어야 한다.〈개정 2020.5.26., 2021.1.5.〉
1. 자연환경은 모든 국민의 자산으로서 공익에 적합하게 보전되고 현재와 장래의 세대를 위하여 지속가능하게 이용되어야 한다.
2. 자연환경보전은 국토의 이용과 조화·균형을 이루어야 한다.
3. 자연생태와 자연경관은 인간활동과 자연의 기능 및 생태적 순환이 촉진되도록 보전·관리되어야 한다.
4. 모든 국민이 자연환경보전에 참여하고 자연환경을 건전하게 이용할 수 있는 기회가 증진되어야 한다.
5. 자연환경을 이용하거나 개발하는 때에는 생태적 균형이 파괴되거나 그 가치가 낮아지지 아니하도록 하여야 한다. 다만, 자연생태와 자연경관이 파괴·훼손되거나 침해되는 때에는 최대한 복원·복구되도록 노력하여야 한다.
6. 자연환경보전에 따르는 부담은 공평하게 분담되어야 하며, 자연환경으로부터 얻어지는 혜택은 지역주민과 이해관계인이 우선하여 누릴 수 있도록 하여야 한다.
7. 자연환경보전과 자연환경의 지속가능한 이용을 위한 국제협력은 증진되어야 한다.
8. 자연환경을 복원할 때에는 환경변화에 대한 적응 및 생태계의 연계성을 고려하고, 축적된 과학적 지식과 정보를 적극적으로 활용하여야 하며, 국가·지방자치단체·지역주민·시민단체·전문가 등

모든 이해관계자의 참여와 협력을 바탕으로 하여야 한다. 〈신설 2021. 1. 5.〉
[시행일 : 2022. 1. 6.]

4) 자연환경보전 기본계획의 수립
① 환경부장관이 10년마다 수립한다.

② 내용
- ㉠ 자연환경의 현황 및 전망에 관한 사항
- ㉡ 자연환경보전에 관한 기본방향 및 보전목표 설정에 관한 사항
- ㉢ 자연환경보전을 위한 주요 추진과제에 관한 사항
- ㉣ 지방자치단체별로 추진할 주요 자연보전시책에 관한 사항
- ㉤ 자연경관의 보전·관리에 관한 사항
- ㉥ 생태축의 구축·추진에 관한 사항
- ㉦ 생태통로 설치, 훼손지복원 등 생태계복원을 위한 주요 사업에 관한 사항
- ㉧ 규정에 의한 자연환경종합지리정보시스템의 구축·운영에 관한 사항
- ㉨ 사업시행에 소요되는 경비의 산정 및 재원조달방안에 관한 사항
- ㉩ 그 밖에 자연환경보전에 관하여 대통령령이 정하는 사항

2. 생태경관보전지역의 관리 등

1) 생태경관보전지역의 지정
① 환경부장관은 다음 어느 하나에 해당하는 지역으로서 자연생태·자연경관을 특별히 보전할 필요가 있는 지역을 생태·경관보전지역으로 지정할 수 있다.
- ㉠ 자연상태가 원시성을 유지하고 있거나 생물다양성이 풍부하여 보전 및 학술적 연구가치가 큰 지역
- ㉡ 지형 또는 지질이 특이하여 학술적 연구 또는 자연경관의 유지를 위하여 보전이 필요한 지역
- ㉢ 다양한 생태계를 대표할 수 있는 지역 또는 생태계의 표본지역
- ㉣ 그 밖에 하천·산간계곡 등 자연경관이 수려하여 특별히 보전할 필요가 있는 지역으로서 대통령령이 정하는 지역

② 환경부장관은 생태·경관보전지역의 지속가능한 보전·관리를 위하여 생태적 특성, 자연경관 및 지형여건 등을 고려하여 다음과 같이 구분하여 지정·관리할 수 있다.

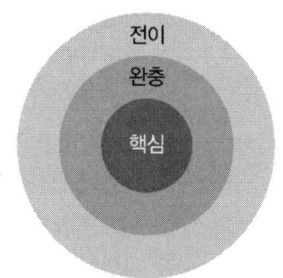

- ㉠ 생태·경관핵심보전구역(이하 "핵심구역"이라 한다) : 생태계의 구조와 기능의 훼손방지를 위하여 특별한 보호가 필요하거나 자연경관이 수려하여 특별히 보호하고자 하는 지역
- ㉡ 생태·경관완충보전구역(이하 "완충구역"이라 한다) : 핵심구역의 연접지역으로서 핵심구역의 보호를 위하여 필요한 지역
- ㉢ 생태·경관전이(轉移)보전구역(이하 "전이구역"이라 한다) : 핵심구역 또는 완충구역에 둘러싸인 취락지역으로서 지속가능한 보전과 이용을 위하여 필요한 지역

③ 환경부장관은 생태·경관보전지역이 군사목적 또는 천재·지변 그 밖의 사유로 인하여 ①에 따른

생태·경관보전지역으로서의 가치를 상실하거나 보전할 필요가 없게 된 경우에는 그 지역을 해제·변경할 수 있다. 〈개정 2020. 5. 26.〉

2) 자연경관영향의 협의

① 관계행정기관의 장 및 지방자치단체의 장은 다음의 어느 하나에 해당하는 개발사업 등으로서 전략환경영향평가 대상계획, 환경영향평가 대상사업, 소규모환경영향평가 대상사업에 해당하는 개발사업 등에 대한 인·허가 등을 하고자 하는 때에는 자연경관에 미치는 영향 및 보전방안 등을 환경부장관 또는 지방환경관서의 장과 협의하여야 한다.

가. 「자연공원법」 제2조 제1호의 규정에 의한 자연공원
나. 「습지보전법」 제8조의 규정에 의하여 지정된 습지보호지역
다. 생태·경관보전지역
라. 가.나.다. 외의 개발사업 등으로서 자연경관에 미치는 영향이 크다고 판단되어 대통령령이 정하는 개발사업 등

> **개발사업 등에 대한 자연경관 심의지침**
>
> 1) 자연경관영향 심의대상
>
> | 구분 | 자연경관영향 심의대상 |
> |---|---|
> | 보호지역 주변
(자연공원, 습지보호지역, 생태경관보전지역) | • 전략환경영향 평가대상 개발기본계획
• 환경영향평가 협의대상 개발사업
• 소규모환경영향 평가대상 개발사업 |
> | 보호지역 주변 외 지역 | 환경영향평가 및 소규모환경영향평가 협의대상 개발사업 중 대통령령이 정하는 개발사업 |
>
> 2) 지방자치단체의 자연경관영향 검토대상
>
> | 구분 | 자연경관영향 협의대상 |
> |---|---|
> | 보호지역 주변
(자연공원, 습지보호지역, 생태경관보전지역) | 환경영향평가 및 소규모환경영향평가 협의대상이 아닌 개발사업 |
> | 보호지역 주변 외 지역 | 환경영향평가 및 소규모환경영향평가 협의대상이 아닌 개발사업 중 지자체의 조례로 정하는 사업 |
>
> ※ 관계 법률에 의해 지방도시계획위원회 심의 또는 지방건축위원회 심의를 거친 경우에는 제외
>
> 3) 자연경관 심의대상이 되는 보호지역 경계로부터의 거리
>
> | 구분 | | 경계로부터의 거리 |
> |---|---|---|
> | 자연공원 | 최고봉 1,200m 이상 | 2,000m |
> | | 최고봉 700m 이상 | 1,500m |
> | | 최고봉 700m 미만 또는 해상형 | 1,000m |
> | 습지보호지역 | | 300m |
> | 생태·경관보전지역 | 최고봉 700m 이상 | 1,000m |
> | | 최고봉 700m 미만 및 해상형 | 500m |
>
> ※ 1. 습지보호지역 및 생태·경관보전지역이 중복되는 경우에는 습지보호지역 거리기준을 우선 적용
>   2. 보호지역이 도시지역 또는 계획관리지역에 위치한 경우에는 거리기준을 300m로 함

3. 생물다양성의 보전

1) 자연환경조사
① 환경부장관은 5년마다 전국의 자연환경을 조사하여야 한다.
② 환경부장관은 생태·자연도에서 1등급 권역으로 분류된 지역과 자연상태의 변화를 특별히 파악할 필요가 있다고 인정되는 지역에 대하여 2년마다 자연환경을 조사할 수 있다.

2) 생태·자연도의 작성·활용
① 환경부장관은 토지이용 및 개발계획의 수립이나 시행에 활용할 수 있도록 하기 위하여 자연환경 조사결과를 기초로 하여 전국의 자연환경을 다음의 구분에 따라 생태·자연도를 작성하여야 한다.
  ㉠ 1등급 권역 : 다음에 해당하는 지역
    가. 멸종위기야생생물의 주된 서식지·도래지 및 주요 생태축 또는 주요 생태통로지역
    나. 생태계가 특히 우수하거나 경관이 특히 수려한 지역
    다. 생물의 지리적 분포한계에 위치하는 생태계 지역, 주요 식생의 유형을 대표하는 지역
    라. 생물다양성이 특히 풍부하고 보전가치가 큰 생물자원이 존재·분포하는 지역
    마. 그 밖에 가목 내지 라목에 준하는 생태적 가치가 있는 지역으로서 대통령령이 정하는 기준에 해당하는 지역

  ㉡ 2등급 권역 : 1등급에 준하는 지역으로서 장차 보전의 가치가 있는 지역 또는 1등급 권역의 외부지역으로서 1등급 권역의 보호를 위하여 필요한 지역
  ㉢ 3등급 권역 : 1등급 권역, 2등급 권역 및 별도관리지역으로 분류된 지역 외의 지역으로서 개발 또는 이용의 대상이 되는 지역
  ㉣ 별도관리지역 : 다른 법률의 규정에 의하여 보전되는 지역 중 역사적·문화적·경관적 가치가 있는 지역이거나 도시의 녹지보전 등을 위하여 관리되고 있는 지역으로서 대통령령이 정하는 지역

3) 도시생태현황지도의 작성·활용〈본조신설 2017. 11. 28.〉
① 특별시장·광역시장·특별자치시장·특별자치도지사 또는 시장(「지방자치법」 제2조 제1항 제2호에 따른 시의 장을 말한다. 이하에서 같다)은 환경부장관이 작성한 생태·자연도를 기초로 관할 도시지역의 상세한 생태·자연도(이하 "도시생태현황지도"라 한다)를 작성하고, 도시환경의 변화를 반영하여 5년마다 다시 작성하여야 한다. 이 경우 도시생태현황지도는 5천분의 1 이상의 지도에 표시하여야 한다.
② 특별시장·광역시장·특별자치시장·특별자치도지사 또는 시장(이하 "도시생태현황지도 작성 지방자치단체의 장"이라 한다)은 도시생태현황지도를 작성하기 위하여 관계 행정기관의 장에게 필요한 자료의 제공을 요청할 수 있다.
③ ②에 따른 요청을 받은 관계 행정기관의 장은 특별한 사유가 없으면 이에 따라야 한다.
④ 도시생태현황지도 작성 지방자치단체의 장은 도시생태현황지도를 환경부장관에게 제출하여야 한다.

⑤ 환경부장관 또는 도지사는 도시생태현황지도 작성 지방자치단체의 장에게 그 작성에 필요한 비용의 일부를 지원할 수 있다.
⑥ ①부터 ⑤까지에서 규정한 사항 외에 도시생태현황지도의 작성·활용에 필요한 사항은 환경부령으로 정한다.

> **도시생태현황지도의 작성방법에 관한 지침**
>
> ① **목적** : 이 지침은 「자연환경보전법」 제34조의2 및 동법 시행규칙 제17조에 따라 도시생태현황지도(비오톱지도)의 효율적이고 실효성 있는 작성과 운영을 위한 방법 및 기준을 정하는 데 그 목적이 있다.
> ② **의의** : 도시생태현황지도는 특별시·광역시·특별자치시·특별자치도 및 시·군의 자연 및 환경생태적 특성과 가치를 반영한 정밀공간생태정보지도로서 각 지역의 자연환경보전 및 복원, 생태적 네트워크의 형성뿐만 아니라 생태적인 토지이용 및 환경관리를 통해 환경친화적이고 지속가능한 도시관리의 기초자료로 활용할 수 있다.
> ③ **정의** : 이 지침에서 사용하는 용어의 정의는 다음과 같다.
>   1. "비오톱"이라 함은 인간의 토지이용에 직간접적인 영향을 받아 특징지어진 지표면의 공간적 경계로서 생물군집이 서식하고 있거나 서식할 수 있는 잠재력을 가지고 있는 공간단위를 말한다.
>   2. "주제도"라 함은 각 비오톱(공간)의 유형화와 평가를 위해 생태적·구조적 정보를 분석하고 다양한 도시생태계 정보의 표현과 도시생태현황지도의 효과적인 활용을 위해 조사 및 작성되는 지도를 말하며, 비오톱유형화에 사용되는 토지이용현황도, 토지피복현황도, 지형주제도, 식생도, 동식물상주제도를 "기본주제도"라 한다.
>   3. "비오톱유형"이라 함은 기본주제도를 통해 분석된 비오톱공간의 구조적·생태적 특성을 체계적으로 분류한 것을 말하며 이를 지도화한 것을 "비오톱유형도"라 한다.
>   4. "비오톱평가"라 함은 비오톱유형화를 통해 구분된 개별공간을 다양한 평가항목을 적용하여 그 가치를 등급화하는 과정을 말하며 등급을 지도화한 것을 "비오톱평가도"라 한다.
>   5. "도시생태현황지도"라 함은 각 비오톱의 생태적 특성을 나타내는 "기본주제도"와 비오톱유형화와 비오톱평가과정을 거쳐 각 비오톱(공간)의 생태적 특성과 등급화된 평가가치를 표현한 "비오톱유형도" 및 "비오톱평가도" 등을 말한다.
>   6. "대표비오톱"이란 도시생태현황지도 작성과정에서 도출된 도시 전체의 비오톱유형별 대표성을 갖는 비오톱을 말한다.
>   7. "우수비오톱"이란 도시생태현황지도평가를 통해 우수등급으로 평가된 유형 중에서 희소성, 생물다양성 등 생태적 가치가 특히 우수한 비오톱을 말한다.
>   8. "도시지역"이라 함은 「국토의 계획 및 이용에 관한 법률」 제6조에 따라 구분된 지역을 말한다.
>   9. "토지피복지도"라 함은 「토지피복지도 작성지침(환경부훈령 제1,317호)」에 따라 작성된 지도를 말한다.
>   10. "감독관"이라 함은 도시생태현황지도의 원활한 작성을 위하여 작성주체가 구성한 검토위원회의 구성원 또는 작성주체가 지정한 관련분야의 전문가를 말한다.
> ④ **근거 및 적용 범위** : 이 지침은 「자연환경보전법」 제34조의2 및 동법시행규칙 제17조에 의하여 도시생태현황지도를 작성 및 운영하는 데 적용한다.
> ⑤ **작성주체** : 도시생태현황지도는 특별시장·광역시장·특별자치시장·특별자치도지사 또는 시장

> (「지방자치법」 제2조 제1항 제2호에 따른 시의 장을 말한다. 이하 같다)이 작성하며, 필요한 경우에는 군수가 시·도지사와 협의하여 작성할 수 있다.
> ⑥ **작성대상**: 도시생태현황지도의 공간적 작성범위는 관할구역 행정경계 내부 전 지역을 대상으로 한다.

4. 자연자산의 관리

1) 자연휴식지의 지정·관리
① 지방자치단체의 장은 공원·관광단지·자연휴양림 아닌 지역 중에서 생태적·경관적 가치 등이 높고 자연탐방·생태교육 등을 위하여 활용하기에 적합한 장소를 자연휴식지로 지정할 수 있다.
② 이용자로부터 이용료를 징수할 수 있다.

2) 생태관광의 육성
① 환경부장관은 생태관광을 육성하기 위하여 문화체육관광부장관과 협의하여 환경적으로 보전가치가 있고 생태계 보호의 중요성을 체험·교육할 수 있는 지역을 지정할 수 있다.
② 환경부장관은 예산의 범위에서 생태관광지역의 관리·운영에 필요한 비용의 전부 또는 일부를 보조할 수 있다.
③ 생태관광에 필요한 교육, 생태관광자원의 조사·발굴 및 국민의 건전한 이용을 위한 시설의 설치·관리를 위한 계획을 수립·시행할 수 있다.

> ▶ **생태관광 활성화 정책방향 소책자(2014)**
> 1) 생태관광이란
>   ① **보전**: 생태관광은 생물문화의 다양성 제고와 보전을 위한 효과적인 경제적 유인을 제공해 자연·문화유산의 보호를 돕는다.
>   ② **공동체**: 생태관광은 지역역량과 고용기회를 확대하고 지속가능한 발전을 위해 빈곤에 대처할 수 있도록 지역공동체를 강화하는 유용한 수단이다.
>   ③ **해설**: 생태관광은 해설을 통해 개인의 경험과 환경인식을 풍요롭게 하고, 자연, 지역사회 그리고 문화의 소중함에 대한 이해를 높인다.
>
>
>
> ▮ 생태관광 개념도 ▮

2) 생태관광 활성화를 위한 전략

비전	자연 속에서 행복한 삶을 찾는 생태관광 활성화	
전략	우수생태자원 발굴과 브랜드화	1. 국립공원 명품마을을 생태관광 거점으로 육성 2. 생태관광 대표지역을 체계적으로 육성 3. 야생화 등 특색 있는 생태자원을 관광 상품화
	다채로운 프로그램 개발·보급	1. 미래세대를 위한 생태관광 프로그램 개발 2. 사회기여형 생태관광 프로그램 개발 3. 생태-문화 요소를 결합한 프로그램 개발
	인프라 확충	1. 체류형 생태관광을 위한 거점시설 확충 2. 자연친화적 탐방 지원시설 확충 3. 생태관광 3.0 정보포털 구축 및 운영
	교육 및 홍보 강화	1. 생태관광 교육·훈련과정 개발·운영 2. 다양한 매체를 활용한 생태관광 인식 증진 3. 국민참여형 생태관광 홍보
	추진체계 확립	1. 생태관광 정책협의회 운영 2. 생태관광 정책자문단 및 포럼 운영 3. 생태관광 주민협의체 활성화

* 생태관광의 만족도를 좌우할 정도로 중요한 생태해설의 질을 높이기 위해 자연환경 해설사 제도를 도입('12~)하였고, 환경부지정 양성기관에서 2013년까지 482명의 자연환경해설사가 배출되었다.
* 자연환경해설사의 역할은 생태·경관보전지역, 습지보호지역 및 자연공원 등의 방문객에게 자연환경에 대한 해설·홍보·교육·생태탐방안내 등을 전문적으로 수행

3) 생태마을 지정 등

① 환경부장관 또는 지방자치단체의 장은 다음 각 호의 어느 하나에 해당하는 마을을 생태마을로 지정할 수 있다.
 1. 생태·경관보전지역 안의 마을
 2. 생태·경관보전지역 밖의 지역으로서 생태적 기능과 수려한 자연경관을 보유하고 있는 마을. 다만, 「산림기본법」 제28조의 규정에 의하여 지정된 산촌진흥지역의 마을을 제외한다.

4) 도시생태복원사업〈본조신설 2017. 11. 28.〉

① 시·도지사 또는 시장·군수·구청장은 도시지역 중 다음 각 호의 어느 하나에 해당하는 지역으로서 생태계의 연속성 유지 또는 생태적 기능의 향상을 위하여 특별히 복원이 필요하다고 인정되는 지역에 대하여 도시생태복원사업을 할 수 있다. 이 경우 도시생태복원사업 지역이 둘 이상의 지방자치단체에 걸치는 경우에는 그 지역을 관할하는 지방자치단체의 장이 공동으로 도시생태복원사업을 할 수 있다.
 1. 도시생태축이 단절·훼손되어 연결·복원이 필요한 지역
 2. 도시 내 자연환경이 훼손되어 시급히 복원이 필요한 지역
 3. 건축물의 건축, 토지의 포장(鋪裝) 등 도시의 인공적인 조성으로 도시 내 생태면적(생태적 기능 또는 자연순환기능이 있는 토양면적을 말한다)의 확보가 필요한 지역
 4. 그 밖에 환경부령으로 정하는 지역

② 시·도지사는 ①에 따라 도시생태복원사업을 하는 경우 관할 시장·군수·구청장의 의견을 들어야 한다.

③ 시·도지사 또는 시장·군수·구청장은 ①에 따라 도시생태복원사업을 하는 경우에는 다음의 내용을 포함한 도시생태복원사업계획을 수립하여야 한다.
  1. 도시생태복원사업의 명칭·위치 및 면적
  2. 도시생태복원사업의 목적
  3. 도시생태복원사업의 내용 및 기간
  4. 도시생태복원사업의 효과
  5. 도시생태복원사업의 재원조달계획
  6. 도시생태복원사업의 유지관리계획
④ 정부 또는 시·도지사는 다음의 구분에 따라 ①에 따른 도시생태복원사업에 대하여 예산의 범위에서 사업비의 일부를 지원할 수 있다.
  1. 시·도지사가 도시생태복원사업을 하는 경우 : 정부
  2. 시장·군수·구청장이 도시생태복원사업을 하는 경우 : 정부, 시·도지사
⑤ ①부터 ④까지에서 규정한 사항 외에 도시생태복원사업에 필요한 사항은 환경부령으로 정한다.

5) 생태통로의 설치 등
① 국가 또는 지방자치단체는 개발사업 등을 시행하거나 인·허가 등을 함에 있어서 야생생물의 이동 및 생태적 연속성이 단절되지 아니하도록 생태통로 설치 등의 필요한 조치를 하거나 하게 하여야 한다.
② 국가 또는 지방자치단체는 야생생물의 이동 및 생태적 연속성이 단절된 지역을 조사·연구하여 생태통로가 필요한 지역에 대하여 생태통로 설치계획을 수립·시행하여야 한다. 이 경우 생태통로가 필요한 지역에 위치한 도로 및 철도 등의 관리주체에게 생태통로 설치를 요청할 수 있으며 요청을 받은 자는 특별한 사유가 없으면 생태통로를 설치하여야 한다.
③ ① 또는 ②에 따라 생태통로를 설치하려는 자는 다음의 조사를 실시하여야 한다.
  1. 야생생물 서식종 현황
  2. 개발사업 등의 시행으로 서식지가 단절될 우려가 있는 야생생물종 현황
  3. 차량사고 등 사고 발생 우려가 높은 야생생물종 현황
  4. 그 밖에 「백두대간 보호에 관한 법률」 제2조 제1호에 따른 백두대간 등 주요 생태축과의 연결성에 관한 조사

5. 자연환경복원사업〈신설 2021.1.5., 시행일 : 2022.1.6.〉

1) 자연환경복원사업의 시행 등
① 환경부장관은 다음에 해당하는 조사 또는 관찰의 결과를 토대로 훼손된 지역의 생태적 가치, 복원 필요성 등의 기준에 따라 그 우선순위를 평가하여 자연환경복원이 필요한 대상지역의 후보목록(이하 "후보목록"이라 한다)을 작성하여야 한다.
  1. 제30조에 따른 자연환경조사
  2. 제31조에 따른 정밀·보완조사 및 관찰
  3. 제36조 제2항에 따른 기후변화 관련 생태계 조사
  4. 「습지보전법」 제4조에 따른 습지조사
  5. 그 밖에 대통령령으로 정하는 자연환경에 대한 조사

② 환경부장관은 후보목록에 포함된 지역을 대상으로 자연환경복원사업을 시행할 수 있다. 이 경우 환경부장관은 다른 사업과의 중복성 여부 등에 대하여 관계 행정기관의 장과 미리 협의하여야 한다.

③ 환경부장관은 다음의 어느 하나에 해당하는 자(이하 "자연환경복원사업 시행자"라 한다)에게 후보목록에 포함된 지역을 대상으로 자연환경복원사업의 시행에 필요한 조치를 할 것을 권고할 수 있고, 그 권고의 이행에 필요한 비용을 예산의 범위에서 지원할 수 있다.
1. 해당 지역을 관할하는 시·도지사 또는 시장·군수·구청장
2. 관계 법령에 따라 해당 지역에 관한 관리권한을 가진 행정기관의 장
3. 관계 법령 또는 자치법규에 따라 해당 지역에 관한 관리권한을 가지고 있거나 위임 또는 위탁받은 공공단체나 기관 또는 사인(私人)

④ ①에 따른 우선순위평가의 기준 및 후보목록의 작성에 필요한 사항은 대통령령으로 정한다.

2) 자연환경복원사업계획의 수립 등

① 환경부장관 및 제45조의3 제3항의 권고에 따라 자연환경복원사업의 시행에 필요한 조치를 이행하려는 자연환경복원사업 시행자는 자연환경복원사업의 시행에 관한 계획(이하 "자연환경복원사업계획"이라 한다)을 수립하여야 한다.

② 자연환경복원사업계획에는 다음의 내용이 포함되어야 한다.
1. 사업의 필요성과 복원목표
2. 사업대상지역의 위치 및 현황분석, 사업기간, 총사업비
3. 주요 사용공법 및 전문가 활용계획
4. 사업에 대한 점검·평가 및 유지관리계획
5. 그 밖에 자연환경복원사업의 시행에 필요한 사항

③ 자연환경복원사업 시행자는 자연환경복원사업계획을 수립한 경우 환경부장관의 승인을 받아야 한다. 승인받은 사항 중 환경부령으로 정하는 중요한 사항을 변경하려는 경우에도 또한 같다.

④ 환경부장관은 자연환경복원사업계획을 검토할 때에 필요하면 관계 전문가의 의견을 듣거나 자연환경복원사업 시행자에게 관련 자료의 제출을 요청할 수 있다.

⑤ 환경부장관은 ③에 따라 자연환경복원사업계획의 승인 또는 변경승인을 한 경우에는 그 내용을 관보에 고시하여야 한다.

⑥ 환경부장관 및 자연환경복원사업 시행자는 자연환경복원사업계획에 따라 자연환경복원사업을 시행하여야 하며, 환경부장관은 자연환경복원사업 시행자가 ③의 승인을 받은 자연환경복원사업계획에 따라 자연환경복원사업을 시행하지 아니한 경우 제45조의3 제3항에 따라 지원한 비용의 전부 또는 일부를 환수할 수 있다.

⑦ ①에 따른 자연환경복원사업계획의 수립 및 ③에 따른 환경부장관의 승인·변경승인, ⑥에 따른 비용의 환수 등에 필요한 사항은 환경부령으로 정한다.

3) 자연환경복원사업 추진실적의 보고·평가

① 자연환경복원사업 시행자는 자연환경복원사업계획에 따른 자연환경복원사업의 추진실적을 환경부장관에게 정기적으로 보고하여야 한다.

② 환경부장관은 ①에 따라 보고받은 추진실적을 평가하여 그 결과에 따라 자연환경복원사업에 드는 비용을 차등하여 지원할 수 있다.
③ 환경부장관은 ②에 따른 평가를 효율적으로 시행하는 데 필요한 조사·분석 등을 관계 전문기관에 의뢰할 수 있다.
④ ①에 따른 추진실적의 보고, ②에 따른 추진실적의 평가기준·방법·절차 및 비용의 차등 지원에 필요한 사항은 대통령령으로 정한다.

4) 자연환경복원사업의 유지·관리

① 환경부장관 및 자연환경복원사업 시행자는 자연환경복원사업을 완료한 후 복원 목표의 달성정도를 지속적으로 점검하고 그 결과를 반영하여 복원된 자연환경을 유지·관리하여야 한다.
② ①에도 불구하고 환경부장관은 대통령령으로 정하는 자연환경복원사업에 대하여 정기적으로 점검한 결과 필요하다고 인정하는 때에는 자연환경복원사업 시행자에 대하여 그 결과를 반영하여 복원된 자연환경을 유지·관리하도록 권고할 수 있다.
③ 환경부장관은 ②에 따른 권고에 필요한 점검 및 그 결과의 분석 등을 관계 전문기관에 의뢰할 수 있다.
④ ① 및 ②에 따른 점검의 내용·방법·절차 및 권고 등 복원된 자연환경의 유지·관리에 필요한 사항은 대통령령으로 정한다.

6. 생태계보전부담금

1) 생태계보전부담금

① 환경부장관은 생태적 가치가 낮은 지역으로 개발을 유도하고 자연환경 또는 생태계의 훼손을 최소화할 수 있도록 자연환경 또는 생태계에 미치는 영향이 현저하거나 생물다양성의 감소를 초래하는 사업을 하는 사업자에 대하여 생태계보전부담금을 부과·징수한다.〈개정 2020. 5. 26., 2021. 1. 5.〉
② ①에 따른 생태계보전부담금의 부과대상이 되는 사업은 다음과 같다. 다만, 제50조 제1항 본문에 따른 자연환경보전사업 및 「해양생태계의 보전 및 관리에 관한 법률」 제49조 제2항에 따른 해양생태계보전협력금의 부과대상이 되는 사업은 제외한다.〈개정 2021. 1. 5.〉
  1. 「환경영향평가법」 제9조에 따른 전략환경영향평가 대상계획 중 개발면적이 3만 제곱미터 이상인 개발사업으로서 대통령령으로 정하는 사업
  2. 「환경영향평가법」 제22조 및 제42조에 따른 환경영향평가대상사업
  3. 「광업법」 제3조 제2호에 따른 광업 중 대통령령으로 정하는 규모 이상의 노천탐사·채굴사업
  4. 「환경영향평가법」 제43조에 따른 소규모환경영향평가 대상개발사업으로 개발면적이 3만 제곱미터 이상인 사업
  5. 그 밖에 생태계에 미치는 영향이 현저하거나 자연자산을 이용하는 사업 중 대통령령으로 정하는 사업
③ ①에 따른 생태계보전부담금은 생태계의 훼손면적에 단위면적당 부과금액과 지역계수를 곱하여 산정·부과한다. 다만, 생태계의 보전·복원목적의 사업 또는 국방목적의 사업으로서 대통령령으로 정하는 사업에 대하여는 생태계보전부담금을 감면할 수 있다.〈개정 2021. 1. 5.〉
④ ①에 따른 생태계보전부담금 및 제48조 제1항에 따른 가산금은 「환경정책기본법」에 따른 환경개선특별회계의 세입으로 한다.〈개정 2020. 5. 26., 2021. 1. 5.〉

⑤ 환경부장관은 제61조 제1항에 따라 시·도지사에게 생태계보전부담금 또는 가산금의 징수에 관한 권한을 위임한 경우에는 징수된 생태계보전부담금 및 가산금 중 대통령령으로 정하는 금액을 해당 사업지역을 관할하는 시·도지사에게 교부할 수 있다. 이 경우 시·도지사는 대통령령으로 정하는 바에 따라 교부금의 일부를 생태계보전부담금의 부과·징수비용으로 사용할 수 있다.〈개정 2020. 5. 26., 2021. 1. 5.〉

⑥ ①에 따른 생태계보전부담금의 징수절차·감면기준·단위면적당 부과금액, 지역계수 및 납부방법, 그 밖에 필요한 사항은 대통령령으로 정한다. 이 경우 단위면적당 부과금액은 훼손된 생태계의 가치를 기준으로 하고, 지역계수는 제34조 제1항에 따른 생태·자연도의 권역·지역 및 「국토의 계획 및 이용에 관한 법률」에 따른 토지의 용도를 기준으로 한다.〈개정 2021. 1. 5.〉

[시행일 : 2022. 1. 6.]

2) 사업 인·허가 등의 통보

① 제46조 제2항에 따른 생태계보전부담금의 부과대상이 되는 사업의 인·허가 등을 한 행정기관의 장은 그날부터 20일 이내에 사업자, 사업내용, 사업의 규모 그 밖에 대통령령으로 정하는 인·허가 등의 내용을 환경부장관에게 통보하여야 한다.〈개정 2020. 5. 26., 2021. 1. 5.〉

② 환경부장관은 ①에 따른 통보를 받은 날부터 1개월 이내에 생태계보전부담금의 부과금액·납부기한 등에 관한 사항을 사업자에게 통지하여야 한다.〈개정 2020. 5. 26., 2021. 1. 5.〉

③ ① 및 ②에 따른 통보의 내용·방법 그 밖에 필요한 사항은 환경부령으로 정한다.〈개정 2020. 5. 26.〉

[시행일 : 2022. 1. 6.]

3) 생태계보전부담금의 강제징수

① 환경부장관은 제46조에 따라 생태계보전부담금을 납부하여야 하는 사람이 납부기한 이내에 이를 납부하지 아니한 경우에는 30일 이상의 기간을 정하여 이를 독촉하여야 한다. 이 경우 체납된 생태계보전부담금에 대하여는 100분의 3에 상당하는 가산금을 부과한다.〈개정 2020. 5. 26.〉

② ①에 따른 독촉을 받은 사람이 기한 이내에 생태계보전부담금과 가산금을 납부하지 아니한 경우에는 국세체납처분의 예에 따라 이를 징수할 수 있다.〈개정 2020. 5. 26., 2021. 1. 5.〉

[시행일 : 2022. 1. 6.]

4) 생태계보전부담금의 용도 등

① 생태계보전부담금 및 제46조 제5항에 따라 교부된 금액은 다음의 용도에 사용하여야 한다. 다만, 「광업법」 제3조 제2호에 따른 광업으로서 산림 및 산지를 대상으로 하는 사업에서 조성된 생태계보전부담금은 이를 산림 및 산지 훼손지의 생태계복원사업을 위하여 사용하여야 한다.〈개정 2020. 5. 26., 2021. 1. 5.〉

1. 생태계·생물종의 보전·복원사업
1의2. 자연환경복원사업
2. 삭제〈2021. 1. 5.〉
3. 삭제〈2021. 1. 5.〉

4. 제18조에 따른 생태계보전을 위한 토지 등의 확보
5. 제19조에 따른 생태·경관보전지역 등의 토지 등의 매수
6. 삭제〈2021. 1. 5.〉
7. 삭제〈2021. 1. 5.〉
8. 삭제〈2021. 1. 5.〉
9. 제38조에 따른 자연환경보전·이용시설의 설치·운영
9의2. 제43조의2에 따른 도시생태복원사업
10. 삭제〈2021. 1. 5.〉
11. 제45조에 따른 생태통로 설치사업
12. 제50조제1항 본문에 따라 생태계보전부담금을 돌려받은 사업의 조사·유지·관리
13. 유네스코가 선정한 생물권보전지역의 보전 및 관리
14. 그 밖에 자연환경보전 등을 위하여 필요한 사업으로서 대통령령으로 정하는 사업

② 환경부장관은 제46조 제5항에 따라 시·도지사에게 교부된 금액이 ①에서 정한 용도 외에 다른 용도로 사용된 경우 그 금액만큼 환수하거나 감액하여 교부할 수 있다. 다만, 제46조 제5항 후단에 따라 생태계보전부담금의 부과·징수비용으로 사용된 경우는 제외한다.〈신설 2021. 1. 5.〉

[시행일 : 2022. 1. 6.]

5) 생태계보전부담금의 반환·지원

① 환경부장관은 생태계보전부담금을 납부한 자 또는 생태계보전부담금을 납부한 자로부터 자연환경보전사업의 시행 및 생태계보전부담금의 반환에 관한 동의를 받은 자(이하 "자연환경보전사업 대행자"라 한다)가 환경부장관의 승인을 받아 대체자연의 조성, 생태계의 복원 등 대통령령으로 정하는 자연환경보전사업을 시행하는 경우에는 납부한 생태계보전부담금 중 대통령령으로 정하는 금액을 돌려줄 수 있다. 다만, 산림 또는 산지에서 시행하는 제46조 제2항 제3호에 따른 사업으로 인하여 부과된 생태계보전부담금에 대하여는 반환금 또는 반환예정금액의 범위에서 다른 법률에 따라 시행하는 산림 또는 산지를 대상으로 하는 훼손지복원사업에 지원할 수 있다.〈개정 2020. 5. 26., 2021. 1. 5.〉

② ①에 따른 환경부장관의 승인, 생태계보전부담금을 납부한 자의 동의, 자연환경보전사업 대행자의 자격과 범위, 생태계보전부담금의 반환·지원에 관하여 필요한 사항은 대통령령으로 정한다.〈개정 2020. 5. 26., 2021. 1. 5.〉

[시행일 : 2022. 1. 6.]

③ 생태계보전부담금 반환사업 개념도

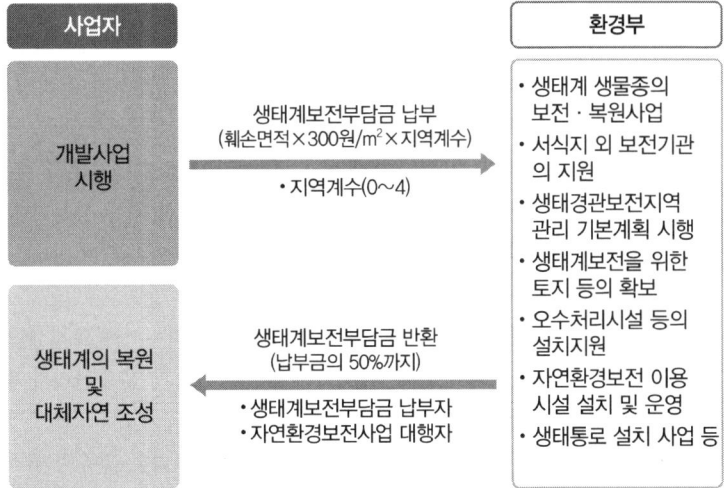

4 생물다양성보전 및 이용에 관한 법률(약칭 : 생물다양성법)

1. 총칙

1) 목적

이 법은 생물다양성의 종합적·체계적인 보전과 생물자원의 지속가능한 이용을 도모하고「생물다양성협약」의 이행에 관한 사항을 정함으로써 국민생활을 향상시키고 국제협력을 증진함을 목적으로 한다.

2) 정의

1. "생물다양성"이란 육상생태계 및 수생생태계와 이들의 복합생태계를 포함하는 모든 원천에서 발생한 생물체의 다양성을 말하며, 종내(種內)·종간(種間) 및 생태계의 다양성을 포함한다.
2. "생태계"란 식물·동물 및 미생물군집(群集)들과 무생물환경이 기능적인 단위로 상호작용하는 역동적인 복합체를 말한다.
3. "생물자원"이란 사람을 위하여 가치가 있거나 실제적 또는 잠재적 용도가 있는 유전자원, 생물체, 생물체의 부분, 개체군 또는 생물의 구성요소를 말한다.
4. "유전자원"이란 유전(遺傳)의 기능적 단위를 포함하는 식물·동물·미생물 또는 그 밖에 유전적 기원이 되는 유전물질 중 실질적 또는 잠재적 가치를 지닌 물질을 말한다.
5. "지속가능한 이용"이란 현재 세대와 미래 세대가 동등한 기회를 가지고 생물자원을 이용하여 그 혜택을 누릴 수 있도록 생물다양성의 감소를 유발하지 아니하는 방식과 속도로 생물다양성의 구성요소를 이용하는 것을 말한다.
6. "전통지식"이란 생물다양성의 보전 및 생물자원의 지속가능한 이용에 적합한 전통적 생활양식을 유지하여 온 개인 또는 지역사회의 지식, 기술 및 관행(慣行) 등을 말한다.
6의2. "유입주의생물"이란 국내에 유입(流入)될 경우 생태계에 위해(危害)를 미칠 우려가 있는 생물로서 환경부장관이 지정·고시하는 것을 말한다.〈신설 2018. 10. 16.〉

7. "외래생물"이란 외국으로부터 인위적 또는 자연적으로 유입되어 그 본래의 원산지 또는 서식지를 벗어나 존재하게 된 생물을 말한다.
8. "생태계교란생물"이란 다음의 어느 하나에 해당하는 생물로서 제21조의2 제1항에 따른 위해성평가 결과 생태계 등에 미치는 위해가 큰 것으로 판단되어 환경부장관이 지정·고시하는 것을 말한다. 〈개정 2018. 10. 16.〉
   가. 유입주의생물 및 외래생물 중 생태계의 균형을 교란하거나 교란할 우려가 있는 생물
   나. 유입주의생물이나 외래생물에 해당하지 아니하는 생물 중 특정지역에서 생태계의 균형을 교란하거나 교란할 우려가 있는 생물
   다. 삭제
8의2. "생태계위해우려생물"이란 다음의 어느 하나에 해당하는 생물로서 제21조의2 제1항에 따른 위해성평가 결과 생태계 등에 유출될 경우 위해를 미칠 우려가 있어 관리가 필요하다고 판단되어 환경부장관이 지정·고시하는 것을 말한다.
   가. 「야생생물보호 및 관리에 관한 법률」 제2조 제2호에 따른 멸종위기야생생물 등 특정생물의 생존이나 「자연환경보전법」 제12조 제1항에 따른 생태·경관보전지역 등 특정지역의 생태계에 부정적 영향을 주거나 줄 우려가 있는 생물
   나. 제8호의 어느 하나에 해당하는 생물 중 산업용으로 사용 중인 생물로서 다른 생물 등으로 대체가 곤란한 생물
9. "외국인"이란 다음의 어느 하나에 해당하는 자를 말한다.
   가. 대한민국 국적을 가지지 아니한 사람
   나. 외국의 법률에 따라 설립된 법인(외국에 본점 또는 주된 사무소를 가진 법인으로서 대한민국의 법률에 따라 설립된 법인을 포함한다)
10. "생태계서비스"란 인간이 생태계로부터 얻는 다음의 어느 하나에 해당하는 혜택을 말한다. 〈신설 2019. 12. 10.〉
    가. 식량, 수자원, 목재 등 유형적 생산물을 제공하는 공급서비스
    나. 대기 정화, 탄소 흡수, 기후 조절, 재해 방지 등의 환경조절서비스
    다. 생태관광, 아름답고 쾌적한 경관, 휴양 등의 문화서비스
    라. 토양 형성, 서식지 제공, 물질순환 등 자연을 유지하는 지지서비스

3) 기본원칙

생물다양성보전 및 생물자원의 지속가능한 이용을 위하여 다음의 기본원칙이 준수되어야 한다. 〈개정 2019. 12. 10.〉
1. 생물다양성은 모든 국민의 자산으로서 현재 세대와 미래 세대를 위하여 보전되어야 한다.
2. 생물자원은 지속가능한 이용을 위하여 체계적으로 보호되고 관리되어야 한다.
3. 국토의 개발과 이용은 생물다양성의 보전 및 생물자원의 지속가능한 이용과 조화를 이루어야 한다.
4. 산·하천·호소(湖沼)·연안·해양으로 이어지는 생태계의 연계성과 균형은 체계적으로 보전되어야 한다.
5. 생태계서비스는 생태계의 보전과 국민의 삶의 질 향상을 위하여 체계적으로 제공되고 증진되어야 한다.
6. 생물다양성보전 및 생물자원의 지속가능한 이용에 대한 국제협력은 증진되어야 한다.

2. 국가생물다양성전략

1) 국가생물다양성전략의 수립

① 정부는 국가의 생물다양성보전과 그 구성요소의 지속가능한 이용을 위한 전략(이하 "국가생물다양성전략"이라 한다)을 5년마다 수립하여야 한다.

② 국가생물다양성전략에는 다음의 사항이 포함되어야 한다. 〈개정 2018. 10. 16., 2019. 12. 10.〉

   1. 생물다양성의 현황·목표 및 기본방향
   2. 생물다양성 및 그 구성요소의 보호 및 관리
   3. 생물다양성 구성요소의 지속가능한 이용
   4. 생물다양성에 대한 위협의 대처
   5. 생물다양성에 영향을 주는 유입주의생물 및 외래생물의 관리
   6. 생물다양성 및 생태계서비스 관련 연구·기술개발, 교육·홍보 및 국제협력
   7. 생태계서비스의 체계적인 제공 및 증진
   8. 그 밖에 생물다양성의 보전 및 이용에 필요한 사항

③ 관계 중앙행정기관의 장은 국가생물다양성전략의 원활한 수립을 위하여 ②의 사항에 대하여 소관 분야별로 추진전략을 수립하여 환경부장관에게 통보하여야 한다.

④ 국가생물다양성전략은 환경부장관이 ③에 따른 소관별 추진전략을 총괄하여 작성하고, 국무회의의 심의를 거쳐 확정된다. 이 경우 환경부장관은 국가생물다양성전략의 원활한 수립을 위하여 필요하다고 인정하면 국무회의 심의 전에 관계 전문가의 의견 청취 및 관계 중앙행정기관의 장과의 협의를 할 수 있다.

⑤ 환경부장관은 ④에 따라 확정된 국가생물다양성전략을 공고하여야 한다.

⑥ 국가생물다양성전략을 변경하려는 경우에는 ③부터 ⑤까지의 규정을 준용한다. 다만, 대통령령으로 정하는 경미한 사항을 변경하는 경우에는 그러하지 아니하다.

⑦ 그 밖에 국가생물다양성전략의 수립 등에 필요한 사항은 대통령령으로 정한다.

3. 생물다양성 및 생물자원의 보전

1) 생물다양성의 조사
2) 국가생물종목록의 구축
3) 생물자원의 국외반출

① 환경부장관은 생물다양성의 보전을 위하여 보호할 가치가 높은 생물자원으로서 대통령령으로 정하는 기준에 해당하는 생물자원을 관계 중앙행정기관의 장과 협의하여 국외반출승인대상 생물자원으로 지정·고시할 수 있다.

② 누구든지 ①에 따라 지정·고시된 생물자원(이하 "반출승인대상 생물자원"이라 한다)을 국외로 반출하려면 환경부령으로 정하는 바에 따라 환경부장관의 승인을 받아야 한다. 다만, 「농업생명자원의 보존·관리 및 이용에 관한 법률」 제18조 제1항 또는 「해양수산생명자원의 확보·관리 및 이용 등에 관한 법률」 제22조 제1항에 따른 국외반출승인을 받은 경우에는 그러하지 아니하다. 〈개정 2016. 12. 27.〉

③ 환경부장관은 반출승인대상 생물자원이 다음의 어느 하나에 해당하는 경우에는 국외반출을 승인하지 아니할 수 있다.

1. 극히 제한적으로 서식하는 경우
2. 국외로 반출될 경우 국가 이익에 큰 손해를 입힐 것으로 우려되는 경우
3. 경제적 가치가 높은 형태적·유전적 특징을 가지는 경우
4. 국외에 반출될 경우 그 종의 생존에 위협을 줄 우려가 있는 경우

4) 생물다양성 감소 등에 대한 긴급조치

① 환경부장관, 관계 중앙행정기관의 장 및 특별시장·광역시장·특별자치시장·도지사·특별자치도지사는 다음의 어느 하나에 해당하는 경우에는 긴급복구, 구조·치료, 공사중지 등 생물다양성의 급격한 감소를 피하거나 최소화할 수 있는 조치를 할 수 있다. 다만, 관계 중앙행정기관의 장은 해당 조치 내역을 환경부장관에게 지체 없이 통보하여야 하며, 특별시장·광역시장·특별자치시장·도지사·특별자치도지사(이하 "시·도지사"라 한다)는 시행한 조치에 대하여 환경부장관의 승인을 받아야 한다. 〈개정 2018. 10. 16.〉

1. 자연재해 등 국가적 또는 지역적 생물다양성에 심각한 영향을 미치는 사태가 발생한 경우
2. 생물다양성이 심각하게 감소하거나 소실(消失)될 위험에 처한 경우
3. 개발사업 등의 시행으로 인하여 야생생물의 번식지나 서식지가 대규모로 훼손될 위험에 처한 경우

② 환경부장관, 관계 중앙행정기관의 장 및 시·도지사는 ①에 따른 조치에 따라 직접적인 경제적 손실을 입은 자에게 그 손실에 상당하는 비용을 보상할 수 있다.
③ ① 및 ②에 따른 조치의 세부내용 및 방법 등 그 밖에 필요한 사항은 대통령령으로 정한다.

5) 생태계보전 및 복원 지원 등

① 국가와 지방자치단체는 생태계의 균형이 파괴되지 아니하도록 생태계의 보전, 훼손된 생태계의 복원 또는 생태계서비스의 회복을 위하여 필요한 시책을 수립하여야 한다. 〈개정 2019. 12. 10.〉
② 국가와 지방자치단체는 생태계의 보전 및 복원에 참여하는 주민·단체 등에 대하여 지원할 수 있다.

6) 생태계서비스지불제계약

① 정부는 다음의 지역이 보유한 생태계서비스의 체계적인 보전 및 증진을 위하여 토지의 소유자·점유자 또는 관리인과 자연경관 및 자연자산의 유지·관리, 경작방식의 변경, 화학물질의 사용 감소, 습지의 조성, 그 밖에 토지의 관리방법 등을 내용으로 하는 계약(이하 "생태계서비스지불제계약"이라 한다)을 체결하거나 지방자치단체의 장에게 생태계서비스지불계약의 체결을 권고할 수 있다. 〈개정 2019. 12. 10.〉

1. 생태·경관보전지역
2. 습지보호지역
3. 자연공원
4. 야생생물특별보호구역
5. 야생생물보호구역
6. 멸종위기야생생물보호 및 생물다양성 증진이 필요한 지역(멸종위기야생생물의 보호를 위하여 필요한 지역, 생물다양성의 증진 또는 생태계서비스의 회복이 필요한 지역, 생물다양성이 독특하거나 우수한 지역)

7. 그 밖에 대통령령으로 정하는 지역

② 정부 또는 지방자치단체의 장이 생태계서비스지불제계약을 체결하는 경우에는 대통령령으로 정하는 기준에 따라 그 계약의 이행 상대자에게 정당한 보상을 하여야 한다. 〈개정 2019. 12. 10.〉

③ 생태계서비스지불제계약을 체결한 당사자가 그 계약내용을 이행하지 아니하거나 계약을 해지하려는 경우에는 상대방에게 3개월 이전에 이를 통보하여야 한다. 〈개정 2019. 12. 10.〉

④ 정부는 국민신탁법인 또는 대통령령으로 정하는 민간기구가 생태계서비스지불제계약을 체결하는 경우에는 그 이행에 필요한 지원을 할 수 있다. 〈신설 2019. 12. 10.〉

⑤ 생태계서비스지불제계약의 체결 등 그 밖에 필요한 사항은 대통령령으로 정한다. 〈개정 2019. 12. 10.〉

4. 국가생물다양성센터 등

① 국가생물다양성센터의 운영 등
② 국가생물다양성 정보공유체계 구축·운영 등
③ 생물자원에 대한 이익 공유
④ 전통지식의 보호 등

5. 유입주의생물 등의 관리

① 위해성평가
② 유입주의생물의 수입·반입 승인 등
③ 유입주의생물의 관리
④ 생태계교란생물 등의 지정해제 등
⑤ 생태계교란생물의 관리
⑥ 생태계위해우려생물의 관리
⑦ 생태계교란생물 등의 방출 등 금지
⑧ 생태계교란생물 지정에 따른 사육·재배의 유예
⑨ 승인·허가의 취소 등

> **유입주의 생물**
> **1. 용어 설명**
> 1) 외래생물 : 외국에서 인위적 또는 자연적으로 유입되어 원산지 또는 본래 서식지를 벗어나 서식하게 된 생물
> 2) 유입주의생물 : 국내에 유입될 경우 생태계에 위해를 미칠 우려가 있는 생물
> 3) 생태계교란생물
> ① 유입주의생물 및 외래생물 중 생태계균형을 교란하거나 교란할 우려가 있는 생물
> ② 유입주의생물이나 외래생물에 해당하지 않는 생물 중 특정지역에서 생태계균형을 교란하거나 교란할 우려가 있는 생물
> 4) 생태계위해우려생물
> ① 「야생생물보호 및 관리에 관한 법률」 제2조 제2호에 따른 멸종위기야생생물 중 특정생물의 생존이나 「자연환경보전법」 제12조 제1항에 따른 생태·경관보전지역 등 특정지역의 생태계에 부정

적 영향을 주거나 줄 우려가 있는 생물
② 유입주의생물 및 외래생물 중 산업용으로 쓰는 생물로서 다른 생물 등으로 대체가 곤란한 생물

2. **유입주의생물 지정기준**
   1) 기존 위해우려종 및 국제적으로 위해성이 공인된 생물종
      ① 국제자연보전연맹(IUCN) 세계 100대 최악의 침입외래종 등 국제기구에서 위해하다고 인정하는 생물종
      ② 인접국(중국, 일본) 및 주요 교역국(미국, EU 국가 등)의 법정관리 대상 위해생물종(타 국가 수입·반입 금지종 우선 검토)
   2) 사회적 또는 생태적 피해를 야기한 사례가 있는 생물종
      인체질병 및 산업피해 등 사회적 피해를 유발하거나 토착종 포식·교잡 등으로 생태계에 위해를 끼칠 사례가 있는 생물종
   3) 기존 생태계교란생물과 유전적·생태적 특성이 유사한 생물종
      ① 생태계교란생물 지정의 풍선효과로 인해 수요가 증가할 것으로 예상되는 유사 생물종
      ② 특성이 유사한 근연종이 다수일 경우 해당 속(Genus)
   4) 본 서식지 여건이 국내환경과 유사해 정착 가능성이 높은 생물종
      번식성이 강해 확산 우려가 높은 생물종

▼ 유입주의생물 지정현황(2020년 4월 13일 기준)

분류군	학명	분류군	학명
포유류	태평양쥐	포유류	흡혈박쥐
	북미들쥐		뜰겨울잠쥐
	태국다람쥐		프랑켓견장과일박쥐
	작은몽구스		망치머리박쥐
	멕시코회색다람쥐		무플론
	큰겨울잠쥐		재규어푸마
	유럽비버		붉은배청서
	흰꼬리사슴	조류	검은목갈색찌르레기
	줄무늬멧돼지		집참새
	북미사막토끼		일본꿩
	아시아작은몽구스		붉은수염직박구리
	동부회색다람쥐		목점박이비둘기
	북방족제비		집양진이
	아홉띠아르마딜로		집까마귀
	아메리카밍크	어류	작은입배스
	네발가락고슴도치		중국쏘가리
	그리벳원숭이		모기송사리
	붉은방둥이아구티		북방민물꼬치고기

분류군	학명	분류군	학명
어류	줄가물치	어류	일본긴줄몰개
	유럽둥근망둑		비와강준치
	유라시아민물농어		검정입북미잉어
	북아프리카동자개		검정민물꼬치고기
	붉은파쿠		작은머리큰가시고기
	피라냐		비와산천어
	엘리게이터가		클라크송어
	남미붉은꼬리동자개		긴코서커
	호주민물대구		비와종개
	아메리카청어		러시아납지리
	회색청어		기벨리오붕어
	보핀		유럽몰개
	파이크농어		유럽야레
	큰입북미잉어		일본참중고기
	검은북미잉어		황점블루길
	큰입술잉어		파나우가물치
	초록블루길		볼가민물꼬치농어
	긴귀블루길		일본퉁가리
	얼룩무늬배스		나일농어
	유럽미꾸리		줄농어
	청잉어		러프민물농어
	중국미꾸라지		금빛황어
	발기		블릭
	대서양칠성장어		다뉴브블릭
	넓적머리동자개		벤데이스흰연어
	대서양연어		유럽흰연어
	웰스메기		마라이나흰연어
	북미갈색동자개		페일리드흰연어
	북미검정동자개		동부모스퀴토피쉬
	북미흰농어		푸른채널동자개
	흰배스		벌레무늬플래코
	러드		오리노코플래코
	붉은다비라납지리		로우치
	아스피우스황어		거울잉어
	비와매치		톡소스톰황어

분류군	학명	분류군	학명
어류	미다스키클리드	양서류	인도황소개구리
	유럽담수티울카		동아시아황소개구리
	이탈리아기름종개		염소울음청개구리
	롱테일드워프망둑		호주남부갈색청개구리
	유럽머쉬룸망둑		호주남부종개구리
	몽키망둑	파충류	호주갈색나무뱀
	카스피큰머리망둑		가짜지도거북
	카스피모래망둑		유럽살모사
	아르헨티나실버사이드		노랑늪거북
	마블독가시치		북미지도거북
연체동물	초록담치		카스피민물거북
절지동물	마블가재		아프리카헬맷거북
양서류	쿠바청개구리		아르메니아도마뱀
	아프리카발톱개구리		동인도갈색도마뱀
	웃는개구리		인도차이나숲도마뱀
	유럽연못개구리		동양정원도마뱀
	동일본두꺼비		갈색점박이살모사
	서일본두꺼비		녹색고양이눈뱀
	히로시마늪개구리		붉은목유혈목이
	사키시마늪개구리		개이빨고양이눈뱀
	일본산개구리		검은머리고양이눈뱀
	다루마개구리		호피무늬뱀
	서유럽황갈색두꺼비		콜롬비아무지개보아
	모리타니두꺼비		호주란셀섬도마뱀
	사탕수수두꺼비		무지개도마뱀
	유럽식용개구리		보석거북(중국줄무늬거북)과 남생이 교잡종
	발칸개구리		일본돌거북(일본남생이)과 남생이 교잡종
	대평원두꺼비	곤충	노랑미친개미
	붉은점박이두꺼비	거미	시드니깔대기거미
	미국장수도롱뇽		파라과이과부거미
	아시아검은안경두꺼비		갈라파고스과부거미
	돼지개구리		플로리다붉은점과부거미
	강개구리		검은발과부거미
	북방표범개구리		아르헨붉은줄과부거미
	아시아녹색개구리		남미과부거미

분류군	학명	분류군	학명
거미	검은배과부거미	식물	들묵새아재비
	아르헨티나흰줄과부거미		중국닭의덩굴
	붉은불짜과부거미		서양어수리
	검붉은과부거미		서양물피막이
	갈색과부거미		아프리카밀나물
	붉은등줄과부거미		점개구리밥
	붉은배과부거미		캐나다말
	가시과부거미		아프리카나도솔새
	아프리카검은과부거미		유럽미나리
	남아프리카검은과부거미		강변등골나물
	뉴질랜드과부거미		솜엉겅퀴
	검은띠과부거미		흑갓
	검은과부거미		가시땅비름
	마다가스카르검은과부거미		왕메뚜기콩
	아르헨티나불짜과부거미		덩굴가지
	마다가스카르갈색과부거미		미국물수세미
	흰배과부거미		좀생이가래
	아르헨붉은점과부거미		잔디잎소귀나물
	콩팥과부거미		퍼진수레국화
	이스라엘과부거미		초원기장풀
	남아프리카갈색과부거미		페르시아호밀풀
	칠레과부거미		버펄로참새피
	붉은점과부거미		유럽자라풀
	얼룩과부거미		총검자라풀
	북미흰줄과부거미		닻부레옥잠
식물	개줄덩굴		화살잎물옥잠
	큰지느러미엉겅퀴		야생염소풀
	가는꽃지느러미엉겅퀴		넓은잎강아지풀
	양지등골나물		야생오이
	덩굴등골나물		아프리카구기자
	갯솜방망이		파나마참새피
	미국갯금불초		흰꽃장대냉이
	미국가시풀		둥근열매다닥냉이
	버마갈대		검은창끝겨이삭
	아프리카기장		좁은꽃갯줄풀

분류군	학명	분류군	학명
식물	분홍수레국화	식물	불꽃소귀나무
	기는뻐꾹채		호주돈나무
	호생꽃물수세미		큰꽃용가시나무
	악취시계꽃		남아프리카덩굴금방망이
	아메리카갯줄풀		미국덩굴옻나무
	노랑꽃호주아카시아		귀잎아카시아
	사막가시골담초		타이완아카시아
	남아프리카민들레		가시바늘아카시아
	남아프리카덩굴비짜루		호주아카시아
	마다가스카르브들레아		사막개밀
	남아프리카송엽국		민거치자금우
	미국가시풀		꼬마채진목
	산비장이아재비		다섯가시댑싸리
	아메리카해변미역취		여우꼬리귀리
	지중해골담초		지중해엉겅퀴
	프랑스골담초		국화아재비나무
	유럽향기풀		안데스대왕갈대
	야생보리		흰털열매골담초
	남미구슬박하		고양이발톱덩굴
	성긴남미구슬박하		유럽푸른지치
	밤메꽃		긴꽃초원기장풀
	미국독돼지풀		유럽가솔송
	멕시코산호유동		갈래잎붉은서나물
	처진줄기란타나		꼬마포인세티아
	아프리카기장		

▼ 생태계교란생물〈2021년 8월 31일 기준〉

구분	종명	
포유류	*Myocastor coypus*	뉴트리아
양서류 · 파충류	*Rana catesbeiana*	황소개구리
	Trachemys spp.	붉은귀거북속 전종
	Pseudemys concinna	리버쿠터
	Mauremys sinensis	중국줄무늬목거북
	Macrochelys temminckii	악어거북
	Pseudemys nelsoni	플로리다붉은배거북

구분	종명	
어류	*Lepomis macrochirus*	파랑볼우럭(블루길)
	Micropterus salmoides	큰입배스
	Salmo trutta	브라운송어
갑각류	*Procambarus clarkii*	미국가재
곤충류	*Lycorma delicatula*	꽃매미
	Solenopsis invicta	붉은불개미
	Vespa velutina nigrithorax	등검은말벌
	Pochazia shantungensis	갈색날개매미충
	Metcalfa pruinosa	미국선녀벌레
	Linepithema humile	아르헨티나개미
	Anoplolepis gracilipes	긴다리비틀개미
	Melanoplus differentialis	빗살무늬미주메뚜기
식물	*Ambrosia artemisiaefolia* var. *elatior*	돼지풀
	Ambrosia trifida	단풍잎돼지풀
	Eupatorium rugosum	서양등골나물
	Paspalum distichum var. *indutum*	털물참새피
	Paspalum distichum var. *distichum*	물참새피
	Solanum carolinense	도깨비가지
	Rumex acetosella	애기수영
	Sicyos angulatus	가시박
	Hypochoeris radicata	서양금혼초
	Aster pilosus	미국쑥부쟁이
	Solidago altissima	양미역취
	Lactuca scariola	가시상추
	Spartina alterniflora	갯줄풀
	Spartina anglica	영국갯끈풀
	Humulus japonicus	환삼덩굴
	Alliaria petiolata	마늘냉이
포유류	*Procyon lotor*	라쿤
어류	*Salmon salar*	대서양연어
	Pygocenrrus nattereri	피라냐
양서류	*Xenopus laevis*	아프리카발톱개구리

5 야생생물보호 및 관리에 관한 법률(약칭 : 야생생물법)

1. 총칙

1) 목적
야생생물과 그 서식환경을 체계적으로 보호·관리함으로써 야생생물의 멸종을 예방하고, 생물의 다양성을 증진시켜 생태계의 균형을 유지함과 아울러 사람과 야생생물이 공존하는 건전한 자연환경을 확보함을 목적으로 한다.

2) 정의
1. "야생생물"이란 산·들 또는 강 등 자연상태에서 서식하거나 자생(自生)하는 동물, 식물, 균류·지의류(地衣類), 원생생물 및 원핵생물의 종(種)을 말한다.
2. "멸종위기야생생물"이란 다음의 어느 하나에 해당하는 생물의 종으로서 관계 중앙행정기관의 장과 협의하여 환경부령으로 정하는 종을 말한다.
    가. 멸종위기야생생물 Ⅰ급 : 자연적 또는 인위적 위협요인으로 개체수가 크게 줄어들어 멸종위기에 처한 야생생물로서 대통령령으로 정하는 기준에 해당하는 종
    나. 멸종위기야생생물 Ⅱ급 : 자연적 또는 인위적 위협요인으로 개체수가 크게 줄어들고 있어 현재의 위협요인이 제거되거나 완화되지 아니할 경우 가까운 장래에 멸종위기에 처할 우려가 있는 야생생물
3. "국제적 멸종위기종"이란 「멸종위기에 처한 야생동식물종의 국제거래에 관한 협약」(이하 "멸종위기종국제거래협약"이라 한다)에 따라 국제거래가 규제되는 다음의 어느 하나에 해당하는 생물로서 환경부장관이 고시하는 종을 말한다.
    가. 멸종위기에 처한 종 중 국제거래로 영향을 받거나 받을 수 있는 종으로서 멸종위기종국제거래협약의 부속서 Ⅰ에서 정한 것
    나. 현재 멸종위기에 처하여 있지는 아니하나 국제거래를 엄격하게 규제하지 아니할 경우 멸종위기에 처할 수 있는 종과 멸종위기에 처한 종의 거래를 효과적으로 통제하기 위하여 규제를 하여야 하는 그 밖의 종으로서 멸종위기종국제거래협약의 부속서 Ⅱ에서 정한 것
    다. 멸종위기종국제거래협약의 당사국이 이용을 제한할 목적으로 자기 나라의 관할권에서 규제를 받아야 하는 것으로 확인하고 국제거래 규제를 위하여 다른 당사국의 협력이 필요하다고 판단한 종으로서 멸종위기종국제거래협약의 부속서 Ⅲ에서 정한 것
4. "유해야생동물"이란 사람의 생명이나 재산에 피해를 주는 야생동물로서 환경부령으로 정하는 종을 말한다.
5. "인공증식"이란 야생생물을 일정한 장소 또는 시설에서 사육·양식 또는 증식하는 것을 말한다.
6. "생물자원"이란 「생물다양성보전 및 이용에 관한 법률」 제2조 제3호에 따른 생물자원을 말한다.
7. "야생동물질병"이란 야생동물이 병원체에 감염되거나 그 밖의 원인으로 이상이 발생한 상태로서 환경부령으로 정하는 질병을 말한다.
8. "질병진단"이란 죽은 야생동물 또는 질병에 걸린 것으로 확인되거나 걸릴 우려가 있는 야생동물에 대하여 부검, 임상검사, 혈청검사, 그 밖의 실험 등을 통하여 야생동물 질병의 감염 여부를 확인하는 것을 말한다.

2. 야생생물의 보호

1) 서식지 외 보전기관의 지정

▼ 서식지 외 보전기관 지정현황(2018년 1월 31일 기준)

지정번호	명칭	지정 동식물	지정일자	지정내역	관리기관
1	서울대공원	동물 22종	'00. 4. 12	반달가슴곰, 늑대, 여우, 표범, 호랑이, 삵, 수달, 두루미, 재두루미, 황새, 스라소니, 담비, 노랑부리저어새, 흑고니, 흰꼬리수리, 독수리, 큰고니, 금개구리, 남생이, 맹꽁이, 산양, 저어새	서울시
2	한라수목원	식물 26종	'00. 5. 25	개가시나무, 나도풍란, 만년콩, 삼백초, 순채, 죽백란, 죽절초, 지네발란, 파초일엽, 풍란, 한란, 황근, 탐라란, 석곡, 콩짜개란, 차걸이란, 전주물꼬리풀, 금자란, 한라솜다리, 암매, 제주고사리삼, 대흥란, 솔잎란, 자주땅귀개, 으름난초, 무주나무	제주도
3	(재)한택식물원	식물 19종	'01. 10. 12	가시오갈피나무, 개병풍, 노랑만병초, 대청부채, 독미나리, 미선나무, 백부자, 순채, 산작약, 연잎꿩의다리, 가시연꽃, 단양쑥부쟁이, 층층둥굴레, 홍월귤, 털복주머니란, 날개하늘나리, 솔붓꽃, 제비붓꽃, 각시수련	이택주
4	(사)한국황새복원연구센터	조류 2종	'01. 11. 1	황새, 검은머리갈매기	한국교원대학교
5	내수면양식연구센터	어류 3종	'01. 11. 1	꼬치동자개, 감돌고기, 모래주사	국립수산과학원
6	여미지식물원	식물 10종	'03. 3. 10	한란, 암매, 솔잎란, 대흥란, 죽백란, 삼백초, 죽절초, 개가시나무, 만년콩, 황근	부국개발(주)
7	삼성에버랜드 동물원	동물 5종	'03. 7. 1	호랑이, 산양, 두루미, 큰바다사자, 재두루미	삼성에버랜드(주)
8	기청산식물원	식물 10종	'04. 3. 22	섬개야광나무, 섬시호, 섬현삼, 연잎꿩의다리, 매화마름, 갯봄맞이꽃, 큰바늘꽃, 솔붓꽃, 애기송이풀, 한라송이풀	이삼우
9	한국자생식물원	식물 16종	'04. 5. 3	노랑만병초, 산작약, 홍월귤, 가시오갈피나무, 순채, 연잎꿩의다리, 각시수련, 복주머니란, 날개하늘나리, 넓은잎제비꽃, 닻꽃, 백부자, 제비동자꽃, 제비붓꽃, 큰바늘꽃, 한라송이풀	김창열

지정번호	명칭	지정동식물	지정일자	지정내역	관리기관
10	(사)홀로세생태보존연구소	곤충 3종	'05. 9. 28	애기뿔소똥구리, 붉은점모시나비, 물장군	이강운
11	(사)한국산양·사향노루종보존회	포유류 2종	'06. 9. 21	산양, 사향노루	정창수
12	(재)천리포수목원	식물 4종	'06. 9. 21	가시연꽃, 노랑붓꽃, 매화마름, 미선나무	이보식
13	(사)곤충자연생태연구센터	곤충 4종	'07. 3. 8	붉은점모시나비, 물장군, 장수하늘소, 상제나비	이대암
14	함평자연생태공원	식물 4종	'08. 11. 18	나도풍란, 풍란, 한란, 지네발란	함평군
15	평강식물원	식물 6종	'09. 8. 25	가시오갈피나무, 개병풍, 노랑만병초, 단양쑥부쟁이, 독미나리, 조름나물	이환용
16	신구대학식물원	식물 11종	'10. 2. 25	가시연꽃, 섬시호, 매화마름, 독미나리, 백부자, 개병풍, 나도승마, 단양쑥부쟁이, 날개하늘나리, 대청부채, 층층둥굴레	이숭겸 총장
17	우포따오기복원센터	동물 1종	'10. 6. 16	따오기	창녕군
18	경북대조류생태환경연구소	동물 3종	'10. 7. 9	두루미, 재두루미, 큰고니	박희천
19	고운식물원	식물 5종	'10. 9. 15	광릉요강꽃, 노랑붓꽃, 독미나리, 층층둥굴레, 진노랑상사화	이주호
20	강원도자연환경연구공원	식물 7종	'10. 9. 15	왕제비꽃, 층층둥굴레, 기생꽃, 복주머니란, 제비동자꽃, 솔붓꽃, 가시오갈피나무	강원도
21	한국도로공사수목원	식물 8종	'11. 9. 9	노랑붓꽃, 진노랑상사화, 대청부채, 지네발란, 독미나리, 석곡, 초령목, 해오라비난초	한국도로공사
22	(재)제주테크노파크	동물 3종	'11. 12. 29	두점박이사슴벌레, 물장군, 애기뿔소똥구리	(재)제주테크노파크
23	순천향대학교 멸종위기어류복원센터	동물 7종	'13. 2. 26	미호종개, 얼룩새코미꾸리, 흰수마자, 여울마자, 꾸구리 돌상어, 부안종개	순천향대학교
24	청주랜드	동물 10종	'14. 2. 10	표범, 늑대, 붉은여우, 반달가슴곰, 스라소니, 두루미, 재두루미, 흑고니, 삵, 독수리	청주시
25	한국수달연구센터	동물 1종	'17. 2. 7	수달	화천군
26	국립낙동강생물자원관	식물 5종	'18. 1. 30	섬개현삼, 분홍장구채, 대청부채, 큰바늘꽃, 고란초	국립낙동강생물자원관

2) 멸종위기야생생물의 지정 주기

환경부장관은 야생생물의 보호와 멸종 방지를 위하여 5년마다 멸종위기야생생물을 다시 정하여야 한다. 다만, 특별히 필요하다고 인정할 때에는 수시로 다시 정할 수 있다.

> **멸종위기야생생물**

1. 포유류

1) 멸종위기야생생물 Ⅰ급

번호	종명
1	늑대 *Canis lupus coreanus*
2	대륙사슴 *Cervus nippon hortulorum*
3	반달가슴곰 *Ursus thibetanus ussuricus*
4	붉은박쥐 *Myotis rufoniger*
5	사향노루 *Moschus moschiferus*
6	산양 *Naemorhedus caudatus*
7	수달 *Lutra lutra*
8	스라소니 *Lynx lynx*
9	여우 *Vulpes vulpes peculiosa*
10	작은관코박쥐 *Murina ussuriensis*
11	표범 *Panthera pardus orientalis*
12	호랑이 *Panthera tigris altaica*

2) 멸종위기야생생물 Ⅱ급

번호	종명
1	담비 *Martes flavigula*
2	무산쇠족제비 *Mustela nivalis*
3	물개 *Callorhinus ursinus*
4	물범 *Phoca largha*
5	삵 *Prionailurus bengalensis*
6	큰바다사자 *Eumetopias jubatus*
7	토끼박쥐 *Plecotus auritus*
8	하늘다람쥐 *Pteromys volans aluco*

2. 조류

1) 멸종위기야생생물 Ⅰ급

번호	종명
1	검독수리 *Aquila chrysaetos*
2	넓적부리도요 *Eurynorhynchus pygmeus*
3	노랑부리백로 *Egretta eulophotes*
4	두루미 *Grus japonensis*
5	매 *Falco peregrinus*
6	먹황새 *Ciconia nigra*
7	저어새 *Platalea minor*
8	참수리 *Haliaeetus pelagicus*
9	청다리도요사촌 *Tringa guttifer*
10	크낙새 *Dryocopus javensis*
11	호사비오리 *Mergus squamatus*
12	혹고니 *Cygnus olor*

번호	종명
13	황새 *Ciconia boyciana*
14	흰꼬리수리 *Haliaeetus albicilla*

2) 멸종위기야생생물 Ⅱ급

번호	종명
1	개리 *Anser cygnoides*
2	검은머리갈매기 *Larus saundersi*
3	검은머리물떼새 *Haematopus ostralegus*
4	검은머리촉새 *Emberiza aureola*
5	검은목두루미 *Grus grus*
6	고니 *Cygnus columbianus*
7	고대갈매기 *Larus relictus*
8	긴꼬리딱새 *Terpsiphone atrocaudata*
9	긴점박이올빼미 *Strix uralensis*
10	까막딱다구리 *Dryocopus martius*
11	노랑부리저어새 *Platalea leucorodia*
12	느시 *Otis tarda*
13	독수리 *Aegypius monachus*
14	따오기 *Nipponia nippon*
15	뜸부기 *Gallicrex cinerea*
16	무당새 *Emberiza sulphurata*
17	물수리 *Pandion haliaetus*
18	벌매 *Pernis ptilorhynchus*
19	붉은배새매 *Accipiter soloensis*
20	붉은어깨도요 *Calidris tenuirostris*
21	붉은해오라기 *Gorsachius goisagi*
22	뿔쇠오리 *Synthliboramphus wumizusume*
23	뿔종다리 *Galerida cristata*
24	새매 *Accipiter nisus*
25	새호리기 *Falco subbuteo*
26	섬개개비 *Locustella pleskei*
27	솔개 *Milvus migrans*
28	쇠검은머리쑥새 *Emberiza yessoensis*
29	수리부엉이 *Bubo bubo*
30	알락개구리매 *Circus melanoleucos*
31	알락꼬리마도요 *Numenius madagascariensis*
32	양비둘기 *Columba rupestris*
33	올빼미 *Strix aluco*
34	재두루미 *Grus vipio*
35	잿빛개구리매 *Circus cyaneus*
36	조롱이 *Accipiter gularis*
37	참매 *Accipiter gentilis*
38	큰고니 *Cygnus cygnus*
39	큰기러기 *Anser fabalis*
40	큰덤불해오라기 *Ixobrychus eurhythmus*
41	큰말똥가리 *Buteo hemilasius*
42	팔색조 *Pitta nympha*
43	항라머리검독수리 *Aquila clanga*

번호	종명
44	흑기러기 *Branta bernicla*
45	흑두루미 *Grus monacha*
46	흑비둘기 *Columba janthina*
47	흰목물떼새 *Charadrius placidus*
48	흰이마기러기 *Anser erythropus*
49	흰죽지수리 *Aquila heliaca*

3. 양서류 · 파충류

1) 멸종위기야생생물 Ⅰ급

번호	종명
1	비바리뱀 *Sibynophis chinensis*
2	수원청개구리 *Hyla suweonensis*

2) 멸종위기야생생물 Ⅱ급

번호	종명
1	고리도롱뇽 *Hynobius yangi*
2	구렁이 *Elaphe schrenckii*
3	금개구리 *Pelophylax chosenicus*
4	남생이 *Mauremys reevesii*
5	맹꽁이 *Kaloula borealis*
6	표범장지뱀 *Eremias argus*

4. 어류

1) 멸종위기야생생물 Ⅰ급

번호	종명
1	감돌고기 *Pseudopungtungia nigra*
2	꼬치동자개 *Pseudobagrus brevicorpus*
3	남방동사리 *Odontobutis obscura*
4	모래주사 *Microphysogobio koreensis*
5	미호종개 *Cobitis choii*
6	얼룩새코미꾸리 *Koreocobitis naktongensis*
7	여울마자 *Microphysogobio rapidus*
8	임실납자루 *Acheilognathus somjinensis*
9	좀수수치 *Kichulchoia brevifasciata*
10	퉁사리 *Liobagrus obesus*
11	흰수마자 *Gobiobotia nakdongensis*

2) 멸종위기야생생물 Ⅱ급

번호	종명
1	가는돌고기 *Pseudopungtungia tenuicorpa*
2	가시고기 *Pungitius sinensis*
3	꺽저기 *Coreoperca kawamebari*
4	꾸구리 *Gobiobotia macrocephala*
5	다묵장어 *Lethenteron reissneri*
6	돌상어 *Gobiobotia brevibarba*

번호	종명
7	묵납자루 *Acheilognathus signifer*
8	백조어 *Culter brevicauda*
9	버들가지 *Rhynchocypris semotilus*
10	부안종개 *Iksookimia pumila*
11	연준모치 *Phoxinus phoxinus*
12	열목어 *Brachymystax lenok tsinlingensis*
13	칠성장어 *Lethenteron japonicus*
14	큰줄납자루 *Acheilognathus majusculus*
15	한강납줄개 *Rhodeus pseudosericeus*
16	한둑중개 *Cottus hangiongensis*

5. 곤충류

1) 멸종위기야생생물 Ⅰ급

번호	종명
1	붉은점모시나비 *Parnassius bremeri*
2	비단벌레 *Chrysochroa coreana*
3	산굴뚝나비 *Hipparchia autonoe*
4	상제나비 *Aporia crataegi*
5	수염풍뎅이 *Polyphylla laticollis manchurica*
6	장수하늘소 *Callipogon relictus*

2) 멸종위기야생생물 Ⅱ급

번호	종명
1	깊은산부전나비 *Protantigius superans*
2	꼬마잠자리 *Nannophya pygmaea*
3	노란잔산잠자리 *Macromia daimoji*
4	닻무늬길앞잡이 *Cicindela anchoralis*
5	대모잠자리 *Libellula angelina*
6	두점박이사슴벌레 *Prosopocoilus astacoides blanchardi*
7	뚱보주름메뚜기 *Haplotropis brunneriana*
8	멋조롱박딱정벌레 *Damaster mirabilissimus mirabilissimus*
9	물방개 *Cybister chinensis*
10	물장군 *Lethocerus deyrolli*
11	소똥구리 *Gymnopleurus mopsus*
12	쌍꼬리부전나비 *Cigaritis takanonis*
13	애기뿔소똥구리 *Copris tripartitus*
14	여름어리표범나비 *Mellicta ambigua*
15	왕은점표범나비 *Argynnis nerippe*
16	은줄팔랑나비 *Leptalina unicolor*
17	참호박뒤영벌 *Bombus koreanus*
18	창언조롱박딱정벌레 *Damaster changeonleei*
19	큰자색호랑꽃무지 *Osmoderma opicum*
20	큰홍띠점박이푸른부전나비 *Sinia divina*

6. 무척추동물

1) 멸종위기야생생물 Ⅰ급

번호	종명
1	귀이빨대칭이 *Cristaria plicata*
2	나팔고둥 *Charonia lampas sauliae*
3	남방방게 *Pseudohelice subquadrata*
4	두드럭조개 *Lamprotula coreana*

2) 멸종위기야생생물 Ⅱ급

번호	종명
1	갯게 *Chasmagnathus convexus*
2	거제외줄달팽이 *Satsuma myomphala*
3	검붉은수지맨드라미 *Dendronephthya suensoni*
4	금빛나팔돌산호 *Tubastraea coccinea*
5	기수갈고둥 *Clithon retropictus*
6	깃산호 *Plumarella spinosa*
7	대추귀고둥 *Ellobium chinense*
8	둔한진총산호 *Euplexaura crassa*
9	망상맵시산호 *Echinogorgia reticulata*
10	물거미 *Argyroneta aquatica*
11	밤수지맨드라미 *Dendronephthya castanea*
12	별혹산호 *Verrucella stellata*
13	붉은발말똥게 *Sesarmops intermedius*
14	선침거미불가사리 *Ophiacantha linea*
15	연수지맨드라미 *Dendronephthya mollis*
16	염주알다슬기 *Koreanomelania nodifila*
17	울릉도달팽이 *Karaftohelix adamsi*
18	유착나무산호 *Dendrophyllia cribrosa*
19	의염통성게 *Nacospatangus alta*
20	자색수지맨드라미 *Dendronephthya putteri*
21	잔가지나무돌산호 *Dendrophyllia ijimai*
22	착생깃산호 *Plumarella adhaerens*
23	참달팽이 *Koreanohadra koreana*
24	측맵시산호 *Echinogorgia complexa*
25	칼세오리옆새우 *Gammarus zeongogensis*
26	해송 *Myriopathes japonica*
27	흰발농게 *Uca lactea*
28	흰수지맨드라미 *Dendronephthya alba*

7. 육상식물

1) 멸종위기야생생물 Ⅰ급

번호	종명
1	광릉요강꽃 *Cypripedium japonicum*
2	금자란 *Gastrochilus fuscopunctatus*
3	나도풍란 *Sedirea japonica*
4	만년콩 *Euchresta japonica*
5	비자란 *Thrixspermum japonicum*
6	암매 *Diapensia lapponica var. obovata*

번호	종명
7	죽백란 Cymbidium lancifolium
8	털복주머니란 Cypripedium guttatum
9	풍란 Neofinetia falcata
10	한라솜다리 Leontopodium hallaisanense
11	한란 Cymbidium kanran

2) 멸종위기야생생물 Ⅱ급

번호	종명
1	가는동자꽃 Lychnis kiusiana
2	가시연 Euryale ferox
3	가시오갈피나무 Eleutherococcus senticosus
4	각시수련 Nymphaea tetragona var. minima
5	개가시나무 Quercus gilva
6	개병풍 Astilboides tabularis
7	갯봄맞이꽃 Glaux maritima var. obtusifolia
8	검은별고사리 Cyclosorus interruptus
9	구름병아리난초 Gymnadenia cucullata
10	기생꽃 Trientalis europaea ssp. arctica
11	끈끈이귀개 Drosera peltata var. nipponica
12	나도승마 Kirengeshoma koreana
13	날개하늘나리 Lilium dauricum
14	넓은잎제비꽃 Viola mirabilis
15	노랑만병초 Rhododendron aureum
16	노랑붓꽃 Iris koreana
17	단양쑥부쟁이 Aster altaicus var. uchiyamae
18	참닻꽃 Halenia corniculata
19	대성쓴풀 Anagallidium dichotomum
20	대청부채 Iris dichotoma
21	대흥란 Cymbidium macrorhizon
22	독미나리 Cicuta virosa
23	두잎약난초 Cremastra unguiculata
24	매화마름 Ranunculus trichophyllus var. kadzusensis
25	무주나무 Lasianthus japonicus
26	물고사리 Ceratopteris thalictroides
27	방울난초 Habenaria flagellifera
28	백부자 Aconitum coreanum
29	백양더부살이 Orobanche filicicola
30	백운란 Vexillabium yakusimensis var. nakaianum
31	복주머니란 Cypripedium macranthos
32	분홍장구채 Silene capitata
33	산분꽃나무 Viburnum burejaeticum
34	산작약 Paeonia obovata
35	삼백초 Saururus chinensis
36	새깃아재비 Woodwardia japonica
37	서울개발나물 Pterygopleurum neurophyllum
38	석곡 Dendrobium moniliforme
39	선제비꽃 Viola raddeana
40	섬개야광나무 Cotoneaster wilsonii
41	섬개현삼 Scrophularia takesimensis
42	섬시호 Bupleurum latissimum

번호	종명
43	세뿔투구꽃 *Aconitum austrokoreense*
44	손바닥난초 *Gymnadenia conopsea*
45	솔붓꽃 *Iris ruthenica var. nana*
46	솔잎난 *Psilotum nudum*
47	순채 *Brasenia schreberi*
48	신안새우난초 *Calanthe aristulifera*
49	애기송이풀 *Pedicularis ishidoyana*
50	연잎꿩의다리 *Thalictrum coreanum*
51	왕제비꽃 *Viola websteri*
52	으름난초 *Cyrtosia septentrionalis*
53	자주땅귀개 *Utricularia yakusimensis*
54	전주물꼬리풀 *Dysophylla yatabeana*
55	정향풀 *Amsonia elliptica*
56	제비동자꽃 *Lychnis wilfordii*
57	제비붓꽃 *Iris laevigata*
58	제주고사리삼 *Mankyua chejuense*
59	조름나물 *Menyanthes trifoliata*
60	죽절초 *Sarcandra glabra*
61	지네발란 *Cleisostoma scolopendrifolium*
62	진노랑상사화 *Lycoris chinensis var. sinuolata*
63	차걸이란 *Oberonia japonica*
64	참물부추 *Isoetes coreana*
65	초령목 *Michelia compressa*
66	칠보치마 *Metanarthecium luteo-viride*
67	콩짜개란 *Bulbophyllum drymoglossum*
68	큰바늘꽃 *Epilobium hirsutum*
69	탐라란 *Gastrochilus japonicus*
70	파초일엽 *Asplenium antiquum*
71	피뿌리풀 *Stellera chamaejasme*
72	한라송이풀 *Pedicularis hallaisanensis*
73	한라옥잠난초 *Liparis auriculata*
74	해오라비난초 *Habenaria radiata*
75	혹난초 *Bulbophyllum inconspicuum*
76	홍월귤 *Arctous alpinus var. japonicus*
77	황근 *Hibiscus hamabo*

8. 해조류

멸종위기야생생물 Ⅱ급

번호	종명
1	그물공말 *Dictyosphaeria cavernosa*
2	삼나무말 *Coccophora langsdorfii*

9. 고등균류

멸종위기야생생물 Ⅱ급

종명
화경버섯 *Lampteromyces japonicus*

3) 국제적 멸종위기종의 국제거래 등의 규제

① 국제적 멸종위기종 및 그 가공품을 수출·수입·반출 또는 반입하려는 자는 다음의 허가기준에 따라 환경부장관의 허가를 받아야 한다.
1. 멸종위기종국제거래협약의 부속서(Ⅰ·Ⅱ·Ⅲ)에 포함되어 있는 종에 따른 거래의 규제에 적합할 것
2. 생물의 수출·수입·반출 또는 반입이 그 종의 생존에 위협을 주지 아니할 것
3. 그 밖에 대통령령으로 정하는 멸종위기종국제거래협약 부속서별 세부허가조건을 충족할 것

6 자연공원법

1. 총칙

1) 목적

이 법은 자연공원의 지정·보전 및 관리에 관한 사항을 규정함으로써 자연생태계와 자연 및 문화경관 등을 보전하고 지속 가능한 이용을 도모함을 목적으로 한다.

2) 정의

1. "자연공원"이란 국립공원·도립공원·군립공원(郡立公園) 및 지질공원을 말한다.
2. "국립공원"이란 우리나라의 자연생태계나 자연 및 문화경관(이하 "경관"이라 한다)을 대표할 만한 지역으로서 제4조 및 제4조의2에 따라 지정된 공원을 말한다.
3. "도립공원"이란 특별시·광역시·특별자치시·도 및 특별자치도(이하 "시·도"라 한다)의 자연생태계나 경관을 대표할 만한 지역으로서 제4조 및 제4조의3에 따라 지정된 공원을 말한다.
4. "군립공원"이란 시·군 및 자치구(이하 "군"이라 한다)의 자연생태계나 경관을 대표할 만한 지역으로서 제4조 및 제4조의4에 따라 지정된 공원을 말한다.
4의2. "지질공원"이란 지구과학적으로 중요하고 경관이 우수한 지역으로서 이를 보전하고 교육·관광 사업 등에 활용하기 위하여 제36조의3에 따라 환경부장관이 인증한 공원을 말한다.
5. "공원구역"이란 자연공원으로 지정된 구역을 말한다.
6. "공원기본계획"이란 자연공원을 보전·이용·관리하기 위하여 장기적인 발전방향을 제시하는 종합계획으로서 공원계획과 공원별 보전·관리계획의 지침이 되는 계획을 말한다.
7. "공원계획"이란 자연공원을 보전·관리하고 알맞게 이용하도록 하기 위한 용도지구의 결정, 공원시설의 설치, 건축물의 철거·이전, 그 밖의 행위 제한 및 토지 이용 등에 관한 계획을 말한다.
8. "공원별 보전·관리계획"이란 동식물 보호, 훼손지복원, 탐방객 안전관리 및 환경오염 예방 등 공원계획 외의 자연공원을 보전·관리하기 위한 계획을 말한다.
9. "공원사업"이란 공원계획과 공원별 보전·관리계획에 따라 시행하는 사업을 말한다.
10. "공원시설"이란 자연공원을 보전·관리 또는 이용하기 위하여 공원계획과 공원별 보전·관리계획에 따라 자연공원에 설치하는 시설(공원계획에 따라 자연공원 밖에 설치하는 진입도로 또는 주차시설을 포함한다)로서 대통령령으로 정하는 시설을 말한다.

2. 공원기본계획 및 공원계획

1) 공원기본계획의 수립 등 : 10년마다

2) 공원별 보전·관리계획의 수립 등

3) 전통사찰의 의견수렴

4) 용도지구

① 공원관리청은 자연공원을 효과적으로 보전하고 이용할 수 있도록 하기 위하여 다음의 용도지구를 공원계획으로 결정한다.

1. 공원자연보존지구 : 다음의 어느 하나에 해당하는 곳으로서 특별히 보호할 필요가 있는 지역
   가. 생물다양성이 특히 풍부한 곳
   나. 자연생태계가 원시성을 지닌 곳
   다. 특별히 보호할 가치가 높은 야생동식물이 살고 있는 곳
   라. 경관이 특히 아름다운 곳

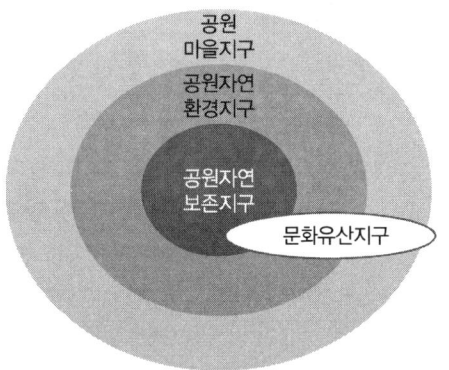

2. 공원자연환경지구 : 공원자연보존지구의 완충공간(緩衝空間)으로 보전할 필요가 있는 지역
3. 공원마을지구 : 마을이 형성된 지역으로서 주민생활을 유지하는 데에 필요한 지역
4. 공원문화유산지구 : 「문화재보호법」 제2조 제2항에 따른 지정문화재를 보유한 사찰(寺刹)과 「전통사찰의 보존 및 지원에 관한 법률」 제2조 제1호에 따른 전통사찰의 경내지 중 문화재의 보전에 필요하거나 불사(佛事)에 필요한 시설을 설치하고자 하는 지역

3. 지질공원의 인증·운영

1) 지질공원의 인증

① 시·도지사는 지구과학적으로 중요하고 경관이 우수한 지역에 대하여 환경부장관에게 지질공원 인증을 신청할 수 있다.

1. 특별한 지구과학적 중요성, 희귀한 자연적 특성 및 우수한 경관적 가치 지역일 것
2. 지질과 관련된 고고학적·생태적·문화적 요인이 우수하여 보전의 가치가 높을 것
3. 지질유산의 보호와 활용을 통하여 지역경제발전을 도모할 수 있을 것
4. 그 밖에 대통령령으로 정하는 기준에 적합할 것

> **▶ 지질공원해설사**
> 환경부장관은 국민을 대상으로 지질공원에 대한 지식을 체계적으로 전달하고 지질공원해설·홍보·교육·탐방안내 등을 전문적으로 수행할 수 있는 지질공원해설사를 선발하여 활용할 수 있다.

> **자연환경해설사**
> 자연환경해설사는 생태·경관보전지역,「습지보전법」에 따른 습지보호지역 및 「자연공원법」에 따른 자연공원 등을 이용하는 사람에게 자연환경보전의 인식증진 등을 위하여 자연환경해설·홍보·교육·생태탐방안내 등을 전문적으로 수행한다.

7 습지보전법

1. 총칙

1) 목적

이 법은 습지의 효율적 보전·관리에 필요한 사항을 정하여 습지와 습지의 생물다양성을 보전하고, 습지에 관한 국제협약의 취지를 반영함으로써 국제협력의 증진에 이바지함을 목적으로 한다.

2) 정의

1. "습지"란 담수(淡水 : 민물), 기수(汽水 : 바닷물과 민물이 섞여 염분이 적은 물) 또는 염수(鹽水 : 바닷물)가 영구적 또는 일시적으로 그 표면을 덮고 있는 지역으로서 내륙습지 및 연안습지를 말한다.
2. "내륙습지"란 육지 또는 섬에 있는 호수, 못, 늪, 하천 또는 하구(河口) 등의 지역을 말한다.〈개정 2021. 1. 5.〉
3. "연안습지"란 만조(滿潮) 때 수위선(水位線)과 지면의 경계선으로부터 간조(干潮) 때 수위선과 지면의 경계선까지의 지역을 말한다.
4. "습지의 훼손"이란 배수(排水), 매립 또는 준설 등의 방법으로 습지 원래의 형질을 변경하거나 습지에 시설이나 구조물을 설치하는 등의 방법으로 습지를 보전목적 외의 용도로 사용하는 것을 말한다.

[시행일 : 2021. 7. 6.]

> **람사르습지의 정의**
> 습지란 자연 또는 인공이든, 영구적 또는 일시적이든, 정수 또는 유수이든, 담수, 기수 혹은 염수이든, 간조 시 수심 6m를 넘지 않는 곳을 포함하는 늪, 습원, 이탄지, 물이 있는 지역

3) 습지보전 기본계획의 수립

① 환경부장관과 해양수산부장관은 제4조에 따른 습지조사(이하 "습지조사"라 한다)의 결과를 토대로 5년마다 습지보전 기초계획(이하 "기초계획"이라 한다)을 각각 수립하여야 하며, 환경부장관은 해양수산부장관과 협의하여 기초계획을 토대로 습지보전 기본계획(이하 "기본계획"이라 한다)을 수립하여야 한다. 이 경우 다른 법률에 따라 수립된 습지보전에 관련된 계획을 최대한 존중하여야 한다.
② 기본계획에는 다음의 사항이 포함되어야 한다.
  1. 습지보전에 관한 시책 방향
  2. 습지조사에 관한 사항
  3. 습지의 분포 및 면적과 생물다양성의 현황에 관한 사항
  4. 습지와 관련된 다른 국가기본계획과의 조정에 관한 사항
  5. 습지보전을 위한 국제협력에 관한 사항

6. 그 밖에 습지보전에 필요한 사항으로서 대통령령으로 정하는 사항

> **습지의 기능과 가치**

습지의 기능
- 폭우 방지 및 홍수 완화(이·치수)
- 해안선 안정화 및 침식 조절
- 지하수 충전 및 배출
- 물의 저장 및 정화
- 영양소 및 퇴적물 보유
- 오염물질 잔류
- 강우 및 기온 분야의 미시적 기후 안정화

습지의 가치
- 물의 공급(양적/질적)
- 어업과 농업, 운송
  * 세계 어획량의 2/3 이상이 습지 건강상태와 연관
- 목재 및 기타 건축자재
- 이탄 및 식물성 에너지 자원
- 야생생물자원, 약초 등 습지산물
- 생태관광 등 휴양 및 경관적 가치

내륙습지: 유속을 조절하고 홍수 피해를 절감하며 가뭄을 방지하는 역할

연안습지: 파도를 막고 폭풍, 해일을 흡수하여 토양침식을 보호하는 역할

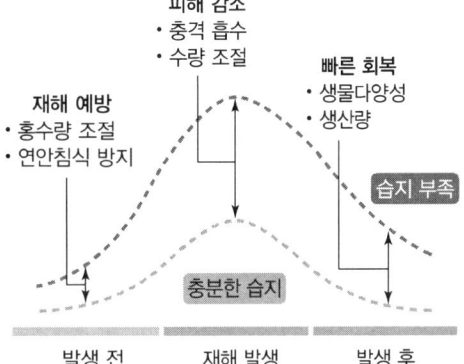

- **피해 감소**: 충격 흡수, 수량 조절
- **재해 예방**: 홍수량 조절, 연안침식 방지
- **빠른 회복**: 생물다양성, 생산량

습지 부족 / 충분한 습지

발생 전 | 재해 발생 | 발생 후

순천만 갯벌

우포늪

대암산 용늪

▌갯벌▐
- 내염성 있는 관목 및 교목 군락
- 열대 및 아열대 지역의 얕은 연안에 분포, 해안침식 방지
- 1km 맹그로브습지는 해일 50cm 감소
- 습지 1ha당 연간 15,161달러 자연 재해 방지 / 복구비용 절약 효과

▌강과 범람원▐
- 강과 하천의 퇴적작용으로 범람원 형성
- 내륙과 연결되어 거대한 저수지 역할
- 폭우와 홍수 발생 시 여분의 물을 저장하거나 분산시켜 하류지역 피해 감소
- 도시의 많은 강이 직강화되어 홍수 조절 능력 상실

▌이탄습지▐
- 식물의 잔해가 오랜 기간 쌓여 형성
- 최대 30cm 깊이로 지구상 육지 면적의 총 3% 차지
- 기후변화 조절·완화에 중요 역할
- 전 세계 산림이 흡수하는 탄소의 약 2배 저장

8 백두대간보호에 관한 법률(약칭 : 백두대간법)

1. 총칙

1) 목적
이 법은 백두대간의 보호에 필요한 사항을 규정하여 무분별한 개발행위로 인한 훼손을 방지함으로써 국토를 건전하게 보전하고 쾌적한 자연환경을 조성함을 목적으로 한다.

2) 정의
1. "백두대간"이란 백두산에서 시작하여 금강산, 설악산, 태백산, 소백산을 거쳐 지리산으로 이어지는 큰 산줄기를 말한다.
1의2. "정맥"이란 백두대간에서 분기하여 주요하천의 분수계(分水界)를 이루는 대통령령으로 정하는 산줄기를 말한다.〈신설 2020. 5. 26.〉
2. "백두대간보호지역"이란 백두대간 중 특별히 보호할 필요가 있다고 인정되어 제6조에 따라 산림청장이 지정·고시하는 지역을 말한다.

3) 백두대간보호·관리의 기본원칙〈본조신설 2020. 5. 26.〉
국가와 지방자치단체는 백두대간보호·관리를 위하여 다음의 기본원칙에 따라야 한다.
1. 백두대간은 모든 국민의 자산으로 현재와 미래세대를 위하여 지속가능하게 보전·관리되어야 한다.
2. 백두대간은 자연의 기능 및 생태계순환이 유지·증진되고 인간의 이용으로 인한 영향과 자연재해가 최소화되도록 보전·관리되어야 한다.
3. 불가피하게 백두대간을 이용하여 훼손이 발생한 경우 최대한 복구·복원되도록 노력하여야 한다.
4. 백두대간은 정맥 등 다른 산줄기와의 연결성이 유지·증진될 수 있게 보전·관리되어야 한다.
5. 백두대간의 지속가능성 유지를 위하여 지역주민과 지역공동체는 보호되어야 한다.

4) 백두대간보호 기본계획의 수립
① 산림청장은 기본계획을 환경부장관과 협의하여 10년마다 수립하여야 한다.
② 기본계획에는 다음의 사항이 포함되어야 한다.
   1. 백두대간의 현황 및 여건 변화 전망에 관한 사항
   2. 백두대간의 보호에 관한 기본방향
   3. 백두대간의 자연환경 및 산림자원 등의 조사와 보호를 위한 사업에 관한 사항
   4. 백두대간보호지역의 지정, 지정해제 또는 구역변경에 관한 사항
   5. 백두대간의 생태계 및 훼손지복원·복구에 관한 사항
   6. 백두대간보호지역의 토지와 입목, 건축물 등 그 토지 물건의 매수에 관한 사항
   7. 백두대간보호지역에 거주하는 주민 또는 백두대간보호지역에 토지를 소유하고 있는 자에 대한 지원에 관한 사항
   8. 백두대간의 보호와 관련된 남북협력에 관한 사항
   9. 그 밖에 백두대간의 보호를 위하여 필요하다고 인정되는 사항

▶ 백두대간

1) 백두대간의 의미

백두대간은 우리 민족 고유의 지리인식체계이며 백두산에서 시작되어 금강산, 설악산을 거쳐 지리산에 이르는 한반도의 중심산줄기로서, 총길이는 약 1,400km에 이른다. 지질구조에 기반한 산맥체계와는 달리 지표 분수계를 중심으로 산의 흐름을 파악하고 인간의 생활권 형성에 미친 영향을 고려한 인간과 자연이 조화를 이루는 산지인식체계이다.

2) 백두대간의 가치

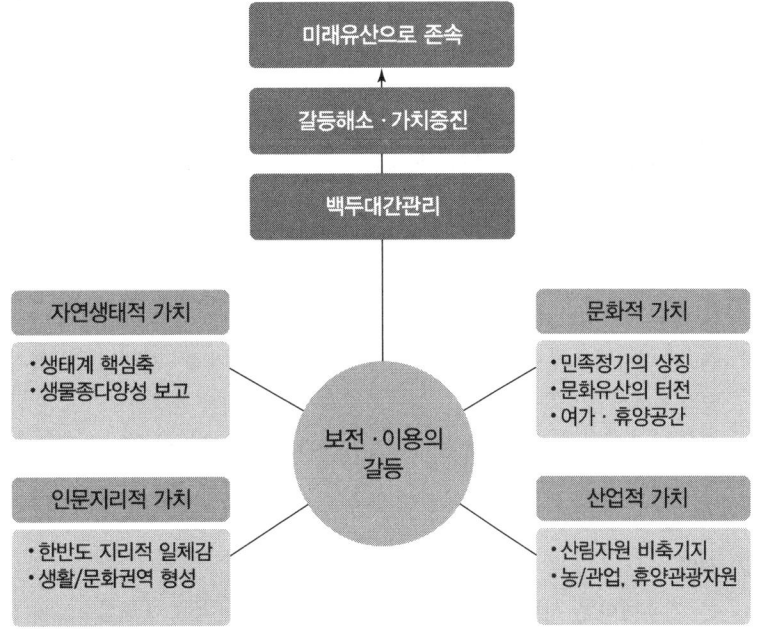

3) 백두대간과 산맥체계

구분	백두대간	산맥체계
그림	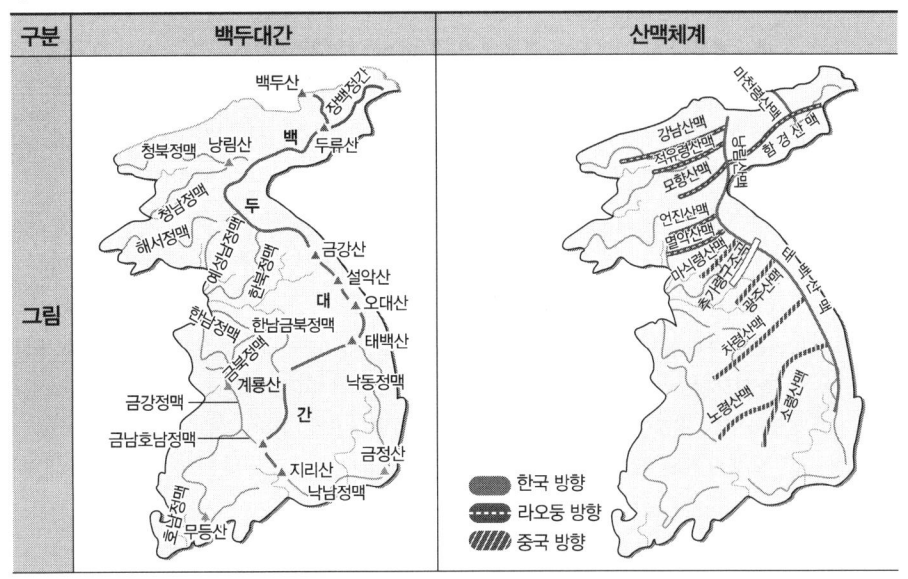	

구분	백두대간	산맥체계
성격	• 산과 강에 기초하여 산줄기를 형성 • 산줄기는 산에서 산으로만 이어짐 • 실제 지형과 일치하는 자연스러운 선	• 지하지질구조선에 근거하여 땅 위의 산을 분류 • 산맥선이 중간에 강에 의해 끊어짐 • 실제 지형과 불일치하는 가공된 지질선
장점	• 경관상 잘 보이는 무단절의 분수령을 중심으로 하천, 산줄기 등의 파악이 쉬움 • 따라서 산지이용계획과 실천에 편리함 • 풍수지리적 한국지형과 산계(山系)의 이해에 편리	• 국제관행에 부합 • 산맥형성의 원인과 관련성이 높음

9 기후위기 대응을 위한 탄소중립·녹색성장 기본법(약칭 : 탄소중립기본법)

1. 총칙

1) 목적

이 법은 기후위기의 심각한 영향을 예방하기 위하여 온실가스 감축 및 기후위기 적응대책을 강화하고 탄소중립사회로의 이행과정에서 발생할 수 있는 경제적·환경적·사회적 불평등을 해소하며 녹색기술과 녹색산업의 육성·촉진·활성화를 통하여 경제와 환경의 조화로운 발전을 도모함으로써, 현재 세대와 미래 세대의 삶의 질을 높이고 생태계와 기후체계를 보호하며 국제사회의 지속가능발전에 이바지하는 것을 목적으로 한다.

2) 정의

1. "기후변화"란 사람의 활동으로 인하여 온실가스의 농도가 변함으로써 상당기간 관찰되어 온 자연적인 기후변동에 추가적으로 일어나는 기후체계의 변화를 말한다.
2. "기후위기"란 기후변화가 극단적인 날씨뿐만 아니라 물 부족, 식량 부족, 해양 산성화, 해수면 상승, 생태계붕괴 등 인류문명에 회복할 수 없는 위험을 초래하여 획기적인 온실가스 감축이 필요한 상태를 말한다.
3. "탄소중립"이란 대기 중에 배출·방출 또는 누출되는 온실가스의 양에서 온실가스 흡수의 양을 상쇄한 순배출량이 영(零)이 되는 상태를 말한다.
4. "탄소중립사회"란 화석연료에 대한 의존도를 낮추거나 없애고 기후위기 적응 및 정의로운 전환을 위한 재정·기술·제도 등의 기반을 구축함으로써 탄소중립을 원활히 달성하고 그 과정에서 발생하는 피해와 부작용을 예방 및 최소화할 수 있도록 하는 사회를 말한다.
5. "온실가스"란 적외선복사열을 흡수하거나 재방출하여 온실효과를 유발하는 대기 중의 가스 상태의 물질로서 이산화탄소(CO_2), 메탄(CH_4), 아산화질소(N_2O), 수소불화탄소(HFCs), 과불화탄소(PFCs), 육불화황(SF_6) 및 그 밖에 대통령령으로 정하는 물질을 말한다.
6. "온실가스 배출"이란 사람의 활동에 수반하여 발생하는 온실가스를 대기 중에 배출·방출 또는 누출시키는 직접배출과 다른 사람으로부터 공급된 전기 또는 열(연료 또는 전기를 열원으로 하는 것만 해당한다)을 사용함으로써 온실가스가 배출되도록 하는 간접배출을 말한다.

7. "온실가스 감축"이란 기후변화를 완화 또는 지연시키기 위하여 온실가스 배출량을 줄이거나 흡수하는 모든 활동을 말한다.

8. "온실가스 흡수"란 토지이용, 토지이용의 변화 및 임업활동 등에 의하여 대기로부터 온실가스가 제거되는 것을 말한다.

9. "신·재생에너지"란 「신에너지 및 재생에너지 개발·이용·보급 촉진법」 제2조제1호 및 제2호에 따른 신에너지 및 재생에너지를 말한다.

10. "에너지전환"이란 에너지의 생산, 전달, 소비에 이르는 시스템 전반을 기후위기 대응(온실가스 감축, 기후위기 적응 및 관련 기반의 구축 등 기후위기에 대응하기 위한 일련의 활동을 말한다. 이하 같다)과 환경성·안전성·에너지안보·지속가능성을 추구하도록 전환하는 것을 말한다.

11. "기후위기 적응"이란 기후위기에 대한 취약성을 줄이고 기후위기로 인한 건강피해와 자연재해에 대한 적응역량과 회복력을 높이는 등 현재 나타나고 있거나 미래에 나타날 것으로 예상되는 기후위기의 파급효과와 영향을 최소화하거나 유익한 기회로 촉진하는 모든 활동을 말한다.

12. "기후정의"란 기후변화를 야기하는 온실가스 배출에 대한 사회계층별 책임이 다름을 인정하고 기후위기를 극복하는 과정에서 모든 이해관계자들이 의사결정과정에 동등하고 실질적으로 참여하며 기후변화의 책임에 따라 탄소중립사회로의 이행부담과 녹색성장의 이익을 공정하게 나누어 사회적·경제적 및 세대 간의 평등을 보장하는 것을 말한다.

13. "정의로운 전환"이란 탄소중립 사회로 이행하는 과정에서 직간접적 피해를 입을 수 있는 지역이나 산업의 노동자, 농민, 중소상공인 등을 보호하여 이행과정에서 발생하는 부담을 사회적으로 분담하고 취약계층의 피해를 최소화하는 정책방향을 말한다.

14. "녹색성장"이란 에너지와 자원을 절약하고 효율적으로 사용하여 기후변화와 환경훼손을 줄이고 청정에너지와 녹색기술의 연구개발을 통하여 새로운 성장동력을 확보하며 새로운 일자리를 창출해 나가는 등 경제와 환경이 조화를 이루는 성장을 말한다.

15. "녹색경제"란 화석에너지의 사용을 단계적으로 축소하고 녹색기술과 녹색산업을 육성함으로써 국가경쟁력을 강화하고 지속가능발전을 추구하는 경제를 말한다.

16. "녹색기술"이란 기후변화 대응기술(「기후변화대응 기술개발 촉진법」 제2조제6호에 따른 기후변화대응 기술을 말한다), 에너지이용 효율화기술, 청정생산기술, 신·재생에너지기술, 자원순환(「자원순환기본법」 제2조제1호에 따른 자원순환을 말한다. 이하 같다) 및 친환경기술(관련 융합기술을 포함한다) 등 사회·경제활동의 전 과정에 걸쳐 화석에너지의 사용을 대체하고 에너지와 자원을 효율적으로 사용하여 탄소중립을 이루고 녹색성장을 촉진하기 위한 기술을 말한다.

17. "녹색산업"이란 온실가스를 배출하는 화석에너지의 사용을 대체하고 에너지와 자원 사용의 효율을 높이며, 환경을 개선할 수 있는 재화의 생산과 서비스의 제공 등을 통하여 탄소중립을 이루고 녹색성장을 촉진하기 위한 모든 산업을 말한다.

2. 국가비전 및 온실가스 감축목표 등

1) 국가비전 및 국가전략

① 정부는 2050년까지 탄소중립을 목표로 하여 탄소중립사회로 이행하고 환경과 경제의 조화로운 발전을 도모하는 것을 국가비전으로 한다.

② 정부는 ①에 따른 국가비전(이하 "국가비전"이라 한다)을 달성하기 위하여 다음의 사항을 포함하는

국가탄소중립녹색성장전략(이하 "국가전략"이라 한다)을 수립하여야 한다.
1. 국가비전 등 정책목표에 관한 사항
2. 국가비전의 달성을 위한 부문별 전략 및 중점추진과제
3. 환경·에너지·국토·해양 등 관련 정책과의 연계에 관한 사항
4. 그 밖에 재원조달, 조세·금융, 인력양성, 교육·홍보 등 탄소중립사회로의 이행을 위하여 필요하다고 인정되는 사항

③ 정부는 국가전략을 수립·변경하려는 경우 공청회 개최 등을 통하여 관계 전문가 및 지방자치단체, 이해관계자 등의 의견을 듣고 이를 반영하도록 노력하여야 한다.
④ 국가전략을 수립하거나 변경하는 경우에는 제15조제1항에 따른 2050 탄소중립녹색성장위원회(이하 "위원회"라 한다)의 심의를 거친 후 국무회의의 심의를 거쳐야 한다. 다만, 대통령령으로 정하는 경미한 사항을 변경하는 경우에는 위원회 및 국무회의의 심의를 생략할 수 있다.
⑤ 정부는 기술적 여건과 전망, 사회적 여건 등을 고려하여 국가전략을 5년마다 재검토하고, 필요한 경우 이를 변경하여야 한다.
⑥ ②부터 ⑤까지의 규정에 따른 국가전략의 내용 및 수립·변경절차 등에 관하여 필요한 사항은 대통령령으로 정한다.

2) 중장기국가온실가스 감축목표 등

① 정부는 국가온실가스 배출량을 2030년까지 2018년의 국가온실가스 배출량 대비 35% 이상의 범위에서 대통령령으로 정하는 비율만큼 감축하는 것을 중장기국가온실가스 감축목표(이하 "중장기감축목표"라 한다)로 한다.
② 정부는 중장기감축목표를 달성하기 위하여 산업, 건물, 수송, 발전, 폐기물 등 부문별 온실가스 감축목표(이하 "부문별감축목표"라 한다)를 설정하여야 한다.
③ 정부는 중장기감축목표와 부문별감축목표의 달성을 위하여 국가 전체와 각 부문에 대한 연도별 온실가스 감축목표(이하 "연도별감축목표"라 한다)를 설정하여야 한다.
④ 정부는 「파리협정」(이하 "협정"이라 한다) 등 국내외 여건을 고려하여 중장기감축목표, 부문별감축목표 및 연도별감축목표(이하 "중장기감축목표등"이라 한다)를 5년마다 재검토하고 필요할 경우 협정 제4조의 진전의 원칙에 따라 이를 변경하거나 새로 설정하여야 한다. 다만, 사회적·기술적 여건의 변화 등에 따라 필요한 경우에는 5년이 경과하기 이전에 변경하거나 새로 설정할 수 있다.
⑤ 정부는 중장기감축목표등을 설정 또는 변경할 때에는 다음의 사항을 고려하여야 한다.
1. 국가중장기온실가스 배출·흡수 전망
2. 국가비전 및 국가전략
3. 중장기감축목표등의 달성가능성
4. 부문별 온실가스 배출 및 감축 기여도
5. 국가 에너지정책에 미치는 영향
6. 국내 산업, 특히 화석연료 의존도가 높은 업종 및 지역에 미치는 영향
7. 국가 재정에 미치는 영향
8. 온실가스 감축 등 관련 기술 전망
9. 국제사회의 기후위기 대응 동향

⑥ 정부는 중장기감축목표등을 설정·변경하는 경우에는 공청회 개최 등을 통하여 관계 전문가나 이해관계자 등의 의견을 듣고 이를 반영하도록 노력하여야 한다.

⑦ ①부터 ⑥까지의 규정에 따른 중장기감축목표등의 설정·변경 등에 관하여 필요한 사항은 대통령령으로 정한다.

3. 국가탄소중립 녹색성장 기본계획의 수립 등

1) 국가탄소중립 녹색성장 기본계획의 수립·시행

① 정부는 제3조의 기본원칙에 따라 국가비전 및 중장기감축목표등의 달성을 위하여 20년을 계획기간으로 하는 국가탄소중립 녹색성장 기본계획(이하 "국가기본계획"이라 한다)을 5년마다 수립·시행하여야 한다.

② 국가기본계획에는 다음의 사항이 포함되어야 한다.
  1. 국가비전과 온실가스 감축목표에 관한 사항
  2. 국내외 기후변화 경향 및 미래 전망과 대기 중의 온실가스 농도변화
  3. 온실가스 배출·흡수 현황 및 전망
  4. 중장기감축목표등의 달성을 위한 부문별·연도별 대책
  5. 기후변화의 감시·예측·영향·취약성평가 및 재난방지 등 적응대책에 관한 사항
  6. 정의로운 전환에 관한 사항
  7. 녹색기술·녹색산업 육성, 녹색금융 활성화 등 녹색성장 시책에 관한 사항
  8. 기후위기 대응과 관련된 국제협상 및 국제협력에 관한 사항
  9. 기후위기 대응을 위한 국가와 지방자치단체의 협력에 관한 사항
  10. 탄소중립사회로의 이행과 녹색성장의 추진을 위한 재원의 규모와 조달방안
  11. 그 밖에 탄소중립사회로의 이행과 녹색성장의 추진을 위하여 필요한 사항으로서 대통령령으로 정하는 사항

③ 국가기본계획을 수립하거나 변경하는 경우에는 위원회의 심의를 거친 후 국무회의의 심의를 거쳐야 한다. 다만, 대통령령으로 정하는 경미한 사항을 변경하는 경우에는 위원회 및 국무회의의 심의를 생략할 수 있다.

④ 환경부장관은 국가기본계획의 수립·시행 등에 관한 업무를 지원하며, 관계 중앙행정기관의 장은 환경부장관이 요청하는 자료를 제공하는 등 최대한 협조하여야 한다.

⑤ ①부터 ③까지의 규정에 따른 국가기본계획의 수립 및 변경의 방법·절차 등에 필요한 사항은 대통령령으로 정한다.

4. 2050 탄소중립 녹색성장위원회 등

1) 2050 탄소중립 녹색성장위원회의 설치

① 정부의 탄소중립사회로의 이행과 녹색성장의 추진을 위한 주요 정책 및 계획과 그 시행에 관한 사항을 심의·의결하기 위하여 대통령 소속으로 2050 탄소중립 녹색성장위원회를 둔다.

② 위원회는 위원장 2명을 포함한 50명 이상 100명 이내의 위원으로 구성한다.

③ 위원장은 국무총리와 제4항 제2호의 위원 중에서 대통령이 지명하는 사람이 된다.

④ 위원회의 위원은 다음에 해당하는 사람으로 한다.
  1. 기획재정부장관, 과학기술정보통신부장관, 산업통상자원부장관, 환경부장관, 국토교통부장관, 국무조정실장 및 그 밖에 대통령령으로 정하는 공무원
  2. 기후과학, 온실가스 감축, 기후위기 예방 및 적응, 에너지·자원, 녹색기술·녹색산업, 정의로운 전환 등의 분야에 관한 학식과 경험이 풍부한 사람 중에서 대통령이 위촉하는 사람
⑤ 제4항 제2호에 따라 위원을 위촉할 때에는 청년, 여성, 노동자, 농어민, 중소상공인, 시민사회단체 등 다양한 사회계층으로부터 후보를 추천받거나 의견을 들은 후 각 사회계층의 대표성이 반영될 수 있도록 하여야 한다.
⑥ 위원회의 사무를 처리하게 하기 위하여 간사위원 1명을 두며, 간사위원은 국무조정실장이 된다.
⑦ 위원장이 부득이한 사유로 직무를 수행할 수 없는 때에는 국무총리인 위원장이 미리 정한 위원이 위원장의 직무를 대행한다.
⑧ 제4항 제2호의 위원의 임기는 2년으로 하며 한 차례에 한정하여 연임할 수 있다.
⑨ ①부터 ⑧까지의 규정에 따른 위원회의 구성과 운영 등에 관하여 필요한 사항은 대통령령으로 정한다.

5. 온실가스 감축시책

1) 기후환경영향평가

① 관계 행정기관의 장 또는 「환경영향평가법」에 따른 환경영향평가 대상사업의 사업계획을 수립하거나 시행하는 사업자는 같은 법 제9조·제22조에 따른 전략환경영향평가 또는 환경영향평가의 대상이 되는 계획 및 개발사업 중 온실가스를 다량으로 배출하는 사업 등 대통령령으로 정하는 계획 및 개발사업에 대하여는 전략환경영향평가 또는 환경영향평가를 실시할 때, 소관 정책 또는 개발사업이 기후변화에 미치는 영향이나 기후변화로 인하여 받게 되는 영향에 대한 분석·평가(이하 "기후변화영향평가"라 한다)를 포함하여 실시하여야 한다.
② ①에 따라 기후변화영향평가를 실시한 계획 및 개발사업에 대하여 관계 행정기관의 장 또는 사업자가 환경부장관에게 「환경영향평가법」 제16조·제27조에 따른 전략환경영향평가서 또는 환경영향평가서의 협의를 요청할 때에는 기후변화영향평가의 검토에 대한 협의를 같이 요청하여야 한다.
③ ②에 따른 협의를 요청받은 환경부장관은 기후변화영향평가의 결과를 검토하여야 하며, 필요한 정보를 수집하거나 사업자에게 요구하는 등의 조치를 할 수 있다.
④ ①에 따른 기후변화영향평가의 방법, ③에 따른 검토의 방법 등에 관하여 필요한 사항은 대통령령으로 정한다.

2) 온실가스감축인지 예산제도

국가와 지방자치단체는 관계 법률에서 정하는 바에 따라 예산과 기금이 기후변화에 미치는 영향을 분석하고 이를 국가와 지방자치단체의 재정 운용에 반영하는 온실가스감축인지 예산제도를 실시하여야 한다.

3) 온실가스배출권거래제

① 정부는 국가비전 및 중장기감축목표등을 효율적으로 달성하기 위하여 온실가스 배출허용총량을 설정하고 시장기능을 활용하여 온실가스배출권을 거래하는 제도(이하 "배출권거래제"라 한다)를 운영한다.

② 배출권거래제의 실시를 위한 배출허용량의 할당방법, 등록·관리방법 및 거래소의 설치·운영 등에 관하여는 「온실가스 배출권의 할당 및 거래에 관한 법률」에 따른다.

4) 공공부문 온실가스 목표관리

5) 관리업체의 온실가스 목표관리

6) 관리업체의 권리와 의무의 승계

7) 탄소중립 도시의 지정 등

8) 지역 에너지전환의 지원

9) 녹색교통의 활성화

10) 탄소흡수원 등의 확충

11) 탄소포집·이용·저장기술의 육성

12) 국제감축사업의 추진

13) 온실가스 종합정보관리체계의 구축

6. 기후위기 적응시책

① 기후위기의 감시·예측
② 국가 기후위기 적응대책의 수립·시행
③ 기후위기 적응대책 등의 추진상황 점검
④ 지방 기후위기 적응대책의 수립·시행
⑤ 공공기관의 기후위기 적응대책
⑥ 지역 기후위기 대응사업의 시행
⑦ 기후위기 대응을 위한 물관리
⑧ 녹색국토의 관리
⑨ 농림수산의 전환촉진 등
⑩ 국가 기후위기 적응센터 지정 및 평가 등

⑩ 물환경보전법

1. 총칙

1) 목적

이 법은 수질오염으로 인한 국민건강 및 환경상의 위해를 예방하고 하천·호수 등 공공수역의 물환경을 적정하게 관리·보전함으로써 국민이 그 혜택을 널리 향유할 수 있도록 함과 동시에 미래의 세대에게 물려줄 수 있도록 함을 목적으로 한다.

2) 정의

1. "물환경"이란 사람의 생활과 생물의 생육에 관계되는 물의 질(이하 "수질"이라 한다.) 및 공공수역의 모든 생물과 이들을 둘러싸고 있는 비생물적인 것을 포함한 수생태계를 총칭하여 말한다.
2. "점오염원"이란 폐수배출시설, 하수발생시설, 축사 등으로서 관거·수로 등을 통하여 일정한 지점으로 수질오염물질을 배출하는 배출원을 말한다.
3. "비점오염원"이란 도시, 도로, 농지, 산지, 공사장 등으로서 불특정장소에서 불특정하게 수질오염물질을 배출하는 배출원을 말한다.
4. "기타수질오염원"이란 점오염원 및 비점오염원으로 관리되지 아니하는 수질오염물질을 배출하는 시설 또는 장소로서 환경부령으로 정하는 것을 말한다.
5. "폐수"란 물에 액체성 또는 고체성의 수질오염물질이 섞여 있어 그대로는 사용할 수 없는 물을 말한다.
6. "강우유출수"란 비점오염원의 수질오염물질이 섞여 유출되는 빗물 또는 눈 녹은 물 등을 말한다.
7. "불투수면"이란 빗물 또는 눈 녹은 물 등이 지하로 스며들 수 없게 하는 아스팔트·콘크리트 등으로 포장된 도로, 주차장, 보도 등을 말한다.
8. "수질오염물질"이란 수질오염의 요인이 되는 물질로서 환경부령으로 정하는 것을 말한다.
9. "특정수질유해물질"이란 사람의 건강, 재산이나 동식물의 생육에 직접 또는 간접으로 위해를 줄 우려가 있는 수질오염물질로서 환경부령으로 정하는 것을 말한다.
10. "공공수역"이란 하천, 호소, 항만, 연안해역, 그 밖에 공공용으로 사용되는 수역과 이에 접속하여 공공용으로 사용되는 환경부령으로 정하는 수로를 말한다.
11. "폐수배출시설"이란 수질오염물질을 배출하는 시설물, 기계, 기구, 그 밖의 물체로서 환경부령으로 정하는 것을 말한다.
12. "폐수무방류배출시설"이란 폐수배출시설에서 발생하는 폐수를 해당 사업장에서 수질오염방지시설을 이용하여 처리하거나 동일 폐수배출시설에 재이용하는 등 공공수역으로 배출하지 아니하는 폐수배출시설을 말한다.
13. "수질오염방지시설"이란 점오염원, 비점오염원 및 기타수질오염원으로부터 배출되는 수질오염물질을 제거하거나 감소하게 하는 시설로서 환경부령으로 정하는 것을 말한다.
14. "비점오염저감시설"이란 수질오염방지시설 중 비점오염원으로부터 배출되는 수질오염물질을 제거하거나 감소하게 하는 시설로서 환경부령으로 정하는 것을 말한다.
15. "호소"란 법에 따른 지역으로서 만수위(댐의 경우에는 계획홍수위)구역 안의 물과 토지를 말한다.
16. "수면관리자"란 다른 법령에 따라 호소를 관리하는 자를 말한다. 이 경우 동일한 호소를 관리하는 자가 둘 이상인 경우에는 「하천법」에 따른 하천관리청 외의 자가 수면관리자가 된다.
17. "수생태건강성"이란 수생태계를 구성하고 있는 요소 중 환경부령으로 정하는 물리적·화학적·생물적 요소들이 훼손되지 아니하고 각각 온전한 기능을 발휘할 수 있는 상태를 말한다.
18. "상수원호소"란 상수원보호구역 및 「환경정책기본법」에 따라 지정된 수질보전을 위한 특별대책지역 밖에 있는 호소 중 호소의 내부 또는 외부에 「수도법」에 따른 취수시설을 설치하여 그 호소의 물을 먹는 물로 사용하는 호소로서 환경부장관이 정하여 고시한 것을 말한다.

11 지속가능발전기본법

1. 총칙

1) 목적(제1조)
이 법은 경제·사회·환경의 균형과 조화를 통하여 지속가능한 경제 성장, 포용적 사회 및 기후·환경위기극복을 추구함으로써 현재세대는 물론 미래세대가 보다 나은 삶을 누릴 수 있도록 하고 국가와 지방 나아가 인류사회의 지속가능발전을 실현하는 것을 목적으로 한다.

2) 정의(제2조)
1. "지속가능성"이란 현재 세대의 필요를 충족시키기 위하여 미래 세대가 사용할 경제·사회·환경 등의 자원을 낭비하거나 여건을 저하(低下)시키지 아니하고 서로 조화와 균형을 이루는 것을 말한다.
2. "지속가능발전"이란 지속가능한 경제성장과 포용적 사회, 깨끗하고 안정적인 환경이 지속가능성에 기초하여 조화와 균형을 이루는 발전을 말한다.
3. "지속가능한 경제성장"이란 지속가능한 생산·소비구조 및 사회기반시설을 갖추고, 산업이 성장하며 양질의 일자리가 증진되는 등 경제성장의 산물이 모든 구성원에게 조화롭게 분배되는 것을 말한다.
4. "포용적 사회"란 모든 구성원이 존엄과 평등 그리고 건강한 환경 속에서 자신의 잠재력을 실현할 수 있도록 경제·사회·문화적으로 공정하며 취약계층에 대한 사회안전망이 보장된 사회를 말한다.
5. "지속가능 발전목표"란 2015년 국제연합(UN : United Nations)총회에서 채택한 지속가능발전을 달성하기 위한 17개의 목표를 말한다.
6. "국가지속가능 발전목표"란 제17조에 따른 지속가능발전국가위원회에서 지속가능발전목표와 국내 경제적·사회적·환경적 여건 및 지역적 균형에 대한 고려 등을 반영하여 제7조에 따른 지속가능발전 국가기본전략으로 수립하는 국가목표를 말한다.

3) 기본원칙(제3조)
1. 지속가능발전목표 등 지속가능발전에 관한 국제적 규범 또는 합의사항을 준수·이행하고 지속가능발전목표를 실현하기 위하여 노력한다.
2. 각종 정책과 계획은 경제·사회·환경의 조화로운 발전에 미치는 영향을 종합적으로 고려하여 수립한다.
3. 혁신적 성장을 통하여 새로운 기술지식을 생산하고 양질의 일자리를 창출할 수 있도록 경제체제를 구축하며 지속가능한 경제 성장을 촉진한다.
4. 경제발전과 환경보전과정에서 발생할 수 있는 사회적 불평등을 해소하고 세대 간 형평성을 추구하는 포용적 사회제도를 구축하여 지속가능발전과정에서 누구도 뒤처지거나 소외되지 아니하도록 하여야 한다.
5. 생태학적 기반을 보호할 수 있도록 토지이용과 생산시스템을 개발·정비하고 에너지와 자원이용의 효율성을 높여 자원순환과 환경보전을 촉진한다.
6. 각종 지속가능발전정책의 수립·시행과정에 이해당사자와 전문가 그리고 국민의 참여를 보장한다.

7. 국내의 경제발전을 위하여 타 국가의 환경과 사회정의를 저해하지 아니하며, 전 지구적 차원의 지속가능 발전목표를 실현하기 위하여 국제적 협력을 강화한다.

4) 지속가능발전 국가기본전략(제7조)
정부는 20년을 단위로 지속가능발전 국가기본전략을 수립하고 이행하여야 한다.
1. 양질의 일자리와 경제발전에 관한 사항
2. 지속가능한 사회기반시설 개발 및 산업경쟁력 강화에 관한 사항
3. 지속가능한 생산·소비 및 도시·주거에 관한 사항
4. 빈곤퇴치·건강·행복 및 포용적 교육에 관한 사항
5. 불평등 해소와 양성평등 및 세대 간 형평성에 관한 사항
6. 기후위기 대응과 청정에너지에 관한 사항
7. 생태계보전과 국토·물관리에 관한 사항
8. 지속가능한 농수산·해양 및 산림에 관한 사항
9. 국제협력 및 인권·정의·평화에 관한 사항
10. 그 밖에 대통령령으로 정하는 사항

02 국토이용 등에 관한 법령

KEY POINT
01 국토기본법
02 국토계획평가에 관한 업무처리지침
03 국토계획 및 환경보전계획의 통합관리에 관한 공동훈령(국토부)
04 국토의 계획 및 이용에 관한 법률

1 국토기본법

1. 제1장 총칙

1) 목적(제1조)
이 법은 국토에 관한 계획 및 정책의 수립·시행에 관한 기본적인 사항을 정함으로써 국토의 건전한 발전과 국민의 복리향상에 이바지함을 목적으로 한다.

2) 국토의 기본이념(제2조)
국토는 모든 국민의 삶의 터전이며 후세에 물려줄 민족의 자산이므로, 국토에 관한 계획 및 정책은 개발과 환경의 조화를 바탕으로 국토를 균형 있게 발전시키고 국가의 경쟁력을 높이며 국민의 삶의 질을 개선함으로써 국토의 지속가능한 발전을 도모할 수 있도록 수립·집행하여야 한다.
[전문개정 2011. 5. 30.]

3) 국토의 균형 있는 발전(내용 생략)

4) 경쟁력 있는 국토여건의 조성(내용 생략)

5) 국민의 삶의 질 향상을 위한 국토여건 조성(내용 생략)

6) 환경친화적 국토관리(제5조)
① 국가와 지방자치단체는 국토에 관한 계획 또는 사업을 수립·집행할 때에는 「환경정책기본법」에 따른 환경계획의 내용을 고려하여 자연환경과 생활환경에 미치는 영향을 사전에 검토함으로써 환경에 미치는 부정적인 영향을 최소화하고 환경정의가 실현될 수 있도록 하여야 한다. 〈개정 2016. 12. 2., 2019. 8. 20., 2021. 1. 5.〉
② 국가와 지방자치단체는 국토의 무질서한 개발을 방지하고 국민생활에 필요한 토지를 원활하게 공급하기 위하여 토지이용에 관한 종합적인 계획을 수립하고 이에 따라 국토공간을 체계적으로 관리하여야 한다.
③ 국가와 지방자치단체는 산, 하천, 호수, 늪, 연안, 해양으로 이어지는 자연생태계를 통합적으로 관리·보전하고 훼손된 자연생태계를 복원하기 위한 종합적인 시책을 추진함으로써 인간이 자연과 더불어 살 수 있는 쾌적한 국토환경을 조성하여야 한다.

④ 국토교통부장관은 ①에 따른 국토에 관한 계획과 「환경정책기본법」에 따른 환경계획의 연계를 위하여 필요한 경우에는 적용범위, 연계방법 및 절차 등을 환경부장관과 공동으로 정할 수 있다.
〈신설 2016. 12. 2., 2021. 1. 5.〉
[전문개정 2011. 5. 30.]
[시행일 : 2021. 7. 6.]

7) 지속가능한 국토관리의 평가지표 및 기준(내용 생략)

2. 제2장 국토계획의 수립 등

1) 국토계획의 위상과 다른 계획과의 관계

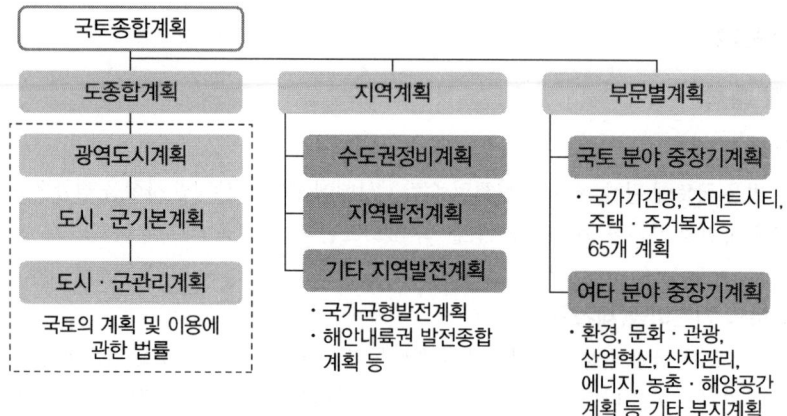

2) 범위
① 시간적 범위 : 2020년~2040년
② 공간적 범위 : 대한민국의 주권이 실질적으로 미치는 국토 전역을 대상으로 하며, 필요시 한반도와 이를 둘러싸고 있는 동아시아 전역으로 확대
③ 내용적 범위 : 「국토기본법」 제10조에 대한 기본적 · 장기적 정책방향을 포함
  ㉠ 국토의 현황 및 여건변화 전망에 관한 사항
  ㉡ 국토발전의 기본이념 및 바람직한 국토 미래상의 정립에 관한 사항
  ㉢ 교통, 물류, 공간정보 등에 관한 신기술의 개발과 활용을 통한 국토의 효율적인 발전방향과 혁신 기반 조성에 관한 사항
  ㉣ 국토의 공간구조의 정비 및 지역별 기능 분담 방향에 관한 사항
  ㉤ 국토의 균형발전을 위한 시책 및 지역산업 육성에 관한 사항
  ㉥ 국가경쟁력 향상 및 국민생활의 기반이 되는 국토기간시설의 확충에 관한 사항
  ㉦ 토지, 수자원, 산림자원, 해양수산자원 등 국토자원의 효율적 이용 및 관리에 관한 사항
  ㉧ 주택, 상하수도 등 생활여건의 조성 및 삶의 질 개선에 관한 사항
  ㉨ 수해, 풍해, 그 밖의 재해의 방제에 관한 사항
  ㉩ 지하공간의 합리적 이용 및 관리에 관한 사항

㉣ 지속가능한 국토발전을 위한 국토환경의 보전 및 개선에 관한 사항

3) 계획의 비전과 목표

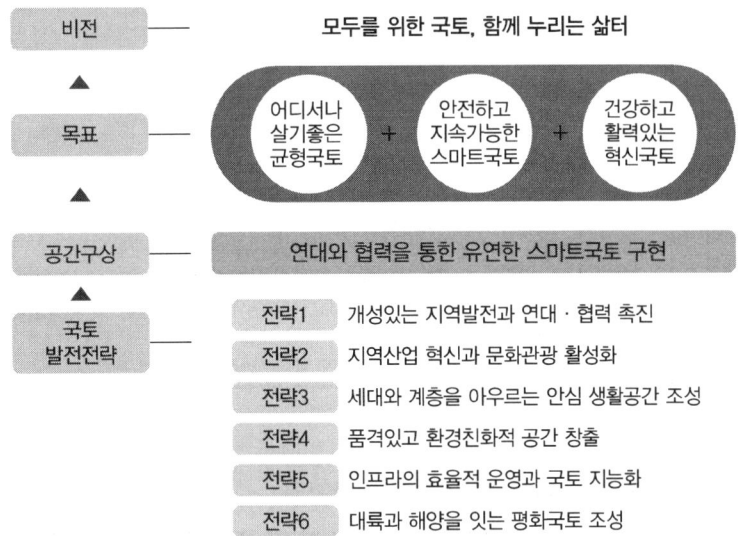

② 국토계획평가에 관한 업무처리지침

1. 별표 1 : 국토계획평가의 세부평가기준 선정 고려사항

평가기준	세부평가기준 선정 고려사항

균형적 국토발전	• 평가대상 국토계획이 대상권역 또는 국토 차원의 균형발전에 기여하도록 하기 위해 검토해야 할 사항을 선정
	  – 균형발전의 공간단위는 수도권과 비수도권, 도시와 농산어촌, 대도시와 중소도시, 거점도시와 주변도시, 도시지역과 비(非)도시지역, 계획구역과 비(非)계획구역, 인프라 설치지역과 비(非)설치지역 등 평가대상계획의 특성에 따라 다양하게 설정 가능
	  – 검토할 주요 사항은 지역의 포용성 및 공공성, 저발전지역의 인구 및 일자리 증대, 접근성 제고, 주거복지 및 생활환경 개선, 발전지역과 주변지역 간의 연계발전전략, 시설이나 사업 선정 시 균형발전 고려 등이며, 계획 특성에 따라 적절하게 선정
	• 평가대상 국토계획이 국토계획 대상지역 또는 부문의 경쟁력을 높이기 위해 검토해야 할 항목을 선정
	  – 주요 검토사항으로서 지역특화산업 육성, 주력산업의 기반 정비, 지역자원의 융복합을 통한 고부가가치 창출 등을 고려 가능

국토의 경쟁력 강화	• 평가대상 국토계획과 관련된 국토기간시설이 장래 수요예측 및 예산, 환경 등의 여건 속에서 계획의 목표 및 전략에 부합할 수 있게 검토해야 할 사항을 선정
	  – 검토할 주요사항은 교통물류의 원활한 기능 수행을 위한 인프라의 효율적 관리, 접근성 제고, 교통물류비용 절감, 수자원의 효율적 관리, 국토정보화 제고, 이용자의 안전 및 편의 향상, 시설물의 통합관리체계 구축 등을 포괄
	  – 도시 · 군기본계획의 경우, 공간구조의 적정성, 성장관리방안 마련, 토지이용계획(개발예정용지)의 적절성 기준을 반드시 포함
	• 평가대상 계획 특성상 기존 국토기간시설을 효율적으로 활용하는지를 검토항목으로 고려 가능
	  – 평가대상 국토계획과 밀접한 자원의 효율적 활용 및 보전 등과 관련해 검토해야 할 항목을 선정
	  – 국토자원으로는 토지자원, 수자원, 생태자원, 산림자원, 수산자원, 식량자원, 광물자원, 해양자원 등이 있으며, 대상계획의 특성에 맞춰 선택 가능

평가기준	세부평가기준 선정 고려사항
친환경적 국토관리	• 본 평가기준의 세부평가기준은 크게 기후변화 대응을 위한 탄소저감 측면과 친환경적 국토이용을 위한 환경성 검토로 구분하여 설정 – 기후변화 대응을 위한 탄소저감 측면의 검토항목은 부문별 온실가스 감축, 탄소 흡수원 증대, 신재생에너지 확대, 재해에 대한 예방 및 대응체계 구축 등 국토계획의 내용 및 특성에 맞춰 선정 – 환경성 검토는 필수세부평가기준이며, 지침 〈별표 2〉에 제시된 항목에 대해 국토계획의 대상지역, 내용과 특성 등을 종합검토하여 중점고려사항을 선택
계획의 적정성	• 평가대상 국토계획이 국토종합계획 등 상위 및 유관계획과의 목표 및 전략, 관련 계획내용에 부합하는지 여부를 검토 – 상위 및 유관계획과의 정합성은 평가대상 계획의 범위 및 특성에 따라 국토 및 지역계획, 교통, 물류, 산업, 관광, 환경, 해양 등 관련 계획을 대상으로 검토 – 국토종합계획 및 유관계획과의 정합성은 필수세부평가기준으로 선택 • 계획의 실현 가능성 여부를 검토하며, 검토의 내용적 범위는 해당 검토계획의 목표 및 전략의 적정성, 계획인구의 달성가능성, 계획실행에 필요한 재원의 규모 적정성 및 조달방안, 수립 및 집행 관련 거버넌스체계 구축, 실적모니터링체계 구축 등을 포괄 – 도시·군기본계획의 경우, 계획인구의 달성가능성을 반드시 포함

2. 별표 2 : 환경성 검토 세부평가기준의 평가범위

평가범위	주요내용	비고
환경 관련 기초조사 및 현황 검토	• 국토계획 대상지역의 환경 관련 지역·지구 지정현황과 주요 보호대상 동식물 및 환경 관련 시설물의 현황 파악 및 고려 여부 – 생태경관보전지역, 습지보호지역, 야생생물특별보호구역, 상수원보호구역, 백두대간보호구역, 자연공원 등 각종 보호지역을 포함하고 있는지에 대한 현황 파악 및 고려 여부 – 생태자연도 1등급, 녹지자연도 8등급 이상 지역, 하천, 호소(湖沼) 등 생태적 보전가치가 높은 지역을 포함하고 있는지에 대한 현황 파악 및 고려 여부 – 멸종위기야생 동식물, 주요 철새도래지 등 각종 보호 야생동물의 서식공간 보호구역을 포함하고 있는지에 대한 현황 파악 및 고려 여부 – 생태적으로 보전가치가 높은 조간대, 사구, 하구언, 갯벌 및 습지 등을 포함하고 있는지에 대한 현황 파악 및 고려 여부 – 각종 수환경 관련 보호지역(상수원보호구역, 특별대책지역, 수변구역 등)을 포함하고 있는지에 대한 현황 파악 및 고려 여부 – 주요 경관자원 및 환경관련 시설 현황 파악 및 고려 여부	해당 사항은 국토계획 평가협의회 개최 시 관련 자료를 제시하여 평가범위를 사전 확정하여야 함
환경보전계획 및 정책과의 부합성	• 국가환경계획 및 시책 중 대상국토계획과 관련된 사항의 부합 여부를 고려하여 수립하였는지 여부 – 환경관련법상 법적 기준의 초과여부 또는 적정 기준으로 관리하기 위한 시책의 제시 여부 – 국가환경종합계획, 환경비전21, 생물다양성국가전략, 자연환경보전 기본계획, 환경보전중기계획, 물관리종합대책, 기후변화협약대응 종합대책 등과의 부합 여부 • 대상 국토계획과 관련된 국제적 환경 관련 협약, 조약, 규범과의 부합 여부 등을 고려하여 수립하였는지 여부 – 몬트리올의정서, 기후변화협약, 생물다양성협약, 람사르협약, 철새보호협정 등	해당 사항은 국토계획 평가협의회 개최 시 관련 자료를 제시하여 평가범위를 사전 확정하여야 함

평가범위	주요내용	비고

환경 보전을 위한 계획의 적정성	• 계획의 목표 및 전략, 성과지표 등에 대한 환경적 측면 고려 및 대책 제시 여부
	  – 계획의 목표 및 추진전략에 환경적 측면 고려 및 반영 여부
	  – 국토의 생태적 건전성, 환경과 개발의 조화 등을 위한 방안의 고려 여부
	  – 환경훼손 방지 및 보전과 복원 등을 위한 대책 고려 여부
	• 국토의 환경친화적 관리 차원에서 개발구상 등이 적절히 계획되었는지 여부 및 관련 근거 제시
	  – 토지이용계획이나 공간개발전략 수립, 기반시설 구상 등 각종 개발계획 시 자연환경훼손 저감 등 환경요소를 고려한 계획내용 수립 여부 및 관련 근거 제시
	  – 계획의 수요·규모·수단 등 예측 시 환경용량 및 환경지표 등 환경적 요소를 고려하여 타당하게 검토, 분석되었는지 여부 및 관련 근거 제시
	  – 생태·녹지축(백두대간, 하천 등) 및 각종 보호지역, 경관 등을 충분히 고려하여 계획되었는지 여부 및 관련 근거 제시
		–

3 국토계획 및 환경보전계획의 통합관리에 관한 공동훈령(국토부)

1. 제1장 총칙

1) 목적(제1조)

이 훈령은 「국토기본법」 제5조 제4항 및 「환경정책기본법」 제4조 제4항에 따라 국토계획과 환경보전계획의 통합관리를 위하여 그 적용범위, 연계방법 및 절차 등에 관하여 필요한 사항을 정함을 목적으로 한다.

2) 기본이념(제2조)

이 훈령에 따른 적용 대상계획의 통합관리는 다음의 기본이념을 따른다.

1. 국토계획 및 환경보전계획 수립 시 중·장기적 국토여건, 환경변화 등을 고려하여 지속가능한 국토·환경 비전과 경제, 사회, 환경적 측면에서 추진전략, 목표를 공유하고 제시하여야 한다.
2. 대상계획 수립을 위한 전 과정에서 긴밀한 협력을 위하여 진행상황과 자료를 공유한다.
3. 국토교통부장관 및 환경부장관은 국토계획과 환경보전계획의 통합관리를 통한 지속가능한 국토환경 유지를 위하여 상호 노력해야 한다.

3) 정의(내용 생략)

4) 적용범위(내용 생략)

5) 다른 훈령과의 관계(내용 생략)

2. 제2장 국가계획의 통합관리

1) 국가계획의 시기적 일치(내용 생략)

2) 국가계획수립협의회(내용 생략)

3) 국가계획의 통합관리사항(제8조)

국토교통부장관과 환경부장관은 국토종합계획 및 국가환경종합계획 수립 시 양 계획 간 통합관리를 위해 다음의 사항을 반영하여 계획을 수립하여야 한다.
1. 자연생태계의 관리 · 보전 및 훼손된 자연생태계복원
2. 체계적인 국토공간관리 및 생태적 연계
3. 에너지 절약형 공간구조 개편 및 신 · 재생에너지의 사용 확대
4. 깨끗한 물 확보와 물 부족에 대비한 대응
5. 대기질 개선을 위한 대기오염물질 감축
6. 기후변화에 대응하는 온실가스 감축
7. 폐기물 배출량 감축 및 자원순환율 제고
8. 그 밖에 지속가능한 발전을 위한 국토환경의 보전 및 개선에 관한 사항

4 국토의 계획 및 이용에 관한 법률

1. 제1장 총칙

1) 목적(제1조)

이 법은 국토의 이용 · 개발과 보전을 위한 계획의 수립 및 집행 등에 필요한 사항을 정하여 공공복리를 증진시키고 국민의 삶의 질을 향상시키는 것을 목적으로 한다.

2) 정의(제2조)

이 법에서 사용하는 용어의 뜻은 다음과 같다. 〈개정 2011. 4. 14., 2012. 12. 18., 2015. 1. 6., 2017. 4. 18., 2017. 12. 26., 2021. 1. 12.〉
1. "광역도시계획"이란 제10조에 따라 지정된 광역계획권의 장기발전방향을 제시하는 계획을 말한다.
2. "도시 · 군계획"이란 특별시 · 광역시 · 특별자치시 · 특별자치도 · 시 또는 군(광역시의 관할구역에 있는 군은 제외한다. 이하 같다)의 관할구역에 대하여 수립하는 공간구조와 발전방향에 대한 계획으로서 도시 · 군기본계획과 도시 · 군관리계획으로 구분한다.
3. "도시 · 군기본계획"이란 특별시 · 광역시 · 특별자치시 · 특별자치도 · 시 또는 군의 관할구역에 대하여 기본적인 공간구조와 장기발전방향을 제시하는 종합계획으로서 도시 · 군관리계획 수립의 지침이 되는 계획을 말한다.
4. "도시 · 군관리계획"이란 특별시 · 광역시 · 특별자치시 · 특별자치도 · 시 또는 군의 개발 · 정비 및 보전을 위하여 수립하는 토지 이용, 교통, 환경, 경관, 안전, 산업, 정보통신, 보건, 복지, 안보, 문화 등에 관한 다음의 계획을 말한다.
   가. 용도지역 · 용도지구의 지정 또는 변경에 관한 계획
   나. 개발제한구역, 도시자연공원구역, 시가화조정구역(市街化調整區域), 수산자원보호구역의 지정 또는 변경에 관한 계획
   다. 기반시설의 설치 · 정비 또는 개량에 관한 계획
   라. 도시개발사업이나 정비사업에 관한 계획
   마. 지구단위계획구역의 지정 또는 변경에 관한 계획과 지구단위계획

바. 입지규제최소구역의 지정 또는 변경에 관한 계획과 입지규제최소구역계획

5. "지구단위계획"이란 도시·군계획 수립 대상지역의 일부에 대하여 토지 이용을 합리화하고 그 기능을 증진시키며 미관을 개선하고 양호한 환경을 확보하며, 그 지역을 체계적·계획적으로 관리하기 위하여 수립하는 도시·군관리계획을 말한다.

5의2. "입지규제최소구역계획"이란 입지규제최소구역에서의 토지의 이용 및 건축물의 용도·건폐율·용적률·높이 등의 제한에 관한 사항 등 입지규제최소구역의 관리에 필요한 사항을 정하기 위하여 수립하는 도시·군관리계획을 말한다.

5의3. "성장관리계획"이란 성장관리계획구역에서의 난개발을 방지하고 계획적인 개발을 유도하기 위하여 수립하는 계획을 말한다.

6. "기반시설"이란 다음의 시설로서 대통령령으로 정하는 시설을 말한다.

   가. 도로·철도·항만·공항·주차장 등 교통시설

   나. 광장·공원·녹지 등 공간시설

   다. 유통업무설비, 수도·전기·가스공급설비, 방송·통신시설, 공동구 등 유통·공급시설

   라. 학교·공공청사·문화시설 및 공공필요성이 인정되는 체육시설 등 공공·문화체육시설

   마. 하천·유수지(遊水池)·방화설비 등 방재시설

   바. 장사시설 등 보건위생시설

   사. 하수도, 폐기물 처리 및 재활용시설, 빗물저장 및 이용시설 등 환경기초시설

7. "도시·군계획시설"이란 기반시설 중 도시·군관리계획으로 결정된 시설을 말한다.

8. "광역시설"이란 기반시설 중 광역적인 정비체계가 필요한 다음의 시설로서 대통령령으로 정하는 시설을 말한다.

   가. 둘 이상의 특별시·광역시·특별자치시·특별자치도·시 또는 군의 관할 구역에 걸쳐 있는 시설

   나. 둘 이상의 특별시·광역시·특별자치시·특별자치도·시 또는 군이 공동으로 이용하는 시설

9. "공동구"란 전기·가스·수도 등의 공급설비, 통신시설, 하수도시설 등 지하매설물을 공동수용함으로써 미관의 개선, 도로구조의 보전 및 교통의 원활한 소통을 위하여 지하에 설치하는 시설물을 말한다.

10. "도시·군계획시설사업"이란 도시·군계획시설을 설치·정비 또는 개량하는 사업을 말한다.

11. "도시·군계획사업"이란 도시·군관리계획을 시행하기 위한 다음의 사업을 말한다.

    가. 도시·군계획시설사업

    나. 「도시개발법」에 따른 도시개발사업

    다. 「도시 및 주거환경정비법」에 따른 정비사업

12. "도시·군계획사업시행자"란 이 법 또는 다른 법률에 따라 도시·군계획사업을 하는 자를 말한다.

13. "공공시설"이란 도로·공원·철도·수도, 그 밖에 대통령령으로 정하는 공공용 시설을 말한다.

14. "국가계획"이란 중앙행정기관이 법률에 따라 수립하거나 국가의 정책적인 목적을 이루기 위하여 수립하는 계획 중 제19조 제1항 제1호부터 제9호까지에 규정된 사항이나 도시·군관리계획으로 결정하여야 할 사항이 포함된 계획을 말한다.

15. "용도지역"이란 토지의 이용 및 건축물의 용도, 건폐율(「건축법」 제55조의 건폐율을 말한다. 이하 같다), 용적률(「건축법」 제56조의 용적률을 말한다. 이하 같다), 높이 등을 제한함으로써 토지를 경제적·효율적으로 이용하고 공공복리의 증진을 도모하기 위하여 서로 중복되지 아니하게 도

시·군관리계획으로 결정하는 지역을 말한다.

16. "용도지구"란 토지의 이용 및 건축물의 용도·건폐율·용적률·높이 등에 대한 용도지역의 제한을 강화하거나 완화하여 적용함으로써 용도지역의 기능을 증진시키고 경관·안전 등을 도모하기 위하여 도시·군관리계획으로 결정하는 지역을 말한다.
17. "용도구역"이란 토지의 이용 및 건축물의 용도·건폐율·용적률·높이 등에 대한 용도지역 및 용도지구의 제한을 강화하거나 완화하여 따로 정함으로써 시가지의 무질서한 확산방지, 계획적이고 단계적인 토지이용의 도모, 토지이용의 종합적 조정·관리 등을 위하여 도시·군관리계획으로 결정하는 지역을 말한다.
18. "개발밀도관리구역"이란 개발로 인하여 기반시설이 부족할 것으로 예상되나 기반시설을 설치하기 곤란한 지역을 대상으로 건폐율이나 용적률을 강화하여 적용하기 위하여 제66조에 따라 지정하는 구역을 말한다.
19. "기반시설부담구역"이란 개발밀도관리구역 외의 지역으로서 개발로 인하여 도로, 공원, 녹지 등 대통령령으로 정하는 기반시설의 설치가 필요한 지역을 대상으로 기반시설을 설치하거나 그에 필요한 용지를 확보하게 하기 위하여 제67조에 따라 지정·고시하는 구역을 말한다.
20. "기반시설설치비용"이란 단독주택 및 숙박시설 등 대통령령으로 정하는 시설의 신·증축 행위로 인하여 유발되는 기반시설을 설치하거나 그에 필요한 용지를 확보하기 위하여 제69조에 따라 부과·징수하는 금액을 말한다.

2. 제2장 광역도시계획(내용 생략)

3. 제3장 도시·군기본계획(내용 생략)

4. 제4장 도시·군관리계획

1) 도시·군관리계획의 결정권자(제29조)

① 도시·군관리계획은 시·도지사가 직접 또는 시장·군수의 신청에 따라 결정한다. 다만, 「지방자치법」 제198조에 따른 서울특별시와 광역시 및 특별자치시를 제외한 인구 50만 이상의 대도시(이하 "대도시"라 한다)의 경우에는 해당 시장(이하 "대도시 시장"이라 한다)이 직접 결정하고, 다음의 도시·군관리계획은 시장 또는 군수가 직접 결정한다. 〈개정 2009. 12. 29., 2011. 4. 14., 2013. 7. 16., 2017. 4. 18., 2021. 1. 12.〉

1. 시장 또는 군수가 입안한 지구단위계획구역의 지정·변경과 지구단위계획의 수립·변경에 관한 도시·군관리계획
2. 제52조 제1항 제1호의2에 따라 지구단위계획으로 대체하는 용도지구 폐지에 관한 도시·군관리계획[해당 시장(대도시 시장은 제외한다) 또는 군수가 도지사와 미리 협의한 경우에 한정한다]

② ①에도 불구하고 다음의 도시·군관리계획은 국토교통부장관이 결정한다. 다만, 제4호의 도시·군관리계획은 해양수산부장관이 결정한다. 〈개정 2011. 4. 14., 2013. 3. 23., 2013. 7. 16., 2015. 1. 6.〉

1. 제24조 제5항에 따라 국토교통부장관이 입안한 도시·군관리계획
2. 제38조에 따른 개발제한구역의 지정 및 변경에 관한 도시·군관리계획
3. 제39조 제1항 단서에 따른 시가화조정구역의 지정 및 변경에 관한 도시·군관리계획
4. 제40조에 따른 수산자원보호구역의 지정 및 변경에 관한 도시·군관리계획
5. 삭제 〈2019. 8. 20.〉

[전문개정 2009. 2. 6.]
[제목개정 2011. 4. 14.]
[시행일 : 2022. 1. 13.]

5. 제5장 개발행위허가

1) 개발행위에 따른 공공시설 등의 귀속(제65조)

① 개발행위허가(다른 법률에 따라 개발행위허가가 의제되는 협의를 거친 인가·허가·승인 등을 포함한다. 이하 이 조에서 같다)를 받은 자가 행정청인 경우 개발행위허가를 받은 자가 새로 공공시설을 설치하거나 기존의 공공시설에 대체되는 공공시설을 설치한 경우에는 「국유재산법」과 「공유재산 및 물품관리법」에도 불구하고 새로 설치된 공공시설은 그 시설을 관리할 관리청에 무상으로 귀속되고, 종래의 공공시설은 개발행위허가를 받은 자에게 무상으로 귀속된다. 〈개정 2013. 7. 16.〉

② 개발행위허가를 받은 자가 행정청이 아닌 경우 개발행위허가를 받은 자가 새로 설치한 공공시설은 그 시설을 관리할 관리청에 무상으로 귀속되고, 개발행위로 용도가 폐지되는 공공시설은 「국유재산법」과 「공유재산 및 물품관리법」에도 불구하고 새로 설치한 공공시설의 설치비용에 상당하는 범위에서 개발행위허가를 받은 자에게 무상으로 양도할 수 있다.

③ 특별시장·광역시장·특별자치시장·특별자치도지사·시장 또는 군수는 ①과 ②에 따른 공공시설의 귀속에 관한 사항이 포함된 개발행위허가를 하려면 미리 해당 공공시설이 속한 관리청의 의견을 들어야 한다. 다만, 관리청이 지정되지 아니한 경우에는 관리청이 지정된 후 준공되기 전에 관리청의 의견을 들어야 하며, 관리청이 불분명한 경우에는 도로 등에 대하여는 국토교통부장관을, 하천에 대하여는 환경부장관을 관리청으로 보고, 그 외의 재산에 대하여는 기획재정부장관을 관리청으로 본다. 〈개정 2020. 12. 31.〉 이하생략

[전문개정 2009. 2. 6.]
[시행일 : 2022. 1. 1.]

■ 국토의 계획 및 이용에 관한 법률 시행령 [별표 1의2] 〈개정 2017. 12. 29.〉

개발행위허가기준(제56조 관련)

1. 분야별 검토사항

검토분야	허가기준
가. 공통분야	(1) 조수류·수목 등의 집단서식지가 아니고, 우량농지 등에 해당하지 아니하여 보전의 필요가 없을 것 (2) 역사적·문화적·향토적 가치, 국방상 목적 등에 따른 원형보전의 필요가 없을 것 (3) 토지의 형질변경 또는 토석채취의 경우에는 다음의 사항 중 필요한 사항에 대하여 도시·군계획조례(특별시·광역시·특별자치시·특별자치도·시 또는 군의 도시·군계획조례를 말한다. 이하 이 표에서 같다)로 정하는 기준에 적합할 것 　(가) 국토교통부령으로 정하는 방법에 따라 산정한 해당 토지의 경사도 및 임상(林相) 　(나) 삭제 〈2016. 6. 30.〉 　(다) 표고, 인근 도로의 높이, 배수(排水) 등 그 밖에 필요한 사항 (4) (3)에도 불구하고 다음의 어느 하나에 해당하는 경우에는 위해 방지, 환경오염 방지, 경관 조성, 조경 등에 관한 조치가 포함된 개발행위내용에 대하여 해당 도시계획위원회(제55조 제3항 제3호의2 각 목 외의 부분 후단 및 제57조 제4항에 따라 중앙도시계획위원회 또는 시·도도시계획위원회의 심의를 거치는 경우에는 중앙도시계획위원회 또는 시·도도시계획위원회를 말한다)의 심의를 거쳐 도시·군계획조례로 정하는 기준을 완화하여 적용할 수 있다. 　(가) 골프장, 스키장, 기존 사찰, 풍력을 이용한 발전시설 등 개발행위의 특성상 도시·군계획조례로 정하는 기준을 그대로 적용하는 것이 불합리하다고 인정되는 경우 　(나) 지형여건 또는 사업수행상 도시·군계획조례로 정하는 기준을 그대로 적용하는 것이 불합리하다고 인정되는 경우
나. 도시·군관리계획	(1) 용도지역별 개발행위의 규모 및 건축제한 기준에 적합할 것 (2) 개발행위허가제한지역에 해당하지 아니할 것
다. 도시·군계획사업	(1) 도시·군계획사업부지에 해당하지 아니할 것(제61조의 규정에 의하여 허용되는 개발행위를 제외한다) (2) 개발시기와 가설시설의 설치 등이 도시·군계획사업에 지장을 초래하지 아니할 것
라. 주변 지역과의 관계	(1) 개발행위로 건축 또는 설치하는 건축물 또는 공작물이 주변의 자연경관 및 미관을 훼손하지 아니하고, 그 높이·형태 및 색채가 주변건축물과 조화를 이루어야 하며, 도시·군계획으로 경관계획이 수립되어 있는 경우에는 그에 적합할 것 (2) 개발행위로 인하여 당해 지역 및 그 주변지역에 대기오염·수질오염·토질오염·소음·진동·분진 등에 의한 환경오염·생태계파괴·위해발생 등이 발생할 우려가 없을 것. 다만, 환경오염·생태계파괴·위해발생 등의 방지가 가능하여 환경오염의 방지, 위해의 방지, 조경, 녹지의 조성, 완충지대의 설치 등을 허가의 조건으로 붙이는 경우에는 그러하지 아니하다. (3) 개발행위로 인하여 녹지축이 절단되지 아니하고, 개발행위로 배수가 변경되어 하천·호소·습지로의 유수를 막지 아니할 것
마. 기반기설	(1) 주변의 교통소통에 지장을 초래하지 아니할 것 (2) 대지와 도로의 관계는 「건축법」에 적합할 것 (3) 도시·군계획조례로 정하는 건축물의 용도·규모(대지의 규모를 포함한다)·층수 또는 주택호수 등에 따른 도로의 너비 또는 교통소통에 관한 기준에 적합할 것
바. 그 밖의 사항	(1) 공유수면매립의 경우 매립목적이 도시·군계획에 적합할 것 (2) 토지의 분할 및 물건을 쌓아놓는 행위에 입목의 벌채가 수반되지 아니할 것

2. 개발행위별 검토사항

검토분야	허가기준
가. 건축물의 건축 또는 공작물의 설치	(1) 「건축법」의 적용을 받는 건축물의 건축 또는 공작물의 설치에 해당하는 경우 그 건축 또는 설치의 기준에 관하여는 「건축법」의 규정과 법 및 이 영이 정하는 바에 의하고, 그 건축 또는 설치의 절차에 관하여는 「건축법」의 규정에 의할 것. 이 경우 건축물의 건축 또는 공작물의 설치를 목적으로 하는 토지의 형질변경, 토지분할 또는 토석의 채취에 관한 개발행위허가는 「건축법」에 의한 건축 또는 설치의 절차와 동시에 할 수 있다. (2) 도로·수도 및 하수도가 설치되지 아니한 지역에 대하여는 건축물의 건축(건축을 목적으로 하는 토지의 형질변경을 포함한다)을 허가하지 아니할 것. 다만, 무질서한 개발을 초래하지 아니하는 범위 안에서 도시·군계획조례가 정하는 경우에는 그러하지 아니하다. (3) 특정 건축물 또는 공작물에 대한 이격거리, 높이, 배치 등에 대한 구체적인 사항은 도시·군계획조례로 정할 수 있다. 다만, 특정 건축물 또는 공작물에 대한 이격거리, 높이, 배치 등에 대하여 다른 법령에서 달리 정하는 경우에는 그 법령에서 정하는 바에 따른다.
나. 토지의 형질 변경	(1) 토지의 지반이 연약한 때에는 그 두께·넓이·지하수위 등의 조사와 지반의 지지력·내려앉음·솟아오름에 관한 시험을 실시하여 흙바꾸기·다지기·배수 등의 방법으로 이를 개량할 것 (2) 토지의 형질변경에 수반되는 성토 및 절토에 의한 비탈면 또는 절개면에 대하여는 옹벽 또는 석축의 설치 등 도시·군계획조례가 정하는 안전조치를 할 것
다. 토석채취	지하자원의 개발을 위한 토석의 채취허가는 시가화대상이 아닌 지역으로서 인근에 피해가 없는 경우에 한하도록 하되, 구체적인 사항은 도시·군계획조례가 정하는 기준에 적합할 것. 다만, 국민경제상 중요한 광물자원의 개발을 위한 경우로서 인근의 토지이용에 대한 피해가 최소한에 그치도록 하는 때에는 그러하지 아니하다.

라. 토지분할	(1) 녹지지역·관리지역·농림지역 및 자연환경보전지역 안에서 관계 법령에 따른 허가·인가 등을 받지 아니하고 토지를 분할하는 경우에는 다음의 요건을 모두 갖출 것
	  (가) 「건축법」 제57조 제1항에 따른 분할제한면적(이하 이 칸에서 "분할제한면적"이라 한다) 이상으로서 도시·군계획조례가 정하는 면적 이상으로 분할할 것
	  (나) 「소득세법」 시행령 제168조의3 제1항 각 호의 어느 하나에 해당하는 지역 중 토지에 대한 투기가 성행하거나 성행할 우려가 있다고 판단되는 지역으로서 국토교통부장관이 지정·고시하는 지역 안에서의 토지분할이 아닐 것. 다만, 다음의 어느 하나에 해당되는 토지의 경우는 예외로 한다.
	    1) 다른 토지와의 합병을 위하여 분할하는 토지
	    2) 2006년 3월 8일 전에 토지소유권이 공유로 된 토지를 공유지분에 따라 분할하는 토지
	    3) 그 밖에 토지의 분할이 불가피한 경우로서 국토교통부령으로 정하는 경우에 해당되는 토지
	  (다) 토지분할의 목적이 건축물의 건축 또는 공작물의 설치, 토지의 형질변경인 경우 그 개발행위가 관계법령에 따라 제한되지 아니할 것
	  (라) 이 법 또는 다른 법령에 따른 인가·허가 등을 받지 않거나 기반시설이 갖추어지지 않아 토지의 개발이 불가능한 토지의 분할에 관한 사항은 해당 특별시·광역시·특별자치시·특별자치도·시 또는 군의 도시·군계획조례로 정한 기준에 적합할 것
	(2) 분할제한면적 미만으로 분할하는 경우에는 다음의 어느 하나에 해당할 것
	  (가) 녹지지역·관리지역·농림지역 및 자연환경보전지역 안에서의 기존 묘지의 분할
	  (나) 사설도로를 개설하기 위한 분할(「사도법」에 의한 사도개설허가를 받아 분할하는 경우를 제외한다)
	  (다) 사설도로로 사용되고 있는 토지 중 도로로서의 용도가 폐지되는 부분을 인접토지와 합병하기 위하여 하는 분할
	  (라) 〈삭제〉
	  (마) 토지이용상 불합리한 토지경계선을 시정하여 당해 토지의 효용을 증진시키기 위하여 분할 후 인접토지와 합필하고자 하는 경우에는 다음의 1에 해당할 것. 이 경우 허가신청인은 분할 후 합필되는 토지의 소유권 또는 공유지분을 보유하고 있거나 그 토지를 매수하기 위한 매매계약을 체결하여야 한다.

		1) 분할 후 남는 토지의 면적 및 분할된 토지와 인접토지가 합필된 후의 면적이 분할제한면적에 미달되지 아니할 것 2) 분할 전후의 토지면적에 증감이 없을 것 3) 분할하고자 하는 기존토지의 면적이 분할제한면적에 미달되고, 분할된 토지 중 하나를 제외한 나머지 분할된 토지와 인접토지를 합필한 후의 면적이 분할제한면적에 미달되지 아니할 것 (3) 너비 5m 이하로 분할하는 경우로서 토지의 합리적인 이용에 지장이 없을 것
마. 물건을 쌓아놓는 행위		당해 행위로 인하여 위해발생, 주변환경오염 및 경관훼손 등의 우려가 없고, 당해 물건을 쉽게 옮길 수 있는 경우로서 도시·군계획조례가 정하는 기준에 적합할 것

3. 용도지역별 검토사항

검토 분야	허가기준
가. 시가화용도	1) 토지의 이용 및 건축물의 용도·건폐율·용적률·높이 등에 대한 용도지역의 제한에 따라 개발행위허가의 기준을 적용하는 주거지역·상업지역 및 공업지역일 것 2) 개발을 유도하는 지역으로서 기반시설의 적정성, 개발이 환경이 미치는 영향, 경관보호·조성 및 미관훼손의 최소화를 고려할 것
나. 유보용도	1) 법 제59조에 다른 도시계획위원회의 심의를 통하여 개발행위허가의 기준을 강화 또는 완화하여 적용할 수 있는 계획관리지역·생산관리지역 및 녹지지역 중 자연녹지지역일 것 2) 지역 특성에 따라 개발 수요에 탄력적으로 적용할 지역으로서 입지타당성, 기반시설의 적정성, 개발이 환경이 미치는 영향, 경관보호·조성 및 미관훼손의 최소화를 고려할 것
다. 보전용도	1) 법 제59조에 다른 도시계획위원회의 심의를 통하여 개발행위허가의 기준을 강화하여 적용할 수 있는 보전관리지역·농림지역·자연환경보전지역 및 녹지지역 중 생산녹지지역 및 보전녹지지역일 것 2) 개발보다 보전이 필요한 지역으로서 입지타당성, 기반시설의 적정성, 개발이 환경이 미치는 영향, 경관보호·조성 및 미관훼손의 최소화를 고려할 것

6. 제6장 용도지역 · 용도지구 및 용도구역에서의 행위제한

용도지역			건폐율(이하)	용적률(이하)
도시지역	주거지역	제1종전용주거지역	70%	500%
		제2종전용주거지역		
		제1종일반주거지역		
		제2종일반주거지역		
		제3종일반주거지역		
		준주거지역		
	상업지역	중심상업지역	90%	1,500%
		일반상업지역		
		근린상업지역		
		유통상업지역		
	공업지역	전용공업지역	70%	400%
		일반공업지역		
		준공업지역		
	녹지지역	보전녹지	20%	100%
		생산녹지		
		자연녹지		
관리지역		보전관리지역	20%	80%
		생산관리지역	20%	80%
		계획관리지역	40%	100%
농림지역			20%	80%
자연환경보전지역			20%	80%

제7장 도시 · 군계획시설사업의 시행(내용 생략)

제8장 비용(내용 생략)

제9장 도시계획위원회(내용 생략)

PART 03 환경계획

01 환경문제에 대한 국제적 대응
02 우리나라 환경계획

01 환경문제에 대한 국제적 대응

KEY POINT
- 01 정상회의
- 02 SDGs
- 03 환경 관련 주요 협력기구
- 04 기후변화대응
- 05 오염대응
- 06 생물다양성 감소대응

1 정상회의

1. 로마클럽(1971)
지구 자원의 유한성 문제 의식, '성장의 한계' 보고서

2. 스톡홀름 세계정상회의(1972)
지구환경문제 대응 논의를 위한 최초의 세계정상회의

3. 리우지구정상회의(1992)
1) ESSD(환경적으로 건전한 지속가능한 개발)
2) 의제21, 생물다양성협약, 기후변화협약, 산림원칙성명

4. 지속가능발전 세계정상회의(WSSD, 2002)
지방의제21, 요하네스버그선언(WEHAB)

5. Rio+20 지구정상회의(2012)
녹색경제(Green Economy) 이행 촉구

2 SDGs

1. MDGs(UN 새천년 개발목표)

1) 2000년 UN에서 채택된 의제

   2015년까지 빈곤을 반으로 감소시키자는 범세계적인 약속

2) 8가지 목표

   ① 극심한 빈곤과 기아 퇴치
   ② 초등교육 보급
   ③ 성평등 촉진과 여권 신장
   ④ 유아사망률 감소
   ⑤ 임산부의 건강 개선
   ⑥ 에이즈와 말라리아 등 질병과의 전쟁
   ⑦ 환경 지속가능성 보장
   ⑧ 발전을 위한 전 세계적인 동반관계 구축

2. SDGs(UN 지속가능발전목표)

1) 2016~2030년까지 국제사회 이행목표 설정

   ① MDGs에 언급되었던 목표들을 보완·수정
   ② 2030년까지 지속가능목표에 기후변화 영향 방지를 위한 긴급조치 추진(Goal 13)을 포함

2) OWG 진행 결과 SDGs에 관한 중점 분야 Focus Area 19개 제시

Cluster 1	빈곤 퇴치 : 평등 촉진
Cluster 2	성평등 및 여권 신장 : 교육·고용 및 양질의 일자리, 보건과 인구 동태
Cluster 3	물과 위생 : 지속가능한 농업, 식량 안보 및 영양
Cluster 4	경제성장 : 산업화, 사회기반 시설, 에너지
Cluster 5	지속가능한 도시 및 인간정주 : 지속가능한 소비 및 생산 촉진, 기후
Cluster 6	해양자원, 해양 연안의 보전 및 지속가능한 이용 : 생태계와 생물다양성
Cluster 7	지속가능한 발전을 위한 이행수단, 글로벌 파트너십
Cluster 8	평화적 및 비폭력 사회, 법에 의한 규제 및 역량 있는 제도

3 환경 관련 주요 협력기구

1. 주요 협력기구

IUCN	국제자연보호연맹	세계자연보전총회 개최
UNEP	유엔환경계획	지구감시프로그램 운영
IPCC	기후변화에 관한 정부 간 협의체	기후변화 정기보고서 제출
UNCSD	유엔지속개발위원회	의제21 실천상황 점검
IPBES	생물다양성, 생태계서비스 정부 간 과학정책기반 국제기구	생물다양성, 생태계서비스 평가정보 제공, 영향 예측
GCF	녹색기후기금	개도국의 온실가스 감축과 기후변화 적응을 지원하는 기후변화 특화기금
OWG	UN 공개작업반	SDGs 이해당사자에 개방된 정부 간 협의체

2. IPCC

1) IPCC 기후변화 정기보고서

① 제1차 평가보고서(1990) : 유엔기후변화협약 채택(1992)
② 제2차 평가보고서(1995) : 교토의정서 채택(1997)
③ 제4차 평가보고서(2007) : 기후변화 심각성 전파로 노벨평화상 수여
④ 제5차 평가보고서(2014) : 파리협정 채택(2015)
⑤ 제6차 평가보고서(2022) : 기후위기를 강조하고 기후변화 완화 방안에 초점

2) IPCC 제5차 보고서

인구가 기후변화에 어떻게 대응하는지에 따라 달라질 수 있는 미래상 4가지 제시

RCP2.6	온실가스 배출을 지금 당장 적극적으로 감축하는 경우
RCP4.5	온실가스 배출 저감정책이 상당히 실현되는 경우
RCP6.0	온실가스 배출 저감정책이 어느 정도 실현되는 경우
RCP8.5	추가적인 온실가스 배출 저감정책 없이 배출되는 경우

3) IPCC 제6차 보고서

A	머리말	위기구성요소(위해성, 노출성, 취약성)을 바탕으로 기후와 인간시스템, 생태계 간 상호작용 고려 필요
B	현재와 미래의 영향과 위기(리스크)	취약성과 미래위기(리스크)를 지역별·부문별로 제시 • 아시아, 극한기온발생 및 강수변동성 증가에 의한 식량·물 안보 위기 증가 • 아시아 해안도시 홍수로 도시 기반시설 피해 • 아시아 국가의 인구 건강에 악영향 증가
C	적응수단과 활성화 방안	• 모든 지역과 분야에서 적응 노력 증가 • 많은 부문과 지역에서 오적응* 증거 증가 • 오적응 회피를 위한 유연한 적응계획 마련 및 실현
	기후탄력적 개발*	• 정부, 지자체, 민간이 함께하는 협치(거버넌스) 필요 • 자연기반해법과 생태계기반적응 등 적응활성화 방안

* 오적응 : 의도와 다른 온실가스 배출 증가, 복지 감소 등 기후 관련 부정적 결과를 의미
* 기후탄력적 개발 : 지속가능발전을 위해 기후변화완화 및 적응방법 이행 과정

4 기후변화대응

몬트리올의정서(1989)	오존층 파괴물질 논의
사막화방지협약(1994)	인간활동에 기인하는 토지황폐화 방지
기후변화협약(1992)	CO_2 등 온실가스 방출제한 목적
교토의정서(1997) -선진국 위주	• 6대 온실가스 규정(CO_2, CH_4, N_2O, HFCs, PECs, SF_6) • 온실가스 배출량 제한 • 온실가스 감축 탄력적 운용 　- 배출권거래제도 　- 청정개발제도 　- 공동이행제도
파리협정(2015) -모든 국가 참여	• 신기후체제 출발(post 2020) • 산업화 이전 대비 2℃ 이하 상승, 1.5℃ 이내로 유지 　- 감축·적응·재원 등 다양한 분야 포괄 　- 모든 국가 참여, 자발적 감축목표 설정 　- 통합 이행점검과 진전원칙 확립 　- 다양한 행위자들의 참여

1. 기후변화 대응방법

1) 감축 : 온실가스배출량을 줄이거나 흡수
2) 적응 : 기후변화로 인한 위험의 최소화와 기회의 최대화

2. 관련 용어

1) **적응** : 지역사회와 생태계가 변화하는 기후조건에 대응하는 행동
2) **영향평가** : 기후변화가 가져오는 긍정적, 부정적 과정을 정의하고 분석하는 노력
3) **탄력성** : 충격으로부터 회복할 수 있는 자기조절능력, 완충능력
4) **민감도** : 기후 관련 이상변동이나 스트레스에 영향을 받는 정도
5) **취약성** : 기후변동이나 스트레스에 대한 노출과 이에 대한 대처, 회복, 적응능력에 따른 노출단위의 위험에 대한 민감도

3. 온실가스

1) 교토의정서

   ① 온실가스는 10~1,000년이 넘도록 대기 중에 남아 기후변화에 영향을 미침

   ② 교토의정서에서 감축하여야 하는 온실가스 목록 규정

제1차 공약기간(2008~2012)	제2차 공약기간(2013~2020)
이산화탄소(CO_2), 메탄(CH_4), 아산화질소(N_2O), 육불화황(SF_6), 수소불화탄소(HFCs), 과불화탄소(PFCs)	이산화탄소(CO_2), 메탄(CH_4), 아산화질소(N_2O), 육불화황(SF_6), 수소불화탄소(HFCs), 과불화탄소(PFCs), 삼불화질소(NF_3)

   ③ 3대 매커니즘으로 온실가스 감축의 탄력적 운용

배출권거래제도(ET)	할당량을 기초로 감축의무국들의 배출권거래 허용
청정개발제도(CDM)	• 선진국이 개도국에 투자 • 감축실적을 선진국실적으로 인정 • 개도국은 기술과 재원을 유치
공동이행제도(JI)	선진국 간 공동으로 배출감축사업 이행

2) 파리협정/신기후체제

   ① 개요

   ㉠ 목표 : 지구온도를 산업화 이전 대비 2℃ 상승 이하로 억제하고 1.5℃ 상승 이내 유지

   ㉡ 의의 : 선진국 중심의 교토의정서(1977~2020) 이후 모든 국가가 참여하는 보편적 체제 마련

   ② 특징

   ㉠ 감축 이외에 적응, 재원 등 다양한 분야 포괄

   ㉡ 모든 국가 참여, 자발적 감축목표(NDC) 설정

   ㉢ 5년 단위의 통합이행 점검과 진전원칙 확립

   ㉣ 다양한 행위자 참여

③ 교토의정서 vs 파리협정

구분	교토의정서	파리협정
감축의무국	주로 선진국	모든 당사국
범위	온실가스 감축	+적응, 투명성, 이행 수단
지속가능성	2008~2020	종료 미규정, 5년 단위 점검
목표설정	의정서에 규정	자발적 설정
행위자	국가 중심	다양한 행위자 참여

3) REDD+

① REDD : 개도국의 산림을 전용, 황폐하게 만드는 것을 방지하여 온실가스 배출량을 감축
② REDD+ : REDD+산림보전, 지속가능한 관리, 탄소흡수능력 향상

5 오염대응

런던협약(1975)	• 폐기물 기타 물질의 투기에 의한 해양오염 방지 협약 • 폐기물의 해양투기 · 해양소각 등 규제 • 방사성 폐기물 투기금지
바젤협약(1989)	• 유해폐기물 국가 이동 및 처리에 관한 국제협약 • 유해폐기물의 수출입 경유국 및 수입국에 사전통보 의무 • 유해폐기물이 발생한 장소 가까운 곳에서 처리
REACH(2007)	• 신화학물질 관리제도 • 유럽연합 내 연간 1톤 이상 제조 또는 수입되는 모든 화학물질에 대해 등록, 평가, 승인을 받도록 의무화하는 제도 • 단순환경문제를 넘어 기업의 제품경쟁력에 지대한 영향을 미침

6 생물다양성 감소대응

람사르협약(1971)	• 물새서식지로서 특히 국제적으로 중요한 습지에 관한 협약 • 습지 잠식과 상실 방지 • 람사르습지 선정기준 - 대표성 · 특이습지로 생태적 중요성 · 희귀성을 띨 것 - 멸종위기종 · 희귀종 서식 - 물새 2만 마리 이상의 정기적 서식, 전 세계 개체수 1% 이상 서식
CITES(1973)	• 멸종위기에 처한 야생 동식물종의 국제거래에 관한 협약 - 부속서에 포함된 멸종위기종의 국가 간 수출입 인허가 제도 - 국제 규제 및 국제거래 규정 - 멸종위기 야생생물의 서식 · 번식에 관한 대책 수립 의무화

CBD(1992)	• 생물다양성 협약 　- 생물다양성 보전 　- 생물다양성의 지속가능한 이용 　- 유전자원 이용으로 발생하는 이익의 공평한 공유
CMS(1979)	• 이동성야생동물종의 보전에 관한 협약 　- CBD에서 제공하지 못하는 실질적·세부적 보전방안 제시 　- CITES 미포함 생물종 보전활동·서식지보호·살상행위의 부분 보완 　- Ramsar에 미포함된 이동성 동물 및 서식지, 이동경로 보전 등
ABS(2010)	• 나고야의정서 • 유전자원 이용과 그 이익의 공평한 공유를 상호합의조건에 따른 공정한 분배로 채택한 의정서 　- 유전자원에 접근 시 자원제공국의 사전승인 필요 　- 발생이익은 제공국과 공정하게 공유 　- 이때 전통지식도 자원으로 포함

02 우리나라 환경계획

KEY POINT

01 우리나라 환경계획의 체계
02 국가환경종합계획(2020~2040)
03 자연환경보전기본계획(2016~2025)
04 자연공원기본계획(2023~2032)
05 백두대간보호기본계획(2016~2025)
06 습지보전기본계획(2023~2027)
07 국가생물다양성 전략(2024~2029)
08 야생생물보호 기본계획(2021~2025)

1 우리나라 환경계획의 체계

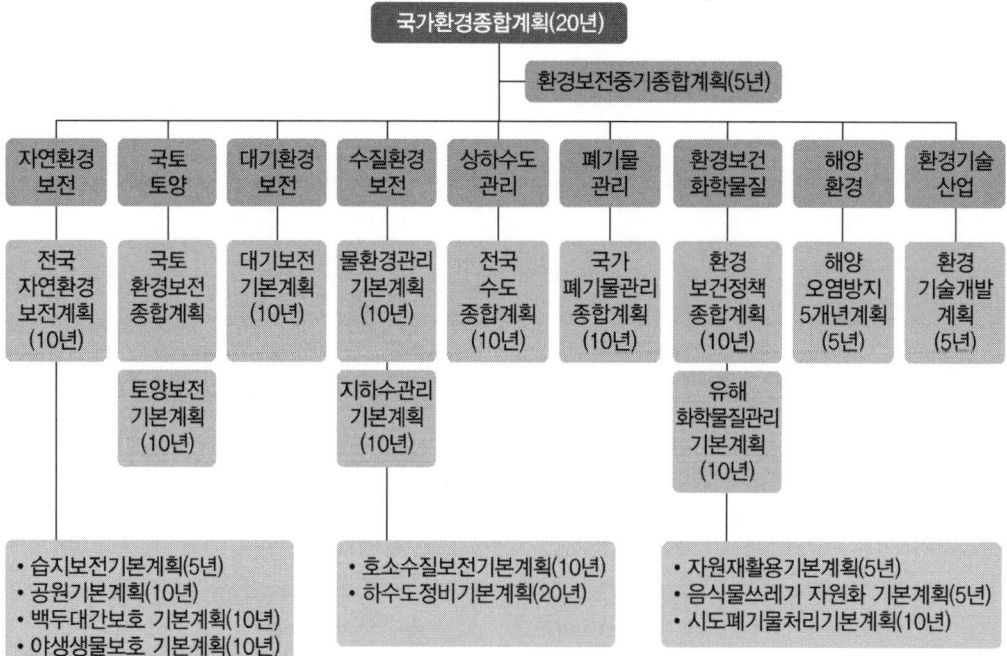

구분	내용	관련 법률
20년	• 국가환경종합계획(2020~2040)	「환경정책기본법」(1991)
	• 기후변화 대응 기본계획(2020~2040)	「저탄소 녹색성장 기본법」 폐지(2022년 폐지)
	• 지속발전가능 기본계획(2021~2040)	「저탄소 녹색성장 기본법」 폐지(2022년 폐지)
	• 국가 탄소중립 녹색성장 기본계획(작성 중)	「기후위기 대응을 위한 탄소중립·녹색성장 기본법」(2022)
	• 지속가능발전 국가기본전략(작성 중)	「지속가능발전 기본법」(2022)
10년	• 자연환경보전 기본계획(2016~2025)	「자연환경보전법」(1992)
	• 자연공원 기본계획(2013~2022)	「자연공원법」(1980)
	• 백두대간보호 기본계획(2016~2025)	「백두대간 보호에 관한 법률」(2005)
	• 배출권거래제 기본계획(2021~2030)	「온실가스 배출권의 할당 및 거래에 관한 법률」(2012)
5년	• 습지보전기본계획(2023~2027)	「습지보전법」(1999)
	• 국가생물다양성 전략(2019~2023)	「생물다양성 보전 및 이용에 관한 법률」(2013)
	• 외래생물관리계획(2019~2023)	「생물다양성 보전 및 이용에 관한 법률」(2013)
	• 야생생물보호 기본계획(2021~2025)	「야생생물 보호 및 관리에 관한 법률」(2005)
	• 기후변화대응 기술개발 기본계획(작성 중)	「기후변화대응 기술개발 촉진법」(2021년 시행)

2 국가환경종합계획(2020~2040)

1. 계획의 법적 근거와 범위

① 법적 근거 : 「환경정책기본법」, 국토-환경계획 통합관리 훈령
② 시간적 범위 : 2020~2040년
③ 공간적 범위 : 한반도 및 동북아시아
④ 내용적 범위 : 환경현황과 전망, 각 환경 분야별 대책과 계획 등 마련
⑤ 다른 계획과의 관계 : '제5차 국토종합계획(2020~2040)'과 통합관리사항 작성 · 반영

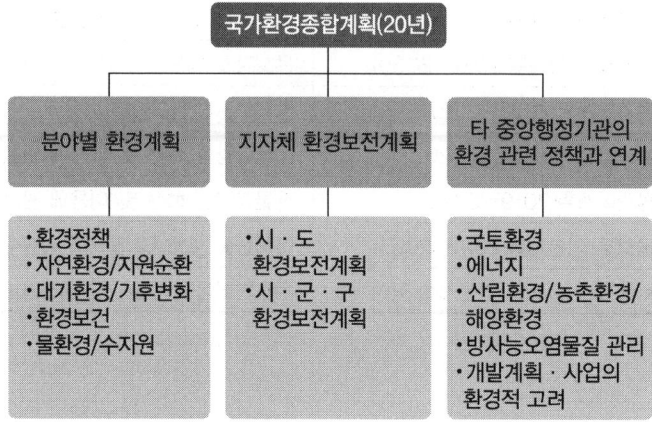

2. 계획의 비전과 목표

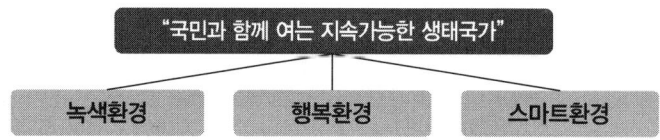

3. 환경관리 7대 핵심전략

① 생태계의 지속가능성과 삶의 질 제고를 위한 국토 생태용량 확대
② 사람과 자연의 지속가능한 공존을 위한 물 통합관리
③ 미세먼지 등 환경위해로부터 국민건강 보호
④ 기후환경 위기에 대비된 저탄소 안심사회 조성
⑤ 모두를 포용하는 환경정책으로 환경정의 실현
⑥ 산업의 녹색화와 혁신적 R&D를 통해 녹색순환경제 실현
⑦ 지구환경보전을 선도하는 한반도 환경공동체 구현

3 자연환경보전기본계획(2016~2025)

1. 자연환경보전기본계획의 역할

① 생태계, 생물종, 유전다양성, 생물안전, 생태계서비스 부문을 포괄하는 전략계획
② 국가생물다양성전략의 내용을 반영하여 실천과제를 추진하는 실행계획
③ 지자체 추진계획의 방향을 제시하는 계획

2. 비전 및 목표와 추진과제

풍요로운 자연, 자연과 공존하는 삶

Goal 1: 자연생태계 서식지 보호
- 한반도 생태네트워크 구현
- 국제적 수준의 보호지역 확대 및 관리 강화

Goal 2: 야생동물 보호·복원
- 야생동물의 보호·관리 강화
- 외래·유해생물로부터 안전한 자연환경

Goal 3: 자연과 인간이 더불어 사는 생활공간
- 도시생태계 보전·복원
- 마을생태계 보전·복원
- 생활공간생태계 보전 기반 강화

Goal 4: 자연혜택의 현명한 이용
- 국민에게 더 가까운 자연환경 조성
- 자연혜택 증진을 위한 기반 마련
- 생물자원의 확보와 이용

Goal 5: 자연환경보전 기반 선진화
- 자연보전과 개발의 조화
- 자연환경보전 조사 및 기술개발
- 인식증진, 교육 및 참여
- 자연환경보전 정책평가·조정

Goal 6: 자연환경보전협력 강화
- 국가/지자체/지역주민 협력과제 발굴 및 추진
- 우리나라의 자연환경보전 국제적 역할 강화
- 남북·동북아 자연환경보전 협력 확대

4 자연공원기본계획(2023~2032)

▼ 국·도·군립공원 지정 현황 (총면적 단위 : km²)

구분(연도)		2015	2016	2017	2018	2019	2020	2021
국립	개소	21	22	22	22	22	22	22
	면적	6,656	6,726	6,726	6,726	6,726	6,726	6,726
도립	개소	30	29	29	29	30	30	30
	면적	1,133	1,123	1,124	1,123	1,148	1,147	1,147
군립	개소	27	27	27	27	27	27	28
	면적	238	238	238	238	238	238	255
육상		4,887	4,945	4,946	4,922	4,929	4,928	4,945
해양		3,140	3,142	3,142	3,165	3,183	3,183	3,183
총개소		78	78	78	78	79	79	80
총면적		8,027	8,087	8,088	8,087	8,112	8,111	8,128

※ 「2022 국립공원 기본통계」, 「2022 도립 국립공원 기본통계」의 최신현황을 바탕으로 작성

2. 비전 및 추진전략

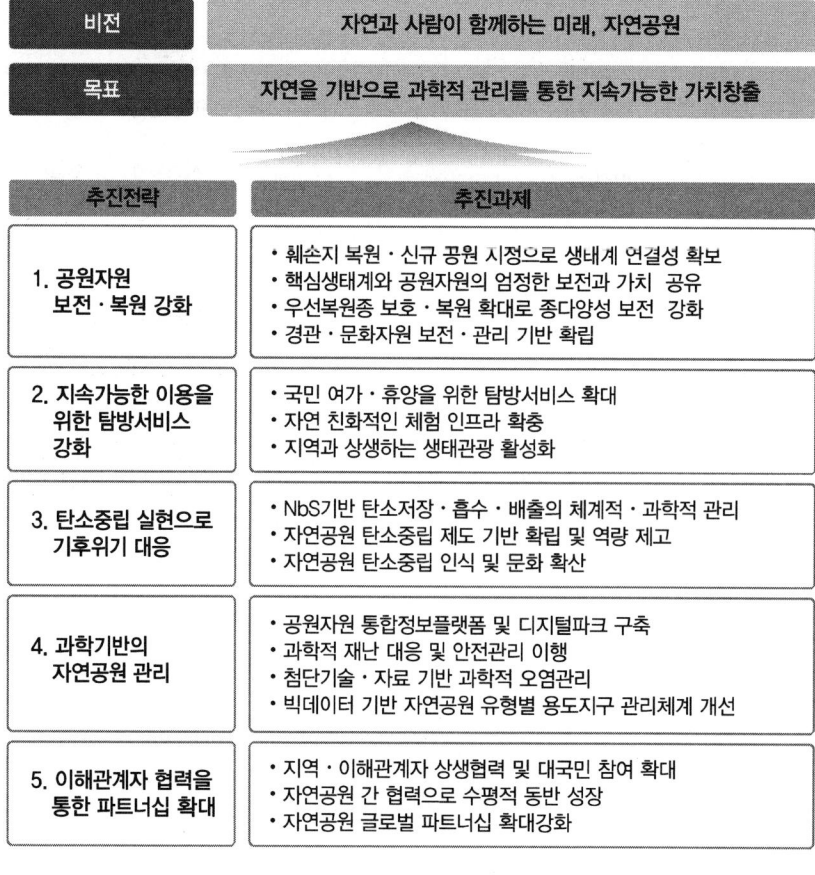

5 백두대간보호기본계획(2016~2025)

1. 기본방향

1) 자원의 생태적 관리

① 통합적 자원조사
② 보호·관리 강화
③ 훼손지 복원·복구

2) 가치창출 확대

① 산림복지서비스 강화
② 경관·문화자원 관리
③ 자원활용지역의 활성화

3) 항구적인 보호기반 구축

① 보호지역의 확대·관리
② 행위제한의 투명성 제고

4) 국민참여와 소통

① 국민참여 확대
② 교육 및 홍보 강화

5) 남북/국제협력

① 남북한 백두대간 공동관리
② 동북아 생태네트워크 구축

6 습지보전기본계획(2023~2027)

1. 기본계획의 체계와 위상

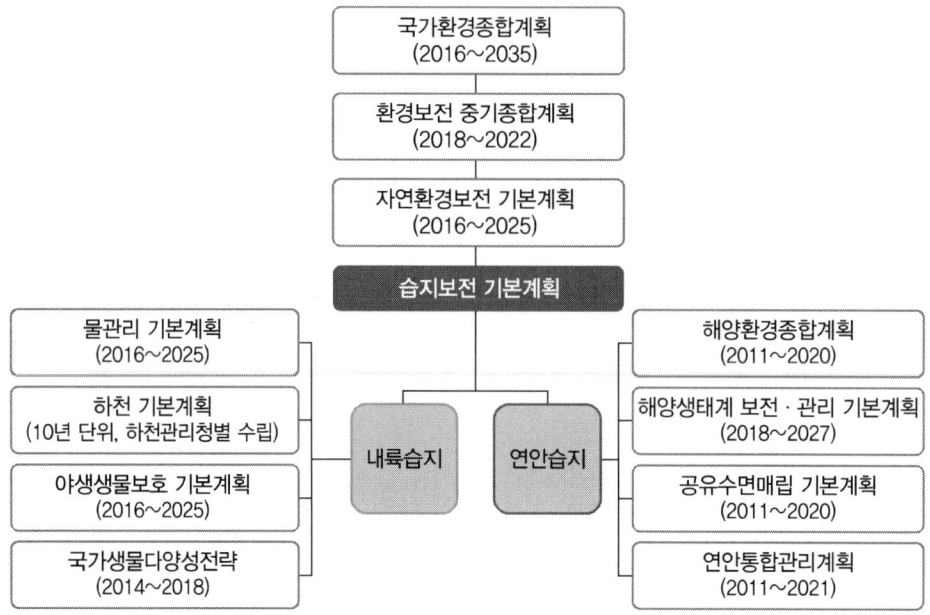

2. 국제사회의 동향

1) 생물다양성협약(CBD)

① 생물다양성보전을 위한 당사국별 보호지역 확대와 관리효과성평가(MEE)를 통한 관리강화를 권고하였다.

② 당사국별 '20년까지 육상 17%, 해양 10% 이상을 보호토록 권고하였다[제10차 CBD 당사국 총회('10, 나고야), Aichi Target 11].

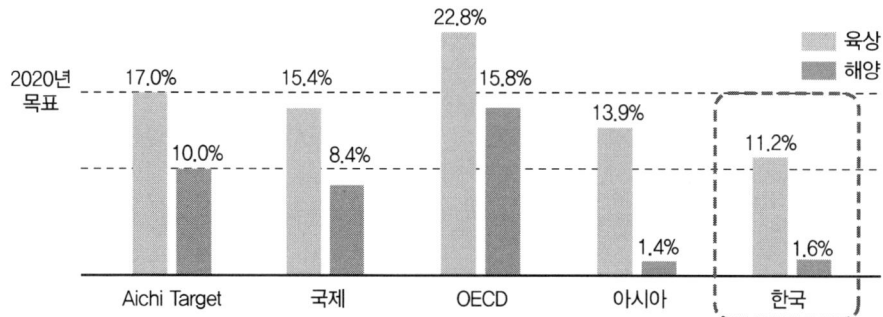

| 세계보호지역 지정현황 ['16년 기준 세계보호지역 DB(WDPA)] |

2) 람사르협약

제4차 람사르전략계획('16~'24)에서 습지의 기능과 가치를 고려한 보전과 복원, 습지의 현명한 이용 및 활성화를 강조하였다.

3) 기타

습지보전에 기여하기 위한 아시아권 국가들의 환경협력 확대와 문제의 공유 및 해결을 위한 역할 증대를 권고하였다.

3. 습지보전정책의 추진방향

1) 정책 비전·목표 및 추진과제

비전	미래를 위한 습지, 모두가 누리는 혜택			
목표	① 습지조사 선진화	② 습지보전 및 관리 강화	③ 현명한 이용체계 구축	④ 국제협력 강화
추진과제	①-1 습지조사 기반 강화	②-1 습지보호지역 확대 및 관리 강화	③-1 습지의 현명한 이용 확대	④-1 국제협력·협약 이행 강화
	①-2 국민 공감형 습지 정보체계 구축	②-2 우수 습지보전·관리 기반 구축	③-2 습지 생태계서비스 인식 증진	④-2 습지보전을 위한 국제적 역할 강화
	①-3 민간참여형 습지조사체계 도입	②-3 습지보전관리 역량 강화		
		②-4 습지보전관리제도 선진화		

7 국가생물다양성 전략(2024~2029)

1. 비전 및 목표

2030 비전	현명하게 지키고 균형있게 이용하여 모두가 지속가능하게 자연의 혜택을 누리는 사회
전략목표	① 생물다양성 보전목표 달성 → 국제사회 의무 이행 • 생태우수지역 30% 달성 노력, 훼손지 30% 복원, 침입외래종 50% 이하 관리 등 ② 자연혜택 지역 공유, 경제 효과 창출 → 정책 수용성 확대 • 생태관광 연계, 탄소 상쇄 이익 및 복원 일자리 창출 등 ③ 모든 사회구성원 참여 → 생물다양성 주류화 • 자연자본 정보 공시체계 마련, 시민의 정책 참여 확대 등

3대 정책분야 & 12개 핵심과제

	생태계	생물종
보전	• 생태우수지역 확대 및 지역사회 혜택 강화 • 생태계 복원으로 자연자본 가치 확대	• 국가보호종 및 유전다양성 관리 강화 • 침입 외래생물 유입경로 관리 및 퇴치
이용	• 개발부터 조성까지 자연친화적 공간 활용 • 자연을 통한 기후변화 대응	• 안전하고 지속가능한 생물자원 관리 및 이용 • 유전자원 이익 공유 및 바이오 안전성 확보
이행 강화	• (기업) 생물다양성 ESG 경영 확대로 기업 경쟁력 제고 • (시민) 생물다양성 정책 참여확대와 가치 확산 기여 • (과학) 생물 활용 기술개발 고도화 및 과학적 평가 기반 구축 • (정부) 체계적 재정지원과 국제 기여 확대	

21개 실천목표가 포함된 국가생물다양성 전략을 통해 이행

8 야생생물보호 기본계획(2021~2025)

1. 비전, 목표 및 추진전략

1) 비전

야생생물과 국민이 공존하는 건강한 한반도

2) 목표

야생생물 위협요인을 저감시키는 보호·관리체계 정착
① 보호지역 확대 : '20년 16.8% → '25년 20%
② 상시 예찰 야생동물 질병 확대 : '20년 2개 → '25년 25개
③ 유입주의 생물 지정 확대 : '20년 300종 → '25년 1,000종

3) 추진전략

① 야생생물 보호 및 복원
   ㉠ 야생생물종 조사·활용체계 선진화
   ㉡ 멸종위기야생생물보호 및 보전 체계화
   ㉢ 국제적 멸종위기종 보호·관리 강화
   ㉣ 야생동물 질병관리체계 강화

② 야생생물 서식지보전
   ㉠ 야생생물 서식지보전 및 복원체계 마련
   ㉡ 한반도 생태네트워크보전·복원 확대
   ㉢ 기후변화 대응 야생생물보호
   ㉣ LMO 안전관리 강화

③ 공존 기반 선진화
   ㉠ 해외 유입 야생동물관리 기반 마련
   ㉡ 외래생물관리 기반 확충
   ㉢ 야생동물 사고예방과 구조·치료체계 강화
   ㉣ 유해동물관리 기반 확충
   ㉤ 밀렵, 밀거래, 수렵제도 정비

④ 보호·관리 기반 강화
   ㉠ 야생생물보호·관리체계 및 제도 정비
   ㉡ 야생생물보호 교육·홍보 강화
   ㉢ 야생생물보호 대내외 협력 강화

2. 성과 목표 및 지표

구분	목표	지표
야생생물 보호 및 복원	야생생물 관련 조사 공유시스템 구축	'25년
	멸종위기종 지정·해제	'22년
	주요 예찰 야생동물 질병	('20) 2개 → ('23) 11개 → ('25) 40개(누적)
야생생물 서식지보전	보호지역 확대	('20) 16.8% → ('25) 20%
	생태축 단절구간 연결	('20) 46개 → ('23) 81개소(누적)
	기후변화 영향 모니터링항목 확대	('20) 17개 → ('25) 20개
	곤충 대발생 DB구축	'25년
공존 기반 선진화	야생동물 종합관리시스템 구축	('21) 시범운영 → ('22) 본격 운영
	유입주의 생물 지정 확대	('20) 300종 → ('25) 1,000종
	조류충돌 저감조치 의무화	'21년
보호·관리 기반 강화	「야생생물법」 개정	('21년) 검역제도 ('22년) 유입·유통 제도
	「동물원·수족관법」 개정	'22년
	「자연환경보전법」 개정	'21년
	시민·준전문가가 참여하는 자연환경 조사지점 확대	('20) 0개소 → ('25) 500개소

PART 04 생태복원

01 생태계종합평가
02 생태복원구상
03 생태기반환경 복원계획
04 서식지 복원계획
05 생태시설물 계획
06 생태복원 현장관리
07 모니터링 계획
08 복원 후 관리계획

01 생태계종합평가

KEY POINT
01 자연환경 조사결과 분석하기
02 종합분석하기
03 비오톱유형 분석하기
04 가치평가하기
05 시사점 도출하기

1 자연환경 조사결과 분석하기

1. 자연환경 조사결과 파악

1) 생태기반환경을 종합적으로 파악

　① 기상환경
　② 지형환경
　③ 토양환경
　④ 수환경

2) 생물서식환경을 종합적으로 파악

　① 동물상
　　㉠ 야생동물 분포현황 정리
　　㉡ 분류군별 집계표 작성
　　㉢ 법정보호종 구분
　　㉣ 외래종 및 생태계교란 생물의 구분
　　㉤ 사업대상지 동물 분포도 작성

　② 식물상/식생
　　㉠ 식물 분포현황 정리
　　㉡ 분류군별 집계표 작성
　　㉢ 식물구계학적 특정식물 구분
　　㉣ 법정보호종 및 보호수, 노거수 구분
　　㉤ 외래종 및 생태계교란생물 구분
　　㉥ 현존식생도 작성

2. 생물상과 주변환경과의 역학관계 분석

1) 야생동물과 서식환경분석

① 출현종 목록 확인

② 출현지점 분류군별 분포도 검토

　㉠ 출현지점의 지형, 식생, 토지이용 등 주변환경 검토

　㉡ 생물종의 공간지위(생태적 지위) 파악

③ 출현종의 서식환경조사

　㉠ 공간(Space)

　㉡ 은신처(Cover)

　㉢ 먹이(Food)

　㉣ 수환경(Water)

④ 길드(Guild : 동일 자원을 유사한 방식으로 이용하는 종들)분석

　㉠ 영소길드(Nestion Guild : 둥지장소), 채이길드(Foraging Guild : 먹이장소) 구분

　㉡ 생태적 지위(공간지위, 영양지위, 다차원적 지위)와 길드의 연관성 분석

▼ 산림성 조류의 영소길드와 채이길드의 구분(예시)

길드		위치 및 해당 종
영소 길드	수동 영소길드	• 나무 구멍을 둥지로 이용하는 종류 • 크낙새, 딱따구리류, 박새류, 흰눈썹황금새, 올빼미류, 원앙, 동고비 등
	수관층 영소길드	• 수관층을 둥지로 이용하는 종류(수고 2m 이상의 교목 상층에 형성) • 수관 내 둥지길드 : 부엉이, 까치 • 수관 상부 둥지길드 : 백로류
	관목층 영소길드	• 지면, 관목, 덩굴 등에 둥지를 짓는 종류 • 종달새, 참새, 꿩, 검은딱새 등
	임연부 영소길드	• 산림의 임연부를 자원으로 이용하는 종류
채이 길드	외부 채이길드	• 산림 이외의 장소, 임연부에서 먹이자원을 이용하는 종류
	수관층 채이길드	• 공중, 잎, 가지, 줄기, 새순 등에서 먹이자원을 이용하는 종류
	관목층 채이길드	• 덩굴, 낙엽, 고사목, 덤불에서 먹이자원을 이용하는 종류

3. 생물 상호 간 섭식 및 포식관계 파악

1) 먹이그물(생물 상호 간 섭식 및 포식관계)을 분석

① 분류군별 출현종을 생태계 내 기능과 역할에 따라 생산자, 소비자, 분해자로 구분

② 분류군별 출현종 중에서 대표적인 생물종을 선별

③ 분류군별로 선별한 대표 생물종에 대한 주요 먹이원을 조사

④ 분류군별로 선별한 대표 생물종에 대한 주요 먹이원을 토대로 1차소비자, 2차소비자, 3차소비자, 고차소비자 등으로 구별하여 도식화

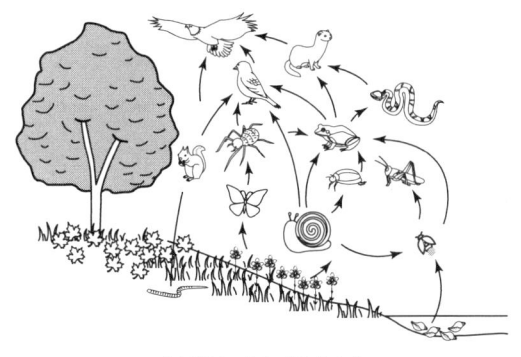

▮ 먹이그물 개념도 ▮

4. 분류군별 행동영역 및 서식영역 분석

분류군별 서식처의 유형조사 결과를 바탕으로 행동영역 및 서식영역을 분석
① 현장조사 이동경로를 도면화
② 조사지점별 출현종 목록화
③ 현장조사 시 출현종 도면화
  ㉠ 육상동물은 포유류, 조류, 양서류·파충류 등의 출현종을 도면에 표시
  ㉡ 육수동물은 수계망을 도면에 표현하고 대표종 또는 보호종 위주로 출현종을 표시

❷ 종합분석하기

1. 각 분야별(생태기반, 동식물, 인문환경) 핵심 내용 요약

1) 생태기반환경

① 지형 및 토지피복
  ㉠ 원지형도상에 현 지형과 훼손지역을 구분하여 분석도를 작성한다.
  ㉡ 수치지형도(국가공간정보유통시스템 https://www.nsic.go.kr)를 활용하여 현 지형의 등고선, 해발고도, 경사, 지형의 높낮이, 방위 등이 기록된 분석도를 작성한다.
  ㉢ 지형의 훼손요인 및 훼손 이전 정보, 훼손과정 등을 작성하되 조사방법, 분석방법 등을 명확히 작성한다.
  ㉣ 「자연환경조사 방법 및 등급분류기준 등에 관한 규정」(환경부)에 따라 지형 보전 등급을 분류하여 작성한다.
  ㉤ 지표면의 토지피복 특성을 나타내는 토지피복도를 작성한다.

② 토양환경
  ㉠ 표, 토양 조사항목에 따라 조사 시기, 횟수, 규모, 현장여건, 토양시료 채집방법 등을 작성한다.
  ㉡ 토양의 물리·화학성 조사 방법 및 분석 결과를 작성한다.
  ㉢ 지형도상에 조사지점 및 시료 채칩 위치, 표토 보관 장소 등을 표기한다.
  ㉣ 현장조사 방법을 명기하고 각 지점별 단면도를 작성한다.
  ㉤ 토양오염원이 있을 경우 조사방법, 조사지점, 분석방법, 오염원에 대한 내용을 구체적으로 작성한다.

③ 수환경
  ㉠ 수리·수문
    • 현장조사를 통해 자상지 수리·수문 분석도(수원, 수로, 유수방향, 배수상태, 배수관 등)를 작성한다.
    • GIS 프로그램을 활용하여 수리·수무(유역구분, 수방향, 하천의 누적량, TWI 등)을 분석한다.
    • 대상지의 수리·수문 분석 결과를 바탕으로 생태기반환경 조성 가능지역 예측, 강우 시 습지 형성지역, 홍수량에 따른 홍수위 변화 등을 파악한다.
  ㉡ 수질 : 조사결과는 조사지점별로 각 조사항목의 내용을 수역의 환경적 특성과 환경기준 및 관련기준 등을 함께 정리하여 기술한다.

④ 대기환경(기상)
  ㉠ 조사항목을 중심으로 계절적 변화를 파악할 수 있도록 정리한다.
  ㉡ 과거 동일기간 자료를 수집하여 시계열별로 비교할 수 있도록 하며, 조사된 기상자료는 표, 그래프, 도면으로 작성하여 대상지의 기상학적 특성 및 추세를 기술한다.

⑤ 기타
대상사업의 목적, 대상지 및 주변지역의 특성 등에 따라 온실가스, 악취, 소음, 진동, 빛공해, 폐기물, 환경유해인자 등 자연환경보전사업 관련 각종 조사와 측정은 관련법령 및 기준에 따라 필요시 추가 조사할 수 있다.

2) 동식물
① 식물분야
  ㉠ 식물상 : 조사결과는 항목별, 지점별로 식물상과 생태계의 현황이 잘 나타나도록 Engler (Melchior 1964) 분류체계에 따라 체계적으로 목록을 작성하고 표, 그림, 그래프, 사진 등과 함께 정리 및 분석하여 제시한다.

ⓒ 식생
- 전반적인 식생현황을 간단히 기재하고 현존식생도를 작성한다.
- 조사지역에서 현존식생도(식생보전등급도) 상의 범례로 기재된 군락의 목록을 모두 제시(동일 군락이 여러 군데 있더라도 1개로 기재)한다.

② **동물분야**
㉠ 포유류
- 조사결과는 항목별, 지점별로 포유류상과 생태계의 현황이 잘 나타나도록 표나 그림, 사진 등을 활용하여 기술한다.
- 조사 시 확인된 포유류는 종목록으로 작성하여 제시한다.
- 조사된 포유류의 서식지를 기재하고, 분포도를 작성한다.
- 법종보호종(천연기념물로 멸종위기종)의 출현위치도를 작성한다.

㉡ 조류
- 조사된 조류를 목록화하고 개체수, 종다양도, 우점도 등을 작성한다.
- 조사된 조류의 주요 서식지를 기재하고, 법정보호종(천연기념물과 멸종위기종)의 출현위치도를 작성한다.

㉢ 양서류
- 조사된 양서류 목록을 작성하고 서식지 특성과 이동성 등을 분석하여 작성한다.
- 조사된 양서류의 주요 서식지를 기재하고, 법정보호종(천연기념물과 멸종위기종)의 출현위치도를 작성한다.

㉣ 파충류
- 조사된 파충류의 서식지를 기재하고, 파충류 분포도를 작성한다.
- 법적보호종(천연기념물과 멸종위기종)의 서식지와 생태특성을 기재한다.

㉤ 곤충류
- 조사된 곤충류의 종목록과 서식특성을 분석하여 작성한다.
- 법적보호종(천연기념물과 멸종위기종)의 서식지와 생태특성을 기재한다.
- 조사된 곤충류의 서식지를 기재하고, 주요 종의 분포도를 작성한다.

㉥ 어류
- 어류 조사지점의 특성 및 개황을 작성한다.
- 조사된 어류의 종목록을 작성한다.
- 정량조사 된 자료를 바탕으로 수생태 건강성평가 및 군집분석(종 다양도, 풍부도, 균등도, 우점도)을 실시하여 군집의 안전도를 파악한다.
- 법적보호종(천연기념물과 멸종위기종), 고유종, 생태계교란 야생종의 출현양상을 작성한다.

ⓢ 저서동물
- 저서동물류 조사지점의 특성 및 개황을 작성한다.
- 조사 시 확인된 저서동물의 종목록을 작성한다.
- 조사지점별 우점종 및 생물지수(다양도지수, 균등도지수, 풍부도지수)를 작성한다.
- 법정보호종(천연기념물과 멸종위기종), 고유종 등의 출연여부를 작성한다.

2. 각 분야별 문제점, 잠재력, 해결방안 도출

인문사회환경, 생태기반환경, 생물서식환경을 정리·분석·평가하여 대상지역의 환경현황을 한눈에 알아볼 수 있게 정리한다.

분야	항목	문제점	잠재력	결론
인문사회환경	• 인구 및 주거 • 토지이용 • 역사문화적 환경			
생태기반환경	• 기상환경 • 지형환경 • 수환경 • 생태네트워크			
생물서식환경	• 동물상 • 식물상 • 생태계			

3. 종합분석도 작성

1) 정의

   생태기반환경, 생물서식환경, 인문·사회환경 조사내용 중 핵심사항을 정리, 분석, 종합하고 이를 그림, 기호 등으로 시각화하여 한눈에 파악할 수 있도록 평면적 또는 입체적으로 표현한 지도 또는 도면이다.

2) 작성 목적

   대상지역의 생태기반환경과 서식생물과의 상호관계, 생태계 훼손 원인과 문제점, 대상지의 생태적 잠재력을 시각화하기 위함이다.

3) 활용

   생태복원계획의 시시점을 도출하는 기초자료로 활용하며 사업의 기본방향 및 기본 전략 제시, 복원을 위한 공간계획의 기초근거자료로 활용한다.

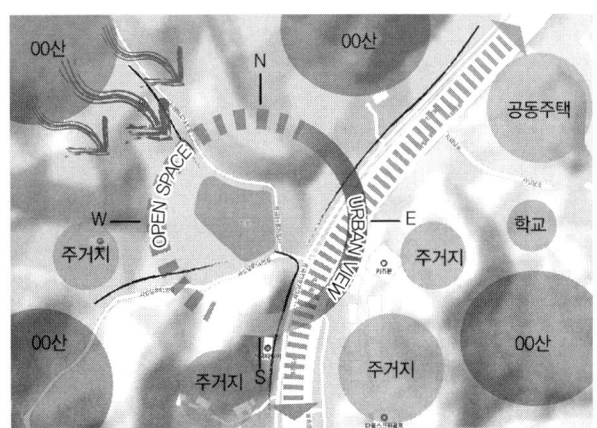

종합분석도

❸ 비오톱유형 분석하기

1. 비오톱유형 분석

1) 비오톱의 개념 및 기능

① 개념
㉠ 1908년 독일 생물학자 Dahl이 "생물공동체의 서식지"라고 정의하였다.
㉡ 도시생태현황지도의 작성방법에 관한 지침(환경부 고시 제2017-270호)에서 비오톱은 "공간적 경계를 가지는 특정생물군집의 서식공간으로 각각의 비오톱은 고유한 속성을 가지며 다른 환경과 구분될 수 있다."로 정의한다.
㉢ 비오톱은 독일어의 Bio(생명)와 Top(장소)을 조합한 합성어이다.
㉣ 일반적으로 서식지(Habitat)란 특정종 또는 특정개체군의 서식공간을 의미하지만 비오톱은 생물군집과 연결한 개념으로, 동식물 군집이 서식하고 있거나 서식할 수 있는 최소한의 단위공간을 의미하며, 생물적 개체요소가 중심이 되어 주변환경과 상호작용이 활발히 일어나는 최소단위공간을 말한다.

② 기능
㉠ 환경보전 기능
㉡ 환경교육 및 연구 기능
㉢ 사회적 기능

2) 비오톱지도(Biotope Map)

① 정의, 목적 및 활용
㉠ 정의 : 비오톱지도는「자연환경보전법」에 의하여 도시생태현황지도라고 한다. 도시생태현황지도란 각 비오톱의 생태적 특성을 나타내는 기본 주제도와 비오톱 유형화와 비오

톱 평가과정을 거쳐 각 비오톱(공간)의 생태적 특성과 등급화된 평가가치를 표현한 비오톱유형도 및 비오톱평가도 등을 말한다.

ⓒ 작성목적 : 지역규모에서 자연 및 환경생태적 특성과 가치를 반영하여 각 지역의 자연환경보전 및 복원, 생태네트워크의 형성뿐만 아니라 생태적인 토지 이용 및 환경관리를 통해 환경친화적이고 지속가능한 도시관리의 기초자료로 활용하고자 함이다.

ⓒ 활용
- 환경생태분야
- 생활환경분야
- 도시계획분야
- 공원녹지분야

② 비오톱지도화 방법

비오톱지도화 유형	내용	특성
선택적 지도화	• 보호할 가치가 높은 특별지역에 한해서 조사하는 방법 • 속성 비오톱지도화 방법	• 단기적으로 신속하고 저렴한 비용으로 지도 제작 가능함 • 국토단위의 대규모 비오톱 제작에 유리 • 세부적인 정보를 제공하지 못함
포괄적 지도화	• 전체 조사지역에 대한 자세한 비오톱의 생물학적, 생태학적 특성을 조사하는 방법 • 모든 토지이용 유형의 도면화	• 내용의 정밀도가 높음 • 도시 및 지역단위의 생태계보전 등을 위한 자료로 활용 가능함 • 많은 인력과 시간, 비용이 소요됨
대표적 지도화	• 대표성이 있는 비오톱 유형을 조사하여 이를 동일하거나 유사한 비오톱유형에 적용하는 방법 • 선택적 지도화와 포괄적 지도화 방법의 절충형	• 도시차원의 생태계보전 자료로 활용 • 비오톱에 대한 많은 자료가 구축된 상태에서 적용이 용이함 • 시간과 비용이 절감됨

③ 비오톱지도의 구성
ⓐ 기본주제도
ⓑ 기타 주제도
ⓒ 비오톱유형도
ⓓ 비오톱평가도

④ 비오톱지도의 작성절차
  ㉠ 작성절차

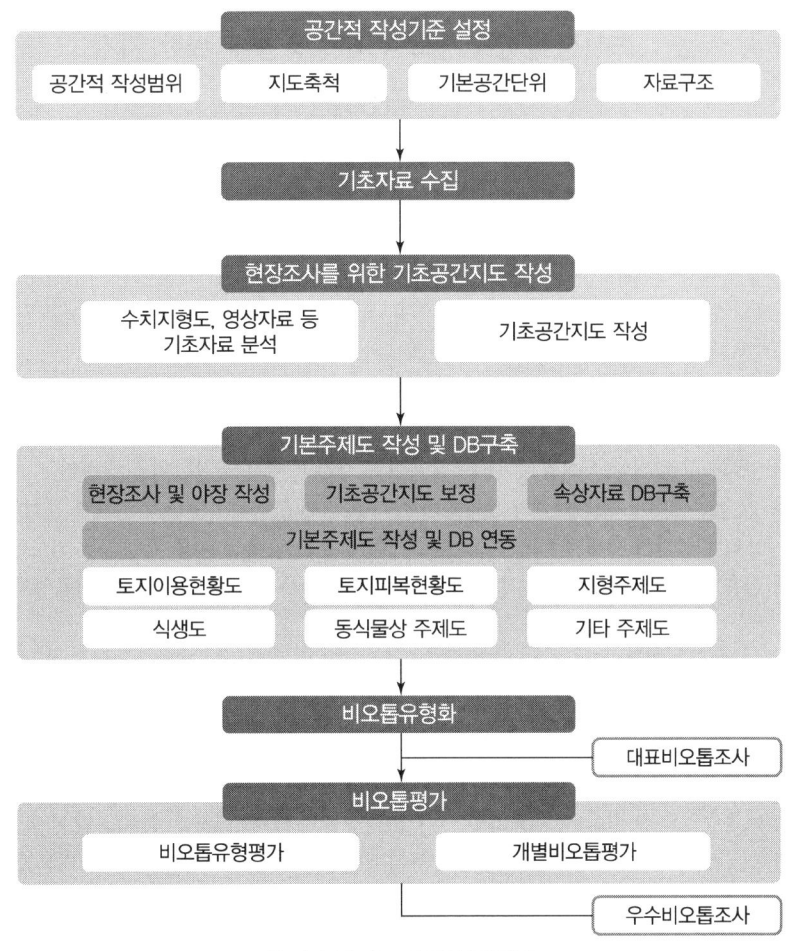

|비오톱지도의 작성절차|

2. 도시생태현황지도의 지침

환경부고시 제2021-110호

도시생태현황지도의 작성방법에 관한 지침

제1장 총칙

제1조(목적) 이 지침은 「자연환경보전법」 제34조의2 및 동법시행규칙 제17조에 따라 도시생태현황지도(비오톱지도)의 효율적이고 실효성 있는 작성과 운영을 위한 방법 및 기준을 정하는 데 그 목적이 있다.

제2조(의의) 도시생태현황지도는 특별시 · 광역시 · 특별자치시 · 특별자치도 및 시 · 군(이하 "지자체"라 한다)의 자연 및 환경생태적 특성과 가치를 반영한 정밀공간생태정보지도로서 각 지역의 자연환경 보전 및 복원, 생태적 네트워크의 형성뿐만 아니라 생태적인 토지이용 및 환경관리를 통해 환경친화적이고 지속가능한 도시관리의 기초자료로 활용할 수 있다.

제3조(정의) 이 지침에서 사용하는 용어의 정의는 다음과 같다.
1. "비오톱"이라 함은 인간의 토지이용에 직간접적인 영향을 받아 특징지어진 지표면의 공간적 경계로서 생물군집이 서식하고 있거나 서식할 수 있는 잠재력을 가지고 있는 공간단위를 말한다.
2. "주제도"라 함은 각 비오톱(공간)의 유형화와 평가를 위해 생태적 · 구조적 정보를 분석하고 다양한 도시생태계 정보의 표현과 도시생태현황지도의 효과적인 활용을 위해 조사 및 작성되는 지도를 말하며 비오톱 유형화에 사용되는 토지이용현황도, 토지피복현황도, 지형주제도, 식생도, 동 · 식물상주제도를 "기본 주제도"라 한다.
3. "비오톱 유형"이라 함은 기본 주제도를 통해 분석된 비오톱 공간의 구조적 · 생태적 특성을 체계적으로 분류한 것을 말하며 이를 지도화한 것을 "비오톱유형도"라 한다.
4. "비오톱 평가"라 함은 비오톱 유형화를 통해 구분된 개별공간을 다양한 평가항목을 적용하여 그 가치를 등급화하는 과정을 말하며 등급을 지도화한 것을 "비오톱평가도"라 한다.
5. "도시생태현황지도"라 함은 각 비오톱의 생태적 특성을 나타내는 "기본 주제도"와 비오톱 유형화와 비오톱 평가과정을 거쳐 각 비오톱(공간)의 생태적 특성과 등급화된 평가가치를 표현한 "비오톱유형도" 및 "비오톱평가도" 등을 말한다.
6. "대표비오톱"이란 도시생태현황지도 작성과정에서 도출된 도시 전체의 비오톱 유형별 대표성을 갖는 비오톱을 말한다.
7. "우수비오톱"이란 도시생태현황지도평가를 통해 우수등급으로 평가된 유형 중에서 희소성, 생물다양성 등 생태적 가치가 특히 우수한 비오톱을 말한다.
8. "검토위원"이라 함은 도시생태현황지도의 원활한 작성을 위하여 해당 지자체가 구성한 검토위원회의 구성원을 말한다.
9. "비오톱 최소면적"이란 도시생태현황지도에 표현되는 비오톱 폴리곤 면적의 최소 기준을 말하는 것으로 도시생태현황지도의 해상도와 자세함을 표현하는 단위이다. 이 경우 최소면적이 작을수록 자세한 지도이며, 최소면적은 $100m^2(10m \times 10m) \sim 2,500m^2(50m \times 50m)$의 범위 내에서 지자체현황에 맞게 사용한다.

제4조(근거 및 적용범위) 이 지침은 「자연환경보전법」 제34조의2 및 동법시행규칙 제17조에 의하여 도시생태현황지도를 작성 및 운영하는 데 적용한다.

제5조(작성주체) 도시생태현황지도는 특별시장 · 광역시장 · 특별자치시장 · 특별자치도지사 또는 시장(「지방자치법」 제2조제1항제2호에 따른 시의 장을 말한다. 이하 같다)이 작성하며, 필요한 경우에는 군수가 시 · 도지사와 협의하여 작성할 수 있다.

제6조(작성대상) 도시생태현황지도의 공간적 작성범위는 관할구역 행정경계 내부 전 지역을 대상으로 한다.

제2장 도시생태현황지도 구성과 작성원칙

(생략)

제3장 주제도조사 및 작성방법

(생략)

제4장 도시생태현황지도 유형화 원칙 및 방법

제17조(비오톱 유형화 원칙) ① 비오톱 유형화 작업은 각각의 개별적인 비오톱의 속성을 파악하여 동일하거나 유사한 비오톱들을 추상화하고 일반화하여 체계적으로 분류해야 한다.

② 비오톱 유형화의 목적은 해당 지자체에서 나타나는 수많은 비오톱을 일정한 기준으로 분류하고 단순화한 개념체계로 정리함으로써 다양하고 복잡한 자연생태계에 대한 이해를 높이고 비오톱지도의 활용성을 높이는 것에 있다.

③ 비오톱 유형화 목적을 이루기 위해서는 해당 지자체의 지역적 특성이 충실히 반영된 분류지표, 분류기준을 정확하게 사용해야 한다.

④ 비오톱 유형화를 위한 분류지표와 분류기준은 반드시 과학적 검증을 받은 방법론을 사용해야 하며, 해당 지자체의 현황이 반영된 통계적 유의성을 확보해야 하고, 유형화 결과의 정책적 활용성이 검토되어야 한다. 이를 위해 분류지표, 분류기준, 유형화 결과는 검토위원회의 검토과정을 거친다.

⑤ 비오톱 유형화는 수집된 비오톱 현장조사를 통해 수집된 각 폴리곤별 속성자료를 종합하여 대상지의 생태적 특성이 드러나도록 구분해야 한다.

⑥ 비오톱 유형분류는 대분류-중분류-소분류체계를 갖도록 작성하며 대분류-중분류는 별표 15를 참고하여 작성할 수 있다.

⑦ 단, 대상지의 특성상 중분류 유형에서 추가적인 유형이 필요한 경우 현 분류체계 안에서 새로운 유형을 추가할 수 있으며 추가된 유형은 본 지침의 개정 시 반영될 수 있도록 해야 한다.

⑧ 소분류는 표준화된 대분류-중분류 유형 체계 안에서 지역특성을 반영하여 지침에서 정하는 유형화방법에 따라 세부적으로 유형화해야 한다.

제18조(비오톱 유형분류방법) ① 비오톱 유형화과정은 비오톱 속성정보, 기타 환경공간정보 등을 기반으로 해당 지자체의 특성을 고려하여 다음과 같이 분류위계, 분류항목, 분류지표, 분류기준을 설정하여 진행한다.

1. 분류위계
   가. 비오톱 유형화과정에서 분류위계는 분류의 단계를 의미하는 것으로 상위에서 하위로 갈수록 세분화된 비오톱 유형체계를 이루며 일반적으로 3단계의 대분류-중분류-소분류의 위계를 갖도록 작성한다.
   나. 가목에도 불구하고, 지자체의 필요에 따라 소분류 하위위계로 세분류단계를 두어 도시생태현황지도의 활용성을 높일 수 있다.

2. 분류항목
   가. 분류항목은 비오톱 속성을 구분하기 위한 관점을 나타내는 포괄적 개념으로 일반적으로 비오톱의 자연적 발달상태를 의미하는 자연성, 비오톱의 면적과 출현빈도에 따른 희귀성, 해당 비오톱에 서식하는 생물요소에 영향을 주는 서식처기능성, 도시환경 개선기능성, 경관생태학적 측면의 가치 등을 사용하며, 지역의 특성에 맞게 선택하거나 다른 항목을 추가하여 사용할 수 있다.
   나. 소분류 유형화를 위한 분류항목 설정 시 본 지침에서 제시된 중분류 비오톱 유형의 특성을 고려하여 중분류 유형별로 적합한 분류항목을 설정하여 소분류 유형화에 활용한다.

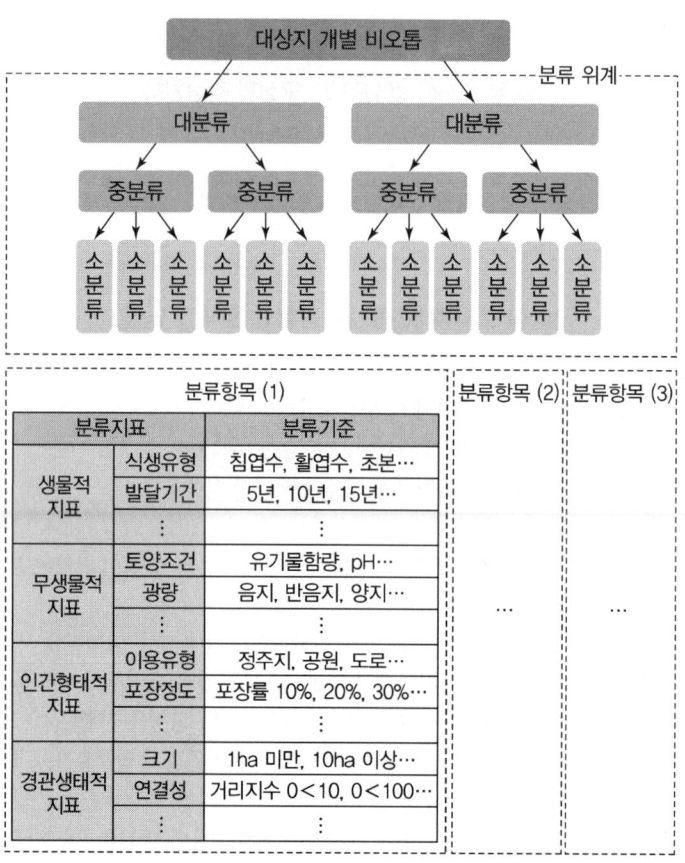

3. 분류지표
   가. 분류지표 설정은 비오톱 유형화의 핵심과정으로 비오톱의 특성을 구분 짓고 유형의 한계를 규정하게 되므로 지자체의 특성과 비오톱의 다양한 가치를 반영할 수 있는 지표를 설정한다.
   나. 분류지표는 일반적으로 생물적 요인지표, 무생물적 요인지표, 인간행태적 요인지표, 경관생태적 요인지표 등이 있으며, 비오톱의 다양한 가치가 잘 고려될 수 있도록 다양한 지표를 적절히 활용해야 한다.
   다. 비오톱 유형화과정에 사용할 수 있는 분류지표 사례는 다음과 같으며, 대상지의 생태적 특성에 따라 적합한 분류지표를 추가하여 사용해야 하며, 도시생태현황지도의 활용성을 높이기 위해서는 단순한 지표 사용은 지양한다.

생물적 지표	무생물적 지표	인간행태적 지표	경관생태적 지표
• 현존식생 • 우점식생 • 식생의 생활형 • 식생의 발달기간 • 식생 수직구조 다양성 • 천이단계 • 식생의 자연성 • 식생의 흉고직경 • 층위 형성단계 • 야생조류 출현 • 보호동식물의 출현	• 토양습도 • 토양 물리적 조성 • 토양 영양상태 • 토양의 자연성 • 지질 • 지형(경사, 향) • 생성원인 • 광량 • 지표면 온도 • 기후 • 수리/수문	• 토지이용강도 • 관리정도 • 정비 재료와 구조 • 토지피복 재질과 정도 • 역사성 • 불투수포장비율 • 현재상황의 점유기간 • 자연훼손 기간과 종류	• 면적 • 형태 • 핵심지역 • 가장자리 • 희귀성 • 다양성 • 연결성

4. 분류기준
    가. 분류기준은 설정된 지표에 따라 비오톱의 유형을 구분하는 기준이며, 지표가 가지는 의미와 비오톱 유형의 특성을 고려하여 명목척도, 비율척도, 서열척도, 등간척도 등을 적합하게 사용해야 한다.
    나. 명목척도에 해당하는 정성적인 질적기준 형태의 분류기준을 활용할 경우, 해당 비오톱의 속성을 파악하는 조사자의 역량과 주관적 견해에 의한 오류가 발생하지 않도록 정확성이 담보되고 검증이 가능한 기준을 설정해야 한다.
    다. 비율척도, 등간척도, 서열척도에 해당하는 정량적인 양적기준 형태의 분류기준을 활용할 경우 해당 비오톱 유형에 속하는 각 비오톱들의 속성과 현황에 대한 통계적 유의성을 가지는 분석을 기반으로 적정한 기준을 설정해야 한다.
5. 소분류 명칭은 유형화된 비오톱이 가지는 구조적, 기능적, 생태적 속성이 잘 드러나는 수식어를 사용하여 명명한다.

② 비오톱 유형화는 해당 비오톱의 토지이용현황, 토지피복현황, 현존식생, 지형주제도, 야생동물조사 자료 등을 확인하고 설정된 분류항목, 분류지표, 분류기준을 적용하여 비오톱을 유형화한다.

③ 도시생태현황지도의 정확한 이해와 효율적인 활용을 위해서 비오톱 유형화과정과 원리, 비오톱 유형의 정의를 자세히 기술한 비오톱유형목록집을 필수적으로 작성하며, 비오톱유형목록집에는 다음 각 호의 내용을 포함한다.

1. 지자체의 특성과 현황을 분석하여 비오톱 유형화에 적용한 과정
2. 분류항목, 분류지표, 분류기준의 설정 근거와 원칙
3. 비오톱 유형의 세부적인 정의
4. 비오톱 유형의 일반현황
5. 비오톱 유형의 가치
6. 비오톱 유형의 기술통계량
7. 비오톱 유형을 이해하는 데 도움이 되는 항공사진, 현장사진 등의 기타 자료

④ 비오톱 유형화 완료 후 비오톱유형도 작성은 대-중-소분류의 비오톱 유형을 기준으로 도면화한다.

제5장 도시생태현황지도평가방법

제19조(비오톱평가 원칙) ① 비오톱평가는 비오톱의 상대적인 가치를 평가하여 비교를 가능하게 함으로써 평가결과를 바탕으로 보전, 복원, 이용, 관리 등의 공간을 구분하여 도시계획, 환경생태계획과 같은 다양한 계획과 정책에서의 도시생태현황지도의 활용성을 높이는 방향으로 진행해야 한다.

② 평가의 목적이 범위, 특성, 기준 등에 영향을 많이 주기 때문에 평가결과 활용분야에 대한 논의과정을 통해 평가의 목적을 분명히 해야 하며, 이 과정은 검토위원회의 검토과정을 거쳐야 한다.

③ 비오톱평가에 사용되는 지표와 기준은 반드시 과학적 검증을 받은 방법론을 사용해야 하며, 해당 지자체현황이 반영된 통계적 유의성을 확보해야 하고, 비오톱 평가결과의 정책적 활용성이 검토되어야 한다. 이를 위해 평가지표, 평가기준, 평가결과는 검토위원회의 검토과정을 거쳐야 한다.

④ 비오톱평가는 비오톱 유형평가와 개별비오톱평가로 구분하여 진행하며 2가지 평가 모두를 진행하는 것을 원칙으로 한다.

1. 비오톱 유형평가 : 각 비오톱 유형의 가치를 평가하여 지자체현황에 대한 이해를 빠르고 쉽게 하기 위해 진행하는 것으로 중분류와 소분류 위계에서 시행하며 비오톱 중분류 유형평가는 광역지자체 또는 국가단위의 활용성을 고려한 평가를 진행하며, 소분류 유형평가는 지역의 특성이 반영된 평가를 진행한다.
2. 개별비오톱평가 : 경계가 구획된 각 비오톱의 개별적인 특성과 가치를 평가하는 것으로 비오톱 유형평가에

서 동일한 비오톱 유형에 속하는 각각의 개별비오톱 특성과 가치가 동일하게 평가되는 문제점을 보완하기 위해 시행하는 평가의 의미를 가지며, 비오톱 유형에 따라 다른 평가방법을 사용할 수 있다.

⑤ 조사가 불가능하거나 기초자료 획득이 불충분하여 평가가 불가능한 비오톱은 '평가 외 등급'으로 제시하며 평가 제외사유를 명확하게 명시한다.

제20조(비오톱평가방법) ① 비오톱평가는 지자체의 특성, 현황, 미래상 등을 종합적으로 고려하여야 하며, 평가지표와 기준 선정 시 다음 각 호의 사항을 유의한다.

1. 생물군집의 입장에서의 비오톱 가치와 인간과의 관계 속에서 생성되는 비오톱 가치가 균형을 이루어 평가될 수 있도록 해야 하며, 해당 비오톱의 다양한 측면의 가치가 잘 반영될 수 있는 평가항목, 평가지표, 평가기준을 적용해야 한다.
2. 식물을 제외한 이동이 가능한 생물종의 경우 서식의 경계를 공간단위로 특정하기 어려우므로 공간적 경계를 가지는 비오톱의 평가지표로 사용할 경우 특별한 주의가 필요하다.
3. 비오톱평가를 위한 평가항목 및 평가지표는 비오톱 유형화의 분류항목 및 분류지표와 연계성을 갖도록 선정하며 비오톱 유형 및 개별비오톱의 특성을 고려하여 다양한 평가지표를 활용한다.
4. 시가지, 농촌지역, 자연녹지, 인공녹지, 하천 등 비오톱 유형 특성이 반영된 평가지표와 기준을 유형별로 사용할 수 있다.
5. 단순한 평가지표의 사용은 비오톱의 다양한 가치를 반영할 수 없음을 인지하고 세밀하고 논리적인 평가가 될 수 있도록 다양한 평가지표를 사용한다.

② 비오톱평가에 사용된 평가지표의 사례는 다음과 같으며, 해당 지자체 특성과 평가목적에 맞게 새로운 평가지표를 선정하여 활용할 수 있다.

평가지표	활용 시 중점 고려사항
식생의 자연성	식생이 가지는 보전가치, 자연자원으로서 희귀성
훼손 위험성(취약성)	주변지역의 개발과 이용압력으로 해당 비오톱의 특성이 변화될 가능성
식생의 발달기간	발달기간의 수준에 따른 장점과 단점을 평가목적에 맞게 활용
표고/경사	해당 지자체의 지형특성에 대한 고려가 선행되어야 함
토양습윤조건/지하수위	식생 생육기반 특성 반영, 습지역 보호관점 반영
미기후	비오톱의 특성이 도시 생활환경 개선에 기여하는 측면에서 고려
토지이용 강도	인간의 토지이용 밀도 측면에서 고려
투수가능 면적	도시 내 잠재적 생물서식처 기능, 미기후 개선 차원에서 고려
외래종 서식여부	인간의 지속적인 간섭여부 확인
잠재자연식생	주어진 자연조건 아래에서 발달가능한 식생 예측, 자연환경 복원 관점의 생태정보
면적, 형태, 가장자리	각각의 개별 비오톱이 가지는 경관생태학적 특성 분석
인간 이용성	인간의 휴식, 여가, 운동 등이 가능한 녹지 및 오픈스페이스로서의 역할 관점
연결성 기여도	생물서식처 측면에서 연결성 확보 관점
다양성 기여도	비오톱의 특성이 해당 지자체 내에서의 희귀성, 서식처 다양성에 기여하는 정도
층위구조	식생수직구조 기반으로 서식처 다양성, 생물량, 식생의 건전성과 자연성 측정
바이오매스	녹지의 도시환경 기능개선(찬공기생성, 미세먼지흡착 등) 기여 측면 고려
하상구조, 여울	하천의 생물종 구성과 서식지 보호 관점
도시환경 개선기능	도심지 자투리 녹지, 인공녹지 등 정주지 주변 녹지의 도시환경 개선 기여 관점
지형변화	자연지형의 훼손 민감도, 지형변화에 따른 동식물 생육기반 훼손 정도 관점

③ 비오톱평가의 등급체계는 다음을 원칙으로 한다.
  1. 5개 등급으로 평가하는 것을 원칙으로 1등급에 가까울수록 긍정적 가치가 높은 것으로 평가한다.
  2. 5개 등급 평가의 수행을 전제로 도시생태현황지도의 활용성을 높이기 위해 6개 등급 이상의 평가등급체계를 가진 비오톱평가를 추가적으로 진행할 수 있다.
  3. 시가화지역, 농촌지역, 자연지역 등 비오톱 유형 특성에 따라 별도의 평가방법 및 등급체계를 가진 평가를 수행할 수 있다.
  4. 보고서에 평가항목, 평가지표 등의 평가방법 및 각 등급이 가지는 의미를 자세히 서술한다.
④ 비오톱 유형평가 등급별 생태적 가치는 다음 표를 참고하여 평가될 수 있도록 한다.

평가등급	내용
I	• 인간 간섭이 없거나 장기간 안정되고 성숙한 비오톱 • 자연성이 높아 대체조성이 불가능하여 절대적인 보존이 필요한 비오톱
II	• 인간 간섭이 다소 있고 훼손에 대한 중간 정도 예민성을 가진 감소추세 비오톱 • 일정 수준 자연성이 있어 복원 후 생태적 가치 향상의 잠재성이 높으며 조건부 대체가 가능한 비오톱
III	인간 간섭이 높고 훼손에 대한 예민성이 낮으며 자연성이 낮아 중·장기간 재생이 필요한 비오톱
IV	인간 간섭이 매우 높은 비오톱으로 자연으로의 재생 가능성이 낮은 비오톱
V	과도한 에너지 이용 및 순환체계가 단절된 비오톱으로 자연에 의한 재생가능성이 없는 비오톱

⑤ 비오톱 유형평가 시 각 항목별 평가는 의사결정나무방법에 따라 수행하며, 항목별 평가결과의 종합에는 가치합산매트릭스방법을 적용할 수 있다. 다만, 대상지 특성에 따라 학술적으로 검증된 별도의 평가방법을 적용할 수 있다.

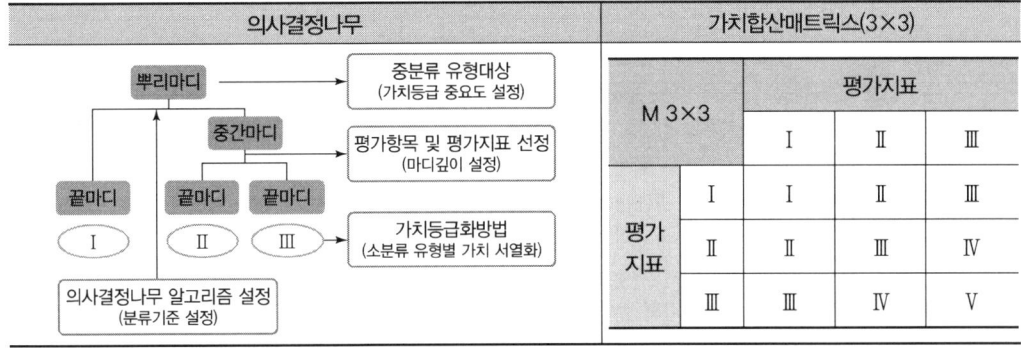

⑥ 개별비오톱평가는 동일 비오톱 유형으로 구분되는 비오톱이라도 서로 다른 가치를 가질 수 있으므로 그 가치를 확인하고 평가하기 위한 목적이 있으며, 다음 각 호의 사항을 유의하여 평가한다.
  1. 비오톱 유형평가에 활용된 평가지표와 동일한 지표를 개별비오톱평가에 활용하는 것은 지양하여 중복평가에 의한 오류를 유의한다.
  2. 비오톱 유형에 따라 별도의 평가지표를 사용할 수 있다.
  3. 비오톱 유형평가 결과에 의한 등급에 따라 별도의 개별비오톱평가를 실시할 수 있다.
  4. 비오톱 보전가치, 도시환경 개선측면 가치, 경관적 가치 등 활용목적에 따라 세분화된 평가목표를 설정하고 그에 맞는 평가지표로 평가할 수 있다.
⑦ 비오톱평가도는 비오톱평가과정을 통해 도출된 평가등급을 기준으로 도면화한다.

> **제6장 대표비오톱 및 우수비오톱 조사**
> (생략)
>
> **제7장 도시생태현황지도의 검토 및 운영**
> (생략)

4 가치평가하기

1. 생태계보전가치평가 일반

1) 정의

사업대상지의 생태계 건강을 생태계현황자료를 근거로 진단하여 평가하는 것이다.

2) 평가항목

① 희귀성 : 현재 존재하는 생물종의 서식지 면적이나 개체수가 작을수록 높은 보전가치를 부여한다.

▼ 공간위계에 따른 희귀성 구분

구분	내용
국제적 희귀성	• 국제적 차원의 멸종위기종 • 세계자연보전연맹(IUCN)의 적색 목록(Red List) • 멸종위기에 처한 야생동식물종의 국제거래에 관한 협약(CITES)에 포함된 생물종
국가적 희귀성	• 국가적 차원의 멸종위기종 • 국내 관련법에 의한 법적 보호종 • 멸종위기야생생물(Ⅰ급, Ⅱ급), 천연기념물 등
지역적 희귀성	• 지역적 차원의 멸종위기종 • 지방자치단체조례 등에 의한 보호종

② 다양성

㉠ 주로 생물다양성(Biodiversity)을 말하며, 생물다양성협약(Convention on Biological Diversity : CBD) 제2조에 따르면 육상, 해양 및 기타 수생태계와 이들 생태계가 부분을 이루는 복합생태계를 포함한 모든 분야의 생물체 간 변이성(Variability)을 의미한다. 「생물다양성 보전 및 이용에 관한 법률」에 따르면 육상생태계 및 수생태계와 이들의 복합생태계를 포함하는 모든 원천에서 발생한 생물체의 다양성을 말하며, 종 내·종 간 및 생태계의 다양성을 포함한다.

㉡ 생태계보전가치평가에 있어서 다양성이란 생물종의 많고 적음과 그 분포의 균질성을 통계학적으로 표현한 것이다. 이러한 다양성이 높을수록 보전가치가 높게 평가된다.

③ 자연성
  ㉠ 천이과정에서 극상에 가까울수록 높게 평가하는 것이다.
  ㉡ 자연성에 대한 보전가치를 평가할 때, 주로 사용하는 자료는 식생보전등급, 생태자연도, 국토환경성평가지도, 도시생태현황지도(비오톱지도) 등이 있다.

④ 고유성
  ㉠ 생태계보전가치평가에 있어서 고유성을 국가, 지역 차원의 고유종을 대상으로 한다. 고유성은 고유종이 많이 서식할수록 높게 평가한다.
  ㉡ 지역의 고유성은 귀화생물종의 수로도 판단할 수 있는데 귀화생물종의 수와 고유성은 반비례한다.

⑤ 전형성 : '소백산 주목군락' 또는 '울진 금강소나무군락'처럼 군락의 전형적인 상태를 나타낸 것일수록 높게 평가하는 항목이다.

3) 평가방법

▼ 보전가치평가방법

구분		내용
최소지표법		• 절대평가법 • 평가항목 중 가장 높은 등급을 해당 토지의 등급으로 지정함으로써 보전가치에 최고 가중치를 부여하는 방법 • 보전가치에 대한 자의성 방지 • 토지의 환경적 가치를 최우선 반영
가중치법	등 가중치법	• 평가항목별 동일한 값을 부여하는 평가방법 • 토지이용과 연계 유리 • 보전가치 축소 가능성 존재
	상대 가중치법	• 상대평가법 • 평가항목별 중요도를 고려하여 상대가중치를 부여하는 평가방법 • 전문가 의견 수렴 필요

4) 보전가치평가의 절차

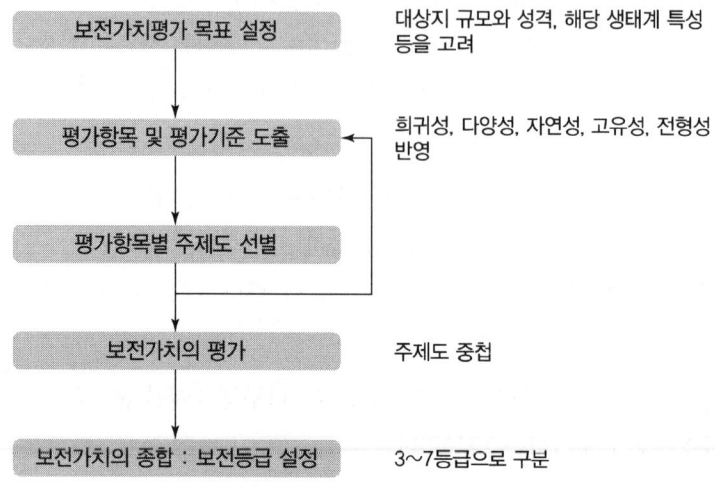

┃생태계보전가치 평가과정┃

2. 생태계 보전가치평가의 목표를 설정하고 평가 항목 및 기준도출

평가의 목표를 설정하고 평가항목 및 평가기준을 도출한다.
① 생태계 건강성을 평가하여 대상지의 성격, 규모, 지역생태계 특성 등을 고려하여 보전, 복원, 향상 등의 목표를 설정한다.
② 설정된 목표에 따라 항목 및 평가기준을 도출한다.

▼ 광역생태축 보전을 위한 생태계보전가치평가의 항목 및 기준(예시)

구분	항목	보전가치 평가기준		산림축	하천축	야생동물축	비고
환경 생태적 기준	생태자연도	1등급		✔			절대기준
		2등급	1등급과 인접한 2등급 지역	✔			상대기준
			그 외 2등급 지역				
	임상도	5, 6 영급		✔			상대기준
		3, 4 영급					
	하천	국가하천, 지방 1급 하천			✔		절대기준
		• 국가하천 : 수변 좌우 500m • 지방 1급 하천 : 수변 좌우 250m					
	습지	습지(토지피목지도의 습지, 갯벌)			✔		절대기준
	주요종 발견지점	• 포유류 : 중대형 포유류, 희귀종 및 멸종 위기종 발견지점 반경 500m • 조류 : 희귀종 및 멸종위기종 발견지점 반경 500m				✔	절대기준

구분	항목		보전가치 평가기준	산림축	하천축	야생동물축	비고
지형적 기준	정맥		1차 계류유역	✔			절대기준
	표고도		300m 이상	✔			상대기준
			200m 이상 300m 미만				
	경사도		20° 이상	✔			상대기준
			15~20°				
법제적 기준	법적보호지역		백두대간보호지역, 생태·경관보전지역, 자연공원(국립·도립·군립공원), 야생동식물보호구역, 야생동식물특별보호구역, 산림유전자원보호림, 천연기념물보호구역, DMZ일원(군사분계선 상하 2km 지역, 통제보호구역), 보전임지(공익용 산지), 습지보호지역, 수변구역	✔	✔		절대기준
기타	제척시킬 지역	기개발지	대분류 토지피복지도의 항목 중 시가화 건조지역, 택지개발지역, 산업단지				
	자연환경보전 기본계획상의 산						

3. 인문환경 및 자연환경 분석 주제도 작성

자연환경분석 및 인문·사회환경분석 자료를 활용하여 항목별 주제도를 작성한다.

① 주제도를 국가좌표체계에 부합하는 수치화된 주제도로 작성하여 GIS프로그램에서 활용이 가능한 형태로 작성한다.

② 국가공간정보 및 국가환경지도를 적극 활용한다.

▼ 주제도 목록 예시

생태기반환경	생태환경	인문사회환경

• 표고분석도
• 경사분석도
• 향분석도
• 지질도
• 토양도
  -토양분류   -토성
  -유효토심   -배수등급
  -침식정도 등
• 산림입지 토양도
• 산사태 위험지도
• 유역구분도
• 수계현황도
	• 현존식생도
	• 노거수, 보호수 분포현황도
	• 임상도
	  -임상 -영급
	  -경급 -수관밀도
	• 분류군별 분포도
	  -포유류 -조류
	  -양서파충류 -어류
	• 생태자연도
	• 녹지자연도
	• 국토환경성 평가지도
	• 비오톱지도(도시생태현황도)
	  -비오톱유형 -비오톱평가
	• 유해야생동물 피해지도
	• 자연환경자산 분포현황도
		• 행정구역도
		• 지적도
		• 토지소유구분도
		• 용도지역구분도
		• 산지구분도
		• 문화재분포도
		• 기타 개별법에 의한 용도지역, 용도지구, 용도구역 구분도
		• 토지이용현황도
		• 토지피복분류도

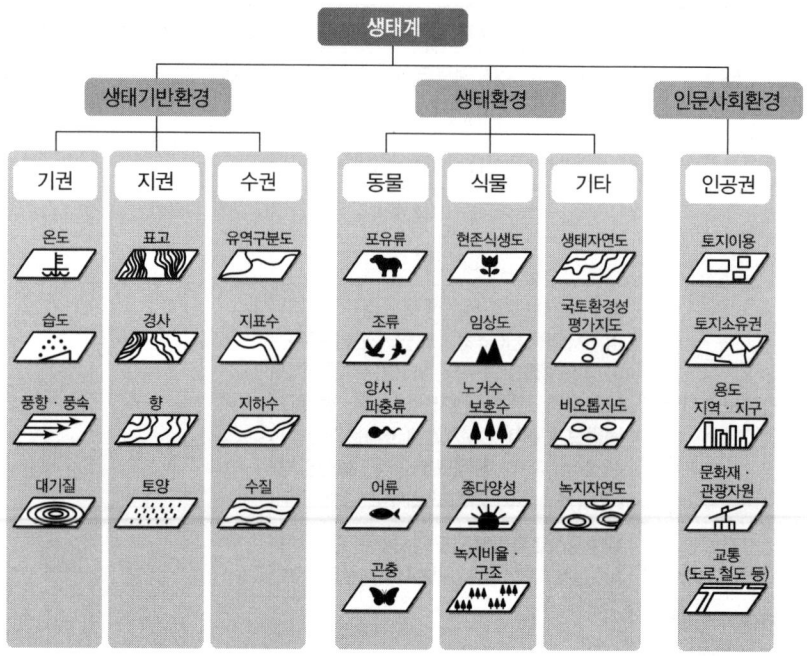

❙ 주제도의 구성 사례 ❙

4. 생태계 보전가치 평가

작성한 평가항목별 주제도를 활용하여 생태계보전가치를 평가한다.

GIS중첩기법(overlay method)을 적용하여 평가기준에 따라 생태계보전가치를 평가한다.

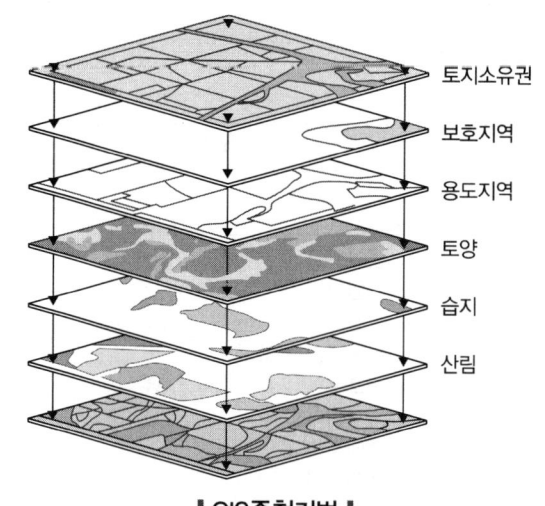

❙ GIS중첩기법 ❙

5. 보전등급 구분

생태계보전가치 평가 결과를 종합하고 보전등급을 구분한다.

① 생태계보전가치 결과를 종합한다.
② 최고점과 최저점의 분포범위를 확인한다.
③ 대상지의 규모, 성격, 특성을 고려하여 보전등급을 3~7등급으로 구분한다.
④ 보전등급을 구분한 다음, 도면에 색채 또는 기호를 사용하여 표현하고 생태계보전가치 평가등급도를 만든다.

6. 보전, 향상, 복원방안의 기본방향 도출

생태계보전가치 평가등급에 따라 보전, 향상, 복원방안의 기본방향을 도출한다.

1) 핵심구역(Core Area)

① 생물다양성 보전을 위한 핵심서식지이거나 교란이 거의 일어나지 않은 건강한 생태계임을 고려하여 엄격히 보호되는 구역
② 보전(Conservation)구역

2) 완충구역(Buffer Area)

① 핵심구역을 둘러싸고 있거나 연접한 곳으로, 핵심구역의 외부로부터 악영향 또는 부정적 영향을 완화하는 역할을 하는 구역
② 향상·개선구역

3) 협력구역(Transition Area)

① 지속가능한 방식으로 이용하는 구역
② 낮은 보전등급이 나타나는 곳으로 지형, 토양, 서식지 등이 훼손된 곳
③ 복원, 복구, 대체구역

▼ 보전등급에 따른 생태계복원계획방향의 설정

보전등급			공간구분	생태복원계획방향 (생태복원 유형)
3개 등급	5개 등급	7개 등급		
1등급	1등급	1등급	핵심구역 (Core Area)	보전
	2등급	2등급		
2등급	3등급	3등급	완충구역 (Buffer Area)	향상, 개선 등
		4등급		
		5등급		
3등급	4등급	6등급	협력구역 (Transition Area)	복원, 복구, 대체 등
	5등급	7등급		

7. 생태계서비스 가치평가

1) 개념

① 새천년 생태계 평가(Millennium Ecosystem Assessment, MA, 2005)에서 "인간이 생태계로부터 얻는 직간접적인 각종 혜택"으로 개념을 정립하였다.
② 자연생태계가 인간에게 제공하는 모든 것, 생태계의 경제적 효용성을 뜻한다.
③ 생태계서비스를 통하여 생태계에 경제적 관점 및 개념을 도입했다는 의의가 있다.

2) 유형

「생물다양성 보전 및 이용에 관한 법률」에 따르면 생태계서비스란 인간이 생태계로부터 얻는 다음 각 목의 어느 하나에 해당하는 혜택을 말한다.

구분	내용
공급 (Provisioning Services)	식량, 수자원, 목재 등 유형적 생산물을 제공하는 공급서비스
조절 (Regulation Services)	대기정화, 탄소흡수, 기후조절, 재해 방지 등의 환경조절서비스
지지 (Supportion Services)	토양형성, 서식지제공, 물질순환 등 자연을 유지하는 지지서비스
문화 (Cultural Services)	생태관광, 아름답고 쾌적한 경관 휴양 등의 문화서비스

3) 경제적 가치

생태계서비스는 경제적 가치를 가지고 있다.

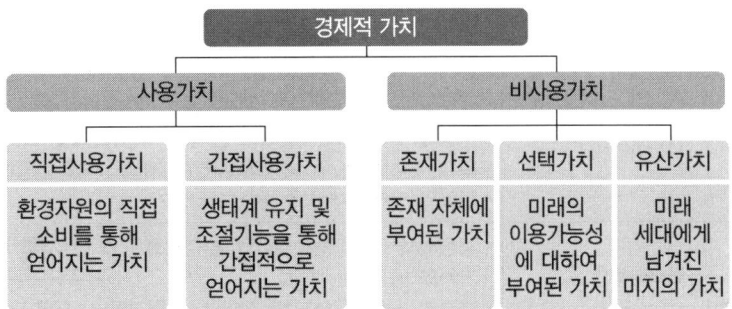

┃ 생태계서비스의 경제적 가치 종류 ┃

4) 평가방법

① 생태계서비스의 경제적 가치추정은 생태계 또는 환경의 고유특성을 경제적 수치나 값어치로 환산하여 얼마만큼 중요한지를 추정하는 방법을 말한다.
② 가치추정대상 및 가치추정목적에 따라 적절한 가치평가기법을 선정하여 추정해야 한다.
③ 경제적 가치추정기법

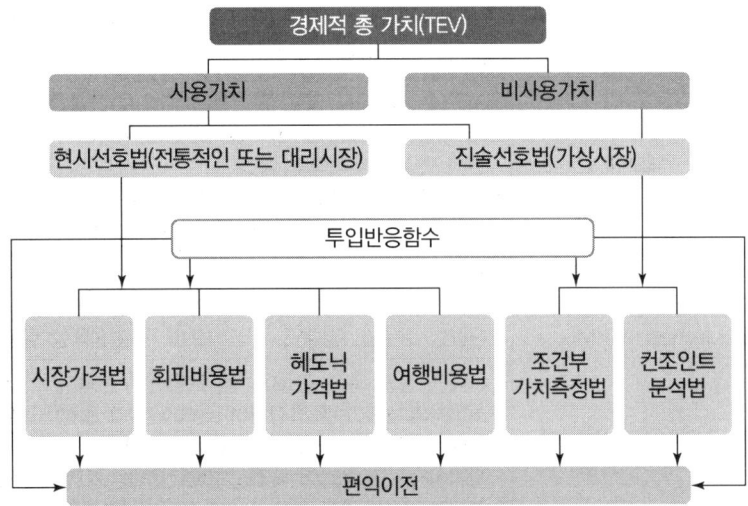

┃ 환경가치유형과 추정기법 ┃

▼ 경제적 가치추정기법의 유형별 특징

구분		내용
현시 선호법	개요	• 특정 환경요소와 연관된 시장의 행동을 관찰하여 간접적으로 환경에 대한 선호도를 추정하는 방법 • 행동으로 표현된 선호도를 통해 추정하는 방법 • 사용가치만을 추정하는 방법
	시장가격법 (Market Price Method)	• 시장에서 거래되는 재화와 용역에 대한 가격을 이용하는 방법 • 목재, 수산물 등의 비용과 개인의 지급의사를 반영하는 방법 • 산림의 임분적재량에 대한 가치평가
	회피비용법 (Averting Behavior Method)	• 시장에서 거래되는 재화와 환경재화 간의 존재를 대체관계를 이용하여 가치를 평가하는 방법 • 환경의 질이 악화되는 상황에서 원래와 유사한 환경의 질을 향유하기 위하여 드는 비용으로 환경의 가치를 평가하는 방법 • 대기오염을 회피하기 위해 공기청정기 구입 지급의사를 금액으로 산정
	헤도닉가격법 (Hedonic Price Method, HPM)	• 속성가격측정법 • 개인이 구매하는 상품의 구성요소에 공공재의 수준이 포함되어 있는 경우 적용하는 방법 예 한강변 아파트 가격을 통한 한강 경관의 화폐가치 추정
	여행비용법 (Travel Cost Method, TCM)	• 비시장재화의 가치를 그 재화의 관련 시장에서 소비행위와 연관시켜서 간접적으로 측정하는 방법 • 휴양객들이 휴양환경지역을 여행하는 데 드는 비용(시간비용 포함)을 추정함으로써 환경의 가치를 측정하는 방법 • 공원, 위락자원, 휴양환경이 제공하는 자연환경서비스의 가치를 추정하는 데 널리 이용하는 방법
진술 선호법	개요	• 시장에 거래되지 않는 환경재에 대하여 가상시장을 설정하고 소비자에게 직접 환경개선에 대해 얼만큼의 지급의사가 있는지를 물어 환경개선의 편익을 추정하는 방법 • 소비자가 직접 말로 표현한 선호로부터 정보를 이끌어 내는 방법 • 사용가치뿐 아니라 비사용가치도 추징이 가능함
	조건부 가치평가법 (Contingent Valuation Method, CVM)	• 환경재와 같은 비경제재에 대하여 가상시나리오를 기반으로 한 설문조사를 하여 그 해당가치의 지불의사금액을 측정하는 방법 • 개방형 질문법, 경매법, 지급카드법, 양분선택형 질문법으로 구분
	컨조인트분석법 (Conjoint Analysis, CA)	• 하나 이상의 특정 속성대안을 포함하는 선택이나 선택집합을 제시한 후 소비자의 선호도를 측정하여 소비자가 각 속성에 부여하는 상대적 중요도와 각 속성수준의 효율을 추정하는 방법 • 지불의사 유도방법에 따라 조건부선택법, 조건부순위결정법, 조건부등급 결정법으로 구분함
편익이전법		• 기존의 정보나 지식을 새로운 상황 또는 환경으로 이전하여 사용하는 방법으로, 특정 대상의 경제정보를 조정하여 적용하는 기법 • 기 연구된 결과를 활용하고 유사 평가자료를 활용하는 방법 • 가치이전(Value Transfer), 함수이전(Function Transfer)

5 시사점 도출하기

1. 보전, 향상, 복원 기본방향 도출

1) 보전 : 생태계의 구조와 기능이 양호한 상태를 온전하게 보호하여 유지하는 것을 말함
2) 향상 : 서식지의 구조와 기능을 향상하여 생물다양성을 증진하는 것
3) 복원 : 훼손된 서식지를 이전의 상태에 준하도록 복원하는 것

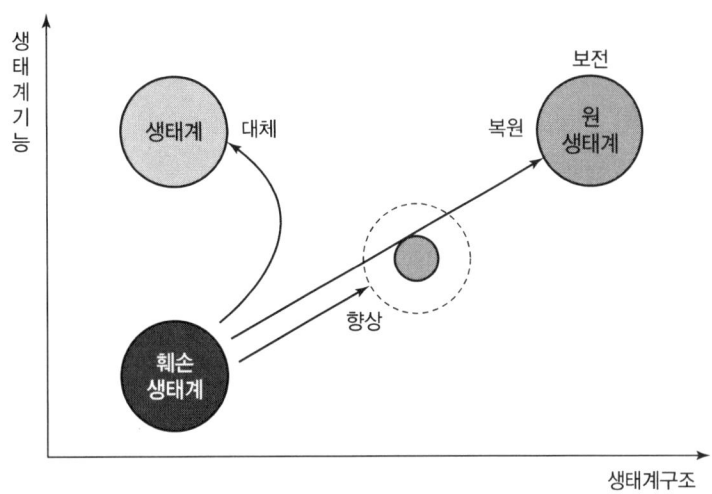

2. 생태복원 시사점 도출

1) 조사결과 종합분석 및 보전가치평가를 통해 나타난 결과를 바탕으로 대상지의 자연환경보전을 위한 기본 접근방향을 설정하기 위하여 계획 시사점을 도출한다.
2) 계획시사점 도출 시, 생태적 측면과 인간적 측면을 고려하여야 하면 대상지의 자연환경보전에 대한 계획 및 설계의 방향성을 설정하도록 한다.

3. 내외부 환경요인 분석 후 계획과제 도출 및 기본전략 수립

1) SWOT 분석

목표를 달성하기 위해 의사결정을 해야 하는 대상에 대한 강점, 약점, 기회, 위협의 4가지 요인을 기초로 사업을 평가하고 전략을 수립하는 방안

내부 환경	S (Strength)	강점	강점을 어떻게 살릴 것인가?
	W (Weakness)	약점	약점을 어떻게 극복할 것인가?
외부 환경	O (Opportunity)	기회	기회를 어떻게 이용할 것인가?
	T (Threat)	위협	위협요소를 어떻게 해소할 것인가?

2) 세부전략 도출

① 요인별 세부전략 도출

　㉠ 강화전략 : 강점을 극대화

　㉡ 보완전략 : 약점을 보완

　㉢ 활용전략 : 기회를 활용

　㉣ 극복전략 : 위협을 억제

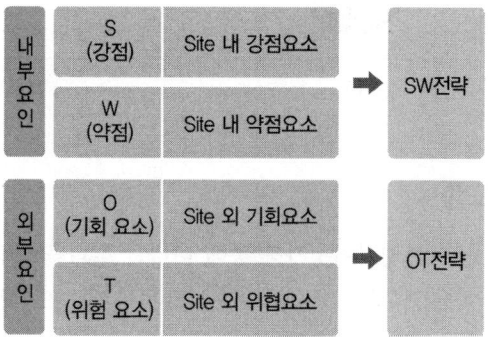

02 생태복원구상

KEY POINT
- 01 사업목표 수립하기
- 02 목표종 선정하기
- 03 생태네트워크 구상
- 04 공간구상하기
- 05 공간활동프로그래밍하기

1 사업목표 수립하기

1. 생태복원관련 법규 검토

1) 대상지 정보 검토

① 생태복원사업 대상지의 선정

구분		내용	예시
일반적인 접근방법	사실적 접근방법	• 각종 원인으로 자연생태계가 훼손된 지역 • 자연재해나 인위적 개발 등에 의해 훼손된 지역 • 직접적 피해를 입은 곳을 선정하는 것으로 손쉽게 선택이 가능한 방법	동해안 산불지역
	역사적 접근방법	• 과거 중요한 서식처나 생물종이 서식한 지역 • 과거의 정보(지형도, 토양도, 인공위성 영상 등) 및 지역주민이나 토지소유자 등을 통해 확인된 지역	청계천 복원사업
	기능적 접근방법	• 생물 서식공간의 기능을 최대화할 수 있는 지역 • 전문가에 의한 대상 지역 평가 필요 • 상대적으로 시간과 인력 소모가 많음	생물다양성 증진을 목적으로 하는 옥상소생태계 조성사업
	복합적 접근방법	• 사실적 접근방법, 역사적 접근방법, 기능적 접근방법을 혼용하는 접근방식	소백산 여우복원사업
특정사업을 위한 접근방법		• 정부기관, 지방자치단체에서 시행하고 있는 각종 생태복원사업을 위한 대상지 선정 방법 • 특정목적을 가진 사업의 요구사항을 충족하는 지역	생태계보전협력금반환사업

② 대상지 정보 검토
  ㉠ 대상지의 훼손상태, 역사적 현황, 생태적 기능 등을 검토
    • 생물지리적 입지를 파악한다.
    • 지역토지 소유현황을 조사한다.
    • 지역 훼손지현황을 조사한다.

ⓒ 대상지 선정
　　　• 사업 후보지군을 선정한다.
　　　• 사업 후보지군의 기초현황을 조사한다.
　　　• 사업 후보지군을 비교·평가하여 최종 사업 대상지를 선정한다.
　　ⓒ 대상지의 현황조사, 분석, 진단, 평가를 시행한다.
③ 사업 대상지의 토지이용 및 소유현황 등을 고려하여 사업범위를 설정
　　㉠ 대상지 구역의 경계 검토
　　ⓒ 구역계를 결정하고 도면화
　　ⓒ 대상지의 편입토지조서 작성

▼ 사업 대상지의 편입토지조서 작성의 예

주소	지목	공부상 면적(m²)	편입 면적(m²)	소유자	비고
전라○○ ○○군 ○○읍 ○○리 426-1	임	721	573	군유지	
전라○○ ○○군 ○○읍 ○○리 427	전	982	982	군유지	
전라○○ ○○군 ○○읍 ○○리 428	전	975	975	군유지	
전라○○ ○○군 ○○읍 ○○리 429	답	1,534	1,534	군유지	
전라○○ ○○군 ○○읍 ○○리 430	전	1,283	1,283	군유지	
전라○○ ○○군 ○○읍 ○○리 434-1	답	1,456	1,456	군유지	
전라○○ ○○군 ○○읍 ○○리 435	답	955	955	군유지	
전라○○ ○○군 ○○읍 ○○리 436-2	전	63	63	군유지	
전라○○ ○○군 ○○읍 ○○리 490	전	704	704	군유지	
전라○○ ○○군 ○○읍 ○○리 493	전	906	559	군유지	부분편입
전라○○ ○○군 ○○읍 ○○리 495	전	635	329	군유지	부분편입
전라○○ ○○군 ○○읍 ○○리 496	대	93	93	군유지	부분편입
전라○○ ○○군 ○○읍 ○○리 497	답	883	61	군유지	부분편입
전라○○ ○○군 ○○읍 ○○리 882	도	2,025	381	군유지	부분편입

④ 유사사례를 참고하여 사업 시행으로 인한 생태계영향, 생태계서비스 제공효과를 전망하고 분석
　　㉠ 유사한 사례를 조사 및 정리
　　ⓒ 사례를 통해 계획의 시사점 도출
　　ⓒ 사업 시행으로 발생하는 생태계영향을 예측하고 생태계서비스 등 사업의 기대효과를 전망
⑤ 대상지 주변지역민들의 의견을 반영하기 위하여 공청회, 설명회 등을 개최
　　㉠ 공청회 개최
　　　• 공청회 개최 14일 전까지 공고한다.
　　　• 주재자, 토론자, 발표자를 위촉하고 공청회에 필요한 제반사항을 준비한다.
　　　• 전문가 의견이나 지역주민의 의견을 충분히 수렴하고 타당한 의견을 반영한다.

ⓒ 설명회 개최
- 설명회 개최 14일 전까지 공고한다.
- 사회자, 발표자를 위촉하고 설명회에 필요한 제반사항을 준비한다.
- 지역민의 의견을 수렴하고 타당한 의견을 반영한다.

▼ **공청회와 설명회 비교**

구분		공청회	설명회
개최목적		전문가, 지역주민 등 이해당사자 의견 수렴	지역주민 등 이해당사자 의견 수렴
회의 진행	진행자	공청회 주재자	설명회 사회자
	발표	발표자의 사업/계획 내용 설명, 토론자(의견진술자) 의견 발표	발표자의 사업/계획 내용 설명
	토론	의견 발표 후 토론자(의견진술자) 상호 간 질의·답변	발표 후 발표자와 방청인과의 질의·답변
	방청인	방청인 의견 제시 기회 부여	방청인의 의견 제시 기회 부여
결과조치		타당한 의견 계획 반영, 공청회 개최 결과 공지	타당한 의견 계획 반영, 설명회 개최 결과 공지

2) 관련법규 검토

① 우리나라의 법체계

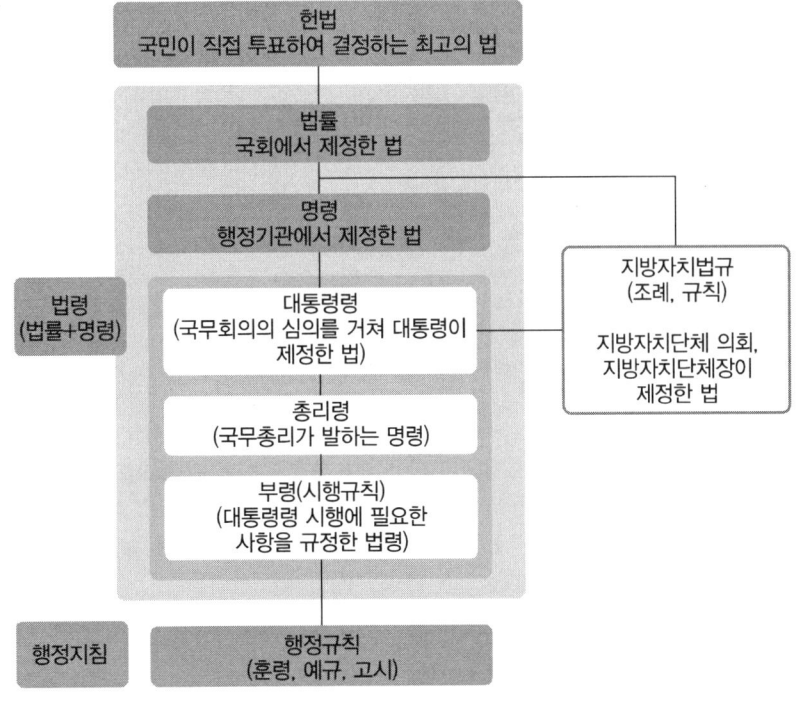

| 우리나라의 법체계 |

② 우리나라 환경관련 법률체계

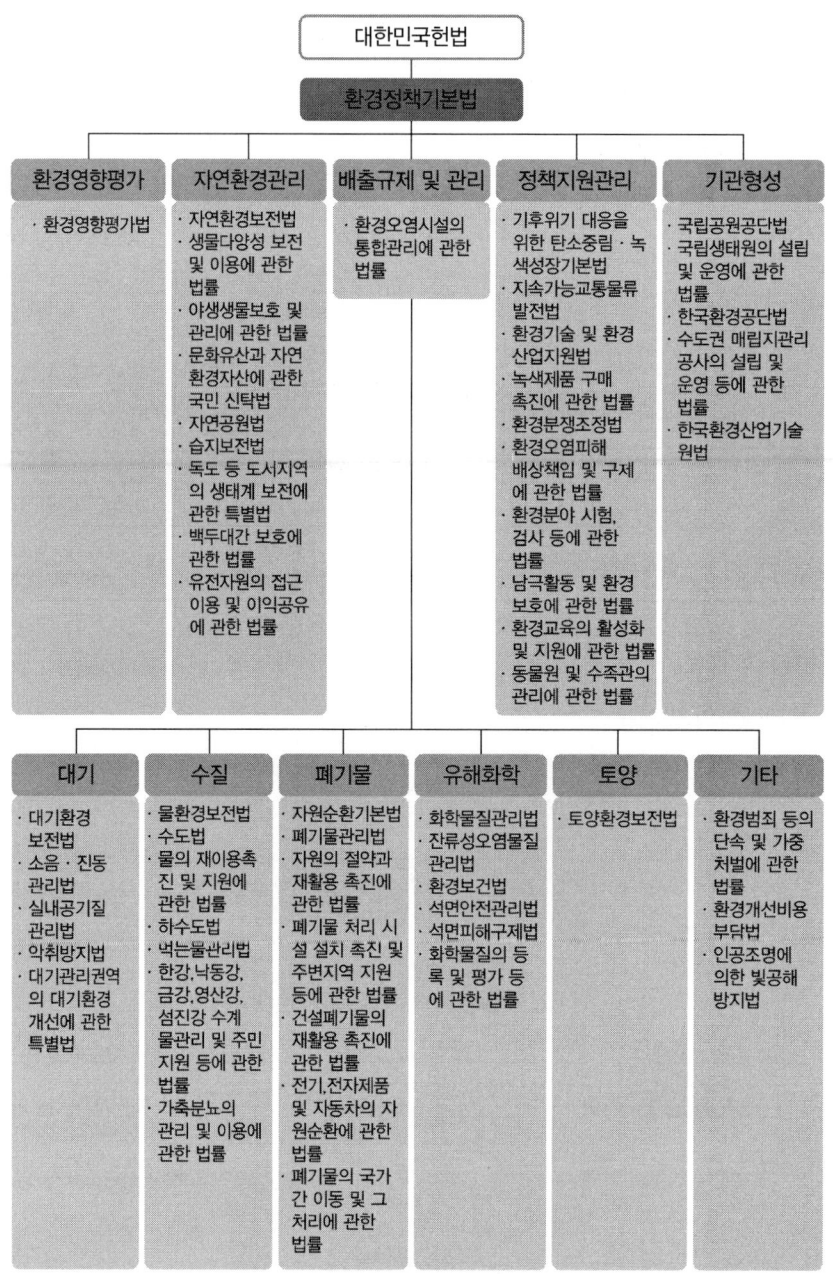

| 우리나라의 환경 관련 법률체계 |

③ 법률검토
  ㉠ 토지이용현황 관련 법규 검토
    • 토지이용규제정보서비스(luris.molit.go.kr)를 이용한다.
    • 개별법에 따라 지정된 사업 대상지의 현황을 조사한다.
      - 국토의 계획 및 이용에 관한 법률
      - 농지법
      - 산지관리법
      - 문화재보호법
      - 하천법 등
  ㉡ 관련 계획 검토
    • 환경 관련 상위계획 검토
    • 국토 관련 상위계획 검토
    • 사업 대상지 주변 사업계획 검토
  ㉢ 생태복원사업의 행정절차를 파악하기 위하여 인허가사항을 검토
    • 개발행위허가 절차
      - 「국토의 계획 및 이용에 관한 법률」에 의하여 용도지역만을 지정하고 있는 경우 개발행위허가 절차에 대해 검토
      - 개발행위허가 규모 이상일 경우 다른 개별법에 따라 사업을 추진
    • 도시·군계획시설로 결정되어 있는 경우
      - 「국토의 계획 및 이용에 관한 법률」이 추진 근거 법률임
      - 다만, 도시공원은 「도시공원 및 녹지 등에 관한 법률」도 함께 추진 근거 법률이 되어, 해당 인·허가는 '도시·군관리계획시설사업 실시계획인가'와 '공원 조성계획의 결정(변경)'임
  ㉣ 사업추진에 필요한 행정절차의 검토
    해당 인허가에 선행하여 이행해야 하는 주요 행정절차의 검토
    • 「환경영향평가법」: 전략환경영향평가/환경영향평가/소규모환경영향평가 대상 여부
    • 「자연재해대책법」: 사전재해영향성검토 협의 대상 여부(행정계획, 개발사업)
    • 「농지법」: 농지전용허가·협의·신고
    • 「산지관리법」: 산지전용허가·신고
    • 「초지법」: 초지전용허가·협의·신고
    • 「하천법」: 하천점용허가 및 하천공사 시행 허가
    • 「소하천법」: 소하천점용허가 및 소하천공사 시행 허가
    • 「매장문화재 보호 및 조사에 관한 법률」: 문화재지표조사 대상 여부

- 사업 대상지가 문화재현상변경 허가 대상구역(역사·문화·환경 보존지역) 내에 위치할 경우, 「문화재보호법」에 따른 문화재현상변경허가
- 사업 대상지가 개발제한구역 내에 위치할 경우, 「개발제한구역의 지정 및 관리에 관한 특별조치법」에 따른 개발제한구역관리계획 변경
- 「농어촌정비법」 농업시설의 사용허가(목적 외 사용승인)
- 기타 법률에 따른 인가, 허가, 승인, 협의

2. 사업목표 수립

1) 사업목표

① 정의

생태복원사업의 목표는 미래의 어느 시점(목표시점)에서 형성되는 이상적인 생태계의 상태이다.

② 기능
  ㉠ 사업의 방향제시
  ㉡ 사업의 정당성 확보
  ㉢ 사업을 평가하는 척도

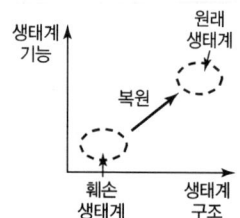

※ 생태복원은 훼손된 생태계의 구조와 기능을 훼손 전의 상태로 되돌리는 과정이다.

③ 조건
  ㉠ 구체적인 목표(Specific Goals) : 구체적이고 분명하게
  ㉡ 측정 가능한 목표(Measurable Goals) : 정량화 및 측정가능성
  ㉢ 달성 가능한 목표(Achievable Goals) : 실현가능한 목표설정
  ㉣ 합리적인 목표(Reasonable Goals) : 경제적·시간적 여건 고려
  ㉤ 시간한계가 정해진 목표(Time-bound Goals) : 목표연도 설정

④ 목표설정방법
  ㉠ 핵심훼손원인을 파악한다.
  ㉡ 훼손원인을 제거하거나 완화했을 때, 기대되는 정량적·정성적 목표를 수립한다.

▼ 정량적·정성적 목표 비교

구분	내용
정량적 목표	일정 온도 저감, 일정 탄소 축적량 증가 등 수치화할 수 있는 목표
정성적 목표	생물서식공간 조성, 생태계복원 등 현상학에 바탕을 둔 목표

2) 사업(설계) 개념 및 주제

① 정의
　㉠ 개념(Concept) : 생태계가 본래 가지고 있는 구조와 기능을 재현하는 것이다.
　㉡ 주제(Theme) : 설계가가 생태학이론을 바탕으로 나타내고자 하는 중심내용이다.

② 구현방식
　㉠ 직설적 구현 : 있는 그대로 표현하는 방식이다.
　㉡ 추상적 구현 : 상상을 통하여 유추할 수 있는 여지를 마련하는 것이다.
　㉢ 해체적 구현 : 원래 모습을 찾아볼 수 없지만 더 새로우면서도 본래의 형상이나 모습의 느낌이 전달되는 구현방식이다.

③ 설정방법

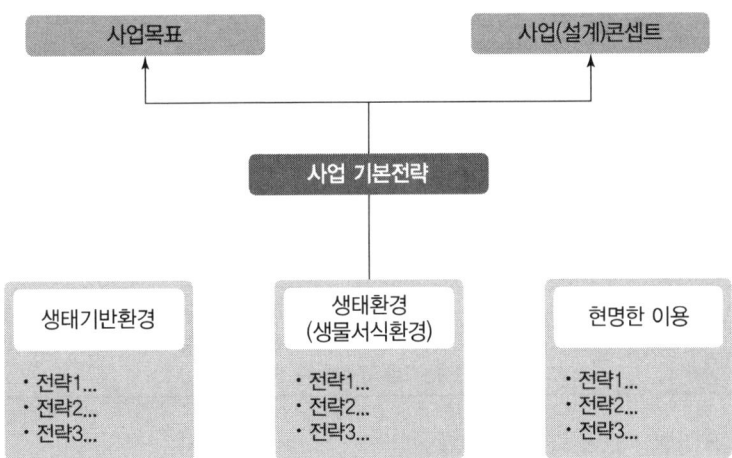

┃ 생태복원사업 기본전략의 구성 ┃

3) 생태복원의 접근방법

구분	내용
생태공학적 접근방법	생태공학에 근거한 정량적인 접근방법(Quantitative Approach)
전통생태학적 접근방법	전통생태학적 지혜를 이용하는 정성적 접근 방법(Qualitative Approach)
사회과학적 접근방법	인간과 자연의 공생을 위한 사회적인 커뮤니티(Community) 형성을 목적으로 접근하는 것이며, 환경수용력을 고려하여 자연생태계를 지속가능한 수준에서 현명하게 이용하는 것을 추구한다.

3. 기본전략 설정

1) 계획 시 시사점 도출

① 조사결과 종합분석 및 보전가치평가를 통해 나타난 결과를 바탕으로 대상지의 자연환경보

전을 위한 기본 접근방향을 설정하기 위하여 계획 시사점을 도출한다.
② 계획시사점 도출 시, 생태적 측면과 인간적 측면을 고려하여야 하며 대상지의 자연환경보전에 대한 계획 및 설계의 방향성을 설정하도록 한다.

2) SWOT분석 및 전략도출

① 개념

목표를 달성하기 위해 의사결정을 해야 하는 대상에 대한 강점(Strength, S), 약점(Weakness, W), 기회(Opportunity, O), 위협(Threat, T)의 4가지 요인을 기초로 사업을 평가하고 전략을 수립하는 방안이다.

② SWOT분석하기

S (강점요인 분석)	내부 환경	• 강점을 어떻게 살릴 것인가? • 내부적인 요인이 장점으로 작용하거나 다른 조건과 비교하여 구별되는 강점을 부각해 분석하는 방법
W (약점요인 분석)		• 약점을 어떻게 극복할 것인가? • 단점으로 작용하거나 다른 조건과 비교하여 특별히 부각할 만한 점이 없는 약점을 분석하는 방법
O (기회요인 분석)	외부 환경	• 기회를 어떻게 이용할 것인가? • 잠재력이나 장단점요인이 외부적인 환경에 비추어 봤을 때 도움이 되거나 기회로 작용할 수 있는 특성들을 부각해 주는 분석방법
T (위협요인 분석)		• 위협을 어떻게 해소할 것인가? • 외부요소가 좋지 않은 영향을 미치거나 위협적인 요소로 작용할 수 있는지를 분석하는 방법

㉠ 요인별 세부전략 도출하기
- 강화전략 : 강점을 최대한 이용하여 극대화하는 전략
- 보완전략 : 약점을 가릴 수 있도록 보완하는 전략
- 활용전략 : 기회를 적극적으로 활용하는 전략
- 극복전략 : 위협을 억제하고 최소화하려는 전략

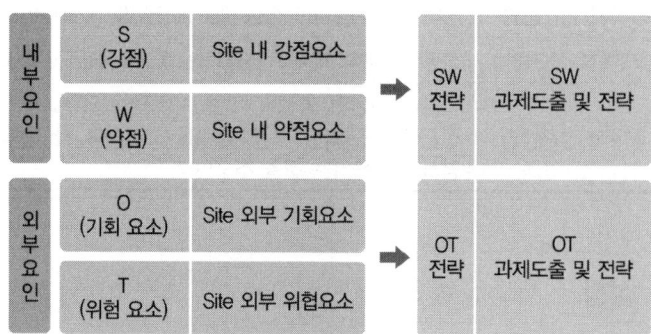

2 목표종 선정하기

1. 목표종 유형이해 및 선정

1) 목표종 개념이해

① 정의
   ㉠ 훼손된 생태계를 복원한 후 안정적이며 지속해서 서식하기를 원하는 생물종을 말한다.
   ㉡ 목표종이 사업대상지에 서식한다는 의미는 훼손된 생태계가 목표종 서식에 적합한 환경으로 복원되었다고 이해할 수 있다.
   ㉢ 목표종은 생태복원의 목표를 달성하는 중요한 수단이며 생태복원 목표달성을 평가할 수 있는 주요한 지표이다.

② 목표종 가능 생물종
   ㉠ 우점종 : 특정군집에서 다른 종들보다 더 많은 비율을 차지하는 종
   ㉡ 생태적 지표종 : 특정지역의 환경조건이나 상태를 측정하는 척도로 이용하는 생물종
   ㉢ 핵심종 : 한 종의 존재가 생태계 내 종다양성 유지에 결정적인 역할을 하는 종
   ㉣ 우산종 : 어느 지역의 생태계피라미드 최상층 생물종
   ㉤ 깃대종(상징종) : 특정지역의 생태·지리·문화 특성을 반영하는 상징적인 중요 야생생물
   ㉥ 희소종(희귀종) : 야생상태에서 개체수가 특히 적은 종

2) 목표종 유형이해

목표종의 유형을 이해한다.

① 개체군의 상호작용에 대해 이해한다.

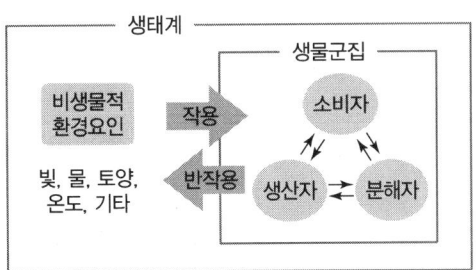

② 생태적 지위(Ecological Niche)에 대해 이해한다.
   ㉠ 서식처지위 : 특정종이 그에 맞는 서식처를 이용할 때 주어지는 지위
   ㉡ 먹이지위 : 특정종이 그에 맞는 먹이를 섭식할 때 주어지는 지위
   ㉢ 복합지위 : 서식처+먹이+… 등 여러 가지 지위가 복합될 때 주어지는 지위

③ 생물종의 기능적 분류, 즉 목표종의 유형에 대해 이해한다.

▼ 생물종의 기능적 분류

구분	내용
우점종 (Dominant Species)	• 군집 또는 군락 내에서 중요도가 높은 종 • 밀도(단위면적당 개체수), 빈도(자주 나타나는 확률), 피도(단위면적당 피복면적)의 총체적 합으로 결정함 • 생태계 내의 생산성 및 영양염류순환과 기타 과정들을 가장 많이 통제하는 종일 확률이 높음
생태적 지표종 (Ecological Indicator)	• 특정지역의 환경조건이나 상태를 측정하는 척도로 이용하는 생물종 • 특정생물종의 존재 여부를 통하여 그 지역의 환경조건을 알 수 있으며 특정환경의 상태를 잘 나타내는 생물종
핵심종 (Keystone Species)	• 우점도나 중요도와 상관없이 어떤 종류에 지배적 영향력을 발휘하고 있는 생물종 • 생물군집에 있어서 생물 간 상호작용의 필요가 있고, 그 종이 사라지면 생태계가 변질된다고 생각되는 종 • 군집에서 중요한 역할을 수행하는 종
여벌종	• 어떤 군집 내 유사한 생태적 서비스를 하는 종 • 생태적 서비스를 복구하는 예비군 • 생태계의 주요 안전장치
우산종 (Umbrella Species)	• 최상위 영양단계에 위치하는 대형 포유류나 맹금류로, 넓은 서식면적을 필요로 하는 생물종 • 이 종을 보호하면 많은 다른 생물종이 생존할 수 있다고 생각되는 종
깃대종 (상징종) (Flagship Species)	• 특정지역의 생태 · 지리 · 문화 특성을 반영하는 상징적인 중요 야생생물 • 생물종의 아름다움이나 매력 때문에 일반 사람들이 보호를 해야 한다고 인식하는 생물종 • 깃대(Flagship)라는 단어는 해당 지역생태계 회복의 개척자 이미지를 부여한 상징적인 표현임 예 홍천의 열목어, 거제도의 고란초, 덕유산의 반딧불이, 태화강의 각시붕어, 광릉숲의 크낙새 등
희소종(희귀종) (Threatened Species)	• 서식지의 축소, 생물학적 침입, 남획 등으로 점멸의 우려가 있는 종 • 국제적 차원의 희소종, 국가적 차원의 희소종, 지역적 차원의 희소종 등으로 구분이 가능함
생태적 동등종 (Ecological Equivalents)	• 지리적으로 서로 다른 지역에서 생태적으로 유사하거나 동일한 지위를 점하는 생물종 • 분류학적으로는 서로 다르지만 기능적으로 유사한 생물종 예 호주의 캥거루와 아프리카 초원의 영양

3) 목표종 선정

사업대상지의 자연환경조사 및 분석 결과를 바탕으로 대상지의 목표종을 선정한다.

① 사업대상지의 목표종 선정을 위한 기준을 작성한다.
② 사업대상지의 목표종 후보군을 선정한다.
③ 목표종 선정기준을 적용하여 사업대상지의 최종 목표종을 선정한다.

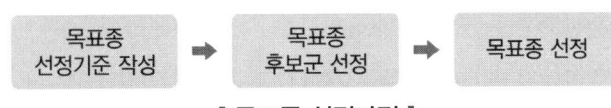

┃목표종 선정과정┃

2. 목표종 서식지 구성요소와 서식특성 파악

1) 목표종 서식지 구성요소

① 공간(Space)
  ㉠ 행동권(Home Range) : 야생동물의 행동반경이다.
  ㉡ 세력권(Territory)
     - 야생동물 종의 다른 개체 또는 다른 무리로부터 방어하여 점유하는 지역을 말하며 텃세권이라고도 한다.
     - 야생동물은 자신의 세력권은 독점적으로 사용하며, 다른 동물들이 자신의 세력권에 침입하면 경고, 위협, 물리적 압박을 가하는 적대적 행동을 취한다.

▼ 행동권과 세력권

구분	행동권	세력권
개념	야생동물들이 생활하는 데 필요한 포괄적인 서식지역	• 텃세권 • 야생동물이 방어를 위해 점유하는 공간이자 독점적으로 사용하는 고유영역
모식도		(세력권이 행동권 내부에 포함된 동심원 모식도)
타개체와의 관계	• 타개체와 함께 사용 • 타개체와 무관	타개체에 대한 방어행위

② 은신처(Cover)
  ㉠ 열악한 기후조건과 적 또는 기타 위협으로부터 동물을 보호해 주고 동물의 서식활동을 보조해 주는 안식처를 말한다.
  ㉡ 은신처는 주로 식생으로 이루어진다.
  ㉢ 은신처(Cover)의 종류
     - 겨울은신처(Winter Cover)
     - 피난은신처(Refuge Cover)
     - 휴식은신처(Loafing Cover)
     - 수면은신처(Roosting Cover)

- 번식은신처(Breeding Cover)
- 체온유지은신처(Thermal Cover)

③ 먹이(Food)
   ㉠ 생존에 가장 기본적인 구성요소이다.
   ㉡ 야생동물의 종류 및 계절에 따라 먹이자원이 달라지기도 한다.
   ㉢ 개체군 밀도 및 야생동물의 성장과 번식에 영향을 준다.

④ 수환경(물, Water)
   ㉠ 마시는 물을 제공하며 먹이자원을 획득하는 장소이다.
   ㉡ 특정생물종에게 주된 생활공간이기도 하며 적을 피할 수 있는 도피처 및 피난처로 사용하기도 한다.

2) 목표종 서식특성 파악

① 목표종의 생활사(Life Cycle)를 파악한다.

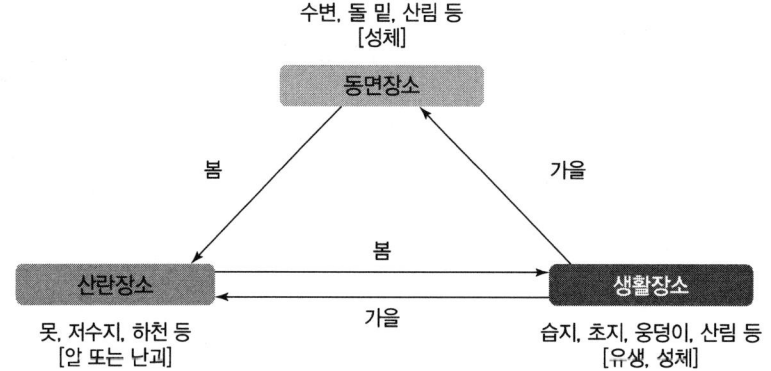

┃양서류의 생활사에 따른 장소 구분┃

② 목표종의 서식지 요구조건을 파악한다.
   ㉠ 요구공간 조사
   ㉡ 요구은신처 조사
   ㉢ 요구먹이 조사
   ㉣ 요구수환경 조사

▼ **분류군별 핵심 구성요소**

구분	내용
포유류	동면지, 보금자리, 먹이자원, 활동권
조류	번식지, 채식지, 월동지, 커버자원(잠자리, 휴식처 등)
양서류/파충류	집단산란지, 활동지, 동면지, 이동경로
어류	산란지, 먹이자원, 회유성 어류의 이동경로
곤충류	산란지, 먹이자원, 월동지, 피난처

3) 서식지 평가기법
   ① 정의
      ㉠ 미국 어류 및 야생동물보호청(U.S. Fish & Wildlife Service)은 1970년대 중반에 개발사업의 야생동식물에 대한 영향을 파악하기 위해 서식지 평가기법(Habitat Evaluation Procedure : HEP)을 개발하였다(환경부, 2011).
      ㉡ 해당 야생동물종의 서식지를 서식지적합성지수(HSI)로 설명할 수 있다는 가정을 기반으로 한다.
      ㉢ 정량지수(0~1)는 이용가능한 서식지면적과 곱하여 기준서식지단위(Habitat Units : HU)를 도출할 수 있다.

      > 서식지단위(HU)
      > =서식지의 질(HSI)×이용가능한 서식지면적(Area of Available Habitat)

   ② 서식지적합성지수(Habitat Suitability Index : HSI)
      ㉠ 특정야생생물이 서식할 수 있는 서식지의 능력 즉 공간의 수용력을 나타내는 정량적 지표이다.
      ㉡ 정량지수(0~1)값을 취한다.

      $$\text{서식지적합성지수(HSI)} = \frac{\text{적용 대상지역의 서식지 조건}}{\text{최적의 서식지 조건}}$$

3 생태네트워크 구상

1. 생태네트워크 구축방법

1) 핵심지역(Core Area), 생태적 코리더 또는 연결지역(Ecological Corridor), 완충지역(Buffer Zone), 복원 및 창출지역(Restoration & Creation), 지속가능한 이용 지역(Sustainable Use Area) 등 생태네트워크의 구성 요소를 대상지 여건에 부합하여 도입한다.

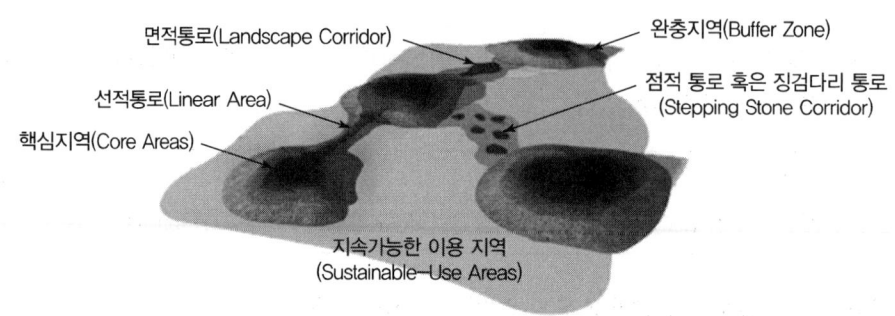

| 생태네트워크 구성요소 |

2) 개별적 서식지와 생물종으로 구분하지 않고 지역적인 맥락에서 모든 서식지와 생물종의 보전을 목적으로 한다.
3) 생태네트워크를 실현하는 방법으로 ① 가치 있는 서식지의 보전, ② 훼손된 서식지의 복원, ③ 기능이 저하된 서식지의 향상, ④ 새로운 서식지의 창출, ⑤ 이동통로의 조성 등을 도입한다.

▼ 생태네트워크 실현을 위한 요소(예시)

구분	산림 및 녹지	하천 및 습지
가치 있는 서식지의 보전	핵심지역으로 설정	핵심지역으로 설정
훼손된 서식지의 복원	• 자연산림 훼손지 복원 • 완충녹지대(다층식재)	• 콘크리트 수로의 자연화 • 수리·수문 차단 지역의 개선
기능이 저하된 서식지의 향상	• 조림지 복원 • 귀화수종 우점지역 복원 • 친환경 농법 시행	• 호안 및 제방 복원 • 귀화수종 우점지역 개선
새로운 서식지의 창출	• 생태공원 등 규모있는 서식지 조성 • 생태(가로)숲 등 비오톱 조성(옥상녹화, 소생물 서식지) • 입면공간의 생물서식 공간화(옹벽, 호안 등) • 완충녹지대(다층식재) 조성	• 생태수로, 실개울 등의 조성 • 생물종 서식지 조성
이동통로의 조성	도로나 철도 등에 의해 단절된 지역에 생태통로 조성	

2. 생태네트워크 전략

1) 그린네트워크(공원, 녹지 및 산림), 블루네트워크(하천, 호소 등 수계), 화이트 네트워크(바람길, 에너지 등) 등 유형별 생태네트워크를 구상한다.
2) 「2.4 공간구상」에 따라 유네스코 MAB 원리를 적용하여 핵심지역, 완충지역, 전이지역을 구분하며, 생태계 사이 또는 서식지 간 기능적 연결이 필요한 지역은 생태적 코리더(Ecological Corridor)의 기능을 부여하여 연결성과 순환성을 확보한다.
3) 생물서식이나 생태네트워크상에서 생물다양성의 증진을 위해 새롭게 조성되는 복원 및 창출지역을 도입한다.
4) 생물종의 서식 및 이동을 보장할 수 있고 지속가능한 방식으로 이용 및 개발을 할 수 있는 지속가능한 이용 지역을 도입한다.

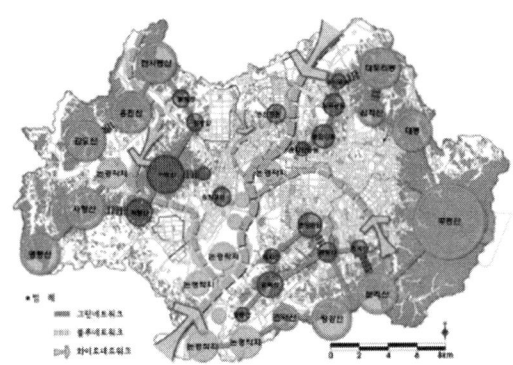

❙ 유형별 생태네트워크 구상 사례 ❙

4 공간구상하기

1. 대상지 공간구분(핵심 · 완충 · 협력구역)

1) 공간구상

① 인간과 생물권계획(Man And the Biosphere programme : MAB)

㉠ 설립목적
- 자연과학과 사회과학 측면에서 생물권의 자원을 합리적으로 이용하고 보전하는 토대를 마련하기 위해서이다.
- 인간과 환경의 관계 증진을 위하여 현재의 인간 행위가 미래에 미치는 영향을 예측하기 위해서이다.
- 생물권의 자연자원을 효율적으로 관리할 수 있는 능력을 배양하기 위해서이다.

ⓛ 주요사업

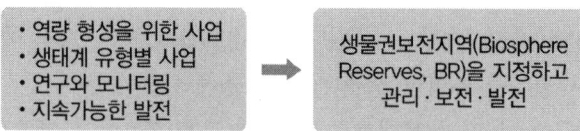

ⓒ 생물권보전지역(Biosphere Reserves : BR)
- 기능

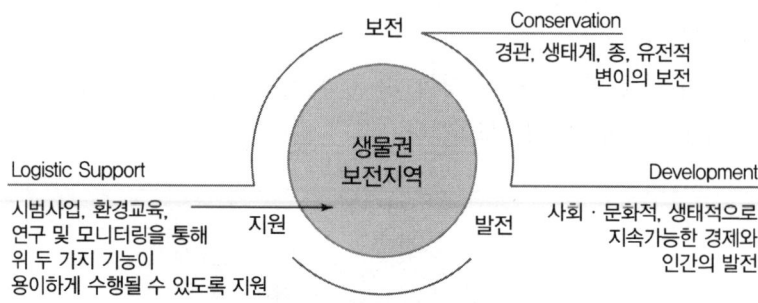

┃생물권보전지역(BR)의 기능┃

- 공간모형(The Space Model of Biosphere)

▼ 생물권보전지역의 공간모형

구분	내용
핵심구역 (Core Area)	생물다양성의 보전과 최소한으로 교란된 생태계의 모니터링, 파괴적이지 않은 조사연구와 영향을 적게 주는 이용(교육 등) 등을 할 수 있는 엄격히 보호되는 하나 또는 여러 개의 장소
완충구역 (Buffer Area)	핵심지역을 둘러싸고 있거나 그것에 인접해 있으면서 환경교육, 레크리에이션, 생태관광, 기초연구 및 응용연구 등의 건전한 생태적 활동에 적합한 협력활동을 위해 허용되는 곳
협력구역 (Transition Area)	다양한 농업활동과 주거지, 다른 용도로 이용되며 지역의 자원을 함께 관리하고 지속가능한 방식으로 개발하기 위해 지역사회, 관리 당국, 학자, 비정부단체(NGOs), 문화단체, 경제적 이해집단과 기존 이해당사자들이 함께 일하는 곳

> **Transition Area(전이구역 → 협력구역)**
> Transition Area는 생물권보전지역 중 가장 외곽의 일반지역과의 경계지역으로 다양한 농업 활동, 주거지, 기타 용도로 이용 가능한 구역을 말한다. 환경부는 Transition Area의 활용 의미를 정확히 전달하기 위해 우리말 명칭을 2015년 9월 '전이구역'에서 '협력구역'으로 변경하였다.(환경부, 2016.3.20)

아래 그림과 같이 3개 구역이 원래 일련의 동심원을 이루도록 구상되었으나 현지의 요구와 조건에 맞게 다양한 형태를 보인다. 생물권보전지역(BR) 공간 구분의 개념은 자연환경보전 및 생태복원에서도 매우 활용 가치가 높다.

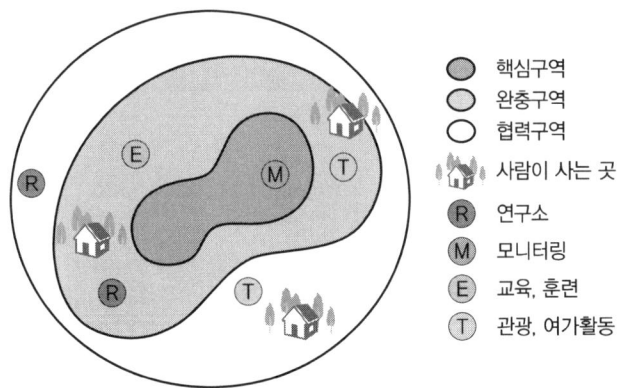

┃생물권보전지역(BR)의 공간┃

② 공간구상하는 법
  ㉠ 핵심, 완충, 협력구역으로 공간 구분
   • 보전가치 평가 등급을 생물권보전지역(BR) 공간 모형의 공간 구분 기준에 따라 분류한다.

   ▼ 보전등급에 따른 공간구분 예시

등급			공간구분
3등급	5등급	7등급	
1등급	1등급	1등급	핵심구역 (Core Area)
	2등급	2등급	
		3등급	
2등급	3등급	4등급	완충구역 (Buffer Area)
		5등급	
3등급	4등급	6등급	협력구역 (Transition Area)
	5등급	7등급	

  • 핵심구역은 일반적으로 복원 대상지 전체 면적의 50% 이상이 되도록 구획한다.
  • 지속 가능한 이용공간인 협력구여은 25% 이하로 구획한다.
  • 핵심구역, 완충구역, 협력구역의 공간 구분을 완료한 후, 구역별 면적 및 비율을 표로 정리하여 작성한다.

2. 목표종 서식지 구성

핵심구역을 중심으로 적정 규모의 목표종 서식지를 구성한다.

1) 목표종 서식지 구성요소

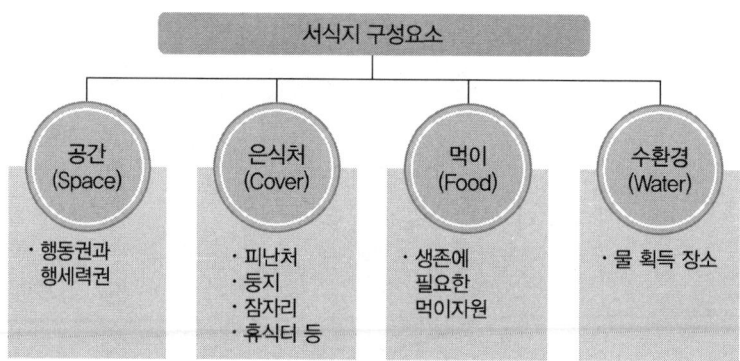

| 서식지 구성요소 |

2) 목표종 서식지 구성

① 곤충류 서식지

㉠ 곤충 서식지의 입지조건
- 산림이나 숲 가장자리 전이대 지역의 햇볕이 잘 드는 곳을 선정한다.
- 적당한 크기의 습지와 상당히 넓은 면적의 초지, 덤불이나 조그만 숲을 조성할 수 있는 $10,000m^2$ 이상의 공간을 확보한다.
- 관목과 교목 식재가 가능해야 하며, 적당한 마운딩을 조성한다.
- 가까운 곳에 다른 습지나 수변 공간이 있는 크기 $50m^2$ 이상의 습지를 확보한다.

㉡ 곤충 서식지의 주변 환경
- 주변에 종 공급원 기능이 가능한 산림이나 대규모 녹지 공간 등이 존재하고 심각한 소음과 대기오염 같은 곤충류 서식을 저해하는 요인이 적은 곳이어야 한다.
- 잠자리의 비상거리는 1km 정도로, 주변에 숲이나 다른 습지가 존재하면 다양한 잠자리의 서식을 유도할 수 있다.

㉢ 곤충 서식지 조성 기법
- 전체 시스템으로는 크게 나비류를 위한 나비원과 잠자리 습지로 이루어지고, 딱정벌레류의 서식을 유도하는 식생, 다공질공간 등을 도입한 생물서식공간을 조성한다.
- 재래종 곤충류의 먹이식물이 번성한 지역의 토양을 활용하여 자연식생으로 회복을 유도하고 일부 지역에 낙엽층이나 부식층, 모래나 자갈로 구성된 장소 등 다양한 공간을 조성한다.

- 양지바른 지역에 먹이식물을 중심으로 식재된 넓은 초지를 조성하고, 주변 녹지공간이나 산림과 연결되는 지역에 나비와 딱정벌레의 식이식물, 수액식물, 산란장소 등의 기능을 하는 교목림을 조성한다.
- 유충·성충 등 곤충류의 먹이식물, 수액식물 등을 조화롭게 식재하여 산란·우화·월동 등에 이용할 수 있도록 하고, 덤불, 자생수종 등을 도입한다.
- 수질은 잠자리 유충의 경우 생육을 위한 생물화학적 산소요구량(BOD)은 10ppm 이하로 유지한다.
- 습지의 수심이 얕은 곳은 10~30cm에서 깊은 곳은 1m 정도로 완만한 경사로를 조성하되 수초를 도입하여 잠자리의 산란장소를 제공한다.
- 습지 모양은 변화가 있는 형태로 조성하되, 호안은 경사와 재료를 다양하게 하고, 수면적의 60% 이상은 개방수면으로 하여 잠자리와 같은 비상하는 곤충류를 유도한다.
- 공급용수는 지하에서 용수가 솟아 나오는 장소가 습지 조성 최적지이나, 깨끗한 우수나 강물을 활용하되 갈수기를 대비한 보조수원(수돗물, 지하수)을 계획한다.
- 호안 주변은 습지 내부와 호안 주변으로 말뚝, 통나무 등을 배치하여 잠자리와 나비의 휴식장소를 제공하고, 상부에 평평한 바위(거석)를 배치하여 잠자리의 우화 장소로 활용한다.
- 돌무더기, 통나무, 고목, 나뭇가지 더미, 낙엽층 및 부엽토 쌓기 등으로 다공질공간을 조성한다.

② 어류 서식지

㉠ 어류의 생태적 특징
- 어류는 봄과 여름 사이에 대부분 산란하며, 성장은 일반적으로 4~6월에 활발하고 10~3월에 저조하다.
- 생활 장소는 구역, 지질, 수질, 수온, 용존산소량에 따라 달라진다.
- 겨울에는 웅덩이, 강변의 풀 사이, 강바닥 등에서 가만히 있거나, 모래나 돌 밑에 잠겨 지내며, 낮에는 먹이를 먹으며 생활하고 밤에는 웅덩이에서 휴식한다.

㉡ 서식지 조성 기법
- 어류 서식에 지장을 주지 않는 수질 관리가 가능한 형태로 조성한다.
- 휴식 및 은신처로서 웅덩이나 연안 가장자리에 수초나 돌 틈을 조성한다.
- 여름철 수온 상승과 겨울철 동결심도 및 어류피난처를 고려하여 1m 내외의 깊은 수심을 일부 조성한다.
- 모래, 자갈, 진흙 등 다양한 재료를 활용한 저서환경을 조성한다.
- 어종과 산란지와의 관계를 파악하고 필요로 하는 공간을 조성한다.

③ 양서·파충류 서식지
　㉠ 양서류의 생태적 특성
　　• 넓은 면적의 수환경, 습초지 등이 형성된 지면에서 서식하는 양서류 중 대표적인 개구리류는 파충류나 대형 조류의 먹이원으로 다양한 먹이사슬을 만드는 데 영향을 미친다.
　　• 개구리류의 경우 봄에는 산란 장소로 이동하며, 여름에는 그늘진 곳이나 먹이가 풍부한 곳으로 장소를 옮기고, 가을에는 동면장소로 이동하므로 핵심지역과 완충지역 등의 서식공간을 필요로 한다.

▼ 한국산 양서류의 서식공간과 산란 장소

종명	서식장소	산란장소	동면장소
북방산개구리	계곡, 하천	논, 저습지, 하천	계곡 주변
한국산개구리	습원, 습지, 논 주변	논, 저습지	논둑, 습지
옴개구리	습지, 논 저수지	하천	하천, 개울
금개구리	논, 저습지	저습지, 수로	논둑, 수변
참개구리	물가, 논, 밭고랑	논, 저습지	논둑, 수변
두꺼비	산림	논, 저습지, 호수	야산임연부, 계곡 돌 틈
물두꺼비	계곡, 산림	계곡, 하천변	하천 돌 밑
청개구리	산림, 논, 습원	논, 저습지	논, 습지, 밭
수원청개구리	논, 습원	논, 저습지	논, 습지, 밭
맹꽁이	초지, 습원의 평지, 밭	저습지, 웅덩이	논, 습지, 밭
무당개구리	계곡, 웅덩이	계곡, 웅덩이	습지, 밭

　㉡ 서식지 조성 기법
　　• 대상지와 습지의 크기는 햇볕이 잘 드는 곳으로 물이 너무 차갑지 않고, 주변의 수목에 의해 그늘이 생기지 않도록 하고, 크기는 100m^2 이상으로 조성한다.
　　• 습지의 모양은 불규칙한 형태가 바람직하고, 수심은 다양하게 조성하되 50~70cm가 적당하다. 단, 동면을 위하여 습지 바닥이 얼지 않을 정도의 깊이가 확보되어야 하고, 산란기(봄철)에는 개구리가 수심 10cm되는 곳에 산란을 하므로 해당 수심의 서식지를 조성한다.
　　• 공급 수원은 우수나 강물을 이용한다.
　　• 양서류의 유생은 습지에서 주로 생활하고 성체로 성장하면 초지나 산림으로 이동을 하여 활동하게 되므로 이를 위한 이동통로를 확보해야 한다. 이 통로는 인간의 이용행위로 인한 간섭이 최대한 일어나지 않도록 처리한다.

- 유생을 위한 차폐식재가 필요하고, 대상지 인근 지역에서 자생하는 식물들을 도입하되, 수생식물이 전체 수면적의 10~20% 수준으로 유지되도록 계획한다.
- 양서류의 이동거리를 고려하여 반경 내 다른 습지, 개울이 존재하도록 계획한다.

▼ 양서류의 서식환경 기준

항목	기준	내용
서식기반	지형(경사도)	경사가 완만할수록 적합
	수문(유량)	유량이 풍부할수록 적합
	토양(배수 여부)	배수가 안 될수록 적합
서식 적합성	습지조성 가능면적	조성가능 면적이 넓을수록 적합
	산림과의 거리	산림과 가까울수록 적합
	산림생태계 건강성	주변산림의 층상구조가 다양할수록 적합
	수문의 pH	pH 7~8 적합
	기존 습지와의 연계성	인접 습지, 수원과 가까울수록 적합
교란요인	도로와의 거리	도로와 거리가 멀수록 적합
	마을과의 거리	마을과 거리가 멀수록 적합
	오염원과의 거리	오염원과 거리가 멀수록 적합

양서류 산란지	주변부 경사
일시적으로 물이 고인 곳 등 수심 30cm 내외가 산란지에 적합	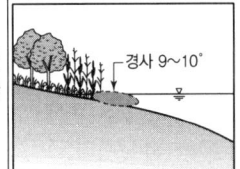 물속에서 서식하는 양서류가 육상으로 이동하기 용이하도록 10도 이내의 완만한 경사로 계획
양서류 활동지	수변 완충녹지대
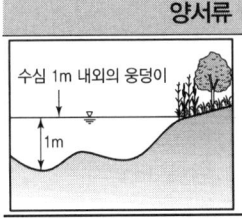 겨울철 동결이나 여름철의 지나친 수온 상승으로 인한 영향을 받지 않도록 수심 1m 내외로 웅덩이 형태로 조성	 유생은 습지에서 서식하고 성체는 초지나 산림에 서식하므로 초지, 관목림 등의 수림을 조성하여 산림과 연결

┃양서류 서식지 조성사례┃

ⓒ 파충류 서식지
- 파충류 서식지의 경우, 멸종위기종보전 혹은 개체증식 등의 특별한 목적이 있을 경우 조성한다.

▼ 남생이 서식조건 사례

구분	서식조건
공간	• 강과 이어진 논이나 늪, 냇가, 습지, 호수, 민물 등 서식, 낮에는 강가에 은신 • 여름 : 기생충 제거를 위해 바위에 올라가서 일광욕을 함 • 산란기 : 물가 모래톱, 부엽토 지내에서 구덩이 파고 산란 • 겨울 : 강바닥 진흙 속 동면
먹이	• 잡식성, 다양한 식물과 죽은 동물 • 개구리, 우렁이, 민물고기, 새우, 다슬기, 양서류, 달팽이, 지렁이, 곤충류, 수초 등 • 아침과 해질녘에 물가나 물속에서 섭식 • 1~2년생은 대기 온도가 15℃ 이하로 내려가면 섭식 중단
은신처	• 낮에는 강가의 돌 밑이나, 흙, 진흙 속으로 파고 들어감 • 날씨가 추워지면 물속의 진흙을 파고 들어가서 동면
물	• 강의 중류, 하류, 호수, 습지, 늪, 논의 관개수로와 같이 유속이 약하거나 고인 담수 • 주로 물에서 서식, 헤엄치고 먹이를 잡아먹음
기타	• 산란기 6~7월 • 물새나 공격적인 조류, 육식성 어류, 소형 포유류 및 설치류는 남생이의 유생이나 성체에게 위협

④ 조류 서식지
ⓐ 조류의 생태적 특성
- 조류의 종 다양성이 높은 지역은 대부분 안정적인 먹이사슬이 형성되어 있어, 생태적으로 양호한 서식지라고 말할 수 있다.
- 조류는 인간의 간섭에 매우 민감하며, 비교적 넓은 서식지를 요구한다.
- 조류는 주행성과 야행성으로 나뉘며 대부분 주행성인 경우가 많고 일출 후 수 시간 동안 활발하게 활동하고 야간에는 수면을 취하는 행동 양상을 보인다.
- 야행성 조류의 경우, 낮에는 휴식이나 수면을 취하고 밤에 먹이활동을 실시한다.
- 소형조류는 번식기에는 곤충이나 거미, 지렁이 등을 먹는 비율이 높고, 월동기에는 식물의 열매 등을 주로 먹는다.

▼ 조류의 서식환경에 따른 생물종

구분	환경조건	해당 생물종
수위	깊은 곳	수면성 오리, 쇠물닭 등
	얕은 곳	섭금류, 덤불해오라기, 황로 등
습지의 저질	돌 틈, 바위	꼬망물떼새, 노랑할미새 등
	모래, 자갈땅	쇠제비갈매기, 흰물떼새 등
	점질토 토양	큰뒷부리도요, 물떼새류
식생	정수식물 군락	개개비, 물닭, 청둥오리 등
	풀밭	덤불해오라기, 쇠오리, 흰뺨검둥오리 등
	관목	고방오리 등
	교목	황로, 왜가리, 검은댕기해오라기, 백로류 등
	고목	호반새
저습지 주변부	급경사지	물총새, 갈색제비 등
	완경사지	청호반새 등

ⓒ 서식지 조성 기법
- 조류의 유인 및 서식환경 조성을 위해서는 서식지 크기, 주연부 비율, 이동경로와 서식환경 등을 중요하게 고려해야 한다.
- 조류별 서식환경 조성에 있어서 가장 중요한 고려 요소는 먹이, 커버, 번식, 공간 등이며 사행하천, 큰 웅덩이, 하천식생, 갯벌, 자갈밭 등이 대상지역과 인접한 지역에 형성되어 있는 것이 바람직하다.

▼ 조류 대체서식지 구성을 위한 핵심 구성요소

구성요소	설명
먹이	조류는 수서곤충, 어류, 양서류, 파충류, 수생식물을 주로 이용하며, 먹이자원이 풍부할수록 좋음
커버	잠자리, 피난, 은신, 휴식처 등을 충분히 제공하여야 하며, 다양한 기능을 복합적으로 제공하는 지역에 서식밀도가 높음
번식	둥지를 마련할 수 있는 공간이 제공되어야 하며, 둥지 재료 및 유조에 대한 육추활동을 지원할 수 있는 공간이 제공되어야 함

- 목표 조류에 적합한 서식환경은 다음과 같다.
  - 서식환경은 기본적으로 수림, 초본, 담수, 담수습지, 모래/자갈, 갯벌, 하구, 벼랑/기슭으로 이루어진다.
  - 서식지 면적은 넓을수록 바람직하며 물새류를 위한 습지 조성 시 먹이원으로 이용되는 곤충류, 저서생물 등의 서식밀도를 높일 수 있도록 다양한 형태의 수위와 공간 구조로 수변부를 구성한다.

- 물새류를 위한 습지는 저습지가 2/3, 넓은 수면 1/3의 비를 갖추어야 하며 가장 선호하는 수생식물의 위치는 수심 30~60cm의 곳이다.
- 저습지는 2m 이하로 수위를 유지하며, 다양한 수위로 조성하여 수면성 오리류, 잠수성 오리류, 백로류, 갈매기류와 같은 다양한 물새들이 선호하는 환경을 조성한다.
- 저습지의 호안은 일부 조류를 제외하고 대부분 완경비탈면을 선호한다. 호안 경사를 1:3 정도로 유지한다.
- 전체 수면적의 50% 내외는 개방수면을 확보하여 조류 및 비행성 곤충류를 유인할 수 있도록 한다.
- 저습지 주위에 물새류 서식을 위해 은신할 수 있는 갈대군락, 줄군락, 버드나무군락 등을 조성한다.
- 식생은 조류의 은신처나 피난처로 이용될 뿐만 아니라 먹이원으로 활용된다. 멧새류를 위하여 주변 녹지에 다양한 종자식물을 식재한다. 수면성 오리류는 천변에 먹이가 되는 수초를 식재한다.
- 물떼새, 도요류와 할미새류는 하천변에 자갈(크기 7~15cm)밭과 모래밭을 조성하고 하안 식생을 유지하여 은신처로 이용할 수 있도록 한다.
- 박새, 멧새, 참새류는 교목과 관목을 적절하게 잘 혼용하여 이들의 서식공간을 조성해 주고 이들의 먹이가 되는 종자식물을 많이 식재한다.
- 저습지 중간에는 인공섬을 설치하여 포식자로부터 안전한 공간을 조성해 준다. 인공섬은 불규칙한 곡선 형태로 조성하고, 전체 저습지 면적의 1~5%로 조성한다. 휴식, 산란 등을 위해 고목, 횃대(통나무 박기) 등을 설치한다.
- 조류가 서식지에 쉽게 접근할 수 있는 환경을 조성한다.
  - 주변환경과의 연계로 목표 생물종이 서식환경과 주변환경을 이동할 수 있는 환경을 조성한다.
  - 개개비류의 번식 및 이동을 위해서는 갈대군락을 주변습지와 연속적으로 조성하고, 쇠물닭 등은 줄과 부들군락이 개방수면과 함께 있어야 한다. 붉은머리오목눈이는 관목덤불을 조성한다.
  - 다층구조의 식생군락을 형성하여 조류를 유인하고, 나무구멍을 둥지로 이용하는 박새, 동고비 등을 위해 인공새집을 설치한다.

ⓒ 조류관찰을 위한 이용자 통제 및 관찰시설 조성
- 조류 서식에 대한 이용자의 간섭을 줄이기 위해 조류의 종별 특성을 고려하여 서식지와 이용시설과의 이격거리를 확보한다.
- 관찰로는 관찰행위로 인한 간섭을 최소화할 수 있도록 이용자가 은신되는 형태로 조성한다.
- 관찰대까지의 접근로도 조류의 시선에서 차단될 수 있도록 한다.

3. 동선 및 생태시설물계획

1) 토지이용 및 동선계획

① **토지이용계획**

ⓐ 생물권보전지역(BR) 공간구분에 따라 핵심·완충·협력구역을 구분하며 생물서식공간과 이용공간 등을 구분한다.

ⓑ 자연환경의 보전방안과 생태체험 및 탐방이 이루어질 수 있도록 효율적인 공간 활용계획을 수립한다.

ⓒ 생물서식지 중심의 핵심지역은 면적기준에 적합하여야 하며, 대상지역 및 주변의 자연환경 조사자료를 참고하여 주변 야생동식물 서식환경에 적합한 토지이용계획을 수립하여야 한다.

ⓓ 여건분석에 나타난 공간상의 특성과 제한조건 등을 수용할 수 있는 기능을 공간별로 구분하고, 기존의 지형이나 식생 등 자연자원을 적극적으로 활용하며 양호한 자연경관은 최대한 보존하여야 한다.

ⓔ 상충기능은 분리, 상호보완기능은 인접 배치하도록 한다.

② **동선계획**

ⓐ 주변지역의 교통망과 접근성, 토지이용계획과의 상관관계 등을 감안한 기능적이고 효율적인 동선체계가 되도록 위계질서가 부여된 동선을 구성하도록 한다.

ⓑ 주요 생물서식지 등 핵심지역의 동선은 최소화하고, 생물서식 및 이동에 방해되지 않도록 한다.

ⓒ 완충지역이나 전이지역일지라도 서식지 및 생물종 관찰, 학습, 체험 등의 면적은 가급적 최소화한다.

ⓓ 자연환경의 보전과 생태체험 및 탐방이 이루어질 수 있도록 효율적인 공간활용계획을 수립한다.

ⓔ 노선설정은 지형조건을 감안하며 기존 지형을 최대한 이용함으로써 자연훼손을 최소화한다.

2) 생태시설물계획

① **일반사항**

ⓐ 생태적 수용능력을 분석하여 해당 지역이 허용하는 시설총량 및 이용자수를 초과하지 않도록 한다.

ⓑ 시설의 종류, 위치, 규모가 시설목적과 수용능력에 부합되도록 구분하여 설계한다.

② **기본원칙**

ⓐ 친환경적인 소재를 사용한 시설물

- 자연환경의 조사 · 분석을 통해 적정위치에 시설을 도입한다.
- 친환경적 소재를 사용하여 생태적으로 건전한 공간을 조성한다.
- 다양한 생물을 유입시키기 위한 자연환경시설 및 인공시설을 도입하고, 시설물 자체에 서식지로서의 기능을 부여한다.

ⓒ 자연과 조화된 시설물 설계
- 시설물은 주변경관 및 환경특성에 조화되게 설계한다.
- 시설물 설계 시 생태계 요소로서의 장소성을 고려하고, 주변환경과의 조화를 추구한다.
- 시설물 설치로 인한 대상지 내 절성토 발생량은 최소화하도록 고려한다.

ⓒ 필수적 시설물의 제한적 도입
- 편의만을 강조하여 많은 수의 시설물을 설치하기보다는 꼭 필요한 시설 외에는 설치를 제한하여 자연적 경관의 모습을 유지한다.
- 기능뿐만 아니라 교육적인 효과를 고려하여 시설물을 설치한다.
- 시설물 자체에 서식지로서의 기능을 함께 할 수 있도록 설계한다.

ⓔ 효율적 유지관리를 위한 시설물 배치
- 이용객의 활동편의, 접근성 및 환경보존을 고려하여 시설을 배치한다.
- 유지관리의 효율성을 감안하여 배치한다.

③ 배치기준

ⓒ 시설물 배치 시 생물권보전지역(BR)의 공간구분(핵심구역, 완충구역, 협력구역)을 고려하여 배치한다.

ⓒ 활동목적별 자연보전이용시설을 결정하여 각 시설을 설치하되 핵심 · 협력 · 완충공간의 공간별 환경을 조사분석, 환경영향들을 고려하여 설계한다.

④ 공간모형(The Space Model Of Biosphere)

▼ 생물권보전지역의 공간모형

구분	내용
핵심구역 (Core Area)	생물다양성의 보전과 최소한으로 교란된 생태계의 모니터링, 파괴적이지 않은 조사연구와 영향을 적게 주는 이용(교육 등) 등을 할 수 있는 엄격히 보호되는 하나 또는 여러 개의 장소
완충구역 (Buffer Area)	핵심지역을 둘러싸고 있거나 그것에 인접해 있으면서 환경교육, 레크리에이션, 생태관광, 기초연구 및 응용연구 등의 건전한 생태적 활동에 적합한 협력활동을 위해 허용되는 곳
협력구역 (Transition Area)	다양한 농업활동과 주거지, 다른 용도로 이용되며 지역의 자원을 함께 관리하고 지속가능한 방식으로 개발하기 위해 지역사회, 관리 당국, 학자, 비정부단체(NGOs), 문화단체, 경제적 이해집단과 기존 이해당사자들이 함께 일하는 곳

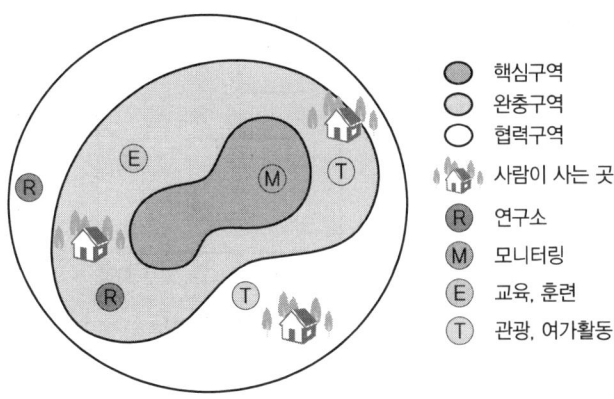

생물권보전지역(BR)의 공간

4. 대안 수립 및 마스터플랜 작성

1) 대안 수립 및 선정

① 필요에 따라 공간 구획 시 제안된 목표에 따라 2~3개의 대안을 설정한 후 대안들에 대한 생태적, 기술적, 경제적 측면 등 다양한 시각에서 분석 및 평가를 거쳐 최적 안을 선정한다.

② 물리적 계획을 구체적으로 입안하기 위한 분석방법에는 Gap분석과 시나리오분석이 있으며 이들은 평가·분석단계에서 구축된 모델을 이용하여 시행한다.

> ▶ **갭분석(Gap Analysis)**
> 생물종, 식생, 생태계 등의 실제 분포와 그것이 보호되고 있는 상황과의 차이를 도출하여 보호계획에 도입하기 위한 방법을 말한다.
> 중요한 종이 분포하고 있음에도 불구하고 보호구가 설정되어 있지 않은 공간이 있으면 이것이 GIS에 의한 중첩에서 검출되어 이 차이를 보완하도록 보호구 설정에 대한 재평가를 실시하는 것이다.
>
> ▶ **시나리오분석(Scenario Analysis)**
> 계획의 장래효과가 생물다양성을 훼손시키는지 여부를 예측하여 복수의 대안을 비교·분석하는 방법이다.
> 분석에 이용되는 시나리오는 지형 변화 및 식생 천이와 같은 자연적인 요인으로 작성된 것과 개발 및 규제와 같이 사회적인 요인으로 작성한다.
> 일반적으로 생태계의 보전이나 복원을 적극적으로 하는 시나리오, 개발을 인정하는 시나리오, 이 두 가지의 중간 시나리오 그리고 아무런 조치를 하지 않는 No Action시나리오 등으로 준비하여 각각의 시나리오에서 대상종이나 생태계의 변화를 예측한다.

PART 04 생태복원

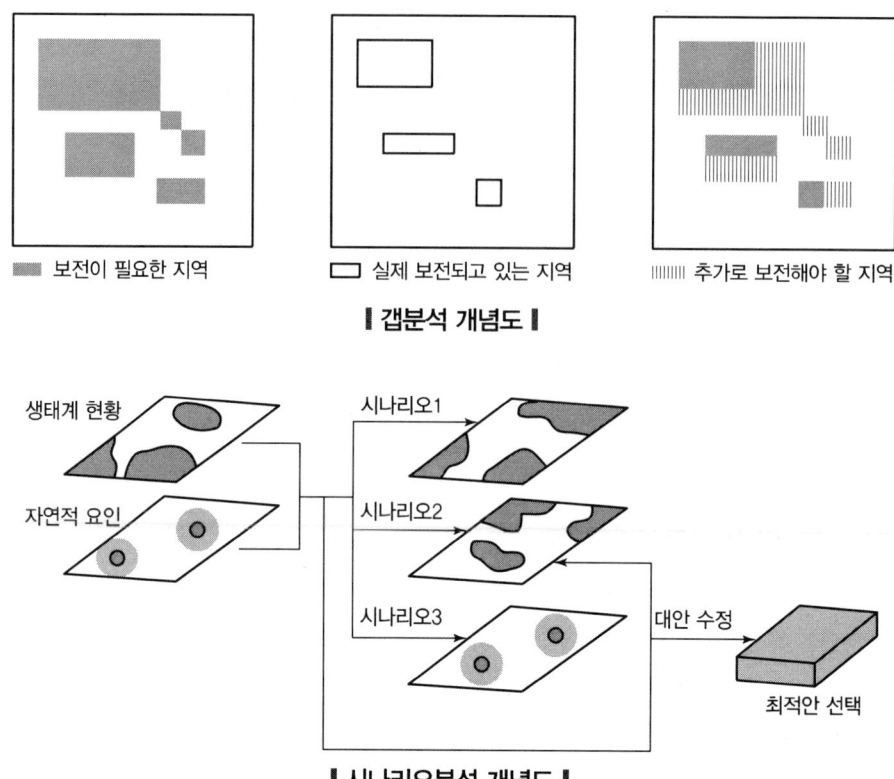

┃갭분석 개념도┃

┃시나리오분석 개념도┃

2) 마스터플랜 작성

① 마스터플랜

토지이용 및 동선계획, 생태기반환경계획, 생태환경계획, 서식지계획, 시설물 및 포장계획 등을 반영한 종합계획이다.

┃전북 익산 도심 내 경작 훼손지 복원 마스터플랜 사례┃

② 대안 선정과 마스터플랜 작성
　㉠ 사업목적에 부합하는 복수의 대안을 수립하고 이들을 비교·검토하여 최종공간구상도를 작성한다.
- 사업목적에 부합하는 다양한 대안을 수립한다.
- 대안의 평가를 위해 평가기준을 설정한다.
- 평가 후 대안의 문제점을 개선한다.
- 파악된 대안의 장단점을 통해 구상안을 보강하고 최종기본구상도를 완성한다.
- 최종공간구상도를 바탕으로 기본계획도(마스터플랜)를 작성한다.

▼ 환경부 자연마당 조성사업 기본계획 및 설계안 평가기준

항목	평가기준	세부사항	배점
계획성	개념적 측면	• 과업의 이해도 • 계획의 독창성 및 상징성 • 주제 선정 및 구성의 합리성	10
	계획적 측면	• 상위계획 및 주변 지역계획과의 연관성 • 주변자연 및 문화 환경과의 조화성 • 공간 및 시설물계획의 적정성 • 접근성에 대한 고려	10
	환경적 측면	• 생태계보전 및 복원계획의 적합성 • 생물 서식환경 조성계획의 적정성 • 식재기반 조성계획의 적정성 • 도입시설의 친환경성 • 기후변화 적응성 • 기존자원의 보존과 이용의 조화성 • 환경개선 효과 및 환경 신기술의 적용	30
시공성	경제적 측면	• 설계내용의 시공 가능성 • 도입시설의 안전성 및 활용성 • 특수지역(간석지 등) 적용공법의 적정성 • 추정공사비 산정의 적정성	20
관리성	유지관리 및 주민참여	• 식재, 시설물 유지관리계획의 적합성 • 모니터링 및 유지관리계획 수립 • 주민 참여 활용 여부	20

출처 : 환경부(2017). 자연마당 조성사업 기본계획 및 설계 공모 지침서. p.19

5 공간활동프로그래밍하기

1. 공간별(핵심·완충·협력구역) 목표종 서식지와 도입활동프로그래밍

핵심·완충·협력구역 등 공간별로 목표종의 서식지와 도입활동을 프로그래밍한다.

▼ 공간별 도입 활동프로그램 및 도입시설

구분	활동프로그램	도입시설
핵심구역	• 자연관찰 • 생태교육 • 자연보호	자연을 보호하고 연구관찰 가능한 시설
완충구역	• 체험(자연) • 모니터링	자연을 활용한 체험시설 및 모니터링시설
협력구역	인간의 지속가능 이용이 가능한 프로그램	편의시설, 휴식시설 및 생태교육시설 등

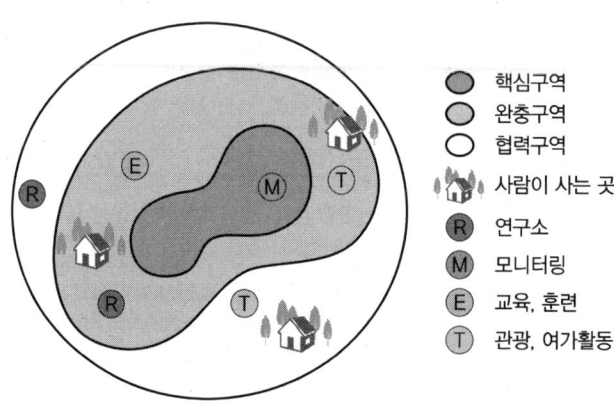

❙ 생물권보전지역(BR)의 공간 ❙

2. 목표종의 서식지규모 산정

목표종의 서식지 구성요소와 서식특성을 고려하여 서식지규모를 산정한다.
1) 목표종의 생활사, 서식지 구성요소, 서식특성 파악
2) 목표종의 최소존속개체군(MVP : Minimum Viable Population) 파악
3) 목표종의 최소존속면적(MVA : Minimum Viable Area) 파악
4) 목표종의 서식지규모 산정

3. 생태적 수용력과 적정이용수요 추정 및 도입활동 관련 생태시설물 선정, 규모산출

1) 수용력(Carrying Capacity)

① 물리적 수용력(PCC : Physical Carrying Capacity)
시설이 수용할 수 있는 능력 즉, 시설수용력이다.

② 사회적 수용력(SCC : Social Carrying Capacity)
만족도를 떨어뜨리지 않으면서 질을 지속시킬 수 있는 수준을 의미한다.

③ 생태적 수용력(ECC : Ecological Carrying Capacity)
생태학적 측면에서 특정지역의 환경 질을 저하시키지 않고 유지할 수 있는 최대개체군밀도이다.

2) 이용수요의 추정
① 물리적 수용력
최대 시 이용자수=이용 가능 면적 / 1인당 이용 면적(원단위)
최대 일 이용자수=최대 시 이용자수 / 회전율
연간 이용자수=최대 일 이용자수 / 최대일률

② 사회적 수용력
연간 이용자수=인구×연간이용횟수×분담률
최대 일 이용자수=연간 이용자수×최대일률
최대 시 이용자수=최대 일 이용자수×회전율

③ 생태적 수용력
- $PCC = A \times V/a \times Rf$
  여기서, A : 이용 가능 면적, V/a : 1인이 자유로운 활동이 가능한 최소면적
  Rf : 회전율
- $RCC = PCC \times (100 - cf1)/100 \times (100 - cf2)/100 \times \cdots \times (100 - Cfn)/100$
  여기서, Cfn : 보정요소=$Mn/Mt \times 100$, Mn : 변수의 제한량, Mt : 변수의 총량
- $ECC = RCC \times MC$
  여기서, MC : 관리능력

3) 도입활동에 필요한 생태시설물을 선정하고 생태적 수용력과 적정 이용수요를 추정하여 도입되는 생태시설물규모 산출

수용력 산정 방식별 이용 수요 추정 결과를 비교하여 적정 이용 수요를 결정한다.
① 생태적 수용력>사회적 수용력 → 사회적 수용력 이용
② 사회적 수용력>생태적 수용력 → 생태적 수용력 이용

4) 결정된 연간 이용자수로 최대 시 이용자수를 산정한 후, 60~80% 수준에서 경제적인 최대 시 이용자수를 결정한다.

5) 이용규모를 통해 시설규모를 산정한다.
시설규모=(이용률)×(단위규모)×(최대 시 이용자수)

▼ 단위시설 원단위

시설구분		단위시설규모	시설구분		단위시설규모
공공 편익 시설	관광안내소	4.5m²/인	휴양 문화 시설	야외공연장	3.5m²/인
	관리사무소	6.5m²/인		어린이놀이터	14.0m²/대
	주차장(소)	34.5m²/대		조경휴게소	6.5m²/대
	주차장(대)	73.5m²/대		전망대	5.5m²/인
	화장실	3.8m²/인	상가 시설	매점	3.5m²/인
	공동취사장	2.5m²/인		관광식당	12.0m²/인
휴양 문화 시설	급수대	1.5m²/대	운동 오락 시설	눈썰매장	16.0m²/인
	공원	22.5m²/인		수영장	8.5m²/인
	공장	17.0m²/인		농구장	28×15m
	잔디광장	13.0m²/인		축구장	(90−120)×(45−90)m
	산림욕장	17.5m²/인		배구장	18×9m
	청소년수련장	20.0m²/인		배드민턴장	13.4×6.1m
	온실	10.0m²/인		다목적 운동장	17.5m²/인
	야영장	15.5m²/인			

출처 : 한국관광공사(2017). 관광자원 개발 매뉴얼. p.141

03 생태기반환경 복원계획

KEY POINT
- 01 토지이용 및 동선계획하기
- 02 지형복원계획하기
- 03 토양환경복원계획하기
- 04 수환경복원계획하기

1 토지이용 및 동선계획하기

1. 생물서식에 적합한 토지이용 및 동선계획 수립

1) 토지이용계획

   ① 인간과 생물권프로그램(MAB : Man And Biosphere programme)
   - ㉠ 생물권보전지역의 구역인 핵심·완충·협력공간을 구획한다.
   - ㉡ 생태통로(Corridor)계획을 한다.
   - ㉢ 복원공간으로 구획하고, 복원방법을 제시한다.
   - ㉣ 핵심·완충·협력지역별 면적을 CAD로 구적하고 구성비를 산출한다. 가급적 협력지역은 25%를 넘지 않도록 한다.

   ② 생태네트워크 구축을 위한 공간토지이용계획
   - ㉠ 자연환경의 보전방안과 생태체험 및 탐방이 이루어질 수 있도록 계획을 수립한다.
   - ㉡ 생물 서식지 중심의 핵심지역은 주변 야생동식물의 서식환경에 적합한 토지이용계획을 수립한다.
   - ㉢ 기존의 지형이나 식생 등 자연자원을 적극적으로 활용하며 양호한 자연경관은 최대한 보존한다.
   - ㉣ 상충되는 기능은 분리하고 상호보완기능은 가까이 배치하도록 한다.

2) 동선계획

   ① 진입, 광장, 탐방, 관리 등 동선의 위계를 설정한다.
   - ㉠ 주변지역의 교통망과 접근성, 토지이용계획과의 상관관계 등을 감안한다.
   - ㉡ 핵심지역의 동선은 최소화한다.
   - ㉢ 동선체계는 기능별로 성격이 다른 동선을 분리한다.
   - ㉣ 기존 지형을 최대한 이용함으로써 자연훼손을 최소화한다.

② 효율적인 서식지 조성 및 관리를 위한 동선계획 수립
  ㉠ 생물종 서식지의 간섭을 최소화하는 동선연계계획을 수립한다.
  ㉡ 유지관리를 위한 최소의 관리동선 및 탐방동선을 계획한다.
  ㉢ 핵심지역 내 동선은 최소로 계획하고, 탐방동선과 유지관리용 서비스동선은 구분하여 계획한다.
  ㉣ 동선의 포장재료는 자연재료를 도입한다.

3) 서식지계획이 토지이용 및 동선설계에 잘 반영될 수 있도록 비오톱유형도를 활용한다.

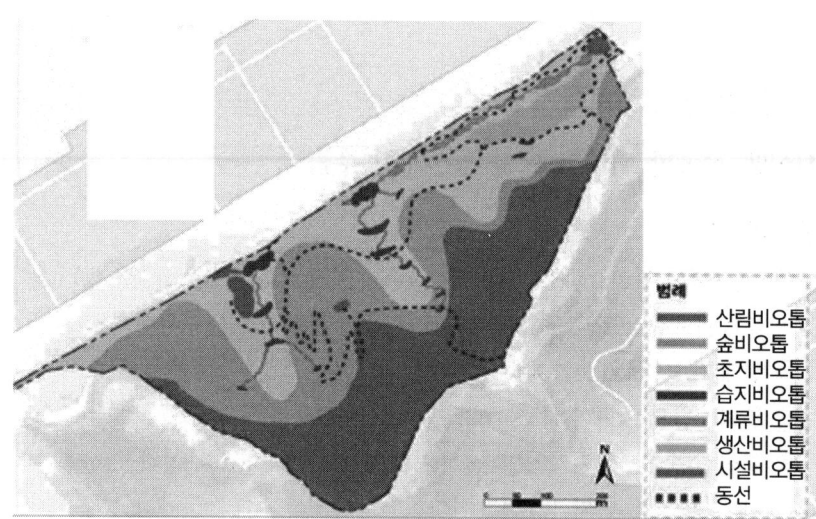

┃비오톱유형도를 활용한 토지이용 및 동선설계 예시┃

2. 공간계획 수립(핵심 · 완충 · 협력구역)

1) 핵심 · 완충 · 협력구역으로 공간구분

  ① 핵심 · 완충 · 협력구역

구분	주요내용
핵심지역	• 목표종의 서식지 조성 가능성이 높고 보존이 필요한 지역 • 생물다양성을 보전하고 간섭을 최소화하여 생태계 모니터링과 파괴적이지 않은 조사연구활동 등이 가능한 지역
완충지역	• 핵심지역을 둘러싸고 있거나 이에 인접한 지역으로 환경교육, 레크리에이션, 생태관광, 기초연구 및 응용연구 등의 건전한 생태적 활동지역 • 방해요소가 발생될 수 있는 동선과 근접한 지역
협력지역	• 지역의 자원을 함께 관리하고 지속가능한 방식으로 개발하기 위해 이해당사자들이 함께 활용하는 지역 • 생태학습 및 체험 등이 이루어지는 친환경공간 • 생태교육과 복원에 대한 인식 증진을 기대할 수 있는 홍보공간

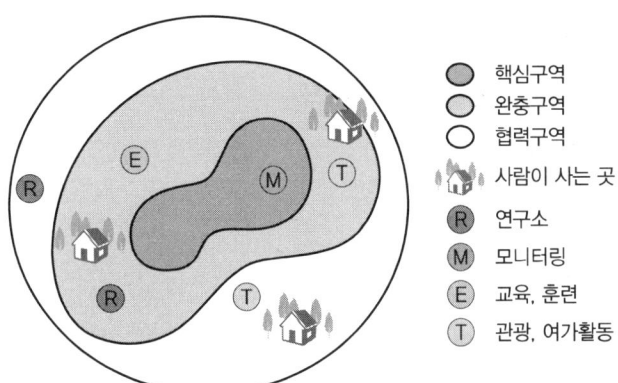

생물권보전지역(BR)의 공간

㉠ 보전가치 평가등급을 생물권보전지역(BR)의 공간모형 공간구분기준에 따라 분류한다.

▼ 보전등급에 따른 공간구분 예시

등급			공간구분
3등급	5등급	7등급	
1등급	1등급	1등급	핵심구역 (Core Area)
	2등급	2등급	
		3등급	
2등급	3등급	4등급	완충구역 (Buffer Area)
		5등급	
3등급	4등급	6등급	협력구역 (Transition Area)
	5등급	7등급	

㉡ 핵심구역은 일반적으로 복원대상지 전체 면적의 50% 이상이 되도록 구획한다.
㉢ 지속가능한 이용공간인 협력구역은 25% 이하로 구획한다.
㉣ 핵심구역, 완충구역, 협력구역의 공간구분을 완료한 후, 구역별 면적 및 비율을 표로 정리하여 작성한다.

2 지형복원계획하기

1. 구조적으로 안정된 지형복원계획 수립

1) 원지형을 확인한다.

   현황분석을 통해 원지형을 확인한 후 도면에 표기한다.

2) 원지형의 복원계획을 수립한다.

   ① 기존 지형을 활용하여 그 지역의 생물 서식환경과 지형의 특성이 보전되도록 계획한다.
   ② 기존 지형의 경관 및 생태적 특성을 고려하여 지형의 보전 및 변형을 통한 복원을 결정한다.
   ③ 기존 지형은 점표고(Spot Elevation)와 등고선으로 표현하고 경관과 구조적 측면 및 주변 지형과의 연결성을 검토하여 형태를 결정한다.
   ④ 보전 및 복원된 지형은 주변 생태계와 자연스럽게 연결되도록 계획한다.
   ⑤ 지형의 훼손이 최소화되도록 복원계획을 한다.

3) 절성토계획을 수립한다.

   ① 절성토의 이동을 최소한으로 한 토공계획을 수립한다.
   ② 비탈면의 토사 유출 및 산사태 등 재해 우려 지역은 비탈면안정화계획을 수립한다.
   ③ 절성토 시 비탈면의 기울기는 성토 1 : 2~3, 절토 1 : 1~2의 기울기를 적용하나 토양재료에 따라 달리 적용한다.
   ④ 대상지의 지형변화로 인한 우수의 유입과 유출 등을 고려하여 배수계획을 한다.
   ⑤ 훼손된 지형은 구조적으로 안정되도록 표토의 성질에 따른 기울기는 안식각을 유지한다. 단, 안식각을 유지할 수 없을 때에는 구조물을 반영하여 지형의 안정을 유지한다.

4) 생태복원목표에 부합하는 계획고를 확정한다.

   ① 지형의 형태에 따라 등고선 그리기와 지반고를 표현한다.
   ② 경사도를 병행하여 표현한다.

5) 지형복원설계도에 따라 절토량과 성토량을 산정하고, 전체 토량을 산정한다.

   ① 지형 변경에 따른 절토량과 성토량을 계산한다.
   ㉠ 단면법을 적용한 토량계산
   • 양단면평균법 : $V = 1/2(A_1 + A_2) \times L$

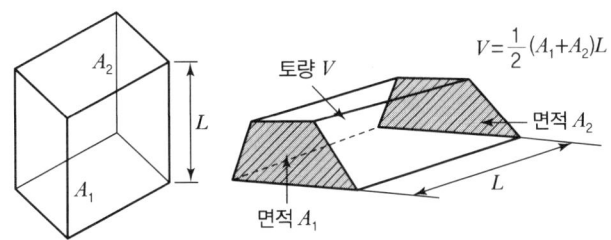

∥ 양단면평균법에 의한 토량산정방법 ∥

- 각주공식에 의한 토량산정 : $V = L/6(A_1 + 4A_m + A_2)$

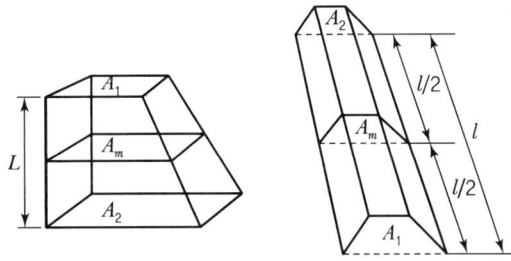

∥ 각주공식에 의한 토량산정 ∥

ⓒ 점고법을 적용한 토량계산
- 구형 분할법 : 지형의 변화가 일어나는 전 지역을 구형으로 분할하여 각 구형의 정점 지반고를 측정하여 각 점의 지반고 평균값을 구한 후 높이를 기준면으로 한다. 네 정점의 토공고 합을 $\sum h$로 표시하고 구형 단면적을 A라 하여 토공량은 $V = 1/4 A \sum h$가 된다. 이것을 정점 1, 2, 3, 4의 토공량의 합을 $\sum h_1$, $\sum h_2$, $\sum h_3$, $\sum h_4$라 하면 전 토공량은 다음과 같다.

$V = \sum V_0 = 1/4 A(\sum h_1 + 2\sum h_2 + 3\sum h_3 + 4\sum h_4)$

- 삼각분할에 의한 토량산정법 : 아래 그림은 삼각분할에 의한 토양산정방법을 설명한 것이다.

$V = \sum V_0 = 1/3 A(\sum h_1 + 2\sum h_2 + 3\sum h_3 + \cdots + 8\sum h_8)$

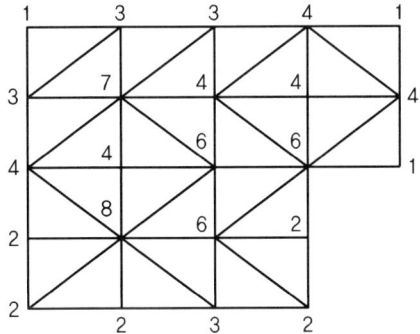

∥ 삼각분할에 의한 토량산정법 ∥

② 성토부분과 절토부분의 면적을 계산하여 표로 작성한다.
③ 각 단면의 전단면, 후단면의 면적을 활용하여 토적을 계산한다.
④ 전체 절토량과 성토량을 비교하여 보정작업을 실시한다.
  ㉠ 토양의 반출과 반입을 조정하여 토양 이동을 최소화한다.
  ㉡ '전체토량=성토량−절토량'의 산식을 이용하여 절성토량의 균형을 유지한다.

2. 자원재활용계획 수립

1) 표토재활용계획 수립

① 표토는 매토종자를 포함하고 있으므로 기존 식생과 유사한 환경을 복원하고자 할 때에는 표토를 채집하여 토양분석을 의뢰한 후 분석결과를 기준으로 활용계획을 수립한다.
② 각 공간별 복원방법에 따라 매토종자 활용이 필요한 지역은 면적을 산출하고, 산출된 면적에 복원이 가능한 표토를 채집하여 저장한다.
③ 표토는 빗물 등에 유실되지 않도록 저장장소 및 방법을 계획한다.

2) 기타 자원재활용계획 수립

① 식물재료
② 석재
③ 목재
④ 기타

3) 환경 신기술 적용

① 환경 신기술의 종류와 기능, 경제성 등을 고려하여 관련 자료를 검색하고 공법 및 시공방법을 고려하여 대상지에 적용한다.
② 타 복원 지역의 사례 등을 조사하여 월등히 성능(가성비)이 우수한 공법을 선정한다.
③ 복원(조성계획)목적에 부합한 신기술 도입(절성토구간의 조기피복 등) 및 수량과 시공방법, 적용범위를 결정한다.

3 토양환경복원계획하기

1. 토양환경복원계획 수립

1) 토양조사 및 분석

▼ 토양의 물리적 특성 평가항목과 평가기준

평가항목		평가등급			
항목	단위	상급	중급	하급	불량
유효수분량	m^3/m^3	0.12 이상	0.12~0.08	0.08~0.04	0.04 미만
공극률	m^3/m^3	0.6 이상	0.6~0.5	0.5~0.4	0.4 이하
투수성	cm/s	10^{-3}	10^{-3}~10^{-4}	10^{-4}~10^{-5}	10^{-5} 미만
토양경도	mm	21 미만	21~24	24~27	27 이상

▼ 토양의 화학적 특성 평가항목과 평가기준

평가항목		평가등급			
항목	단위	상급	중급	하급	불량
pH	–	6.0~6.5	5.5~6.0 6.5~7.0	4.5~5.5 7.0~8.0	4.5 미만 8.0 이상
전기전도도(EC)	ds/m	0.2 미만	0.2~1.0	1.0~1.5	1.5 이상
염기치환용량(CEC)	cmol/kg	20 이상	20~6	6 미만	
전질소량(T-N)	%	0.12 이상	0.12~0.06	0.06 미만	
유효태인산함유량	mg/kg	200 이상	200~100	100 미만	
치환성칼륨(K^+)	cmol/kg	3.0 이상	3.0~0.6	0.6 미만	
치환성칼슘(Ca^{++})	cmol/kg	5.0 이상	5.0~2.5	2.5 미만	
치환성마그네슘(Mg^{++})	cmol/kg	3.0 이상	3.0~0.6	0.6 미만	
염분농도	%	0.05 미만	0.05~0.2	0.2~0.5	0.5 이상
유기물함량(OM)	%	5.0 이상	5.0~3.0	3.0 미만	

2) 토양조사 및 분석을 토대로 오염된 지역의 토양복원 및 개량계획 수립

① 토양오염지역을 구획하고 오염원을 분석 및 정리한다.
② 오염원차단계획을 수립한다.
③ 토양개량계획을 수립한다.

3) 치환·객토량, 토양개량제 성분과 소요량, 비율 산정

① 토양의 층위

Organic Horizon O층 : 유기물층	유기물이 대부분이고, 낙엽처럼 덜 분해되거나 또는 부분적으로 분해된 식물물질로 이루어짐
Topmost Mineral Horizon A층 : 무기물 표층	• 부식화된 유기물로 암색(검은색)을 띰 • 대부분 입단구조가 발달되어 식물의 잔뿌리가 뻗어 나가기 쉬움 • O층이 없거나 경사지는 침식되기 쉬움
Eluvial, Maximum Leaching Horizon E층 : 최대용탈층	• 점토, Al·Fe산화물 등의 용탈층(담색) • 삼림에서 발달된 토양에는 아주 흔하지만, 초지에서 형성된 토양에는 적은 강수 때문에 거의 생기지 않음(강수량이 많은 지역일수록 E층 발달)
Illuvial Horizon B층 : 집적층	• B층은 위아래 층보다 색이 더 진하고 토괴의 표면에는 점토피막(Clay Skin)이 형성됨 • O층, A층, E층 등의 상부토층으로부터 Fe, Al의 산화물, 세점토(Fine Clay) 등이 용탈되어 생성됨
Parent Material Layer C층 : 모재층	• 토양이 기원한 원래의 모재에서 파생된, 뭉치지 않은 물질 • 모재의 특성 유지, 아래에 기반암이 놓여 있음

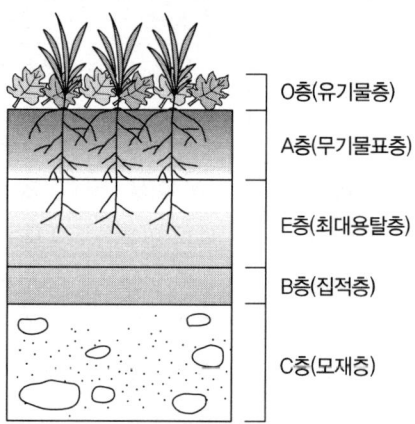

▍토양단면도 ▍

② 치환·객토량 및 토양개량제의 성분과 소요량 산정

㉠ 치환·객토량 산정

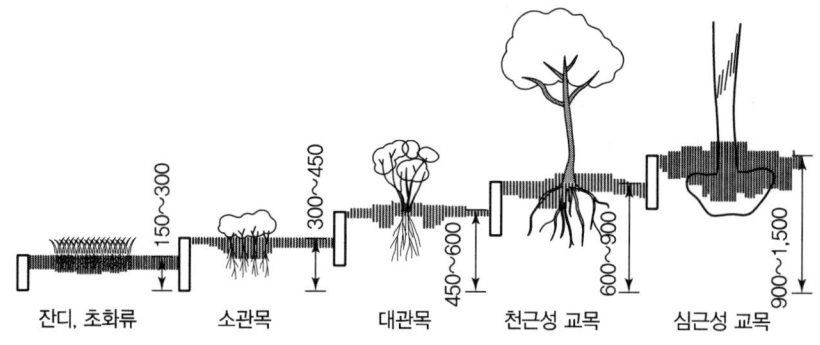

▍식물 종류별 확보 토심 ▍

▼ 식물의 생육토심

구분	생존 최소토심(cm)			생육 최소토심(cm)	
	인공토	자연토	혼합토 (인공토 50% 기준)	토양 등급 중급 이상	토양 등급 상급 이상
잔디/초화류	10	15	13	30	25
소관목	20	30	25	45	40
대관목	30	45	38	60	50
천근성 교목	40	60	50	90	70
심근성 교목	60	90	75	150	100

ⓒ 토양개량제의 성분과 소요량을 산정
- 토양개량제는 자연토양, 모래, 점토, 자갈, 인공토양, 유기질 비료 등을 사용
- 치환·객토량 중 토양개량제를 일정 비율 혼합하여 객토하며 치환·객토량 중 비율을 곱하여 토량개량제의 소요량을 산정

2. 표토재활용계획 수립

① 표토의 토성 및 토양을 분석한다.
② 표토의 이용목적 및 수량을 결정한다.
③ 복원사업 착수 시까지 저장장소, 위치를 선정한다.
④ 표토의 이동방법을 검토한다.
⑤ 표토 활용의 세부계획을 수립한다(표토의 운반 및 채집·보관).
  ㉠ 표토의 보관 및 활용
  - 자연토양에서 볼 수 있는 표토층의 토양환경 및 입단구조로 복원해 주는 방법을 강구한다.
  - 토심 15~20cm 이내의 표토층을 활용하며, 재활용을 위해 임시로 쌓는 표토는 3m 이하의 높이로 쌓고 다른 흙과 섞이지 않도록 보관한다.
  - 표토 활용 시 도입 수목의 종류에 따라 적정두께로 포설하며, 하층토와 복원한 표토와의 조화를 위해 최소 20cm 이상의 지반경운을 한다.

PART 04 생태복원

4 수환경복원계획하기

1. 수환경복원계획하기

1) 수환경 구분(환경부 전국내륙습지 조사지침에 따른 유형분류, 2011)

① 하천형 내륙습지

▼ 하천형 내륙습지의 유형

구분			특징	예
중분류	소분류 (수원/범람)	상세분류 (식생, 토양, 수문)		
하천형 내륙 습지	유수역	하도습지	제외지 내에 유수의 영향을 지속적 혹은 주기적으로 받는 모든 습지	한반도습지
		보습지	보의 정체수역 내에 침수식물과 정수식물이 우점하는 습지	웃들습지
	정수역	배후습지	자연 제방 배후지역 혹은 제내지 범람원에 계절적 혹은 영구적으로 침수되는 습지	우포늪
		용천습지	용출수 하천에 형성된 습지	장계습지

② 호수형 내륙습지
▼ 호수형 내륙습지의 유형

구분			특징	예
중분류	소분류 (수원/범람)	상세분류 (식생, 토양, 수문)		
호수형 내륙 습지	담수역	담수호습지	호안(자연호수이거나 인공 호수)을 중심으로 자연발생적으로 형성된 습지	물영아리오름
		우각호습지	구하도에 물이 고여 형성된 습지	되정못습지

③ 산지형 내륙습지
▼ 산지형 내륙습지의 유형

구분			특징	예
중분류	소분류 (수원/범람)	상세분류 (식생, 토양, 수문)		
산지형 내륙 습지	강우	고층습원 (Bog)	강우나 안개에 의해 수원을 확보하며, 빈영향환경에 적응한 식생군락이 나타나거나 이탄층이 형성된 습지	대암산 용늪
	지중수	저층습원 (Fen)	지중수 혹은 지표수가 유입하여 비교적 부영양환경을 유지하나 유기물 분해상태가 빨라 무기성 토양 혹은 유기물과 점토, 실트 등으로 구성되고 초본식생이 우점한 습지	신안장도습지
	지중수 · 지표수	저습지 (Marsh)	주기적으로 과습 또는 계속적으로 침수된 지역, 표면이 깊게 담수되어 있지 않으며, 초목, 관목 등이 자람	대관령습지
		소택지 (Swamp)	지하수면이 높고 배수가 불량하며, 목본이 우세한 습지	연수동습지

2) 수환경 구분에 따른 습지 복원 시 중점 고려사항

① 하천형 내륙습지 복원 시 중점 고려사항

㉠ 하도습지 : 제외지 내에 유수의 영향을 지속적 혹은 주기적으로 받으므로 하천이 연속성을 유지할 수 있도록 계획하며, 가급적 사행화*하여 주변경관과 조화를 이룰 수 있도록 함

*사행화 : 하천의 굴곡을 자연스럽게 형성하여, 직선하천 조성 방지

㉡ 보습지 : 유입수의 유량을 적게 하되 지속적으로 유입될 수 있도록 계획하여 일정수위를 유지할 수 있도록 함

㉢ 배후습지 : 배수가 불량하고 홍수 시 범람에 의해 물이 고이는 경우가 많아 모기 등의 해충이 번식하기 쉬우므로 해충에 대한 구제대책을 마련하여야 함

㉣ 용천습지 : 용출되는 지하수의 오염을 방지할 수 있는 수질정화계획을 수립하고, 소규모 서식처를 다수 조성하여 습지의 생물다양성을 도모토록 하여야 함

② 호수형 내륙습지 복원 시 중점 고려사항

㉠ 담수호습지 : 습지의 이용상황, 담수어류의 서식처 유형 및 오염실태 조사 결과를 고려하여 복원계획의 수립이 이루어져야 함

㉡ 우각호습지 : 시간이 지남에 따라 육지화되는 특징이 있으므로 토사유입을 방지하고 습지의 형태를 유지시킬 수 있는 방안이 수립되어야 함

③ 산지형 내륙습지 복원 시 중점 고려사항

㉠ 고층습원 : 강우에 의한 수분과 영양물질의 과다유입을 최소화하여 이탄층의 유실을 방지할 수 있도록 계획을 수립하고, 습지 내 유출기구의 변화를 초래하는 인공시설물의 설치를 최소화하도록 함. 또한, 집수역의 물순환을 왜곡하는 토지이용의 억제를 위한 계획 수립

㉡ 저층습원 : 지하수나 주변에서의 수분공급이 유지될 수 있도록 하고, 답압에 의한 토사 침식이 일어나지 않도록 복원계획 수립

㉢ 소택지 : 장기간 침수조건을 형성하여 혐기성 환경을 유지할 수 있도록 하며, 배수구 설치 시 지하수위 저하를 초래하지 않도록 복원계획 수립

2. 수리 · 수문계획 및 습지규모 산정

1) 습지 조성 시 고려사항

① 물의 공급 방안과 유입구 · 유출수 조성, 다양한 수심과 유속의 조성기법 등을 고려하여야 한다.

② 수원은 빗물(우수), 주변 하천이나 계곡수, 용출수, 지표수, 지하수, 상수, 하수 재처리수 등으로 구분하고, 단독 수원보다는 다양한 수원을 확보하도록 한다.

③ 지하수위가 높고 평탄한 지역에 조성하여 안정적으로 수량을 확보할 수 있도록 한다.

④ 지표수 유입구와 유출구의 조성 시 유입수와 유출수의 흐름을 고려하여 조성한다.
⑤ 유입구는 수질을 고려하여 유입구부터 습지까지의 거리를 길게 확보하거나 다단의 습지를 조성하도록 하며, 유량확보를 위해 유출구는 유입구보다 좁게 만들거나 필요에 따라서 유출구를 만들지 않는다.
⑥ 어린이가 접근할 수 있는 경우에는 안전사고를 유의하여 수심을 적정하게 조성해 주어야 한다.
⑦ 탄소 저감 혹은 메탄 발생량의 저감을 위해서는 고정된 수위보다는 주기적인 범람이 이루어지는 습지를 조성한다.
⑧ 하천이나 실개울의 경우에는 여울과 소를 적절하게 조성하며, 인공습지는 어느 정도의 유속을 유지시켜 줄 수 있는 최소한의 경사를 제공한다.
⑨ 주변 자연환경과의 연계 혹은 인위적 간섭에 대한 보호 등의 목적을 위해 일정폭의 완충식생대를 조성하도록 한다.
⑩ 오수가 습지 내로 직접적으로 유입되지 않고 여과 역할을 할 수 있도록 습지 호안 주변에 모래언덕이나 여과층을 조성하도록 한다.
⑪ 방수를 위해서는 확보 가능한 물의 양과 지하수층 위치 등에 대한 조사 및 분석 결과를 토대로 실시하도록 하며, 진흙 다짐 방수를 최우선적으로 고려하여, 불가피한 경우에는 벤토나이트 계열을 이용한 방수를 사용하도록 한다.
⑫ 여름철에 가뭄으로 인하여 수원이 고갈되는 시기와 겨울철에 적설·결빙 등으로 물이 흐르지 않는 시기에 대한 식생 유지 방안을 강구해야 한다.

2) 유출량을 산정하고 그에 적합한 처리용량, 배수시설의 종류 선정 및 배수시설의 소요량 산정

① 유출량 산정

우수유출량 $Q = 1/360 \, C \cdot I \cdot A$

여기서, C : 유출계수
I : 강우강도(mm/hr)
A : 배수면적(ha)

② 배수용량에 따른 배수시설 종류 결정

유량 $Q = AV(\text{m}^2/\text{sec})$

여기서, A : 수로의 단면(유적, m^2)
V : 평균속도(m/sec)

토사나 낙엽의 흐름이 있는 나지의 경우 최소 300mm 이상의 관경을 사용하는 것이 바람직하며 집수정과 연결되도록 설계한다.

③ 배수시설 도면 작성
- ㉠ 지형도 이용
- ㉡ 유수가 원활히 흐르도록 적정 기울기를 줄 것
- ㉢ 배수시설의 매설깊이, 접합부위 등을 상세히 작성

3. 수질복원계획 수립

1) 비점오염저감시설계획

① 비점오염 개념

㉠ 점오염원과 비점오염원의 비교

▼ 비점오염원

점오염원	비점오염원
공장, 가정하수, 분뇨처리장, 축산농가 등	대지, 도로, 논, 밭, 임야, 대기 중 오염물질 등
• 인위적, 배출지점이 명확 • 관거를 통해 집중적으로 배출 • 연중 배출량의 차이가 일정함 • 모으기 용이하고 처리효율이 높음	• 인위적 및 자연적, 배출지점 불명확 • 희석, 확산되면서 넓은 지역으로 배출 • 강우 등 자연적 요인에 따른 배출량의 변화가 큼 • 모으기 어렵고, 처리효율이 일정치 않음

㉡ 비점오염원의 종류
- 자연형 시설 : 식생수로, 식생여과대, 인공습지, 침투도랑, 침투저류지, 스크린+저류시설, 인공습지, LID
- 장치형 시설 : 여과형 시설, 스크린형 시설, 와류형 시설, 와류형+여과형 시설

② 비점오염 저감시설의 종류

㉠ 식생체류지 : 식물이 식재된 토양층과 모래층 및 자갈층 등으로 구성되며, 강우유출수가 식재토양층 및 지하침투과정에서 비점오염물질을 저감시키는 시설이다.

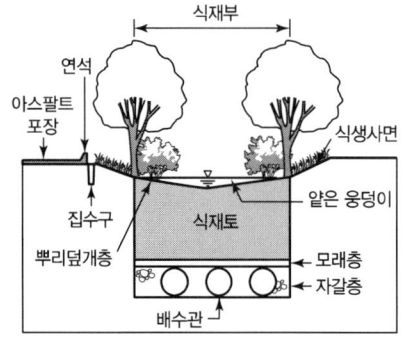
| 식생체류지 구조 |

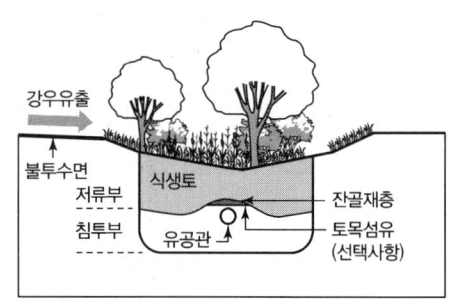
| 투수지역에 설치되는 식생체류지 구조 |

ⓒ 나무여과상자 : 나무 또는 큰 관목이 식재된 박스를 매립하여 식재토양층의 여과 및 나무의 생화학적 반응을 통해 강우유출수에 포함된 오염물질을 저감시키는 시설이다.

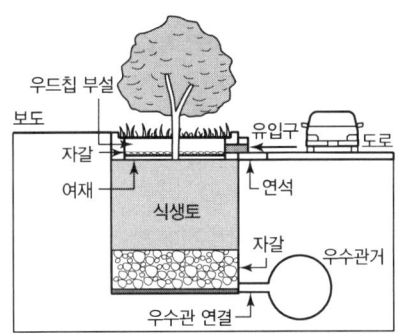

▮ 나무여과상자 개념도 ▮

ⓒ 식물재배화분 : 식물이 식재된 토양층과 그 하부를 자갈로 채워 강우유출수를 식재토양층 및 지하로 침투시켜 오염물질을 저감시키는 시설이다.

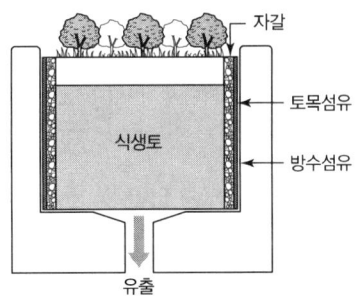

▮ 식물재배화분 개념도 ▮

ⓔ 식생수로/식생여과대 : 식생형 시설은 토양의 여과·흡착 및 식물의 흡착작용으로 비점오염물질을 줄임과 동시에, 동식물 서식공간을 제공하면서 녹지경관으로 기능하는 시설로, 식생여과대와 식생수로 등을 포함한다.

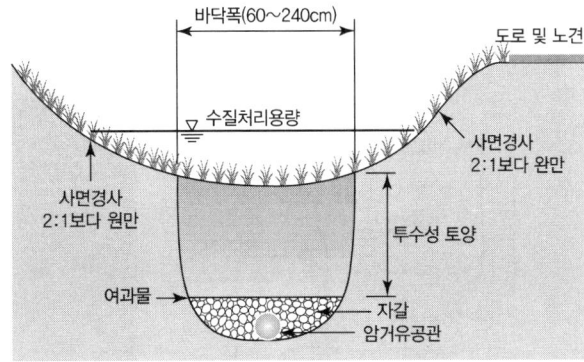

▮ 건식 식생수로(Dry Swale) ▮

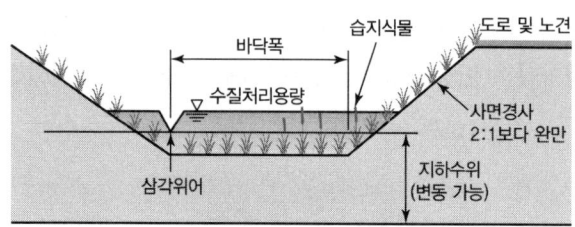

❙ 습식 식생수로(Wet Swale) ❙

㉺ 침투시설(침투도랑, 침투조, 침투저류지, 유공포장) : 강우유출수를 지하로 침투시켜 토양의 여과·흡착작용에 따라 비점오염물질을 줄이는 시설로, 침투도랑, 침투조, 침투저류지, 유공포장 등을 포함한다.

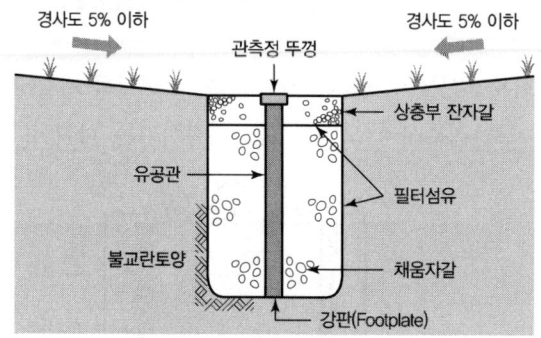

❙ 침투도랑 단면 및 관측정 설치 예 ❙

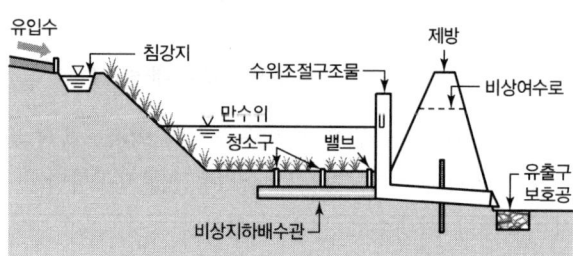

❙ 침투저류지(Infiltration Basin) ❙

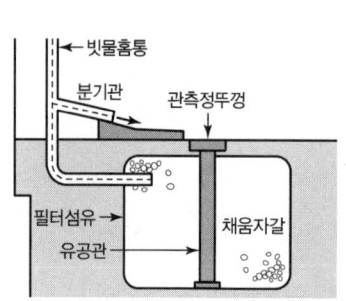

❙ 침투조 설치 예 ❙

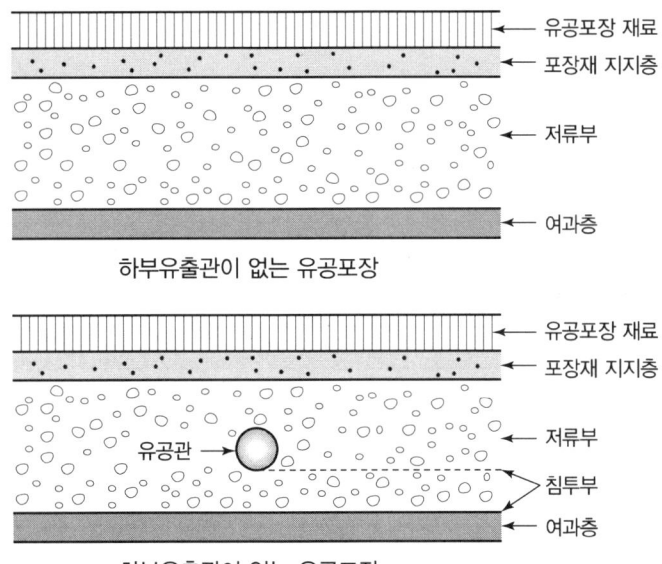

| 형태별 유공포장의 구조 |

ⓗ 모래여과시설 : 전처리 구조물과 여과수로 구성하며 모래를 여과재로 하여 비점오염물질을 저감한다.

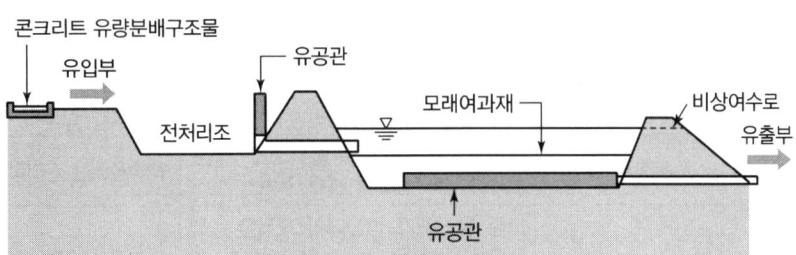

| 모래여과시설 개념도 |

ⓢ 인공습지 : 침전, 여과, 흡착, 미생물 분해, 식생식물에 의한 정화 등 자연상태의 습지가 보유하고 있는 정화능력을 인위적으로 향상시켜 비점오염물질을 줄이는 시설을 말한다.

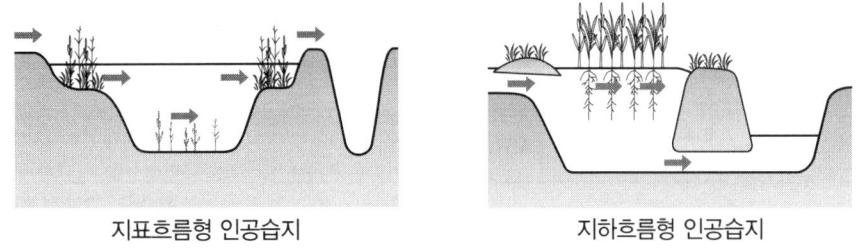

| 인공습지 형태별 개념도 |

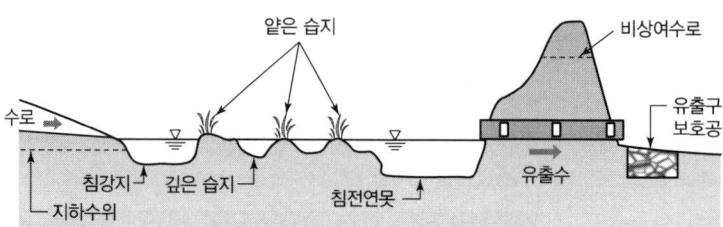

┃ 인공습지 평·단면도 ┃

▼ 호소 부영양화 복원기술

복원기술		특징	원리
물리적 복원기술	폐수 유로변경	다른 수용가능한 수서생태계로 대량의 유출수를 보낼 수 있을 때만 가능	
	표층퇴적물 제거	부영양화가 심한 호수나 독성물질로 오염된 항구 같은 지역의 복원 시 이용, 신중한 접근, 소규모 적용	퇴적물이 인과 질소를 적게 함유한다는 것과 퇴적물로부터 수층으로 이들 영양염의 용출률 변화
	대형 수생식물 제거	하천에 널리 적용되나 대형 수생식물이 부영양화로 인해 확산된 경우 어디서든 적용	수확된 식물이 함유하고 있는 인과 질소 제거
	불활성 물질을 이용한 퇴적물 피복	표층 퇴적물 제거방법에 대한 하나의 대체방안. 퇴적물과 물 사이에의 영양염이나 독성물질의 상호교환 방지	표층퇴적물의 제거와 같은 효과를 갖지만 대부분 수심이 깊은 호수에 경제적
수문학적 복원기술	호소 저층수 펌핑	저층수를 펌핑해 이온교환, 표층수의 부영양화 원인 감소에 효과적. 장기간에 걸쳐 이용되어 뚜렷한 효과. 성층이 존재하는 기간만 유효	물을 유출시키기 때문에 저층수의 농도가 표층수의 농도로 치환되고 양의 영양염이 제거됨
	물의 강제순환과 폭기	수온약층을 파괴시키기 위해 물을 강제순환	퇴적물로부터 수층으로 인과 질소가 용출되는 정도가 변화
	수문학적 조절	홍수방지를 위해 광범위하게 적용. 호수와 습지생태계 변화 우려	외부변수인 수리학적 체류시간이 변함
화학적 복원기술	인의 응집	모든 응집제가 침전되어 퇴적불 속의 인으로 동화된다는 보장이 없고, 다음 단계에서 퇴적물로부터 인이 다시 용출될 수 있는 우려	수층에서 인을 응집시켜 침전시키므로 인이 수층에서 퇴적층으로 제거됨
	수산화칼슘을 이용한 중화	호소의 산성화를 중화하기 위한 수산화칼슘의 보편적 이용	호소수의 pH 변화 의미
	살조제	구리의 일반적인 독성 때문에 거의 사용되지 않음	식물성 플랑크톤의 사망률 증가
생물학적 복원기술	비료관리	남조류의 대량 번식을 방지하기 위해 N : P가 7 이상으로 유지되어야 함	예방차원의 습지 조성으로 영양염 유입의 감소
	영양염 제거 장소로서의 습지나 저류지	처리습지 조성(자연습지에 폐수 유입, 지표흐름형, 지하흐름형)	
	호안식생녹화	소규모 호수에 비용효과적인 방법	호수를 그늘지게 하여 광합성 작용 변화
	먹이연쇄 조절	시스템의 안정성을 변화시키지 않고 비교적 높은 생물다양성 유지	인의 농도가 대략 50~150μg/L인 경우 좋은 효과를 갖는 비용적절한 방법

04 서식지 복원계획

KEY POINT
01 목표종 서식지복원계획하기
02 숲복원계획하기
03 초지복원계획하기
04 습지복원계획하기
05 기타 서식지복원계획하기

1 목표종 서식지복원계획하기

1. 목표종 서식지 요구조건 및 구성요소

1) 일반사항

① 목표생물종에 적합한 서식환경평가 자료를 활용한 목표생물종의 서식지 요구조건을 파악
② 특별한 목표종이 없는 경우 생태계 유형별 및 생물종 분류군별 서식환경을 조성
③ 기타 특수한 조건에 따라 서식지환경을 조성

2) 물리적 서식환경

① 일반사항
　㉠ 목표종의 분포현황과 서식지 분석을 통해 서식지 특성을 파악하고, 조성할 서식지의 위치와 적정한 규모, 형태, 서식요소 등을 고려하여 공간배치를 한다.
　㉡ 서식지의 위치와 면적을 결정한 다음, 목표종의 생태적 특성을 토대로 핵심적인 서식요소를 도출한다.
　㉢ 목표종이 없는 경우 도입이 예상되는 분류군 또는 일반적인 서식조건을 고려하여 서식지 위치와 규모, 형태, 서식요소 등을 배치한다.

② 입지선정
　㉠ 개발사업으로 훼손된 서식지와 동일한 유역(Watershed)이나 행정구역 범위 내에 서식지 조성 후보지를 제시한다.
　㉡ 목표생물종을 중심으로 한 대상지역 현지조사 및 서식환경평가 결과를 토대로 서식지 후보지역을 선정한다.
　㉢ 개발계획이나 토지이용 등 주변여건을 감안하여 현재 및 향후 개발압력에서 자유로운 곳을 선정한다.
　㉣ 대체서식지 조성 후보지에 대한 대안별 장단점 비교검토를 통해 적정한 입지를 결정한다.

③ 규모
   ㉠ 서식지의 크기 및 규모는 정량적, 정성적 생물분류별 적정 규모가 확보되어야 한다.
   ㉡ 생물종의 먹이공급이 가능한 채식공간과 은신처가 확보될 수 있어야 하며 생물종 간의 비간섭거리와 임계거리가 확보되어야 한다.
   ㉢ 규모가 작아 거리 확보가 불가능할 경우 차단시설 및 차폐를 위한 수림대를 조성하여 장벽효과를 유도할 수 있도록 한다.

④ 구성비율
   ㉠ 생물종의 특성, 물리적 자원, 환경요인에 따라 결정하며 종간경쟁, 공생과 기생, 포식과 피식 등 상호관계를 고려한다.
   ㉡ 생물 서식공간을 핵심공간으로 구획하며 그 외 지역은 완충·협력구역으로 구분하여 비율을 결정한다.

⑤ 공간배치
   ㉠ 구성요소들 간의 공간배치는 연결성을 갖도록 배치하며 코리더 형성을 통해 연결성과 순환성을 확보한다.
   ㉡ 야생동물의 서식과 보호 기능을 고려하여 서식지의 기능을 위한 공간배치를 한다.

3) 생물적 서식환경
   ① 일반사항
      ㉠ 야생동물의 서식지 구성요소인 공간, 은신처, 먹이, 수환경을 확보한다.
      ㉡ 목표종의 생활사를 고려하여 목표종마다 고유하게 요구하는 특성을 파악하여 복원하도록 한다.

   ② 공간
      먹이, 은신처, 수환경 등을 포함하여 다음 표와 같이 야생동물 분류군별로 요구되는 행동권(Home Range)과 세력권(Territory)을 고려하여 충분한 공간을 확보한다.

생물분류군	핵심 구성요소
포유류	동면지, 보금자리, 먹이자원, 활동권
조류	번식지, 채식지, 월동지, 커버자원(잠자리, 휴식처 등)
양서파충류	집단산란지, 활동지, 동면지, 이동경로
어류	산란지, 먹이자원 회유성 어류의 이동경로
곤충류	산란지, 먹이자원, 월동지, 피난처

③ 은신처
  ㉠ 열악한 기후조건과 천적 또는 기타 위험으로부터 동물을 보호해 주고 동물의 서식활동을 보조해 주는 안식처를 제공한다.
  ㉡ 겨울 은신처는 눈과 바람 등 혹독한 기후의 노출 위험으로부터 보호해 줄 수 있도록 잎과 가지가 밀생되어 있는 식생이 다층구조를 이루어야 한다.
  ㉢ 피난은신처는 인간의 수렵행위나 포식자로부터 도피할 때 손쉽게 숨을 수 있도록 먹이지역과 인접하게 조성한다.
  ㉣ 휴식은신처는 먹이 섭취 후 바람과 천적을 피할 수 있는 장소를 여름에는 그늘을 제공하고 겨울에는 찬바람을 막아줄 수 있도록 일정 이상의 형태와 크기를 가져야 한다.
  ㉤ 수면은신처는 수면과 휴식을 위한 장로서, 야생동물에 따라 약간씩 이동하면서 잠을 자는 경우와 어느 장소를 지정하여 잠을 자는 등 생태적 특성을 고려하여 적합한 환경여건을 조사한다.
  ㉥ 번식은신처는 포유동물이 새끼를 낳아 기를 수 있는 장소로 출산 직후 어미가 이동하기 쉽게 완경사지이고, 물을 구할 수 있는 장소로 관목과 교목의 다층구조를 이루고 있는 곳이 적합하다.
  ㉦ 체온유지은신처는 체온과 온도 차이가 최소가 되는 장소에서 휴식을 취함으로써 신진대사율을 줄일 수 있도록 지형과 식생이 적절히 조화를 이루어 동물의 체온과 온도차가 최소인 장소를 선정한다.

④ 먹이
  ㉠ 각 생물동의 섭식상태 및 먹이 선호도를 고려하여 풍부하고 다양한 먹이가 제공되도록 한다.
  ㉡ 식생천이를 조절하여 다양한 식생이 성립되도록 하며 먹이연쇄를 복잡하게 유도한다.
  ㉢ 생물종이나 생물군집이 생존하기 위해서는 먹이자원을 충분히 얻을 수 있는 채식공간을 확보한다.
  ㉣ 종별·계절별·생애주기별로 상이한 먹이자원을 제공한다.

⑤ 수환경
  ㉠ 습지, 물웅덩이, 둠벙, 하천, 갯벌, 논이나 인공습지, 저수지 등 수환경은 환경적 특성과 동물의 생태를 고려하여 수심과 폭을 확보한다.
  ㉡ 가장자리의 습초지, 모래톱, 자갈밭, 자연석 호안 등은 동물의 접근이 용이하여야 하며 다양한 수심이 형성되도록 한다.
  ㉢ 자연적인 수심확보가 어려운 경우 상수, 우수, 지하수, 중수 등의 수원확보 방안이 필요하며 오염되지 않은 물의 유입과 동식물의 서식이 가능하도록 지속적으로 수질을 유지·관리하여야 한다.

ⓔ 조류의 음욕을 위한 수공간인 경우 개방수면을 70% 이상 확보하고 그늘을 제고하며 은신처 역할을 위한 수변식생을 가장자리에 식재한다.

4) 서식지의 생태적 연결성 확보

① 일반사항
  ㉠ 서식지의 면적은 내부종의 서식을 고려하여 충분한 면적을 확보하되, 인공적으로 조성된 서식지는 공간적 제한과 규모의 한계성이 있으므로 대규모 산림, 자연림, 하천과 연결될 수 있도록 한다.
  ㉡ 인간의 간섭과 자연적 변화를 동시에 받기 때문에 간섭에 대한 변화를 충분히 고려하여, 확산과 이동을 위한 서식지의 연결통로를 확보한다.

② 먹이연쇄
  ㉠ 서식지와 주변 환경과의 상호작용, 서식지 내 상호작용, 생태계 균형을 고려한 먹이그물이 형성되도록 한다.
  ㉡ 2~3가지 이상의 먹이자원과 서식지 선택이 가능하도록 설계하되 연결성을 통해 서식지 적합성을 확보한다.

③ 생태통로
  ㉠ 생태통로는 생물의 이동이 가능하며 그 자체로 서식지의 기능을 갖도록 한다.
  ㉡ 자연성을 고려하여 자연소재를 활용하며 바닥, 수직면, 캐노피가 형성되어 은신과 피난의 기능, 물, 먹이공급 등이 가능하도록 한다.
  ㉢ 입지 및 목표종 등에 따라 야생동물의 이동이 가능하고 식생으로 덮인 자연지반 형태의 코리더, 징검다리 형태나 육교형, 지하형의 인공적 코리더 등을 조성한다.
  ㉣ 인공적인 코리너의 경우 이용하는 동물의 거부감을 최소화할 수 있도록 자연소재의 이용, 식생 피복, 수목캐노피, 유도펜스, 생울타리, 수림대 등을 보완하여 조성한다.
  ㉤ 육교코리더의 경우 하중에 의한 안전성, 빛의 영향, 소음 등을 고려하며 특히 인간의 통행이 있을 경우 이에 대한 영향을 최소화할 수 있는 차폐식재나 차단시설을 설치한다.

2. 분류군별 대체서식지 조성계획 수립

1) 대체서식지 조성 일반사항

① 대체서식지 개요
  ㉠ 정의 : 개발사업으로 인해 훼손되거나 영향을 받을 것으로 예상되는 동식물의 서식지를 보상하기 위해 사업대상지역 또는 주변지역에 원래의 서식지와 동일하거나 유사한 수준으로 창출, 향상 또는 복원한 서식지

ⓒ 유형

창출형	향상형	복원형
훼손된 서식지를 다른 지역에 새롭게 조성하는 것	서식지의 구조와 기능을 향상하여 생물다양성을 증진하는 것	훼손된 서식지를 이전의 상태에 준하도록 복원하는 것

ⓒ 관련법규와 지침

주요 제도	근거 법령	유형
대체자연	자연환경보전법 제2조	창출, 복원
인공습지의 조성·관리	습지보전법 제18조	창출, 향상, 복원
해양생태계의 복원	해양생태계의 보전 및 관리에 관한 법률 제46조	향상, 복원

ⓔ 생물분류군에 따라 고려해야 할 구성요소

생물분류군	대체서식지 핵심 구성요소
포유류	번식지, 먹이자원, 행동권, 세력권, 동면지, 보금자리 등
조류	번식지, 먹이자원, 행동권, 월동지, 잠자리, 휴식처 등
양서·파충류	집단산란지, 활동지, 동면지, 이동경로
어류	번식지, 먹이자원, 이동경로(회유성 어류)

② 대표적 목표종의 대체서식지 선정 시 주의사항

분류	종명	주의사항
포유류	수달	• 친환경 자재 사용(주변지역 자연석과 초본류로 위장) • 돌무더기 내부에 공간을 형성하여 천적으로부터 보호할 서식처 마련
	하늘다람쥐	• 도로변에 기둥을 세우거나 도로 양편의 나무에 가로대 설치 • 기둥은 10m 이상의 높이, 기둥과 교목 간의 거리는 10m 이내로 설치
조류	조류 (철새도래지)	• (월동지) 국립생물자원관에서 운영하는 철새모니터링지역을 기준으로 철새도래지를 선정 • (번식지) 무인도서 및 백로류 등의 집단번식지는 우선적인 보호가 필요함 • 철새 도래규모 및 멸종위기종의 생활사를 반영한 잠자리, 휴식지, 먹이터 등의 조성이 필요함
	맹금류 서식처	• 둥지터 마련 후 전방지역의 시야 확보 • 맹금류의 종에 따른 먹이종의 서식가능성을 고려해야 함

분류	종명	주의사항
조류	백로류	• 집단번식지를 훼손해야만 할 경우 비번식기에 식생 제거 • 안정적인 대체서식지 입지 선정 후 박제 및 모형을 이용한 유인용 모형새와 백로음성 등을 활용해 유인이 필요함
	두루미류	• 잠자리와 먹이터, 피난처가 필요함 • 먹이터는 주로 농경지로 개간하지 않은 논이 필요함 • 잠자리는 10cm 이내의 얕은 물이 흐르는 수면이나 한겨울에는 빙판과 물을 댄 논 또한 가능함
	도요 · 물떼새류	• 만조 시에도 물에 잠기지 않는 갯벌이 필요하며, 최대만조 시에는 내륙에 이용 가능한 휴식지(습지)가 필요함 • 하천이 유입되는 갯벌의 경우 생산성이 높아 도요 · 물떼새의 도래수가 많으므로 우선적으로 보호가 필요함
	호반새류	• 절개사면 및 고목의 구멍을 둥지로 하므로 유사한 환경 조성이 필요함
	올빼미 · 부엉이류	• 고목의 구멍이나 딱따구리류의 둥지구멍을 둥지로 사용하므로 유사한 환경 조성이 필요함 • 수리부엉이는 절벽 아래 서식처 조성
양서 · 파충류	금개구리	• 자연형 수로 확보 • 안정된 수량(수원) 확보
	맹꽁이	우기에 사용할 수 있는 산란지 확보
	표범장지뱀	기존 서식처와 유사한 환경(모래가 발달한 지역)을 마련
	남생이	일광욕 장소 및 산란장소 확보
곤충	꼬마잠자리	• 사계절 용출수가 나오는 곳이 적당하지만 이러한 곳이 없다면 얕은 습지가 유지될 수 있도록 지속적으로 물이 공급되어야 함 • 골풀은 성충으로 우화 시 꼭 필요하기 때문에 골풀의 이식이 필요함
어류	흰수마자	• 하천 하상이 모래(모래입도 1mm 이하)로 구성되어야 하며, 수심 1m 이하, 유속은 0.4m/s 내외 • 정체수역에 서식하지 않으며 여울과 흐름이 반복되는 환경을 선호함
	미호종개	수심 50cm 정도, 가는 모래 하상, 유속이 느린 맑은 여울
저서 무척추	귀이빨대칭이	• 물의 흐름이 약한 강 하류, 호수유역 중 하상이 진흙, 모래로 구성되어 있고 50cm 이상의 수심을 가지는 지역을 대상으로 대체서식지를 마련하여야 함
	대추귀고둥	• 조간대 최상부 초지대(갯잔디)에 대체서식지를 마련하여야 함 • 담수화에 취약하므로 염도와 조수차, 담수유입 등을 고려하여 대체서식지를 선정하여야 함 • 1~3월은 동면이기 때문에 이주가 적절하지 않음
	기수갈고둥	• 개체 이주가 용이하므로 적극적인 이주계획 수립 필요 • 일정한 유속이 존재하고 하상이 자갈로 구성된 기수지역에 대체서식지를 마련하여야 함(흐름이 없는 유역 지양, 모래, 진흙으로 구성된 하상 지양)
식물	가시연꽃	• 연중 수심을 0.5~1.0m 유지하는 대체습지 조성 • 대체습지로 유입되는 물(수원)은 바닥의 퇴적물을 교란 · 발생시키지 않을 것
	매화마름	• 3월 이전 자생지의 표토를 이동 · 이식 • 겨울철 수심을 0.1~0.6m 유지 • 3~6월(생육기간) 동안 수심 0.6m 이하 유지

2) 곤충류 서식지 복원

① 곤충 서식지 입지조건
㉠ 산림이나 숲 가장자리 전이대지역의 햇볕이 잘 드는 곳을 선정한다.
㉡ 적당한 크기의 습지와 상당히 넓은 면적의 초지, 덤불이나 조그만 숲을 조성할 수 있는 10,000m² 이상의 공간을 확보한다.
㉢ 관목과 교목 식재가 가능해야 하며, 적당한 마운딩을 조성한다.
㉣ 가까운 곳에 다른 습지나 수변공간이 있는 크기 50m² 이상의 습지를 확보한다.

② 곤충 서식지의 주변환경
㉠ 주변에 종 공급원 기능이 가능한 산림이나 대규모 녹지공간 등이 존재하고, 심각한 소음과 대기오염 같은 곤충류 서식을 저해하는 요인이 적은 곳이어야 한다.
㉡ 잠자리의 비상거리는 1km 정도로, 주변에 숲이나 다른 습지가 존재하면 다양한 잠자리의 서식을 유도할 수 있다.

③ 곤충 서식지 조성기법
㉠ 전체 시스템으로는 크게 나비류를 위한 나비원과 잠자리 습지로 이루어지고, 딱정벌레류의 서식을 유도하는 식생, 다공질공간 등을 도입한 생물서식공간을 조성한다.
㉡ 재래종 곤충류의 먹이식물이 번성한 지역의 토양을 활용하여 자연식생으로 회복을 유도하고, 일부 지역에 낙엽층이나 부식층, 모래나 자갈로 구성된 장소 등 다양한 공간을 조성한다.
㉢ 양지바른 지역에 먹이식물을 중심으로 식재된 넓은 초지를 조성하고, 주변 녹지공간이나 산림과 연결되는 지역에 나비와 딱정벌레의 식이식물, 수액식물, 산란장소 등의 기능을 하는 교목림을 조성한다.
㉣ 유충·성충 등 곤충류의 먹이식물, 수액식물 등을 조화롭게 식재하여 산란·우화·월동 등에 이용할 수 있도록 하고, 덤불, 자생수종 등을 도입한다.
㉤ 수질은 잠자리 유충의 경우 생육을 위한 생물화학적 산소요구량(BOD)은 10ppm 이하로 유지한다.
㉥ 습지의 수심이 얕은 곳은 10~30cm에서 깊은 곳은 1m 정도의 완만한 경사로 조성하되 수초를 도입하여 잠자리의 산란장소를 제공한다.
㉦ 습지 모양은 변화가 있는 형태로 조성하되, 호안은 경사와 재료를 다양하게 하고, 수면적의 60% 이상은 개방수면으로 하여 잠자리와 같은 비상하는 곤충류를 유도한다.
㉧ 공급용수는 지하에서 용수가 솟아 나오는 장소가 습지 조성 최적지이나, 깨끗한 우수나 강물을 활용하되 갈수기를 대비한 보조수원(수돗물, 지하수)을 계획한다.
㉨ 호안 주변은 습지 내부와 호안 주변으로 말뚝, 통나무 등을 배치하여 잠자리와 나비의 휴식장소를 제공하고, 상부에 평평한 바위(거석)를 배치하여 잠자리의 우화장소로 활용한다.

ⓣ 돌무더기, 통나무, 고목, 나뭇가지 더미, 낙엽층 및 부엽토 쌓기 등으로 다공질공간을 조성한다.

④ 곤충 서식지 조성사례
  ㉠ 곤충류 서식처 복원
   • 곤충류 서식처를 복원할 경우 다음의 기본적인 입지조건을 고려하여 복원할 수 있도록 함
     - 산림이나 숲 가장자리와 습지가 만나는 추이대, 적정 규모의 습지와 초지 및 덤불, 다층구조의 녹지, 적정한 언덕 조성, 깨끗한 수질 등이 필요
     - 비행성 곤충들이 물을 쉽게 파악할 수 있도록 적정 규모의 개방수면 확보가 필요함
     - 갈대, 부들 등 대형 정수식물은 번식속도가 빨라 급속한 면적확장으로 수면을 덮을 수 있으므로 이를 제어할 수 있는 식재관리가 필요함
     - 잠자리류의 서식을 고려한다면, 수심이 얕은 지역에 키 낮은 정수식물을 도입하여 잠자리 산란지 제공이 필요하며, 정수식물은 우화를 위한 지지기반 역할을 함
     - 다공질공간을 제공함으로써 곤충류 서식기회를 증진시키며, 돌무더기 쌓기, 통나무 쌓기, 고목 배치, 나뭇가지 더미 놓기, 낙엽층 및 부엽토 쌓기 등의 방법을 도입할 수 있음
   • 곤충서식을 고려하여 습지에 도입할 수 있는 식물로는 갈대, 애기부들, 고랭이, 창포 등의 정수식물(수심 20cm 이상), 택사, 물옥잠, 미나리 등의 정수식물(수심 20cm 미만)이 대표적임
     - 부엽식물로는 마름, 자라풀, 어리연꽃, 수련, 가래 등이 대표적이며, 부유식물로는 생이가래, 개구리밥 등, 침수식물로는 검정말, 말즘, 물수세미 등이 대표적임

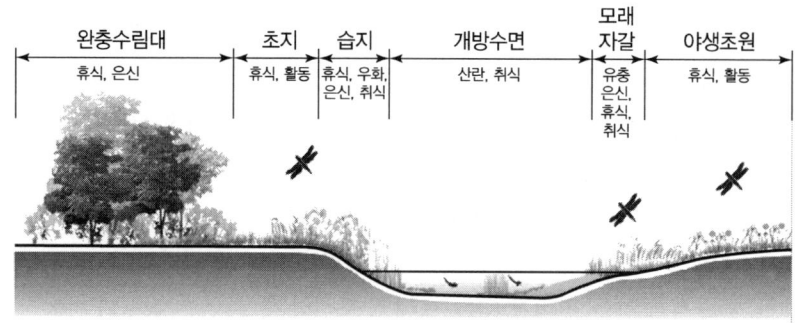

┃곤충류 서식처 모델 단면도┃

ⓒ 반딧불이 서식지 : 반딧불이 생활사에 따른 서식환경

▼ 곤충 서식지 조성사례 : 반딧불이 서식지

단계	구분	서식환경
알	산란장소	부화한 유충이 바로 물에 들어갈 수 있도록 생활장소 가까이의 부드러운 흙이나 이끼, 풀 위에 산란

유충	생활장소	① 작은 개울
		  • 수로 폭은 3m 정도, 수심은 15~30cm 정도되는 유속이 느린 지역으로 다슬기, 달팽이 등 먹이가 풍부한 곳
		  • 다양한 크기의 돌과 자갈, 모래, 점토 등으로 이루어진 하상
		② 논
		  • 농한기 논에 적당한 토양수분이 유지되고 농약 사용이 규제되는 곳
		  • 자연적인 형태의 농수로 지역
		③ 휴경지 : 과거 논으로 경작되었던 휴경지로 습지상태가 유지되는 곳
		④ 못 : 수심은 5~40cm 정도되며 물의 흐름이 느린 곳

번데기	용화장소	제방, 논둑, 논바닥 등의 습기 있는 흙, 풀뿌리 등에 번데기 방을 만듦
성충	교미장소	• 수로변의 풀, 수목의 잎에서 주로 이루어짐 • 주변지역의 조명, 소음에 영향을 받지 않는 장소
	휴식 및 비상공간	• 성충의 비상거리는 100m 정도 개방된 공간이 확보되어야 함 • 볏잎 뒷면, 물가의 나뭇잎, 풀숲, 바위의 이끼 등에서 휴식함 • 수로를 중심으로 한쪽은 산림, 다른 한쪽은 논이나 습지형태의 토지 이용이 유리함

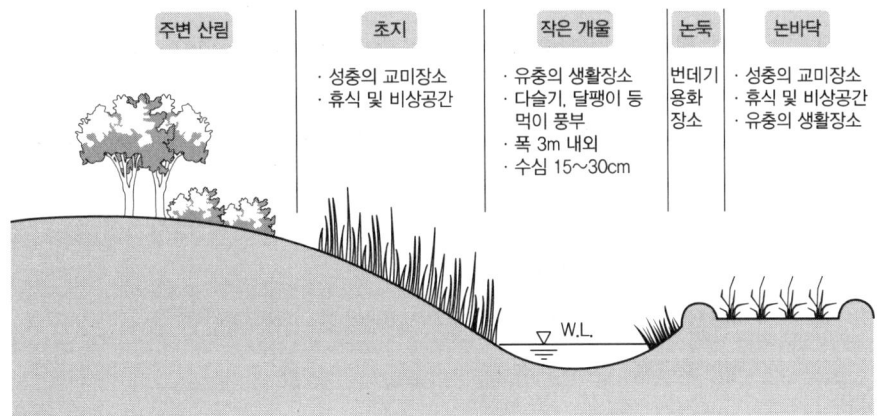

┃ 반딧불이 서식지 ┃

3) 어류 서식지 복원

① 어류 생태적 특성
㉠ 어류는 봄과 여름 사이에 대부분 산란하며, 성장은 일반적으로 4~6월에 활발하고 10~3월에 저조하다.
㉡ 생활장소는 구역, 지질, 수질, 수온, 용존산소량에 따라 달라진다.
㉢ 겨울에는 웅덩이, 강변의 풀 사이, 강바닥 등에서 가만히 있거나, 모래나 돌 밑에 잠겨 지내며, 낮에는 먹이를 먹으며 생활하고 밤에는 웅덩이에서 휴식한다.

② 서식지 조성기법
㉠ 어류 서식에 지장을 주지 않는 수질 관리가 가능한 형태로 조성한다.
㉡ 휴식 및 은신처로서 웅덩이나 연안 가장자리에 수초나 돌 틈을 조성한다.
㉢ 여름철 수온 상승과 겨울철 동결심도 및 어류피난처를 고려하여 1m 내외의 깊은 수심을 일부 조성한다.
㉣ 모래, 자갈, 진흙 등 다양한 재료를 활용한 저서환경을 조성한다.
㉤ 어종과 산란지와의 관계를 파악하고 필요로 하는 공간을 조성한다.

③ 서식지 조성사례
㉠ 납자루, 참붕어, 버들치, 종개류 서식지
- 어류의 서식에 지장을 주지 않도록 수질관리가 가능한 형태로 조성함
- 휴식 및 은신처로서 웅덩이나 연안의 가장자리 부근에 수초나 돌 틈을 조성함
- 여름철의 수온 상승과 겨울철의 동결심도를 고려하여 1m 내외의 깊은 수심을 일부 조성해 줌
- 모래, 자갈, 진흙 등의 다양한 재료를 이용하여 다양한 저서환경을 제공함
- 어류는 서식처가 조성되고 부유물질이 가라앉아 수환경이 어느 정도 안정될 때 도입하는 것이 바람직하며, 자생어종을 도입하되 조성 대상지역 인근 유역에서 채집하여 방사하는 것이 좋음
- 서식처조건을 고려하여 어종을 선택하고 그에 적합한 습지환경을 조성하며 주로 하천형, 호수형 습지에 적용

▼ 도입가능 어종별 서식처조건

종명	하상구조	수심(cm)	수온(℃)	DO	pH	산란장소
납자루류	모래, 자갈	50~100	25	2~5	7~8	민물조개
참붕어	모래	50	30	2~5	6~7	돌
버들치	자갈	50~100	20	9	7	자갈
종개류	모래, 자갈	50	25	5~9	7	자갈, 모래

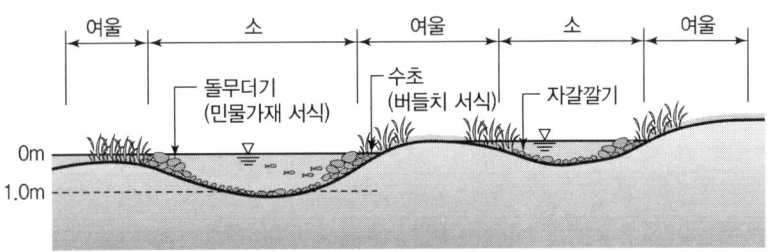

┃어류 서식처 모델 단면도┃

ⓒ 열목어 서식지 : 열목어 생활사에 따른 서식환경

▼ 사례(열목어)

공간	물이 아주 맑으면 수온이 낮은 상류지역, 수림이 우거진 곳
은신처	• 산란 : 수온이 7~10℃, 모래·자갈 하상 • 치어 : 유속이 완만한 곳의 가장자리 • 여름 : 수온이 낮은 깊은 수심 • 겨울 : 얼음 밑
먹이	작은 물고기, 곤충, 작은 동물

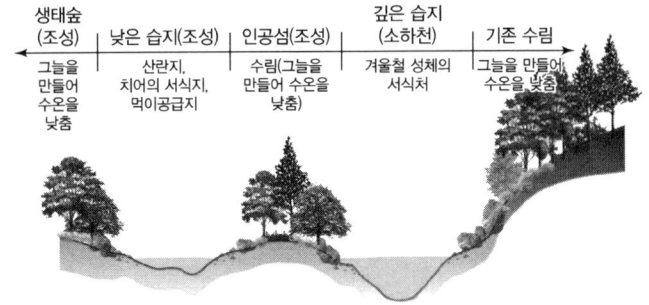

4) 양서·파충류 서식지 복원

① 양서류의 생태적 특성

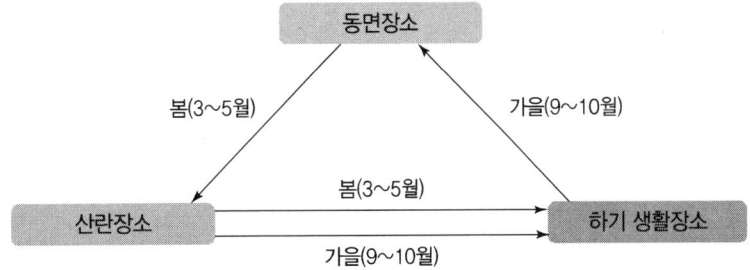

- 봄 : 번식을 위해 산란장소로 이동한다.
- 여름 : 먹이를 찾거나 은신하기 위하여 그늘진 곳이나 먹이가 풍부한 장소로 이동한다.
- 가을 : 동면을 위해 적당한 동면장소로 이동한다(종에 따라 춘면이나 하면하는 종도 있음).

㉠ 넓은 면적의 수환경, 습초지 등이 형성된 지면에서 서식하는 양서류 중 대표적인 개구리류는 파충류나 대형 조류의 먹이원으로 다양한 먹이사슬을 만드는 데 영향을 미친다.
㉡ 개구리류의 경우 봄에는 산란장소로 이동하며, 여름에는 그늘진 곳이나 먹이가 풍부한 곳으로 장소를 옮기고, 가을에는 동면장소로 이동하므로 핵심지역과 완충지역 등의 서식공간을 필요로 한다.

▼ 한국산 양서류의 서식공간과 산란장소

종명	서식장소	산란장소	동면장소
북방산개구리	계곡, 하천	논, 저습지, 하천	계곡 주변
한국산개구리	습원, 습지, 논 주변	논, 저습지	논둑, 습지
옴개구리	습지, 논, 저수지	하천	하천, 개울
금개구리	논, 저습지	저습지, 수로	논둑, 습원
참개구리	물가, 논, 밭고랑	논, 저습지	논둑, 수변
두꺼비	산림	논, 저습지, 호수	야산임연부, 계곡 돌 틈
물두꺼비	계곡, 산림	계곡, 하천변	하천 돌 밑
청개구리	산림, 논, 습원	논, 저습지	논, 습지, 밭
수원청개구리	논, 습원	논, 저습지	논, 습지, 밭
맹꽁이	초지, 습원의 평지, 밭	저습지, 웅덩이	논, 습지, 밭
무당개구리	계곡, 웅덩이	계곡, 웅덩이	습지, 밭

② 양서류 서식지 조성기법
㉠ 대상지와 습지의 크기는 햇볕이 잘 드는 곳으로 물이 너무 차갑지 않고, 주변의 수목에 의해 그늘이 생기지 않도록 하며 크기는 100m² 이상으로 조성한다.
㉡ 습지의 모양은 불규칙한 형태가 바람직하고, 수심은 다양하게 조성하되 50~70cm가 적당하다. 단, 동면을 위하여 습지 바닥이 얼지 않을 정도의 깊이가 확보되어야 하고, 산란기(봄철)에는 개구리가 수심 10cm되는 곳에 산란을 하므로 해당 수심의 서식지를 조성한다.
㉢ 공급 수원은 우수나 강물을 이용한다.
㉣ 양서류의 유생은 습지에서 주로 생활하고 성체로 성장하면 초지나 산림으로 이동을 하여 활동하게 되므로 이를 위한 이동통로를 확보해야 한다. 이 통로는 인간의 이용행위로 인한 간섭이 최대한 일어나지 않도록 처리한다.
㉤ 유생을 위한 차폐식재가 필요하고, 대상지 인근 지역에서 자생하는 식물들을 도입하되, 수생식물이 전체 수면적의 10~20% 수준으로 유지되도록 계획한다.
㉥ 양서류의 이동거리를 고려하여 반경 내 다른 습지, 개울이 존재하도록 계획한다.

▼ 양서류의 서식환경 기준

항목	기준	내용
서식기반	지형(경사도)	경사가 완만할수록 적합
	수문(유량)	유량이 풍부할수록 적합
	토양(배수 여부)	배수가 안 될수록 적합
서식적합성	습지조성 가능면적	조성 가능면적이 넓을수록 적합
	산림과의 거리	산림과 가까울수록 적합
	산림생태계 건강성	주변산림의 층상구조가 다양할수록 적합
	수문의 pH	pH 7~8 적합
	기존 습지와의 연계성	인접 습지, 수원과 가까울수록 적합
교란요인	논, 습원	도로와 거리가 멀수록 적합
	초지, 습원의 평지, 밭	마을과 거리가 멀수록 적합
	계곡, 웅덩이	오염원과 거리가 멀수록 적합

③ 양서류 서식지 조성사례
  ㉠ 산란지 및 활동지

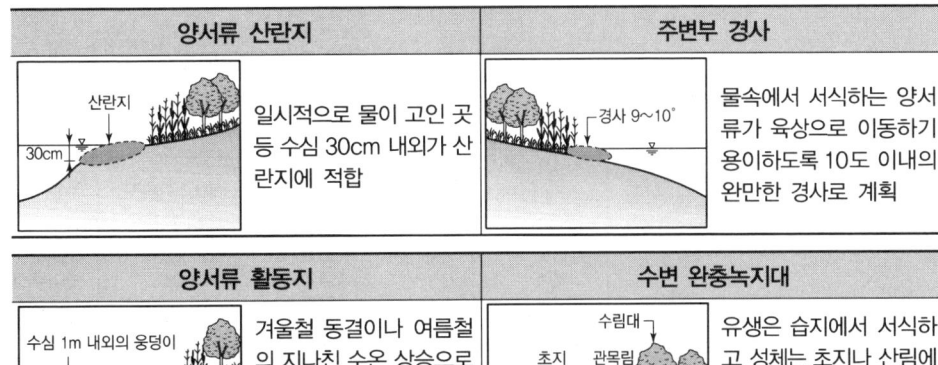

| 양서류 서식지 조성사례 |

㉡ 양서류 서식처 복원사례
  - 양서류는 비교적 넓은 면적의 수환경과 주변에 습초지 등이 형성된 습지에서 서식하며, 파충류나 조류(백로류, 맹금류 등)의 먹이원이 됨
  - 따라서 개구리류의 개체수 증가나 서식처 복원은 먹이사슬을 다양하게 함
    예 꼬리가 있는 도롱뇽 종류(유미류)와 꼬리가 없는 개구리류(무미류)가 있음
      • 유미류 : 도롱뇽, 꼬리치레도롱뇽, 고리도롱뇽 등
      • 무미류 : 무당개구리, 계곡산개구리, 북방산개구리, 한국산개구리, 맹꽁이 등

- 검정말, 나사말 등 물에 잠겨서 생활하는 식물을 식재하면 물속 용존산소량이 증가하고, 수서곤충류의 다양성 증진으로 개구리 먹이원이 증가하며 개구리 생존율과 개체수 증가 기회 제공
- 만일 습지복원 시 법정 보호종 서식처를 이주할 경우, 현재 서시처에서의 보호종 서식 실태를 파악하여 「야생생물 보호 및 관리에 관한 법률」에 따라 "멸종위기종 포획 및 이주계획서"를 작성하여 해당 지방환경관서에 허가를 받아야 함

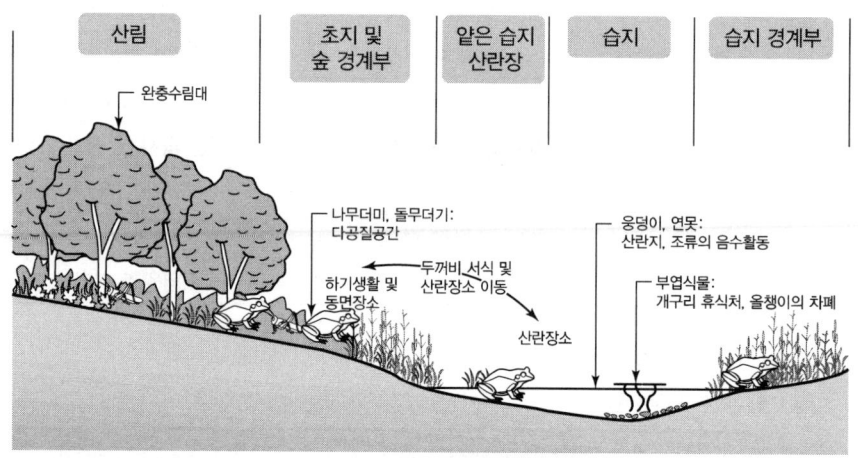

∥ 양서류 서식처 모델 단면도 ∥

※ 다공질공간 : 작은 구멍이 많이 있는 공간으로 양서류의 은신처 역할을 함

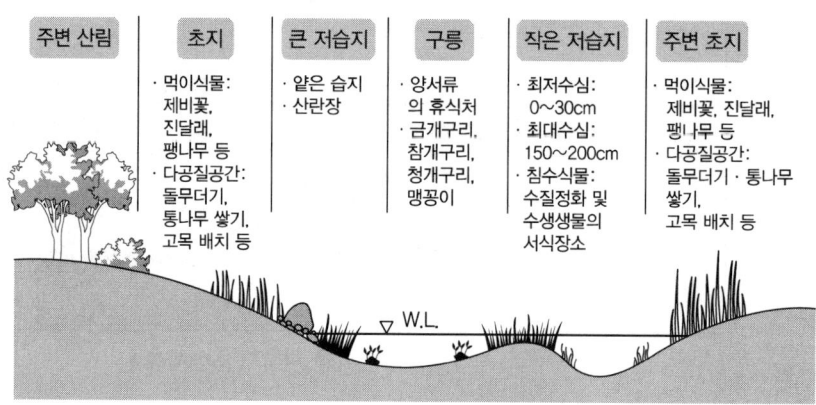

∥ 양서류의 서식처 단면 ∥

④ 파충류 생태적 특징
  ㉠ 파충류는 뱀류와 거북류로 구분되며, 변온동물로서 동절기에는 동면하는 특성을 가짐
  ㉡ 먹이 섭취 후 소화를 위해 따뜻한 돌이나 양지바른 나뭇가지를 찾는 습성이 있으며 구렁이와 같은 뱀류의 서식을 위해 돌무더기를 조성할 수 있음

> 멸종위기 야생생물 Ⅱ급 남생이는 개체수가 급격히 줄어들고 있음. 하천과 이어진 습지 등에서 서식하며, 여름에는 기생충을 없애기 위해 바위에 올라가 햇볕을 쬐고, 물가 모래톱에서 구덩이를 파고 알을 낳으며, 동절기에는 하천 바닥 진흙 속에서 동면함. 이러한 특성을 반영하여 특히 호소형 및 하천형 습지에 있어 남생이 서식처를 복원할 수 있음

⑤ 파충류 서식지 조성사례

　㉠ 남생이

▼ 남생이 서식조건 사례

구분	서식조건
공간	• 강과 이어진 논이나 늪, 냇가, 습지, 호수, 민물 등 서식, 낮에는 강가에 은신 • 여름 : 기생충 제거를 위해 바위에 올라가서 일광욕을 함 • 산란기 : 물가 모래톱, 부엽토 지내에서 구덩이 파고 산란 • 겨울 : 강바닥 진흙 속 동면
먹이	• 잡식성, 다양한 식물과 죽은 동물 • 개구리, 우렁이, 민물고기, 새우, 다슬기, 양서류, 달팽이, 지렁이, 곤충류, 수초 등 • 아침과 해질녘에 물가나 물속에서 섭식 • 1~2년생은 대기온도가 15℃ 이하로 내려가면 섭식 중단
은신처	• 낮에는 강가의 돌 밑이나, 흙, 진흙 속으로 파고 들어감 • 날씨가 추워지면 물속의 진흙을 파고 들어가서 동면
물	• 강의 중류, 하류, 호수, 습지, 늪, 논의 관개수로와 같이 유속이 약하거나 고인 담수 • 주로 물에서 서식, 헤엄치고 먹이를 잡아먹음
기타	• 산란기 6~7월 • 물새나 공격적인 조류, 육식성 어류, 소형 포유류 및 설치류는 남생이의 유생이나 성체에게 위협

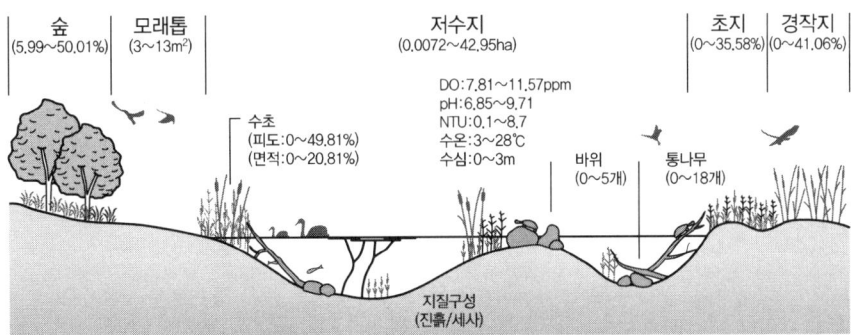

┃ 거북류(남생이) 서식처 모델 단면도 ┃

5) 조류 서식지 복원

① 조류의 생태적 특성

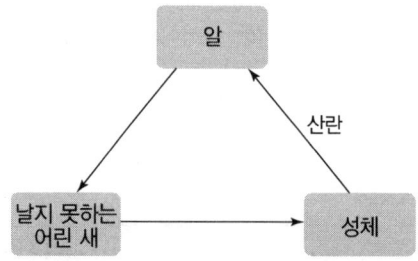

- ㉠ 조류의 종 다양성이 높은 지역은 대부분 안정적인 먹이사슬이 형성되어 있어, 생태적으로 양호한 서식지라고 말할 수 있다.
- ㉡ 조류는 인간의 간섭에 매우 민감하며, 비교적 넓은 서식지를 요구한다.
- ㉢ 조류는 주행성과 야행성으로 나뉘며 대부분 주행성인 경우가 많고 일출 후 수 시간 동안 활발하게 활동하고 야간에는 수면을 취하는 행동양상을 보인다.
- ㉣ 야행성 조류의 경우, 낮에는 휴식이나 수면을 취하고 밤에 먹이활동을 실시한다.
- ㉤ 소형 조류는 번식기에는 곤충이나 거미, 지렁이 등을 먹는 비율이 높고, 월동기에는 식물의 열매 등을 주로 먹는다.

② 조류와 인간과의 거리

- ㉠ 비간섭거리 : 조류가 사람의 모습을 알아차리면서도 달아나거나 경계의 자세를 취하는 일 없이 모이를 계속 먹거나 휴식을 계속할 수 있는 거리
- ㉡ 경계거리 : 하고 있던 행동을 중지하고 사람 쪽을 바라보거나 경계음을 내거나 또는 꽁지와 깃을 흔드는 등의 행동을 취하는 거리
- ㉢ 회피거리 : 사람이 접근하면 수십cm에서 수m를 걸어 다니거나 또는 가볍게 뛰기도 하면서 사람과의 일정한 거리를 유지하려고 하는 거리
- ㉣ 도피거리 : 사람이 접근함에 따라 단숨에 장거리를 날아가면서 도피를 시작하는 거리

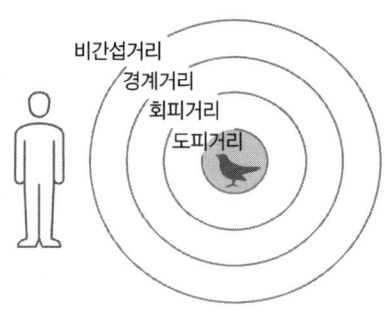

③ 조류 서식처 조성기법

▼ 조류 대체서식지 구성을 위한 핵심 구성요소

구성요소	설명
먹이	조류는 수서곤충, 어류, 양서류, 파충류, 수생식물을 주로 이용하며, 먹이자원이 풍부할수록 좋음
커버	잠자리, 피난, 은신, 휴식처 등을 충분히 제공하여야 하며, 다양한 기능을 복합적으로 제공하는 지역에 서식밀도가 높음
번식	둥지를 마련할 수 있는 공간이 제공되어야 하며, 둥지 재료 및 유조에 대한 육추활동을 지원할 수 있는 공간이 제공되어야 함

㉠ 조류의 유인 및 서식환경 조성기법
- 수심 : 2m 이하 깊이, 다양한 수심
- 호안 : 가파른 제방 1.5~2m, 대부분의 조류는 완경사면 선호
- 조류가 공중에서 인식할 수 있는 서식환경 조성 필요
  - 개개비류 번식 및 이동 : 갈대군락의 연속적 조성
  - 쇠물닭 : 줄과 부들군집 필요
  - 붉은머리오목눈이 : 연속적인 관목과 덤불 조성
  - 개방수면 : 수면적의 50% 내외로 개방수면 유지
- 섬
  - 길이와 폭의 비율=5 : 1~10 : 1이 적절
  - 습지와 횡방향으로 위치 → 물의 흐름 방해 예방
  - 크기 : 전체 습지면적의 1~5%, 최소 $4m^2$ 이상
  - 섬끼리 158m 이상 거리 확보, 호안 가장자리로부터 15m 이상 이격
  - 윤곽 : 습지의 모양처럼 불규칙한 곡선을 이용
  - 내부경사는 10% 내외로 조성
- 모래톱, 자갈톱 : 물떼새류의 산란지, 조류 휴식지
  - 습지 조성 시 모래톱, 자갈톱 도입
  - 하천의 물흐름을 고려하여 자연스럽게 형성되도록 유도
- 산림 : 다층구조 식재, 인공새집 가설

㉡ 먹이식물 식재
- 식생은 야생동물, 특히 조류의 은신처나 피난처로 이용될 뿐만 아니라 먹이원으로 활용됨
- 멧새류를 위하여 주변녹지에 조류의 식성을 만족시킬 수 있는 다양한 종자식물을 선정
- 물새류를 위한 습지는 은신처나 번식장소로서의 저습지가 2/3, 먹이를 획득하기 위한 넓은 수면은 1/3의 비를 갖추어야 하며, 물새류가 가장 선호하는 수생식물은 수심 30~60cm 위치에 서식함

- 수심이 얕은 곳에는 수면성 오리류(청둥오리, 흰뺨검둥오리, 쇠오리 등)가 주로 서식. 수면성 오리류는 거의 초식성으로 천변에 먹이가 되는 수초를 식재하여 이들의 먹이와 함께 서식처를 조성해 주어야 함
- 물떼새, 도요새, 할미새류는 얕은 물가의 모래나 자갈밭에서 번식하기 때문에 하천변에 자갈(크기 7~15mm)밭과 모래밭을 조성하면 이들의 번식을 유도할 수 있음. 또한, 하안식생을 유지하여 은신처로 작용할 수 있도록 하여야 함
- 박새, 멧새, 참새류는 교목과 관목을 적절하게 잘 혼용하여 이들의 서식공간을 조성해 주고 이들의 먹이가 되는 종자식물을 많이 식재하여야 함

④ 조류 서식처 조성사례

▼ 조류의 서식환경에 따른 생물종

구분	환경조건	해당 생물종
수위	깊은 곳	수면성 오리, 쇠물닭 등
	얕은 곳	섭금류, 덤불해오라기, 황로 등
습지의 저질	돌 틈, 바위	꼬마물떼새, 노랑할미새 등
	모래, 자갈땅	쇠제비갈매기, 흰물떼새 등
	점질토 토양	큰뒷부리도요, 물떼새류
식생	정수식물군락	개개비, 물닭, 청둥오리 등
	풀밭	덤불해오라기, 쇠오리, 흰뺨검둥오리 등
	관목	고방오리 등
	교목	황로, 왜가리, 검은댕기해오라기, 백로류 등
	고목	호반새
저습지 주변부	급경사지	물총새, 갈색제비 등
	완경사지	청호반새 등

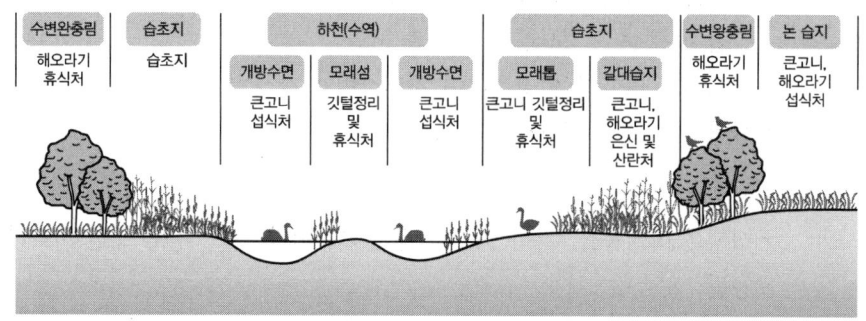

| 조류 서식처 모델 단면도 |

6) 복합서식지 조성
    ① 자연수림과 인접한 초지, 저습지 조성
        ㉠ 목표종 : 양서류, 파충류, 곤충류, 조류, 포유류
        ㉡ 서식환경
            • 자연수림 : 서식지의 완충공간, 육상 활동공간 제공
            • 서식습지 : 양서류 산란처, 소곤충의 서식지, 조류 먹이터, 목욕터
            • 습초지 및 중도 : 곤충류의 유인, 양서류 은신처, 휴식처
            • 습지 주변 다공질공간 : 곤충류 서식지, 양서류 먹이터, 은신처
            • 관목덤불 : 양서류 은신처, 곤충류, 조류 유인
            • 호안 : 흙, 모래, 자갈둔덕 등 자연재료 호안

❙ 산림, 초지와 인접한 저습지 조성 ❙

    ② 초지와 물웅덩이가 인접한 생태숲 조성
        ㉠ 목표종 : 양서류, 파충류, 곤충류, 조류, 포유류
        ㉡ 서식환경
            • 생태숲 : 서식종의 핵심공간, 육상 활동공간 제공
            • 초지 : 다양한 식이식물로 곤충류의 유인
            • 물웅덩이 : 소규모 서식지, 은신처
            • 관목덤불 : 곤충류 유인

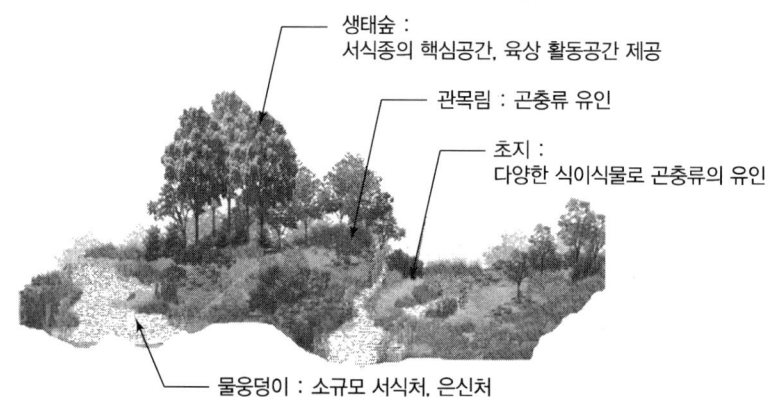

┃ 초지 및 물웅덩이와 인접한 생태숲 조성 ┃

③ 완경사형 생태숲 조성
   ㉠ 목표종 : 양서류, 파충류, 곤충류, 조류, 포유류
   ㉡ 서식환경
- 생태숲 : 서식종의 핵심공간, 육상 활동공간 제공
- 초지 : 다양한 식이식물로 곤충류의 유인
- 관목덤불 : 휴식처, 은신처
- 건초지 : 건조한 환경에 서식하는 종

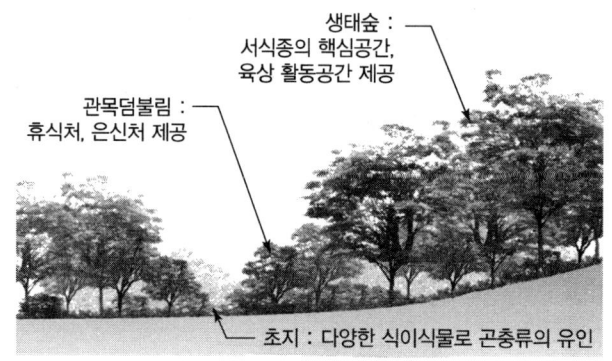

┃ 완경사지 생태숲 ┃

④ 숲과 인접한 물웅덩이와 초지 조성
   ㉠ 목표종 : 양서류, 파충류, 곤충류, 조류, 포유류
   ㉡ 서식환경
- 생태숲 : 은신처, 먹이공급처, 육상 활동공간 제공
- 초지 : 다양한 식이식물로 곤충류의 유인
- 물웅덩이 : 소규모 서식지, 산란처, 은신처

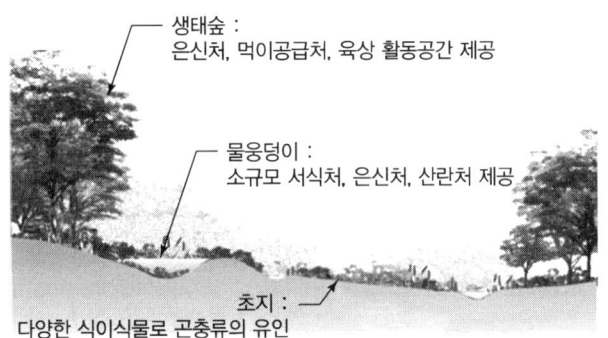

┃ 숲과 인접한 물웅덩이와 초지 조성 ┃

⑤ 저습지와 습초지 조성
   ㉠ 목표종 : 양서류, 파충류, 곤충류, 조류, 포유류
   ㉡ 서식환경
     • 저습지 : 양서류 산란처, 소곤충의 서식지, 조류 먹이터, 목욕터
     • 습초지 : 곤충류의 유인, 양서류 은신처, 휴식처
     • 건생초지 : 파충류 휴식처, 은신처, 곤충 먹이터

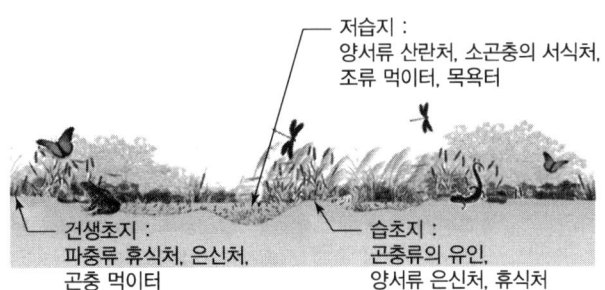

┃ 저습지와 습초지 조성 ┃

⑥ 평지형 건생초지 조성
   ㉠ 목표종 : 양서류, 파충류, 곤충류, 조류, 포유류
   ㉡ 서식환경
     • 건생초지 : 휴식처, 은신처
     • 다공질공간 : 산란처, 휴식처, 은신처

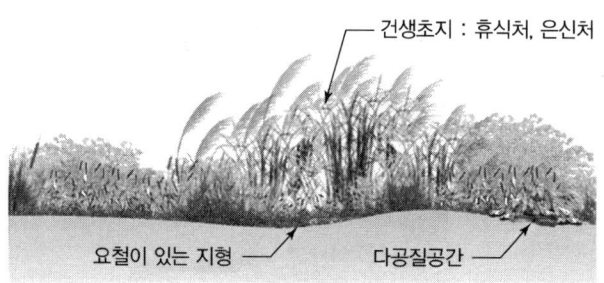

| 건생초지 조성 |

3. 보호종 이주 또는 이식계획을 수립

1) 보호종 공급 및 도입방안

① 보호종 공급계획
  ㉠ 서식지 외 보전기관 이용
  ㉡ 자연적 유입방안 고려
    • 메타개체군
    • 환경퍼텐셜

▼ 환경퍼텐셜의 종류

구분	내용
입지 퍼텐셜	토지, 기후, 수환경에 따른 생태계 성립의 잠재 가능성을 분석하여 잠재력을 고려한 종의 도입방법을 계획한다.
종공급 퍼텐셜	주변에서 종의 유입으로 발생하는 잠재 가능성으로, 종 공급원(Source)과 수용처(Sink) 간의 생물의 유전자 이동 및 종의 번식능력이 퍼텐셜의 가능성을 좌우한다. 따라서 거리 확보가 중요하므로 단절요소를 극복하기 위한 생태통로계획을 수립한다.
종간관계 퍼텐셜	생물 간 상호작용으로 성립되며 종 간 상리공생관계의 형성이 중요하므로 군집 생태계에 대한 이해와 서식지생태계를 구축하기 위해 도입되는 목표종을 비롯한 종의 선정에 반영한다.
천이 퍼텐셜	입지, 종의 공급, 종 간 관계퍼텐셜 이 세 가지 유형의 퍼텐셜에 의해 결정되며 시간의 흐름에 따른 변화로 잠재가능성을 예측하여 계획에 반영한다.

② 보호종의 도입방안계획
  ㉠ 도입 : 멸종된 종을 그 종의 역사적인 서식범위 내에 다시 정착시키는 방법이다.
  ㉡ 재도입 : 멸종된 종을 그 종의 역사적인 서식범위 내에 다시 정착하는 방법으로, 연착륙방사와 경착륙방사방법을 활용하고 있으며 재확립은 재도입이 성공적이었다는 의미로 현재까지는 지리산 반달가슴곰 복원사업, 소백산 여우 복원사업 등 종 도입사례를 고려한 대상지 내 종 도입계획을 수립한다.

ⓒ 이입 : 서식범위 내의 한 부분에서 다른 부분으로 인위적으로 이동시키는 방법으로, 강원도에서 포획한 산양을 월악산, 설악산 등지에 복원한 사례가 해당되며 같은 지역 내에 기존의 동종개체군의 개체를 보완·증대하는 재강화방식 등을 고려한 이입계획을 수립한다.

ⓓ 보전적(완화한) 도입 : 특정종의 분포지역은 아니나 서식지와 생태지리적 조건을 갖춘 지역 내에 그 종을 정착시키는 경우로 역사적 분포지역에 서식지가 전혀 남아 있지 않을 경우 활용되는 방식으로, 계획목적에 따라 적용한다.

③ 이식설계
  ㉠ 이식설계
    • 이식을 위한 나무의 크기는 현지조사를 통해 직접 측정하여 결정한다.
    • 이식설계를 위한 수목규격은 근원직경을 적용하며, 근원직경에 대한 표시가 없을 경우에는 근원직경(R) – 흉고직경(B) 환산기준으로 $R = 1.2B$를 적용한다.
  ㉡ 복사이식 설계
    • 복사하고자 하는 수림대에서 모든 매목에 대한 전수조사를 통해서 식생의 수평·수직적 구조를 도면화한 이후에 이를 복원하고자 하는 지역에 적용해 주는 방법이다.
    • 나무만을 그대로 채취하여 복사하는 것이 아니라 표토를 포함한 토양과 낙엽, 나뭇가지 등을 채취하여 이식한다.
    • 지형환경조건을 포함한 기반환경도 함께 조사하여 반영한다.

2) 서식지 연계계획을 수립

① **종별 연계를 통한 복합서식지 구축** : 목표종의 서식지와 먹이사슬을 고려하여 생물종 간 상호작용 구조를 파악한다.

② **서식지네트워크 구축계획**
  ㉠ 목표종이 요구하는 서식환경조건을 파악한다.
  ㉡ 교란을 충분히 고려한다.
  ㉢ 확산과 이동을 위한 서식지 간 이동로를 확보한다.
  ㉣ 주연부를 반영한다.

3) 이주 또는 정착방안을 수립

① 순응적 관리 및 침입종 관리계획을 수립
② 모니터링계획 수립
③ 종 증진프로그램계획 수립

④ 외래 침입종의 관리계획 수립

　㉠ 침입종(Invasive Species) : 고유종이 아닌 외부에서 들어와 다른 생물의 서식지를 점유하고 있는 종을 말한다.

　㉡ 외래종(Exotic Species) : 고유종이 아닌 종으로 외국이나 국내의 다른 지역에서 들어와서 다른 생물의 서식지를 점유하고 있는 종을 말한다.
　　• 도입종(Introduced Species) : 특정한 목적을 위해 인위적으로 반입된 종을 말한다.
　　• 귀화종(Naturalized Species) : 원래 자생지가 아닌 곳에서 스스로 적응해 번식하는 종을 말한다.

　㉢ 생태계교란생물 : 이미 유입된 국내 생태계 정착종 중 위해성평가 결과 국내 생태계 등에 미치는 위해가 큰 것으로 판단되어 환경부 장관이 지정·고시하는 생물종으로, 외국으로부터 인위적 또는 자연적으로 유입되어 생태계의 균형을 교란하거나 교란할 우려가 있는 생물 또는 특정지역에서 생태계 균형을 교란하거나 교란할 우려가 있는 생물, 유전자 변형을 통해 생산된 유전자변형생물체 중 생태계 균형을 교란하거나 교란할 우려가 있는 생물을 말한다.

2 숲복원계획하기

1. 목표종 핵심 구성요소 파악

1) 공간(Space)

① 행동권(Home Range) : 야생동물의 행동반경이다.

② 세력권(Territory)
   ㉠ 야생동물 종의 다른 개체 또는 다른 무리로부터 방어하여 점유하는 지역을 말하며 텃세권이라고도 한다.
   ㉡ 야생동물은 자신의 세력권은 독점적으로 사용하며, 다른 동물들이 자신의 세력권에 침입하면 경고, 위협, 물리적 압박을 가하는 적대적 행동을 취한다.

▼ 행동권과 세력권

구분	행동권	세력권
개념	야생동물들이 생활하는 데 필요한 포괄적인 서식지역	• 텃세권 • 야생동물이 방어를 위해 점유하는 공간이자 독점적으로 사용하는 고유영역
모식도		세력권 / 행동권 (동심원 모식도)
타개체와의 관계	• 타개체와 함께 사용 • 타개체와 무관	타개체에 대한 방어행위

2) 은신처(Cover)

① 열악한 기후조건과 적 또는 기타 위협으로부터 동물을 보호해 주고 동물의 서식활동을 보조해 주는 안식처를 말한다.

② 은신처는 주로 식생으로 이루어진다.

③ 은신처(Cover)의 종류
   ㉠ 겨울은신처(Winter Cover)
   ㉡ 피난은신처(Refuge Cover)
   ㉢ 휴식은신처(Loafing Cover)
   ㉣ 수면은신처(Roosting Cover)
   ㉤ 번식은신처(Breeding Cover)
   ㉥ 체온유지은신처(Thermal Cover)

3) 먹이(Food)

① 생존에 가장 기본적인 구성요소이다.

② 야생동물의 종류 및 계절에 따라 먹이자원이 달라지기도 한다.

③ 개체군 밀도 및 야생동물의 성장과 번식에 영향을 준다.

4) 수환경(물, Water)

① 마시는 물을 제공하며 먹이자원을 획득하는 장소이다.

② 특정생물종에게 주된 생활공간이기도 하며 적을 피할 수 있는 도피처 및 피난처로 사용하기도 한다.

2. 식물종 선정 및 천이예측

1) 식물종 선정

① 식물재료의 특성

㉠ 교목류

- 기본적으로 '수고 $H(m) \times$ 흉고직경 $B(cm)$'으로 표시하며, 필요에 따라 수관 폭, 수관의 길이, 지하고, 뿌리분의 크기, 근원 직경 등을 표시한다. 근원 직경으로 규격이 표시된 수목은 수종의 특성에 따른 '흉고 직경-근원 직경' 관계식을 구하여 산출하되, 특별히 관련성이 구해지지 않은 경우 $R=1.2B$의 식으로 흉고 직경을 환산, 표시한다.
- 곧은 줄기가 있는 수목으로서 흉고부의 크기를 측정할 수 있는 수목은 '수고 $H(m) \times$ 흉고 직경 $B(cm)$' 또는 '수고 $H(m) \times$ 수관 폭 $W(m) \times$ 흉고 직경 $B(cm)$'으로 표시한다.
- 줄기가 흉고부 아래에서 갈라지거나 다른 이유로 흉고부의 크기를 측정할 수 없는 수목은 '수고 $H(m) \times$ 근원 직경 $R(cm)$' 또는 '수고 $H(m) \times$ 수관 폭 $W(m) \times$ 근원 직경 $R(cm)$'으로 표시한다.
- 주로 상록성 침엽수로서 가지가 줄기의 아랫부분부터 자라는 수목은 '수고 $H(m) \times$ 수관 폭 $W(m)$'으로 표시한다.
- 덩굴성 식물과 같이 수고 외의 수관 폭이나 줄기의 굵기가 무의미한 수목은 '수고 $H(m)$'로 표시한다.

㉡ 관목류

- 기본적으로 '수고 $H(m) \times$ 수관 폭 $W(m)$'으로 표시하며, 필요에 따라 뿌리분의 크기, 지하고, 가지수(주립수), 수관길이 등을 지정할 수 있다.
- 일반적인 관목류로서 수고와 수관 폭을 정상적으로 측정할 수 있는 수목은 '수고 $H(m) \times$ 수관 폭 $W(m)$'으로 표시한다.

- 수관의 한쪽 길이 방향으로 성장이 뛰어난 수목은 '수고 $H(m) \times$ 수관 폭 $W(m) \times$ 수관길이 $L(m)$'로 표시한다.
- 줄기의 수가 적고 도장지가 발달하여 수관 폭의 측정이 곤란하고 가지수가 중요한 수목은 '수고 $H(m)\{\times$ 수관 폭 $W(m)\} \times$ 가지수(지)'로 표시한다.

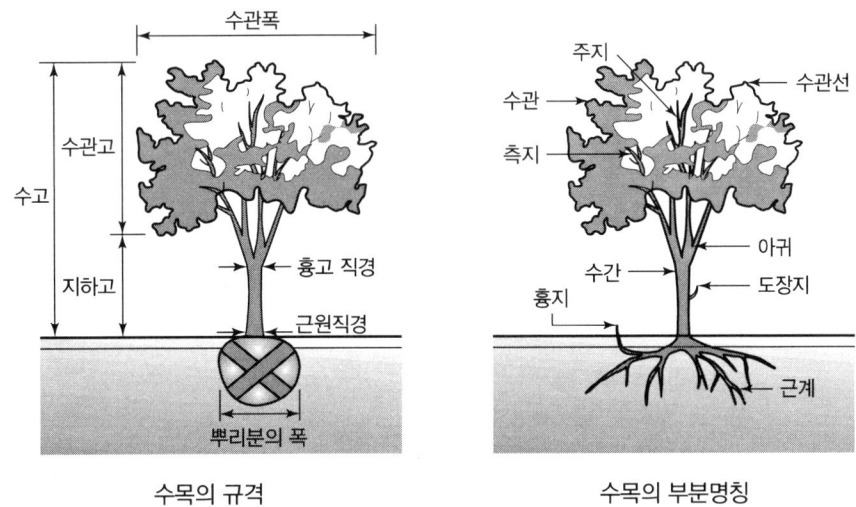

수목의 규격 　　　　　　수목의 부분명칭

｜수목의 규격과 부분명칭｜

ⓒ 덩굴성 식물, 묘목, 지피초화류
- 덩굴성 식물은 '수고(m)×근원 직경(cm)'으로 표시하며, 필요에 따라 '흉고 직경'을 지정할 수 있다.
- 그 밖에 '수관길이 $L(m) \times$ 근원 직경 $R(cm)$', '수관길이 $L(m)$' 또는 '수관길이 $L(m)$ ×○년생' 등으로 표시한다.
- 묘목은 '수관길이'와 '근원 직경'으로 표시한다.
- 초화류는 '○분얼'로 표시하며 뿌리성장이 발달하여 뿌리나누기로 번식이 가능한 초종에 적용한다.

ⓓ 종자
- 종자는 원산지 및 채취방법에 따라 품질 차이가 있으므로 가급적 양질의 종자를 사용하도록 한다.
- 자생종자를 이용할 경우, 공사 시행 전에 종자를 채취하여 사용하는 것이 바람직하다. 단, 직접 채취가 어려운 경우 가급적 채취장소 및 시기 등의 종자 이력 관리가 명확하게 되고 있는 종자를 사용한다.
- 종자의 규격은 중량단위의 수량과 순량률 및 발아율로 표시한다. 이때 종자의 품질기준은 최저발아율, 최저순량률로 규정하고 %로 표시한다.

3. 수직 · 수평적 다층구조를 반영한 식생계획 수립

1) 조성목표에 따른 식생계획

① 목표연도에 따른 기준
- ㉠ 완성형 : 식재 직후
- ㉡ 반완성형 : 5년 후
- ㉢ 장래완성형 : 10~20년 후

② 식재패턴에 따른 기준
- ㉠ 규칙형 : 일정간격으로 규칙적 식재 – 조기 성장 유도
- ㉡ 임의형 : 자연의 상황과 유사하도록 임의배치
- ㉢ 임의군집형 : 자연적인 모습으로 다양한 식물종 생육

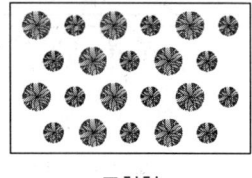
규칙형
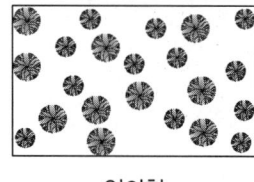
임의형

임의군집형

∥ 복원목표에 따른 식물식재방법 ∥

2) 생물권보전지역(BR) 공간구분에 따른 식생계획

① 핵심지역
- ㉠ 생물다양성보전을 위한 간섭 최소화
- ㉡ 반완성형으로 식재의 규격 및 밀도를 결정
- ㉢ 장래완성형 복층림으로 교목, 아교목수관이 서로 겹쳐 폐쇄적인 수림을 구성하도록 식재. 밀도 20~40주/m^2
- ㉣ 종자파종 및 묘목식재

② 완충지역
- ㉠ 핵심지역 보호와 보전을 위한 식재
- ㉡ 최소 생태적 활동이 이루어지는 교육 및 생태관광공간은 경관식재 가능
- ㉢ 핵심지역과 협력지역의 생태적 연결성 확보
- ㉣ 완성형과 반완성형으로 식재의 규격 및 밀도 결정
- ㉤ 교목 위주의 복층림으로 교목류 하부에 관목이 부분적으로 점유하는 수림구성. 밀도 10~20주/m^2
- ㉥ 완충지역의 상층목 규격은 중경목 이상으로 식재

③ 협력지역
　㉠ 핵심 및 완충지역의 식생을 보호하는 가장자리 숲
　㉡ 적극적인 생태적 활동이 이루어지는 공간으로, 조기녹화 및 경관식재 가능
　㉢ 완성형으로 식재의 규격 및 밀도를 결정
　㉣ 교목 위주의 단층림으로 규격은 중경목 이상 설계 밀도 10주/m^2
　㉤ 망토(어깨)군락지는 소·중경목 위주의 복층림으로 설계

3) 생태적 특성을 고려한 식재설계

① 다층구조 식재
　㉠ 생물다양성 증진과 생태적 기능성을 회복시키기 위한 방법으로, 교목층과 아교목층, 관목층, 초본층 등의 다층구조를 적용한다.
　㉡ 다층식재에서는 상층임관에 의해 하층임관이 피해를 받지 않도록 고려하여야 하며, 상층에는 양수의 교목성 식물을 식재한다. 또한 중층과 하층에는 광량이 상대적으로 부족하기 때문에 음지에서도 생육이 왕성한 식물을 식재한다.
　㉢ 종자파종이나 묘목 식재에 의해 장기적으로 다층구조의 숲을 조성하는 방법은 초기 시공비가 저렴한 대신 시간이 많이 필요하고, 또한 목표로 하는 다층구조의 숲이 조성되지 않을 경우가 있으므로 지속적인 관리를 실시한다.
　㉣ 다층구조의 숲을 조성하는 경우에는 각 층별로 최소한 2종 이상의 식물이 조합되도록 하는 것이 좋으며, 상록수와 침엽수를 혼합하여 계절별 경관의 변화를 같이 고려하도록 한다.

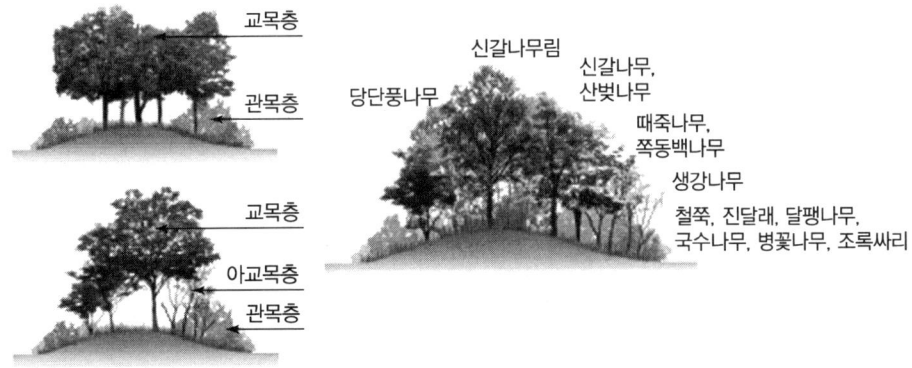

┃ 단층구조와 다층구조 종조성 개념 ┃

② 복사이식
　㉠ 복사하고자 하는 수림대에서 모든 매목에 대한 전수조사를 통해서 식생의 수평·수직적 구조를 도면화한 이후에 이를 복원하고자 하는 지역에 적용해 주는 방법을 따른다.

ⓛ 단순히 관목 및 교목 등의 나무만을 그대로 채취하여 복사하는 것이 아니라 표토를 포함한 토양과 낙엽, 나뭇가지 등을 채취하여 이식한다.
ⓒ 지형환경조건을 포함한 기반환경도 함께 조사하여 반영한다.

③ 군집(모델)식재
ⓘ 군집식재 설계를 하기 위해 자연성이 우수한 지역을 대상으로 식생조사를 한 이후에 그 지역에 대한 상대우점도 등을 분석하여, 식재된 이후 시간에 따라 변화될 식생군락을 예상하여 새로운 군집도면을 만든다.
ⓛ 조사된 상대우점도의 결과에 따라서 자연성이 우수한 지역에서 상대적으로 우점하고 있는 종들을 도출한다.
ⓒ 자연식생지역의 생태적 특성을 평가하기 위하여 천이의 진행단계, 자연성, 다층적 식생구조, 종다양성, 토양환경 등을 조사·분석한다.
ⓔ 조사 결과를 토대로 식물군집구조, 적정 식물 선정, 개체수 및 흉고단면적, 수목 간 최단거리를 고려한 적정 밀도, 토양환경의 특성 등을 고려하여 복원하고자 하는 식생모델을 제시한다.

④ 자연화 기법
ⓘ 자연화(Naturalization)기법은 자기영속성(Self-perpetuating)과 생산성 있는 군집을 창출하는 것을 목적으로 하고, 자연적 천이를 고려하여 식재 후 자연적인 경쟁 및 천이 등에 의해서 극상으로 발달할 수 있도록 유도한다.
ⓛ 대상지에 특정한 식물종을 선정하여 식재하지 않고 추후 식물이 자라는 환경에 다양한 식물종들이 스스로 자리를 잡아서 성장해 갈 수 있도록 여러 종을 혼식한다.

⑤ 개척화기법
개척화기법은 식물종을 직접 이용하지 않고 나지형태로 조성함으로써 식생이 정착할 수 있는 환경만 제공한 후 식물이 자연스럽게 이입하여 생태적 천이를 통해 식생대를 조성하는 것을 목적으로 한다.

▮ 영동선 속사나들목 주변 폐도 복원지역의 개척화기법 적용 사례 ▮

⑥ 자연재생기법
  ㉠ 자연재생(Natural Regeneration)기법은 산림의 종자원(Seed Source)이 있는 곳에서 가지치기나 솎아주기 등과 같이 다른 교란을 배제시켜 교란이 없는 상태를 유지함으로써 자연적으로 식생이 발달해 갈 수 있도록 유도하는 것을 목적으로 한다.
  ㉡ 습지나 산림과 같은 종의 공급원(Source Area)이 있는 곳에 적용한다.

∥ 자연재생기법 모식도 ∥

⑦ 핵화기법
  ㉠ 핵화(Nucleation)기법은 생물다양성이 적은 지역에서 식물을 패치형태로 식재하여 핵심종이 자리잡고 난 후에 점차 자연적 재생을 가속화하여 다양한 생물종이 서식할 수 있도록 함으로써 궁극적으로는 자연적 재생방법에 의해서 복원하는 것을 목적으로 한다.
  ㉡ 매년 많은 종자를 생산하는 종이거나 뿌리를 이용한 포기이식이 가능한 종을 도입한다.
  ㉢ 종자는 초지군락에 경쟁적이며 다른 종과 생존경쟁에서 살아남을 수 있어야 하고, 바람이나 물, 새 등에 의해서 넓은 지역에 고루 분포할 수 있어야 한다.

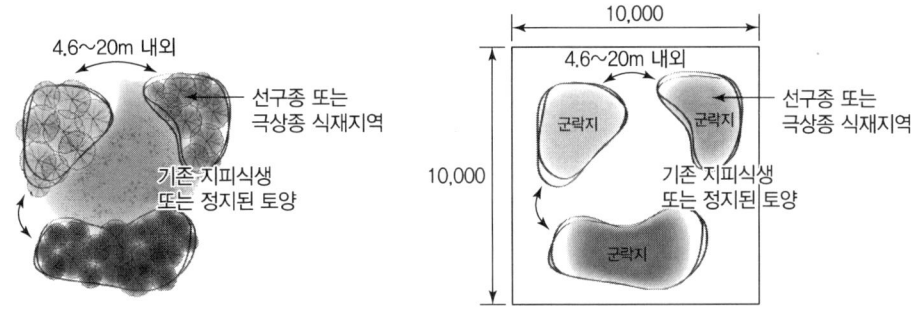

∥ 핵화기법 모식도 ∥

⑧ 관리천이기법
  ㉠ 관리천이기법은 선구수종과 속성수, 보호목(어린 수종 보호) 등을 혼식하여 식재하며, 식재 후 관리를 통해 자연적 천이를 유도하는 것을 목적으로 한다.
  ㉡ 선구수종과 극상수종을 혼식하는 것이 바람직하며, 대상지 특성 및 목표에 따라 선구수종만 식재하는 경우, 극상수종만 식재하는 경우, 한 종만 식재하는 경우 등과 같이 다양하게 접근할 수 있다.

4. 재료조달계획 수립

1) 시장유통이 가능한 식물종

　　시장거래

2) 시중에 거래되지 않는 종

① 양묘장 조성

　㉠ 실생묘나 삽목묘를 생산한다.
　㉡ 식물종의 줄기나 종자를 채집한 후 인근 지역에서 생산하여 다시 복원지에 이식한다.

② 기타 방법

▼ 기타 식물종의 조달방법

구분	조달방법
표토채취	매토종자를 포함한 표토를 채취하여 녹화할 장소에 뿌리는 방법으로, 주로 습지, 2차림 등의 복원에 이용
매트이식	매토종자나 근경을 포함한 표토를 매트모양으로 벗기고 녹화할 장소에 붙이는 방법으로, 원래의 장소와 아주 비슷한 식생을 복원할 수 있고 주로 초원의 복원에 이용
종자파종	대량의 종자를 채취하여 녹화할 장소에 파종 또는 내뿜는 방법으로, 주로 비탈면 녹화에 이용
묘목재배	목본종자를 채취하여 대량으로 묘목을 육성해 이를 녹화장소에 이식하는 방법으로, 주로 공장 외주부, 도로 식수대 등 대상의 녹지대 조성에 이용
근주이식	수목을 근원 가까이에서 벌채하여 그 근주를 이식하는 방법으로, 맹아성이 있는 수목을 이식할 때 주로 이용
소스이식	종자가 붙은 식물개체를 녹화할 장소에 이식하여 그곳으로부터 종자를 자연스럽게 파종하는 것으로, 주위에 그 종의 개체를 늘리는 방법임. 주로 군락 내에서 개체수가 적은 수종의 이식에 이용

3 초지복원계획하기

1. 식물종 선정(생태기반환경, 목표종 먹이원 고려)

1) 보호종 및 목표종 고려

   ① 식물들 간에 타감작용이 있거나 경쟁이 심한 종을 한 장소에 도입하지 않도록 한다.
   ② 군집을 형성하기 위한 식재를 할 때 도입할 종은 다른 생물종의 서식이나 유인에 도움이 되는 식물을 선정한다.
   ③ 동물상의 목표종이 있을 경우에는 그 목표종 서식에 적합한 식물종을 선정한다.
   ④ 복원지역면적에 따른 군집의 크기를 고려하여 설정해야 한다.

2) 생태기반환경 고려

   ① 건초지
      ㉠ 토양의 성분이 점질을 띠지 않고 사질
      ㉡ 침수일수가 연간 60일 미만인 환경
      ㉢ 내건성이 있는 반면 내습성이 약한 초본류로 조성

   ② 습초지
      ㉠ 호습성 초본류를 위주로 한 초지형태
      ㉡ 습한 상태를 지속적으로 유지
      ㉢ 내습성과 내건성이 동시에 우수한 식생 선정
      ㉣ 기수역의 경우 염분 정도에 따라 염생식물이 발달할 수 있도록 함

   ③ 수생식물군락
      ㉠ 수변이나 물속에 나타나는 식생형태
      ㉡ 수심이나 수위변동에 민감함
      ㉢ 2m 내외에 생육이 가능하며 유속이 느린 곳에 서식이 유리

▼ 초지 구분에 따른 식생

구분	종류
건초지	구절초, 쑥부쟁이, 억새, 바위취, 돌나물, 수호초, 상록패랭이 등
습초지	여뀌, 물억새, 달뿌리풀, 털부처꽃, 물봉선, 고마리, 꽃창포, 붓꽃, 금불초, 동의나물, 수크렁 등
기수습초지	섬매자기, 갈대, 부들 등
건생염생초지	통보리사초, 갯미역취, 갯개미취, 갯메꽃 등
습생염생초지	퉁퉁마디, 칠면초, 해홍나물, 나문재 등

3) 동물의 유인을 위한 식이·흡밀식생대

① 애벌레의 먹이가 될 수 있는 잎, 줄기를 제공하는 식물을 선정한다.
② 식엽하는 애벌레가 좋아하는 식물을 선정하여 식재계획에 반영한다.
③ 벌, 나비를 유인하는 흡밀식물의 개화시기를 고려하여 조성하고 곤충 관찰계획을 수립한다.

4) 표토의 이용

① 표토를 이용한 식생복원방법은 표토 내 매토종자에 의해 원활한 자연복원력을 가지고 있고, 주변지역과 유사성을 지니고 있기 때문에 생태계교란을 방지할 수 있으며, 다양한 종 특성을 가지고 있어 풍부한 식생군락 조성이 가능하다.
② 대상자 혹은 대상지와 유사한 표준생태계의 표토를 채취하여 이용하여야 하고 채취한 장소의 식생조사를 실시한다.
③ 표토 내 매토종자를 이용하는 방법은 인위적인 종자 선별에 의한 식재가 아니기 때문에 종 조성 및 밀도의 예측이 곤란하며, 대상지의 입지조건 및 토양 특성에 영향을 받고 또한 표토 활용 시 보관방법과 기간에 의하여 본래의 자연회복 잠재력이 저하되는 경우도 있을 수 있으므로 표토의 활용방안과 채취시기, 보관기간 및 활용장소 등을 고려하여 계획한다.
④ 매토종자 및 표토의 채취시기에 따라 매토종자의 분포 및 밭이랑에 차이가 발생할 수 있으므로 표토를 사용할 경우 채취 전 식생조사 결과와 비교하여 상관관계를 분석하여 사용한다.

5) 식물종의 선정

① 지역고유생태계의 보전, 생물학적 침입의 제어 등을 위하여 자생종을 선정하고 주변 경관과 조화되는 다년생 향토 초본류 사용을 우선으로 한다.
② 복원할 지역의 생태적 기반환경, 즉 환경조건을 충분히 고려한다.
③ 식물상 및 식생 도입목적에 적합한 종을 선정한다.
④ 기후변화 대응방안을 고려하여 탄소의 흡수능력이 높은 식물종을 도입한다.
⑤ 훼손지 및 척박한 지역에서는 질소고정식물을 함께 식재하는 것을 고려한다.
⑥ 외래종은 억제하되 장기적으로 외래종 도입에 따른 생태적 문제를 검토하여 보완대책을 마련한 후 도입 가능성을 검토한다.

6) 식물종자 선정

① 자생식물, 재래식물, 향토식물, 도입식물 등 검토한다.
② 복원대상지 인근에 자생하는 식물종을 우선으로 선정한다.
③ 종자의 특성, 원산지, 수급용이성, 발아율 및 순도 등을 미리 파악한다.
④ 현장 인근의 채취가 곤란할 경우, 유사한 조건에서 채종한 종자를 사용한다.
⑤ 내건성, 내한성, 내염성, 내침식성 등을 견디는 힘이 있는 종을 선정한다.
⑥ 초기식재용, 비료용, 장기식재용 등 사용하고자 하는 특성이 명확하여야 한다.

⑦ 적기 공급 가능 여부, 보관의 용이성 등을 고려하여 선정한다.

7) 식재용 종자의 구분

구분	특징
주구성종	종자파종에 의한 식생복원에서 목표로 하는 식생종을 말하며, 복원된 식생에서 가장 중요한 위치를 차지하는 식물종이다.
보전종	주구성종의 성장을 도와 토양 및 주변 식물을 보전하기 위하여 혼파 또는 혼식하는 식물을 총칭하며, 보통 비료목초와 선구식물을 사용한다.
재래식물	외래식물에 반대되는 개념으로, 어느 지역에 자생하는 식물로서 외래종과 귀화종을 제외한다.
향토식물	오랜 기간 지방의 기후와 입지환경에 잘 적응해서, 자연상태로 널리 분포하고 있는 식물을 그 지역의 향토식물이라 한다.
도입식물	자연 혹은 인위적으로 이루어진 훼손지나 나지에 식생을 개선할 목적으로 파종, 식재 등 여러 가지 방법으로 들여온 식물을 말한다. 도입식물에는 외래식물, 향토식물의 초본, 목본, 덩굴식물 등 여러 가지가 포함된다.
외래식물	외국으로부터 도래된 식물의 총칭으로 귀하식물도 포함된다. 그리고 귀하식물은 인위적으로 자생지에서 다른 지역으로 이동된 식물이 그 토지에서 왕성하게 적응하여 야생화된 식물이다.

2. 재료조달계획 수립

1) 떳장이용

① 한국잔디의 떳장 식재적기는 4~6월, 한지형 잔디의 떳장 식재적기는 9~10월과 3~4월로 한다.
② 잔디떳장의 식재는 적기 식재를 원칙으로 하나 부득이 부적기 식재를 하여야 하는 경우에는 불량한 생육조건을 개선할 수 있는 제반대책을 수립하도록 한다.
③ 떳장 심기는 떳장의 폭과 시공간격에 따라 평떼붙이기와 줄떼붙이기로 구분하고, 완성 후의 품질, 경제성 등을 고려하여 선정한다.
④ 평떼붙이기는 잔디피복률 100%로 설계하며, 잔디떳장이 서로 어긋나도록 설계한다.
⑤ 줄떼붙이기는 시공성과 경제성 및 가시적 품질 등을 고려하여 떼의 폭과 식재간격을 정한다.
⑥ 잔디 중에는 롤 형식으로 조성된 것을 사용할 수 있다.
⑦ 포복경으로 번식하는 잔디류는 포복경 심기 방법으로 적용한다.
⑧ 잔디지반을 조성할 때에는 식재기반의 상태나 잔디의 용도를 고려하여 빗물침투, 표면배수, 지하배수로 구분하여 설계한다.
⑨ 배수가 원활하지 못한 식재기반의 잔디면에 표면배수를 적용할 경우에는 2% 이상의 기울기를 유지하고, 빗물이 모이는 부분에는 잔디도랑 등 빗물침투시설과 배수시설을 연계하여 설계한다.

2) 초화류 식재

① 초화류에는 일년초와 다년초가 있으며, 용도에 맞게 선택한다.
② 초화류의 포기식재 간격은 화형과 초장에 따라 대형, 중형 및 소형으로 구분하며, 기타 지피 및 초화류에 대해서도 이에 준하여 설계한다.
③ 야생초화류는 토양의 침식이나 유실 방지 등을 위한 비탈면 또는 나지, 도로나 철도 등의 비탈면이나 녹지대, 훼손지 등의 교목 군식 하부의 녹지 등에 적용한다.
④ 야생초화류는 우리나라의 산야에 자생하는 초화류로서 지피성과 경관성이 우수하며 번식력이 강한 것 중에서 주변 경관과 잘 조화되는 다년생 향토 초본류를 선정한다.

3) 종자파종

① 종자파종방법에 의하여 초지를 조성하기 위해서는 적기에 종자를 파종하고 관리하여야 한다.
② 한국잔디의 파종적기는 5~6월 초이며, 부득이 부적기 파종으로 시공할 경우에는 불리한 조건에 대하여 발아를 위한 대책을 포함하여 설계한다.
③ 잔디의 파종 최적기는 9~10월 초로 하며, 3~6월을 2차 적기로 한다. 7~8월의 파종은 관수 및 토양 표면 온도를 적정 상태로 유지할 수 있는 경우에 한하여 적용한다.
④ 야생화를 파종할 경우 춘파용 초화류의 파종은 3~5월에 하며, 추파용 초화류의 파종은 8~10월에 실시한다.

4 습지복원계획하기

1. 수원 확보방안 수립

1) 빗물

최근 들어 많이 사용하는 수원으로서 여름철에 집중호우가 발생하는 우리나라의 강우 패턴에는 부적합하다는 의견도 많으나, 빗물저류조와 같은 우수를 저장할 수 있는 시설을 확보함으로써 극복해 가고 있다. 또 수면적 100m², 수심 20cm 이하의 소규모 습지를 만드는 곳에서는 빗물만을 활용해도 충분히 서식처의 효과를 볼 수 있다.

2) 하천수나 계곡수

천변이나 계곡 주변에 습지를 조성할 때 활용되는 것으로, 하천이나 계곡에서 별도의 수로를 확보하여 습지 내로 공급하는 시스템을 갖추도록 한다.

3) 용출수

용출수가 나는 지역은 그 자체가 습지가 된다. 용출되는 물의 양에 따라서 습지나 수로의 규모·길이를 결정한다.

4) 지표수

유입과정에서 습지에 필요한 영양물질을 가져온다는 장점과 함께 오염물질도 가져온다는 단점을 모두 가지고 있다. 따라서 지표수의 사용은 주변의 토지이용을 고려하여 신중하게 해야 한다. 특히, 도시지역에서는 불투수성 포장면적이 많아서 오염물질이 유입되거나 습지나 하천 등의 오염원이 될 수 있다. 또 주변의 토지 이용이 공원과 같은 투수성 공간이라도 공원관리를 위한 비료 및 농약 등의 사용으로 오염원이 강우 시 함께 습지로 유입되어 부영양화를 촉진시킬 수 있는 위험요소를 가지고 있으므로 이를 고려해야 한다. 이러한 경우에는 지표수의 수질을 측정하여 생물의 서식에 적합한지를 측정한 후에 도입 여부를 결정한다.

5) 지하수

지나치게 수온이 낮지 않은지 혹은 빈영양상태인지를 검토해야 한다. 일반적으로 지하수는 지표수와는 반대로 오염원에 의해 오염되지 않았다는 특징도 있지만, 생물종이 서식하는 데 필요한 영양분이 부족할 수 있다는 단점을 갖고 있다. 또한 지하수는 지표수보다 온도가 낮아서 여름철에 수온을 낮게 해주는 장점을 가지고 있다. 일반적으로 높은 수온은 수생생물의 성장을 제한하는 요소로 작용한다. 물론 지나치게 낮은 수온은 생물서식을 어렵게 한다.

외국에서는 가능하면 지표수를 사용하도록 권고하고 있는데, 이것은 영양물질을 습지 내로 유입한다는 점을 강조한 것이며, 지하수의 고갈을 방지하기 위한 목적도 있다. 그러나 도시지역이나 주변이 오염된 지역에서 복원을 할 때에 지표수를 사용할 경우, 주변에 쌓여 있는 오염물질이 유입될 확률이 높으므로 신중하게 고려하여 계획해야 한다.

6) 상수

습지에 직접 유입시키기보다는 물에 포함된 여러 약품이 정화된 후 공급될 수 있도록 하는 것이 바람직하다. 또한 수도료의 지급에 따른 유지·관리비의 상승도 계획 시 고려해야 한다.

7) 하수의 재처리수 혹은 고도처리 후 발생된 물

일반적으로 택지개발사업지역에서 사용되고 있다. 생물서식공간이나 친수공간에 활용하기 위해서는 적정 수준 이상의 수질을 확보해야 하며, 정화된 하수를 생물서식공간까지 이송해야 하는 경제적 부담이 있다. 또한 고도처리된 물이라도 악취가 발생할 우려가 있으며, 생물서식에 제한적일 수 있음을 계획 시 고려해야 한다.

2. 수원의 종류에 따른 습지규모 결정

1) 수원

① 입·출수구
㉠ 물이 유입되는 유입구와 출수구의 구조를 명확히 함
㉡ 물이 들고 나는 것이 원활하도록 함
㉢ 유입된 물이 머무르는 시간을 감안

② 수원확보
㉠ 상수나 중수, 지하수 등 활용
㉡ 안정된 수원 확보 필요

2) 입·출수구 조성

① 습지 기능 지속적 유지
㉠ 개방수면을 일정 면적 이상 확보
㉡ 수생식물이 자라는 영역 물리적 구분
㉢ 습지 육화 억제

② 수원 확보
㉠ 둠벙이나 지하수 등의 용출수가 있는 경우 이를 활용
㉡ 자연우수나 옥상, 포장면, 우수저류조 등의 표면수를 유입시켜 수원 확보

3) 습지 바닥면

① 방수층
㉠ 방수기능이 있는 수밀성 토양을 30cm 내외로 깔기
㉡ 방수시트로 수분 흡수 차단

② 동물 은신처 : 바닥면은 요철을 두어 다공질공간 및 은신처 조성

4) 수심형성

① 수심
㉠ 외부환경과의 상호작용을 위해 1~2m 내외로 설계
㉡ 양서파충류의 경우 30cm 내외로 생물의 특성에 따라 수심을 결정

② 평수의 만수위 고려 : 바닥면은 요철로 다양한 수심 형성 유도

5) 가장자리, 호안

   ① 가장자리
      ㉠ 최고 수심지점에서 자연스럽고 점이적으로 형성되는 것이 가장 바람직
      ㉡ 여건에 따라 급경사 형성
      ㉢ 가장자리로 갈수록 수심이 얕아짐
      ㉣ 수생식물과 초본이 분포하도록 설계
      ㉤ 자연석을 활용하거나 발파석을 활용하되, 발파석은 자연스러운 질감으로 가공

   ② 호안
      ㉠ 다공질의 자연소재를 활용하여 생물의 이동을 고려
      ㉡ 높이는 1m를 넘지 않도록 하며 자연형 호안공법을 적용

3. 방수기법 선택

1) 적용기준

   ① 확보가능한 수원의 양과 지하수 위치 등에 대한 조사 및 분석 결과를 토대로 방수기법을 선택한다.
   ② 진흙방수를 최우선적으로 선택하고, 진흙방수의 적용이 어려울 경우 진흙과 벤토나이트, 부직포를 혼용하는 등 수환경의 특성에 어울리는 마감방법을 선택하되 내구성과 유지관리를 고려한다.
   ③ 방수시트의 경우, 인공지반과 같은 불가피한 지역을 제외하고 가급적 지양하는 것을 원칙으로 한다.

2) 방수층 조성기법

   ① 방수층 재료별 규모 및 특징

방수재료	적용규모	특징	비고
진흙	중규모~대규모	• 습지의 크기 제한 없이 시공 가능 • 수원확보지, 물 공급 용이한 지역에 적용 • 식물 뿌리 생장 시 방수층 문제 발생	자연지반
진흙+벤토나이트	중규모~대규모	• 방수기능 강화 • 대규모, 자연형 생태습지 조성 시 적용	-
방수시트	소규모~중규모	• 방수기능 강화 • 방수시트 설치 후 상부에 토양 도입 시 생물 도입 가능 • 필요시 하부구조나 시설 등을 보호해야 하는 경우 시트 하부에 모르타르층 등을 설치 가능	인공지반

㉠ 진흙방수
- 원활한 방수층 설치를 위해 원지반 다짐을 실시해야 한다.
- 진흙은 이물질의 함유가 매우 낮고 점질이 매우 높은 양질의 진흙을 사용하여야 하며, 최소 약 300mm의 두께로 포설하고 다짐을 실시하여 방수층의 기능을 할 수 있도록 한다.

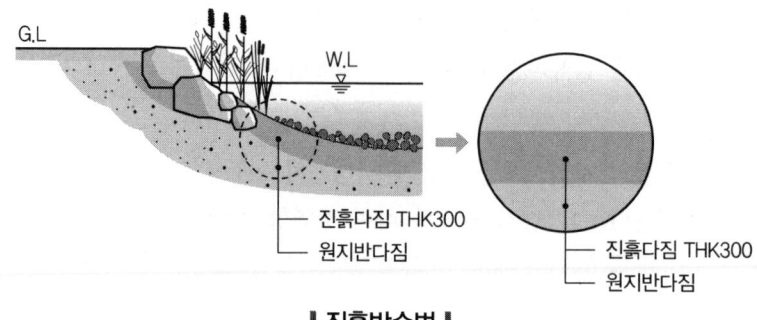

∥ 진흙방수법 ∥

㉡ 진흙+벤토나이트매트방수
- 원활한 방수층 설치를 위해 원지반다짐을 실시해야 한다.
- 진흙은 이물질의 함유가 매우 낮고 점질이 매우 높은 양질의 진흙을 사용하여야 하며, 최소 약 300mm의 두께로 포설하고 다짐을 실시하여 방수층의 기능을 할 수 있도록 한다.
- 벤토나이트매트의 두께는 최소 6mm 이상의 것을 사용하여 차수성을 확보해 줄 수 있도록 한다.

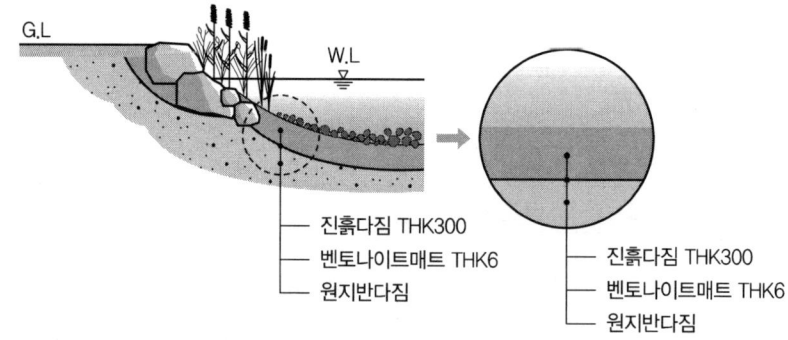

∥ 벤토나이트매트+진흙방수법 ∥

㉢ 방수시트
- 원활한 방수층 설치를 위해 원지반다짐을 실시해야 한다.
- 방수시트의 훼손 방지를 위해 원지반 위에 강모래를 약 150mm 이상 포설하여 다짐하고, 8mm 이상의 두께로 부직포를 설치하여야 한다. 이때 부직포는 1m당 1ton의 인장력에 견딜 수 있는 제품을 사용하여야 한다.

- 방수시트는 0.6mm 이상의 규격을 만족하는 방수기능이 검증된 제품을 설치하고 그 위에 부직포를 설치한다.
- 방수기반층 보호를 위해 마사토를 약 300mm 이상 두께로 포설한다.

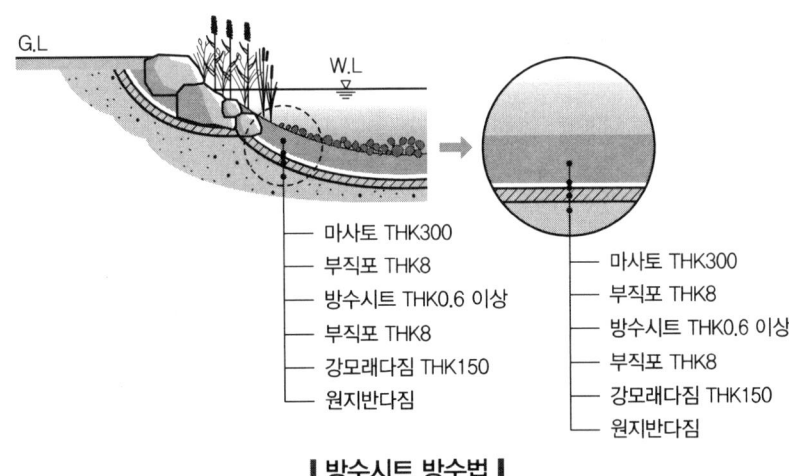

| 방수시트 방수법 |

4. 완충식생대 조성계획 수립

1) 습지식생

① 도입하는 식물은 자연경관과 조화되고, 척박한 환경에 잘 적응할 수 있어야 하며, 적용대상지의 식생복원목표에 적합한 식물이어야 한다.
② 수환경 적용도가 높은 식물로서 지역 내에 자생하는 식물이어야 하며, 정착되기까지의 기간이 짧은 식물이어야 한다.
③ 식생은 해당 지역의 식생조사를 거쳐 선정된 대상지 내 식물개체를 활용하거나 종자를 채취하여 번식, 재배한 식물이어야 한다.
④ 외래종은 적용하지 않으며, 생태계복원을 위해 부득이하게 외래종의 도입이 필요한 경우 자생식물 등 생태계와의 조화를 고려하여 교란이 없는 종을 선정한다.
⑤ 자생수목 및 자생초화류와 지역의 향토적 특성을 나타내는 자연재료를 사용하며, 번식이 용이하고 유묘의 대량생산이 가능하며, 미적효과가 높고 생태적 특성에 대한 교육적 가치가 높은 식물을 우선 선정한다.
⑥ 온도의 변화와 과습 및 건조에 잘 견딜 수 있는 식물이어야 한다.
⑦ 수위의 변동에 따른 노출과 침수에 대해 동시에 견딜 수 있는 식물이어야 한다.
⑧ 관상가치가 높고 수질정화 및 야생동물의 은신처 역할을 할 수 있는 습지식물을 선정한다. 다음은 생활형에 따른 습지식생 구분도와 습지식물의 생활특성을 정리한 것이다.

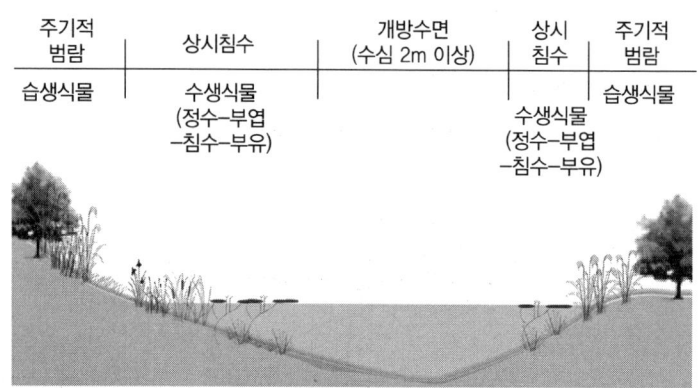

┃ 생활형에 따른 습지식생 구분도 ┃

▼ 습지식물의 생활특성

구분		특징
수생식물	정수식물	갈대, 줄, 애기부들, 꼬마부들, 부들, 고랭이류, 택사류, 매자기, 미나리, 보풀, 흑삼릉, 석창포, 물옥잠, 창포, 골풀, 물질경이 등
	부엽식물	노랑어리연꽃, 어리연꽃, 수련, 가래, 네가래 등
	침수식물	말즘, 붕어마름, 새우말, 나사말 등
	부유식물	자라풀, 개구리밥, 좀개구리밥 등
습생식물		• 초화류 : 물억새, 달뿌리풀, 털부처꽃, 물봉선, 고마리, 꽃창포, 노랑꽃창포, 붓꽃, 금불초, 동의나물, 수크렁 등 • 관목류 : 갯버들, 키버들 등 • 교목류 : 버드나무, 수양버들, 오리나무, 신나무 등

2) 다양한 먹이제공

① 목표종과 먹이사슬을 형성하는 동물의 식이득성을 감안하여 교목, 관목, 조본류를 선정하며 산란장소, 목표종이 활동 시 요구되는 식생요소를 파악하여 수종을 선정하고 서식처 주변으로 배식한다. 또한 침수정도에 따라 식물을 선정하여 다층구조를 이루도록 식재한다.

② 습지식생은 기반환경에 적합한 다양한 자생초본류 및 목본류를 도입하고 다층구조군락을 형성하여 지속적으로 생육하도록 함으로써, 천이과정을 통해 안정화될 수 있도록 설계한다.

5 기타 서식지복원계획하기

1. 훼손산림 및 비탈면 복원계획 수립

1) 도로비탈면 녹화공사의 설계 및 시공지침('09. 7. 1.부터 시행)

① 총칙

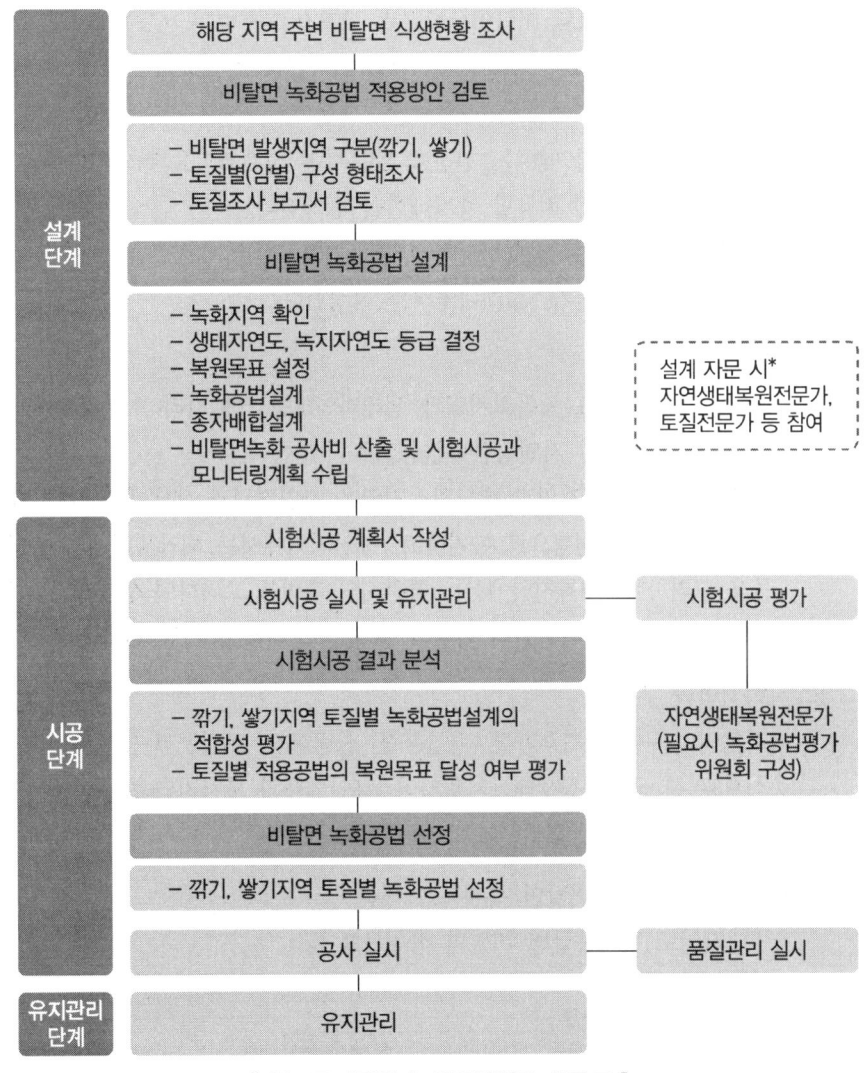

∥ 선도로비탈면 녹화공사업무 흐름도 ∥

※ 설계자문에서 녹화지역과 생태자연도, 녹지자연도등급, 복원목표, 녹화공법, 종자배합설계 및 공사비 등 비탈면 녹화설계내용의 적정성을 검토한다.

② 도로비탈면녹화공사의 설계
  ㉠ 도로비탈면녹화공사의 설계순서
    - 비탈면녹화공법 선정 시 먼저 녹화대상지역이 녹화지역의 구분 중 어느 지역에 해당하는지를 확인하고 복원목표를 정한다.
    - 깎기비탈면과 쌓기비탈면으로 구분하고, 비탈면의 토질조건과 식생 기반조건에 대한 분석결과를 바탕으로 비탈면녹화공법 선정절차에 따라 비탈면복원목표, 비탈면의 경사도, 토질(암질)조건, 주변환경, 지역여건 등을 종합적으로 고려하여 최적의 녹화공법을 적용한다.
    - 녹화공법을 선정할 때에는 현장을 방문하여 설계조건을 확인한다.
    - 선정된 녹화공법에 적용할 종자배합을 설계한다.
    - 평면도를 이용하여 전개도를 작성하고 녹화공법별 수량을 산출한다.
    - 녹화공법별 설계단가, 설계내역서를 작성한다.
  ㉡ 복원목표
    - 비탈면의 복원목표는 녹화지역과 생태자연도등급에 따라 초본위주형, 초본·관목혼합형, 목본군락형, 자연경관복원형으로 구분한다.
    - 생태자연도 1등급지역과 별도관리지역은 자연경관과 생태계복원가치가 높은 지역이므로 자연경관복원형으로 복원하고, 해안지역에서는 해안생태계의 특성에 적합한 식물을 고려하며, 내륙지역에서는 경관적인 측면을 고려하여 생태자연도 등급과 녹지자연도등급에 따라 비탈면의 형상과 토질을 고려하여 복원목표를 정한다.
  ㉢ 녹화지역의 구분
    녹화지역의 구분은 기후환경, 지역환경, 산림환경, 토질조건 등을 고려하여 태백산맥을 중심으로 한 국토핵심생태녹지축지역, 해안일대와 도서지역을 포함한 해안생태계지역, 내륙생태계지역으로 구분한다.
  ㉣ 생태자연도등급별 비탈면 복원목표 적용
    - 생태자연도 평가등급별 비탈면 복원목표

생태자연도등급	복원목표	
	일반 복원형	자연경관복원형
1	-	O
2	O	-
3	O	-

    - 별도관리지역은 생태자연도 1등급으로 본다.
    - 생태자연도등급이 설정되지 않은 기타 등급 외 지역은 생태자연도 3등급의 기준을 적용한다.

- 복원목표별로 시험시공을 통해 품질이 우수한 녹화공법을 선정하고, 특히, 자연경관복원형은 현지에 적합한 식물 위주로 설계한다.

• 녹화지역과 생태자연도별 비탈면 복원목표

녹화지역의 구분		생태자연도등급별 복원목표					
		1등급	2등급			3등급	
	복원목표	자연경관 복원형	일반 복원형			일반 복원형	
			목본 군락형	초본·관목 혼합형	초본 위주형	초본·관목 혼합형	초본 위주형
국토핵심생태녹지축지역		○	○	○	○	○	○
해안생태계지역		○	○	○	○	○	○
내륙생태계 지역	녹지자연도 8등급 이상	○	○	○	○	○	○
	녹지자연도 7등급 이하	−	○	○	○	○	○

- 생태자연도등급기준은 녹지자연도등급기준보다 우선하여 적용한다. 녹지자연도 7등급이라도 생태자연도가 1등급인 경우에는 자연경관복원형의 목표를 정한다.
- 별도관리지역은 생태자연도 1등급으로 본다.
- 해안생태계지역은 해안생태계의 식물상을 반영한 식물배합을 하되 주변 자연경관과 조화되는 경관녹화에 주력한다.

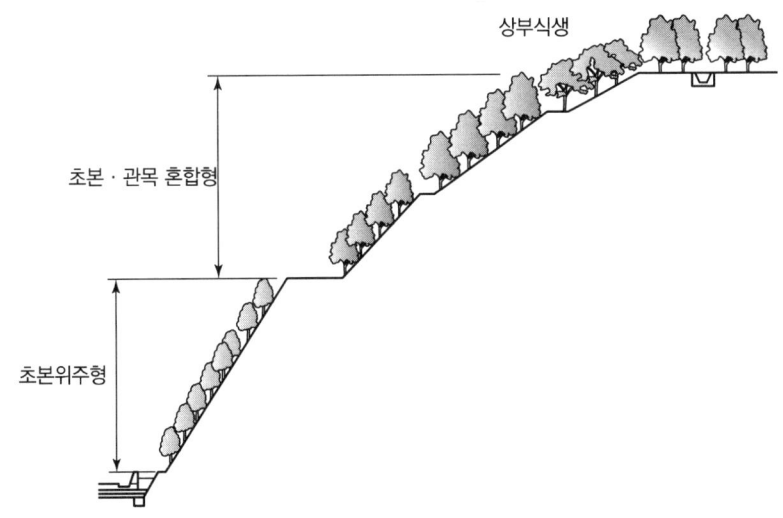

| 일반적인 깎기지역 비탈면녹화모형도 |

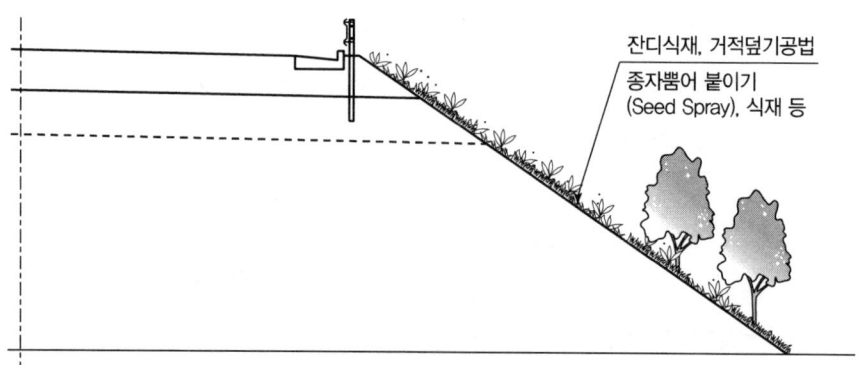

│ 일반적인 쌓기지역 비탈면녹화모형도 │

ⓜ 녹화설계 일반사항
- 비탈면녹화설계는 환경친화적이면서 비탈면의 안정성 유지, 토양유실 방지, 경관복원, 자연식생천이 유도, 이산화탄소 저감에 유리한 식생구조를 조성하기 위해 자연환경, 토양환경, 지질 및 토질(암질) 특성, 식생기반재 기준 등을 종합적으로 고려하여 진행한다.
- 설계 시 기본적으로 지역환경에 대한 선행조사, 분석, 평가 등의 절차를 거쳐 녹화지역구분과 생태자연도의 등급에 따라 설정된 비탈면복원목표를 효과적으로 달성할 수 있도록 녹화공법을 설계한다.
- 녹화공법이 선정된 다음에는 복원목표 달성을 위한 종자배합을 설계하고, 시험시공계획 및 모니터링계획, 유지관리계획을 수립하여 세부수량을 산출한다.

ⓗ 비탈면녹화공법 선정
- 비탈면녹화공법 선정절차

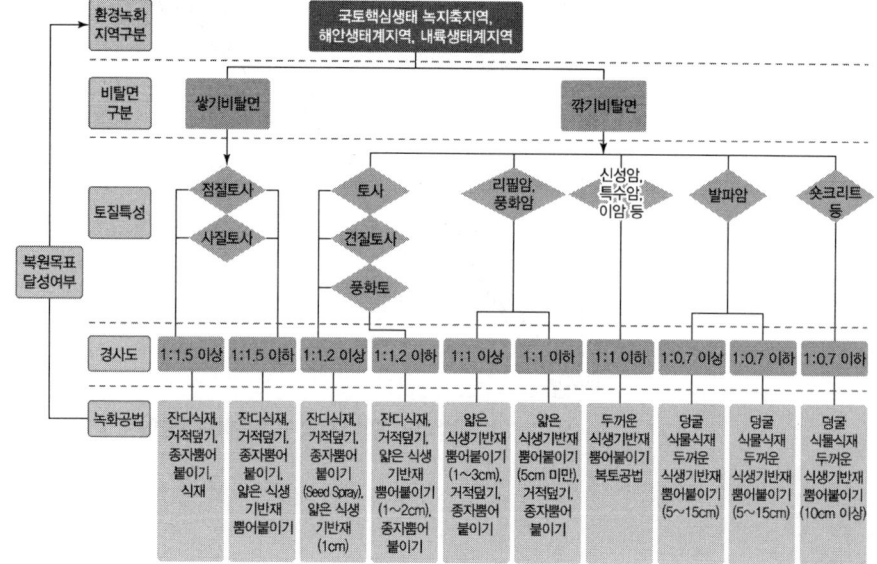

- 상기공법은 토질 특성과 경사도에 따라 일반적인 공법을 예시로 제시한 것으로 이외에도 식생매트, 식생네트, 자생종 포트묘식재+식생기반재 뿜어붙이기, 표층토 활용공법, 식물발생재 활용공법, 친환경소재 활용공법, 조경수 식재공법 등 다양한 녹화공법이 있다. 리핑암, 풍화암구간의 거적덮기와 종자뿜어붙이기는 암 풍화에 따라 제한적으로 적용 가능한 공법이다. 식재에는 초본류 식재, 초본·관목류 식재, 목본류 식재 등이 있다. 식생기반재 뿜어붙이기 두께도 일반적인 값을 제시한 것이며 현장여건에 따라 적정하게 설계한다.
- 1 : 1.5는 높이가 1일 때 수평거리가 1.5인 비탈면이며 1 : 1.5 이상은 수평거리가 1.5 이상을 말한다.

• 특수한 암질의 녹화공법 선정

산성배수를 유발하는 암이나 점토광물을 함유하여 Swelling, Slaking현상을 유발하고 급속히 풍화가 진행되어 사면이 불안정하게 될 가능성이 있는 이암(셰일) 등 특수한 암질인 경우는 유사사례를 조사, 분석하고 전문가의 자문을 받아 적정한 녹화공법을 선정해야 한다.

ⓢ 종자배합설계
• 자연경관복원형

복원목표	식생 구분	종자배합비율(%)
초본위주형	관목류	20~40[1]
	초본, 야생화류	40~80
	외래초종(양잔디류)	0~10
	합계	100[2]
초본·관목 혼합형	관목류	30~50
	초본, 야생화류	45~70
	외래초종(양잔디류)	0~5
	합계	100[2]
목본군락형	교목류, 아교목류, 관목류	40~70
	초본, 야생화류	30~70
	외래초종(양잔디류)	0
	합계	100[2]

주 1) 숫자는 중량배합비율을 의미한다.
주 2) 종자배합 시 외래초종의 중량배합비율을 우선 정한 다음 초본, 야생화류, 관목류 등 전체 종자배합량의 합이 100이 되도록 정한다.

- 복원목표가 자연경관복원형인 경우 녹화식물은 그늘사초, 큰기름새, 대사초, 참억새, 새, 솔새, 개솔새, 쑥류(맑은대쑥, 쑥, 넓은잎외잎쑥, 뺑쑥), 양지꽃, 노루오줌, 구절초, 참취, 큰까치수영, 뚝갈 등의 초본류와 생강나무, 진달래, 철쭉, 개옻나무,

붉나무, 국수나무, 산초나무, 쥐똥나무, 개암나무, 호랑버들, 병꽃나무, 찔레나무, 산딸기, 복분자딸기, 노린재나무, 호랑버들, 소나무 등의 목본류가 비탈면녹화용 자생종(재래초본, 재래목본)으로 사용될 수 있으며, 이들 외에도 식물들을 추가로 사용할 수 있다.

- 녹화용 식물은 현지에 서식하는 식물을 주로 활용하고, 중국산인 경우 산지를 확인하여 우리나라 기후 및 풍토와 유사한 지역인지를 확인한다.
- 목본군락형의 경우 교목류와 아교목류는 비탈면 상부의 토심이 깊고 경사도가 완만하며 비탈면 안정에 영향이 없고 시거에 지장이 없는 구간에 적용이 가능하며, 성장 후 키가 낮은 식물을 우선 적용할 수 있다.

• 기타

복원목표	식생 구분	종자배합비율(%)
초본위주형	관목류	10~40[1]
	초본, 야생화류	40~80
	외래초종(양잔디류)	10~20
	합계	100[2]
초본·관목 혼합형	관목류, 아교목류	30~50
	초본, 야생화류	40~70
	외래초종(양잔디류)	5~15
	합계	100[2]
목본군락형	교목류, 아교목류, 관목류	35~60
	초본, 야생화류	35~65
	외래초종(양잔디류)	3~10
	합계	100[2]

주 1) 숫자는 중량배합비율을 의미한다.
주 2) 종자배합 시 외래초종의 중량배합비율을 우선 정한 다음 초본, 야생화류, 관목류 등 전체 종자배합량의 합이 100이 되도록 정한다.

- 해안생태계지역에서는 해안에 적합한 종자배합을 하고, 외래도입초종이 10%를 상회하지 않도록 한다.
- 난지형 초종인 Weeping Lovegrass 사용을 최대한 억제한다.
- 싸리와 낭아초는 20% 이하의 비율로 배합하여 지나치게 우점하지 않도록 한다.
- 목본군락형의 경우 교목류와 아교목류는 비탈면 상부의 토심이 깊고 경사도가 완만하며 비탈면 안정에 영향이 없고 시거에 지장이 없는 구간에 적용이 가능하며, 성장 후 키가 낮은 식물을 우선 적용할 수 있다.
- 기타 적용지역이란 자연경관복원형의 복원목표가 적용되지 않는 지역을 말한다.

◎ 도면 작성 및 수량 산출 : 도면 및 전개도 작성은 쌓기 및 깎기로 구분하여 작성하고, 구간별 토질(암질)의 종류별로 구분하여 비탈면 면적으로 수량을 산출한다.

㊂ 시험시공 및 모니터링 비용 산정 : 설계 시 시험시공과 모니터링 비용을 설계서에 반영하여야 한다.

③ **도로비탈면녹화공사의 시험시공**
㉠ 일반사항
- 시공자는 설계도서를 검토하고, 설계된 비탈면녹화공법이 복원목표에 부합될 수 있는지를 검토한다. 시험시공 및 모니터링계획을 수립하고, 유지관리계획을 마련한다.
- 비탈면 녹화공법의 적용을 위해 토질별로 복원목표에 부합되는 녹화공법을 정하기 전에 시험시공을 통하여 녹화품질 및 시공성을 정량적·경제적으로 분석함으로써, 해당 비탈면의 자연환경 여건에 부합하고 지속성이 있는 최적 녹화공법을 선정하기 위하여 시험시공을 실시한다.
- 시공자는 설계에 반영한 녹화식물과 종자배합비율, 종자 사용량 등으로 시험시공을 실시한다. 다만, 설계내용과 상이하게 시험시공을 시행할 필요가 있다고 판단될 경우에는 사전에 해당 전문가의 자문을 구하고, 발주자와 협의를 해야 한다.
- 시공자는 현장에서 시험시공에 적합하다고 판단되는 대표적인 위치를 시험시공의 대상지로 선정하고, 깎기 및 쌓기구간의 토질 및 암질별로 3개 공법을 선정한다.
- 시험시공은 현장별로 1회 이상 시행하는 것을 원칙으로 하되, 인근 현장과의 거리가 10km 내외이고 현장여건이 유사하여 인근 현장의 시험시공 결과를 활용할 수 있는 경우에 발주자는 시험시공 횟수를 생략하거나 조정하여 시행하게 할 수 있다.
- 이암(셰일) 등 점토광물을 함유하여 Swelling, Slaking현상을 유발하는 특수한 암질인 경우, 급속히 풍화가 진행되어 사면이 불안정하게 될 가능성이 있으므로, 유사사례 등을 통한 녹화공법을 면밀히 검토 후 설계에 반영하여 조기에 녹화를 실시하도록 한다.
- 일반적인 녹화가 어려운 토질일 경우에는 전문가의 자문을 거친 후 시험시공을 통해 적정한 공법을 선정한다.

㉡ 재료
종자, 식생기반재 등 녹화재료에 대해서는 소요품질을 반드시 검사하여 양호한 재료만을 사용하여야 하며, 현장에서 시험이 어려운 경우에는 공인시험기관에 의뢰하여 품질을 검사하여야 한다.

ⓒ 시험시공절차

항목	내용
1. 시험시공계획	시공목적, 시공대상지, 환경조건, 복원목표 등 검토
2. 공법의 선정	감독자는 자연생태복원전문가 등의 자문을 통해 복원목표에 부합되는 공법 선정
3. 시험시공 및 유지관리 실시	• 시험시공계획서 작성 및 분석 • 시공재료(뿜어붙이기용 재료, 종자)의 시공 전후분석 • 시공장비 및 시공방법 협의 • 계획서 및 시방서에 준한 시공 실시 • 유지관리 실시
4. 시험시공 결과분석	• 자연생태복원전문가에 의한 주기적인 평가 • 생육판정기준표에 의한 분석 실시
5. 최적공법 선정	녹화공법평가표에 의한 현장여건에 부합하는 최적공법 선정

ⓔ 시험시공계획 수립 및 방법

항목	내용
시험시공계획	• 시험시공계획은 다음 항목을 고려하여 수립하도록 한다. – 지반조사항목은 시공자의 토질(암질)조사보고서를 토대로 전문가의 자문을 거쳐 녹화공법 적합 여부를 검토한다. – 주변 식생 환경조사항목은 환경영향평가자료와 현지조사 결과를 참조하여 적용한다. – 기후환경조사항목은 대상지역과 가까운 거리의 기상관측소 자료를 이용하되 최근 10년간의 강우량, 온도, 습도 등을 평균 산출하여 이용한다. – 시공시기와 기후조건을 고려하여 시험시공지의 유지관리계획을 수립하여 제출한다. • 시험시공에 적용하는 공법은 시험시공 3~4개월 전에 감독자와 토질 및 기초기술사, 자연생태복원전문가 등이 참여하여 현장의 지반 등 자연환경의 특성을 조사·분석하여 현장에 적합한 공법을 선정한다. 단, 설계에 반영된 녹화공법을 우선 적용하되 토질별로 3개 이상의 공법을 적용한다.
시험시공 및 모니터링	• 시험시공의 면적은 공법당 100~200m^2 범위 내에서 시공한다. • 뿜어붙이기두께는 녹화공법에 따라 암질, 토질상태, 자연환경, 식생기반재기준 등을 고려하여 조정할 수 있다.

ⓜ 시험시공 결과평가
- 녹화공법평가표

구분	평가	항목			배점(%)	배점기준				
재료	정량적	토양 및 종자품질			–	합격기준 미달 시 불합격 처리				
품질	정량적	식물생육	식생피복률(전체)	초본위주형 초본·관목 혼합형	15	80% 이상 (15)	60~79% (10)	60% 미만 (5)		
				목본군락형 자연경관복원형		70% 이상 (15)	50~69% (10)	50% 미만 (5)		
			식생피복률 (한지형 초본 등 외래도입초종)		(0~-5)	피복률에서 외래도입초본의 점유율				
						30% 미만 (0)	30~59% (-3)	60% 이상 (-5)		
			식생생육량 (한지형 초종 제외)		5	양호(5)	보통(3)	불량(1)		
			병충해		5	양호(5)	보통(3)	불량(1)		
		출현종수	목본성립본수		10	식생생육판정기준표 복원목표의 달성도				
						80% 이상 (10)	60~79% (7)	60% 미만 (3)		
			초본 및 목본의 출현종수		15	80% 이상 (15)	60~79% (10)	60% 미만 (5)		
			생태계교란 및 위해종 침입		(0~-5)	해(0)	중(-3)	상(-5)		
		식생기반재 물리적 특성			10	양호(10)	보통(7)	불량(3)		
		탈락 및 붕괴지점			5	양호(5)	보통(3)	불량(1)		
	정성적	녹화 지속성 및 식생침입 가능성			5	양호(5)	보통(3)	불량(1)		
		주변환경과의 유사도			(0~-5)	양호(0)	보통(-3)	불량(-5)		
		소계				70%				
경제성	정량적	시공단가			30	130% 미만 (30)	130~ 160% (24)	161~ 190% (18)	191~ 220% (12)	220% 초과 (6)
		소계				30%				
		합계				100%				

• 비탈면복원목표별 식생생육판정 기준표

복원목표	평가	목본 성립본수	출현종수	
			초본	목본
초본 위주형	합격	2본/m² 이상	5종/m² 이상	2종/m² 이상
	판정보류	피복률이 50~70%이며 1m²당 10본 발아가 있으면서 생육이 늦은 경우 1~2개월 동안 상태를 지켜보고 재평가한다.		
	불합격	피복률이 50% 이하이면서 식생 기반이 유실되어 식물의 성립이 기대되지 않을 경우 재시공한다.		
초본 · 관목 혼합형	합격	3본/m² 이상	4종/m² 이상	3종/m² 이상
	판정보류	피복률이 50~70%이면서 1m²당 관목의 발아가 늦을 경우 2~3개월 동안 상태를 지켜보고 재평가한다.		
	불합격	피복률이 50% 이하이면서 식생 기반이 유실되어 식물의 성립이 기대되지 않을 경우 재시공한다.		
목본 군락형	합격	5본/m² 이상	3종/m² 이상	4종/m² 이상
	판정보류	피복률이 70~80%이고 교목이 1~2본/m²인 경우 익년 봄까지 상태를 본다. 드문드문 발아가 보이지만, 비탈면 전체가 나지로 보일 경우 2~3개월 동안 상태를 지켜본 후 판정한다(부적기 시공의 경우).		
	불합격	식생 기반이 유실되어 식물의 성립이 기대되지 않을 경우 재시공한다.		
		초본 피복률이 80~90%이면서 목본이 피압당하고 있을 경우 예초 후 대책을 강구한다.		
자연경관 복원형	합격	7본/m²	5종/m² 이상	5종/m² 이상
	판정보류	피복률이 70~80%이고 교목이 3~4본/m²인 경우 익년 봄까지 상태를 본다. 드문드문 발아가 보이지만, 비탈면 전체가 나지로 보일 경우 2~3개월 상태를 지켜본 후 판정한다(부적기 시공의 경우).		
	불합격	식생 기반이 유실되어 식물의 성립이 기대되지 않을 경우 재시공한다.		
		피복률이 80% 이상이면서 목본이 피압당하고 있을 경우 예초 후 대책을 강구한다.		

- 녹화공법 품질 및 경제성 평가기준과 방법

구분	평가	항목		평가기준	평가기준 및 방법	평가빈도
재료	정량적	재료품질		절대평가	식생기반재 샘플을 1~2kg 채취하여 토양의 이화학성을 분석 후 기준항목 합격 여부를 판단함	1회
		식물생육	식생피복률 (전체)	절대평가	시공 후 공법별 식생피복률을 1×1m 방형구에 설치하여 3회 반복 조사 후 평균함	주기조사
			식생피복률 (한지형 초종)	절대평가	격자틀(20×20cm) 또는 1×1m 방형구를 설치하여 한지형 잔디(외래종)만의 피복률을 3회 반복 조사하여 평균함. 피복률에서 외래도입초종만의 점유율을 평가함	계절별 1회
			식생생육량 (한지형 초종 제외)	상대평가	한지형 초종을 제외한 식생을 채취하여 생물중량(생체중)을 전자저울 등을 이용하여 실측함	계절별 1회
			병충해	상대평가	생육판정시기까지 계절별로 병충해, 여름철 하고현상 등을 조사함	계절별 1회
품질	정량적	출현종수	목본 성립본수	절대평가	1m×1m 방형구를 설치하고 목본의 성립본수를 10회 조사하여 본수/m^2로 평균하여 합격 목표치에 따른 달성도를 측정. 목본의 수고가 1~6m인 경우에는 방형구를 2m×2m로 확대함	계절별 1회
			초본 및 목본의 출현종수	절대평가	1m×1m 방형구를 설치하여 초본 및 목본의 출현종수를 조사하여 종수/m^2로 환산 평균하여 합격 목표치에 따른 달성도를 측정함. 이때 초본 및 목본 출현종수비율을 각각 평가한 후 이를 평균으로 환산함. 목본의 수고가 1~6m인 경우에는 방형구를 2m×2m로 확대함	계절별 1회
			위해종 침입 및 시험지의 교란 정도	상대평가	위해종인 돼지풀, 단풍잎돼지풀 등과 교란종인 환삼덩굴, 칡 등에 의한 교란정도를 측정함	수시평가
		식생기반재 물리적 특성		절대평가	식생기반재의 토양경도는 양호(11~23mm), 보통(23~27mm), 불량(11mm 미만, 27mm 초과)으로 분류하고 토양습도는 양호(0.5~5%), 보통(5~8%), 불량(0.5% 미만, 8% 초과)으로 분류한다(간이측정기기를 이용하여 현장 측정 가능).	1회 이상 조사
		탈락 및 붕괴지점		상대평가	시험시공면적당 탈락 및 붕괴지점 수를 조사함	계절별 1회
	정성적	녹화 지속성 및 식생침입 가능성		상대평가	3~5년 정도 지난 기존 시공지에서의 녹화 지속성 및 천이 여부를 평가함	1회 이상
		주변 환경과의 유사도		상대평가	주변 환경과의 생태적 경관 조화성을 평가함	수시평가
경제성	정량적	시공단가		상대평가	시험시공참여업체의 최저가를 기준으로 상대평가함	최종평가 시

④ 도로비탈면녹화공사의 시공
  ㉠ 시공계획 수립 : 비탈면녹화에 대한 시공계획은 시험시공을 통해 선정된 녹화공법을 반영하여 비탈면 복원목표를 충분히 달성할 수 있도록 수립한다.
  ㉡ 재료 : 녹화공법의 종자, 식생기반재 등 녹화재료는 품질기준 및 환경기준에 맞는 제품을 사용한다.
  ㉢ 시공 : 비탈면 식생녹화는 시공시기와 기상조건에 영향을 받으므로 시공시기를 충분하게 검토하여 공사가 순조롭게 달성될 수 있도록 하여야 하며, 시험시공한 결과와 본시공의 결과가 상이하지 않도록 시행한다.
  ㉣ 녹화식생의 평가
    - 녹화식생 조성에 대하여는 판정시기와 판정기준을 참고하여 평가하고, 시공 후의 녹화공법, 시공시기, 도입식물, 시공 후의 기상, 식생기반재의 지속성 등을 적절하게 고려하여 평가한다.
    - 시공자는 시공 완료 후에는 시험시공 결과와 일치 여부를 평가하고, 그 결과를 기성검사 또는 준공검사 시 제출한다.

⑤ 도로비탈면녹화공사의 유지관리
  ㉠ 일반사항 : 비탈면의 녹화는 주변에서의 식물천이를 유도하여 자연상태의 환경을 조성하는 것으로서 관리는 점검, 유지관리 등의 과정이 적절하게 수행되어야 한다.
  ㉡ 유지관리
    - 점검 : 시공자는 비탈면에 시공된 안정공법, 식생기반, 식생 등이 지속적으로 유지되고 복원목표에 부합되도록 유지관리계획을 수립하여 주기적으로 점검을 시행한다.
    - 유지관리방법 : 비탈면녹화의 유지관리방법은 도입식물의 식생천이가 정상적으로 진행되는지 여부를 확인하고, 미래에 녹화목표를 달성할 수 있도록 관리한다.

2. 하천의 생태 복원

생태하천 복원 기술지침서(환경부, 2011) 요약

1) 하천의 개념

① 국가 · 지방하천 : 하천법에 따라 국가하천 또는 지방하천으로 지정된 것

② 소하천
  ㉠ 하천법의 적용을 받지 않는 하천
  ㉡ 소하천은 하천법에서 정한 국가 및 지방하천에서 제외된 하천 중에서 시장 · 군수 · 자치구의 장이 그 명칭과 구간을 정하여 소하천으로 지정 · 고시하는 하천

③ **하천생태계** : 하천생태계는 수변과의 횡적 연결성을 가지고 있을 뿐만 아니라 발원지에서 하구부까지 종적 연결된 연속체이다.

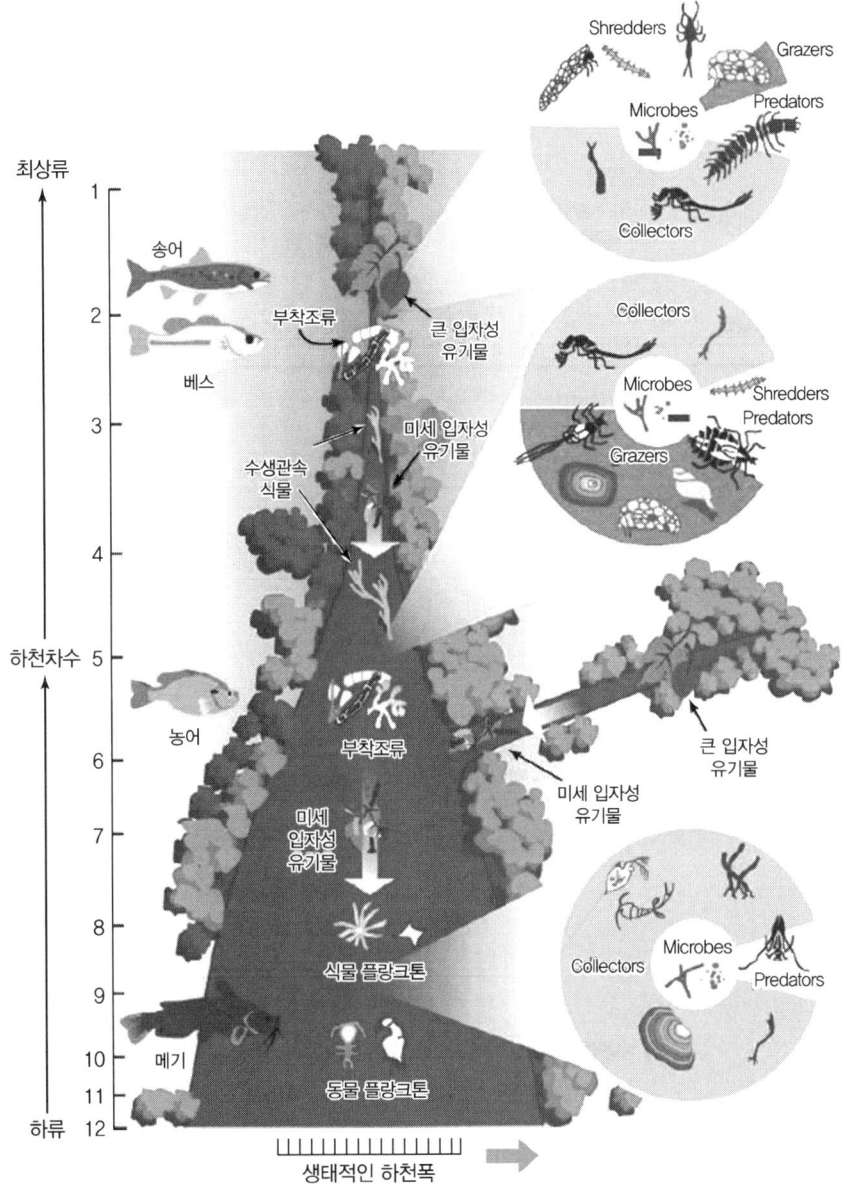

┃ 하천 크기(차수)와 기능(서식생물, 먹이원 등)에 기초한 상하류 간의
연결 과정을 설명하는 하천의 연속성 개념 도식(USDC, 1998, 수정)┃

2) 하천생태계 구조

① 생물적 요인

▼ 하천생태계를 구성하는 생물 요인

구분	육상생태계(수변)	수서생태계
생산자	식물군집(하안식생)	• 조류(Algae) • 대형식물(유근식물, 대형 부유식물로 구성)
소비자	육상동물 • 무척추동물(곤충 등) • 척추동물(양서·파충류, 조류, 포유류 등 포함)	• 저서생물 • 어류
분해자	• 세균 • 곰팡이 등	• 세균 • 곰팡이 등

② 무생물적 요인

㉠ 하천회랑(Stream Corridor) : 종적, 횡적, 수직적 연결을 통해 에너지, 물, 물질의 흐름을 만듦

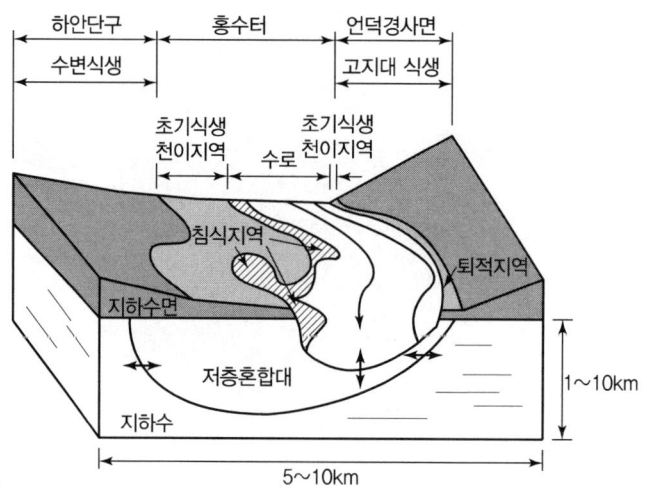

┃하천회랑 서식지(서식처)의 3차원 횡단면도(USDA, 2008, 수정)┃

㉡ 유역(Watershed)
- 지형에 의해 형성된 동일 수계를 공유하는 토지 경계구역
- 토양형태, 지형학적 특징, 식생 및 토지이용의 모자이크로 구성
- 유역 내에서 우수표면유출은 최종적으로 하천으로 향함

㉢ 하도(Stream Channel)
- 물과 물이 운송하는 침전물에 의해 형성·유지 및 변화됨
- 하도의 횡단면은 유속, 물에 의해 이동된 침점물의 양, 지형과 지질에 따라 달라짐
- 제방을 넘지 않고 흐를 수 있는 물의 양은 하도의 크기에 따라 좌우됨

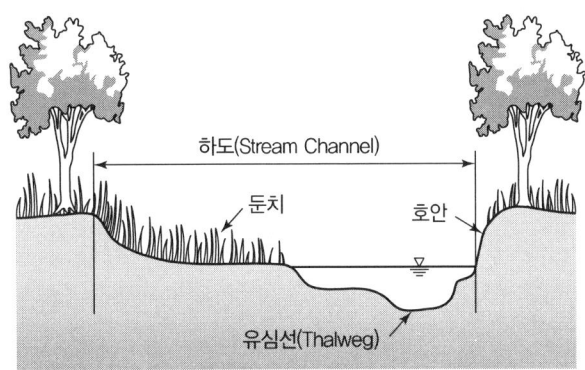

▎하도의 횡단면(USDC, 1998. 수정) ▎

3) 하천생태계에 영향을 미치는 주요과정

- 물리적 과정 : 수문학적 및 지형학적 과정
- 생물·생태학적 과정 : 에너지 흐름, 영양염 순환, 서식지(서식처)

⇒ 하천회랑의 종적, 횡적, 수직적으로 연결되어 시간의 흐름(역동적 변화)에 따라 3차원으로 발생

▎하천생태계의 3차원(종·횡·수직)적 연결성과 시간(USDC, 1998, 수정) ▎

① 수문학적 과정

수문순환(Hygrological Cycle) : 강수로부터 지표수와 지하수로, 저류와 유출로 또한 증산과 증발작용에 의해 결국 대기 중으로 되돌아가는 물의 연속적인 순환 이동과정

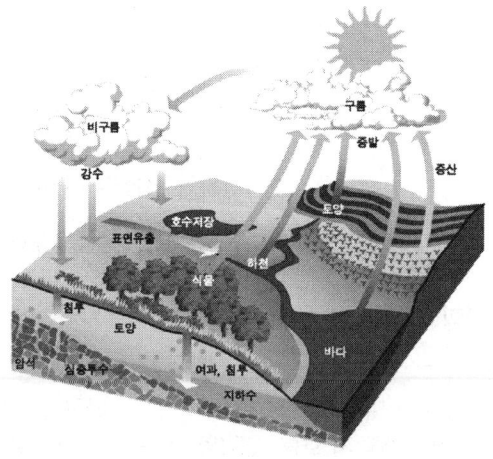

┃수문학적 과정(USDC, 1998, 수정)┃

② 물리적 과정

㉠ 종적 과정

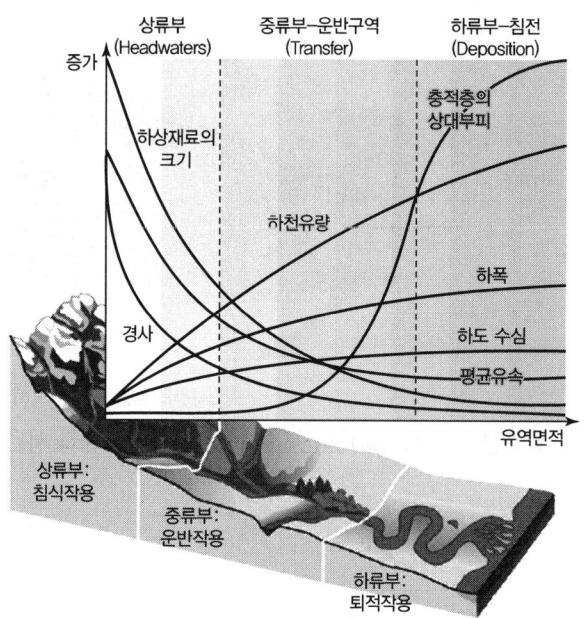

┃하천의 종적인 구조와 하도의 변화(USDC, 1998, 수정)┃

- 상류침식과 하류퇴적
- 경사도에 따른 생태학적 영향
- 유속 또는 유사의 운반과 관계

ⓒ 횡적 과정과 제방침식
- 수리학적 과정
  - 유수에 의한 침전물 제거
  - 제방 내 물질의 입자나 혼합재의 제거(침식)를 포함
- 지형적 과정 : 중력에 의한 하안 단면의 붕괴 또는 이동

ⓒ 수로붕괴 및 홍수터 형성
- 홍수 또는 많은 유량으로 인해, 대규모 제방침식과 종적 조정이 발생
- 상류 및 하류의 침전과 함께 단기간에 수로를 좁고 비탈지게 함

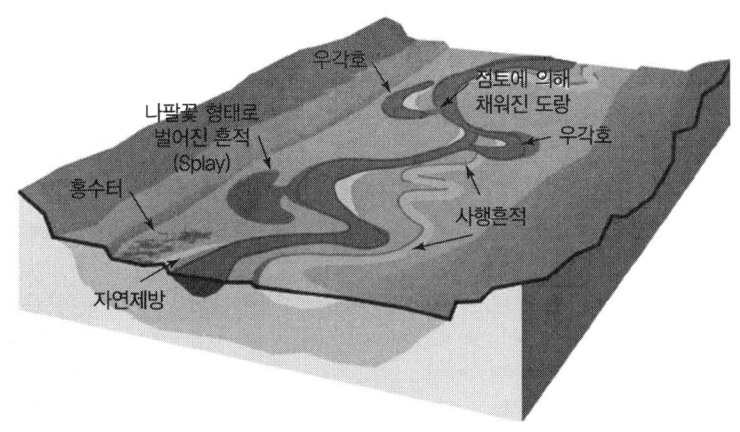

┃사행하천에 의해 형성되는 홍수터 지형 특성(USDC, 1998, 수정)┃

ⓔ 유사 이동

유속에 의한 유사(침전물)는 오염물질을 수체 내로 운반하고, 영양염류와 다른 화학물질은 침전입자에 흡착하여 지표수를 통해 하천으로 실려와 침전되거나 용해됨

③ **생태적 과정**

㉠ 에너지흐름
- 인접 산림, 농경지 및 주거지로부터 용탈된 유기물이 지표수와 지하수를 통하여 하천으로 유입됨
- 하천으로 유입된 에너지와 물질은 물리·화학적 및 생물학적 과정에 의하여 저서성 대형 무척추동물에 의해 이용되거나 물에 잠겨서 용존성 유기물로 변화됨
- 용존성 유기물은 미생물에 의하여 고정되거나 다시 쇄설물에 흡착 또는 침전되어 세립입자유기물이 됨
- 세립자유기물은 다시 먹이망(Food Web) 내 소비자와 분해자에 차례로 이용됨

ⓒ 영양염순환
- 영양염은 질소, 인, 칼슘과 같이 생물에게 필수적인 무기물질임
- 과도한 영양염이 하천으로 유입되면 식물생산이 증가하여 하천의 부영양화를 초래함
- 유수에 의하여 하류로 영양물질이 계속적으로 유출되므로 상류에서 영양물질을 유지하고 하류에서 손실을 줄이는 것이 중요함

④ 하천회랑 서식지(서식처)
- 하천회랑 서식지는 작은 서식지를 연결하고 크고 복합적인 서식지를 만들어 종다양성이 높은 군집으로 개선함
- 하천회랑 서식지에서 가장 중요한 요소는 연결성과 폭임

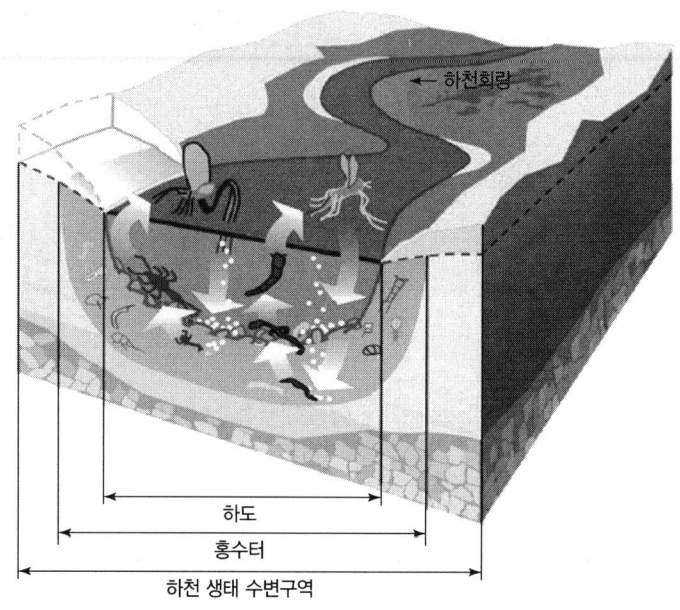

┃ 하천회랑 서식지(서식처)(USDC, 1998, 수정) ┃

㉠ 하도서식지
- 하도서식지는 수질, 수량, 수심, 유속, 하천호랑에 서식하는 식생 등으로 다양한 조합에 의해 만들어진 공간을 말함
- 수중생물은 그들의 생리에 따라 상류 혹은 하류로 이동하거나 바닥의 기질과 홍수터에 출입함
- 미세조류는 대부분 하상기질에, 어류는 표층 및 심수층과 하상기질 아래 서식함

㉡ 수변지역과 홍수터 서식지
- 수변지역
  - 인접한 토지에서 흘러드는 비점오염물질과 상류에서 하류로 내려오는 오염물질을 분해하여 정화시킴

- 다양하고 풍부한 생물서식지로서의 역할
- 수변지경에서의 토지이용은 하천생태계에 직접적 영향을 줌
- 홍수터
  - 하천유역의 습지, 연못 등을 포함하는 홍수터는 일반적으로 하도의 잔존물이 홍수와 함께 씻겨 퇴적물 운반에 의해 얕은 공간을 만들어 냄
  - 물을 담아 두는 저수지 역할과 수중생물이 서식할 수 있는 공간을 제공
  - 하천생태계와 하천경사도를 바꾸어 생태계 생산성과 기능을 개선하는 중요한 인자임

4) 수생태계 내 교란과 반응

① 하천교란

ㄱ) 하천교란의 정의
- 단기간에 원래 하천의 기능과 구조를 회복할 수 없는 정도의 환경변화
- 상류에 가해진 하나의 교란은 주기, 지속기간, 강도에 따라 하류에 다양한 교란을 일으킬 수 있음

ㄴ) 하천교란의 종류
- 자연적 교란 : 극단적인 홍수, 가뭄 등
- 인위적 교란 : 하천사업에 의한 구조물 설치 등

ㄷ) 교란의 영향
- 하천 생태서식지의 물리적·화학적 특성의 변형 및 변질
- 하천생태계가 변화, 단절, 파괴

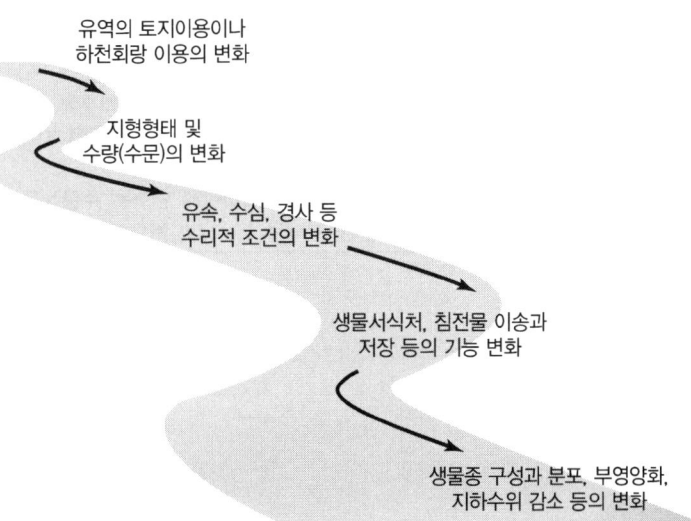

| 유역과 하천회랑 내에서의 교란이 하천회랑 생태계의 구조와 기능에 가져오는 일련의 연쇄적 변경 |

② 교란에 대한 물리적 반응

구분	반응
유량 변화	• 시간에 따른 유량 변화는 수로의 형태나 과정에 중요한 영향을 미치며, 수질 변화, 유사 생산, 하상유사 구조 변화, 서식지(서식처)의 변경 그리고 홍수터 교란 등을 초래함 • 도시화, 삼림 벌채 및 화재로 인한 식생피복의 파괴, 유량 증가 및 수로 침식 유도, 인공호가 홍수를 통제하는 동안 최대유량은 낮아지며 강하류에 작고 간단한 수로 형태가 발달됨
유사부하의 변화	• 유역 개발 및 농업활동에 의해 발생된 과도한 유사(Sediment)의 부하는 하도를 채우거나 막는 결과를 가져와 물이 범람하고 수변지역과 수생군집 구조를 변화시켜 하천과 수생태계에 해로운 영향을 주는 등 저수지 및 하도 이용에 큰 문제가 됨 - 미세입자는 자갈 틈새 공간을 채워 악영향을 주지만 큰 입자들은 저서성 대형 무척추동물과 기질에 산란하는 어류를 위한 주요 서식지를 제공하기도 함
물과 유사의 유출	• 물과 유사의 유출체계가 변화하면 하천의 반응은 복잡해짐 - 하천유량과 유사가 감소하면 폭이 좁고 얕은 하도가 생성될 가능성이 크고, 유사와 하천유량이 증가하면 하도는 더 넓고 깊어지게 될 것임 - 예를 들어, 장기간 도시화에 따른 유출 빈도와 규모의 증가는 하도침식을 유발하게 되고 특히 더 많은 유사가 공급될 경우 하도는 더 넓고 얕아지게 됨
하상 퇴적물 크기 변화	• 하천 내외부적으로 연루된 여러 가지 변화는 하상 퇴적물 크기에 변화를 일으킬 수 있음 - 하천 서식지의 하상 퇴적물 크기와 빈도의 변동은 하천 서식지를 분류하고 구성하는 데 사용됨 - 하상 퇴적물 크기는 수리적 조건과 유사 공급 변화에 반응하여 교란된 유역에서 빠르게 변화되며, 하상 퇴적물 크기에 의해 흐름의 저항, 깊이, 속도가 결정됨
하도형태 변화	• 하상침식을 방지하기 위해 하도를 넓게 또는 깊게 만들어 콘크리트제방과 하상공을 설치함에 따라, 하도 절개부에 침식과 퇴적의 현상을 보이는 하도의 기하학적 변화는 하천의 종적, 횡적 연계성을 단절시켜 하천생태계의 기능과 경관의 질을 저하시킴 - 이러한 하도의 기하학적 변화는 수중생물과 밀접한 관련이 있을 뿐만 아니라, 하안식생의 손실과 하도의 단절을 초래함

③ 홍수에 대한 하천회랑 반응

구분	반응
물리적 반응	• 홍수는 지형을 결정하는 데 있어 지질학, 식생, 기후패턴 등과 같은 지역적 요인으로 중요한 역할을 함 • 홍수로 인해 하도와 홍수터에 주요한 변화가 일어나는데 물, 퇴적물, 영양염, 유기물질의 교환과 같은 주요한 생태학적 기능이 감퇴함 • 또한 홍수류가 하상 깊은 곳의 모래를 세굴시켜 유속이 낮아지는 하안 위에 퇴적되는 사주의 변화가 일어나며 하상과 사주의 침식은 대부분 홍수 상승기에 유사이송 능력이 커짐에 따라 발생함 　- 하천 깊은 곳의 모래가 침식되어 하안 주변의 사주와 역류구역에 퇴적이 일어나면 사주의 이동으로 오히려 새로운 역류구간이 형성되어 수중생물이 서식할 수 있는 중요한 공간이 됨
하천생태계 내 홍수의 생태학적 영향	• 하천에서 자연적 교란 중에 가장 일반적인 것. 홍수에 의해 빠른 유속이 발생하면 퇴적물은 홍수터로 이동하며 하상의 실트와 육상생태계로부터 영양소와 유기물이 운반됨 • 하천생태계 교란의 영향에 있어 실제로 수중생물은 홍수의 잠재능력으로부터 이익을 얻음 　- 예를 들면, 송어와 연어는 자갈이 많은 장소에 산란함. 또한 홍수는 산란을 위한 다양한 공간을 제공하며 하천 내 퇴적물을 이동시켜 깨끗한 서식환경을 만듦. 그렇지만 수중생물은 교란으로부터 오는 현상을 회복시키기 위한 각각의 생활사, 취약성, 교란 복구능력은 매우 다름. 생태계와 수변지역의 조건은 교란에 대한 내성과 회복의 속도를 결정하는 중요한 요인이 됨
복원과정으로서 교란	• 홍수, 화재, 가뭄과 같은 교란은 복원의 자연적 과정임. 이와 같은 교란이 일어나는 빈도와 위치를 고려하고 하도변화를 방지하며 복잡성과 이질성을 공급하는 서식지를 제거해야 함 • 하천재생의 자연법칙을 적용하여 자연적 교란으로부터 종과 군집을 보호함과 동시에 하천을 회복시키는 균형을 이루도록 하는 것이 중요함

④ 토지이용과 하천회랑에 대한 영향

구분	반응
농지 이용	• 관개용수는 하천으로 유입되어 수질을 악화시키고, 축산업은 토양압의 증가에 따른 투수율 감소로 인해 물이 지하로 유입되는 것을 방해함 • 또한 가축사육이나 농기계에 의한 수변식생 제거는 하상과 하도의 불안정, 서식지(서식처) 기능의 저하 등 부작용을 초래함 • 그러나 경작지의 관리방안을 설계할 때 계절별 상태, 유역토양, 기울기, 기후와 다른 요인들을 수용하고 경작지보전, 수로에 식생피복, 수변지역 조성 등과 같은 보전정책의 실행 등으로 경작에 따른 영향을 감소시킬 수 있음
삼림 및 수목 관리	• 일반적으로 벌목은 물의 침투량을 감소시키고 유출수와 유사의 발생을 증가시킴 • 또한 도로와 하천이 교차되는 지역의 경우에는 적절한 설계와 유지관리가 수반되지 않으면 하천 서식지(서식처)에 장기적으로 악영향을 미칠 수 있음 • 최선의 관리정책은 나무의 벌목에 따른 환경영향을 최소화할 수 있도록 최소한의 완충지대(Riparian Buffers)를 만드는 것임
도시 개발	• 하천생태계에 있어 도시화의 영향은 미세유사의 침전, 큰 숲의 감소, 수변지역 식생 파괴, 점오염원과 비점오염원에 의한 심각한 수질악화 및 하천 서식지(서식처) 변화에 따라 표면유출 증가, 기저유량 감소 등의 수문학적 변화를 가져옴 • 그러나 불투수지역에 식물을 식재하고 하천을 따라 수변지역을 형성시킴으로써 도시화에 따른 영향을 저감할 수 있음

탄광	• 탄광활동은 다른 어떤 인간활동보다 하천회랑 자원을 손상시킬 가능성이 높음
	• 탄광은 땅 위·아래에 건설되는데, 지하탄광으로부터 유출되는 물은 산성에서 높은 용해도와 생물학적 가용성을 나타내기 때문에 낮은 pH 자체도 맹독성이 될 수 있음
	• 이러한 유독성 물질인 석탄, 석회석 및 산성 광산폐수가 하천으로 유입되어
	  - 수변식생을 죽이고 식물 체내에 축적되며
	  - 석회석광산에서 유출되는 점토는 하상에 피복되어 수중생물이 산란할 수 없게 하고 생물종의 서식지(서식처)를 오염시키며
	  - 먹이가 되는 유기물에 영향을 미침

04 서식지 복원계획

구분		반응
외래종 혹은 침입 식물과 동물		• 침입종은 환경이나 경제, 인간 건강에 영향을 끼치는 것으로 외래종이라 정의되며, 토착종과 서식지(서식처) 내에서 자원경쟁을 하면서 서식지(서식처)와 생물다양성을 감소시킴 • 외래종 혹은 비토착종은 많은 하천에서 나타나며 이들 생물관리가 하천복원사업에 있어 종종 필요한 요소가 됨
댐과 유로 전환		• 댐은 일반적으로 최대 수위를 조절하고 유사를 모으며 운영조건과 지역적 특성에 따라 추가적인 변화도 발생시킴 • 또한 수심 증가, 상류유속 감소, 유수환경에서 정수환경으로 변화 및 하류의 최대유량을 감소시키고 하도를 좁게 만들며 획일적인 홍수터 식생을 유도함 • 큰 흐름이 거의 발생하지 않기 때문에 하상의 구성물들은 점점 안정화되고 이들 사이의 빈 공간은 미세한 입자들로 채워짐으로써 수온, 탁도, 영양염과 같은 주요한 수질 요인의 변화에도 영향을 미침 • 또한 수중생물의 이동과 에너지와 물질흐름에 장벽이 되며, 수중생물의 생존에 중요한 역할을 하는 서식지(서식처)와 생태학적 과정의 단절을 야기함
하도 변경 공사		• 하도변경공사는 홍수 통제, 배수, 침식 방지 또는 여러 형태의 사회기반시설의 건설을 위한 하도의 이전 등을 위해 종종 실행됨 • 하도의 기하학적 구조 변화는 급격한 하천 변화를 야기할 수 있으며, 일반적으로 둑이나 제방과 같은 침식 방지구조물을 필요로 함
여가 활동		• 여가활동에 이용되는 하천회랑은 토양, 기후, 지형, 이용의 강도에 따라 민감하게 반응하며, 인간활동이나 운송수단의 이용은 토양을 단단하게 하고 식생을 파괴하여 침식을 유도함 • 배의 프로펠러에 의해 하천 바닥의 퇴적물을 이동시켜 제방침식을 유도하고 돌발적인 유출이나 하수의 방류로 인해 수질을 악화시킬 수 있음 • 수중생물은 주변 식생의 파괴나 교란에 영향을 받고, 쓰레기 투기, 소음, 침식, 주변 자연환경 파괴로 인해 하천회랑의 미적인 요소를 감소시킴

5) 생태하천 복원 기본방향

① 생태하천 복원 기본방향
  ㉠ 하천 중심의 종·횡적 생태네트워크 구축
  ㉡ 건전한 물순환체계 구축
  ㉢ 하천생태계의 건강성 회복
  ㉣ 깃대종 등 생물종 복원 중심의 하천사업 추진
  ㉤ 도심 복개하천 철거 및 풍부한 물환경 조성
  ㉥ 하천별 특성 살리기
  ㉦ 협의체 중심의 사업 추진
  ㉧ 주민 참여형 사후관리 예 1사 1하천 운동

② 생태하천 복원 유형

원형복원(Restoration)
교란된 생태계를 가능한 원래 상태에 가까운 자연조건과 생태기능을 갖도록 회복시키는 것

유사복원(Rehabilitation)
훼손된 생태계를 생태기능이 유지되도록 안정시키는 것

대체복원(Reclamation)
생태계를 목적에 맞게 인위적으로 조성하는 것

┃생태하천 복원의 유형┃

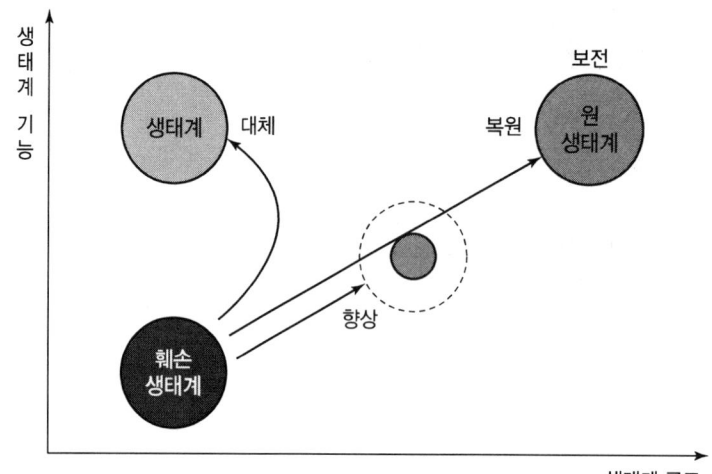

6) 생태하천 복원범위 및 대상

대분류	중분류	세분류
하천과 수변공간	홍수터	자연상태 홍수터
		생태공간 활용 홍수터
		기타
	여울·소(웅덩이)	경사여울
		평여울
	저수호안	수충부 호안
		비수충부 호안
	고수호안	자연호안
		인공호안
		조합호안
	하상	점착성 하상유지시설
		비점착성 하상유지시설
	습지	식생정화형 습지
		저류형 습지
생태시스템	생물서식지(서식처)	유수역 서식지(서식처)
		정수역 서식지(서식처)
		비오톱
	어도	풀형식
		수로형식
		조작형식
	생태공간	보전공간
		향상(이용)공간
		복원공간
수질개선	수질개선	직접정화시설(하천정화시설)
		비점오염저감시설
	생태용수	하수처리장 방류수 활용기법
		하류 하천수 유인기법
		상류 저수지 이용기법
		기타

① 하천과 수변공간
  ㉠ 홍수터
    • 개념 : 평상시는 건조한 지역으로 자연적으로 발생하는 홍수에 의해 침수되기 쉬운 지역

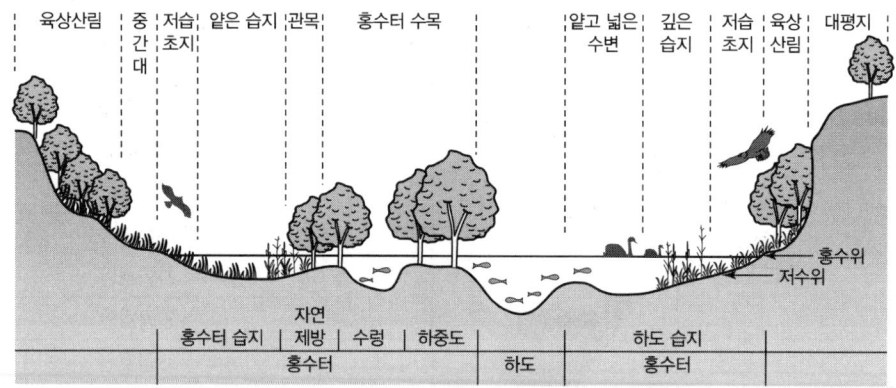

┃하천수변의 횡단구조와 홍수터(Sparks, 1995)┃

    • 역할
      - 주기적 침수에 의한 자연발생적 생물서식지
      - 하천생태계 단순화 방지 및 통로기능
      - 하천생태계의 재생을 위한 기반환경 제공

    • 종류
      - 자연상태 홍수터 : 수중구역(연평균 수위 이하의 구역), 수제구역(자연발생한 초지/하중도)
      - 생태공간 활용 홍수터 : 인공습지, 천변저류지, 생태학습장, 교육 및 홍보시설 등
      - 기타 : 농경지, 체육시설지

  ㉡ 여울·소(웅덩이)
    • 개념
      - 여울 : 하천 바닥이 급경사를 이루며 수심이 얕고 물의 흐름이 세며 빠른 구간
      - 소 : 하도의 종 방향으로 여울을 지나 수심이 점차 깊어지면서 물의 흐름이 약해지는 곳을 말함

▼ 여울과 소(웅덩이)의 특징

하상형태		소(웅덩이)	여울	
			평여울	경사여울(급여울)
수심		깊다	얕다	얕다
수면		물결이 생기지 않음	무늬를 갖는 물결 생성	폭기 또는 물결 생성
유속		느리다	빠르다	매우 빠르다
저니질		모래나 퇴적토	작은 자갈과 박혀 있는 돌	굵은 자갈과 하상에 노출된 돌
하천 생태계	어류	대형 어류	중형 어류	소형 어류
	곤충	서식수가 적다	날도래류[1]가 특히 많다	날도래류[1]가 많다
	기타	침수식물	조류	조류

1) 날도래류 : 대체로 깨끗한 물 근처에서 발견되며, 저녁 무렵이나 또는 밤에 활동하는 야행성임
출처 : 국토해양부, 2001, 자연친화적 하천정비기법 개발

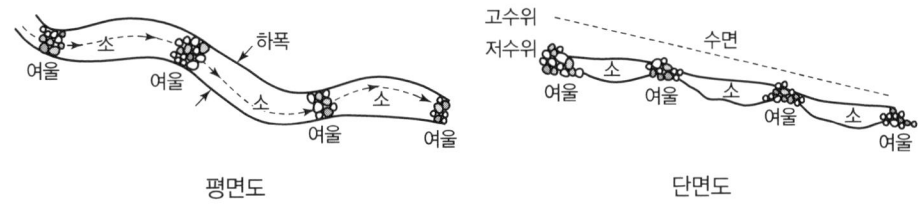

| 여울 · 소(웅덩이) 구조의 평 · 단면도 |

출처 : 국토해양부, 2001, 자연친화적 하천정비기법 개발

- 역할
  - 여울 : 폭기작용을 통하여 용존산소량을 증가시키고 유속이 빠른 구간에 정착되는 부착조류 등과 같이 특정 수생생물의 먹이를 제공하여 하상안정에 기여
  - 소(웅덩이) : 유속이 느려 부유물 및 오염물의 침전작용, 흡착작용 및 산화분해작용을 기대할 수 있으며, 각종 영양물질과 부착조류 등이 풍부하고 어류를 비롯한 수생생물의 서식지를 제공하며 홍수 시에는 피난처를 제공하는 공간이 됨

- 종류
  - 경사여울(급여울) : 흐름이 빠르고 수면에는 흰 파도가 일어나며 밑부분의 지질은 대부분 부석(浮石)
  - 평여울 : 유속은 빠른 여울보다 약간 느리고, 수면에는 물이 일렁이며 밑부분의 지질은 대부분 침석(沈石)

ⓒ 저수호안
- 개념
  - 저수로 : 불투수층인 토양을 기반으로 연중 내내 얕은 물에 의해 덮여 있는 육지와 개방수역 사이의 전이지대

- 저수호안 : 이러한 저수로에서 발생하는 난류와 둔치(고수부지)의 세굴을 방지하기 위해 저수로의 하안에 설치하는 구조물

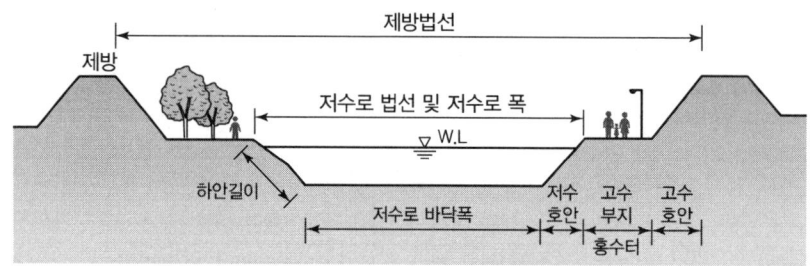

┃ 정비된 하천의 저수로 개념도 ┃

- 역할
  - 수질개선 및 생태복원
  - 하천환경 특성 : 도시, 농촌, 산지
  - 치수적 안정성

- 종류
  - 수충부 : 방틀계, 망태계, 석재계, 블록계, 식생계
  - 비수충부 : 방틀계, 블록계, 식생계

② 고수호안

구분	내용
개념	• 고수호안은 치수 안정성을 고려한 공법으로 시행 • 주로 제방법면에 식생녹화공법을 이용하여 제방을 보호하고 제외지의 생태적 연결성을 확보하기 위한 목적으로 조성된 구조물
역할	• 고수호안은 저수호안의 설치방향과 같고 치수의 안정성 확보 필요 • 제방법면에 식생녹화공법을 이용하여 제방을 보호하고, 제내지와 제외지의 생태적 연결성을 확보하기 위한 목적으로 조성
종류	• 자연호안(완경사호안) : 줄떼(평떼), Seed Spray • 인공호안 : 식생계, 석재계, 블록계, 망태계 • 조합호안 : 사석계 조합, 방틀계 조합, 망태계 조합

⑩ 하상

구분	내용
개념	하도(河道)를 따라 흐르는 하수(河水)에 수평적으로 접하는 부분을 하상(河床, River Bed)이라 하며, 일반적으로 하천바닥을 의미
역할	자연하천의 하상은 그 자체로 지형 발달의 산물이며 보전가치가 있지만, 장마철에 유출된 토사의 하상퇴적 문제와 인간활동에 의해 오염된 하상퇴적물로 인한 하천생태의 악화가 발생하는 경우 하상의 정비·복원이 필요
종류	• 점착성 하상유지시설(낙차고 50cm 이상) : 콘크리트식, 블록식 • 비점착성 하상유지시설(낙차고 50cm 미만) : 자연석

ⓑ 습지

구분	내용
개념	영구적 또는 일시적으로 물을 담고 있는 땅으로, 물이 고이는 과정을 통해 다양한 생명체들을 키움으로써 생산과 소비의 균형을 갖춘 하나의 생태계
역할	• 생물의 산란, 보육 및 서식지(서식처) • 오염물질의 제거(여과작용) • 방재기능 • 경관적 가치창조

종류	• 자연습지는 호수, 연못 혹은 하천의 홍수터(Floodplain) 등을 포함
	• 인공습지는 조성의 목적에 따라 분류
	   - 식생정화용 습지
	   - 저류형 습지

② 생태시스템

대분류	중분류	개념 및 정의	역할 및 필요성	세분류
생태시스템	생물 서식지 (서식처)	• 생물이 서식하는 장소 • 일정한 형태를 가진 장소 중 생물이 생활사의 각 단계(먹이섭취, 산란, 우화 등)에서 이용하는 특정의 공간	• 수생태계 요소들 중 서식지(서식처)는 가장 기본적인 요소 • 서식지(서식처)의 복원을 위해 인공적인 시설의 설치는 지양 • 장기적인 모니터링을 통하여 수질개선 및 어소나 기타 생물들의 서식 공간을 조성	• 유수역서식지 (서식처) • 정수역서식지 (서식처) • 비오톱
	어도	하천을 가로막는 수리구조물에 의하여 이동이 차단 또는 억제된 경우에 물고기를 포함한 동물의 소상 및 강하를 목적으로 만들어진 하천 내의 시설물	이수 목적을 위하여 댐, 농업용 저수지, 보 등 하천을 횡단하는 구조물을 설치함으로써 상·하류 간 어류의 이동이 단절된 종적 연속성을 회복하기 위해 설치	• 풀형식 • 수로형식 • 조작형식
	생태공간	• 하천을 중심으로 한 수변·수상공간의 활용, 경관, 정서함양 등의 생태기능을 수행하는 지역 • 생태하천의 생태적 가치와 오염원으로부터의 하천 수질개선, 생태계보호, 수변공간의 활용을 고려 • 인간중심적이 아닌 자연과의 조화를 우선시하는 수변공간의 생태적 보전을 도모하는 공간	• 하천환경에 따라 생태공간의 유형을 구분하는 것은 각 하천의 보전 및 이용, 복원을 위한 장기적 관리 차원에서 중요 • 생태공간은 생태적인 하천 공간에서 인간의 이용을 제한하여 생태 보전공간과 보전과 이용을 함께 도모할 수 있는 향상(이용)공간, 하천생태계의 파괴 및 훼손으로 인한 복원공간으로 구분	• 보전공간 • 향상(이용)공간 • 복원공간

③ 수질개선

대분류	중분류	개념 및 정의	역할 및 필요성	세분류
수질개선	수질개선	하천으로 유입되는 오염물질의 양이 하천의 자정능력을 초과함으로써 생물서식공간 또는 생태공간으로서의 기능이 약화되거나 상실된 하천을 원래의 상태로 회복시키는 과정	• 수질개선의 목적은 수질개선뿐만 아니라 하천의 환경기능을 개선하는 것 • 유형별 하천특성을 분류하여 수질 개선	• 직접정화시설 (하천정화시설) • 비점오염저감시설
	생태용수	하천의 보전 및 복원, 수질 및 생태계의 정상적인 기능 및 생태를 유지하기 위하여 필요한 최소유량	건전한 하천생태계를 유지하기 위해 하천생태계 최소한의 기능을 유지토록 하는 유지유량을 확보	• 하수처리장 방류수 활용기법 • 하류하천수 유인기법 • 상류저수지 이용기법 • 기타

3. 훼손습지 복원계획

내륙습지 생태복원을 위한 안내서(국립환경과학원, 2015) 요약

1) 환경부 전국내륙습지 조사지침에 따른 유형분류

① 하천형 내륙습지

중분류	구분 소분류 (수원/범람)	상세분류 (식생, 토양, 수문)	특징	예
하천형 내륙습지	유수역	하도습지	제외지 내에 유수의 영향을 지속적 혹은 주기적으로 받는 모든 습지	한반도습지
	유수역	보습지	보의 정체수역 내에 침수식물과 정수식물이 우점하는 습지	웃들습지
	정수역	배후습지	자연제방 배후지역 혹은 제내지 범람원에 계절적 혹은 영구적으로 침수되는 습지	우포늪
	정수역	용천습지	용출수 하천에 형성된 습지	장계습지

② 호수형 내륙습지

구분			특징	예
중분류	소분류 (수원/범람)	상세분류 (식생, 토양, 수문)		
호수형 내륙 습지	담수역	담수호습지	호안(자연호수이거나 인공 호수)을 중심으로 자연발생적으로 형성된 습지	물영아리오름
		우각호습지	구하도에 물이 고여 형성된 습지	괴정못습지

③ 산지형 내륙습지

구분			특징	예
중분류	소분류 (수원/범람)	상세분류 (식생, 토양, 수문)		
산지형 내륙 습지	강우	고층습원 (Bog)	강우나 안개에 의해 수원을 확보하며, 빈영향 환경에 적응한 식생군락이 나타나거나 이탄층이 형성된 습지	대암산 용늪
	지중수	저층습원 (Fen)	지중수 혹은 지표수가 유입하여 비교적 부영양환경을 유지하나 유기물 분해상태가 빨라 무기성 토양 혹은 유기물과 점토, 실트 등으로 구성되고 초본식생이 우점한 습지	신안장도습지
	지중수 · 지표수	저습지 (Marsh)	주기적으로 과습 또는 계속적으로 침수된 지역, 표면이 깊게 담수되어 있지 않으며, 초목, 관목 등이 자람	대관령습지
		소택지 (Swamp)	지하수면이 높고 배수가 불량하며, 목본이 우세한 습지	연수동습지

2) 습지유형별 복원 기본계획 모델(고려사항)

① 하천형 내륙습지

구분	고려사항	사례
하구 갯벌습지	해수의 조수간만 차가 나타나고 주로 펄로 구성된 강어귀 지역으로 염분농도에 따라 서식하는 종이 달라지므로 해당 습지의 염분 농도와 복원 목표를 고려하여 복원계획 수립	은사교 습지
하구 삼각주습지	• 조수간만의 영향을 받는 강어귀에 발달한 충적지형으로 해수와 담수에 서식하는 다양한 생물이 서식하므로 소규모 서식처를 조성하고 갈대, 칠면초, 거머리말 등의 염생식물 위주의 식재계획 수립 • 삼각주지대는 토양이 비옥하여 주로 농경지로 이용되는 경우가 많음	낙동강 하구 말리 니제르 내륙 삼각주 습지
하구 염습지	• 강어귀에 위치하여 염분의 변화가 크므로, 갈대, 칠면초, 거머리말 등의 염생식물 위주로 식생 조성 • 조류의 영향범위를 고려하여 복원규모와 목표를 설정	남곡습지 신월습지

구분	고려사항	사례
하도습지	• 제외지 내는 유수의 영향을 지속적 혹은 주기적으로 받으므로 하천의 연속성을 유지할 수 있도록 계획 수립 • 가급적 사행화하여 주변경관과 조화를 이룰 수 있도록 조성 • 하도습지의 퇴적환경 변화를 초래하는 하상준설과 보, 교량 등 인공시설물 최소화	영월 한반도 습지 담양하천습지
보습지	• 보의 정체수역 내에 주로 형성되는 습지로 유입수의 유량을 적게 하되 지속적으로 유입될 수 있도록 계획하여 정체된 수역을 유지할 수 있도록 계획 수립 • 물수세미, 검정말 등의 침수식물과 연꽃, 갈대, 부들, 줄 등 정수식물의 생장이 유리한 지역이므로 이들 식물 위주로 식생	웃돌습지 노루목습지
배후습지	• 배수가 불량하며 홍수 시 범람에 의해 물이 고이는 경우가 많음. 이럴 경우 모기 등 해충이 번식하기 쉬우므로 해충 구제 대책 마련 • 주로 농경지로 이용됨	궁골습지 우포늪
용천습지	• 용출수 하천에 형성된 습지로 풍부한 수량과 다양한 생물이 서식할 수 있는 특징이 있음 • 용출되는 지하수의 오염을 방지할 수 있는 수질정화계획을 수립하고, 소규모 서식처를 다수 조성하여 습지의 생물다양성을 증진시킬 수 있도록 계획 수립 • 지하수 함양역을 보전하고, 지하수 물수지에 영향을 미치는 행위를 제한해야 함	용천습지 장계습지

사진출처 : 국가습지사업센터 ; 현지촬영(양해근)

② 호수형 습지

구분	고려사항	사례
석호습지	• 담수와 해수가 공존하는 호수로 표층에는 담수, 심층에는 해수가 존재하고 있어 대부분 용존산소가 부족한 상태임. 또한 주변의 유역으로부터 다량의 영양염류가 유입되기 때문에 부영양화상태를 가속화할 수 있음 • 주변 농장에서 배출되는 가축배설물, 생활하수 등 영양염류가 유입될 수 있는 위해인자를 사전에 충분히 조사하여 부영양화를 사전에 방지할 수 있는 계획이 필요함 • 자정능력 확보를 위해 유입구의 폭을 넓히고 자연적 갯터짐이 원활히 이루어지도록 계획하여야 함. 해수생태 통로를 설치하여 해수유입이 원활하게 이루어지도록 함	천지호습지 봉포호
간척호습지	• 일반적으로 간척지의 지반은 시간이 지남에 따라 침하되고, 방조제 외부는 퇴적현상이 일어나 수위가 높아지는 경향이 있으므로 유입수와 홍수량을 고려하여 지반침하를 고려한 계획 수립 • 간척 이전의 갯벌이나 습지가 가졌던 생물다양성과 건전성을 고려하여 원래의 생태계에 가깝게 복원 또는 창출계획 수립	청포습지 신대습지
우각호습지	• 구하도에 물이 고여 형성된 습지로 시간이 지남에 따라 자연적으로 육지화되는 특징이 있음 • 토사 유입을 방지하는 침사지 혹은 비점오염물질 유입에 따른 부영양화를 저감하는 생태저류습지 기능 확보 • 습지의 형태를 유지시킬 수 있도록 수분이 지속적으로 유입될 수 있는 계획 수립	되정못 Nunavut South West Kitikmeot Region
담수호습지	• 수심이 깊은 지역은 수생식물의 서식이 어려우므로 수심 2m 이내의 경계부위에 수생식물을 식재함 • 습지의 이용상황, 담수어류의 서식처 유형 및 오염실태 조사 결과를 고려하여 적합한 복원계획을 수립함	물영아리오름

구분	고려사항	사례
사구습지	• 해안 및 하안사구의 지형적 특징을 고려하여 사구의 형태를 유지할 수 있도록 계획 수립 • 사구 내 지하수의 과잉양수 억제	두웅습지

사진출처 : 원주지방환경청 ; 현지촬영(양해근) ; Natural Resources Canad ; 국가습지사업센터

③ 산지형 습지

구분	고려사항	사례
고층습원	• 관목과 교목류의 식생 기반이 되는 산성의 두터운 이탄층이 분포하고 있으며, 배수가 불량한 산성토양을 가짐 • 강우에 의한 수분과 영양물질의 과다유입을 최소화하여 이탄층의 유실을 방지할 수 있도록 계획 수립 • 습지 내 유출기구의 변화를 초래하는 인공시설물 배치를 최소화하고, 집수역의 물순환을 왜곡하는 토지이용 억제	대암산 용늪 신불산 고산습지
저층습원	• 영양물질이 풍부한 특성을 가지고 알칼리성 토양을 가짐. 초본류와 관목, 교목 등 다양한 식생이 공존함 • 지하수나 주변에서의 수분공급이 유지될 수 있도록 계획할 필요가 있음 • 답압에 의한 토사침식이 일어나지 않도록 탐방로 등 시설물 설치	신안장도 습지
소택지	• 장기간 침수조건을 형성하여 혐기성 환경을 유지할 수 있도록 함 • 오랜 침수에도 생존에 지장을 받지 않는 식생 위주로 식재 • 배수구 설치 시 지하수위 저하를 초래하지 않도록 설계	대관령 습지

3) 내륙습지 복원목표

습지복원의 목표는 생태계 동적 균형을 이루고 있는 습지가 인위적 간섭에 의해 교란되어 습지생태계를 유지하지 못할 때, 원래의 습지생태계에 가깝게 되돌려서 습지가 지니는 생태적 기능이 원활하게 균형을 이룰 수 있도록 회복시키는 데 있다.

복원대상지의 여건을 고려하여 다음 5가지를 병행하여 복원방향을 설정한다.
첫째, 인위적 간섭에 의한 영향을 제거, 완화하여 원래의 생태계에 가깝게 되돌리는 것
둘째, 원형에 가깝게 복구하는 것
셋째, 훼손된 상태만큼 보상하거나 대체하는 것
넷째, 새로운 생태계를 창출하는 것
다섯째, 습지의 생태적 기능을 더욱 증진시키는 것 등

① 복원대상지의 여건과 특성을 고려하여 5가지의 방안을 검토한 후 복원방향을 설정
  ㉠ 복원방향 1. 완화(Mitigation) : 습지에 미치는 영향 및 훼손요인을 제거하거나 완화함으로써 인위적인 간섭과 교란원인을 배제
  ㉡ 복원방향 2. 복구(Rehabilitation) : 기존의 동적 균형을 이루고 있던 습지생태계의 원형에 가깝게 되돌림
  ㉢ 복원방향 3. 보상 대체(Compensation, Replacement) : 기존의 동적 균형을 이루고 있던 습지생태계의 원형이나 총체적인 생태계의 기능과 양만큼 복구할 수 없는 상태일 때 복원부지 내 혹은 인근지역에 대체하여 보상 및 대체
  ㉣ 복원방향 4. 창출(Creation) : 새로운 습지생태계 구성요소를 창출함으로써 전반적인 습지생태계 기능 회복
  ㉤ 복원방향 5. 강화(Enhancement) : 전반적 생태계의 기능과 구조를 향상

② 내륙습지복원의 흐름도

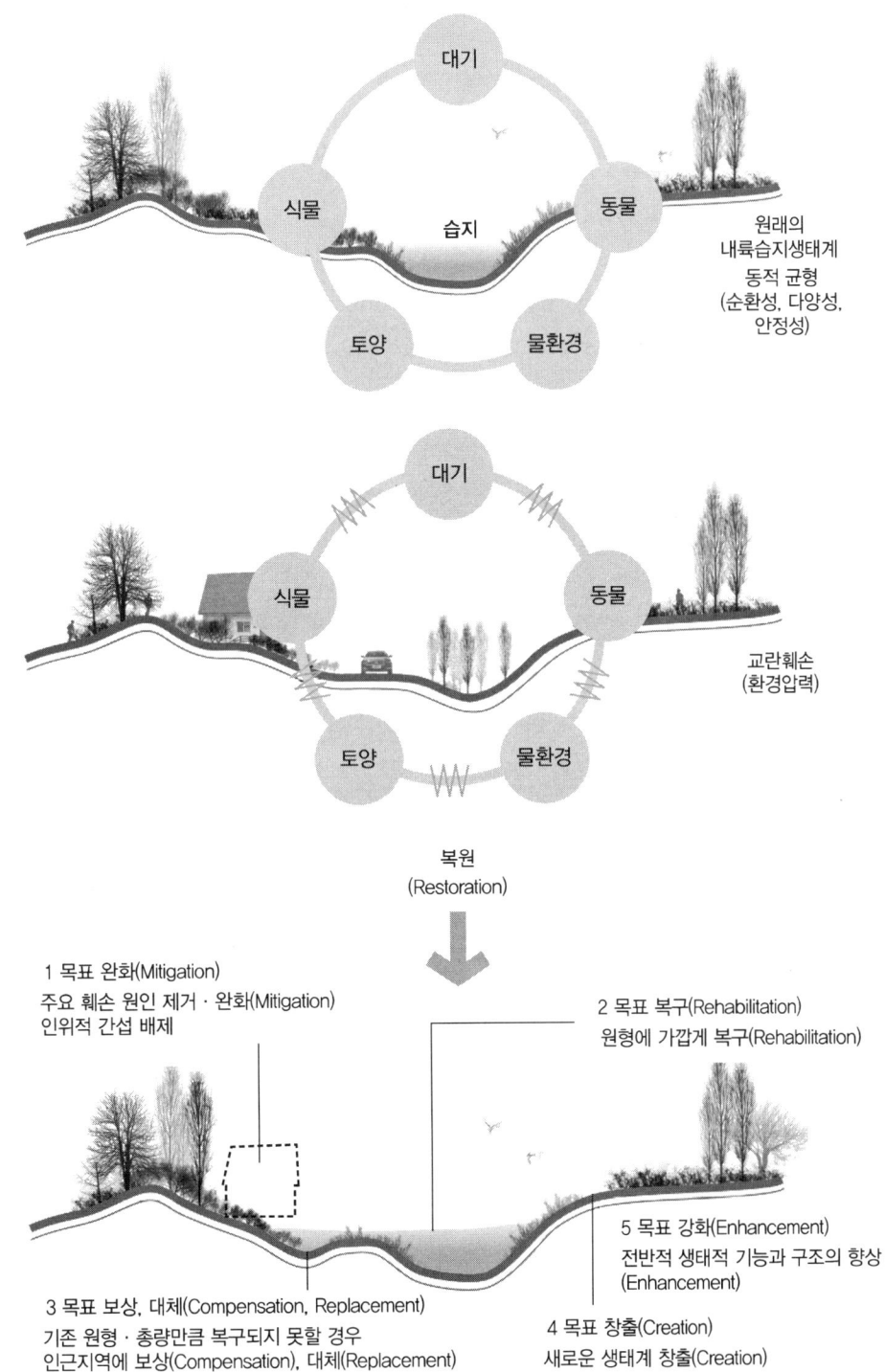

4) 내륙습지 복원과정

① 내륙습지 복원과정

내륙습지의 복원은 단순히 서식처의 복원만을 의미하지 않으며, 서식처에서 살아가는 생물종에 대한 복원·보호·관리를 함께 포함한다.

내륙습지의 복원과정은 크게 4단계로 구분된다.
1단계(분석, Analysis) : 훼손상태, 원인분석
2단계(구상, Concept Plan) : 복원방향 설정
3단계(복원, Planning, Design and Construction) : 복원계획, 설계, 시공
4단계(관리, Management and Wise Use) : 관리와 현명한 이용

㉠ 1단계(분석, Analysis) : 습지의 훼손상태 및 원인분석
- 복원 대상 습지의 훼손원인분석을 위한 공간범위 설정 및 결정
- 습지원형의 추정과 함께 훼손상태와 원인을 규명
- 수리, 수문, 토양, 식물, 동물, 습지활용 등의 관점에서 분석
- 각 분야별(수리, 수문, 수질, 지하수, 토양, 식물, 동물 등) 전문가 또는 국립습지센터 등 습지전문기관의 자문의견 수렴을 통하여 종합적 분석 권장

㉡ 2단계(구상, Concept Plan) : 복원방향 및 목표상 설정
- 훼손상태와 원인에 따라 훼손원인 제거, 환경압력 완화, 원형복구, 부문복구 및 대체, 재창출 및 강화 등의 복원방향을 설정
- 필요시 부지 내 세부구역별로 복원방향 설정
- 습지여건에 따라 수리, 수문, 식생, 동물, 서식처 등의 복원목표상을 설정
- 관련 전문가, 시공자, 국립습지센터 등이 포함된 자문단을 구성하여 복원 초기부터 관리까지 전체 과정에 있어 공동검토 및 대응을 권장

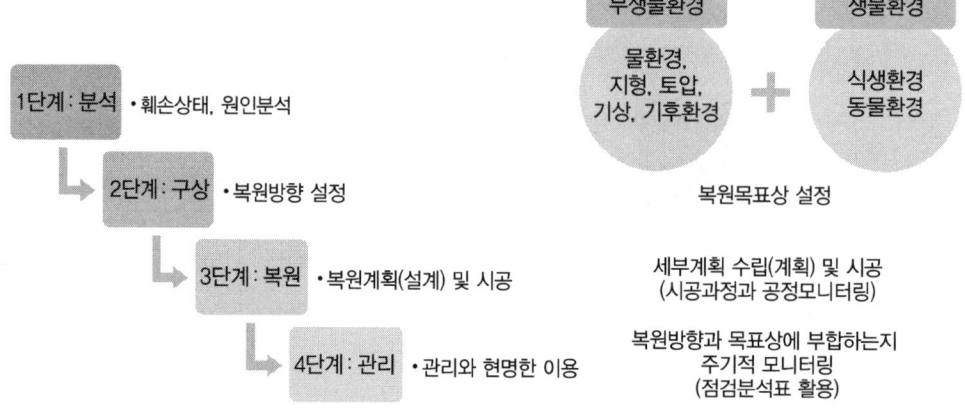

ⓒ 3단계(복원, Planning, Design and Construction) : 복원계획(설계) 및 시공
- 복원방향에 부합하도록 부지를 구획하여 공간계획 설계
- 각 세부분야별 복원계획을 수립한 후 시공을 위한 설계 진행
- 습지복원 시공 시 복원방향, 계획, 설계에 따라 합리적이고 정확하게 시공되는지 시공과정과 공정을 모니터링하면서 문제점 발견 시 보완조치 단행

ⓓ 4단계(관리, Management and Wise Use) : 관리와 현명한 이용
- 복원방향과 목표에 대한 부합 여부를 주기적인 모니터링을 통하여 점검하고 그 분석표를 디자인하여 활용, 습지복원 시 생태계의 동적 균형 유지를 위한 순환적 관리가 필요
- 습지복원과 더불어 생태 및 환경교육과 생태관광 등으로 대중인식을 증진시키고 현명하게 이용하게 되면, 해당 습지의 가치가 제고되고 지역 활성화의 기회 제공

② 내륙습지 복원절차

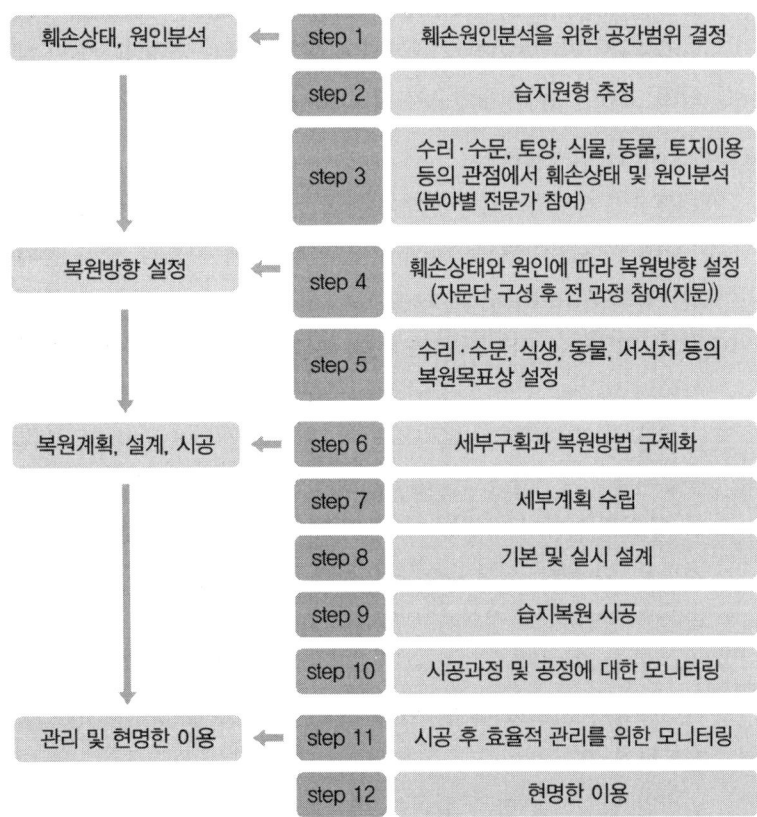

4. 생태적 단절지의 생태통로 조성계획

1) 생태통로 설치 및 관리지침(환경부, 2023) 요약

① 용어의 정의

㉠ 생태계 단절과 로드킬

생태계 단절과 로드킬은 본 지침에서 제시한 생태통로 및 유도울타리 설치 등을 통하여 해결하고자 하는 사항이며 다음과 같이 정의된다.

- 생태계 단절 : 생태계 단절 또는 파편화(Fragmentation)는 하나의 생태계가 여러 개의 작고 고립된 생태계로 분할되는 현상으로서, 여러 형태의 인간 활동에 의해 발생하며, 특히 도로와 철도 등의 선형적인 개발 행위가 생태계를 서로 단절시키는 중요한 요인으로 작용한다. 이러한 영향으로 인해 서식지가 작게 분리되고 생물이 고립되어 개체군 간의 이동 및 유전적 교환을 차단하여 환경에 대한 적응력을 약화시키는 등 장기적인 생물의 서식과 생존에 불리하게 작용한다.

- 로드킬(Road-kill, Animal Traffic Accident, Animal Vehicle Collision) : 로드킬(동물 교통사고)은 길에서 동물이 운송수단에 의해 치어 죽는 현상으로서 도로에 의해 고립된 동물 개체군이 감소해가는 대표적인 과정이다.

㉡ 생태통로와 유도울타리

생태통로와 유도울타리는 생태계 단절과 로드킬 문제를 해결하기 위해 국내·외에서 가장 보편적으로 시행하는 효과적인 대책으로서 다음과 같이 정의된다.

- 생태통로(Wildlife Passage, Wildlife Crossing Structure) : 생태통로(생태 이동통로, 야생동물 이동통로)는 도로 및 철도 등에 의하여 단절된 생태계의 연결 및 야생동물의 이동을 위한 인공구조물로서, 야생 동물이 노면을 거치지 않고 도로를 건널 수 있도록 조성하며 일반적으로 볼 때 육교형(Overpass)과 터널형(Underpass)으로 구분된다. 「자연환경보전법」 제2조에서는 "생태통로라 함은 도로·댐·수중보·하구언 등으로 인하여 야생동·식물의 서식지가 단절되거나 훼손 또는 파괴되는 것을 방지하고, 야생동·식물의 이동을 돕기 위하여 설치되는 인공구조물·식생 등의 생태적 공간을 말한다"로 정의하고 있다.

- 유도울타리(Wildlife-proof Fence, Wildlife-exclusion Fence) : 유도울타리는 야생동물이 도로로 침입하여 발생하는 로드킬을 방지하거나 생태통로까지 안전하게 유도하기 위해 설치하는 구조물로서 대개철망을 이용하여 만들며, 탈출구, 출입문, 노면진입 방지시설 등과 같은 부대시설을 포함한다.

ⓒ 보조시설

생태통로와 유도울타리 이외에 해당하는 대책으로서 수로 탈출시설, 암거수로 부대시설, 도로횡단 부대시설 및 기타 부대시설 등의 소규모 시설을 의미하며 다음과 같이 정의된다.

- 수로 탈출시설 : 소형동물(소형 포유류, 양서류, 파충류)이 도로의 측구 및 배수로 또는 농수로에 빠질 경우에 대비해 경사로 등을 설치하여 탈출을 도와주는 시설을 의미한다.
- 암거수로 부대시설 : 도로 아래에 이미 설치된 수로박스와 수로관 등의 암거수로가 생태통로의 기능을 할 수 있도록 하기 위해 턱이나 선반 등을 설치하여 동물이 물에 빠지지 않고 이동하거나, 입구부에 동물이 진입하기 쉽게 경사로 등을 설치하는 등의 구조를 일부 개선 또는 보충하는 시설물을 의미한다.
- 도로횡단 부대시설 : 하늘다람쥐와 청설모와 같이 주로 나무 위에서 생활하는 동물이 도로를 횡단할 수 있도록 도로 변에 기둥을 세우거나 가로대 등을 설치한 시설물을 의미한다.
- 부대시설 : 생태통로 등과 관련된 시설의 출입을 제한하는 안내 및 관리시설 등을 의미한다.

② 생태통로 시설 유형

분류		설치목적 및 시설규모·종류	형태
생태통로	육교형	• 야생동물의 이동 • 폭 　-일반 지역 : 10m 이상 　-주요 생태축 : 30m 이상	
		• 보행로 구분 및 차단벽 생태통로에 보행로를 설치하는 경우 차단벽을 설치	
		• 경사 생태통로 진·출입로의 평균 경사도는 1 : 2 또는 이보다 완만하도록 설치	

분류			설치목적 및 시설규모 · 종류	형태
생태통로	육교형	기타 유형	〈경관적 연결〉 • 경관 및 지역적 생태계 연결 • 너비 : 보통 100m 이상	
			〈개착식 터널의 보완〉 • 개착식 터널의 상부 보완을 통한 생태통로 기능 부여 • 너비 : 보통 100m 이상	
	터널형		• 개방도 0.7 이상 박스터널형 개방도 $=\dfrac{\text{입구단면적(폭} \times \text{높이)}}{\text{길이}}$ 원형터널형 개방도 $=\dfrac{\text{입구단면적}}{\text{길이}}$	

③ 유도울타리 유형

분류			설치목적 및 시설규모 · 종류	형태
유도울타리	울타리	높이	• 고라니 도약 높이를 반영 • 높이 : 1.5m	
		간격	지표면에서 50cm까지 상하 간격이 5cm 미만, 50~100cm까지는 10cm, 100cm 이상부터는 20cm로 설치	
		연장	육교형 생태통로 중심으로 상·하행선 양방향 각각 1km 이상 설치	
		기타	• 양서·파충류 유도울타리 • 총 50cm로, 10cm는 매립하고 지표면에서 40cm까지 설치 • 망 크기 : 1×1cm 이내	
			• 조류 유도울타리 • 조류의 비행 고도를 높여 로드킬 방지를 위한 도로변 수림대, 울타리 및 기둥 등	

분류			설치목적 및 시설규모 · 종류	형태
유도울타리	부대시설	탈출구	울타리 내에 침입한 동물의 도로 밖 탈출을 유도하는 시설(탈출경사로)	
		출입문	생태통로 및 시설 관리를 위한 출입시설	
		노면진입 방지시설	교차로나 진입로를 통한 동물 침입을 방지하기 위해 바닥에 동물이 밟기 꺼리는 재질로 노면 처리한 시설	
		안내판	유도울타리 출입문 근처에 사람의 출입/접근 차단 및 관리기관 담당연락처 안내	

④ 보조시설 유형

분류		설치목적 및 시설규모 · 종류	형태
보조시설	수로 탈출시설	도로의 배수로 및 농수로 등에 빠진 양서류, 파충류, 소형포유류가 빠져 나오도록 하는 시설	
	암거수로 부대시설	수로박스 등의 기존 망거 구조물을 야생동물이 생태통로처럼 이용할 수 있도록 하는 부대시설	
	도로횡단 부대시설	하늘다람쥐나 청설모 등이 도로를 안전하게 횡단할 수 있도록 설치한 기둥 등의 보조시설	

분류		설치목적 및 시설규모·종류	형태	지침찾기 (쪽)
보조시설	관리시설	• 점검로 생태통로 및 유도울타리 등의 관리를 위한 통행통로 출입에 따른 세굴 등을 방지하기 위한 경사지 등에 설치		33
		• 출입문 생태통로 관리를 위한 통로로 점검로와 유도울타리 관리 및 생태통로 모니터링에 이용		34

※ (생태통로 설치·관리지침에 대한 적용례) 동 개정규정은 지침 개정(2023.11.) 이후 생태통로를 신규로 설치하기 위한 인·허가 등을 신청하는 경우부터 적용한다.

⑤ 생태통로 설치과정

설치과정		주요내용
사전조사 및 정밀조사	사전조사	• 생태통로의 필요성 조사 • 여러군데 잠정후보지 선정
	정밀조사	• 목표종 설정 • 구체적 위치·규격·유형 결정
설계 및 시공		유입부 내부 • 다공질 재료 이용 • 개방도 확보 • 토심 확보 유도울타리 설치 차단벽 설치 유입부 • 보행자 및 차량의 진입방지 • 주변환경과 조화 • 주변재료 이용
사후관리 및 모니터링	사후관리	시설, 식생 기능관리
	모니터링	• 시공 후 3년 동안 계절별 1회 이상 • 그 이후 연 1회 이상 • 생태통로 조성 후 문제점 및 효과 파악
	모니터링 결과 반영	• 생태통로 이용개선 제시 • 인근 지역 로드킬대책 마련

2) 생태통로 식재

① 육교형 생태통로

㉠ 생태통로 입·출구에는 유도 및 은폐가 가능한 식생을 조성하며, 통로 내부에는 다양한 수직적 구조를 가진 교목, 아교목, 관목, 초목 등의 식생을 조성한다.

㉡ 식생은 원칙적으로 현지에 자생하는 종을 이용하며, 토양 역시 가능한 공사 중 발생한 토양을 사용한다.

㉢ 목표종의 생태적 특성을 고려한 수목, 먹이식물, 다층식재를 통해 생물종다양성이 풍부하도록 조성하여야 한다.

㉣ 인접 주변의 식생과 연결하는 유도식재를 하여, 동물이 불안감 없이 접근하거나 숨을 수 있도록 한다.

㉤ 통로 내부에는 돌무더기, 고사목, 나무 그루터기, 통나무 등의 다양한 서식환경과 은신처를 조성하여 동물이 쉽게 숨거나 그 내부에서 이동하기 유리하도록 한다.

㉥ 통로 양쪽에는 유도울타리, 방음벽, 방음수림대 등을 조성하여 동물의 추락을 방지하고 차량의 소음과 불빛을 차단한다.

㉦ 절개면이 발생하는 지역에는 환경 친화적인 비탈면복원 및 안정화 방안을 이용하여 절개지 복원과 비탈면 녹화를 동시에 추진하여야 한다.

㉧ CCTV, 스틸카메라, 모래족적판 등 모니터링시설이 조성되는 주변은 모니터링시설의 사각지대를 방지하기 위해 초본 위주의 식생을 조성하여야 한다.

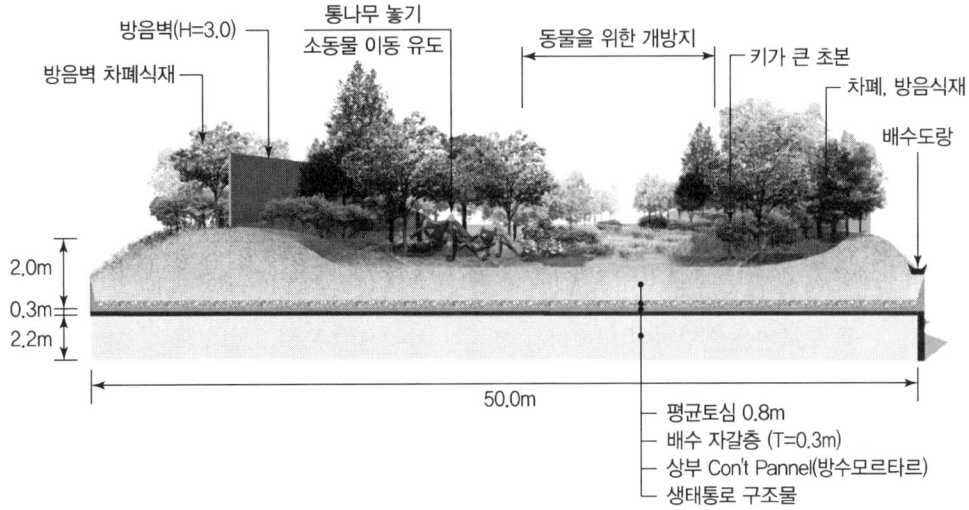

│ 육교형 생태통로 사례 │

② 터널형 생태통로
   ㉠ 자생수목 위주의 식생을 조성하며, 입·출구 주변에는 야생동물이 생태통로로 안전하게 이용할 수 있도록 유도식재를 조성하여야 한다.
   ㉡ 교목, 아교목, 관목, 초본 등 종 다양성을 고려하여 식이식물, 나무열매 등 다층식재를 조성하여야 한다.
   ㉢ 인접 주변의 식생과 연결하는 유도식재를 하여, 동물이 불안감 없이 접근하거나 숨을 수 있도록 한다.
   ㉣ 하부형 통로의 위쪽은 도로로부터의 소음과 빛을 차단할 수 있는 식재를 한다.
   ㉤ 통로 바닥은 토양 및 자갈 등 자연적인 바닥을 유지하도록 조성하여야 한다.

∥ 터널형 생태통로 사례 ∥

③ 횡단유도 식재
   ㉠ 횡단유도 식재는 교목의 식재를 통한 조류의 비행패턴 변화 유도와 충돌예방 효과를 얻을 수 있다.
   ㉡ 조류가 주로 횡단하는 지역, 숲이 우거진 지역이나 차량과의 충돌이 자주 일어나는 지역을 분석하여 설치한다.
   ㉢ 도로변을 횡단하여 비행하는 조류가 차량에 충돌하지 않도록 도로변에 키가 큰 교목을 심어, 새들이 도로보다 높은 곳으로 날 수 있도록 유도한다.
   ㉣ 현지에 자생하는 식물종을 이용하며, 식재밀도를 높게 유지한다.

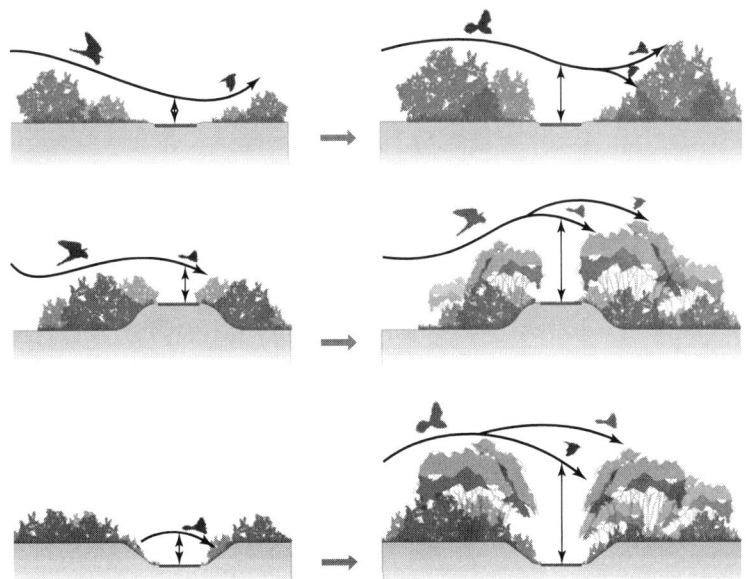

┃교목층 조성을 통한 조류와 곤충류의 횡단 유도 및 충돌 회피 사례┃

④ 야생동물유도 식재

　㉠ 유도 식재는 생태통로나 야생동물유도울타리 주변에 조성하여 도로시설물, 불빛, 소음 등 부정적 영향을 차단하여 야생동물이 생태통로를 안전하게 이용하게 하는 데 목적이 있다.

　㉡ 야생동물유도울타리의 보조시설로서 울타리 내외부의 이질적 환경을 보완하도록 조성하여야 한다.

　㉢ 인접 주변의 식생과 연결하는 식생을 조성하여, 동물이 불안감 없이 접근하거나 숨을 수 있도록 한다.

　㉣ 유도울타리 도로 측 부분은 수목의 높이를 효과적으로 조절하여 도로소음, 불빛의 차단과 도로경관의 향상을 고려하여야 한다.

　㉤ 유도울타리 도로 바깥 측은 동물의 은폐, 식이식물 등을 고려하여 조성하여야 하며, 야생동물이 타고 넘을 수 없도록 정기적인 유지관리를 병행하여야 한다.

5. 인공지반 복원계획

1) 인공지반의 구조 및 기능

① 인공지반은 자연지반과는 달리 하중과 토심 등의 구조적 제한요인이 있으며 인위적인 급배수, 식생 도입, 방수 등의 조치를 하여야 한다.

② 건축슬래브 상부, 옥상, 테라스, 지하시설이 있는 상부 등에 인위적으로 조성되는 서식지를 포함한다.

③ 토양조건 및 수환경 등 자연순환이 어려우므로 목표종에 특성과 서식환경에 대한 세밀한 검토가 필요하다.

④ 토양은 구조물의 하중 검토 후 중량형, 일반형, 경량형으로 구분하여 설계하며 자연토양의 사용을 권장하나 필요시 경량토를 사용하거나 혼합하여 사용하도록 한다.

2) 조성방법

① **토양 및 기반 조성**

㉠ 토양은 보수성, 통기성, 배수성, 보비성을 고려하며 허용 하중에 적합한 토양재와 적정 유효토심을 고려하여야 한다.

㉡ 인공토양의 경우 식물생육에 필요한 양분을 함유하여야 하며 분진 발생이나 비산 방지를 위한 멀칭재를 함께 시행한다.

② **방수 및 배수**

㉠ 누수에 대한 우려가 있을 경우 방수층을 설계에 반영하며 식물뿌리에 의한 장기적인 손상을 고려하여 방근, 방수의 기능을 동시에 할 수 있는 방수재를 사용하며 성능과 내용연수를 반드시 고려토록 한다.

㉡ 식재층의 바닥면은 2~3% 이상의 기울기를 두어 자연적인 배수를 고려하며 토사유실이나 배수구 막힘을 방지하기 위해 부직포, 토목섬유 등을 사용하도록 한다.

㉢ 콘크리트슬래브의 경우 완전한 방수가 되도록 하여야 하며 토사로 묻히는 측벽이 있는 경우 누수의 원인이 되지 않도록 조치한다.

③ **관수**

자연적 관수가 불가능하거나 지속적인 관수가 필요한 경우 인위적인 관수설비를 반영하여야 하며 수원확보 방안을 제시하여야 한다.

3) 벽면녹화

① 등반부착형
㉠ 식물이 벽면을 따라 등반하면서 자생적으로 부착·생장하는 유형이다.
㉡ 원칙적으로 벽면에 직접 부착하기 때문에 별도의 보조재가 필요하지 않으나, 녹화효과를 높이기 위하여 벽체 표면을 식물의 부착이 용이하게 처리한다.

▮ 등반부착형 벽면녹화시스템 및 사례 ▮

② 등반감기형
㉠ 네트 또는 지주 등의 등반보조재를 설치하여 식물이 이를 감아가면서 벽면을 피복하는 유형이다.
㉡ 원칙적으로 식물이 벽면에 직접 부착되지 않고, 등반보조재의 설치를 통해 피복면을 조절하여 경관성을 강조할 때 적용한다.

▮ 등반감기형 벽면녹화시스템 및 사례 ▮

③ 하수형
㉠ 벽면에 직접 부착시키지 않고 벽면의 상부 또는 옥상부에 플랜트 등을 설치하고 여기에 식물을 식재하여 지상방향으로 생육시켜 벽면을 피복한다.
㉡ 옥상부에 설치 시 구조안전진단을 수행하여야 한다.

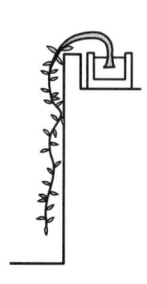

┃ 하수형 벽면녹화시스템 및 사례 ┃

④ 탈부착형
   ㉠ 식재모듈, 플랜트, 식재유닛, 식생판 등에 식물을 식재하여 벽면을 전면 또는 부분적으로 피복시키며, 구조적 안정성을 확보하기 위해 시스템에 적합한 보조자재를 설치하여 부착한다.
   ㉡ 벽면에 식재기반을 설치하고 식물을 식재하여 생육시키는 방식과 식물이 식재된 식재기반을 벽면에 부착하는 방식 중 비교하여 목적에 부합하는 방식을 결정한다.

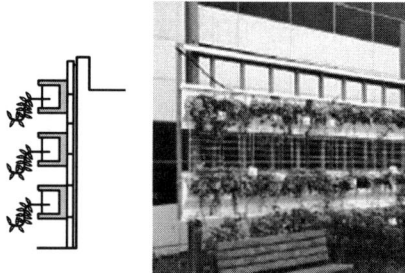

┃ 입면장착형 벽면녹화시스템 및 사례 ┃

▼ 등반형태별 특성과 적용 가능한 식물

구분	세부구분	특징 및 적용가능 식물
등반양식	흡착형 식물	담쟁이덩굴, 줄사철, 송악, 능소화, 모람, 마삭줄, 수국류 등
	감기형 식물	다래, 포도, 청미래덩굴, 머루, 계요등, 으아리, 으름덩굴, 인동 등
	기타	장미(덩굴장미), 나무딸기 등
기타	패널 설치형	관목류, 지피식물, 원예식물 중 속성생장을 하지 않고 잎이 풍성하여 녹화효과를 극대화할 수 있는 식물(사철류, 담쟁이덩굴류, 세덤류 등)

4) 옥상녹화

① 옥상녹화 유형 구분

㉠ 식물생육기반을 구조부(구조체, 단열층, 방수·방근층), 식재기반(배수층, 토양여과층, 토양층), 식생층(생육 가능한 식재 피복) 등으로 조성한다.

㉡ 옥상녹화 유형은 건축물의 구조적 특성, 현장에서 도입 가능한 식물종 및 식재패턴을 고려하여 다음과 같이 3가지로 분류할 수 있다.

▼ **옥상녹화의 유형 구분**

구분	내용	중량형	혼합형	경량형
하중	경량		○	●
	중량	●	●	
토심	20cm 이하		○	●
	20cm 이상	●	●	
유지관리	무관리			●
	저관리		○	○
	관리	●	●	
식생의 종류	잔디	●	○	○
	세덤류 및 지피식물	●	●	●
	관목	●	●	
	교목	●	○	

(범례) ● : 적용 가능, ○ : 경우에 따라 적용 가능

② 식물 종류별 흙의 최소두께 기준

식물의 종류	필요한 흙의 최소두께(cm)	비고
잔디종류	15	잔디, 각종 채소, 화초 종류
키 작은 나무	30	진달래, 철쭉, 회양목 등
중간 키 나무	45	등나무, 수수꽃다리 등
키가 크게 자라는 나무	60	단풍나무, 향나무, 주목, 소나무 등
키가 아주 크게 자라는 나무	90 이상	느티나무, 은행나무, 상수리나무 등

05 생태시설물 계획

KEY POINT
01 자연환경보전·이용시설 개요
02 생태시설물 계획

1 자연환경보전·이용시설 개요

1. 자연환경보전·이용시설의 정의(개념)

1) 법적 정의

① 자연환경을 보전하거나 훼손을 방지하기 위한 시설
② 훼손된 자연환경을 복원 또는 복구하기 위한 시설
③ 자연환경보전에 관한 안내시설, 생태관찰을 위한 나무다리 등 자연환경을 이용하거나 관찰하기 위한 시설
④ 자연보전관·자연학습원 등 자연환경을 보전·이용하기 위한 교육·홍보시설 또는 관리시설
⑤ 그 밖의 자연자산을 보호하기 위한 시설

2) 범위

① 우수한 생태계를 체계적으로 보전·관리하여 생물다양성을 보전·증진시키고, 동시에 국민들의 환경보전의식 함양을 위해 생태탐방이나 자연학습 등의 기회를 제공하는 친환경적이고 건전한 시설
② 우수한 생태계의 보전 및 생물다양성 보호가 중심이고 인간은 이러한 시설공간 내에서 관찰 및 학습활동을 하는 객체로 접근
③ 자연환경의 보전과 현명한 이용을 위해 자연보전, 순수관찰, 체험·학습, 전시·연구 등의 다양한 목적의 시설을 산지·초지·습지·육지의 다양한 환경에서 설치 가능

2. 자연환경보전·이용시설의 종류

기능	설치 가능 주요시설
자연보전	생태연못, 습지, 전통마을 숲, 야생화동산, 잠자리원·나비원·인공둥지 등 인공서식처, 인공증식장, 온실, 보호펜스 또는 울타리, 생태어도, 야생동물 이동통로 등
순수관찰	관찰센터, 탐조대, 자연관찰로, 생태탐방 데크, 관찰원, 전망대, 관찰오두막, 관찰벽 등
체험·학습	생태교육센터, 생태학습원, 자연교육장, 야생조수관찰장, 생태학교, 토양·미생물자연관찰학습장 등
전시·연구	전시관, 촉각전시관(장애인 배려), 자연사 박물관, 생태·야생생물 등의 연구시설 등
이용·편의 (부대시설)	방문객센터, 유모차 및 휠체어 전용보드, 파고라 등 휴게시설, 예술·공예 갤러리와 생태의 결합 공간 등

3. 자연환경보전·이용시설의 유형

구분	내용	고려사항
보전형	주요 동식물의 보전 및 생물다양성의 배려가 우선적으로 필요한 시설로, 생태적 보전 가치가 높은 지역에 조성	자연공원, 자원환경보전지역 등 특별히 보전이 필요한 지역. 단, 보호지역의 핵심지역 등은 회피하거나 중요한 학술연구 등 그 필요성에 따라 극히 제한적 허용
절충형	생태자원을 활용한 관찰·교육·연구·전시·체험 등 다양한 목적의 시설 설치가 가능하나 이용자와 생태자원 모두에 대한 세심한 배려와 보전에 대한 원칙 준수 필요	비교적 생태·경관적 가치가 우수하나 개발에 대한 압력이 강한 지역
이용형	매립장, 오·폐수처리장 등 환경기초시설 입지지역과 경작지 등 인간활동과 개발로 훼손된 지역의 생태적 복원과 이를 활용한 교육·전시·체험시설 등을 보다 적극적·활동적 프로그램으로 운영	자연환경의 가치는 높지 않으나 자연환경보전·이용시설 조성의 목적 달성이 가능한 곳으로, 농경지, 야산, 하천에서 체험형 프로그램을 운영하거나, 자연환경 훼손지역 등에서 복원과정을 교육에 활용

2 생태시설물 계획

1. 시설 목적 및 수용능력을 고려한 시설계획 수립

1) 생태시설계획 시 고려사항

① 친환경적 공간배치 및 재료 사용
㉠ 공간구조에 주변자연환경, 경관 및 지역특성을 고려하고 최대한 자연상태를 보전
㉡ 공간배치에는 지역의 일조, 바람 등 자연조건과 CO_2 발생량, 기온, 습도 등 에너지 및 자원순환을 고려
㉢ 가능한 해당 지역에서 산출되고 인체에 영향이 없는 자연재료를 활용

ⓔ 건축물을 생태적 건축기법 등을 활용하여 일반적인 도시형 건물과 차별되도록 하고, 주변환경과 이질적 느낌이 들지 않도록 설계

ⓜ 재생에너지 사용, 빗물 사용, LED, 투수성 포장 등 자연자원과 에너지 순환시스템을 고려한 친환경기법 도입

② **생물종 및 지역생태계 고려**

ⓐ 기반조성 설계 시 생물이 생육·서식할 수 있도록 고려하고, 등고선 표시, 등고선 중첩 부분의 명시, 보존 식생의 표시, 여울·연못 등의 조성, 샘이나 용수의 보전, 관찰이나 접촉을 예상한 조성 등에 유의

ⓑ 식물과 관련된 관찰공간을 조성할 경우, 초본식물의 높이를 고려하고, 식물생육지에 이용객의 출입을 예방하기 위해 목재데크 및 관찰데크 등을 조성하는 것이 적합

ⓒ 수변관찰공간은 물과 접촉하거나 잠자리, 소금쟁이 등 수생곤충을 관찰할 수 있도록 수면과의 거리를 30cm 이하로 설계하는 것이 바람직

ⓓ 관찰공간 설계 시에는 관찰 목적 및 대상, 태양의 방향, 주요 동선 및 관찰 대상공간의 시각적·물리적 차폐 등을 충분히 고려

ⓔ 생물종을 방해하지 않는 선에서 이용자가 최대한 가까이에 자세히 관찰할 수 있는 지역(공간)에 설치

ⓕ 사전에 관찰종의 개체수, 출연빈도 등을 충분한 시간 동안 조사함으로써 관찰시설의 목적이 충분히 달성되도록 고려

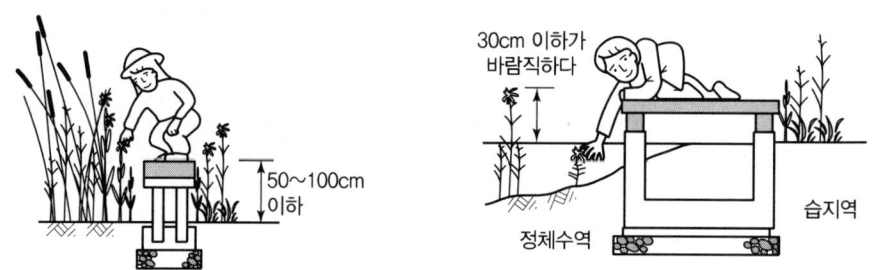

※ 보통 고저차 130cm 이상은 추락방지용 난간 등이 필요

∥ 식물관찰공간(좌)과 수변관찰공간(우) 설계의 예시 ∥

③ **시설설계에 있어 사회적 약자의 편의를 최대한 반영**

ⓐ 모든 연령층이 이용할 수 있는 다각적이고 매력적인 시설물을 고려하여 방문객의 정신적, 육체적, 심리적인 욕구를 만족시킬 수 있도록 설계

ⓑ 관찰, 교육, 체험시설이 연계될 수 있도록 시설물을 배치하여 노인, 어린이, 장애인 등 사회적 약자의 이동편의를 고려

ⓒ 필요할 경우 구급차량이 이용할 수 있는 거리에 친수공간을 배치하여 위급한 순간에 대비

> **사회적 약자를 위한 시설**
> - 휠체어, 유모차, 맹인견 보행로(필요시 일부 구간 포장)
> - 휠체어, 유모차 대여소 및 장애인용 화장실과 주차장
> - 점자안내판, 촉각·음성 전시관
> - 각 시설의 진입부, 데크, 계단 등의 완만한 경사처리
> - 기타 편의시설 및 안전시설을 포함

2) 수용능력 고려

① 수용력(Carrying Capacity)

㉠ 물리적 수용력(PCC : Physical Carrying Capacity) : 시설이 수용할 수 있는 능력 즉 시설 수용력이다.

㉡ 사회적 수용력(SCC : Social Carrying Capacity) : 만족도를 떨어뜨리지 않으면서 질을 지속시킬 수 있는 수준을 의미한다.

㉢ 생태적 수용력(ECC : Ecological Carrying Capacity) : 생태학적 측면에서 특정지역의 환경 질을 저하시키지 않고 유지할 수 있는 최대개체군 밀도이다.

② 이용수요의 추정

㉠ 물리적 수용력
- 최대 시 이용자 수 = 이용가능면적 / 1인당 이용면적(원단위)
- 최대 일 이용자 수 = 최대 시 이용자 수 / 회전율
- 연간 이용자 수 = 최대 일 이용자 수 / 최대일률

㉡ 사회적 수용력
- 연간 이용자 수 = 인구 × 연간이용횟수 × 분담률
- 최대 일 이용자 수 = 연간이용자 수 × 최대일률
- 최대 시 이용자 수 = 최대 일 이용자 수 × 회전율

㉢ 생태적 수용력
- $PCC = A \times V/a \times Rf$

  A : 이용가능면적, V/a : 1인이 자유로운 활동이 가능한 최소면적

  Rf : 회전율

- $RCC = PCC \times (100 - cf1)/100 \times (100 - cf2)/100 \times \cdots \times (100 - Cfn)/100$

  Cfn : 보정요소 = $Mn/Mt \times 100$, Mn : 변수의 제한량

  Mt : 변수의 총량

- $ECC = RCC \times MC$

  MC : 관리능력

③ 공간활용프로그래밍

㉠ 핵심·완충·협력구역 등 공간별로 목표종의 서식지와 도입활동을 프로그래밍한다.

▼ 공간별 도입활동프로그램 및 도입시설

구분	활용프로그램	도입시설
핵심구역	• 자연관찰 • 생태교육 • 자연보호	자연을 보호하고 연구관찰 가능한 시설
완충구역	• 체험(자연) • 모니터링	자연을 활용한 체험시설 및 모니터링시설
협력구역	인간의 지속가능 이용이 가능한 프로그램	편의시설, 휴식시설 및 생태교육시설 등

㉡ 목표종의 서식지 구성요소와 서식특성을 고려하여 서식지규모를 산정한다.
- 목표종의 생활사, 서식지 구성요소, 서식특성 파악
- 목표종의 최소존속개체군(MVP : Minimum Viable Population) 파악
- 목표종의 최소존속면적(MVA : Minimum Viable Area) 파악
- 목표종의 서식지 규모 산정

㉢ 도입활동에 필요한 생태시설물을 선정하고 생태적 수용력과 적정 이용 수요를 추정하여 도입하는 생태시설물 규모 산출
수용력 산정방식별 이용 수요 추정 결과를 비교하여 적정 이용 수요를 결정
- 생태적 수용력 > 사회적 수용력 → 사회적 수용력 이용
- 사회적 수용력 > 생태적 수용력 → 생태적 수용력 이용

㉣ 결정된 연간 이용자 수로 최대 시 이용자 수를 산정한 후, 60~80% 수준에서 경제적인 최대 시 이용자 수를 결정한다.

㉤ 이용규모를 통해 시설규모를 산정한다.
시설규모=(이용률)×(단위규모)×(최대 시 이용자수)

2. 공간구분(핵심·완충·협력)과 동선을 고려한 보전시설물 배치

1) 생태시설물 배치기준

① 시설물 배치 시 생물권보전지역(BR) 공간구분인 핵심공간, 완충공간, 협력공간을 고려하여 배치한다.
② 활동목적별 생태시설물을 결정하여 각 시설을 배치하되, 핵심·완충공간의 공간별 환경을 조사 분석, 환영영향 등을 고려하여 설계한다.

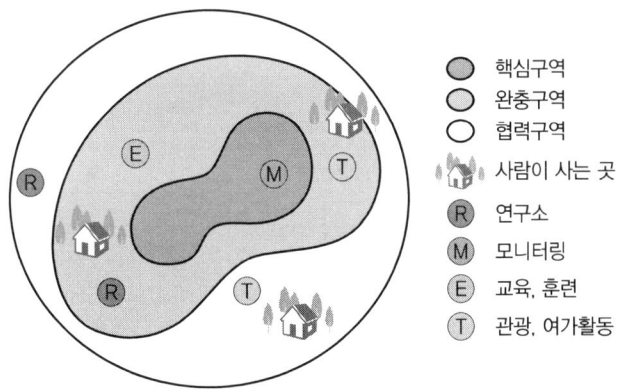

■ 생물권보전지역(BR)의 공간 ■

2) 시설개요

① 자연보전시설

㉠ 자연환경을 보전하거나 훼손을 방지하는 목적으로 설치한다.

㉡ 동식물의 서식지를 제공하며, 안정적인 생태계를 유지할 수 있게 한다.

㉢ 다양한 야생동식물이 서식할 수 있는 공간을 제공한다.

㉣ 생태적 특성을 고려하여 시공 후 자연화과정을 거칠 수 있도록 설계한다.

▼ 보전시설 도입 가능 사례

구분		시설명	UNESCO M.A.B ZONING			비고(적용기준)
			핵심	완충	협력	
자연 보전	생물 서식지	인공습지, 소택지 조성 등	●			인공습지조성가이드라인 (환경부)
	관련 시설	부도(인공식물섬)	●	●	●	자연환경보전·이용시설 업무편람(환경부)
시설		야생동물이동통로	●	●	●	생태통로 설치 및 관리지침(환경부)
		어도(하천의 종적 네트워크 향상)	●	●	●	자연환경보전·이용시설 업무편람(환경부)
		서식·재배지, 암석원, 돌무더기, 나무더미		●	●	대체서식지 조성·관리 환경영향평가지침서(환경부)
		실개천, 생태수로, 정화수로		●	●	인공습지조서가이드라인 (환경부)
		인공둥지, 포유류 서식지 등	●	●	●	대체서식지 조성·관리 환경영향평가지침서(환경부)
		횃대 등	●	●	●	자연환경보전·이용시설 업무편람(환경부)

구분		시설명	UNESCO M.A.B ZONING			비고(적용기준)
			핵심	완충	협력	
시설	생물 인공증식 관련 시설	인공증식장(비오톱)		●	●	자연환경보전·이용시설 업무편람(환경부)
		양식장		●	●	자연환경보전·이용시설 업무편람(환경부)
		양묘장		●	●	자연환경보전·이용시설 업무편람(환경부)
		식물원(온실)		●	●	자연환경보전·이용시설 업무편람(환경부)
		동물원		●	●	자연환경보전·이용시설 업무편람(환경부)
	보호 관련 시설	보호펜스	●	●	●	자연환경보전·이용시설 업무편람(환경부)
		보호안내판	●	●	●	자연환경보전·이용시설 업무편람(환경부)

② 순수관찰시설
㉠ 자연환경을 이용하거나 관찰하기 위한 목적으로 설치한다.
㉡ 유인되는 동식물상을 관찰·학습할 수 있도록 관찰대상과 관찰형태에 따라 적정한 조망점 및 관찰위치를 고려한다.
㉢ 주변의 자연환경에 영향을 주지 않도록 최대한 은폐하여 설치한다.
㉣ 주변의 자연생태계에 미치는 영향을 최소화하기 위해 차폐용 판벽과 연계 후 위장하여 설치한다.
㉤ 목재를 주로 사용한다.
㉥ 관찰자의 움직임이 노출되지 않으면서, 안정적으로 관찰할 수 있도록 한다.
㉦ 관찰 시설 높낮이를 이용자의 신체에 맞춰 여러 높이로 조성한다.
㉧ 필요시 위장시설(목재, 넝쿨, 식재)을 도입한다.
㉨ 망원경과 관찰시설을 연계하여 관찰효과를 높일 수 있도록 한다.
㉩ 해설판과 조합하여 관찰의 효과를 극대화한다.

▼ 관찰시설 도입 가능 사례

구분	시설명	UNESCO M.A.B ZONING			비고(적용기준)
		핵심	완충	협력	
순수관찰	관찰센터		●	●	자연환경보전·이용시설 업무편람(환경부)
시설	관찰오두막		●	●	자연환경보전·이용시설 업무편람(환경부)
	관찰로(자연지반, 데크탐방로, 연결 목교 등)	●	●	●	자연환경보전·이용시설 업무편람(환경부)
	관찰벽(탐조대)		●	●	자연환경보전·이용시설 업무편람(환경부)
	관찰내용 안내판		●	●	–
	관찰로 방향안내판		●	●	자연환경보전·이용시설 업무편람(환경부)

③ 체험학습시설
　㉠ 최소한의 설치로 최대한의 효과를 유도한다.
　㉡ 이용자의 동선을 고려하여 집합과 분산이 이루어지는 장소에 설치한다.
　㉢ 여러 개의 표지가 필요한 경우에는 다수의 독립된 표지보다는 종합안내판을 설치한다.
　㉣ 이용자의 흥미를 유도할 수 있도록 설계한다.

▼ 체험학습시설 도입 가능 사례

구분	시설명	UNESCO M.A.B ZONING			비고(적용기준)
		핵심	완충	협력	
체험	생태교육센터		●	●	자연환경보전·이용시설 업무편람(환경부)
학습	생태학습장(원)		●	●	자연환경보전·이용시설 업무편람(환경부)
시설	자연교육장		●	●	자연환경보전·이용시설 업무편람(환경부)
	생태학교		●	●	자연환경보전·이용시설 업무편람(환경부)
	생태놀이터(놀이시설)			●	생태놀이터 조성 가이드라인(환경부)

④ 전시연구시설
  ㉠ 다양한 계층의 자연자원이 분포하고 있는 지역에 배치한다.
  ㉡ 교육활동을 지원할 수 있는 자연자원의 분포를 고려하여 시설을 배치한다.

▼ 전시연구시설 도입 가능 사례

| 구분 | 시설명 | UNESCO M.A.B ZONING | | | 비고(적용기준) |
		핵심	완충	협력	
전시	전시관, 촉각전시관			●	자연환경보전·이용시설 업무편람(환경부)
연구	생태해설판		●	●	습지보전·이용시설 설치 가이드라인(환경부)
시설	자동관측장비	●	●	●	습지보전·이용시설 설치 가이드라인(환경부)
	자동수위계	●	●	●	습지보전·이용시설 설치 가이드라인(환경부)
	센서카메라	●	●	●	습지보전·이용시설 설치 가이드라인(환경부)
	모니터링장비	●	●	●	–

⑤ 이용·편의시설
  ㉠ 휴식을 위한 곳에 집중적으로 설치하고, 다른 목적의 장소에는 가급적 설치를 제한한다.
  ㉡ 친환경적인 재료를 사용하고 조형적으로 계획한다.
  ㉢ 이용자의 편의를 위해 알기 쉽고 자동차의 출입이 용이한 곳에 배치한다.
  ㉣ 보행동선을 고려하여 배치한다.

▼ 이용·편의시설 도입 가능 사례

| 구분 | 시설명 | UNESCO M.A.B ZONING | | | 비고(적용기준) |
		핵심	완충	협력	
이용	방문객센터			●	자연환경보전·이용시설 업무편람(환경부)
편의	화장실, 관리사무소, 초소			●	자연환경보전·이용시설 업무편람(환경부)
시설	주차장			●	자연환경보전·이용시설 업무편람(환경부)
	판매시설(매점, 기념품)			●	자연환경보전·이용시설 업무편람(환경부)

구분	시설명	UNESCO M.A.B ZONING 핵심	완충	협력	비고(적용기준)
시설	캠핑공간			●	자연환경보전·이용시설 업무편람(환경부)
	숙박시설			●	자연환경보전·이용시설 업무편람(환경부)
	휴게시설(퍼걸러, 벤치 등)			●	자연환경보전·이용시설 업무편람(환경부)

⑥ 관리시설
  ㉠ 관리시설은 제 기능의 구현에 적합한 적정위치에 배치한다.
  ㉡ 그늘진 습지, 급경사지, 바람과 노출된 곳, 지반불량지역 등에는 관리시설 배치를 최대한 지양한다.
  ㉢ 자연환경에 해가 없는 지역에 설치하고 관리장비보관소와 적치장은 수목 등으로 차폐한다.
  ㉣ 이용자 동선 유도 및 관찰, 학습, 유지관리 동선 확보를 통한 원활한 기능유지를 목적으로 지표면과 도로의 선형을 유지하기 위한 포장 및 경계블록 등의 설계에 적용한다.
  ㉤ 생태계 토양 연결성 확보 및 수순환체계 확보를 위하여 불투수성 포장면을 최대한 지양하고 생물 이동을 저해하지 않는 범위에서 포장공간을 확보한다.
  ㉥ 관리동선의 경우 차량이동을 고려하여 포장을 선정한다.
  ㉦ 포장재를 선정할 때에는 내구성·내후성·보행성·안전성·시공성·유지관리성·경제성·환경친화성 그리고 관련 법규 등을 고려한다.

▼ 관리시설 도입 가능 사례

구분		시설명	UNESCO M.A.B ZONING 핵심	완충	협력	비고(적용기준)
관리 시설	환경	하수처리시설			●	자연환경보전·이용시설 업무편람(환경부)
	기반	우수처리시설			●	자연환경보전·이용시설 업무편람(환경부)
	시설	쓰레기처리시설			●	자연환경보전·이용시설 업무편람(환경부)
	보안	진입차단시설 (펜스, 생울타리 등)	●	●	●	자연환경보전·이용시설 업무편람(환경부)

구분		시설명	UNESCO M.A.B ZONING			비고(적용기준)
			핵심	완충	협력	
시설	안전 시설	CCTV	●	●	●	-
		보안등, 스피커		●	●	-
		방화시설, 구급함, 인명구조 시설	●	●	●	-
포장	포장	차도포장			●	-

3. 자재 및 유지관리 고려

1) **효율적 운영·관리를 위한 계획 수립**
   운영·관리 주체, 이용기간, 이용요금, 청소 및 시설 유지방법, 전문인력 확보, 조직 구성, 자연해설프로그램, 홍보전략 등

2) 자연환경보전·이용시설 공간에 서식하는 생물종 및 생태적 여건 등에 대해 지속적인 모니터링체계 구축 및 피드백 실시

3) 다양한 이용자층에 맞추어 운영프로그램을 세분화하여 개발

4) 이용자 특성 등 운영·관리와 관련된 자료를 데이터베이스화하여 자연환경보전·이용시설의 지속적 개선에 활용

5) **지역주민 참여프로그램을 개발·운영**
   지역주민은 해당 시설에 접근성이 높고 지역사회의 참여에 기여할 수 있으므로 서식처 관리, 생물종모니터링 등 다양한 활동 고려

6) **전문적인 자연학습공간이 될 수 있도록 체계화**
   환경·교육분야 전문인력 배치, 지역 및 생태특성에 맞는 독창적 프로그램 발굴, 교육효과에 대한 주기적 모니터링 실시 등

7) **시설 설치의 모든 단계에 환경교육전문가 참여**
   프로그램의 규모, 필요 운영인력, 운영인력에 대한 교육, 프로그램 개발, 안내판, 해설판 등 제작 등에 참여하고 지속적으로 보완할 수 있도록 조치

8) 입장료 등 자체 수익사업과 후원 등의 외부 지원 등 지속적인 운영·관리를 위한 예산 확보방안 마련

06 생태복원 현장관리

KEY POINT
01 사업관계자 협의하기　　02 공정관리하기　　03 예산관리하기
04 품질관리하기　　　　　05 안전관리하기

1 사업관계자 협의하기

1. 사업별 행정절차 이행 및 지자체, 환경부 등 관련 기관의 역할 파악

1) 생태계보전부담금 반환사업 절차

구분	단계	구분	시행주체	주요내용
1차 년도	1단계	수요조사 및 대상사업 선정	환경부	• 신청자:반환사업 신청 내역서 제출 • 지자체:검토 결과서 제출 • 환경부:취합 및 대상사업 선정
	2단계	반환사업 승인 신청 및 승인	납부자 또는 대행자(신청) 환경부(승인)	• 신청자:대상사업에 대하여 반환사업 승인 신청 ※납부자는 납부내역, 대행자는 대행동의서 첨부 • 환경부:서류 검토 후 승인 통보
	3단계	관련 인·허가 및 행정절차	해당 지자체 및 납부자 또는 대행자	• 지자체:인·허가 등 행정절차 검토 및 협조 • 납부자 또는 대행자:관련 인·허가 검토 및 시행, 생태자문단 운영(설계자문)
	4단계	착공	납부자 또는 대행자(공사 시행) 환경청(관리·감독)	• 납부자 또는 대행자:공사 시행 및 생태자문단 운영(시공자문), 착수반환금 신청(필요시) • 환경청:진행과정 등에 대한 관리·감독, 착수반환금 집행내역 확인 • 환경부:착수반환금 사용계획 검토 및 지급
	5단계	준공 완료 및 준공 검사	납부자 또는 대행자(준공) 환경청(검사)	• 납부자 또는 대행자:준공 완료 및 준공 검사 요청, 준공 서류 작성 • 환경청:준공 검사 및 정산/결과 보고(환경부)/준공검사 통보(지자체, 납부자 또는 대행자) • 사업 인수인계(환경청 제출)
	6단계	반환금 신청 및 산정·지급	납부자 또는 대행자(신청) 환경부(산정·지급)	• 납부자 또는 대행자:준공 완료된 사업에 대한 반환금 신청 • 환경부:반환금 산정 및 지급
1차 년도 이후	7단계	유지관리 및 사후모니터링	지자체 및 토지소유자, 납부자 또는 대행자	• 자자체 및 토지소유자:유지관리 및 모니터링 (준공 후 3년차부터 2년간 실적을 환경청으로 통보) • 납부자 또는 대행자:준공 후 2년간 모니터링 실시 및 결과보고서 작성·제출(환경청, 지자체 제출)

383

2) 도시생태축 복원사업

① 사업추진 세부절차

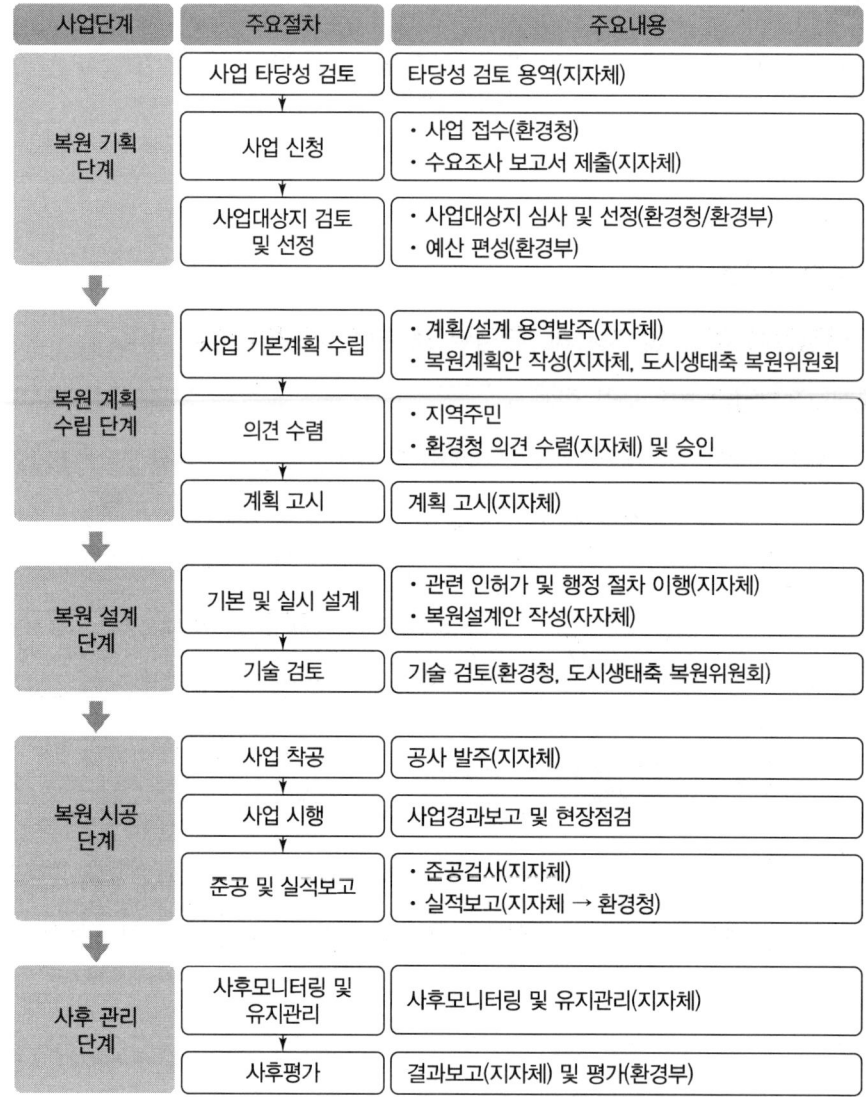

② 단계별·기관별 역할

구분		지자체	환경청	환경부	위원회
복원사업기획	사업부지 발굴	사업 타당성 검토			
	수요조사	사업신청	• 사업접수 • 1차 심사	최종심사·선정	심사 및 평가 지원
복원계획 및 설계	기본계획	• 용역 발주 • 위원 추천/위원회 운영 • 계획안 작성 • 의견수렴(주민/환경청) • 계획고시	• 위원 위촉 및 위원회 구성 • 의견 제시 • 승인	위원회 인력관리 (인력 Pool 구성)	• 계획안 검토 • 자문의견 제시
	기본 및 실시설계	• 설계안 작성 • 행정 절차 및 인허가 수행	위원회 운영 (기술자문)	위원회 관리	기술자문
복원시공	착공	• 공사발주 • 사업관리 • 사업경과보고(분기별)	사업점검(분기별)	관리·감독	
	시공	• 사업관리 • 사업경과보고(분기별)	• 사업점검(분기별) • 현장점검(2회)	관리·감독	현장자문(2회)
	준공	• 준공검사 • 사업실적보고	• 사업실적 검토 • 환경부 보고	사업실적 확인	
사후관리	모니터링	• 모니터링/유지관리 용역발주 • 결과보고	• 결과평가 • 환경부 보고	결과평가	자문 또는 평가 대행
	유지관리				
	사후평가	자체평가보고서 작성			

2. 전문가 자문 반영

1) 생태자문

① 계획 및 설계단계

㉠ 목표종 및 서식처 특성을 고려한 설계 적정성 검토

㉡ 사업계획, 설계내역 적합성 검토

㉢ 대상지 현황과 설계도면, 내역의 적정성 여부(도입수종, 수량, 소재, 공법 등 검토)

㉣ 공종별 자재, 수목, 시설물 등 단가, 수량 등 사업비 검토

2) 공사감리

① 착공단계

㉠ 사업계획서와 실시설계 내역, 도면과의 적정성 여부

㉡ 공종별 자재, 수목, 시설물 등 단가, 수량 등 사업비 적정 적용 여부

ⓒ 사업현장 및 주변 환경여건과 목표종, 서식지 조성 등 설계내용과의 부합 여부

② 공사단계

ⓐ 사업진행일정 준수상태 및 시공과정을 성실하게 수행하는지 여부
ⓑ 설계내역과 시공내용의 부합 여부
ⓒ 기반정비, 식재 등 공사시기의 적절성 여부
ⓓ 사업시행으로 인한 주변환경 피해 발생 및 대응 여부
ⓔ 자재 및 시공품질 적절성, 공기준수 여부

③ 준공단계

ⓐ 규격, 수량, 위치, 동선 등 설계내역대로 적정시공 여부
ⓑ 사업비 집행의 적정성 여부
ⓒ 준공도면 및 준공내역 등 준공도서가 시공된 대로 작성되었는지 여부
ⓓ 모니터링계획의 적정성 여부
ⓔ 사업자와 지자체 관리부서와의 인계·인수

3) 모니터링자문

구분	항목
현장자문	• 사업자 또는 대행자와 동행하여 현장 검토 • 사업계획과 준공도서를 검토하여 복원 목표에 맞는 모니터링 방향을 설정할 수 있도록 협의 • 모니터링 범위, 항목, 시기, 항목별 모니터링 시행방법 등 협의
기술자문	• 사업특성과 모니터링 보고서의 적정성 검토 • 모니터링 결과와 유지관리방안 연계성 검토 • 가이드라인에 준하여 보고서 작성되었는지 검토
모니터링 보고회	• 1차년도 모니터링 보고시 제출 전 실시하는 모니터링 보고회 참석 • 환경청 단위별 타 사업 사례 공유 • 관리주체에게 모니터링 결과에 따른 유지관리 방향 제시

3. 유지관리계획 작성 및 협의

1) 유지관리계획

① 목표종 또는 대상지에 서식하는 중요종의 생활사(Life Cycle)나 생태특성을 반영한 시기별 관리계획을 수립한다.
② 야생동물은 일반적으로 번식기 및 산란기에 민감하기 때문에 이 시기를 고려하여 관리계획을 수립한다.
③ 분야별 관리계획 수립은 수환경, 식생, 동물상, 외래종, 이용자, 시설물 등과 같이 분류하여 시행한다.

2) 운영관리

① 누가, 어떻게 운영관리를 할 것인지에 대한 운영관리계획을 수립한다.
② 효율적인 운영관리를 위하여 운영관리계획에는 다음과 같은 사항이 포함되어야 한다.
㉠ 기본적인 내용 : 관리운영 주체, 이용기간, 이용요금, 청소관리방법, 시설유지방법 등
㉡ 관리운영체계 : 운영관리 전문인력 확보, 관리운영조직의 개요, 직원수, 직원 배치, 관리운영의 협력체제(관련 단체, 운영협의, 자원봉사 등), 홍보방안 등
㉢ 자연해설(체험)활동프로그램 : 해설 대상의 설정, 해설프로그램 마련, 운영체계, 운영시기, 프로그램 교체 빈도, 자료 작성계획 등

2 공정관리하기

1. 개요

1) 공사의 품질 및 공사에 대하여 계약조건을 만족하면서 능률적이고 경제적인 시공을 계획하고 관리하는 것이 요구된다. 또 공정관리에는 착공에서 준공까지 시간적 관리는 물론, 공정과 공종을 종합적으로 검토하고 노동력, 기계설비, 자재 등의 자원을 효과적으로 활용하는 방법과 수단이 강구되어야 한다.
2) 공기와 품질을 확보하고 수급인은 최소 비용으로 양질의 목적물을 완성하기 위하여 공정관리를 통해 공사를 추진하여야 한다.
3) 시공관리의 3대 목표는 공정관리, 품질관리, 원가관리이며, 공정, 품질, 원가 상호 간에는 밀접한 연관성이 있다.

2. 내용

1) 공정계획절차

① 부분작업의 시공순서 결정
② 공정에 적정한 시공기간 산정
③ 총 공사 기간범위에서 시공순서 및 기간 조율
④ 각 공정을 타당한 시간 범위에서 진행
⑤ 공사기간 내 공사종료

2) 경제적 공정계획

① 가설공사비, 현장관리비 등의 합리적 산정
② 기계설비와 소모재료, 공구 등의 적정한 사용
③ 기계와 인력의 손실이 발생하지 않도록 계획

④ 일정 및 기술·인력 가동을 위한 효율적인 운용계획 수립

3) 최적공기의 결정

① 최적공기 : 직접비(노무비, 재료비, 가설비, 기계운전비 등), 간접비(관리비, 감가상각비 등)를 합한 총 공사비가 최소로 되는 최적공기

② 표준공기 : 표준비용(각 공종의 직접비가 최소로 투입되는 공법으로 시공하면 전체 공사의 총 직접비가 최소가 되는 비용)에 요하는 공기, 즉 공사의 직접비를 최소로 하는 최장공기

4) 공정상의 기대시간

① 공정표 작성에서 경험이 없는 건설공사의 작업소요시간을 산정할 때는 3개의 추정치(낙관, 정상, 비관)를 확률계산하여 공정상의 기대시간(D)을 산출한다.

② 기대시간 : $D = (a + 4m + b)/6$ (a : 낙관시간, m : 정상시간, b : 비관시간)

3. 공정표기법

1) 횡선식 공정표(막대그래프공정표, Bar Chart, Gantt Chart)

① 비교적 작성이 쉽고 공사내용의 개략적인 파악이 용이하여 단순공사나 시급한 공사에 많이 사용한다.

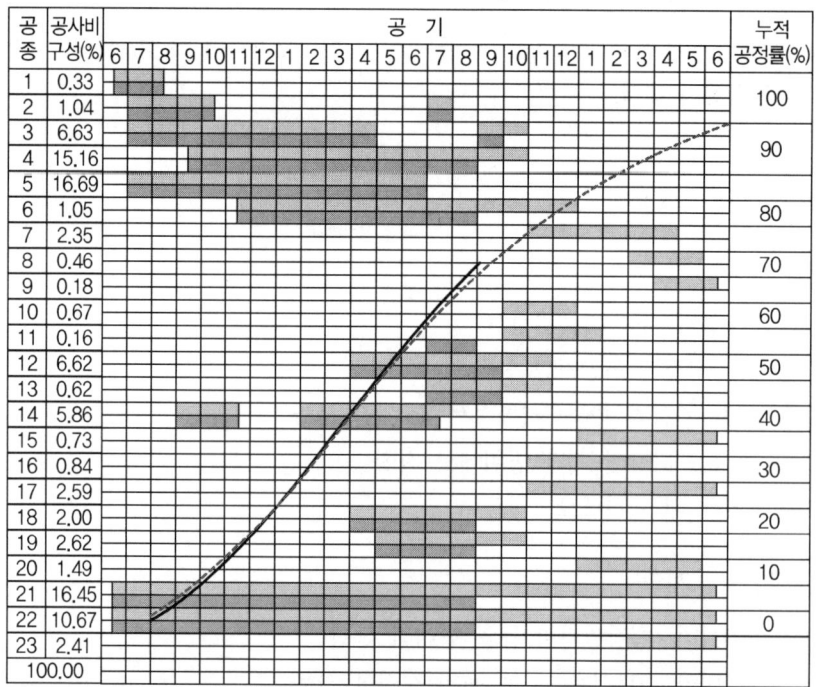

| 횡선식 공정표(막대그래프공정표, Bar Chart, Gantt Chart)의 예시 |

② 일반적 작성순서
　㉠ 부분공사(가설공사, 토공사, 콘크리트공사 등)를 공사진행순서에 따라 종으로 나열한다.
　㉡ 공기를 횡축에 나타낸다.
　㉢ 부분공사의 소요공기를 계산한다.
　㉣ 각 부분공사의 소요공기를 적용하여 전체 공사일정과 연계시킨 공정표를 작성한다.

2) 기성고 공정곡선
① 예정공정과 실시공정을 대비시켜 진도관리를 위해 사용한다.
② 일반적 작성순서
　㉠ 횡선식 공정표 작성
　㉡ 단순화된 직선으로 부분공종에 대한 공사기간을 횡축에, 공사비(또는 총 공사비에 대한 %)를 종축에 작성한다.
　㉢ 횡축은 월별로 구분하고 각 월에 대한 부분공사의 공사비(또는 총 공사비에 대한 %)를 가산하여 총 공사비를 누계한 예정공정곡선을 작성한다.

3) 네트워크 공정표(Network Chart)
① PERT(Program Evaluation and Review Technique)와 CPM(Critical Path Method)으로 구분된다.
② 횡선식 공정표는 작업기간을 막대길이로 표시하여 총괄적인 작업을 표시하는 데 비해 PERT/CPM은 일정계획을 네트워크로 표시한다.

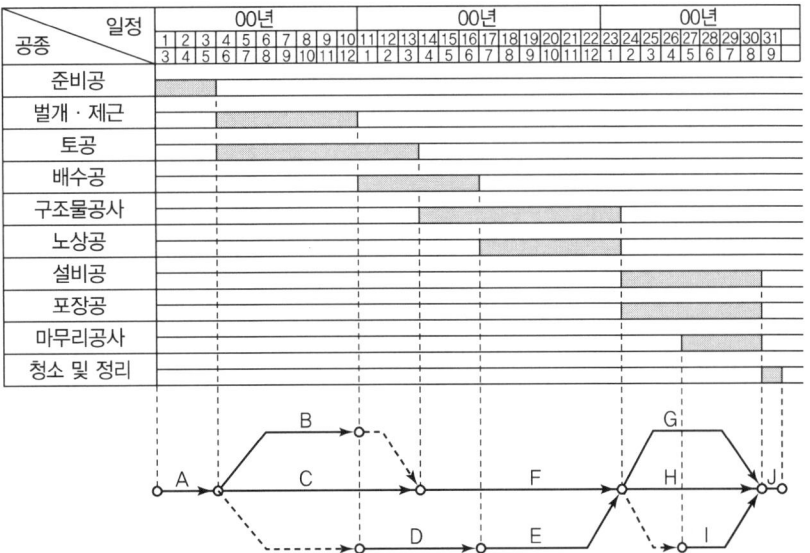

┃PERT(Program Evaluation and Review Technique)와 CPM(Critical Path Method) 비교┃

▼ PERT(Program Evaluation and Review Technique)와 CPM(Critical Path Method) 비교

구분	PERT	CPM
개발	미 해군 개발(1958), Polaris 잠수함의 탄도미사일 개발에 응용	Dupont社에서(1957) 플랜트보전에 사용
주목적	공사기간 단축	공사비용 절감
활용	신규사업, 비반복사업, 대형 프로젝트	반복사업, 경험이 있는 사업
요소작업 시간 추정	3점 추정 $t_e = \dfrac{t_o + 4t_m + t_p}{6}$ 신규사업을 대상으로 하기 때문에 3점 추정시간을 취하여 확률 계산	1점 추정 $t_e = t_m$ t_e : 소요시간, t_o : 낙관시간 t_m : 정상시간, t_p : 비관시간 경험이 있는 사업을 대상으로 하기 때문에 정상시간치로 소요 시간 추정
일정계산	결합점(Node) 중심으로 계산 • 최조시간(最早時間) : ET, TE 　(earliest expected time earliest time) • 최지시간(最遲時間) : LT, TL 　(latest allowable latest time)	작업(Activity) 중심의 일정 계산 • 최조개시시간 : EST(Earliest Starting Time) • 최지개시시간 : LST(Latest Starting Time) • 최조완료시간 : EFT(Earlist Finish Time) • 최지완료시간 : LFT(Latest Finish Time) 작업 중심의 여유(Float)시간 • 총여유 : TF(Total Float) • 자유여유 : FF(Free Float) • 간섭여유 : IF(Interfering Float) • 독립여유 : INDF(INDependent Float)
주공정	$TL - TE = 0$(굵은 선)	$TF - FF = 0$(굵은 선)
일정계획	• 일정 계산이 복잡 • 결합점 중심의 이완도 산출	• 일정 계산이 자세하고 작업 간 조정 가능 • 작업재개에 대한 이완도 산출

4) 네트워크공정표 작성의 주안점

① 경제속도로 공사기간의 준수
② 기계, 자재, 노무의 유효한 배분계획 및 합리적 운영
③ 공사비(노무비, 재료비)가 최소가 되도록 운영
④ 경비의 절감

▼ 네트워크공정표 작성방식

구분	횡선식 공정표	PERT/CPM형태
형태	그림(원본 확인)	그림(원본 확인)
작업 선후 관계	작업 선후 관계 불명확	작업 선후 관계 명확
중점관리	공기에 영향을 주는 작업 발견이 어려움	공기관리 중점작업을 최장경로에 의해 발견
탄력성	일정 변화에 손쉽게 대처하기 어려우나 공정별, 전체 공사시기 등이 일목요연	한계 경로 및 여유공정을 파악하여 일정 변경 가능
예측 가능	공정표 작성이 용이하나 문제점의 사전 예측 곤란	공사일정 및 자원 배당에 의해 문제점의 사전 예측 가능
통제 가능	통제 기능이 미약	최장경로와 여유공정에 의해 공사 통제 가능
최적안	최적안 선택 기능이 없음	비용과 관련된 최적안 선택이 가능
용도	간단한 공사, 시급한 공사, 개략공정표	복잡한 공사, 대형공사, 중요한 공사

5) 네트워크의 종류

① 애로네트워크(Arrow Network, Arrow Diagramming Method)

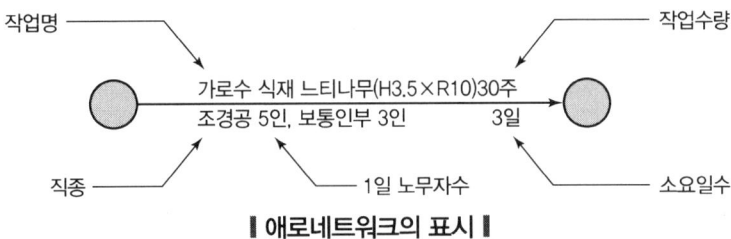

∥ 애로네트워크의 표시 ∥

② 프리시던스네트워크(Precedence Network, Precedence Diagramming Method)

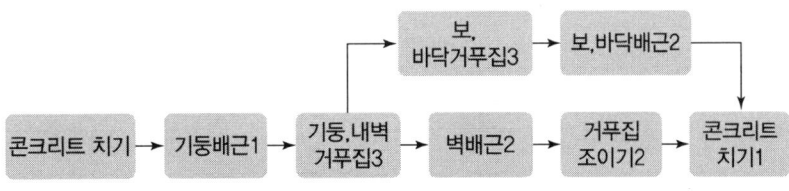

∥ 프리시던스(PDM식)네트워크의 표시 ∥

4. 상세공정계획의 수립

1) 주요공정단계별 착수시점, 완료시점
단위공정별 공사의 착수시점과 완료시점이 명기되어 있어야 한다.

2) 주요공정단계별 선·후·동시시행 등의 연관관계
관계되는 선행 또는 후속공정과의 연관성을 면밀히 파악하여야 하며 인력 및 장비의 순차적인 진행이 이루어질 수 있도록 검토되어야 한다.

3) 주공정선(Critical Path)과 보조공정과의 진행 관계
주공정을 수행하기 위한 보조공정 및 작업은 주공정이 이루어기 이전에 반드시 시공되어야 하므로 주공정을 위한 보조공정이 이루어지지 않을 경우 주공정의 진행이 곤란하게 된다. 따라서 공정 간 관계에 대한 명확한 공정계획이 수립되어야 원활하게 주공정을 진행할 수 있다.

5. 부진공정 만회대책

1) 부진공정의 해결방안 모색
공정의 부진은 여러 요인에 의하여 복합적으로 발생한다. 따라서 정확한 요인을 규명하여 해결방안을 모색하여야 한다.

공정부진의 요인으로는 자재·인력·장비 수급의 문제, 선행공종의 공정 부진, 악천후, 설계변경 지연, 현장여건 변경, 민원 및 기타 예상치 못한 변수의 발생 등 여러 가지가 있을 수 있으며, 공기 및 공사비 확보 등이 적기에 이루어지지 않을 경우에는 부진공정이 발생할 수밖에 없으므로 이에 대한 적절한 만회대책이 필요하다.

2) 부진공정 만회대책의 수립
공정의 부진요인에 대한 규명과 다음과 같은 조치를 선택하여 만회대책을 수립한다.

① 작업방법의 변경사항
현재의 작업방법에 문제가 있다고 판단될 경우에는 변경을 시행하여 부진공정을 만회하여야 한다.
㉠ 작업절차 또는 공법의 변경
㉡ 장비 및 인력 투입의 변경

② 작업장 증가 및 추가
동시에 여러 곳에서 같은 공종을 동시에 시행할 수 있도록 하여 부진공정을 만회하여야 한다. 이러한 경우 감독자의 업무가 분산되므로 작업 결과물의 품질에 더 집중하여야 한다.
㉠ 각 작업장별 작업방법

ⓒ 추가 작업장의 신설 상세계획

③ 돌관작업

장비와 인원을 집중적으로 투입하여 한달음에 해내는 공사로, 작업시간 외 야간작업 또는 추가작업시간을 확보하여 부진공정을 만회하여야 한다. 야간작업의 경우는 공사 결과물의 품질뿐만 아니라 안전관리점검을 충분히 하여야 한다.

㉠ 작업시간 대비 인력 투입계획

ⓒ 안전 및 환경보전대책

3 예산관리하기

1. 공사비 산정과정

단계	내용
설계도서의 검토	해당 공사의 설계도면과 시방서를 검토하여 누락되거나 잘못 설계된 부분이 있는지 확인
공사현장조사	설계도서에 명시되지 않은 사항을 사전조사를 통하여 자료를 수집하고 견적에 반영
수량 산출	설계도면 및 시방서에 의해 재료소요량 및 필요노무량 산출
단위공종 품셈 산정	품셈에 의해 단위공종을 결정
단가 결정	재료단가, 노무단가, 복합단가로 구성하며 재료 및 노무, 중기 임대료 등 객관성 있는 기준 가격 결정
일위대가표 작성	단가와 품셈에 의해 단위공종의 일위대가표 작성
순공사비(공사원가) 산정	각 공종별 수량에 일위대가표의 단가를 곱하여 해당 공종의 세목별 공사비 산출
총 공사비 산정	공사규모와 여건에 맞는 제작비율을 산정하여 총 공사비를 산출하고 공사비내역서 작성

4 품질관리하기

1. 품질관리

생태복원공사의 품질관리는 일반 건설공사의 품질관리 기준 [건설기술진흥법과 시행령 및 시행규칙과 공사 시방서]과 달리 복원목표에 부합한 품질관리와 「건설기술진흥법」에서의 품질관리로 나누어 볼 수 있다.(복원목표 설정을 통한 품질관리는 제외함)

1) 품질관리계획서의 감독사항

발주자는 공사계약문서에 품질관리계획서의 내용, 제출시기 및 수량 등에 대한 다음의 사항을 정하여야 한다.

① 품질관리계획서 및 품질관리절차서, 지침서 등 품질 관련 문서의 제출시기 및 수량
② 품질관리계획서 등 품질 관련 문서의 검토, 승인시기
③ 하도급자의 품질관리계획 이행에 관한 시공자의 책임사항
④ 공사감독자 또는 건설사업관리기술자가 실시하는 품질관리계획 이행상태 확인의 시기 및 방법
⑤ 품질관리계획 이행의 부적합사항의 처리 및 기록

2) 시공 시 품질관리

설계도서, 시방서, 공정계획 등을 검토하여 품질관리가 소홀해지기 쉽거나 하자 발생 빈도가 높아 시공 후 시정이 어렵고 많은 노력과 경비가 소요되는 공종 또는 부위를 중점 품질관리 대상으로 선정하여 다른 공종에 비하여 우선적으로 품질관리상태를 입회, 확인하여야 한다. 또한 중점품질관리 공종 선정 시 고려해야 할 사항은 다음과 같다.

① 공정계획에 의한 월별, 공종별 시험종목 및 시험횟수
② 품질관리자 및 공정에 따른 인원충원 계획
③ 품질관리 담당 건설사업관리기술자의 인원수 및 직접 입회, 확인이 가능한 적정 시험횟수
④ 공종의 특성상 품질관리상태를 육안 등으로 간접 확인할 수 있는지 여부
⑤ 작업조건의 양호, 불량 상태
⑥ 타 현장의 시공사례에서 하자 발생 빈도가 높은 공종인지 여부
⑦ 품질관리 불량부위의 시정이 용이한지 여부
⑧ 시공 후 지중에 매몰되어 추후품질 확인이 어렵고 재시공이 곤란한지 여부
⑨ 품질불량 시 인근 부위 또는 타 공종에 미치는 영향의 경중 정도
⑩ 시공이 광활한 지역에서 이루어져 접근이 용이한지 여부

3) 공종별 품질관리방안 수립

① 중점품질관리 공종의 선정
② 중점품질관리 공종별로 시공 중 및 시공 후 발생 예상 문제점
③ 각 문제점에 대한 대책방안 및 시공지침
④ 중점품질관리 대상구조물, 시공부위, 하자 발생 가능성이 큰 지역 또는 부위 선정
⑤ 중점품질관리 대상의 세부관리항목 선정
⑥ 중점품질관리 공종의 품질 확인 지침
⑦ 중점품질관리 대장을 작성, 기록, 관리하고 확인하는 절차

5 안전관리하기

1. 안전계획 수립

1) 공사 개요

공사 전반에 대한 개략을 파악하기 위한 위치도, 공사 개요, 전체 공정표 및 설계도서(해당 공사를 인가·허가 또는 승인한 행정기관 등에 이미 제출된 경우는 제외한다)를 말한다.

2) 안전관리 조직

공사관리 조직 및 임무에 관한 사항으로 시설물의 시공안전 및 공사장 주변 안전에 대한 점검·확인 등을 위한 관리조직을 말한다.

3) 공정별 안전점검계획

자체 안전점검, 정기안전점검의 시기·내용, 안전점검공정표 등 실시계획 등에 관한 사항을 수행한다.

4) 공사장 주변 안전관리대책

공사 중 지하매설물의 방호, 인접 시설물의 보호 등 공사장 및 공사현장 주변에 대한 안전관리에 관한 사항 및 하천, 습지의 경우 수심과 유속 등의 안전에 문제가 있을 수 있는 사항을 점검하고 대책을 수립한다.

5) 안전관리비 집행계획

안전관리비의 계상액, 산정명세, 사용계획 등에 관한 사항을 살피고 계획을 수립한다.

6) 안전교육계획

안전교육계획표, 교육의 종류, 내용 및 교육관리에 관한 계획을 수립한다.

7) 비상시 긴급조치계획

공사현장에서의 비상사태에 대비한 비상연락망, 비상동원조직, 경보체제, 응급조치 및 복구 등에 관한 사항을 계획한다.

2. 안전관리비

공사진행 시 안전관리에 필요한 비용으로 복원공사설계에 반영되어 시공자에게 지급한다.

1) 안전관리계획의 작성 및 검토
2) 정기안전점검에 따른 안전점검비용
   ① 안전시공을 위한 임시시설 및 가설공법의 안전성
   ② 공사목적물의 품질, 시공상태 등의 적정성
   ③ 인접 건축물 또는 구조물의 안전성 등 복원공사 주변 안전조치의 적정성
3) 주변 시설물 및 환경에 대한 피해방지 대책비용
4) 공사장 주변의 통행안전관리 대책비용
5) 안전관리비의 산출 기준
   ① 「산업안전보건법」에 의해 산업재해를 예방하고 쾌적한 작업환경 조성을 위해 공사원가에 포함된 금액
   ② 근로자의 안전과 건강, 산업재해 예방시책에 따라 공사수행 시 적합한 비용 사용

3. 공종별 안전위협요소

원인	결과
다양한 장비의 사용 · 양중 및 이동, 굴착 등 장비의 다양성 · 양중 및 이동자재의 비규격화 (대형/비정형 자연재료)	· 건설기계 확인/점검 미흡에 의한 협착사고 · 양중용 줄걸이 불량으로 인한 낙하/전도 사고 · 신호수 작업기준 미준수 및 부주의에 의한 협착사고
공종 및 재료 특성 · 소규모 다수익 공종으로 구성 · 수목, 자연석 등 자연재료를 대상 · 현장 내 수형정리 등 자연재료의 가공 및 절단 작업 다수	· 사다리 미사용(B/H 버킷 탑승), 불량 사다리 사용으로 인한 추락 사고 · 다양한 공종에서 다수의 미인증 공도구 사용(절단 등)에 의한 각종 골절 사고
근로자의 고령화 · 식재공사 전문작업자의 노령화 · 초화류공사 시 대량의 작업자 투입 · 혹서기/혹한기 준공일정 준수를 위해 식재공사진행	· 고혈압 등 항시 안전 Risk 내재 · 혹서기/혹한기작업에 따른 인사사고 · 준공일정 준수를 위한 일시의 대량 인력 투입에 의한 인사사고

┃생태복원 공사 특성상 안전사고 주 발생 원인 분석┃

1) 공종별 위험성 평가표를 작성한다.
2) 공정별 안전기준을 설정하여 관리한다.
3) 작업 전 안전위험요소를 제거하고, 안전사고 예방활동을 한다.
4) 작업 전 안전기준에 맞는 작업계획을 수립하고 진행한다.

▼ 식재공종의 위험성 평가표

작업순서	A	B	C	위험성			주요위험요인	비고
				H	M	L		
수목 반입	0	0	1		★		신호자/유도자 미배치에 의한 협착	
수목 하역	0	0	3	★			크레인 협착/전도, 수목낙하	
수목 전지	0	0	1		★		사다리 위 추락, 사다리 전도	
수목 식재	0	0	2	★			슬링바 체결 미흡 낙하/장비 전도	
관수 작업	0	0	0			★	수목 전도	
지주목 설치	0	0	1		★		사다리 위 추락/장비 전도	
병충해 방제작업	0	0	1		★		고소작업차 미사용/장비 전도	

07 모니터링 계획

KEY POINT
01 대상지 사업계획 검토하기
02 모니터링 목표 수립하기
03 모니터링방법 선정
04 모니터링 예산 수립

1 대상지 사업계획 검토하기

1. 사업 목표 및 전략 파악

1) 대상지의 사업 목표 및 전략을 파악하여 사업 유형과 기본 방향을 이해한다.
2) 일반적으로 대상지의 사업목표는 복원사업의 여러 유형, 즉 복원(Restoration), 복구(Rehabilitation), 개선(Mediation), 창출(Creation) 등과 같이 목적을 가지게 된다.
3) 사업의 목적을 달성할 수 있도록 단계별 또는 분야별 전략을 구상하여 추진한다.
4) 목적 달성을 위한 전략은 대상지의 생태기반환경을 복원하고 생물종 서식을 유도하는 등 세부적으로 분야를 나누어 추진한다.
5) 따라서 모니터링계획을 위해 사업별 추진전략을 이해하여야 한다.

2. 설계서를 이용하여 공간계획 검토

1) 대상지의 기본구상안을 통해 공간별 복원 방향을 파악하여 공간별 성격에 부합하는 모니터링 방향을 설정한다.
2) 대상지의 마스터플랜(기본계획안)을 통해 대상지 전체와 공간별 계획을 파악하고, 세부적으로 분야별 계획을 파악한다.
3) UNESCO MAB에 의한 핵심·완충·협력공간별 구획설정을 파악한다.

3. 목표종 파악

1) 사업계획 시 수립한 목표종 선정기준과 선정과정에 대한 자료를 수집·이해하여 목표종을 파악한다.
2) 목표종과 관련된 종에 대해 먹이사슬관계 등을 분석한다.
3) 목표종을 고려하여 작성된 시공 관련 수량 및 공정표 등 사업 중 공정관리와 관련된 자료를 검토한다.

4. 복원 전후 변화 파악

1) 대상지의 준공도면을 검토하여 대상지의 현황, 목적 및 전략, 자재의 종류와 수량, 기반환경 조성 현황 및 특성, 식재현화 및 특성, 시설물·포장 현황 및 특성 등을 파악한다.
2) 사업 진행 전·중·후 현황 사진 자료를 검토하고 모니터링 시 동일한 위치에서의 현황을 기록한다.

구분	내용
현황도	준공도면상 위치 및 현황분석도, 지적도 등과 대상지 현장과의 일치성 확인
종합계획도	사업의 목적과 공간별 기본전략 및 계획 이해
총괄수량표	사업 시 투입된 자재의 종류 및 수량 파악
생태기반 환경계획도	• 토양, 수환경 등 분석을 통해 대상지의 원지형과 복원 또는 조성된 기반환경의 차이 이해, 현재상태의 기반환경 파악 • 대상지의 지형 높낮이와 수환경과의 관계분석을 통한 대상지의 수리·수문특성 분석
식생복원계획도	대상지 내 식재 위치, 도입 식물종 및 수량
생태시설물 포장계획도	• 계획도를 통해 대상지 내 시설물 위치, 유형, 종류와 수량 파악 • 상세도를 통해 각 시설물별 세부형태와 특성 파악

2 모니터링 목표 수립하기

1. 모니터링 기본방향 수립

1) 생태복원사업모니터링은 복원된 생태계의 상황을 파악하기 위한 수단으로 생태기반환경과 생물상에 대한 조사가 기본적으로 실시되어야 한다.
2) 대상지가 지니고 있는 생태계의 구조와 기능적 특성을 조사·분석하기 위하여 서식하고 있는 생물상을 채집하고 분류하여 분석하는 과정을 포함한다.
3) 모니터링에서 수집된 자료를 토대로 문제점을 파악하고, 이를 해결·개선할 수 있는 방안을 제시하여 유지관리가 연계될 수 있어야 한다.
4) 모니터링항목 및 방법은 사업계획을 수립하기 위해 작성한 대상지의 현황조사 및 분석방법과 동일한 방법을 설정하는 것을 원칙으로 한다.

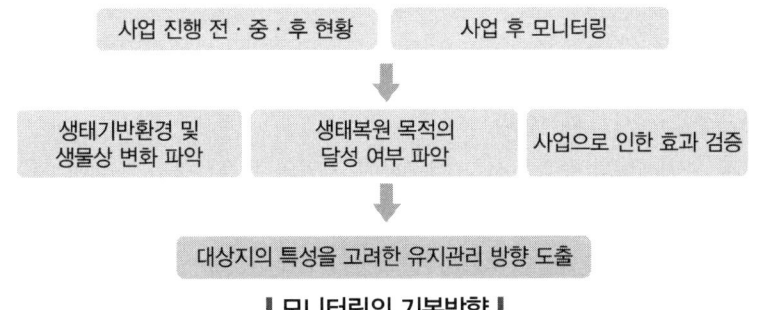

❘ 모니터링의 기본방향 ❘

2. 모니터링 기본원칙 설정

1) 실효성 확보를 위한 장기적, 주기적인 모니터링
2) 관찰의 연속성을 확보할 수 있도록 대상지 내 공간별 동일 지점 설정
3) 자료의 활용 가치 확대를 위하여 모니터링 내용 기록
4) 자료수집방법 개선과 사업 목적의 달성 여부 평가를 위한 정기적인 분석
5) 주민과 단체 등 지역거버넌스가 모니터링계획 및 실행에 참여

3. 모니터링 목표 수립

1) 생태복원사업의 목표달성 및 효과를 확인하고 평가
2) 모니터링 결과를 바탕으로 유지관리 방안을 도출
3) 환경 변화에 지속적인 대응 방안을 구축하여 사업의 지속가능성 확보
4) 유사사업에 기초자료로 활용가능하도록 모니터링 결과 데이터를 DB화

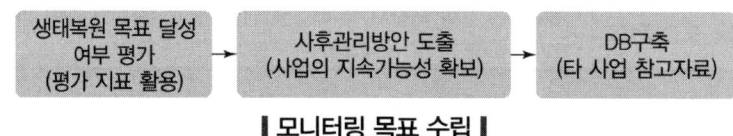

| 모니터링 목표 수립 |

③ 모니터링방법 선정

1. 모니터링 범위 설정

1) 공간적 범위

① 대상지 외부 환경요인에 의해 발생되는 교란요인을 파악하고 복원사업의 변화 및 개선방안 도출을 위해 모니터링의 공간적 범위를 설정한다.
② 모니터링 대상 분류군의 분포 정도와 서식·생육환경을 파악할 수 있도록 대상지와 주변지역을 포함하여 공간범위를 선정한다.
③ 공간구역별 또는 서식처별로 대상지의 사업 목표와 특성을 고려하여 범위를 설정한다.

2) 내용적 범위

① 사업 목표, 목표종의 특성을 고려하여 생태복원사업으로 인한 대상 지역의 환경 변화 및 천이과정을 조사·분석한다.
② 대상지 사업계획과 준공도서를 검토하여 사업의 목표, 공간별 계획, 복원 전후 대상지 생태기반환경 변화를 파악하고, 지형 및 토양, 수리·수문 등의 생태기반환경과 식물상 및 식생, 동물상, 목표종 등 생물상을 조사한다.

③ 대상지 내 조성한 복원시설물 상태와 주민만족도를 조사하고, 모니터링 결과를 분석·평가하여 사업 완료 후 유지관리방안을 제시한다.
④ 모니터링 항목별 세부조사항목은 필수조사와 선택조사로 구분하며 그림과 같은 기준으로 선정한다.
⑤ 필수조사항목은 사업주체가 직관적이거나 간단하게 현장에서 측정 가능하고 사업목표 달성 판단을 위해 기본적으로 모니터링을 해야 하는 항목을 의미한다.
⑥ 선택조사항목은 필수조사 시 목표종이 특별종인 경우 또는 멸종위기종이나 보호종 등이 나타난 경우, 생태계의 구조와 기능에 변화가 생긴 경우 등 정밀조사가 필요하다고 판단되는 경우에 시행한다(아래 표).

▼ 모니터링 내용적 범위

구분		수행내용	필수조사	선택조사
일반	위치 및 규모 조성 현황 조성 시기 사업 목표	• 대상지 사업계획서 및 준공도서 검토 • 사전조사 결과, 사업목표 및 전략, 대상지 공간계획 파악 • 목표종 이해 및 생활사 분석 • 복원 전후 대상지의 생태기반환경 변화 파악		
생태기반환경	대기 토양환경 수환경	• 대상지 및 주변지역 생태기반환경 여건 • 안정성, 훼손 여부 등 조사	• 기후(온도) • 토양침식 및 유실, 건습상태, 비탈면 표면 안정성, 토양경도, 토양유효수분, 토양오염 • 수계 유지, 유입 및 유출부, 수위 및 수량, 호안, 하안 및 하상 유지, 녹조, 오염(부유물)	• 토양 물리성(입도 및 토성, 토양 입단율, 토양 공극률, 유효토심 등), 토양 화학성(산도, 전기전도도, 양이온치환용량, 유기물함량, 전질소, 유효인산, 염분농도, 치환성 양이온 등), 토양동물 출현 • 수질
생물상	식물상 및 식생	• 식물상 • 식생	• 식물상 생육 이상 여부, 고사율 • 식물상 출현종수 • 특별종 출현 여부 • 목표종 출현 여부, 종수 또는 개체수	• 식생 구조 • 특별종 출현종수 또는 개체수, 특성(생활사 등)
	동물상	• 포유류 • 조류 • 양서·파충류 • 육상곤충 • 어류 • 저서성 대형 무척추동물	• 특별종 출현 여부 • 목표종 출현 여부, 종수 또는 개체수	• 서식종 출현종수, 분포현황 • 특별종 출현종수 또는 개체수, 특성
복원시설물		• 안전성과 관리 및 활용상태 등 • 이용시설물의 이용에 의한 훼손이나 활용빈도 등		
주민만족도		이용자나 방문자의 대상지 이용만족도		
종합분석 및 유지·관리방안 제시		목표종 및 생태계 안정화를 위한 관리방안 도출		

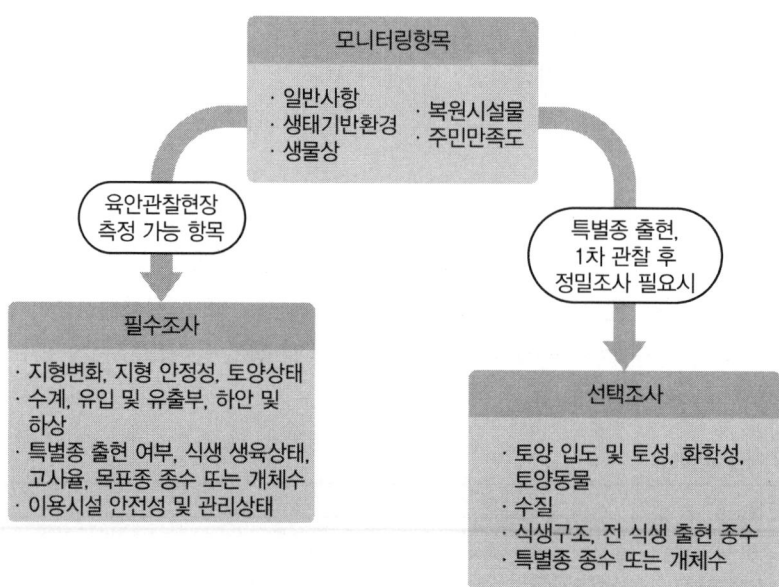

| 필수조사와 선택조사항목 선정기준 |

3) 시간적 범위

원칙적으로 사업 완료 후 2년간 실시하며 복원 목표 달성 여부를 파악하기 위해서는 지속적인 모니터링이 바람직하므로 시행 여부는 관리주체와 협의하도록 한다.

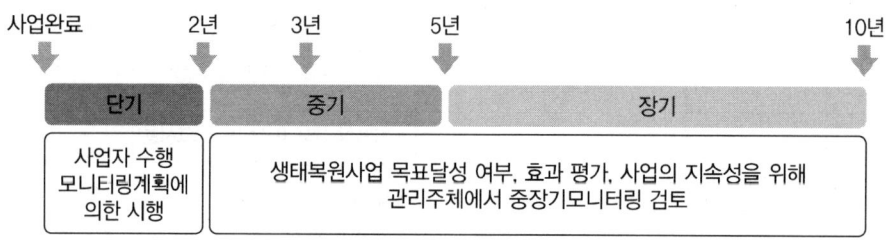

| 모니터링의 시간적 범위 |

2. 모니터링 조사시기와 주기 설정

1) 1차년도 모니터링의 조사시기, 조사횟수는 생물의 출현, 복원사업 이후 변화 등의 영향을 충분히 파악할 수 있도록 연 2회 이상 수행하고 2차년도 이후에는 목표종 활동시기를 고려하여 설정한다.
2) 분류군별 생태적 특성을 고려하여 활동기, 번식기에 실시하는 것을 원칙으로 하고 비활동기 및 비번식기 조사 시에는 생태적 특성을 고려하여 서식이 예상되는 곳으로 이동하며 조사를 실시하고 다음 표와 같이 분류군별로 생물종의 일반적인 조사시간을 정하며, 이 중 분류군별로 겹치는 활동시기에 주로 조사를 실시한다.
3) 철새 등 특정기간에 출현하는 생물종 등은 출현시기를 고려하여 조사시기를 설정한다.

▼ 생물종별 조사시기 및 주기

구분		시기	주기
식물상 및 식생		가급적 계절별로 실시하는 것을 원칙으로 함	연 2회 이상
동물상	포유류	포유류의 활동이 활발한 2~10월 말까지 실시	연중, 수시로
	조류	• 연 2회 이상 실시, 각기 다른 계절에 수행 원칙 • 텃새, 여름철새, 겨울철새, 통과 철새들이 많이 관찰되는 3계절 이상의 조사 기간 설정	연 2회 이상
	양서·파충류	• 현지조사는 2~10월 내 실시 • 춘기 양서류의 산란이 시작되는 시기부터 대부분의 양서, 파충류가 동면에 들어가는 시기까지 조사 시행 • 조사대상 분류군의 생태를 반영하여 조사기간을 설정	연 2회
	육상곤충	곤충의 활동이 이루어지는 4~10월 내 실시	연 2회
	어류	• 현지조사는 2~10월 내 실시 • 겨울을 제외하고 산란철인 봄과 하천이 안정화를 이루는 가을에 실시	연 2회
	저서성 무척추동물	• 현지조사는 3~10월 내 실시 • 겨울 및 여름을 제외하고 서식환경의 변화가 적은 봄, 가을에 실시 • 강우 시 조사 중단, 약 2주(14일) 정도 경과 후에 조사 실시	연 2회

※ 연 2회를 기준으로 하고, 필요시 횟수를 추가할 수 있음

3. 모니터링 수행인력 구성

1) 모니터링항목 선정 시 분류된 필수조사와 선택조사항목에 따라 필수조사는 대상지와 사업의 특성을 가장 잘 이해하고 있는 사업자가 수행하는 것을 원칙으로 한다.
2) 목표종이 특수하거나 예측하지 아니한 생물종 출현 등 선택조사를 실시해야 하는 경우, 해당 전문가 또는 전문기관에 의뢰하여 실시한다.
3) 또한 모니터링의 항목 및 범위 설정, 보고서 검토 등에 대하여 전문가 자문을 연차별로 2회씩 2년간 총 4회 실시하고 모니터링 보고회 참석을 포함한다.
4) 연차별 2회 자문은 모니터링계획 수립 후 모니터링 시행 중(현장자문) 1회, 모니터링 시행 후 보고서 제출 전(기술자문) 1회 실시한다.

▼ 모니터링 수행주체별 역할

구분	내용
사업주체	• 모니터링계획 수립(모니터링 기본방향 설정, 모니터링항목 및 범위 설정, 방법 선정 등) • 모니터링 필수조사항목 시행 및 결과 분석 • 모니터링 결과 보고서 작성(1회/연)
전문가 또는 전문기관	• 사업주체로부터 의뢰받은 선택조사항목의 모니터링 시행 • 해당 분야의 모니터링 결과 보고서 작성
모니터링 자문단	• 모니터링 시행 중 자문(현장자문) : 모니터링 시행에 따른 모니터링항목 및 범위 설정 • 모니터링 보고서 제출 전 자문(기술자문) : 모니터링 결과 검토

4 모니터링 예산 수립

1. 예산 수립 기준 설정

1) 사업 완료 후 모니터링은 2년간 실시를 기준으로 총 사업비의 4% 이내로 산정한다.
2) 사업자는 사업 완료 후 모니터링계획 시 연 2회를 기준으로 예산계획을 수립하되 사업의 목표, 특성을 고려하여 조사자 투입 인원, 횟수 등을 예산 내에서 조정한다.

2. 항목별 비용 산정

1) 사업 완료 후 모니터링항목은 인건비, 자문비, 경비, 인쇄비, 공과잡비 등으로 구성한다.
2) 산출내역 기준은 생태복원사업 모니터링규모에 맞게 소요인력을 산정한 표준인력품으로써 대상지 특성별 조사내용 및 결과 조치에 따라 소요인력품을 가감하여 조정할 수 있다.
3) 비용은 연 2회(필요시 추가)를 기준으로 작성하여 모니터링 보고서에 수록한다.
4) 인건비는 모니터링계획 수립, 모니터링 시행, 종합평가, 보고서 작성으로 구분하고 모니터링 시행에서 세부적으로 인원 투입을 계획한다.

▼ 인건비 품셈(사업규모 5억 원 이내 적용 예시)

공종명		단위	특급	고급	중급	초급	비고
1. 모니터링계획 수립		인	1.0	1.0	1.0	-	
2. 모니터링 시행		식					
	사업계획 검토	인	-	-	1.0	1.0	
생태기반환경	지형 및 토양환경	인	1.0	1.0	1.5	1.0	
	수환경	인	0.2	0.8	0.5	0.5	
생물상	식물상 및 식생	인	2.0	3.0	3.0	1.0	목표종 포함
	동물상	인	2.0	3.0	3.0	1.0	목표종 포함
복원시설물		인	-	0.5	1.0	1.0	
주민만족도		인	-	-	1.0	1.0	
3. 종합평가		인	1.0	1.0	1.5	1.0	
4. 보고서 작성		인	1.0	1.0	2.0	2.0	
인건비 계		인	8.2	11.3	15.5	9.5	

08 복원 후 관리계획

KEY POINT
01 모니터링 결과 분석·평가하기
02 관리방향 설정
03 세부관리계획 수립하기

1 모니터링 결과 분석·평가하기

1. 모니터링 결과 정리

구분		결과 정리내용
일반	위치 및 규모, 조성현황, 시기, 사업목표	• 대상지 사업계획서 및 준공도서 검토 • 사전조사 결과, 사업목표 및 전략, 대상지 공간계획 파악 • 목표종 이해 및 생활사 분석 • 복원 전후 대상지의 생태기반환경 변화 파악
생태기반환경	대기환경, 지형 및 토양환경, 수환경, 서식지	• 대상지 및 주변지역의 생태기반환경 여건 • 안정성, 훼손 여부 등 조사
생물상	식물상 및 식생	• 식물상　　　• 식생
	동물상	• 포유류　　　• 조류 • 양서·파충류　• 육상곤충 • 어류　　　　• 저서성 대형 무척추동물
복원시설물		• 안전성과 관리 및 활용상태 등 • 이용시설물의 이용에 의한 훼손이나 활용빈도 등
주민만족도		이용자나 방문자의 대상지 이용 만족에 대한 정량적 수치 도출
종합분석 및 평가		• 종합분석 : 항목별 결과 종합정리 • 평가 : 목표 달성 지표별 결과 산출
유지·관리방향		• 대상지 방향성 : 사업목표 달성을 위한 대상지 현재 수준 제시 • 유지·관리방안 : 모니터링항목별 주요 유지·관리방안 제시

2. 종합분석 및 평가

1) 종합분석

① 모니터링 결과 정리내용을 바탕으로 항목별 개선점, 보완할 사항 등을 종합분석하여 지속 가능한 유지를 위한 후속적 보완 및 유지관리방안을 도출한다.

② 분석 결과는 향후 타 사업 시행 시 참고자료로 활용하도록 한다.

2) 모니터링 평가

① 모니터링의 평가 목적
  ㉠ 복원 후 현 시점의 상태를 정확히 파악하고, 복원목표에 대한 달성 여부를 검토하며 복원사업의 효과를 평가함
  ㉡ 생태계 건강성 유지 및 향상을 위한 유지관리방안 도출과 타 사업의 기초자료로 참고하기 위해 복원효과를 평가함

② 모니터링의 평가항목 및 지표
  ㉠ 평가항목 선정 시 복원계획의 수립부터 사업 완료 후 유지관리에 이르기까지 해당 사업의 특성 및 실현가능한 사업의 목표를 반영할 수 있도록 함
  ㉡ 사업의 목표, 목표종 특성, 대상지역의 특성 등을 고려하여 모니터링 평가항목을 필수항목과 선택항목으로 구분할 수 있음

▼ 모니터링 필수평가항목

구분	평가항목	내용
생물종다양성	멸종위기종 종수 변화	사업대상지에 서식이 확인되는 멸종위기종의 종수
자연성 (교란 정도)	생태계교란생물 종수 변화	사업대상지에 서식이 확인되는 생태계교란생물의 종수
생태기반환경	탄소저감량 (또는 탄소저장량)	사업대상지 내 수림대 조성에 따른 탄소저감량(탄소저장량)
이용만족도	주민만족도 결과	주민만족도 설문조사표를 활용하여 전체 응답자의 점수를 산술평균하여 만족도(점)를 평가항목으로 함

▼ 모니터링 선택평가항목

구분	평가항목	내용
생태기반환경	수질	사업대상지 내 주요 수계의 수질
	유량	사업대상지 내 주요 수계의 유량, 저수량
생물종다양성	동식물 종수 변화	사업대상지에 서식이 확인되는 동물, 식물의 종수(경관 향상을 목적으로 인위적으로 식재 및 관리되고 있는 지역의 식물상은 제외)
자연성 (교란 정도)	귀화율(%)	이입된 식물종 목록을 바탕으로 귀화식물의 종과 수를 파악하여 귀화식물 비율 산출 $$귀화식물\ 비율 = \frac{귀화식물\ 종수}{이입식물\ 종수} \times 100$$
생태환경	녹지율(%)	사업대상지 중 복원된 녹지 비율 변화 산출(경작지는 녹지에 포함하지 않으며, 복원된 녹지는 생물서식을 목적으로 조성된 초지부터 적용함) $$녹지면적\ 비율 = \frac{복원된\ 녹지\ 면적}{전체\ 사업지\ 면적} \times 100$$

3) 모니터링 평가 결과

① 정량적 평가방법은 사업 전후, 사업 대상지 내외부, 사업 완료 후부터 모니터링 완료 시점 등을 비교한다.
② 정성적 평가방법은 정량적으로 도출하지 못한 문제점, 개선사항, 만족도 등 의견을 도출하는 방법으로 종합적인 복원효과를 평가한다.
③ 정량적 또는 정성적 평가방법으로 모니터링 평가 후 복원 목표에 도달 정도를 측정하고, 달성이 불확실할 경우 후속적 보완이나 목표를 수정한다.

▼ 모니터링 평가 결과

구분	평가 결과	비고
정량적 평가방법	• 사업대상지의 사전조사 결과와 모니터링 결과의 비교를 통해 사업 전 대비 복원 정도 및 평가항목별 시간적 변화 양상을 파악해 상태의 개선 여부를 확인할 수 있음 • 정량적 평가방법은 사업 전 조사값과 사업 후 모니터링 결과값의 차이를 평가하는 방법에 따름	$\dfrac{\text{사업 후 모니터링 결과값} - \text{사업 전 조사값}}{\text{사업 전 조사값}} \times 100$
정성적 평가방법	• 지역의 특성을 잘 이해할 수 있는 거버넌스체계 및 전문가집단 등의 평가주체를 통함 • 정량적으로 도출하지 못한 문제점, 개선사항, 만족도 등의 의견을 도출하는 방법	

2 관리방향 설정

1. 유지관리와 모니터링의 연계

1) 생태복원사업 이후 발생되는 결과는 모니터링에 기초한 유지관리 시 복원된 대상지의 관리와 운영을 객관적이고 정량적으로 점검할 수 있도록 하여야 하며 이는 생태복원사업 이후 복원 목표를 달성할 때까지 지속되어야 한다.
2) 또한 복원사업 이후 예상치 못한 문제가 발생하였을 경우 방향 조정, 개선 및 보완계획을 수립하여야 한다.
3) 복원 후의 안정화 과정 및 성공도 평가를 위해 사업 완료 후 모니터링을 포함한 유지관리기법이 필요하므로 이를 위해서는 사업 완료 후 유지관리 기준 및 절차 등의 체계를 구축하고 복원 목표에 기초한 평가지표 등을 마련하여야 한다.
4) 유지관리계획은 복원사업 후의 본래의 생태적 기능과 생태계 건강성을 회복한다는 기본방향을 반드시 고려하여 수행하여야 한다.
5) 유지관리계획은 당초에 설정된 복원 목표와 일관성을 유지하여야 하는 동시에 모니터링 평가 항목과도 연계하여 사업 효과 극대화와 결과 환류시스템으로 활용하여야 한다.

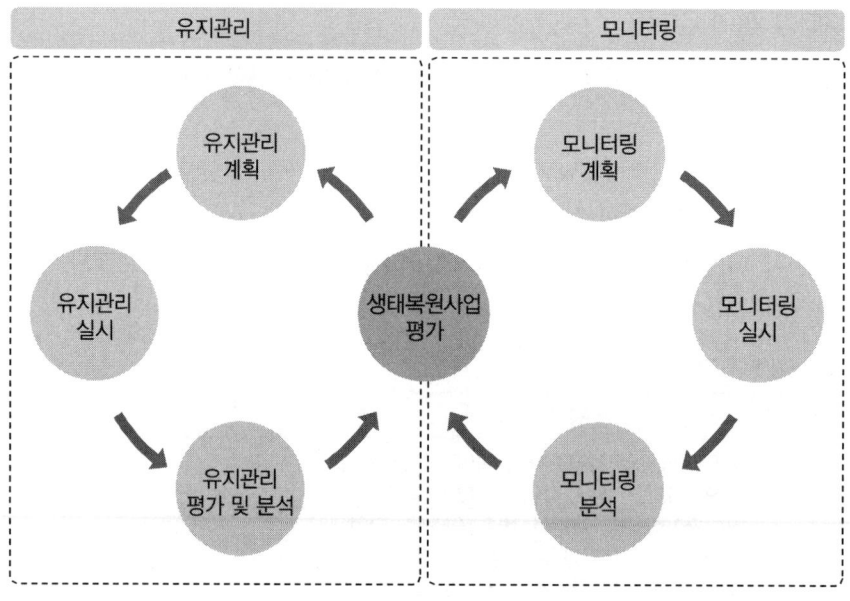

| 유지관리와 모니터링의 연계 |

2. 관리방안 및 계획 수립

1) 관리방안

복원사업의 성공도 향상 및 효과 유지 등 사업의 지속가능성 확보를 위하여 필요한 과정으로, 사업 완료 후 모니터링 결과를 기초로 전반적인 후속적 관리방안을 도출한다.

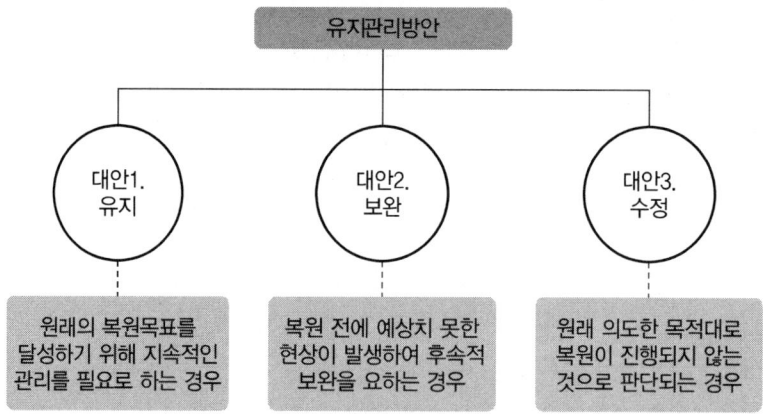

| 모니터링 결과를 활용한 유지관리방안 |

2) 계획 수립

① 유지관리계획은 생태복원사업 후의 사업지의 생태적 기능과 건전성을 회복한다는 기본방향을 고려하여 수립하여야 한다.

② 또한 당초 수립한 사업목표와 통일성을 유지해야 하며 모니터링 평가항목과 연계하여 사업목표 달성을 위해 수립하여야 한다.

③ 유지관리 방향 도출 : 사업 목표 달성 및 사업효과 유지 등 대상지의 지속가능성 확보를 위하여 모니터링 결과를 기초로 전반적인 후속적 관리방안을 도출한다.
  ㉠ 대안 1. 유지 : 원래의 복원 목표를 달성하기 위해 지속적인 관리를 요하는 경우
  ㉡ 대안 2. 보완 : 복원 전에 예상치 못한 현상이 발생하여 후속적 보완을 요하는 경우
  ㉢ 대안 3. 수정 : 원래 의도한 목적대로 복원이 진행되지 않는 것으로 판단되는 경우

3 세부관리계획 수립하기

1. 세부관리항목 도출

1) 유지관리 주기 설정

① 정기적 유지관리 : 토양환경, 수환경 등의 안정성 확인, 교목·관목·초화류의 생육상태 확인, 대상지 내 교란종 점검 및 제거, 서식지 관리, 시설물 관리 등은 주기적으로 점검을 실시한다.

② 비정기적 유지관리
  ㉠ 장마, 홍수, 가뭄, 태풍 등이 발생한 경우 시설물의 훼손상태 확인 등 전반적인 점검을 실시함
  ㉡ 항목별 정기점검 시 토양오염, 녹조 발생, 병충해 발생, 수변식생 과다 번식, 생태계교란종 등이 관찰되었을 시 조치를 취하기 위한 점검을 실시함

2) 유지관리내용 및 방법

① 모니터링 결과와 종합분석내용을 바탕으로 유지관리방안을 제시하고 항목별 점검표를 작성한다.

② 사례표

점검항목		점검내용	점검주기	
			정기	비정기
생태 기반 환경	토양 환경	침식 및 유실	●	
		비탈면 표면 안정성	●	
		답압상태, 배수상태	●	
		토양오염		●
	수환경	물순환 : 설비점검, 유입구 및 유출구, 수심, 수위변동	●	●
		하상 및 하안 : 유실 여부	●	
		부영양화(녹조, 오염 등)		●
생물상	식물상 및 식생	교목, 관목, 초화류 생육상태	●	
		병충해 발생		●
		수변식생 밀도 조절 및 식물 고사체 제거		●
		대상지 내 교란종 점검 및 제거	●	
	서식지	곤충류 및 소동물 : 습지 내 개방수면, 나무더미, 돌무더기 등 점검	●	
		어류 : 수질, 수온 관리	●	
		양서류 : 수질관리, 주변 은신처 확보 여부	●	
		조류 : 인공새집, 다층식재구조	●	
복원 시설물	시설물	서식환경시설 : 훼손 여부, 퇴적물, 물고임, 형태 유지 등	●	
		관찰시설 : 안전 유지, 내구성 등	●	
		학습 및 체험시설 : 이용강도, 관리강도, 내구성 등	●	
		생태놀이시설 : 안전성, 훼손 여부, 접합부 안전성, 조임쇠, 모래밭 이물질 혼입 여부 등	●	
		휴게 및 편익시설 : 훼손 여부, 접합부 안전성, 조임쇠, 목재부 갈라짐 및 부패, 철재부 부식 등	●	
		포장 : 침하, 토사유입, 크랙, 배수, 파손 등	●	
		울타리 : 훼손 여부, 안전성 유지 등	●	

2. 공간별(핵심·완충·협력구역) 특성 파악(중점관리지역 설정)

사업계획에서 설정된 핵심·완충·협력지역을 중심으로 공간별로 주요 생물종 또는 목표종이 서식하거나 출현이 예상되는 구간을 중점관리지역으로 선정한다.

▼ 관리지역의 구분

구분		내용	지역
핵심지역	서식지 복원지역	• 목표종의 서식처 조성 가능이 높고 보전가치가 높거나 보존이 필요한 지역 • 생물다양성의 보전과 간섭을 최소화한 지역 • 생태계모니터링과 파괴적이지 않은 조사·연구 등이 가능한 지역	중점 관리지역
완충지역	환경교육, 생태관광	• 핵심을 둘러싸고 있거나 이에 인접한 지역으로 외부 영향을 완충 • 환경교육, 레크리에이션, 생태관광 등 건전한 생태적 활동지역 • 방해요소가 발생될 수 있는 동선과 근접한 지역	일반 관리지역
협력지역	생태학습 및 체험·홍보	• 지역의 자원을 관리·이용하기 위해 이해당사자들이 함께 활용하는 지역 • 생태학습 및 체험 등이 이루어지는 친환경공간 • 생태교육과 복원에 대한 인식 증진을 기대할 수 있는 홍보공간	

3. 세부관리계획 수립

1) 생태기반환경 관리

관리항목		관리방법
토양환경	침식 및 유실	토양침식이나 세굴 발생 시 복토 또는 배수체계 개선 등으로 침식현상 완화
	비탈면 안정성	세굴이나 유실 발생 시 거적덮기로 임시 조치 후 배수상태 등 확인 조치
	토양경도	토양층 교란, 식재지 답압이 심한 경우, 토양층 복원, 토양개량제 처리 등
	유효수분	토양이 건조하여 수목생육에 영향이 있을 경우 인위적인 관수, 객토 등 실시
	식재지 배수불량	객토, 배수시설 보완, 성토 등
	토양오염	육안으로 관찰 시 오염현상이 발견되면 전문가에게 분석을 의뢰하고 오염물질에 따른 개선 조치
수환경	물순환	• 정기적인 설비 가동 및 점검 • 유입구 및 유출구 주기적 청소
	수량 부족/ 수계단절	• 상수나 지하수를 이용할 경우 평균수위를 정하여 관리 기준으로 삼고, 항상 일정한 수위를 유지하는 것보다는 홍수기에는 평균수위 이상을 유지하고 가뭄기에는 평균수위를 유지 • 안정적인 수위 유지가 어려운 경우, 수자원 확보방안 추가 모색(집수로 설치) • 수계 단절 원인을 파악하여 수계 연결

관리항목		관리방법
수환경	개방수면	• 사업의 목표에 맞는 개방수면 확보 • 지나치게 밀생한 수변식생과 개방수면을 필요로 하는 곤충을 위해 갈대 등 생육이 왕성한 식물은 솎아베기 실시 • 제거한 식물은 일정 기간 습지 주변에 존치하여 수생생물 은신처 확보
	하안 및 하상	• 생물종이 은신할 수 있도록 수변식물의 풀깎기를 최소화하여 급격한 수온 상승 억제 • 어류가 서식하는 습지는 동결심도 유지를 위해 적정 깊이로 준설
	수질	• 녹조 : 육안 관찰 시 계절적 원인 이외에 다른 요인이 있는 경우 별도 대책 수립 • 부유물질 : 육안 관찰 시 부유물질의 밀도가 높은 경우 제거 대책 수립 • 영양염류를 제어하거나 조류의 성장을 제어하여 관리

2) 식물상 및 식생 관리

관리항목			관리방법
식물상 및 식생		시비	• 식물의 성장 촉진, 쇠약한 수목에 활력을 주기 위하여 필요시 퇴비 등 유기질비료와 화학비료를 투입할 수 있음 • 시비 시 토양을 경운하여 비료와 토양을 혼합시켜야 함 • 단, 가급적 화학비료보다는 유기질비료를 시비하는 것이 바람직하며 비료가 과잉 공급되어 염류장해 등을 발생시키지 않도록 주의
		병충해 관리	• 각종 병충해에 의해서 복원목표 달성에 영향을 주는 경우 병해충 방제 실시 • 발생 원인을 정확히 규명하여 실시하며, 방제보다는 예방을 우선으로 적기에 실시 • 탐방객 및 인근지역 주민들에게 불쾌감을 주어 정신적 피해가 예상되는 경우 실시 • 인접지 수목 등에 병해충 피해를 유발시킬 우려가 있는 경우 실시 • 방제작업으로 인해 서식종에 피해를 줄 수 있다고 판단되는 경우 생태적인 방제방법을 고려하여 시행
		수분	생육상황을 판단하여 수분공급 및 유효수분 유지
		월동	이식수목 및 초화류가 겨울철 환경에 적응할 수 있도록 실시
		생태계 교란종	• 다년생 초본류와 같은 식생대를 유지하기 위해서는 외래식물은 지속적으로 구제함 • 미국자리공, 망초류, 환삼덩굴 등 빠른 성장 및 확산력을 바탕으로 식재된 자생종을 피압시킬 가능성이 있으므로 다양한 방법으로 관리 • 환경부 지정 생태계교란생물 목록 및 사진을 참조하고 식별이 어려울 시 전문가에게 의뢰
	하자보수	하자보수 대상식물	수목, 다년생 초화류 등 식재된 상태로 고사한 경우에 한함
		고사여부 판정기준	• 수관부 가지의 약 2/3 이상이 고사하는 경우 • 초화류는 해당 공사의 목적에 부합되는가를 기준으로 감독자의 육안검사 결과에 따라 고사여부 판정
		시기	하자가 확인된 차기의 식재 적기 만료일 전까지 이행하고 식재 종료 후 검수, 하자보수 의무의 판단은 고사 확인 시점 기준
		규격	원 설계규격을 준수하며, 사업목표 달성 여부를 고려하여 필요시 수목 및 규격 변경 가능

3) 서식지 관리

관리항목		관리방법
곤충류 및 소동물	소동물	• 서식지 내 다공질공간 등 유지, 유실 및 파손 시에는 보수 및 교체 • 이동통로 훼손, 이물질로 인한 이동 장애물 등 제거나 보수
	수서곤충	• 깨끗한 수질 유지 • 개방수면의 40~60% 유지 : 수초의 지나친 성장 제어 • 갈대, 부들 등의 정수식물이 유지되도록 관리(우화장소 확보, 적정 수온 유지)
	육상곤충	• 다양한 식생을 지속적으로 유지, 관리 • 서식지 내 고사목, 나무더미 등 다공질공간 유지, 유실 및 파손 시에는 보수 및 교체 • 지나치게 어둡거나 밝은 공간만 형성되지 않도록 식생구조 관리
	모기	• 어류, 양서류, 수서곤충에 의한 생물적 방제방법 이용 • 지역의 특성을 배려한 설계와 식생 및 수위조절 등 효율적 관리
어류		• 여름철, 주변의 수초나 관목 및 교목숲으로 그늘지역을 일부 형성 • 일부 구간은 겨울철 수심이 1m 이상 유지되도록 관리 • 이용객 방생금지/방생종 제거
양서류		• 생활사에 필요한 공간(산란장소, 활동 및 휴식장소, 동면장소)이 갖춰지고 습지가 있는 공간이 항상 보존되도록 관리 • 급격한 수질 변화가 일어나지 않도록 관리 • 양서류의 이동통로에 장애물 제거
조류		• 조류관찰대 조성 시 일부 공간만을 개방하여 관찰하도록 관리 • 다양한 식생구조 및 인위적인 새집 조성 • 물새류는 수서생물, 소형 포유류, 파충류, 곤충 등의 먹이를 위주로 하천변을 이동하므로 수서생물의 개체수 증가 및 종 다양성 증가의 관리 필요
생태계교란생물		• 주변지역 주민들이 외래종을 인공방사하지 못하므로 사전관리 • 환경부 지정 생태계교란생물 목록 및 사진을 참조하여 식별이 어려울 시 전문가에게 의뢰 • 세부적인 관리 및 조치사항은 생태계교란생물 현장관리 핸드북(환경부, 국립생태원, 2016) 참고

4) 복원시설물 관리

관리항목		조치사항
서식환경시설	이동통로	이동통로 훼손, 이물질로 인한 이동장애물 등 제거나 보수
	다공질공간	유실 및 파손 시 보수 및 교체
관찰시설	탐방로	목재데크의 기초 및 이음부 결속상태, 목재의 부패로 인한 훼손 시 부분 교체
	탐방시설	구조물의 구조적 안전 확보, 청결상태 등
학습 및 체험시설	학습장, 학습안내판	• 사진, 글씨 등 판독이 어려울 때 교체(사진이나 문안 보관) • 내구연한에 따른 주기적 교체
생태놀이시설	생태놀이시설, 모래밭	• 놀이시설의 훼손, 이탈, 이음부 결속상태, 점검 및 보수 • 모래 높이 최소 30cm 이상 확보를 위한 교환 및 보충 • 흙, 모래 오염물을 제거하고 정기적인 소독 실시

관리항목		조치사항
휴게 및 편익시설	그늘막/벤치	이용빈도에 따른 위치 조정, 페인트칠 및 목재의 부패 등 확인
포장	자연재료	유실부의 충전, 표면 거침 정도에 따라 다짐 등 실시
	블록/경화포장	파손블록 교체, 모래 충진, 배수로 정비, 우수에 의한 노면 오염물질 제거
기타	울타리	훼손울타리 보수, 훼손지 발생 시 울타리 신설
	관리시설	청결상태, 시설 외부 페인트칠, 화장실 관리상태, 정화조 관리 등

5) 이용자 관리

관리항목	관리방법
안전성 확보	수심 1m 이상의 수공간은 접근 제한 시설
핵심지역 관리	이용에 의한 훼손 가능성이 높은 지역이므로 탐방로 이외의 구간은 접근 제한
완충지역 관리	이용공간과 서식공간의 상충성을 완화시키는 공간으로 완충지역을 설정하여 관리
환경교육	환경교육을 통한 이용자 관리

6) 지역거버넌스 참여

① 거버넌스 구축
  ㉠ 민관 파트너십에 의한 협의체를 구성하여 모니터링과 유지관리를 수행하는 것이 바람직함
  ㉡ 협의체는 지역주민의 의견수렴을 위한 주민, 시민단체, 전문성 확보를 위한 산학연 전문가, 다양한 의견을 수렴하는 것이 바람직함
  ㉢ 협의체는 효율적인 운영을 위해 구성원별로 역할을 분담하여 각각의 업무를 수행함
  ㉣ 대상지의 활용에 대한 생태프로그램을 개발·운영하고 얻은 결과는 향후 홍보 및 교육에 활용함

② 주민참여 유도 : 각 지자체 및 환경청 등은 주민들이 적극적으로 모니터링 및 유지관리활동에 참여하도록 유도하고 참여 결과에 대한 홍보를 실시하여 다시 참여를 유도하는 등 순환구조의 형태로 주민참여 활동을 실시한다.

PART 05 필답형 문제풀이편

01 생태학
02 법규
03 환경계획
04 생태복원
05 최근 기출문제 풀이

01 생태학

1 생태학

1. SLOSS(Single Large Or Several Small) 논쟁에 대하여 쓰시오.

① 도서생물지리모델을 기반으로 한 보호지역설계원리〈다이아몬드 이론〉에 대한 보전생태학자들 사이의 논란
② 하나의 큰 서식처보다도 작은 여러 개의 서식처가 생물다양성이 높다는 이론
③ 하나의 큰 서식처는 내부종 서식에 유리하지만 생물종이 풍부해지는 외연부 길이는 줄어든다. 반대로 작은 여러 개의 서식처는 내부공간이 형성되지 않아 내부종의 서식에는 불리하지만, 외연부의 길이는 하나의 큰 서식처에 비해서 길어지기 때문에 생물다양성이 상대적으로 풍부해진다. (도서생물지리모델을 기반으로 한 보호지역 설계원리 중 큰 하나의 서식처가 작은 여러 개의 서식처보다 생물다양성이 높다는 이론에 대한 반박)

> **LOS(Large Or Small) 논쟁**
> 작은 서식처일지라도 생물다양성이 더 높은 경우가 있다.

하나의 커다란 서식처	작은 여러 개의 서식처
가장자리 효과를 최소화하고, 서식지 다양성이 가장 높고, 대형 육식동물같이 크고 밀도가 낮은 종들이 개체군을 장기간 유지할 수 있는 충분한 개체수를 수용할 수 있다.	• 한 지역이 일정 크기보다 커지면, 면적이 커짐에 따라 추가되는 신종들의 수는 감소한다. 이러한 경우 일정 거리를 두고 두 번째 지역을 설정하는 것이 기존 보전지역의 면적을 단순히 증가시키는 것보다 추가적인 종 보존을 위해 더 바람직한 전략이다. • 보다 넓은 지역에 걸쳐 위치하는 작은 지역들의 네트워크는 더 다양한 서식지 유형과 더 많은 희귀종을 보유하고 단일 연속구역에 비해 불, 홍수, 질병 같은 각각의 재난 또는 외래종 도입에 덜 취약할 것이다.
복합전략	

보다 큰 종들의 보존을 위해서는 큰 지역이 필요하나 보전지역들의 네트워크는 종들의 장기간 보존에 더 바람직한 해결책이 될 것이다.
메타개체군 생물학의 발전은 이러한 사고의 변화를 가져온 원동력이다.

2. SLOSS 논쟁에서 큰 패치가 유리한 이유에 관하여 쓰시오.
   ① 내부종 및 행동권이 큰 종 등에 필요한 서식처 제공함
   ② 서식처 다양성이 높아 다중서식처 종들에게 서식처 제공함
   ③ 외부 교란에 대한 완충효과 큼

3. 환경수용력에 대하여 설명하시오.
   ① 환경수용력 : 일정 지역의 생태계에서 부양 가능한 개체수준
   ② 최대수용력, 적정수용력
      • 최대수용력 : 일정 지역의 생태계에서 부양 가능한 최대 개체수준
      • 적정수용력 : 일정 지역의 생태계에서 부양 가능한 적정 개체수준

4. 질소순환에 대하여 쓰시오.
   ① 질소순환 : 생태계에서 질소가 비생물환경으로부터 생산자, 소비자를 거쳐 다시 비생물환경으로 되돌아가는 현상
   ② 질소순환 과정

   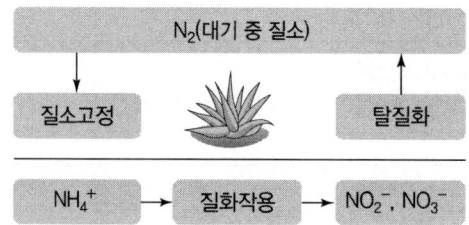

5. 질소고정방법 3가지를 쓰시오.
   ① 자연적 질소고정 : 번개, 에너지 등 자연현상에 의한 질소고정 방법
   ② 생물학적 질소고정
      ㉠ 비공생질소 고정균
         • 호기성균 : Azotobactor
         • 혐기성균 : Clostridium
         • 남조류 : Cyanobacteria
      ㉡ 공생질소 고정균
         • 곰팡이류, 지의류 : Cyanobacteria
         • 콩과식물 : Rhizobium
         • 비콩과식물 : 오리나무류, 보리수나무류, 소귀나무, 갈매나무
   ③ 인위적 질소고정 : 질소비료 등 인간활동에 의한 질소고정

6. 생물다양성의 계층성에 대하여 쓰시오.

① 유전자 다양성
② 종 다양성
③ 생태계 다양성

> 유전자 < 개체 < 개체군 < 종 < 군집 < 생태계

7. 종 다양성과 이질성의 관계에 대하여 쓰시오.

① 경관의 종 다양성은 이질성 정도가 중간일 때 가장 높음
② 너무 다양한 경관요소는 서식처의 복잡성으로 인해 종 다양성이 감소

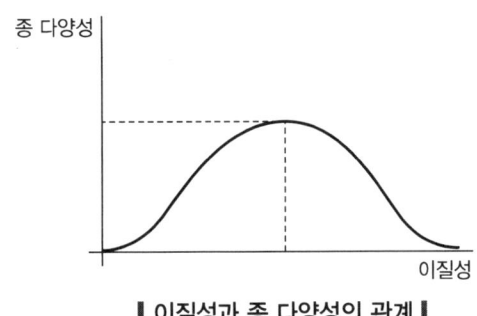

∥ 이질성과 종 다양성의 관계 ∥

8. 생태회복력에 대하여 설명하시오.

① 생태계 회복력 : 군집이나 생태계가 교란을 받은 후 원래 상태로 되돌아가거나 다른 안정적인 상태로 넘어가 생태계 평형을 찾는 능력
② 생태계 회복력과 교란

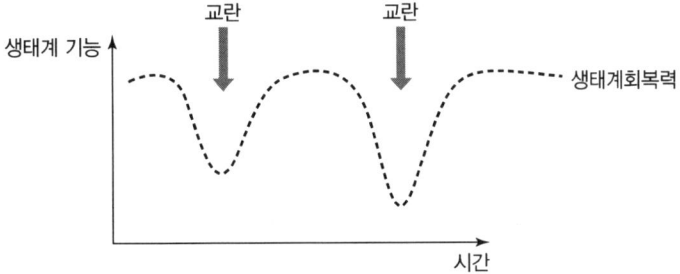

9. 생태계 구조에 대하여 설명하시오.

   ① 생태계 구조
   - 생물요소 : 생산자, 소비자, 분해자
   - 비생물환경 : 대기환경, 수환경, 토양환경 등

   ② 생태계 구조 개념도

   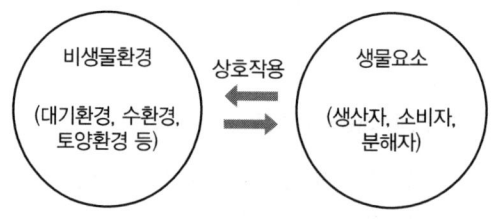

10. 생태계의 생물적 구성요소(기능적 명칭) 3가지를 쓰시오.

    ① 생산자
    ② 소비자
    ③ 분해자

11. 변이(Variant)에 대하여 설명하시오.

    ① 변이의 개념
    - 개체 간에 나타나는 형질의 차이
    - 유전적 요인과 환경요인에 의해 발생함

    ② 유성생식에서 진화가 발생하는 원인
    - 자연선택
    - 돌연변이
    - 유전자 부동
    - 유전자 이동

12. 침입종 때문에 재래종이 멸종 위기에 처하는 것에 대한 생태적 메커니즘에 관하여 쓰시오.

    ① 침입종이 재래종의 강력한 천적이 되는 경우
    ② 재래종의 먹이나 서식장소를 빼앗고 생태적 지위를 획득하는 경우
    ③ 재래종과의 사이에 중간적인 종을 만들어 유전적 교란을 야기하는 경우

13. 엔트로피 법칙에서 엔트로피에 해당하는 것을 예를 들어 설명하시오.

① 엔트로피 증가법칙(열역학 제2법칙) : 에너지는 항상 무질서한 방향(엔트로피가 증가)으로 흐른다는 법칙
② 엔트로피에 해당하는 사례 : 화석연료의 연소에 따라 발생하는 열에너지, 생물들의 활동에 의하여 발생되는 열에너지

14. Liebig의 최소량의 법칙에 대하여 설명하시오.

① 식물의 생육에 필요한 필수 영양소 중 가장 소량으로 존재하는 영양소가 식물의 생육을 좌우한다는 법칙이다.
② 식물은 가장 부족한 영양소의 양만큼 다른 영양소를 사용한다. 즉, 다른 영양소가 100%씩 공급되어도 가장 부족한 영양소가 10%이면 나머지 역시 10%만 사용된다.

15. 생태계에서 1차 생산성과 2차 생산성의 특성을 비교하시오.

구분	1차 생산(Primary Production)	2차 생산(Secondary Production)
개념	독립영양생물의 광합성에 의한 유기물 생산	종속영양생물의 바이오매스 생산

16. 식물의 산포방법에 대하여 설명하시오.

구분		내용	사례
풍산포		바람을 이용해 널리 퍼지는 방식	민들레씨앗
동물산포	섭취	영양가가 높은 열매를 먹은 동물에 의해 영양소는 소화되고 종자만 배설된다.	으름덩굴
	접착	끈끈한 점액질 또는 가시나 털을 이용해 동물의 몸에 붙어서 이동된다.	도깨비바늘
	비축	다람쥐나 일부 새들도 종자를 은닉처에 비축하는 습성이 있는데 이 중 먹지 않는 종자들은 자라난다.	도토리
중력산포		열매가 성숙하면 무거워지고 중력에 의해 땅에 떨어진다.	사과
수산포		물에 의해 종자를 산포한다.	수련

17. 식물의 산포방법 중 동물을 이용한 산포방법 3가지를 설명하시오.

구분		내용	사례
동물산포	섭취	영양가가 높은 열매를 먹은 동물에 의해 영양소는 소화되고 종자만 배설된다.	으름덩굴
	접착	끈끈한 점액질 또는 가시나 털을 이용해 동물의 몸에 붙어서 이동된다.	도깨비바늘
	비축	다람쥐나 일부 새들도 종자를 은닉처에 비축하는 습성이 있는데 이 중 먹히지 않는 종자들은 자라난다.	도토리

18. 식물의 타감작용을 설명하시오.

① 타감작용 : 식물이 성장하면서 일정한 화학물질이 분비되어 경쟁하는 주변의 식물의 성장이나 발아를 억제하는 작용을 말한다.

② 사례
- 가시박, 소나무 : 타감물질을 분비하여 주변 식물 성장 방해
- 단풍나무 : 단풍나무 잎(낙엽)이 타감물질을 분비하여 다른 식물 성장 방해

19. 유전자 병목현상에 대하여 설명하시오.

① 병목현상
- 한 개체군 내에서 교란사건에 의해 소수의 개체만이 살아남는 것
- 살아남은 개체들이 유전적으로 단순해지는 현상

② 병목현상 개념도

20. R-선택종과 K-선택종에 대하여 설명하시오.

① R-선택종, K-선택종 개념

두 다른 환경에 적응한 유사종이 생활사 전략을 달리하는 방법 예측

② R-선택종, K-선택종 전략 비교

구분		R-선택종	K-선택종
서식환경		시간에 따라 변화가 쉽거나 단명한 서식지	임의적 환경 변동이 거의 없는 비교적 안정된 서식지
사망원인		비예측적	밀도 관련
생존 전략	수명	짧음	긺
	번식시기	빠름	늦음
	자손 수	많음	적음
	몸 크기	몸이 작고 발달이 빠름	몸이 크고 발달이 느림
	부모교육	최소	최대
경쟁		• 불안정 서식지 비경쟁 상황 • 개체군 밀도 낮을 때 높음	• 안정된 서식지 경쟁 상황 • 고밀도에서 생장률 유지
비교 의미		• 크기가 다양한 종보다는 분류적·기능적 유사한 생물들을 분류 • 유사종이 환경 변이에 따라 생활사 전략을 달리하는 걸 알 수 있음	

21. 공간분포유형 Morisita 지수 판정공시와 판정방법

① Morisita 지수 : 식물분포패턴을 나타내는 지수

② 판정공시와 판정방법
- 임의분포를 하면 1, 규칙분포로 하면 0, 집중분포를 하면 n(조사구 수)에 가까운 값을 가진다.
- 식물의 분포형은 종간경쟁과 환경에 따라 다르게 나타나는데 환경조건이 내성범위에 있을 경우 임의분포, 심한 종간경쟁으로 인하여 균등한 공간배열이 요구될 경우 규칙분포, 종간경쟁이 심하거나 환경조건이 불균일할 경우 집중분포하는 경향을 나타낸다.

22. 개체군 분포유형에 대하여 설명하시오.

구분	임의분포	균일분포	군생분포
원인	• 자원의 고른 분포 • 개체들 간 상호작용이 중립적	• 자원 경쟁이 심함 • 최소거리를 균일하게 유지	• 자원의 밀집 또는 사회적 집단 형성 • 무리를 지어 분포함
사례	풀밭의 민들레 등	사막의 식물 등	무성생식하는 식물 등
그림	(임의분포 그림)	(균일분포 그림)	(군생분포 그림)

23. 개체군의 빈도와 상대빈도 구하는 공식을 쓰시오.

① 밀도 = $\dfrac{개체수}{전체면적(m^2)}$

상대밀도(%) = $\dfrac{특정종\ 밀도}{모든\ 종\ 밀도\ 합} \times 100\%$

② 빈도(%) = $\dfrac{특정종이\ 출현한\ 방형구\ 수}{조사한\ 전체\ 방형구\ 수} \times 100\%$

상대빈도(%) = $\dfrac{특정종\ 빈도}{모든\ 종\ 빈도\ 합} \times 100\%$

③ 피도(%) = $\dfrac{특정종\ 면적}{총면적}$

상대피도(%) = $\dfrac{특정종\ 피도}{모든\ 종\ 피도} \times 100\%$

24. 밀도가 동일할 경우 빈도가 높을수록 개체군의 공간분포는 어떤 형태인가?

균일분포

25. 출생률 0.7, 사망률 0.1, 이입률 0.3, 이출률 0.1일 때 다람쥐 생존율을 구하시오.

$(0.7+0.3)-(0.1+0.1)=0.8$

26. 인구증가율이 1%일 때 인구의 크기가 1.5배가 되는 최소 연수를 구하는 식과 답을 쓰시오.

- [식 1] 인구증가율 1%, 첫 해의 인구 $= p$

    n년 후 인구 : $1.01^n \times p$

    인구가 1.5배가 되는 연수 : $1.01^n \times p > 1.5 \times p$

    양변을 p로 나누고 log 함수를 이용하여 계산

    $\log 1.01^n = n \times \log 1.01$

    $\log 1.01 = 0.00995$

    $\log 1.5 = 0.405465$

    $n > \dfrac{0.405465}{0.00995} = 40.75$

    답 : 41년

- [식 2] 공식 $N(t) = N(0)e^{rt}$

    여기서, $N(t)$: t시간에서 개체군 크기
    $N(0)$: $t=0$일 때 개체군 크기(초기 개체군 크기)
    e : 자연로그(2.72)
    r : 순간증가율 또는 내적증가율
    t : 시간

    $1.5 = 1 \times ert$

    $rt = \ln(1.5)$

    $t = \dfrac{\ln(1.5)}{r} = \dfrac{0.405465}{0.01} = 40.5465$

    답 : 41년

27. 존속 가능 최소개체군(MVP)에 대하여 설명하시오.

① MVP(Minimum Viable Population) : 어떤 동물이 1,000년 뒤에도 멸종하지 않고 번식하기 위하여 필요한 일정한 개체수

② 최소존속개체수 사례
- 척추동물의 경우 500~1,000개체
- 무척추동물과 1년생 식물의 경우 10,000개체

28. 종자번식과 영양번식의 장점 3가지를 쓰시오.

① 종자번식의 장점
- 번식이 쉽고, 다량 생산 가능
- 품종개량 가능
- 원거리 이동 가능

② 영양번식의 장점
- 동일한 품종 생산가능
- 생존확률 높음
- 성장 빠름

29. 알리효과에 대하여 설명하시오.

① 알리효과 : 개체군 밀도가 너무 낮을 때 출생률과 생존율이 낮아진다는 이론

② 알리효과가 나타나는 이유
- 잠재적 배우자를 찾는 능력이 제한됨
- 교배, 먹이획득, 방어와 관련된 협동행동을 수행하는 사회구조 붕괴

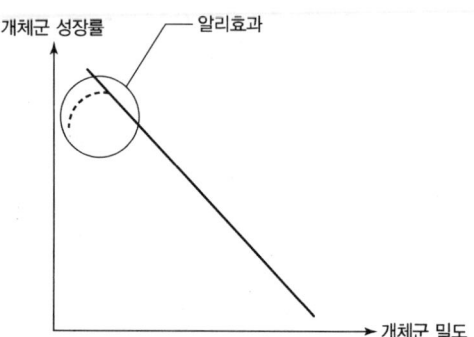

30. 천이퍼텐셜에 영향을 주는 환경퍼텐셜 3가지를 쓰시오.

① 입지 퍼텐셜
② 종공급 퍼텐셜
③ 종간관계 퍼텐셜

31. 천이모델 3가지를 쓰고 천이속도 및 내용을 쓰시오.

구분	촉진모델	억제모델	내성모델
내용	천이초기종이 환경을 변화시켜 천이후기종의 생장에 유리한 조건이 됨	종간경쟁이 심하며, 천이초기종이 다른 종으로부터 자기자리를 방어함	천이후기종이 천이초기종에 의해 억제되지도 촉진되지도 않음
천이속도	빠름	느림	중간

32. 중규모교란설의 정의와 사례를 쓰시오.

① 중규모교란설 정의

　교란의 정도가 중간일 때 종다양도가 가장 높다는 이론

② 중규모교란설 사례
- 산림 숲틈 : 교란은 종들의 공존기간을 연장시켜 천이초기종과 천이후기종의 과도기처럼 생장률이 저하되었을 때와 유사한 효과를 보인다.
- 습지 : 초기에는 여러 수생식물이 나타나지만 시간이 흐를수록 번식력이 강한 수생식물이 우점하게 된다. 몇몇 종이 우점하지 않도록 적절한 관리(교란)를 해주면 수생식물의 다양성을 유지할 수 있다.

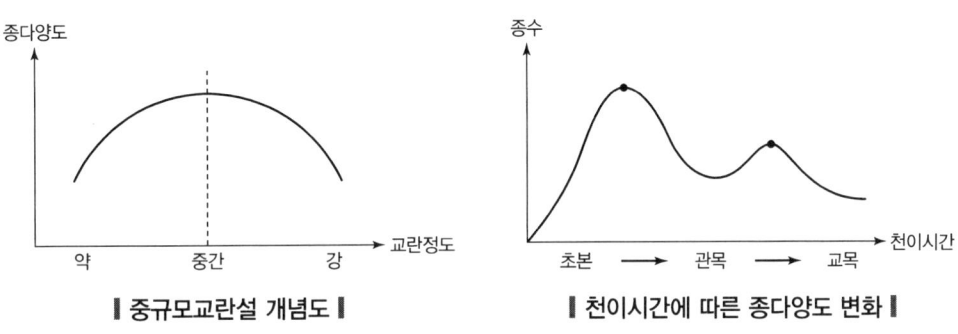

| 중규모교란설 개념도 |　| 천이시간에 따른 종다양도 변화 |

33. 천이가 진행됨에 따라 "생물량/순생산량", "호흡량/총생산량"은 어떻게 변하는가?

① 천이 후기(극상)
- 생물량 증가
- 순1차 생산력(NPP) 감소
- 호흡량(R) 증가
- 총생산량(GPP) 감소

② 천이 진행에 따른 변화
- 생물량/순생산량 > 1
- 호흡량/총생산량 ≥ 1

34. 2차 천이에 대하여 설명하시오.

① 2차 천이의 특성
- 자연적, 인위적 교란으로 식생이 사라진 상태에서 시작
- 토양보전, 매토종자, 잔존뿌리의 맹아에 의해 천이 진행
- 1차 천이보다 진행속도가 빠름

② 2차 천이 진행 순서
교란→ 초본류→ 관목류→ 교목(양수→ 음수)

35. 산림쇠퇴(Forest Decline)에 대하여 설명하시오.

① 산림쇠퇴의 개념 : 넓은 지역에서 자라는 하나의 수종 혹은 여러 수종에서 활력이 점진적으로 혹은 급격히 감퇴하거나 집단으로 고사하는 현상

② 산림쇠퇴의 원인
- 만성적인 대기오염
- 토양산성화로 인한 무기양분(K, Mg, Ca)의 용탈과 토양 알루미늄(Al) 독성
- 병충해
- 기후변화

36. 1차 천이의 식생 천이 순서를 쓰시오.

나지→ 이끼류→ 1~2년생 초본류→ 다년생 초본류→ 관목류→ 양수교목류→ 음수교목류

37. 자연식생에 인위적 영향력을 가하지 않을 때 성립하게 될 식생은?

잠재자연식생 또는 극상림

38. 1차 천이와 2차 천이를 비교하시오.

구분	1차 천이	2차 천이
시작환경	용암, 나대지, 사구 등 식생불모지	자연적, 인위적 교란으로 식생이 사라진 상태
식생정착	토양 안정화	매토종자
천이과정	나지→ 이끼류→ 1~2년생 초본류→ 다년생 초본류→ 관목류→ 양수교목류→ 음수교목류	교란→ 1~2년생 초본류→ 다년생 초본류→ 관목류→ 양수교목류→ 음수교목류

39. 로트카-볼테라 모델의 경쟁공식을 쓰시오.

① 로지스트형 개체군 성장식

$$\frac{dN}{dt}(\text{개체군의 생장}) = rN\left(\frac{1-N}{K}\right)$$

여기서, r(내적 자연증가율) $= b$(출생률) $- d$(사망률)
N : 개체수
K : 환경수용력

② 경쟁공식

종1 : $\dfrac{dN_1}{dt} = r_1 N_1 \left(\dfrac{K_1 - N_1 - \alpha N_2}{K_1}\right)$

종2 : $\dfrac{dN_2}{dt} = r_2 N_2 \left(\dfrac{K_2 - N_2 - \beta N_1}{K_2}\right)$

여기서, α : 종1에 대한 종2의 경쟁계수
β : 종2에 대한 종1의 경쟁계수

40. 경쟁배타원리에 대하여 설명하시오.

① 경쟁배타원리
  ㉠ 군집 내에서 '완벽한 경쟁자는 공존할 수 없다'는 개념
  ㉡ 경쟁배타원리가 성립하기 위한 조건
    • 경쟁자들은 자원요구에 있어 완전히 동일하여야 함
    • 환경조건이 일정하게 유지되어야 함

② 경쟁배타원리의 중요성
  자연환경에서의 경쟁관계를 좀 더 비판적으로 보도록 자극하는 계기가 됨

41. 상리공생과 편리공생의 개념을 설명하고 사례를 2가지 이상 쓰시오.

구분	상리공생	편리공생
개념	관련된 상호 간에 이득을 주는 두 종 구성원 간의 상호 작용	한 종이 다른 종에 별 영향을 주지 않으면서 이득을 얻는 두 종 간의 관계
사례	• 산호초(폴립)+공생조류 • 꽃 피는 식물+수분매개자	• 인간의 대장 내에 서식하는 박테리아 • 고래의 피부에 서식하는 따개비

42. 식물군집을 불연속과 연속으로 나누어 설명하시오.

구분	불연속	연속
개념	군락을 생명체에 비유하여 각 종을 상호작용하면서 통합된 전체의 한 요소로 봄	종 분포의 개체적 성격을 강조
식물학자	클레멘츠, 군집유기체 개념	글리슨, 개체론적 개념
설명	한 군락에 속한 종들은 환경기울기상에서 분포한계가 서로 비슷함	환경기울기상에서 종 분포는 무리로 모이는 것이 아니라 종들의 독립적인 반응을 나타낸다고 주장

43. 생태적 지위에 대하여 설명하시오.

① 생태적 지위(Ecological Niche) 개념

특정 종이 이용하는 자원과 환경조건

② 다차원니치

- 실제로 한 종의 니치는 많은 유형의 자원(먹이, 섭식장소, 커버, 공간 등)을 포함
- 종들은 니치의 한 차원에서는 중복될 수 있으나 다른 차원에서는 그렇지 않음

③ 기본니치/실현니치

- 기본니치 : 다른 종의 간섭 없이 생존, 생식할 수 있는 모든 범위의 조건과 자원 이용
- 실현니치 : 다른 종과의 상호작용으로 한 종이 실제 이용하는 기본니치의 일부

④ 니치중복/니치분화

- 니치중복 : 둘 이상의 생물이 먹이 또는 서식지의 동일한 자원을 동시에 이용
- 니치분화 : 이용자원의 범위 또는 환경 내성 범위의 분화

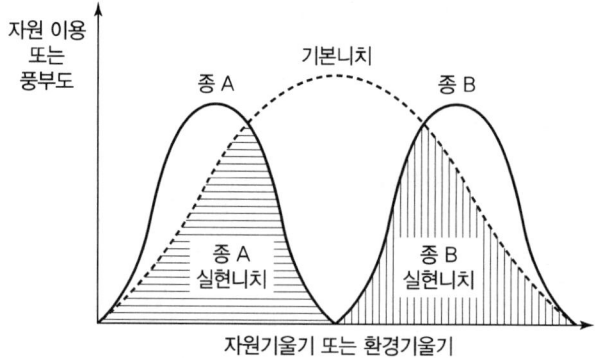

▍기본니치 · 실현니치 개념도 ▍

44. 모자이크, 패치, 코리더의 개념을 설명하시오.

① 토지모자이크
  - 경관은 물리적, 생물적 구조변화에 의한 토지모자이크 조각임
  - 토지모자이크는 바탕에 조각과 통로가 박혀있는 모습으로 나타남

② 패치, 코리더
  - 패치(조각) : 생태적, 시각적 특성이 주변과 다르게 나타나는 비선형적인 경관
  - 코리더(통로) : 바탕에 놓여있는 선형의 경관요소

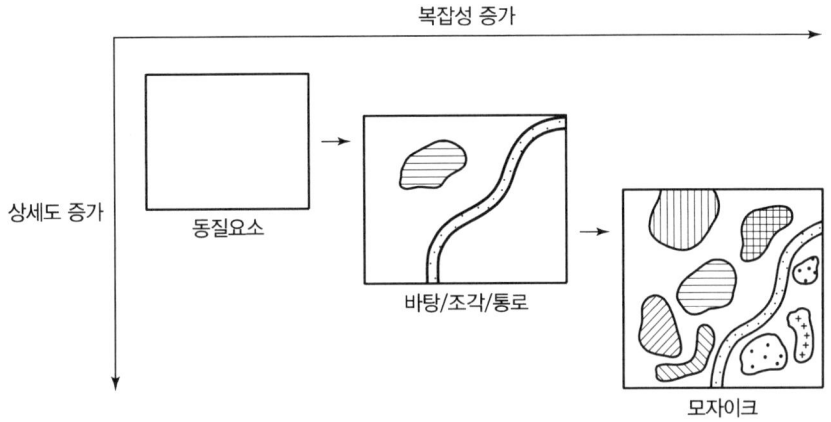

45. 경관생태학에서 경관의 구성요소인 패치의 유형 5가지를 설명하시오.

① 교란조각 : 벌목, 폭풍이나 화재와 같이 경관바탕에서 국지적으로 일어난 교란에 의한 조각
② 환경조각 : 암석, 토양형태와 같이 주위를 둘러싸고 있는 지역과 물리적 자원이 다른 조각
③ 잔류조각 : 교란이 주위를 둘러싸고 일어나 원래의 서식지가 작아진 경우
④ 재생조각 : 교란된 지역의 일부가 회복되면서 주변과 차별성을 가질 경우
⑤ 도입조각 : 바탕 안에 새로 도입된 종이 우점하는 경우, 예를 들어 인간이 숲을 베어내고 농경지 개발이나 식재활동을 하거나 골프장 또는 주택지를 조성하는 경우

46. 서식지 단편화(파편화)에 대하여 설명하시오.

① 개념
  - 파편화는 커다란 서식처가 두 개 이상의 작은 서식처로 나누어지는 것을 말함
  - 서식처가 파편화되면 각각의 서식처 면적도 줄고, 서식처에 장벽이 생김

② 파편화 효과
  - 초기 배제효과 : 큰 면적을 요구하는 종(대형 포유류), 간섭에 민감한 종(희귀종)이 먼저 사라짐

- 장벽과 격리화 : 도로, 댐 등이 다른 서식처로 이동하는 것을 막아 서식처 간에 개체군의 이동이 단절되면 개체군 크기가 점점 작아짐
- 혼잡효과 : 파편화 초기에 어느 한 패치에 많은 개체들이 수용능력 이상으로 모여들 경우 치열한 경쟁으로 인해 개체군 밀도가 낮아지는 효과
- 국지적 멸종 : 장기적 관점에서 영양단계 높은 종, 지리적 분포범위 좁은 종, 개체군 크기가 작은 종, 이동성이 낮은 종, 특이한 서식처 요구종 등이 국지적으로 멸종됨

47. 서식지 단편화 과정을 쓰고 단편화 과정에서 나타나는 서식지의 변화를 설명하시오.

① 단편화 과정
- 천공화 – 분단 – 단편화 – 응축 – 마모
- 절개 – 관통 – 단편화 – 응축 – 마모

② 단편화 과정에서 서식지 변화
- 서식지 면적 감소
- 서식지 조각 수 증가
- 서식지 조각면적 감소
- 고립된 서식지 조각 증가

48. 다음 ( ) 안에 알맞은 말을 쓰시오.

(㉠)은 총체적인 자연관찰을 강조하여 1935년에 제안된 '생태계'란 용어에 영향을 받아 생물학과 (㉡) 이용에 학문적 경험을 가졌던 Troll이 1939년 처음으로 사용한 것으로 알려져 있다.

㉠ 경관생태학
㉡ 항공사진

49. 훼손된 생태계의 경관구조적 판단지표에 대하여 설명하시오.

① 바탕색, 결, 거칠기
② 조각크기, 모양, 수
③ 통로의 구성요소와 너비
④ 요소의 분포와 배열
⑤ 공간 이질성과 연결성

50. 경관생태학에서 산림의 면적(섬의 크기 및 거리)과 종의 수를 설명하는 이론을 쓰시오.

도서생물지리설

51. 도서생물지리설을 설명하시오.

① 도서생물지리설
- 한 섬의 종수는 그 섬에서의 종의 정착률과 소멸률 사이의 균형으로 평형을 이룬다는 이론
- 종의 이입률은 육지와의 거리와 관계되고, 종의 멸종률은 섬의 크기와 관계되며 크기가 크고 육지와의 거리가 가장 가까운 섬의 종수가 가장 많다는 이론

② 개념도

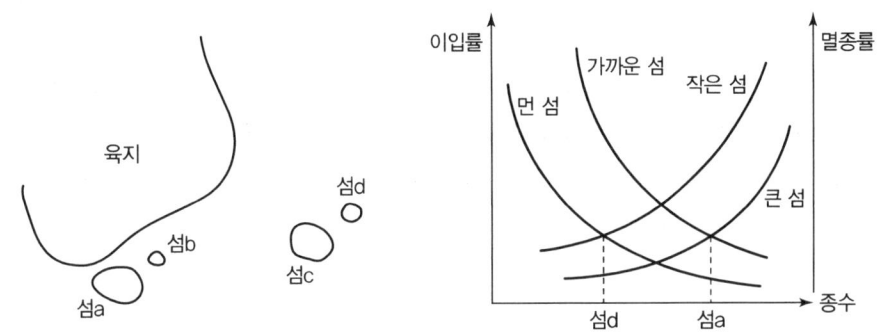

52. 종-면적 관계를 공식을 이용하여 설명하시오.

① 면적과 종수의 상관관계
- 일반적으로 숲 조각의 면적이 크면 서식하는 종의 수는 많아진다.
- 경계가 분명한 어떤 면적과 그 안에 사는 생물의 수에 대한 관계는 면적이 증가하면 처음에는 종의 수도 급격히 증가하다가 어느 수준을 넘어서면 완만해지고 일정한 수준을 유지한다.

② 종-면적관계

$$S = cA^z$$

(S : 종 다양성, A : 면적, c, z : 양의 상수)

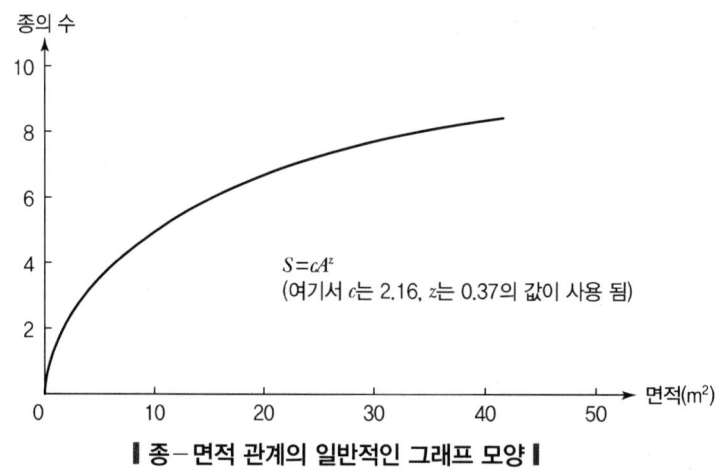

┃ 종–면적 관계의 일반적인 그래프 모양 ┃

53. 경관생태학은 하나의 경관 안에 있는 공간적·시간적 구성요소와 생물 및 지화학적 과정, 정보이동 사이의 상호관계를 연구하는 학문으로 정의되며, 여러 개의 경관요소 또는 생태계로 이루어지는 수평적인 관계, 즉 경관의 (①), (②), (③)를 연구하는 학문이다. ( )에 알맞은 말을 쓰시오.

① 구조   ② 기능   ③ 변화

54. 서식지가 단편화되면서 나타나는 식물의 구성상 특징을 식물종자의 산포방식인 풍산포, 저식산포, 조산포 방식과 관련하여 간단히 설명하시오.

① 풍산포나 조산포의 경우 저식산포에 비해 서식지 단편화의 영향을 덜 받음
② 저식산포의 경우 육상동물의 이동으로 산포가 이루어지므로 단편화로 인해 이동이 장해가 일어날 경우 산포력이 저하
③ 도시화 등에 의해 서식처가 단편화되면서 포유류에 의한 저식형 산포가 이루어질 수 없게 되어 도시 내의 고립화한 녹지에서는 풍산포, 조산포 식물이 압도적으로 많아지는 경향을 보임

55. 생산성 중에서 1차 생산성과 2차 생산성의 특성을 비교하여 설명하시오.

구분	1차 생산성	2차 생산성
특성	독립적	종속적
필요 요소	햇빛, 물, 이산화탄소	녹색식물, 산소
생산물	유기물, 산소	유기물, 엔트로피

56. 도시생태계로 자연생태계와 비교하여 도시생태계에서 발생하는 특징을 4가지 설명하시오.

구분	자연생태계	도시생태계
특징	생산자, 소비자, 분해자의 균형적인 물질, 에너지 순환 가능	생산자, 소비자, 분해자의 불균형으로 물질, 에너지 순환 어려움
		엔트로피 증가
		환경오염
		생물다양성 감소
		도시 열섬

57. Connel과 Slatyer(1977)는 천이 초기종이 차후종에 영향을 주는 형태에 따라 3가지로 분류하고 있다. 또한 이 3가지 형태는 천이의 속도에도 영향을 줄 수 있다. 3가지 형태에 따른 모델명과 각각의 초기천이 속도를 설명하시오.

구분	천이속도	비고
촉진모델	빠름	초기종의 반작용으로 후기종에게 적합한 환경이 조성되는 경우
내성모델	느림	초기종의 반작용이 후기종의 생장에 거의 영향을 주지 않은 경우
억제모델	느림	초기종의 반작용으로 형성된 환경 조건이 후기종에게 불리한 경우

58. 각각의 생물종은 환경에 대한 적응도를 최대로 하기 위해 여러 가지 전략을 가지고 있는데, (보기)의 예로 K선택종과 R선택종 중에서 어느 한 종으로 모두 분류하시오.

(보기) 국화과나 벼과, 목본류, 곤충류, 포유류

K선택종 : 국화과 벼과, 곤충류
R선택종 : 목본류, 포유류

59. 종자휴면의 원인이 되는 3가지 요인에 대하여 쓰시오.
　　① 종자휴면 : 성숙한 종자에 적당한 발아조건을 주어도 일정 기간 동안 발아하지 않는 성질
　　② 종자휴면 원인 : 수분, 온도, 광선, 산소

60. 식물군집에 대한 개념은 크게 불연속개념(유기체 개념)과 연속개념(개체 개념)으로 나눌 수 있다. 불연속 개념에서 추이대의 종다양성이 높은 이유에 대하여 설명하시오.
　　① 두 가지 생태계가 공존
　　② 두 지역의 자원을 이용하는 새로운 종 서식

2 생태조사방법

1. 환경기준에 따른 수질측정항목을 하천과 호소로 나누어 기술하시오.

구분	수질측정항목
하천수질	pH, BOD, COD, TOC, SS, DO, T-P, Total Coliform, Fecal-Coliform
호소수질	pH, COD, TOC, SS, DO, T-P, Chl-a, Total Coliform, Fecal-Coliform

2. 부착조류 측정방법에 대하여 설명하시오.

① 부착조류 개념

부착조류는 수중의 암반 또는 인공구조물 등에 붙어 자라는 미세조류 및 대형조류가 있으며, 대부분 환경조건이 극히 좋지 않은 유기오탁수역에서 많이 서식한다.

② 부착조류의 조사방법
- 채집
- 생물량 및 유기물량 측정
- 군집분석
- 조류를 이용한 수환경 평가

3. 야생동물 이동방법에 대하여 기술하시오.

① 이동의 목적
- 부적합한 환경 회피
- 번식 : 번식기와 비번식기의 휴식처, 섭식장소 차이
- 개체군의 분산 : 계절적 회귀성, 주기적 이동 등

② 이동 유형
- 육상이동 : 포유류, 파충류, 양서류 등
- 공중이동 : 조류, 곤충류, 일부 포유류
- 수중이동 : 어류, 양서류, 수생곤충, 일부 포유류

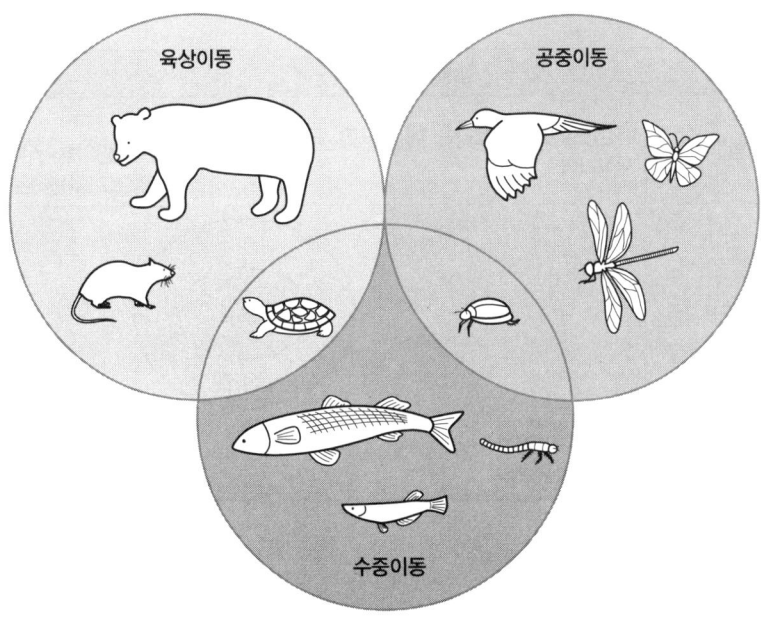

┃동물의 이동 유형┃

4. 야생동물의 이동 중 분산과 이주에 대하여 설명하시오.

- 분산(Dispersal) : 출생지나 활동지를 떠나 다른 곳으로 이동해서 영구적으로 생활하는 것을 말함
- 이주(Migration) : 야생동물이 일정 지역을 일정 시간 간격으로 주기적으로(비교적 장거리) 이동하는 것을 말함
- 분산과 이주의 차이 : 한 번 이동하면 돌아오지 않는 일방 이동을 '분산'이라고 하면, '이주'는 왕복이동임

5. 동물의 영역성의 개념과 영역성 분석이 필요한 이유를 기술하시오.

① 영역성의 개념
- 동물의 서식을 위한 공간
- 행동권 : 야생동물의 행동반경
- 세력권 : 독점적으로 사용하며 다른 동물이 접근하면 적대적 행동을 취하는 영역

▼ 행동권과 세력권

구분	행동권	세력권
개념	야생동물들이 생활하는 데 필요한 포괄적인 서식지역	• 텃세권 • 야생동물이 방어를 위해 점유하는 공간이자 독점적으로 사용하는 고유영역
모식도	(세력권이 행동권 안에 포함된 동심원 모식도)	
타개체와의 관계	• 타개체와 함께 사용 • 타개체와 무관	타개체에 대한 방어행위

② 영역성 분석이 필요한 이유
- 동물의 서식을 위한 공간 파악
- 동물의 밀도의존적 개체군 파악
- 보호지역 설정 및 서식지 조성에 활용

6. 동물은 스스로 유전자를 가지고 이동한다. 이동하는 목적 3가지를 쓰시오.

① 생식
② 먹이 활동
③ 서식처 환경 변화

7. 동물의 포획조사방법의 종류에 대하여 기술하시오.

① 포유류 포획조사방법
- 함정포획조사(Pitfall Trap)
- 쥐덫(Snap Trap)
- 생포틀(Sheman Trap)
- 박쥐그물(Bat Trap)

② 조류 포획조사방법 : 새그물

③ 양서 · 파충류 포획조사방법
- 함정포획조살
- 통발

④ 곤충류 포획조사방법
- 직접채집 : 채어잡기, 쓸어잡기, 털어잡기, 흡충관
- 간접채집 : 말레이즈트랩, 함정법, 당밀유인법, 황색수반채집, 야간등화채집

8. 함정채집방법 Pit-Fall-Trap에 대하여 서술하시오.
- 포유류 : 소형 포유류나 식충류의 탈출 방지까지 고려한 크기의 트랩을 제작하여 포획하는 방법
- 양서·파충류 : 포유류의 함정포획조사방법과 동일하나 설치위치, 트랩의 크기 등이 상이하며, 주로 양서류를 포획하는 목적으로 이용

9. 라이트 트랩법에 대하여 설명하시오.
① 라이트 트랩법(야간등화채집)
- 곤충류 간접채집방법 중 하나
- 야간에 곤충류가 불빛에 의하여 모이는 특성을 이용하여 전등이나 불빛의 간섭이 없는 지역에서 조사·실시함
- 주로 나방류가 유입됨

② 곤충채집방법
- 직접채집방법 : 채어잡기, 쓸어잡기, 털어잡기, 흡충관이용법
- 간접채집방법 : 말레이즈트랩, 함정법, 당밀유인법, 황색수반채집, 야간등화채집

10. 습지 간이조사 방법(RAM)에 대하여 쓰시오.
① 습지의 일반적 수준에서의 기능을 평가하기 위한 방법으로 습지의 기능을 8가지로 분류하고, 각각의 기능에 대해 이익을 제공하는 능력을 수행 정도에 따라 높음, 중간, 낮음의 3단계로 평가한다.

② 습지의 기능(8가지)
- 식물다양성 및 야생동물의 서식처 제공
- 어류 및 양서파충류의 서식처 제공
- 홍수 조절
- 유출량 저감
- 수질보전 및 개선
- 호안 및 제방 보호
- 레크리에이션
- 지하수 유지

11. 조류선조사법에 대하여 설명하시오.

① 조류선조사법 : 적절한 조사로를 선정 후 시속 1.5~2km 속도로 걸으며 출현 조류의 종과 개체수를 기록하는 방법
② 조류조사법 : 정점조사법, 선조사법, 세력권조사법, 메시법, 플롯조사법, 포획조사, 항공조사, 무인추적발신장치조사

12. A는 30종, B는 40종, 둘 사이 동일 종이 20일 경우 종 유사도를 구하시오.(단, Jaccard 유사도 공식을 이용하시오.)

Jaccard 유사도 : $\dfrac{20}{30+40-20} = \dfrac{20}{50} = 0.4$

13. 개체군의 밀도측정방법 중 총계법과 표본법을 비교 설명하시오.

구분	총계법	표본법
조사범위	전수조사법	표본추출법
조사방법	생물의 총 개체수 세는 법	조사지역 중 몇 군데 선정
사용대상	식물군락의 일정지역 대형 포유류	식물군락 브라운 블랑케 방법

14. 정량조사방법 2가지를 쓰시오.

① 선조사법/면조사법
② 수량으로 표현하는 조사방법으로 균등도 지수, 우점도 지수, 다양도 지수 등

15. 방형구법의 개념을 설명하시오.

① 방형구법 개념
  - 일정지역의 방형구에 구획 설정
  - 개체수, 생물체량, 종수 등을 조사하는 방법
  - 주로 식물조사에 많이 쓰임

② 방형구법 조사 가능 정보
  - 밀도
  - 빈도
  - 피도

16. 군도계급에 대하여 설명하고 군도 1의 조건을 쓰시오.

① 군도계급
- 군도란 군락 내에 식물의 종류가 어떠한 집합 상태로 생육하는지 나타내는 척도
- 5개 등급으로 구분

② 군도계급
1. 군생
2. 소군상
3. 소방상
4. 대반상
5. 카펫상

17. 우점도 계급에 대하여 설명하고 우점도 계급 4의 기준을 쓰시오.

① 우점도 계급
- 조사면적에 대한 식물의 피복정도와 개체수를 조합한 척도
- 총 계급은 7등급으로 구분

② 우점도 계급 4의 기준
- 5등급 : 피도 100~76%
- 4등급 : 피도 75~51%
- 3등급 : 피도 50~26%
- 2등급 : 피도 25~5%
- 1등급 : 피도 5% 이상, 개체수 많음
- +등급 : 피도가 낮고 산재됨
- r등급 : 피도가 낮고 고립됨

18. 잠재자연식생, 원식생, 극상군락의 관계성

① 잠재자연식생 : 시간이 지나면 생성 가능성이 있는 식생으로 환경퍼텐셜이 중요
② 원식생 : 원래 그 지역에 있었던 식생
③ 극상군락의 관계성 : 원식생에서 잠재자연식생으로 천이하며 궁극에는 극상군락이 형성됨

19. Margalef의 종풍부도 지수 방정식

총 개체수와 총 종수만을 가지고 군집의 상태 표현

$$R' = \frac{(S-1)}{In(n)}$$

여기서, S : 총 종수
n : 총 개체수

20. 종/속 비율이 나타내는 것과 이 값이 높을 때 예측할 수 있는 사항

- 특정 종이 다른 종에 비해 많이 분포한다.
- 우점도가 높다.
- 환경 변화가 악화될수록 특정 종이 우세하게 나타난다.

21. RONALD GOOD의 식물구계계(6가지)

① 전북식물구계계 : 가장 넓은 면적을 차지한다. 소나무 · 젓나무 · 단풍나무 등 공통되는 종속이 많다. 한국은 이 중에서 중일구계(中日區系, 동아시아 구계)에 포함된다.
② 구열대 식물구계계 : 신열대식물구계계와 공통되는 과(야자나무과)도 많지만, 판다나과 · 디프테로카르파과가 특산이다.
③ 신열대 식물구계계 : 선인장과 · 파인애플과 등이 특징이다.
④ 케이프 식물구계계 : 가장 작은 구계계인데, 아주 특이하여 진달래과의 에리카속은 450종 이상으로 분화되어 있다.
⑤ 오스트레일리아 식물구계계 : 유칼립투스와 아카시아 등이 그 대표적인 식물이다.
⑥ 남극식물구계계 : 구성 종류가 적지만 화본과나 사초과 식물이 많다.

22. 대상식생의 개념을 설명하고 사례를 3가지 쓰시오.

① 대상식생의 개념
- 2차적으로 생긴 군락
- 인위적 간섭으로 성립하여 지속됨

② 대상식생의 사례
- 인공림
- 길가 질경이 군락
- 밭 잡초 군락

23. 다음 빈칸에 알맞은 말은?

> 지의류는 균류와 조류의 공생식물이다. 지의류 중 단세포인 (　　) 는 엽록소가 있는 조류이며, 자낭균류 또는 담자균류 등은 엽록소가 없는 균류이다.

녹조류 또는 남조류

24. 다음 개체수 조사방법에 대한 설명 중 빈칸에 알맞은 말은?

> 식물이 덮고 있는 비율을 (　①　)로 나타내며 (　②　)는 (　①　)와 개체수의 관계로 나타낸다.

① 피도
② 우점도

25. 임연군락에 대하여 설명하시오.

망토군락과 소매군락으로 이루어지는 숲 가장자리에 발달하는 식생

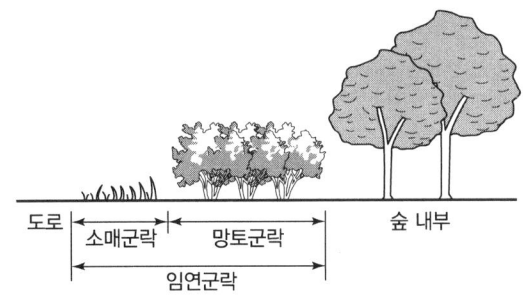

26. 전체표본, 샘플표본으로 밀도를 조사하는 표본조사의 정의(밀도측정방법 중 총계법과 표본법에 대한 정의)

① 총계법 : 대상지 내 모든 요소를 전수로 관찰, 조사하는 방법으로 매우 정확한 결과치를 나타냄
② 표본법 : 대상지 내 일부 추출한 표본을 대상으로 집단의 크기와 특성을 조사하는 방법으로 시간과 비용 면에서 유리

27. 재포획법(표지법)이란 포획-표식-재포획으로 인한 개체군의 크기를 결정하는 방법인데 이것이 성립하기 위한 전제조건 2가지는?

① 표지개체와 미표지개체의 포획에 있어 용이성의 차이가 없어야 한다.
② 표지가 소실되지 않아야 한다.

28. 군집분류 조사 시 방형구법과 브라운 블랑케법의 목적과 차이점을 설명하시오.

구분	방형구법	브라운 블랑케법
목적	개체군 밀도, 분포양식, 군집 종류 조사	넓은 지역을 빠르게 조사
차이	방형구 내 개체수, 생물체량, 종수 등을 조사하는 방법	피도, 우점도, 군도 등을 기준으로 식물군락 조사

29. 식생과 식물군락을 비교하시오.

구분	식생	식물군락
정의	어떤 지역 내에 존재하는 막연한 식물집단	같은 장소, 같은 시간에 존재하는 식물 종의 집단
특징	종의 조성이나 크기에 관계 없음	공간과 환경요인이 변함에 따라 우점하는 식물군락

30. 샤논의 종다양성 지수 H'를 설명하고, 샤논 지수 구하기

동물군집의 종 풍부도와 개체수의 상대적 균형성을 뜻하는 것으로 군집의 복잡성을 나타냄

$H' = -\sum (P_i \log P_i)$
$P_i = N_i/N$ (P_i = 상대풍부도, N_i = i종의 개체수, N = 총 개체수)

31. 생태계 조사방법 중 1차 생산성 분석에 이용되는 매목조사의 의미

입목재적(立木材積)을 조사하고자 하는 전 삼림 또는 일부 조사구역 내의 전 임목(林木)에 대하여 흉고 지름을 측정하는 일

32. 식물군락의 정의

거의 동일한 환경 밑에서 성립하고, 그것을 구성하고 있는 종의 조성으로 보아 독립성을 지닌 식물집단

33. 성숙군락이 가지는 특징

① 안정성　　　　　　　　② 자립성
③ 순화성　　　　　　　　④ 다양성

34. 엽면적 지수

식물군락의 엽면적을 그 군락이 차지하는 지표면적으로 나눈 값

35. 식물생활사의 개념에서 매토종자의 수명을 1·2년생 초본류와 극상을 이루는 목본류로 비교 설명하시오.

- 매토종자의 수명은 대개 식물의 생활형에 따라 결정되는데, 극상을 구성하는 목본식물과 같이 개체의 수명이 긴 종에서는 짧고, 1·2년생 초목과 같이 개체의 수명이 짧은 종에서는 길게 됨
- 휴면하면서 발아에 적합한 조건을 엿보는 교란의존적인 식물이 영속적인 매토종자집단의 주된 구성종임. 또 산림식생이라도 양지를 선호하는—호양성(好陽性)—종은 교란의존적이고 영속적인 매토종자집단을 형성함. 식물군락의 성립가능성을 아는 데 있어서 매토종자집단은 중요하고, 매토종자집단의 조성은 특히 2차 천이의 초기상에 성립하는 식생을 크게 좌우함
- 비탈면 복원에 산림표층토를 활용할 경우 산림표층토 내의 잠재종자를 활용함으로써 현지 고유 유전자원을 보호하며 지역의 고유 식생으로의 식생복원이 가능함. 또한 상대적으로 적은 비용으로 다양한 식물종의 성장을 기대할 수 있으며 특히 훼손지역에서 발생하는 자연자원을 사용함으로써 물질 이동에 따른 에너지 소비와 생태계 교란을 최소화할 수 있는 장점이 있음
→ 매토종자는 발아력을 유지한 채 종자휴면상태에 있는 종자로서 발아조건이 되지 않으면 계속 휴면상태로 있기 때문에 1·2년생 초본류나 목본류보다 훨씬 수명이 길 수 있다.

36. 상대밀도 60%, 상대피도 80%, 상대빈도 40%일 경우 종 중요도를 구하시오.

① 종 중요도 개념
- 산림에서 구성 식물종들의 밀도, 빈도, 피도는 아무런 비례 관계가 없기 때문에 3가지 중에서 한 가지만의 지표로서 구성 종들의 산림군집에서의 생태적 우세 정도를 파악할 경우에는 비합리적인 문제가 발생한다.
- 구성 종들의 생태적 중요도 또는 영향력을 표현하는 방법으로서 고안된 방법이 종 중요도이다.

② 종 중요도 계산
종 중요도=(상대밀도+상대피도+상대빈도)/3 = (0.6+0.8+0.4)/3=0.6

37. 갈대, 창포, 부들 등은 무슨 식물인가?

추수식물(정수식물)

38. 플라야, 습초지

① 플라야 : 사막의 오목한 저지대에 형성되는 습지. 비나 눈 같은 강수에 의해 형성, 빠른 증발과 지하 침투로 사라짐
② 습초지 : 습한 토양이나 물이 있는 곳에서 발견되는 초지

39. 서식지 면적이 1,000ha에서 100ha로 감소 시 종수는 얼마나 감소하는가? ($\log S = \log C + Z \times \log A$, $C=10$, $Z=0.35$)

$\log S = \log C + Z \log A$

- 1,000ha일 경우 종수 S는 113종
  $\log S = \log 10 + 0.35 \times \log 1,000$
  $S = 10 \times 1000^{0.35} = 112.2$
- 100ha일 경우 종수 S는 51종
  $\log S = \log 10 + 0.35 \times \log 100$
  $S = 10 \times 100^{0.35} = 50.1$

따라서 113-51=62종 감소함

40. 물질생산량 조사, 물질분해량의 조사방법

① 물질생산량 조사
- 육상생태계 : 수확법, 생육분석법, CO_2 분석법, 상대생장법
- 수중생태계 : 클로로필-a 측정법, O_2 분석법, 방사성 동위원소법

② 물질분해량 조사 : 유기물 분해속도 측정(Litter Bag법), 미생물 활성조사

41. 대양에서 식물플랑크톤은 적은데 어류의 종다양성이 풍부한 이유에 대하여 설명하시오.

① 생산자 분열속도가 빠름
② 생산자 수는 적지만 그 양은 많음
③ 적은 수의 생산자가 훨씬 큰 1차 소비자 부양 가능함

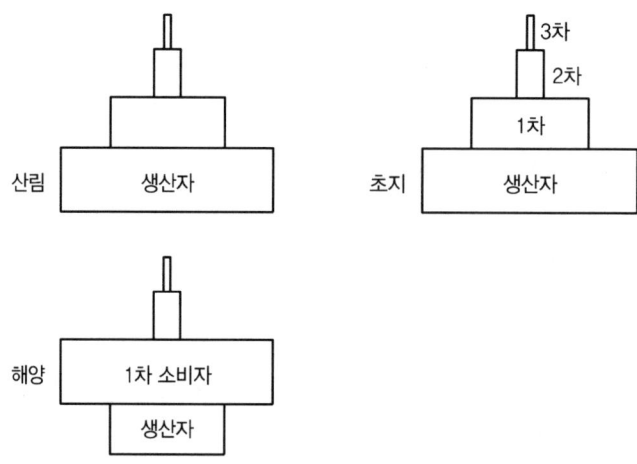

42. 생산자 식물성 플랑크톤과 소비자 물벼룩은 낮과 밤에 따라 수면 상층이나 하층으로 이동한다. 그 이동방향과 이유를 설명하시오.

① 소비자 물벼룩
- 밤에는 수면으로, 낮에는 밑으로 향함
- 조류의 단백질 함량이 가장 높은 때인 밤에 포식할 수 있다.(물벼룩의 포식자가 밤에 가장 적어 덜 잡혀먹히기 때문)

② 생산자 식물플랑크톤 : 식물플랑크톤은 최소 조사량에서 적정한 광합성이 이루어지기 때문에 조사량이 최대로 되는 시간에 수면으로부터 깊이 들어가고 해가 저물어감에 따라 점차적으로 수면 가까이로 올라온다.(필요한 최소량의 빛이 다다르는 지역에서 빛이 물속으로 침투하는 중에 빛이 흡수되기 때문)

43. 생태울타리로 쓰이는 수목의 생태적 특징을 기술하시오.

① 잎과 가지가 치밀하고 아름다움
② 병충해에 강함
③ 공해에 강함
④ 전정에 강함

44. 북반구 호소에서 일어나는 역전현상에 대하여 설명하시오.

① 호소의 층위
- 표수층 : 수온 높음, 밀도 낮음
- 수온약층 : 표수층과 심수층 사이 수온차 심함
- 심수층 : 수온 낮음, 밀도 높음

② 역전현상 : 봄·가을 수온약층이 사라지고 수체 전체가 혼합되는 현상

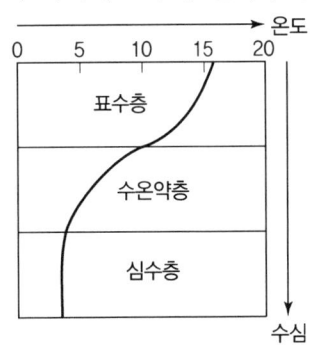

45. 피도

지표면을 덮는 면적을 말한다.

46. 우리나라에서 1980~2000년 사이에 가장 많이 증가한 토지와 그 이유는?(농경지, 공업용지, 호수, 대지)

경제가 성장하고 지방자치가 실시됨에 따라 주민생활을 향상시키려는 의도로 많은 개발용지가 생기게 되었다.

47. 열에너지 전달방법 3가지

① 전도
② 대류
③ 복사

---

① 전도
　㉠ 물질이 직접 이동하지 않고 물체에서 이웃한 분자들의 연속적인 충돌에 의해 열이 전달되는 현상
　　→ 주로 고체에서 열이 이동하는 방법
　㉡ 전도현상의 예
　　• 청진기가 몸에 닿을 때 차갑게 느껴진다.
　　• 뜨거운 국에 넣어 둔 숟가락이 점점 뜨거워진다.
② 대류
　㉠ 액체나 기체 상태의 분자가 직접 이동하면서 열을 전달하는 현상
　㉡ 대류현상의 예
　　• 주전자 아래 쪽을 가열하면 주전자 속의 물이 전체적으로 따뜻해진다.
　　• 보일러를 켜면 방 전체가 따뜻해진다.
③ 복사
　㉠ 열이 물질의 도움 없이 직접 전달되는 현상
　㉡ 복사현상의 예
　　• 햇볕을 쬐면 따뜻해진다.
　　• 전자레인지로 음식을 데운다.

---

48. 열대우림 지역의 특징을 설명하시오.

① 연강수량과 온도가 높음
② 생산성 및 생물다양성 높음
③ 식물층위 다양함

49. 가뭄회피형 식물의 생리·생태적 적응방법(5가지)을 쓰시오.

가뭄회피를 위한 증산작용에 의한 물 손실 저감 기작
① 표면적 축소
② 공기흐름 감소를 위한 털(잎 표면)
③ 반사(잎 왁스 층)
④ 기공이 밤에 열림
⑤ 휴면(건조기)

50. 홉킨스 이론에서 행동시기가 4일씩 늦어지기 위해서는 어떤 방향으로 몇 도 가야 하는가?

위도는 (①)으로, 고도는 (②), 경도는 (③)으로 갈수록 봄은 4일씩 늦어진다.

① 1° 북쪽
② 122m 위로
③ 5℃ 동쪽

51. 가뭄 도주형 식물과 가뭄 회피형 식물

① 가뭄 도주형 : 가뭄이 발생하면 그 다음 해에 생육지를 이동하는 식물
② 가뭄 회피형 : 가뭄이 발생하면 그 해에는 생육을 하지 않고 다음 해에 생육을 하는 식물

52. 호소나 갯벌에 사는 생물을 무엇이라고 하는가?

① 저서성 생물 : 물바닥에 사는 동물과 식물
② 습지생물 : 습지에 사는 동물과 생물

53. 보전생물학 비평형 가설

자연에서 볼 수 있는 모든 변화가 평형상태에서 다른 평형상태로의 변화에 해당하는 것은 아니다. 일리고진은 변화가 멈추어버린 "있음"(Being, 평형)의 상태보다는 변화가 계속되고 있는 "됨"(Becoming, 비평형)의 상태가 자연에서 더 일반적이고, 됨의 상태는 단순히 두 개의 서로 다른 "있음"의 상태를 연결하는 것 이상의 의미를 가지고 있다는 사실을 인식하고 비선형성과 비가역성을 동반하는 비평형 현상이 자연의 주류임을 주장하였다.

54. 어메니티에 대해 서술하시오.

① 사전적 의미

어떤 사물이나 환경이 가지고 있는 긍정적인 성상, 쾌적한 환경 그 자체

② 일반적 의미
- 쾌적한 상태로서의 종합적인 환경의 질
- 인간이 기분 좋다고 느끼는 물리적 환경의 상태
- 한 사회의 경제, 정치, 사회의 발전 수준과 사회 구성원들의 가치관과 관습에 따라 변화할 수 있는 상대적 개념
- 경제적 가치를 내포하는 개념
- 있어야 할 것이 있어야 할 장소에 존재하는 것(The Right Thing In The Right Place)

55. 다음 군집 A, B의 종다양성을 shannon 지수에 의해 계산하시오.(단, 계산의 편의상 log의 밑을 2로 하고(log2), 표 안의 수치는 각 군집에 속하는 종의 관찰개체수이다.)

구분	군집 A	군집 B
종1	4	4
종2	4	4
종3	8	4
종4	0	4

샤논지수 종다양도

구분	군집 A	군집 B
종1	0.5	0.5
종2	0.5	0.5
종3	0.5	0.5
종4	0	0.5

$H' = -\sum(P_i \log P_i)$
$P_i = N_i/N$ (P_i=상대풍부도, N_i=i종의 개체수, N=총 개체수)

답 A=1.5, B=2.0

56. 어떤 지역에서 다람쥐의 출생률이 0.7, 사망률이 0.1, 이입률이 0.3, 이출률이 0.14라면 이 다람쥐 개체군의 생장률은 얼마인지 계산하시오.

$(0.7+0.3)-(0.1+0.14)=0.76$

57. 조사구 A지역에서 군집의 종 수는 15종, B지역에서 군집의 종 수는 23종, A와 B지역에서 공통으로 나타난 종이 6종이라 할 때 Jaccard 유사도 공식을 명시하고 조사구의 군집유사도를 구하시오.

① 자카드 유사도 $J(A,B) = \dfrac{|A \cap B|}{|A \cup B|} = \dfrac{|A \cap B|}{|A|+|B|-|A \cap B|}$

② $J(A,B) = \dfrac{6}{15+23-6} = 0.1875$

58. 아래 그림과 같은 방형구의 습지식물을 조사하였다. 그림을 보고 방형구에 나타난 식물의 종과 개체수(밀도), 종이 출현한 방형구의 수(빈도)를 구하고, 상대밀도와 상대빈도를 구하시오.

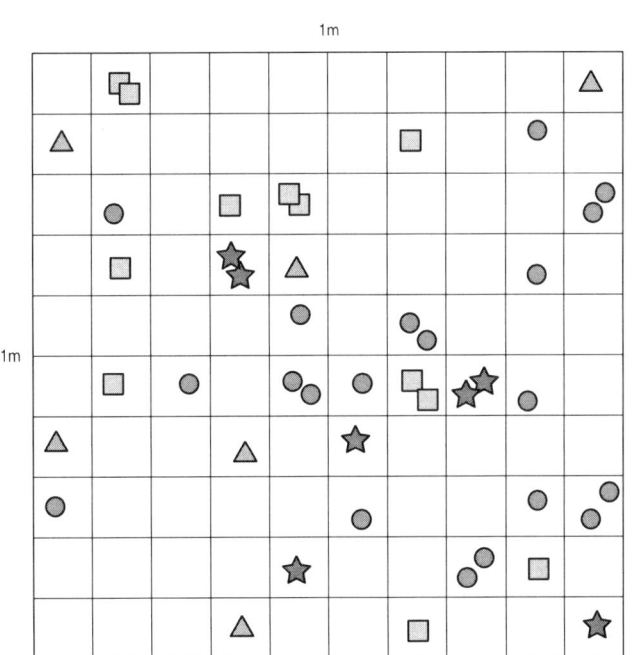

① 밀도와 빈도

구분	종A	종B	종C	종D
밀도	12	7	6	20
빈도(%)	9	5	6	15

② 상대밀도와 상대빈도

구분	종A	종B	종C	종D
상대밀도(%)	26.7	15.6	13.3	44.4
상대빈도(%)	25.7	14.3	17.1	42.9

02 법규

1 법규

1. 국토환경성평가와 토지적성평가를 비교·설명하시오.

구분	국토환경성평가	토지적성평가
관련법	환경정책기본법	국토계획법
목적	국토의 효과적인 보전 및 활용	도시관리계획 수립을 위한 토지 재검토
대상	전 국토	도시관리계획 지역 내
기준	환경 및 생태	물리적 토지이용 특성
단위	Grid	필지
등급	5등급	5등급

2. 「환경정책기본법」의 기본원칙에 대하여 설명하시오.

① 오염원인자 책임
② 수익자 부담
③ 사전예방
④ 환경보전과 경제발전의 조화
⑤ 자원절약과 순환

3. 국토환경성평가지도의 목적과 등급을 설명하시오.

① 목적 : 개발지역과 보전지역 구분, 난개발 예방, 국토의 지속가능하고, 친환경적 이용과 관리 유도

② 등급

등급	내용	비고
1등급	개발 불허	핵심 / 완충 / 전이(협력)
2등급	소규모 예외적 개발 허용	
3등급	완충	
4등급	친환경 개발 허용	
5등급	개발 허용	

4. 환경기준, 환경지표, 지표생물에 대하여 설명하시오.

① 환경기준 : 오염과 공해로부터 인간건강, 생활환경 유지를 위한 기준
② 환경지표 : 환경오염 정도를 나타내는 척도
③ 지표생물 : 환경오염 척도를 나타내는 생물(특정지역)

5. 「환경정책기본법」에 따른 대기환경기준을 설명하시오.

대기오염물질	환경기준		
SO_2	연간평균	24시간평균	1시간평균
	0.002ppm	0.05ppm	0.15ppm
NO_2	연간평균	24시간평균	1시간평균
	0.03ppm	0.06ppm	0.1ppm
CO	8시간평균	1시간평균	
	9ppm	25ppm	
O_3	8시간평균	1시간평균	
	0.06ppm	0.1ppm	
PM10	연간평균	$50\mu g/m^3$	
	24시간평균	$100\mu g/m^3$	
PM2.5	연간평균	$25\mu g/m^3$	
	24시간평균	$50\mu g/m^3$	
납	연간평균	$0.5\mu g/m^3$	
벤젠	연간평균	$5\mu g/m^3$	

6. OECD 환경지표 기본구조(PSR)을 설명하시오.

① P : Press – 환경에의 부하, 인간활동
② S : State – 상태, 환경자연자원 상태
③ R : Response – 대응, 경제환경행위

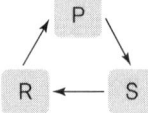

7. 환경지표 중 1종지표, 2종지표를 비교·설명하시오.

구분	1종지표	2종지표
역할	정보전달	가치평가
특성치	대표치	평가치
사례	• 물가지수 • 대기질 종합지표 • 수질 종합지표	• 도시쾌적성 • 만족도 지표 • 오염피해 지표

8. 수질환경기준 생물지표종

수질등급	저서생물	어류
아주 좋음~좋음	옆새우, 가재, 뿔하루살이, 민하루살이, 강도래, 물날도래, 광택날도래, 띠무늬우묵날도래, 바수염날도래	산천어, 금강모치, 열목어, 버들치 등 서식
좋음~보통	다슬기, 넓적거머리, 강하루살이, 동양하루살이, 등줄하루살이, 등딱지하루살이, 물삿갓벌레, 큰줄날도래	쉬리, 갈겨니, 은어, 쏘가리 등 서식
보통~약간 나쁨	물달팽이, 턱거머리, 물벌레, 밀잠자리	피라미, 끄리, 모래무지, 참붕어 등 서식
약간 나쁨~매우 나쁨	왼돌이물달팽이, 실지렁이, 붉은깔따구, 나방파리, 꽃등에	붕어, 잉어, 미꾸라지, 메기 등 서식

9. 용도지역별 건폐율

용도지역 구분			건폐율	용적률
도시지역	주거지역	1종 전용주거지역	50% 이하	50~100% 이하
		2종 전용주거지역		100~150%
		1종 일반주거지역	60%	100~200%
		2종 일반부거지역		150~250%
		3종 일반주거지역	50%	200~300%
		준주거지역	70%	200~500%
	상업지역	중심상업	90%	400~1,500%
		일반상업	80%	300~1,300%
		근린상업	70%	200~900%
		유통상업	80%	150~250%
	공업지역	전용공업	70%	150~300%
		일반공업		200~350%
		준공업		200~400%
	녹지지역	보전녹지	20%	50~80%
		생산녹지		50~100%
		자연녹지		
관리지역		보전관리	20%	50~80%
		생산관리		
		계획관리	40%	50~100%
농림지역			20%	50~80%
자연환경보전지역				

10. 4대 용도지역의 지역별 특성

① 도시지역 : 인구와 산업이 밀집되어 있거나 밀집이 예상되어 그 지역에 대하여 체계적인 개발, 정비, 관리, 보전 등이 필요한 지역
② 관리지역 : 도시지역의 인구와 산업을 수용하기 위하여 도시지역에 준하여 체계적으로 관리하거나 농림업의 진흥, 자연환경, 또는 산림의 보전을 위하여 농림지역 또는 자연환경보전지역에 준하여 관리할 필요가 있는 지역
③ 농림지역 : 도시지역에 속하지 아니하는 농지법에 따른 농업진흥지역 또는 산지관리법에 따른 보전산지 등으로서 농림업을 진흥시키고 산림을 보전하기 위하여 필요한 지역
④ 자연환경보전지역 : 자연환경, 수자원, 해안, 생태계, 상수원 및 문화재의 보전과 수산자원의 보호, 육성 등을 위하여 필요한 지역

11. 도시계획 유형별 구분 3가지

① 광역도시계획
② 도시·군계획
③ 지구단위계획

> **국토의 계획 및 이용에 관한 법률 제2조(정의)**
> 1. "광역도시계획"이란 제10조에 따라 지정된 광역계획권의 장기발전방향을 제시하는 계획을 말한다.
> 2. "도시·군계획"이란 특별시·광역시·특별자치시·특별자치도·시 또는 군(광역시의 관할 구역에 있는 군은 제외한다. 이하 같다)의 관할 구역에 대하여 수립하는 공간구조와 발전방향에 대한 계획으로서 도시·군기본계획과 도시·군관리계획으로 구분한다.
> 3. "도시·군기본계획"이란 특별시·광역시·특별자치시·특별자치도·시 또는 군의 관할 구역에 대하여 기본적인 공간구조와 장기발전방향을 제시하는 종합계획으로서 도시·군관리계획 수립의 지침이 되는 계획을 말한다.
> 4. "도시·군관리계획"이란 특별시·광역시·특별자치시·특별자치도·시 또는 군의 개발·정비 및 보전을 위하여 수립하는 토지 이용, 교통, 환경, 경관, 안전, 산업, 정보통신, 보건, 복지, 안보, 문화 등에 관한 다음 각 목의 계획을 말한다.
>   가. 용도지역·용도지구의 지정 또는 변경에 관한 계획
>   나. 개발제한구역, 도시자연공원구역, 시가화조정구역(市街化調整區域), 수산자원보호구역의 지정 또는 변경에 관한 계획
>   다. 기반시설의 설치·정비 또는 개량에 관한 계획
>   라. 도시개발사업이나 정비사업에 관한 계획
>   마. 지구단위계획구역의 지정 또는 변경에 관한 계획과 지구단위계획
>   바. 입지규제최소구역의 지정 또는 변경에 관한 계획과 입지규제최소구역계획
> 5. "지구단위계획"이란 도시·군계획 수립 대상지역의 일부에 대하여 토지 이용을 합리화하고 그 기능을 증진시키며 미관을 개선하고 양호한 환경을 확보하며, 그 지역을 체계적·계획적으로 관리하기 위하여 수립하는 도시·군관리계획을 말한다.

12. 건축면적 800m², 대지면적 1,000m²인 5층 건물의 용적률

$$용적률 = \frac{건축연면적(지하층\ 제외)}{대지면적} \times 100\%$$

$$= \frac{800 \times 5}{1,000} \times 100\% = 400\%$$

13. 용도지구

명칭	세분	지정 목적
경관지구	자연	자연경관의 보호 도시자연풍치 유지
	수변	지역 내 주요 수계 수변
	시가지	주거지, 시가지
미관지구	중심지	토지이용도 높은 지역
	역사문화	문화재, 문화적 보존가치 큰 건축물
	일반	중심, 역사문화 외
고도지구	최고	건축물 높이 최고한도 규제
	최저	건축물 높이 최저한도 규제
방화지구		화재의 위험을 예방
방재지구	시가지	건축물 인구 밀집 지역
	자연	건축제한을 통해 재해 예방
보존지구	문화자원	역사문화적 보존가치가 큰 시설 및 지역
	중요시설물	국방상 또는 안보상
	생태계	야생동식물서식처 등 생태적으로 보존가치가 큰 지역
시설보호지구	학교	학교 교육환경 보호 유지
	공용	공용시설 보호 공공업무기능 효율화
	항만	항만기능 효율화, 항만시설 관리운영
	공항	공항시설의 보호와 항공기의 안전운항
취락지구	자연	녹지·관리·농림·자연환경보전지역 취락정비
	집단	개발제한구역 취락 정비
개발진흥지구	주거	주거기능 중심
	산업유통	공업기능 및 유통물류기능 중심
	관광휴양	관광휴양기능 중심
	복합	주거 공업 유통 물류 및 관광 휴양 중 2 이상 기능
	특정	이외의 목적 중심
특정용도제한지구		청소년 유해시설 등 특정시설 입지제한

14. 용도구역

구역	지정 목적
개발제한구역	도시의 무질서한 확산 방지, 도시 주변의 자연환경 보전, 국방부장관의 요청에 의한 도시 개발 제한 필요 지역
도시자연공원구역	도시지역 안에서 식생이 양호한 산지의 개발을 제한할 필요가 있는 지역
시가화조정구역	무질서한 시가화 방지를 위해 5년 이상 20년 이내에 시가화를 유보할 필요가 있는 지역
수산자원보호구역	수산자원 보호육성을 위해 공유수면이나 그 인접토지에 대한 보호구역 지정 변경

15. 도시군 계획시설 종류

구분	종류 및 내용
교통시설	도로, 철도, 항만, 공항, 주차장, 자동차정류장, 궤도, 운하, 자동차 및 건설기계검사시설, 자동차 및 건설기계운전학원
공간시설	광장, 공원, 녹지, 유원지, 공공공지
유통 및 공급시설	유통업무설비, 수도공급설비, 전기공급설비, 가스공급설비, 열공급설비, 방송통신시설, 공동구, 시장, 유류저장 및 송유설비
공공문화체육시설	학교, 운동장, 공공청사, 문화시설, 체육시설, 도서관, 연구시설, 사회복지시설, 공공직업훈련시설, 청소년수련시설
방재시설	하천, 유수지, 저수지, 방화설비, 방풍설비, 방수설비, 사방설비, 방조설비
보건위생시설	화장시설, 공동묘지, 봉안시설, 자연장지, 장례식장, 도축장, 종합의료시설
환경기초시설	하수도, 폐기물처리시설, 수질오염방지시설, 폐차장

16. 환경용량에 대하여 설명하시오.

환경용량이란 일정한 지역에서 환경오염 또는 환경훼손에 대하여 환경이 스스로 정화 및 복원하여 환경의 질을 유지할 수 있는 한계를 말한다.

17. 식생보전등급의 평가항목과 등급을 설명하시오.

① 식생보전등급 평가항목
- 분포희귀성
- 식생복원 잠재성
- 구성식물종 온전성
- 중요종 서식
- 식재림 흉고직경

② 식생보전등급

구분	분류기준
1등급	극상림, 자연림, 자연성
2등급	2차 천이 후 회복식생
3등급	교란 후 2차 천이 초기식생
4등급	조림지
5등급	초원, 경작지, 주거지

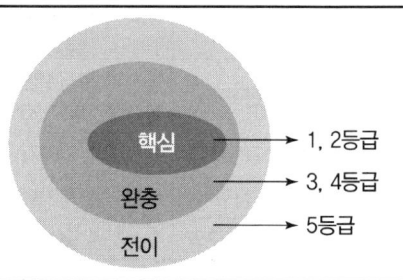

18. 녹지자연도 등급, 내용

① 녹지자연도 개념 : 녹지의 인간 이용 정도의 등급화
② 분류기준 : 녹피율
③ 등급

등급 구분	분류 기준	비고
1등급	시가지	
2등급	경작지	핵심 : 8~10등급
3등급	과수원	완충 : 4~7등급
4등급	1차초원	전이 : 1~3등급
5등급	2차초원	
6등급	조림지	
7등급	유령림	
8등급	장령림	
9등급	원시림	
10등급	고산초원	
0등급	수공간	

19. 생태경관보전지역 구분

① 생태경관핵심보전지역
② 생태경관완충보전지역
③ 생태경관전이보전지역

20. 환경부 지정 생태마을의 개념 및 지정기준을 설명하시오.

① 생태마을
- 생태경관 보전지역 내・외
- 생태적 기능과 수려한 자연경관을 보유하고 있는 마을

② 생태마을 지정기준
- 자연생태 우수마을
- 자연생태 복원 우수마을

21. 퍼머컬처의 개념과 생태마을에서의 기능

① 퍼머컬처(Permaculture)의 개념
- Permanent(영구적인)와 Cultivation(경작) 또는 Culture(문화)의 합성어로 농장, 마을, 지역사회를 지속가능하게 만들기 위한 것이다.
- 보다 생태적인 방법으로 농사를 짓고 농장을 경영하며 더 나아가 의식주를 비롯한 모든 생활을 지속가능하게 만들기 위한 것이다.

② 생태마을에서의 기능
- 쇠락해가는 농촌마을을 생태마을로 전환
- 순환농업 : 적절한 축산과 경작을 복합적으로 운영
- 농장, 마을, 지역단위에서 영양물질 공급과 유출을 줄여 생산비를 낮춤
- 식량, 에너지, 집, 물질, 서비스 생산 등 모든 분야의 지속가능한 환경과 제반 기본구조를 만듦

22. 사람의 접근이 사실상 불가능하여 생태계 훼손이 진행되지 않는 지역 중 군사상의 목적 외에는 특별한 용도로 사용되지 아니하는 무인도로서 대통령령이 정하는 지역과 관할권이 대한민국에 속하는 날부터 2년간의 비무장지대를 말하는 것은?

자연유보지역

23. 생태경관보전지역, 습지보호지역, 자연공원 등을 이용하는 사람에게 자연환경보전의 인식증진 등을 위하여 자연환경 해설・홍보・교육・생태탐방 안내 등을 전문적으로 수행하는 자를 무엇이라 하는가?

자연환경해설사

24. 자연환경조사

① 개념 : 자연환경조사원이 전국의 자연환경을 조사하는 것

② 기간
- 전국자연환경조사 : 5년
- 생태자연도 1등급지역 : 2년

③ 조사내용
- 산·하천·도서 등의 생물다양성 구성요소의 현황 및 분포
- 지형·지질 및 자연경관의 특수성
- 야생동식물의 다양성 및 분포상황
- 환경부장관이 정하는 조사방법 및 등급분류기준에 따른 녹지등급
- 식생현황
- 멸종위기 야생동식물 및 국내 고유생물종의 서식현황
- 경제적 또는 의학적으로 유용한 생물종의 서식현황
- 농작물·가축 등과 유전적으로 가까운 야생종의 서식현황
- 토양의 특성
- 그 밖에 자연환경의 보전을 위하여 특별히 조사할 필요가 있다고 환경부장관이 인정하는 사항

25. 생태자연도 등급화된 권역

전국자연환경조사자료를 바탕으로 자연을 생태적, 자연적, 경관적 가치로 등급화한 지도

등급	내용	비고
1등급	• 멸종위기 야생동식물 서식지, 도래지 주요생태축, 생태통로 • 생물다양성, 생물자원 풍부지역 • 생태계, 경관우수지역 • 주요식생대표지역, 생물의 지리적 분포한계지역 • 기타 생태적 가치가 있는 지역	
2등급	1등급보호지역	
3등급	개발이용대상지역	
별도관리지역	타 법률에 의해 관리되는 지역	

26. 생태자연도 2등급 지역과 등급 외 지역 선정기준

① 2등급 지역 : 1등급에 준하는 지역으로 장차 보전의 가치가 있는 지역 또는 1등급 권역의 외부지역으로서 1등급 권역의 보호를 위하여 필요한 지역

② 별도관리지역 : 다른 법률의 규정에 의하여 보전되는 지역 중 역사적·문화적·경관적 가치가 있는 지역이거나 도시의 녹지보전 등을 위하여 관리되고 있는 지역으로서 대통령령이 정하는 지역

27. 생태자연도 1등급 기준

① 멸종위기 야생생물의 주된 서식지·도래지 및 주요 생태축 또는 주요 생태통로가 되는 지역
② 생태계가 특히 우수하거나 경관이 특히 수려한 지역
③ 생물의 지리적 분포한계에 위치하는 생태계 지역 또는 주요 식생의 유형을 대표하는 지역
④ 생물다양성이 특히 풍부하고 보전가치가 큰 생물자원이 존재·분포하고 있는 지역
⑤ 생태적 가치가 있는 지역으로서 대통령령이 정하는 기준에 해당하는 지역

28. 습지의 정의, 종류

① 습지의 정의 : 담수(민물), 기수(바닷물과 민물이 섞여 염분이 적은 물) 또는 "염수"(바닷물)가 영구적 또는 일시적으로 그 표면을 덮고 있는 지역으로서 내륙습지 및 연안습지를 말한다.

② 종류 : 연안습지, 내륙습지

29. 자연하천습지의 정의와 대표적인 자연하천습지의 종류를 쓰시오.

① 자연하천습지 : 자연하천습지는 내륙습지(하천형, 호수형, 산지형) 중 하천형 습지를 말하며 유수역과 정수역으로 구분된다.

② 대표적인 자연하천습지
- 유수역 : 하도습지, 보습지
- 정수역 : 배후습지, 용천습지

30. 람사르습지의 정의 및 종류

① 자연이든 인공이든, 영구적이든 일시적이든, 정수이든 유수이든 담수·기수·염수가 간조 시 6m를 넘지 않는 늪, 습원, 이탄지, 물이 있는 지역

② 종류 : 내륙습지, 해안습지, 인공습지

31. 습지보전법의 연안습지와 람사르습지의 해안습지 비교

① 연안습지 : 만조위와 간조위 사이 조간대
② 해안습지 : 간조 시 6m를 넘지 않는 습지

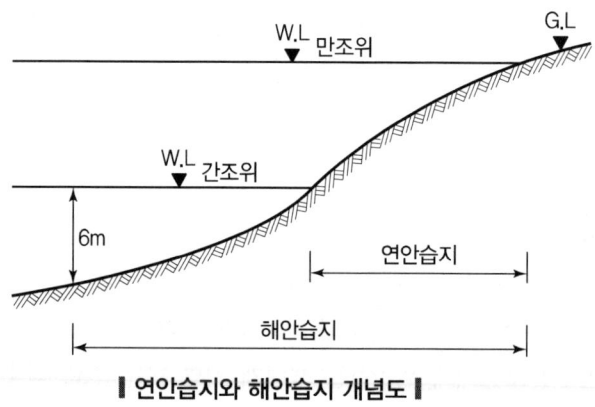

┃ 연안습지와 해안습지 개념도 ┃

32. 자연공원의 종류

① 국립공원
② 도립공원
③ 군립공원
④ 지질공원

33. 공원관리소의 허가를 받아야 하는 행위 3가지

① 건축물이나 그 밖의 공작물을 신축·증축·개축·재축 또는 이축하는 행위
② 광물을 채굴하거나 흙·돌·모래·자갈을 채취하는 행위
③ 개간이나 그 밖의 토지의 형질 변경(지하 굴착 및 해저의 형질 변경을 포함한다.)을 하는 행위
④ 수면을 매립하거나 간척하는 행위
⑤ 하천 또는 호소(湖沼)의 물높이나 수량(水量)을 늘거나 줄게 하는 행위
⑥ 야생동물(해중동물(海中動物)을 포함한다.)을 잡는 행위
⑦ 나무를 베거나 야생식물(해중식물을 포함한다.)을 채취하는 행위
⑧ 가축을 놓아먹이는 행위
⑨ 물건을 쌓아 두거나 묶어 두는 행위
⑩ 경관을 해치거나 자연공원의 보전·관리에 지장을 줄 우려가 있는 건축물의 용도 변경과 그 밖의 행위로서 대통령령으로 정하는 행위

34. 자연공원보존지구로 채택될 수 있는 지역

용도지구	내용	비고
공원자연보존지구	• 생물다양성 • 자연생태계가 원시성 • 보호가치 야생 동식물 • 경관 우수	공원자연보존지구 공원자연환경지구 공원마을지구 공원문화유산지구
공원자연환경지구	공원자연보존지구의 완충공간	
공원마을지구	마을이 형성된 지역	
공원문화유산지구	지정문화재를 보유한 사찰, 전통사찰	

35. 국민신탁의 정의 및 3대 프로그램

① **정의** : 국민신탁법인이 국민·기업·단체 등으로부터 기부·증여를 받거나 위탁받은 재산 및 회비 등을 활용하여 보전가치가 있는 문화유산과 자연환경자산을 취득하고 이를 보전·관리함으로써 현세대는 물론 미래세대의 삶의 질을 높이기 위하여 민간차원에서 자발적으로 추진하는 보전 및 관리 행위를 말한다.

② **3대 프로그램**
- 해안선 국민신탁
- 백두대간 국민신탁
- DMZ 국민신탁

36. 백두대간 보호에 관한 법률에서 보호지역에서의 행위제한

① 건축물의 건축
② 인공구조물이나 그 밖의 시설물의 설치
③ 토지의 형질 변경
④ 토석(土石)의 채취 또는 이와 유사한 행위

37. LID

① Low Impact Development : 저영향개발
- 자연의 물순환에 미치는 영향을 최소로 하는 개발
- 불투수면 감소→표면유출 줄임→빗물토양침투 증가(침투, 저류, 여과, 증발산)→물순환 개선, 오염저감

② 전통적 빗물관리 vs LID

구분	전통적 빗물관리	LID
형태	중앙집중식	분산형
원리	빗물 빠르게 집수배제	빗물발생원에서 머금고 가두기
목표	개발 후 첨두유출량 증가	개발 후 총유출량 감소
시설	빗물펌프장, 저류지	소규모 침투 및 저류시설
한계	물순환장애, 건천화	집중호우 시 효과 한계

38. 도시지역의 물순환 특징을 설명하시오.

① 불투수면 증가
② 토양침투 감소하여 유출량 증가
③ 도시홍수 및 오염 증가
④ 자연순환 오류

39. LID기술요소

① 저류형 시설 : 저류지, 인공습지

② 침투형 시설
- 투수성 포장
- 침투도랑
- 침투트렌치
- 침투측구
- 투수블럭
- 침투통
- 침투관
- 침투저류지

③ 식생형 시설
- 수목여과박스
- 식생수로
- 식생여과대

40. 비점오염원

> 직접적인 오염원과는 달리 (①)은 오염원을 찾기 어렵다. 예를 들어 농경지에서 발생하는 (②)와 (③), 가정에서 나오는 (④), 도로변에 쌓인 (⑤)가 있다.

① 비점오염원
② 토사
③ 영양물질
④ 유기물질
⑤ 기름과 그리스

41. 비점오염원의 정의 및 종류

① 정의

비점오염원은 도시, 도로, 농지, 산지, 공사장 등으로서 불특정 장소에서 불특정하게 수질오염물질을 배출하는 배출원

② 종류
- 토사
- 영양물질
- 박테리아와 바이러스
- 기름과 그리스
- 금속
- 유기물질
- 살충제
- 협잡물

42. 비점오염원 특징 및 영향

① 특징

구분	점오염원	비점오염원
배출원	공장, 가정하수, 분뇨처리장, 축산농가 등	대지, 도로, 논, 밭, 임야, 대기 중의 오염물질 등
특징	• 인위적 배출지점이 특정/명확 • 관거를 통해 한 지점(주로 처리장)으로 집중적 배출 • 자연적 요인에 영향을 적게 받아 연중 배출량의 차이가 일정함 • 모으기 용이하고 처리효율이 높음	• 인위적 및 자연적 배출지점이 불특정/불명확 • 희석, 확산되면서 넓은 지역으로 배출 • 강우 등 자연적 요인에 따른 배출량의 변화가 적음 • 모으기 어렵고, 처리효율이 일정치 않음

② 영향
- 수질을 오염시키고, 이에 따라 물고기가 집단폐사하거나 저서생물의 서식처가 파괴되어 수생태계가 교란됨
- 홍수의 위험이 높아지고 지하수 함양이 줄어들어 평시에 하천의 건천화를 유발하는 요인이 됨

43. 비점오염원 저감시설

1) 빗물이용시설
   ① 빗물집수시설　　　② 초기우수배제시설
   ③ 처리시설　　　　　④ 빗물저류조

2) 침투시설
   ① 침투통　　　　　　② 침투관
   ③ 침투측구　　　　　④ 투수성 포장
   ⑤ 침투화분　　　　　⑥ 침투도랑
   ⑦ 침투저류지

3) 여과시설
   ① 빗물정원　　　　　② 통로화분
   ③ 수목여과박스　　　④ 식생수로
   ⑤ 식생여과대　　　　⑥ 모래여과시설
   ⑦ 제조여과시설

4) 저류시설
   ① 습식연못
   - 연못형 저류지
   - 이중목적 저류지
   - 다단계 저류지
   - 소규모 저류지

   ② 인공습지
   - 얕은 습지
   - 이중목적 얕은 습지
   - 연못/습지 시스템
   - 소규모 습지

44. 생태면적률

① 전체부지면적 중 생태적 기능 및 자연순환기능이 있는 토양면적 비율
② 개발공간의 생태적 기능지표
③ $\dfrac{\Sigma(\text{공간유형별 면적} \times \text{가중치})}{\text{전체부지면적}} \times 100\%$

45. 생태면적률 가중치

가중치	내용
1.0	자연지반녹지, 투수성 수공간
0.7	인공지반녹지 토심 ⊇ 90cm, 차수성 수공간
0.6	옥상녹화 토심 ⊇ 20cm
0.5	• 인공지반 녹지 토심 ⊆ 90cm • 옥상녹화 토심 ⊆ 20cm • 부분포장(잔디블록, 식생블록), 녹지면적 50% 이상
0.4	벽면녹화
0.3	투수성 포장(전면)
0.2	틈새투수포장, 저류시설 연계면
0	불투수 포장면

46. 생태면적률의 종류

① 현재상태 생태면적률 : 개발 전
② 목표 생태면적률 : 개발 목표
③ 계획 생태면적률 : 개발 시 구역별 설정 목표

47. 생태통로 설치 주요내용을 설명하시오.

① 생태통로 시설 유형

분류		설치목적 및 시설규모 · 종류	형태
생태통로	육교형	• 야생동물의 이동 • 폭 –일반 지역 : 10m 이상 –주요 생태축 : 30m 이상	
		• 보행로 구분 및 차단벽 생태통로에 보행로를 설치하는 경우 차단벽을 설치	
		• 경사 생태통로 진·출입로의 평균 경사도는 1 : 2 또는 이보다 완만하도록 설치	
	기타 유형	〈경관적 연결〉 • 경관 및 지역적 생태계 연결 • 너비 : 보통 100m 이상	
		〈개착식 터널의 보완〉 • 개착식 터널의 상부 보완을 통한 생태통로 기능 부여 • 너비 : 보통 100m 이상	
	터널형	• 개방도 0.7 이상 박스터널형 개방도 $= \dfrac{\text{입구단면적(폭×높이)}}{\text{길이}}$ 원형터널형 개방도 $= \dfrac{\text{입구단면적}}{\text{길이}}$	

② 유도울타리 유형

분류		설치목적 및 시설규모·종류	형태
유도울타리	울타리 / 높이	• 고라니 도약 높이를 반영 • 높이 : 1.5m	
	울타리 / 간격	지표면에서 50cm까지 상하 간격이 5cm 미만, 50~100cm까지는 10cm, 100cm 이상부터는 20cm로 설치	
	울타리 / 연장	육교형 생태통로 중심으로 상·하행선 양방향 각각 1km 이상 설치	
	울타리 / 기타	• 양서·파충류 유도울타리 • 총 50cm로, 10cm는 매립하고 지표면에서 40cm까지 설치 • 망 크기 : 1×1cm 이내	
		• 조류 유도울타리 • 조류의 비행 고도를 높여 로드킬 방지를 위한 도로변 수림대, 울타리 및 기둥 등	
	부대시설 / 탈출구	울타리 내에 침입한 동물의 도로 밖 탈출을 유도하는 시설(탈출경사로)	
	부대시설 / 출입문	생태통로 및 시설 관리를 위한 출입시설	
	부대시설 / 노면진입 방지시설	교차로나 진입로를 통한 동물 침입을 방지하기 위해 바닥에 동물이 밟기 꺼리는 재질로 노면 처리한 시설	

분류			설치목적 및 시설규모·종류	형태
유도울타리	부대시설	안내판	유도울타리 출입문 근처에 사람의 출입/접근 차단 및 관리기관 담당연락처 안내	안내문

③ 보조시설 유형

분류		설치목적 및 시설규모·종류	형태
보조시설	수로 탈출시설	도로의 배수로 및 농수로 등에 빠진 양서류, 파충류, 소형포유류가 빠져 나오도록 하는 시설	
	암거수로 부대시설	수로박스 등의 기존 망거 구조물을 야생동물이 생태통로처럼 이용할 수 있도록 하는 부대시설	
	도로횡단 부대시설	하늘다람쥐나 청설모 등이 도로를 안전하게 횡단할 수 있도록 설치한 기둥 등의 보조시설	
	관리시설	• 점검로 생태통로 및 유도울타리 등의 관리를 위한 통행통로로 출입에 따른 세굴 등을 방지하기 위한 경사지 등에 설치	
		• 출입문 생태통로 관리를 위한 통로로 점검로와 유도울타리 관리 및 생태통로 모니터링에 이용	

※ (생태통로 설치·관리지침에 대한 적용례) 동 개정규정은 지침 개정(2023.11.) 이후 생태통로를 신규로 설치하기 위한 인·허가 등을 신청하는 경우부터 적용한다.

48. 생태통로 설치과정

설치과정		주요내용
사전조사 및 정밀조사	사전조사	• 생태통로 필요성 조사 • 여러 잠정후보지 선정
	정밀조사	• 목표종 설정 • 구체적 위치, 규격, 유형 결정
설계 및 시공	유입부	• 주변환경과의 조화 • 주변재료 이용 • 보행자, 차량의 진입방지 • 유도울타리 설치
	내부	• 차단벽 설치 • 다공질 재료 이용 • 개방도 확보 • 토심 확보
사후관리 및 모니터링	사후관리	시설, 식생, 기능관리
	모니터링	• 시공 후 3년 동안 계절별 1회 이상 • 그 이후 연 1회 이상 • 생태통로 조성 후 문제점 및 효과 파악
	모니터링 결과 반영	• 생태통로 이용개선 제시 • 인근지역 로드킬 대책 마련

49. 생태통로의 효과와 부정적 기능

① 생태통로 효과
- 단절된 생태계, 생태축, 경관 연결
- 이동통로
- 서식처

② 부정적 기능
- 질병 전파
- 외래종 전파
- 포식자 포식공간 제공

50. 도시에서 생태통로로 이용할 수 있는 시설물

① 옥상공원
② 도로변 선형 녹지 및 가로수
③ 하천변 녹지

51. 「국토의 계획 및 이용에 관한 법률」에서 광역도시계획의 내용 중 당해 광역계획권의 지정 목적을 달성하는 데 필요한 사항에 대한 정책방향을 3가지만 쓰시오.

① 광역계획권 공간 구조와 기능 분담
② 광역계획권 녹지관리체계와 환경보전
③ 광역시설의 배치, 규모, 설치
④ 경관계획
⑤ 기타 광역권에 속하는 상호 간의 기능 연계에 관한 사항 중 대통령령으로 정한 사항

52. 「야생생물보호 및 관리에 관한 법률」 제27조(야생생물 특별보호구역의 지정)에 따르면 '환경부장관은 멸종위기 야생생물의 보호 및 번식을 위하여 특별히 보전할 필요가 있는 지역을 토지소유자 등 이해관계인과 지방자치단체의 장의 의견을 듣고 관계 중앙행정기관의 장과 협의하여 야생생물 특별보호구역으로 지정할 수 있다.' 이 경우 시행규칙 제34조(특별보호구역의 지정기준 및 절차)에 따라 토지소유자 등 이해관계인과 지방자치단체의 장의 의견을 들으려는 경우 지정계획서를 미리 작성하여 공고하여야 한다. 지정계획서에 포함되어야 하는 사항을 4가지 이상 쓰시오.

① 특별보호구역 지정 사유 및 목적
② 멸종위기 야생생물의 분포 현황 및 생태적 특성
③ 토지의 이용 현황
④ 지정 면적 및 범위
⑤ 축척 2만 5천분의 1의 지형도

53. 다음 (   ) 안에 알맞은 말 쓰시오.

> 「환경정책기본법」 제23조(환경친화적 계획기법 등의 작성·보급)에 따라 환경부장관은 국토환경을 효율적으로 보전하고 국토를 환경친화적으로 이용하기 위하여 국토에 대한 환경적 가치를 평가하여 등급으로 표시한 (   )를 작성·보급할 수 있다. (   )는 국토를 친환경적·계획적으로 보전하고 이용하기 위하여 환경적 가치를 종합적으로 평가하여 환경적 중요도에 따라 5개 등급으로 구분하고 색채를 달리 표시하여 알기 쉽게 작성한 지도이다.

국토환경성평가지도

54. 「자연환경보전법」 제8조(자연환경보전기본계획의 수립)에 따라 환경부장관은 전국의 자연환경보전을 위한 기본계획(이하 "자연환경보전기본계획")을 10년마다 수립하여야 한다. 자연환경보전기본계획에 포함되어야 하는 내용을 기술하시오.

① 자연환경의 현황 및 전망에 관한 사항
② 자연환경보전에 관한 기본방향 및 보전목표설정에 관한 사항
③ 자연환경보전을 위한 주요 추진과제에 관한 사항
④ 지방자치단체별로 추진할 주요 추진과제에 관한 사항
⑤ 자연경관의 보전·관리에 관한 사항
⑥ 생태축의 구축·추진에 관한 사항
⑦ 생태통로 설치, 훼손지 복원 등 생태계 복원을 위한 주요사업에 관한 사항
⑧ 자연환경종합지리정보시스템의 구축·운영에 관한 사항
⑨ 사업시행에 소요되는 경비의 산정 및 재원조달 방안에 관한 사항
⑩ 그 밖에 자연환경보전에 관하여 대통령령으로 정하는 사항(자연보호운동의 활성화에 관한 사항, 자연환경보전 국제협력에 관한 사항)

55. 「자연환경보전법」 제46조(생태계보전부담금)에 따라 환경부장관은 자연환경을 체계적으로 보전하고 자연자산을 관리·활용하기 위하여 자연환경 또는 생태계에 미치는 영향이 현저하거나 생물다양성의 감소를 초래하는 사업을 하는 사업자에 대하여 생태계보전부담금을 부과·징수한다. 생태계보전부담금의 부과대상이 되는 사업을 기술하시오.

① 전략환경영향평가 대상계획 중 개발면적 3만 제곱미터 이상인 개발사업으로서 해당 계획의 수립·확정 이후 환경영향평가 또는 소규모환경영향평가에 대한 협의절차 없이 시행되는 사업
② 환경영향평가 대상사업
③ 노천탐사·채굴사업 인가면적이 10만 제곱미터 이상인 사업으로서 허가 등을 받은 면적이 5천 제곱미터 이상인 사업
④ 소규모환경영향평가 대상 개발사업으로 개발면적이 3만 제곱미터 이상인 사업
⑤ 그 밖에 생태계에 미치는 영향이 현저하거나 자연자산을 이용하는 사업 중 대통령령으로 정하는 사업

56. 다음 (　　) 안에 알맞은 말을 쓰시오.

「자연환경보전법」 제46조(생태계보전부담금)에 따라 환경부장관은 자연환경을 체계적으로 보전하고 자연자산을 관리·활용하기 위하여 자연환경 또는 생태계에 미치는 영향이 현저하거나 생물다양성의 감소를 초래하는 사업을 하는 사업자에 대하여 생태계보전부담금을 부과·징수한다. 생태계보전부담금은 (①) 범위에서 (②)에 (③)과 (④)를 곱하여 산정·부과하고, 단위면적당 부과금액은 제곱미터당 (⑤)으로 한다.

① 50억 원
② 훼손면적
③ 단위면적당 부과금액
④ 지역계수
⑤ 300원

57. 다음 (　　) 안에 알맞은 말을 쓰시오.

「자연환경보전법 시행령」 제38조(생태계보전부담금의 부과·징수)에 따라 환경부장관은 생태계보전부담금을 부과하고자 하는 때에는 (①) 이상의 납부기간을 정하여 납부개시 (②) 전까지 서면으로 통지하여야 한다. 또한 「자연환경보전법」 제48조(생태계보전부담금의 강제징수)에 따라 환경부장관은 생태계보전부담금을 납부하여야 하는 사람이 납부기한 이내에 이를 납부하지 아니한 경우에는 (③) 이상의 기간을 정하여 이를 독촉하여야 한다. 이 경우 체납된 생태계보전부담금에 대하여는 (④)에 상당하는 가산금을 부과한다.

① 1개월
② 5일
③ 30일
④ $\frac{3}{100}$

58. 「자연환경보전법」 제46조(생태계보전부담금)에 따른 생태계보전부담금 부과·징수 시 생태계훼손면적에 단위면적당 부과금액과 지역계수를 곱하여 산정·부과한다. 여기서 생태계훼손면적의 산정은 같은 법 시행령에 따라 훼손행위가 발생하는 지역의 면적으로 한다. 시행령에 명시된 훼손행위에 대하여 기술하시오.

① 토양의 표토층을 제거·굴착 또는 성토하여 토지 형질변경이 이루어지는 행위
② 식물이 군락을 이루며 서식하는 지역을 제거하거나 파괴하는 행위
③ 습지 등 생물다양성이 풍부한 지역을 개간·준설·매립 또는 간척하는 행위

59. 「자연환경보전법」 제50조(생태계보전부담금의 반환·지원)에 따라 환경부장관은 생태계보전부담금을 납부한 자 또는 생태계보전부담금을 납부한 자로부터 자연환경보전사업의 시행 및 생태계보전부담금의 반환에 관한 동의를 받은 자(이하 "자연환경보전사업 대행자"라 한다)가 환경부장관의 승인을 받아 대통령령으로 정하는 자연환경보전사업을 시행하는 경우에는 납부한 생태계보전부담금 중 대통령령으로 정하는 금액을 돌려줄 수 있다. 여기서 대통령령으로 정하는 자연환경보전사업에 대하여 기술하시오.

　① 소생태계 조성사업
　② 생태통로 조성사업
　③ 대체자연 조성사업
　④ 자연환경보전·이용시설의 설치사업
　⑤ 그 밖에 훼손된 생태계의 복원을 위한 사업

60. 「자연환경보전법」 제43조의2(도시생태 복원사업)에 따라 시·도지사 도는 시장·군수·구청장은 도시지역 중 생태계의 연속성 유지 또는 생태적 기능의 향상을 위하여 특별히 복원이 필요하다고 인정되는 지역에 대하여 도시생태 복원사업을 할 수 있다. 도시생태 복원사업 대상에 해당되는 지역을 기술하시오.

　① 도시생태축이 단절·훼손되어 연결·복원이 필요한 지역
　② 도시 내 자연환경이 훼손되어 시급히 복원이 필요한 지역
　③ 건축물의 건축, 토지의 포장 등 도시의 인공적인 조성으로 도시 내 생태면적의 확보가 필요한 지역
　④ 그 밖에 환경부령으로 정하는 지역

61. 「자연환경보전법」 제44조(우선보호대상 생태계의 복원)에 따라 환경부장관은 관계중앙행정기관의 장 및 시·도지사와 협조하여 대상 생태계의 보호·복원대책을 마련하여 추진할 수 있다. 우선보호대상 생태계에 해당하는 경우를 기술하시오.

　① 멸종위기야생생물의 주된 서식지 또는 도래지로서 파괴·훼손 또는 단절 등으로 인하여 종의 존속이 위협을 받고 있는 경우
　② 자연성이 특히 높거나 취약한 생태계로서 그 일부가 파괴·훼손되거나 교란되어 있는 경우
　③ 생물다양성이 특히 높거나 특이한 자연환경으로서 훼손되어 있는 경우

62. 다음 「물환경보전법」의 정의에 명시된 용어 설명에서 (　) 안을 채우시오.

> • (①)이란 폐수배출시설, 하수발생시설, 축사 등으로서 관거·수로 등을 통하여 일정한 지점으로 수질오염물질을 배출하는 배출원을 말한다.
> • (②)이란 도시, 도로, 농지, 산지, 공사장 등으로서 불특정 장소에서 불특정하게 수질오염물질을 배출하는 배출원을 말한다.
> • (③)이란 점오염원 및 비점오염원으로 관리되지 아니하는 수질오염물질을 배출하는 시설 또는 장소로서 환경부령으로 정하는 것을 말한다.

① 점오염원
② 비점오염원
③ 기타수질오염원

63. 2019년 12월 「생물다양성 보전 및 이용에 관한 법률」이 개정되면서 제2조에 제10호 "생태계서비스"의 용어 뜻이 신설되었다. 위 법률에서 정의하는 "생태계서비스" 4가지를 기술하시오.

① 식량, 수자원, 목재 등의 유형적 생산물을 제공하는 공급서비스
② 대기 정화, 탄소 흡수, 기후 조절, 재해 방지 등의 환경조절서비스
③ 생태관광, 아름답고 쾌적한 경관, 휴양 등의 문화서비스
④ 토양 형성, 서식지 제공, 물질 순환 등 자연을 유지하는 지지서비스

64. 다음에서 설명하는 변경된 계약의 명칭을 쓰시오.

> 2019년 12월 「생물다양성 보전 및 이용에 관한 법률」이 개정되면서 제16조 "생물다양성관리계약"의 제목이 변경되었다. 위 법률에 따르면 생태계서비스의 체계적인 보전 및 증진을 위하여 토지의 소유자·점유자 또는 관리인과 자연경관 및 자연자산의 유지·관리, 경작 방식의 변경, 화학물질의 사용 감소, 습지의 조성, 그 밖에 토지의 관리방법 등을 내용으로 계약 체결 시 정부 또는 지방자치단체의 장이 계약 이행 상대자에게 정당한 보상을 하여야 한다.

생태계서비스지불제계약

2 환경영향평가

1. 환경영향평가의 종류 및 정의

종류	정의
전략 환경영향평가	환경에 영향을 미치는 상위계획을 수립할 때에 환경보전계획과의 부합 여부 확인 및 대안의 설정·분석 등을 통하여 환경적 측면에서 해당 계획의 적정성 및 입지의 타당성 등을 검토하여 국토의 지속가능한 발전을 도모하는 것을 말한다.
환경영향평가	환경에 영향을 미치는 실시계획·시행계획 등의 허가·인가·승인·면허 또는 결정 등(이하 "승인등"이라 한다)을 할 때에 해당 사업이 환경에 미치는 영향을 미리 조사·예측·평가하여 해로운 환경영향을 피하거나 제거 또는 감소시킬 수 있는 방안을 마련하는 것을 말한다.
소규모 환경영향평가	환경보전이 필요한 지역이나 난개발(亂開發)이 우려되어 계획적 개발이 필요한 지역에서 개발사업을 시행할 때에 입지의 타당성과 환경에 미치는 영향을 미리 조사·예측·평가하여 환경보전방안을 마련하는 것을 말한다.

2. 환경영향평가 항목(6개 분야 21개 항목)

분야	항목
대기환경	기상, 대기질, 악취, 온실가스
수환경	수질, 수리수문, 해양환경
토지환경	토지이용, 토양지질, 지형
자연생태	동식물상, 자연환경자산
생활환경	자원순환, 소음, 위락경관, 위생보건, 전파일조장애
사회경제환경	인구, 주거, 환경

3. 순서

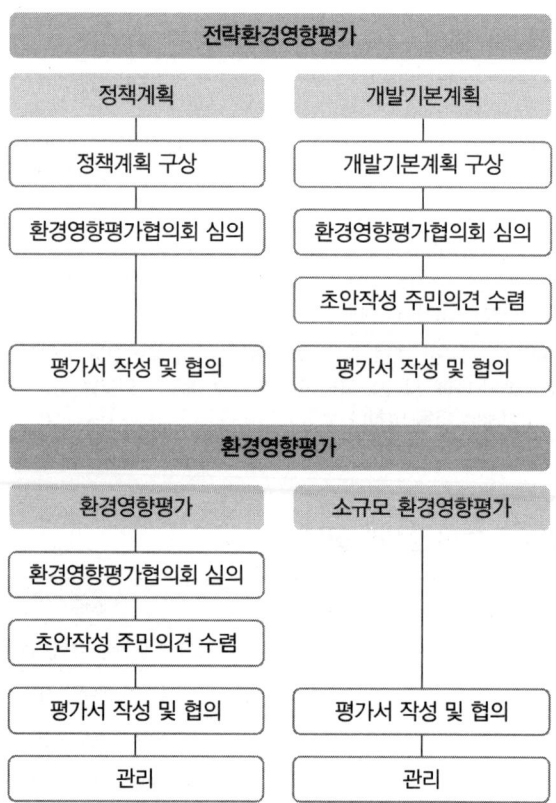

4. 대상사업

전략환경영향평가		환경영향평가	소규모 환경영향평가
정책계획	개발기본계획		
도시의 개발	도시개발	도시개발사업	용도지역 5,000~10,000㎡ 이상
도로의 건설	산업입지단지 조성	산업입지산업단지 조성사업	개발제한구역 5,000㎡ 이상
수자원의 개발	에너지 개발	에너지 개발사업	생태경관보전구역 5,000~10,000㎡ 이상
철도의 건설	항만의 건설	항만의 건설사업	자연유보지역 5,000㎡ 이상
관광단지의 개발	도로의 건설	도로의 건설사업	야생동식물보호구역 5,000㎡ 이상
산지의 개발	수자원 개발	수자원의 개발	공익용 산지 10,000㎡ 이상
특정지역의 개발	철도의 건설	철도건설사업	자연공원 용도지구 5,000~7,500㎡ 이상
폐기물, 분뇨, 가축분뇨 처리시설 설치	공항의 건설	공항건설사업	습지보호지역 500~7,500㎡ 이상
-	하천의 이용 및 개발	하천이용 및 개발사업	수도법 하천법 소하천정비법 지하수법 적용지역 5,000~10,000㎡ 이상
	개간공유수면매립	개간 및 공유수면 매립사업	초지 조성 30,000㎡ 이상
	관광단지의 개발	관광단지 개발사업	조례로 정하는 사업
	산지의 개발	산지 개발사업	관계행정기관장이 필요를 인정한 사업
	특정지역의 개발	특정지역 개발사업	
	체육시설의 설치	체육시설 설치사업	
	폐기물, 분뇨, 가축분뇨 처리시설 설치	폐기물, 분뇨, 가축분뇨 처리시설 설치	
	국방군사시설 설치	국방군사시설 설치사업	
	토석, 모래, 자갈, 광물 등의 채취	토석, 모래, 자갈, 광물 등의 채취사업	

5. 환경영향평가 순서

실시계획단계 → 환경영향평가준비서 작성 → 평가항목범위 결정(스코핑) → 환경영향평가초안 작성 → 관계부처 및 주민의견 수렴(지자체) → 평가서 작성 → 평가서협의 → 협의내용 이행

6. 스코핑

① 사업 시행 시 발생될 주요 환경이슈를 미리 파악하여 환경영향평가 시 이를 중점적으로 평가할 수 있도록 평가항목 및 범위를 설정하는 과정
② 선택과 집중을 통해 협의기간 단축, 신뢰성 향상 도모

7. 다음 ( ) 안에 알맞은 말을 쓰시오.

> 사업자가 제출한 환경영향 평가계획서를 심의하여 미리 결정하는 절차를 (   )라 한다.

스코핑 제도

8. 대상사업 면적

① **대상사업** : 도시개발, 산업단지 조성 등 21개 분야 78개 세부사업
② 평가대상 규모 세부사업 등은 대통령령에 규정
  - 택지개발사업 25만m²
  - 산업단지 15만m²
  - 도로 4km 이상 등

9. 조사항목 중 토지와 자연생태환경 세부항목

① **토양환경** : 토지이용, 토양, 지형·지질
② **자연생태환경** : 동식물상, 자연환경자산

10. 대상 선정 방법

① 평가대상 규모, 세부사업은 대통령령에 규정
② 선정기준
  - 생태계를 훼손할 우려가 큰 사업
  - 환경적으로 민감한 지역에서 시행되는 사업
  - 환경영향이 장기적·복합적으로 발생하는 사업
  - 복합적 환경오염이 우려되는 사업

11. 환경영향평가 포함사항

① 대기환경분야
② 수환경분야
③ 토지환경분야
④ 자연생태분야
⑤ 생활환경분야
⑥ 사회경제환경분야

12. 환경영향평가의 법적 정의

환경에 영향을 미치는 실시계획·시행계획 등의 허가·인가·승인·면허 또는 결정 등(이하 "승인등"이라 한다)을 할 때에 해당 사업이 환경에 미치는 영향을 미리 조사·예측·평가하여 해로운 환경영향을 피하거나 제거 또는 감소시킬 수 있는 방안을 마련하는 것을 말한다.

13. 환경영향평가서 검토순서

① 평가서 초안, 평가서의 접수 및 기본요건 등 검토
② 검토기관의 결정 및 검토 의뢰
③ 현지조사 및 자문회의
④ 검토의견 종합분석

14. 환경영향평가서 초안 작성순서

평가서 초안 및 작성, 제출(사업자) → 평가서 초안 접수(주관시장, 군수, 구청장) → 평가서 초안 검토(주관 시장, 군수, 구청장) → 공고(접수 후 10일 이내) → 공람(20~60일, 설명회 → 초안 공람기간 내, 공청회 → 공람 만료 후 14일 이내) → 주민의견 제출(공람 만료 후 7일 이내, 공청회 개최 후 7일 이내) → 주민 등의 의견취합 → 주민 등의 의견 통보 → 평가서 작성

15. 환경영향평가 시 고려사항

① 환경기준
② 생태자연도
③ 오염총량기준
④ 관계 법률에서 환경보전을 위하여 설정한 기준 등
⑤ 기준이 설정되지 아니한 경우 환경보전목표를 승인기관장 등과 협의하여 결정

16. 환경영향평가와 재해영향평가

① **환경영향평가** : 환경에 영향을 미치는 실시계획·시행계획 등의 허가·인가·승인·면허 또는 결정 등(이하 "승인등"이라 한다)을 할 때에 해당 사업이 환경에 미치는 영향을 미리 조사·예측·평가하여 해로운 환경영향을 피하거나 제거 또는 감소시킬 수 있는 방안을 마련하는 것을 말한다.

② **재해영향평가** : 자연재해에 영향을 미치는 각종 행정계획 및 개발사업으로 인한 재해 유발 요인을 예측·분석하고 이에 대한 대책을 마련하는 것을 말한다.

17. 자연경관 조사항목

① 자연경관
② 경관자원
③ 조망
④ 가시권
⑤ 경관축
⑥ 스카이라인

18. 경관 변형 시 나타나는 현상

① **자연경관자원** : 사업부지 내의 주요 지형, 산림경관자원, 생태경관자원, 수경관자원
② **인문경관자원** : 역사문화경관, 도시경계경관, 건축경관 등
③ **조망경관자원** : 생태녹지, 하천, 연안 등 경관축, 자연 및 도시 스카이라인, 랜드마크 등 경관자원유형별 직·간접적 훼손

19. 경관개발 시 가장 중요하게 고려해야 할 경관 요소(산림경관 유형 7가지 중 3가지 고르기)

① 스카이라인
② 랜드마크
③ 경관자원
④ 경관축
⑤ 녹지경관
⑥ 수경관 형성
⑦ 인공경관 형성

20. 경관지구 특징

① **자연경관지구** : 자연경관의 보호 또는 도시의 자연풍치 유지
② **수변경관지구** : 주요 수계의 수변 자연경관을 보호, 유지
③ **시가지경관지구** : 주거지역의 양호한 환경조성과 시가지의 경관보호

21. 자연경관심의위원회에서 자연경관 심의를 위한 관점

① 자연경관
② 경관자원
③ 조망
④ 가시권
⑤ 경관축
⑥ 스카이라인

> **개발사업 등에 대한 자연경관심의지침**
> 1. 자연경관 : 자연환경적 측면에서 시각적·심미적인 가치를 가지는 지역·지형 및 이에 부속된 자연요소 또는 사물이 복합적으로 어우러진 자연의 경치를 말한다(법 제2조제10호의 규정).
> 2. 경관자원 : 경관을 구성하는 물리적 요소 중 심미성, 역사성, 향토성, 특이성, 자연성 등에 의해 보존 혹은 이용할 가치가 있는 시각대상을 말한다.
> 3. 조망(View) : 관찰자와 일정한 거리를 두고 한눈에 바라다 보이는 대상물과 그 주변 환경을 말한다.
> 4. 조망점(View Point) : 조망대상을 바라다 볼 수 있는 지점을 말한다.
> 5. 가시권 : 특정 조망점에서 보여지는 대상지역의 시각적 범위를 말한다.
> 6. 경관축 : 조망경관의 보존 및 개방감 확보를 위해 공원녹지, 하천, 도로, 광장, 공개대지, 농경지, 건물 사이 개방공간 등에 의해 설정된 일정 폭을 지닌 선형의 공간축을 말하는 것으로, 개념적으로 통경축과 조망축으로 구분할 수 있다.
>   - 통경축 : 일반적으로 인공시설이 밀집되어 일정 거리의 개방 가시권 확보가 어려운 지역에서 개방감을 높이기 위해 설정한 선형의 개방공간을 말한다.
>   - 조망축 : 산림, 하천, 특이지형, 역사건조물, 랜드마크, 조형적 건축·구조물 등 조망가치가 있는 특정 경관에 대한 가시권을 보호하기 위해 설정한 직선형태의 개방공간을 말한다.
> 7. 스카이라인(Skyline) : 지형·지물의 윤곽선이 하늘과 맞닿아 드러난 선

> **자연경관심의위원회의 심의·검토사항(자연경관심의위원회 규정 제2조 제2항)**
> 1. 자연경관자원의 현황(사업지역 및 그 주변지역을 포함)
> 2. 주요 조망점 및 주요 조망대상을 연결하는 경관축
> 3. 보전가치가 있는 자연경관의 훼손 여부
> 4. 주변 자연경관과의 조화성
> 5. 경관영향 저감방안
> 6. 경관변화의 예측 및 평가

22. 「환경영향평가법」 제4조(환경영향평가 등의 기본원칙)에 따라 환경영향평가 등은 다음 각 호의 기본원칙에 따라 실시되어야 한다. (   ) 안에 알맞은 말을 쓰시오.

> • 환경영향평가 등은 보전과 개발이 조화와 균형을 이루는 (①)이 되도록 하여야 한다.
> • 환경보전방안 및 그 대안은 (②)으로 조사·예측된 결과를 근거로 하여 경제적·기술적으로 실행할 수 있는 범위에서 마련되어야 한다.
> • 환경영향평가 등의 대상이 되는 계획 또는 사업에 대하여 충분한 정보 제공 등을 함으로써 환경영향평가등의 과정에 (③) 등이 원활하게 참여할 수 있도록 노력하여야 한다.
> • 환경영향평가 등의 결과는 지역주민의 의사결정권자가 이해할 수 있도록 (④) 작성되어야 한다.
> • 환경영향평가 등은 계획 또는 사업이 특정 지역 또는 시기에 집중될 경우에는 이에 대한 (⑤)을 고려하여 실시되어야 한다.
> • 환경영향평가 등은 계획 또는 사업으로 인한 환경적 위해가 어린이, 노인, 임산부, 저소득층 등 환경유해인자의 노출에 민감한 집단에게 미치는 (⑥) 영향을 고려하여 실시되어야 한다.

① 지속가능한 발전　　　　　② 과학적
③ 주민　　　　　　　　　　④ 간결하고 평이하게
⑤ 누적적 영향　　　　　　　⑥ 사회·경제적

23. 「환경영향평가법」 제11조(평가 항목·범위 등의 결정)에 따라 전략환경영향평가 대상계획을 수립하려는 행정기관의 장은 전략환경영향평가를 실시하기 전에 평가준비서를 작성하여 환경영향평가협의회 심의를 거쳐 전략환경영향평가항목을 결정하여야 한다. 같은 법 시행규칙 제2조에서 명시하는 전략환경영향평가 평가준비서 포함 내용을 기술하시오.

① 대상계획의 목적 및 개요　　② 대상지역의 설정
③ 토지이용구상안　　　　　　④ 지역 개황
⑤ 평가항목·범위·방법의 설정 방안　⑥ 주민 등의 의견수렴을 위한 방안

24. 「환경영향평가법」 제12조(전략환경영향평가서 초안의 작성)에 따라 개발기본계획을 수립하는 행정기관의 장은 전략환경영향평가서 초안을 작성한 후 주민 등의 의견을 수렴하여야 한다. 전략환경영향평가서 초안에 포함되는 내용을 기술하시오.

① 요약문　　　　　　　　　　② 개발기본계획의 개요
③ 개발기본계획 및 입지에 대한 대안　④ 전략환경영향평가 대상지역
⑤ 개발기본계획의 적정성　　　⑥ 입지의 타당성
⑦ 환경영향평가협의회 심의내용　⑧ 주민 등의 제출의견에 대한 검토 내용

25. 「환경영향평가법」 제16조(전략환경영향평가서의 작성 및 협의 요청 등)에 따라 전략환경영향평가 대상계획을 수립하려는 행정기관의 장은 해당 계획을 확정하기 전에 전략환경영향평가서를 작성하여 환경부장관에게 협의를 요청하여야 한다. 전략환경영향평가서 작성 시 포함 내용을 기술하시오.

① 전략환경영향평가 대상지역
② 토지이용구상안
③ 대안
④ 평가항목·범위·방법 등
⑤ 주민의견 검토내용
⑥ 초안에 대한 주민, 관계 행정기관의 의견 및 이에 대한 반영 여부
⑦ 부록

26. 「환경영향평가법」 제24조(평가 항목·범위 등의 결정)에 따라 사업자는 환경영향평가를 실시하기 전에 평가준비서를 작성하여 환경영향평가협의회 심의를 거쳐야 한다. 환경영향평가 평가준비에 포함되는 사항을 기술하시오.

① 환경영향평가 대상사업의 목적 및 개요
② 환경영향평가 대상지역의 설정
③ 토지이용계획안
④ 지역개황
⑤ 평가 항목·범위·방법의 설정 방안
⑥ 약식절차에의 해당 여부(약식평가를 하려는 경우)
⑦ 주민 등의 의견 수렴을 위한 방안
⑧ 전략환경영향평가 협의 내용 및 반영 여부(전략환경영향평가 협의를 거친 경우만 해당)

27. 「환경영향평가법」 제25조(주민 등의 의견 수렴)에 따라 사업자는 결정된 환경영향평가항목 등에 따라 환경영향평가서 초안을 작성하여 주민 등의 의견을 수렴하여야 한다. 환경영향평가서 초안에 포함되는 사항을 기술하시오.

① 요약문
② 사업의 개요
③ 환경영향평가 대상사업의 시행으로 인해 평가항목별 영향을 받게 되는 지역의 범위 및 그 주변 지역에 대한 환경 현황
④ 전략환경영향평가에 대한 협의를 거친 경우 그 협의 내용의 반영 여부
⑤ 환경영향평가항목등의 결정 내용 및 조치 내용

⑥ 환경영향평가의 결과
- 환경영향평가항목별 조사, 예측 및 평가의 결과
- 환경보전을 위한 조치
- 불가피한 환경영향 및 이에 대한 대책
- 대안 설정 및 평가
- 종합평가 및 결론
- 사후환경영향조사 계획

28. 「환경영향평가법」 제32조(재협의)에 따라 승인기관장 등은 협의한 사업계획 등을 변경하는 경우 환경부장관에게 재협의를 요청하여야 한다. 환경영향평가서 재협의 대상을 기술하시오.

① 사업계획 등을 승인·확정한 후 5년 내에 착공하지 아니한 경우
② 사업·시설 규모의 30% 이상 증가되는 경우
③ 최소 환경영향평가 대상 규모 이상 증가되는 경우
④ 원형대로 보전하도록 한 지역을 개발하거나 변경하려는 규모가 해당 사업의 최소 환경영향평가 대상 규모의 30% 이상인 경우
⑤ 환경영향평가서 재협의를 하지 아니한 부지에서 자연환경의 훼손 또는 오염물질의 배출을 발생시키는 행위를 하려는 경우
⑥ 공사가 7년 이상 중지된 후 재개되는 경우

29. 「환경영향평가법」 제41조(재평가)에 따라 환경부장관은 승인기관장 등과의 협의를 거쳐 한국환경정책·평가연구원의 장 또는 관계 전문기관의 장에게 재평가를 하도록 요청할 수 있다. 재평가에 해당하는 경우를 기술하시오.

① 환경영향평가 협의 당시 예측하지 못한 사정이 발생하여 주변 환경에 중대한 영향을 미치는 경우로서 조치나 조치명령으로는 환경보전방안을 마련하기 곤란한 경우
② 환경영향평가서 등과 그 작성의 기초가 되는 자료를 거짓으로 작성한 경우

30. 「환경영향평가법」 제44조(소규모 환경영향평가서의 작성 및 협의 요청 등)에 따라 승인 등을 받아야 하는 사업자는 소규모 환경영향평가 대상사업에 대한 승인 등을 받기 전에 소규모 환경영향평가서를 작성하여 승인기관의 장에게 제출하여야 한다. 소규모 환경영향평가서 포함 사항을 기술하시오.

① 사업의 개요
② 환경영향평가 대상지역의 지역 범위 및 대상사업의 주변 지역에 대한 토지 이용 및 환경 현황
③ 입지의 타당성

④ 환경에 미치는 영향의 조사·예측·평가 결과
⑤ 환경보전방안
⑥ 부록

31. 아래 첨부된 내용은 「환경영향평가법 시행령」 별표4(소규모 환경영향평가 대상사업의 종류, 범위 및 협의요청시기)이다. (   ) 안에 알맞은 말을 쓰시오.

   > 나. 「국토의 계획 및 이용에 관한 법률」 제6조 제2호에 따른 관리지역의 경우 사업계획 면적이 다음의 면적 이상인 것
   >   1) 보전관리지역 : (①)
   >   2) 생산관리지역 : (②)
   >   3) 계획관리지역 : (③)

   ① 5,000제곱미터
   ② 7,500제곱미터
   ③ 10,000제곱미터

32. 아래 첨부된 내용은 「환경영향평가법 시행령」 별표4(소규모 환경영향평가 대상사업의 종류, 범위 및 협의요청시기)이다. (   ) 안에 알맞은 말을 쓰시오.

   > 다. 「국토의 계획 및 이용에 관한 법률」 제6조 제3호에 따른 농림지역의 경우 사업계획 면적이 (①) 이상인 것
   > 라. 「국토의 계획 및 이용에 관한 법률」 제6조 제4호에 따른 자연환경보전지역의 경우 사업계획 면적이 (②) 이상인 것

   ① 7,500제곱미터
   ② 5,000제곱미터

33. 아래 첨부된 내용은 「환경영향평가법 시행령」 별표4(소규모 환경영향평가 대상사업의 종류, 범위 및 협의요청시기)이다. (   ) 안에 알맞은 말을 쓰시오.

   > 「개발제한구역의 지정 및 관리에 관한 특별조치법」 제3조에 따른 개발제한구역의 경우 사업계획 면적이 (   ) 이상인 것

   5,000제곱미터

34. 아래 첨부된 내용은 「환경영향평가법 시행령」 별표4(소규모 환경영향평가 대상사업의 종류, 범위 및 협의요청시기)이다. ( ) 안에 알맞은 말을 쓰시오.

> 가. 「자연환경보전법」 제2조 제12호 및 제12조에 따른 생태·경관보전지역(같은 법 제23조에 따른 시·도 생태·경관보전지역을 포함한다)의 경우 사업계획 면적이 다음의 면적 이상인 것
>   1) 생태·경관핵심보전구역 : (①)
>   2) 생태·경관완충보전구역 : (②)
>   3) 생태·경관전이보전구역 : (③)

① 5,000제곱미터
② 7,500제곱미터
③ 10,000제곱미터

35. 아래 첨부된 내용은 「환경영향평가법 시행령」 별표4(소규모 환경영향평가 대상사업의 종류, 범위 및 협의요청시기)이다. ( ) 안에 알맞은 말을 쓰시오.

> 나. 「자연환경보전법」 제2조 제13호 및 제22조에 따른 자연유보지역의 경우 사업계획 면적이 (①) 이상인 것
> 다. 「야생생물 보호 및 관리에 관한 법률」 제27조에 따른 야생생물 특별보호구역 및 같은 법 제33조에 따른 야생생물 보호구역의 경우 사업계획 면적이 (②) 이상인 것

① 5,000제곱미터
② 5,000제곱미터

36. 아래 첨부된 내용은 「환경영향평가법 시행령」 별표4(소규모 환경영향평가 대상사업의 종류, 범위 및 협의요청시기)이다. ( ) 안에 알맞은 말을 쓰시오.

> 가. 「산지관리법」 제4조 제1항 제1호 나목에 따른 공익용산지의 경우 사업계획 면적이 (①) 이상인 것
> 나. 「산지관리법」 제4조 제1항 제1호 나목에 따른 공익용산지 외의 산지의 경우 사업계획 면적이 (②) 이상인 것

① 10,000제곱미터
② 30,000제곱미터

37. 아래 첨부된 내용은 「환경영향평가법 시행령」 별표4(소규모 환경영향평가 대상사업의 종류, 범위 및 협의요청시기)이다. (   ) 안에 알맞은 말을 쓰시오.

> 가. 「자연공원법」 제18조 제1항 제1호에 따른 공원자연보존지구의 경우 사업계획 면적이 (①) 이상인 것
> 나. 「자연공원법」 제18조 제1항 제2호, 제3호 또는 제6호에 따른 공원자연환경지구, 공원마을지구 또는 공원문화유산지구의 경우 사업계획 면적이 (②) 이상인 것

① 5,000제곱미터
② 7,500제곱미터

38. 아래 첨부된 내용은 「환경영향평가법 시행령」 별표4(소규모 환경영향평가 대상사업의 종류, 범위 및 협의요청시기)이다. (   ) 안에 알맞은 말을 쓰시오.

> 가. 「습지보전법」 제8조 제1항에 따른 습지보호지역의 경우 사업계획 면적이 (①) 이상인 것
> 나. 「습지보전법」 제8조 제1항에 따른 습지주변관리지역의 경우 사업계획 면적이 (②) 이상인 것
> 다. 「습지보전법」 제8조 제2항에 따른 습지개선지역의 경우 사업계획 면적이 (③) 이상인 것

① 5,000제곱미터
② 7,500제곱미터
③ 7,500제곱미터

39. 아래 첨부된 내용은 「환경영향평가법 시행령」 별표4(소규모 환경영향평가 대상사업의 종류, 범위 및 협의요청시기)이다. (   ) 안에 알맞은 말을 쓰시오.

> 나. 「하천법」 제2조 제2호에 따른 하천구역의 경우 사업계획 면적이 (①) 이상인 것
> 다. 「소하천정비법」 제2조 제2호에 따른 소하천구역의 경우 사업계획 면적이 (②) 이상인 것
> 라. 「소하천정비법」 제8조 제1항에 따라 관리청이 소하천정비시행계획을 수립하여 소하천정비사업을 시행하는 경우 사업계획 면적이 (③) 이상인 것
> 마. 「지하수법」 제2조 제3호에 따른 지하수보전구역의 경우 사업계획 면적이 (④) 이상인 것

① 10,000제곱미터
② 7,500제곱미터
③ 7,500제곱미터
④ 5,000제곱미터

40. 「환경영향평가법 시행령」 별표1(환경영향평가 등의 분야별 세부평가항목)에 따른 전략환경영향평가 중 정책계획의 분야별 세부평가항목

환경보전계획과의 부합성	국가 환경정책
	국제환경 동향·협약·규범
계획의 연계성·일관성	상위 계획 및 관련 계획과의 연계성
	계획목표와 내용과의 일관성
계획의 적정성·지속성	공간계획의 적정성
	수요 공급 규모의 적정성
	환경용량의 지속성

41. 「환경영향평가법 시행령」 별표1(환경영향평가 등의 분야별 세부평가항목)에 따른 전략환경영향평가 중 개발기본계획의 분야별 세부평가항목

계획의 적정성	상위계획 및 관련 계획과의 연계성	
	대안 설정·분석의 적정성	
입지의 타당성	자연환경의 보전	생물다양성·서식지보전
		지형 및 생태축 보전
		주변 자연경관에 미치는 영향
		수환경의 보전
	생활환경의 안정성	환경기준 부합성
		환경기초시설의 적정성
		자원·에너지 순환의 효율성
	사회·경제 환경과의 조화성	환경친화적 토지이용

42. 「환경영향평가법 시행령」 별표1(환경영향평가 등의 분야별 세부평가항목)에 따른 환경영향평가 분야 6가지

① 자연생태환경 분야
② 대기환경 분야
③ 수환경 분야
④ 토지환경 분야
⑤ 생활환경 분야
⑥ 사회환경·경제환경 분야

43. 「환경영향평가법 시행령」 별표1(환경영향평가 등의 분야별 세부평가항목)에 따른 환경영향평가 중 자연생태환경 분야 세부평가항목 2가지

① 동·식물상
② 자연환경자산

44. 「환경영향평가법 시행령」 별표1(환경영향평가 등의 분야별 세부평가항목)에 따른 환경영향평가 중 대기환경 분야 세부평가항목 4가지

    ① 기상　　　　　　　　　　② 대기질
    ③ 악취　　　　　　　　　　④ 온실가스

45. 「환경영향평가법 시행령」 별표1(환경영향평가 등의 분야별 세부평가항목)에 따른 환경영향평가 중 수환경 분야 세부평가항목 3가지

    ① 수질(지표, 지하)
    ② 수리 · 수문
    ③ 해양환경

46. 「환경영향평가법 시행령」 별표1(환경영향평가 등의 분야별 세부평가항목)에 따른 환경영향평가 중 생활환경 분야 세부평가항목 6가지

    ① 친환경적 자원 순환　　　② 소음 · 진동
    ③ 위락 · 경관　　　　　　④ 위생 · 공중보건
    ⑤ 전파장해　　　　　　　⑥ 일조장해

47. 「환경영향평가법 시행령」 별표1(환경영향평가등의 분야별 세부평가항목)에 따른 환경영향평가 중 사회환경 · 경제환경 분야 세부평가항목 3가지

    ① 인구　　　② 주거　　　③ 산업

48. 「환경영향평가법 시행령」 별표1(환경영향평가 등의 분야별 세부평가항목)에 따른 소규모 환경영향평가 분야 2가지

    ① 사업개요 및 지역 환경현황
    ② 환경에 미치는 영향 예측 · 평가 및 환경보전방안

49. 「환경영향평가법 시행령」 별표1(환경영향평가 등의 분야별 세부평가항목)에 따른 소규모 환경영향평가 사업개요 및 지역 환경현황 분야 5가지 세부평가항목

    ① 사업개요　　　　　　　② 지역개황
    ③ 자연생태환경　　　　　④ 생활환경
    ⑤ 사회 · 경제환경

50. 「환경영향평가법 시행령」 별표1(환경영향평가 등의 분야별 세부평가항목)에 따른 소규모 환경영향평가 환경에 미치는 영향 예측·평가 및 환경보전방안 분야 8가지 세부평가항목

① 자연생태환경(동·식물상)
② 대기질, 악취
③ 수질(지표, 지하), 해양환경
④ 토지이용, 토양, 지형·지질
⑤ 친환경적 자원순환, 소음·진동
⑥ 경관
⑦ 전파장해, 일조장해
⑧ 인구, 주거, 산업

03 환경계획

1 환경문제와 국제협약

1. 기후변화와 열섬효과에 대한 대처방안

① 기후변화 : 최근 100년 동안 지구평균기온 0.75℃ 상승
② 열섬효과 : 도시지역이 주변 지역에 비해 2~3℃ 정도 기온이 높게 나타남
③ 대처방안
- 도시 불투수 포장면 줄이기
- 물순환 개선
- 바람통로 만들기
- 녹지율 높이기
- 쓰레기 줄이기
- 온실가스 저감
- 저탄소에너지 사용 등

2. 리우선언에 대하여 설명하시오.

① 1992년 브라질 리우데자네이루에서 개최
② UNCED : 환경과 개발에 관한 리우선언
③ ESSD : 환경적으로 건전하고 지속 가능한 개발
④ Agenda21 : 21세기 지구환경 실천 강령

3. 지속가능개발 ESSD에 대하여 설명하시오.

① 환경적으로 건전하고 지속 가능한 개발
② 세대 간 형평성
③ 환경용량 내에서의 개발

4. Agenda21에 대하여 설명하시오.

① Agenda21
- ESSD를 실천하기 위한 국제적 지침
- 21세기를 향한 지구인의 세부행동 지침

② 내용
- 제1부 : 사회 경제
- 제2부 : 개발을 위한 자원 보존·관리
- 제3부 : 주요 그룹의 역할 강화
- 제4부 : 이행방안

5. 람사르습지의 유형 3가지
① 해안습지
② 내륙습지
③ 인공습지

6. 우리나라의 람사르습지를 3곳 이상 쓰시오.

| 우리나라 람사르습지 현황(2024년 7월) |

7. IUCN 경관요소의 공간적 배열원칙을 3가지 이상 쓰시오.

더 좋음	더 나쁨
넓은 보호지구	좁은 보호지구
하나의 큰 면적	여러 개의 작은 면적
서로 가까이 붙어 있는 경우	서로 멀리 떨어져 있는 경우
서식지를 공유하는 경우	선형 : 서식지의 공유가 적은 경우
생태통로 있음	생태통로 없음
원형	원형이 아님

┃ 다이아몬드 이론 개념도 ┃

8. IUCN 멸종위기종 구분방법

평가	적절 자료	절멸	절멸	–
			야생절멸	동물원에서 볼 수 있음
		위협	위기	10년, 3세대 내 50% 절멸 가능성
			위험	20년, 5세대 내 20% 절멸 가능성
			취약	100년 내 10% 절멸 가능성
		낮은 위험	준위협	–
			최소 관심	–
	자료 미비			자료가 부족해 평가하기 어려움
미평가				평가할 수 없음

9. 자연생태계와 도시생태계의 특성을 비교하시오.

구분		도시생태계	자연생태계
물질순환		자연 물질순환 어려움	자연 물질순환 가능
에너지흐름		엔트로피 증가 큼	자연적 엔트로피 발생
환경오염	수환경	불투수면 증가로 유출계수와 오염 증가	자연 물질순환 이루어짐
	대기환경	도시열섬, 스모그, 대기오염 발생	자연 대기순환 이루어짐
	생물상	교란종, 일반종 우세함	고유종, 보호종 생존 가능

10. 미래 세대가 그들의 필요를 충족시킬 수 있는 능력을 저해하지 않으면서 현 세대의 필요도 충족시키는 발전을 무엇이라 하는지 쓰시오.

 ESSD, 지속가능 발전

11. 동해안에서 대형 산불이 발생하는 요인을 쓰시오.

 ① 푄현상 : 양간지풍, 양강지풍
 ② 대규모 침엽수림 발달
 ③ 지형적 영향 : 급경사

12. 다음은 환경부에서 제공하는 부영양화에 대한 설명이다. 빈칸을 채우시오.

> 호수, 연안해역, 하천 등의 정체된 수역에 생활하수나 공장폐수 또는 비료나 유기물질 등에 의해서 물속에 (①)(암모니아, 아질산염, 질산염, 유기질소화합물, 무기인산염, 유기인산염, 규산염), 특히 (②)이 많을 경우 식물성 플랑크톤이 과잉 증식하여 물속에 있는 (③)를 감소시키고, 그 결과 수질이 나빠지며 결국 (③) 결핍으로 어패류가 죽기까지 하는 현상을 부영양화라 한다.

 ① 영양염류
 ② 인산염
 ③ 산소

13. 빈칸에 들어갈 국제협약을 쓰시오.

> 1992년 리우 정상회의에서 인간이 기후 체계에 위험한 영향을 미치지 않을 수준으로 대기 중의 온실가스 농도를 안정화시키기 위하여 선진국 중심의 감축 의무를 부여한 (①)이 채택되었다. 이후 1997년 제3차 당사국 총회에서 구체적인 감축 의무와 시장메커니즘을 도입한 (②)가 채택되었지만 많은 국가들의 불참과 지속가능 여부가 불확실한 상황 등의 한계가 있었다. 이에 국제사회는 새로운 체제를 만들기 위해 오랜 협상 끝에 2015년 제21차 당사국 총회에서 신 기후체제의 기반이 되는 (③)을 채택하여 국가들이 감축 목표를 스스로 설정하고 주기적인 점검과 지속적인 감축 목표 상향을 할 수 있는 방안을 마련하였다.

① 기후변화협약
② 교토의정서
③ 파리협정

2 환경계획

1. 생태네트워크 구성요소 구분 및 이들의 배치계획과 관련한 조성원칙을 서술하시오.

① 구성요소
- 핵심지역
- 완충지역
- 복원지역
- 코리더

② 조성원칙
- 핵심지역과 복원지역을 코리더로 연결함
- 완충지역을 조성하여 보호함

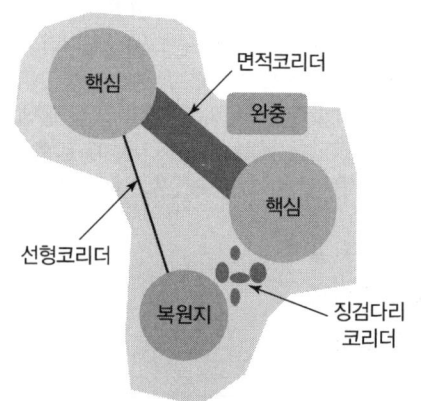

2. 핵, 거점, 점, 생태통로의 정의

① 핵 : 산림과 도시 주변의 산, 생물종의 저장공간 또는 유전자의 공급원
② 거점 : 도시 내 소규모 산, 도시공원 등 인공도시 내에서 섬의 형태로 고립된 녹지공간
③ 점 : 주택정원, 옥상정원 등 작은 녹지공간
④ 생태통로 : 핵, 거점, 점 공간을 이어주는 통로

3. 토지이용계획

계획구역 내의 토지를 어떻게 이용할지 결정하는 계획

4. 광역도시계획 관련 정책방향

인접한 2개 이상의 특별시, 광역시, 시 또는 군의 행정구역에 대하여 장기적인 발전방향을 제시하거나 시·군 기능을 상호 연계함으로써 적정한 성장관리를 도모

5. 코리더의 기능을 5가지 이상 쓰시오.

① 서식지
② 통로
③ 여과대
④ 장벽
⑤ 공급원
⑥ 수용처

6. 이동통로 조성 기본요소 3가지

① 선형 이동통로

② 점형 이동통로

③ 면형 이동통로

7. 생태축

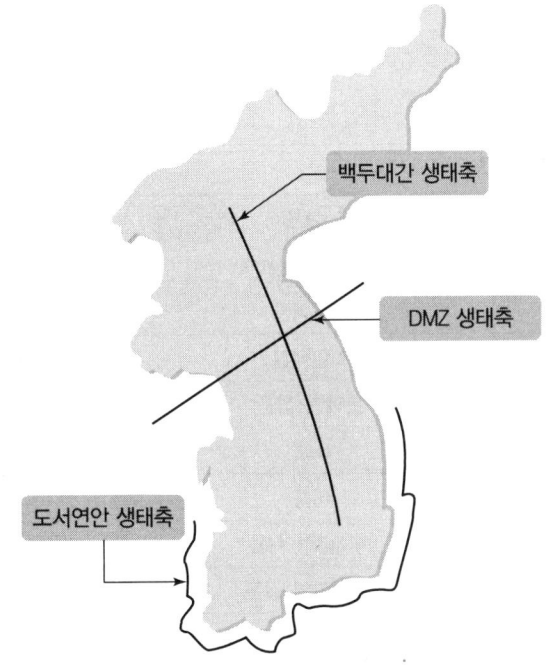

1) 산, 하천, 바다를 연결하는 통합생태망

2) 종류

① 백두대간 생태축
- 한반도 생태계를 남북으로 연결하는 핵심 생태축
- 생태자연도 1등급, 녹지자연도 8등급 이상의 천연림, 원시림
- 백두대간 기본계획 수립을 통한 체계적인 보전과 단절구간 복원

② DMZ 생태축
- 한반도 생태계를 동서로 연결하는 생태축
- 남북 공동으로 UNESCO 생물권보전지역 지정 추진
- 현재 유보지역을 생태경관보전지역으로 관리체계 구축

③ 도서연안 생태축
- 육상생태계와 해양생태계를 연결하는 생태축
- 개발욕구를 수용하면서 보전관리
- 도서연안의 통합관리체계 확립

3) 5대 환경관리 대권역
① 한강 수도권-금강 충청권
② 영산강 호남권-낙동강 영남권
③ 태백 강원권

8. 난개발 VS 지속가능개발

평가기준	난개발	지속가능개발
수용인구	물리적 수용능력	환경용량 범위 내 수용능력
이론	갈등이론	협력이론
계획기준	획일적임	지역 특성, 장소성 고려
접근방법	분야별 접근	통합적 접근
기반시설	미흡	제공
고용, 경제적 기회	미흡	제공
개발방법	피해받기 쉬움	피해를 최대한 줄임
사회적 형평성	계층 간의 갈등	세대 간, 계층 간 형평성 추구
환경 정의	환경의무 이행 획일화	환경의무 이행 차등화

9. 하천차수도

① 하천의 차수를 나타낸 지도
② 1차+1차=2차 하천
  2차+2차=3차 하천
  3차+3차=4차 하천…

- 1차+2차=2차 하천   • 2차+3차=3차 하천   • 3차+4차=4차 하천

10. 지류의 차수를 나타낸 도면의 명칭

하천차수도

11. 능선을 기준으로 유역을 나누는 하천 구분방법으로 소유역과 대유역으로 구분되는 방법

    유역차원 접근법

12. 친환경 단지조성의 목표 2가지

    ① 주변자연과의 조화를 통한 지구환경보전
    ② 거주자의 건강하고 쾌적한 생활

13. 환경기능 3가지 이상

    ① 공급기능
    ② 부양기능
    ③ 조절기능
    ④ 문화기능

14. 환경이설형, 환경개량형, 환경창출형

    ① 환경이설형 : 새로운 장소에 같은 서식처 조성
    ② 환경개량형 : 기존 서식지 환경 개선
    ③ 환경창출형 : 새로운 장소에 새로운 서식지 조성

15. 환경경제 이론의 환경가치 추정방법 2가지를 쓰시오.

    1) 시장가격법

       시장에서 거래되는 가격 이용

    2) 지불의사액

       ① 현시선호법(시장)
          • 여행비용법
          • 해도닉 접근법
          • 회피행동법
       ② 진술선호법(가상시장)
          • 조건부가치 측정
          • 선택실험법

16. 기존계획과 환경계획의 접근방법 차이점을 쓰시오.

구분	기존계획(개발)	환경계획
중심	인간	생태계
목표시점	준공	준공+생태계관리
공간구분	사용종류에 따른 공간구분	핵심, 완충, 협력(전이지역)

17. 미티게이션의 개념을 그림으로 설명하시오.(단, 회피, 저감, 대체 3가지로 나누어 그릴 것)

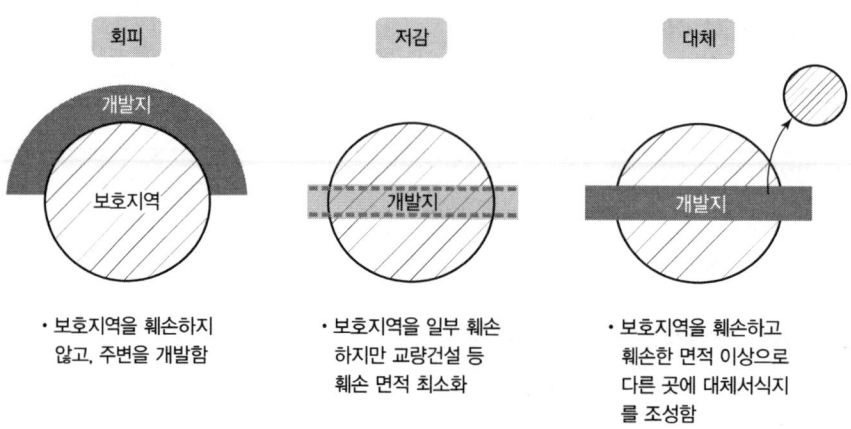

- 보호지역을 훼손하지 않고, 주변을 개발함
- 보호지역을 일부 훼손하지만 교량건설 등 훼손 면적 최소화
- 보호지역을 훼손하고 훼손한 면적 이상으로 다른 곳에 대체서식지를 조성함

18. 다음 ( ) 안에 알맞은 말을 쓰시오.

> 환경생태적 기능을 증진하기 위한 생태식재에는 단층, 단식을 피하고, 자연식생구조와 유사한 크기의 종과 식물을 수직적으로 (①)하고, 수평적으로는 (②)한다.

① 다층식재
② 혼합식재

19. 자동차 주행에 대한 쾌적성과 안정성을 고려한 식재의 4가지 기능

① 주행기능 : 시선유도식재 및 지표식재
② 사고방지기능 : 차광식재, 명암순응식재, 지입방재식재, 완충
③ 경관기능 : 차폐식재, 조화식재
④ 환경보전기능 : 비탈면식재, 임면보호식재

20. 다음 ( ) 안에 알맞은 말을 쓰시오.

생태계 감시와 관련한 설명 중 감시 초기는 다수의 가능한 지표로부터 소수의 (①)을 선택하여 감시하며, (②)에 대한 장기간의 관찰이 요구될 수 있으며, 생태적 변화에 대한 (③)과 (④)을 찾아 계획적으로 연구활동이 필요하다.

① 지표종 ② 감시종
③ 대조군 ④ 실험군

21. 환경퍼텐셜에서 입지퍼텐셜, 종공급퍼텐셜, 종간관계퍼텐셜로 결정되는 것은?

천이퍼텐셜

22. 사업대상지를 설정할 경우, 사업범위의 몇 배에 해당하는 지역을 생태조사해야 하는가?

장축의 2배

23. 건물녹화의 장점(4가지)

① 미관 향상
② 에너지 절감
③ 건물 보호
④ 생물서식지 제공

24. 경사도 구하기(표고차 20m, 축척 1/500, 10cm 거리)

경사도 구하는 공식 = 수직거리/수평거리 × 100%

수직거리는 표고차 20m

수평거리는 축척 1/500인 지도에서 10cm 거리에서 유추해야 한다.

수평거리는 $1 : 500 = 10\text{cm} : X\text{cm}$
$X = 5,000\text{cm} = 50\text{m}$

따라서 경사도는 20m/50m × 100% = 40%이다.

25. 우수순환체계에서 각각의 조성방법 및 특징

① 집수 : 빗물을 모음
② 쇄석여과층 : 오염물질 섞인 초기빗물 정화
③ 저류연못 : 일차적 유출 억제, 생물서식환경 제공
④ 침투연못 : 저류, 정수, 생물서식공간 기능
⑤ 2차 저류 : 빗물을 저장하여 화장실, 정원에의 관수, 세차, 연못 등에 효과적으로 이용

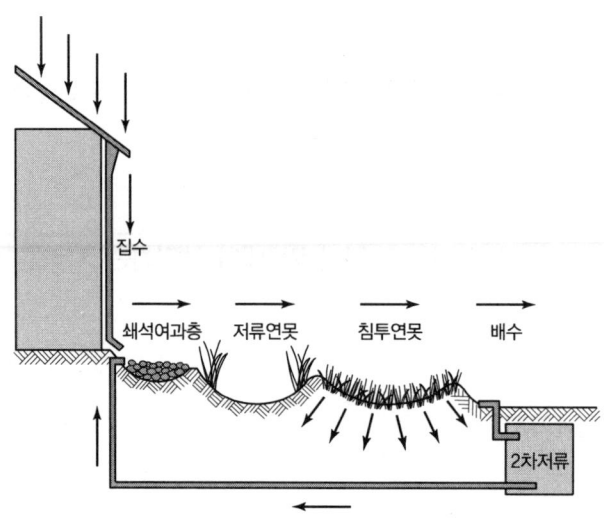

26. 옥상정원 녹화시스템의 구성요소 6가지

① 식생층
② 토양층
③ 여과층
④ 배수층
⑤ 방근층
⑥ 방수층

27. 생물권보전지역의 개념은 1971년 설립된 인간과 생물권(MAB : Man And the Biosphere) 프로그램을 실행하는 한 방안으로 고안되었다. 생물권보전지역은 오늘날 세계가 당면한 가장 중요한 과제의 하나인 '생물다양성과 생물자원의 보전을 지속가능한 이용과 어떻게 조화시킬 수 있는가'라는 문제를 다루고 있다. 따라서 생물권보전지역의 목적을 달성하기 위해서는 참여적 관리 방식과 뚜렷한 지리적 구획이 필요하다. 생물권보전지역의 세 가지 구역을 도식화하고 그에 대한 내용을 기술하시오.

구분	내용
핵심구역	생태계 보호지역
완충구역	핵심지역 보호지역
협력구역	인간의 지속 가능 이용 지역

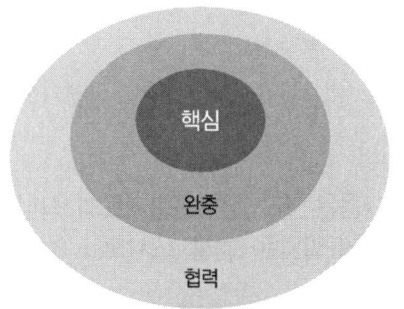

28. 생물권보전지역의 개념은 1971년 설립된 인간과 생물권(MAB : Man And the Biosphere) 프로그램을 실행하는 한 방안으로 고안되었다. 생물권보전지역은 오늘날 세계가 당면한 가장 중요한 과제의 하나인 '생물다양성과 생물자원의 보전을 지속가능한 이용과 어떻게 조화시킬 수 있는가'라는 문제를 다루고 있다. 따라서 생물권보전지역은 국제적 협약이나 협정의 적용을 받지 않으나 다음의 세 가지 기능을 적절히 수행하는 데 필요한 기준들을 만족시켜야 한다. 그림의 A~C에 알맞은 말을 쓰시오.

A : 보전
B : 지원
C : 발전

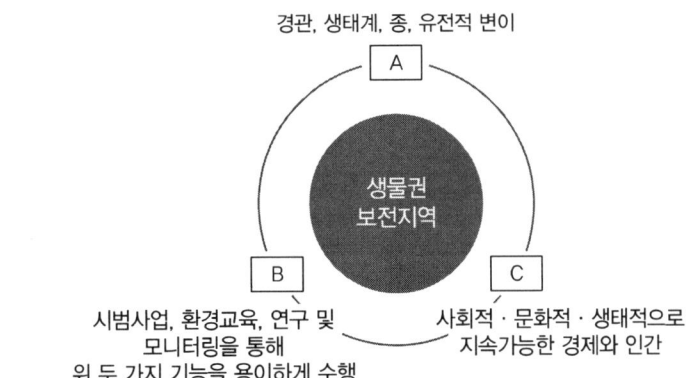

29. 다음 ( ) 안에 알맞은 말을 쓰시오.

> 도시생태현황지도는 특별시·광역시·특별자치시·특별자치도 및 시·군의 자연 및 환경생태적 특성과 가치를 반영한 정밀공간생태정보지도로서 각 지역의 자연환경 보전 및 복원, 생태적 네트워크의 형성뿐만 아니라 생태적인 토지이용 및 환경관리를 통해 환경친화적이고 지속가능한 도시관리의 기초자료로 활용하고자 자연환경보전법에 따라 작성 및 운영하고 있다. "도시생태현황지도"라 함은 각 비오톱의 생태적 특성을 나타내는 (①)와 비오톱 유형화와 비오톱 평가 과정을 거쳐 각 비오톱의 생태적 측정과 등급화된 평가가치를 표현한 (②) 등을 말한다.

① 기본주제도
② 비오톱유형도 및 비오톱평가도

30. 다음은 「도시생태현황지도의 작성방법에 관한 지침」에서 사용하는 용어의 정의이다. ( ) 안에 알맞은 말을 쓰시오.

> - (①)이라 함은 인간의 토지이용에 직간접적인 영향을 받아 특징지어진 지표면의 공간적 경계로서 생물군집이 서식하고 있거나 서식할 수 있는 잠재력을 가지고 있는 공간단위를 말한다.
> - (②)라 함은 각 비오톱의 유형화와 평가를 위해 생태적·구조적 정보를 분석하고 다양한 도시생태계 정보의 표현과 도시생태현황지도의 효과적인 활용을 위해 조사 및 작성되는 지도를 말한다.
> - (③)이라 함은 기본 주제도를 통해 분석된 비오톱 공간의 구조적·생태적 특성을 체계적으로 분류한 것을 말한다.
> - (④)라 함은 비오톱 유형화를 통해 구분된 개별공간을 다양한 평가항목을 적용하여 그 가치를 등급화하는 과정을 말한다.
> - (⑤)라 함은 각 비오톱의 생태적 특성을 나타내는 기본주제도와 비오톱 유형화와 비오톱 평가과정을 거쳐 비오톱의 생태적 특성과 등급화된 평가가치를 표현한 비오톱유형도와 비오톱평가도 등을 말한다.
> - (⑥)이란 도시생태현황지도 작성 과정에서 도출된 도시 전체의 비오톱 유형별 대표성을 갖는 비오톱을 말한다.
> - (⑦)이란 도시생태현황지도 평가를 통해 우수 등급으로 평가된 유형 중에서 희소성, 생물다양성 등 생태적 가치가 특히 우수한 비오톱을 말한다.

① 비오톱
② 주제도
③ 비오톱 유형
④ 비오톱 평가
⑤ 도시생태현황지도
⑥ 대표비오톱
⑦ 우수비오톱

31. 다음 ( ) 안에 알맞은 말을 쓰시오.

> "토지피복지도"란 지구표면 지형지물의 형태를 과학적 기준에 따라 분류하고 동질의 특성을 지닌 구역을 지도형태로 표현한 환경주제도를 말한다. "대분류 토지피복지도"란 해상도 30M급의 영상자료를 주된 자료로 활용하여 총 7개 항목으로 분류하여 제작한 축척 (①) 지도를 말한다. "중분류 토지피복지도"란 해상도 5M급의 영상자료를 주된 자료로 활용하여 총 22개 항목으로 분류하여 제작한 축척 (②) 지도를 말한다. "세분류 토지피복지도"란 해상도 1M급의 영상자료를 주된 자료로 활용하여 총 41개 항목으로 분류하여 제작한 축척 (③) 지도를 말한다.

① 1:50,000
② 1:25,000
③ 1:5,000

32. 다음은 「생태면적률 적용 지침」에서 사용하는 용어의 정의이다. ( ) 안에 알맞은 말을 쓰시오.

> - (①) : 전체 개발면적 중 생태적 기능 및 자연순환기능이 있는 토양 면적이 차지하는 비율
> - (②) : 개발하기 전 토지피복유형을 기준으로 측정한 생태면적률
> - (③) : 전략환경영향평가 단계에서 개발 후 목표로 설정하는 생태면적률
> - (④) : 환경영향평가 단계에서 개발 후 목표로 설정하는 생태면적률

① 생태면적률
② 현재상태 생태면적률
③ 목표생태면적률
④ 계획생태면적률

33. 다음은 「생태면적률 적용 지침」에서 사용하는 생태면적률 산정 방법이다. 생태면적률 산정 방법에 사용되는 공간유형과 가중치를 나열하시오.

$$\text{생태면적률} = \frac{\text{자연지반녹지 면적} + \Sigma(\text{인공화지역 공간유형별 면적} \times \text{가중치})}{\text{전체 대상지 면적}} \times 100(\%)$$

공간유형		가중치
자연지반 녹지	–	1.0
수공간	투수기능	1.0
	차수(투수 불가)	0.7
인공지반 녹지	90cm≤토심	0.7
	40cm≤토심<90cm	0.6
	10cm≤토심<40cm	0.5
옥상녹화	30cm≤토심	0.7
	20cm≤토심<30cm	0.6
	10cm≤토심<20cm	0.5
벽면녹화	등반보조재, 벽면부착형, 자력등반형 등	0.4
부분포장	부분포장	0.5
전면투수포장	투수능력 1등급	0.4
	투수능력 2등급	0.3
틈새투수포장	틈새 10mm 이상 세골재 충진	0.2
저류·침투시설연계면	저류·침투시설 연계면	0.2
포장면	포장면	0.0

34. 다음 (   ) 안에 알맞은 말을 쓰시오.

> 폐수배출시설, 하수발생시설, 축사 등으로 관거·수로 등을 통하여 일정한 지점으로 수질오염물질을 배출하는 배출원을 (①)이라 한다. 또한 도시, 도로, 농지, 산지, 공사장 등으로서 불특정 장소에서 불특정하게 수질오염물질을 배출하는 배출원을 (②)이라 한다.

① 점오염원
② 비점오염원

35. 도시 강우 유출량·수질오염물질 농도 저감, 지하수 함양률 상승 등을 위하여 빗물 유출 발생지에서부터 침투·저류 등을 통해 빗물의 유출을 최소화하여, 개발로 인한 자연 물순환과 물환경에 미치는 영향을 최소화하기 위한 토지이용 계획 및 도시개발 기법을 무엇이라 하는가?

저영향개발 기법(LID : Low Impact Development)

04 생태복원

1. 순응적 관리의 개념을 설명하시오.

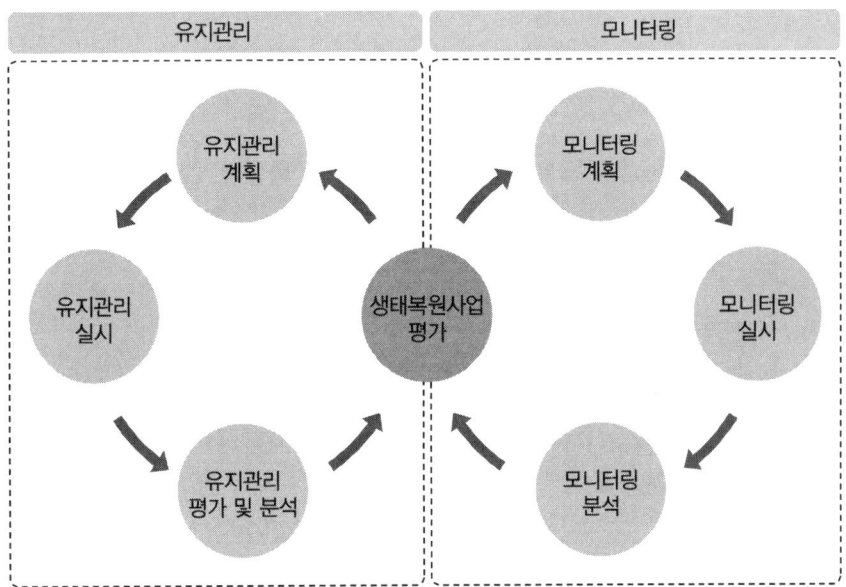

2. 생태복원 방법에 대하여 설명하시오.
   ① 복원 : 훼손되기 이전의 상태로 되돌리는 것
   ② 대체 : 현재의 상태를 개선하기 위하여 다른 상태로 원래의 생태계 대체
   ③ 복구 : 원래보다는 못하지만 원래의 자연상태와 유사하게 되돌림

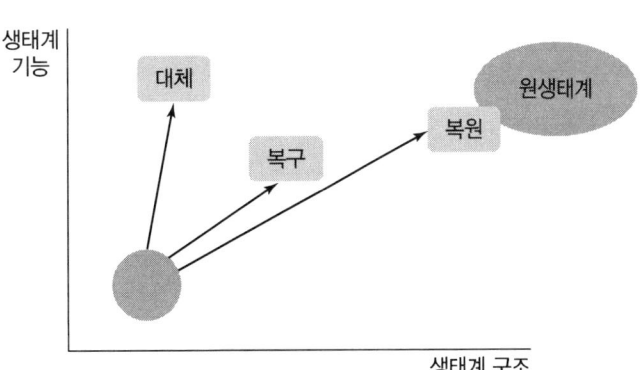

3. 메타개체군 개념을 이용한 복원방법 3가지를 기술하시오.
   ① 이입 : 한 지역에서 다른 지역으로 이동
   ② 재도입 : 역사적 서식범위 내에서 다시 정착
   ③ 증대 : 기존 동종 개체군 보완

4. 안정된 서식처와 불안정한 서식처의 접근전략을 설명하시오.
   ① 안정된 서식처 : 보전형 접근 전략
   ② 불안정한 서식처 : 복원형 접근 전략(모범형 접근/잠재형 접근)

5. 서식처 복원을 위한 생태계 복원 시공단계와 단계별 특성을 설명하시오.
   ① 목표종 서식지 요구조건 및 구성요소 파악
      - 입지/규모 선정
      - 구성비율/공간배치
   ② 생물적 서식환경 조성
      - 공간
      - 은신처
      - 먹이
      - 수환경
   ③ 서식지의 생태적 연결성 확보
      - 먹이연쇄
      - 생태통로

6. 주연부 특징 및 조성 시 고려사항을 기술하시오.
   ① 주연부 특징
      - 2개 이상의 생태계가 공존
      - 생물다양성 높음
   ② 주연부 조성 시 고려사항
      - 2개 이상의 생태계를 고려하여 조성
      - 여러 가지 서식처를 안정적으로 조성
      - 비정형적 불규칙적 형태로 조성

7. 야생동물 서식처의 4대 요구조건
   ① 공간
   ② 먹이
   ③ 은신처
   ④ 물

8. HEP, HSI

① HEP

서식지 적합성을 서식 적합성 지수로 평가하는 서식지 평가기법

② HSI
- 서식지의 능력을 나타내는 수적인 지표(서식 적합성 지수)
- $HSI = \dfrac{\text{연구대상지역의 서식지 조건}}{\text{최적의 서식지 조건}}$

9. 곤충의 생활사

① 완전변태 : 알 → 애벌레 → 번데기 → 성충

② 불완전변태 : 알 → 애벌레 → 성충

10. 곤충 서식처의 기본적인 입지조건

① 산림이나 숲 가장자리 점이대 지역의 햇볕이 잘 드는 곳이 최적의 입지

② 면적은 10,000m² 이상이 바람직(연못, 초지, 덤불, 숲 조성)

③ 관목과 교목 식재, 적당한 마운딩

④ 연못 50m² 이상(주변 연못과 수변공간 있는 곳), 깨끗한 수원 확보, 대기오염이 심하지 않은 곳

11. 곤충 서식처 결정 시 주변 환경 고려사항

① 주변 산림이나 대규모 녹지공간 존재

② 잠자리 비상거리 1km 정도 거리 내 다른 숲 또는 연못 존재

③ 큰 도로변의 소음과 대기오염 대비책 마련

12. 도시지역에 도입 가능한 곤충 종류

① 나비목
- 호랑나빗과(호랑나비, 제비나비)
- 흰나빗과(노랑나비)
- 네발나빗과(네발나비, 큰표범나비, 흰줄표범나비)

② 잠자리목
- 실잠자릿과(등줄실잠자리, 방울실잠자리)

- 부채장수잠자릿과(어리장수잠자리, 부채장수잠자리)
- 왕잠자릿과(왕잠자리)
- 잠자릿과(고추잠자리, 노란잠자리, 좀잠자리류)

③ 딱정벌레목
- 풍뎅잇과(풍뎅이, 참콩풍뎅이)
- 무당벌렛과(무당벌레, 남생이무당벌레, 큰이십팔점박이무당벌레)

13. 도시지역에서 잠자리 서식처를 조성하기 어려운 이유를 설명하시오.

① 오염(대기환경, 수환경, 토양환경)
② 주변산림, 수환경 등 녹지공간 부족
③ 위협요소 많음

14. 곤충 서식처 조성원칙 및 고려사항

구분			조성원칙 및 고려사항
전체 시스템			나비류의 먹이식물과 수액식물로 이루어진 나비원과 잠자리연못으로 이루어진 곳에 딱정벌레류의 서식을 유도할 수 있는 식생과 다공질 공간 등을 적극적으로 도입한 생물 서식공간
조성원칙	서식환경	토양	• 재래종 곤충류 먹이식물이 번성한 지역의 토양을 복토하여 자연식생으로 회복 유도 • 부식층과 낙엽층이 형성될 수 있는 조건을 만들어 줌 • 모래나 자갈로 구성된 장소 마련
		공간 구성	• 완만하게 성토된 양지바른 지역에 나비류의 먹이식물들을 중심으로 한 넓은 초지 조성 • 주변 녹지공간이나 산림과 연결되거나 가까운 지역에 나비와 딱정벌레의 먹이식물이나 수액식물, 산란장소 등으로 기능하는 교목림 조성
		식생	• 나비 유충의 먹이식물과 성충의 흡밀식물 및 먹이식물, 나비와 일부 딱정벌레의 수액식물 등을 적절히 잘 조화시켜 식재 • 관목과 교목들을 성토된 지역에 적절히 식재하고, 다공질 공간과 관목으로 구성된 덤불도 조성 • 도입하는 식물은 주변의 자생지로부터 이식 • 수생식물은 잠자리의 산란장소, 유충들이 생활하고 부화하는 장소(직립형)로 매우 중요하며, 연못에 햇볕이 충분히 들 수 있도록 연못 호안에는 가급적 교목을 심지 않음
	수환경	수질	잠자리 유충의 생육을 위하여 BOD 10ppm 이하의 수질 유지
		수심	• 수심 30cm 이상 완만한 경사 • 깊은 곳 수심 1m 정도(겨울철 연못바닥이 얼지 않을 정도의 깊이)로 조성하고, 얕은 곳은 10~30cm로 조성하고 수초를 도입하여 잠자리의 산란장소 제공
		습지 모양	• 타원형이나 표주박 모양 등 변화가 있는 형태가 좋음 • 습지의 호안구성은 수변경사와 호안처리 재료를 다양화 • 습지 수면적의 60% 이상은 개방수면으로 조성 잠자리가 비행 중 개방수면을 인식하고 유인될 수 있도록 해야 함

구분			조성원칙 및 고려사항
조성원칙	수환경	공급용수	• 지하에서 용수가 솟아 나오는 장소가 습지 조성의 최적지 • 수원은 깨끗한 우수나 강물을 이용, 갈수기를 대비한 보조 수원(수도물, 지하수)을 준비 • 수질 확보를 위해 필요할 경우 수질정화효과 요소 도입(호박돌을 이용한 수직낙수, 수질정화용 갈대 수로를 통과한 유입수 등)
	수변환경	호안주변	습지 내부와 호안 주변에는 말뚝과 통나무를 배치하여 잠자리와 나비의 휴식장소를 제공하고, 상부가 평평한 바위(거석)를 배치하여 잠자리가 우화장소로 활용할 수 있도록 함

15. 곤충 서식처 습지 식재 방법에 대하여 설명하시오.

① 고려사항
- 대형 정수식물은 생장이 빠르기 때문에 경계말뚝을 설치하거나 포트를 이용해 식재함
- 수심이 얕은 지역에 키 작은 정수식물을 식재하여 수직적 받침대(성체가 되어 물 밖으로 나가는 데 이용), 즉 산란장소를 제공함

② 적합한 수종
- 정수식물(수심 20cm 이상) : 갈대, 애기부들, 고랭이, 창포, 줄 등
- 정수식물(수심 20cm 미만) : 택사, 물옥잠, 미나리 등
- 부엽식물 : 마름, 자라풀, 어리연꽃, 수련, 가래 등
- 침수식물 : 검정말, 말즘, 물수세미 등

16. 곤충 서식처 조성 시 야생화 초지 식재 방법에 대하여 설명하시오.

① 조성면적 100m×100m 이상
② 곤충류 먹이식물 중심으로 조성
③ 봄에서 가을까지 꽃이 필 수 있도록
④ 나비 먹이식물 : 얼레지, 민들레, 제비꽃, 기린초, 엉겅퀴, 까치수영, 쑥부쟁이, 구절초, 족도리풀, 현호색, 쥐방울덩굴, 토끼풀, 자운영, 나리, 낭아초, 오이풀, 제비쑥 등
⑤ 습지 주변부터 덤불이나 숲까지 고려한 식재
⑥ 초지 군데군데 관목이나 교목 식재

17. **곤충 서식처 조성 시 교목, 관목 식재 방법에 대하여 설명하시오.**
   ① 조성면적 100m×100m 이상
   ② 나비 먹이식물 : 진달래, 수수꽃다리, 신나무, 얇은 잎고광나무, 고추나무, 백일홍, 자귀나무, 주홍나무, 싸리나무, 참나무류, 팽나무, 풍게나무, 버드나무류, 청가시덩굴, 청미래덩굴 등 가급적 10그루 이상씩 식재
   ③ 호랑나빗과 먹이식물 : 황벽나무, 산초나무, 탱자나무, 머귀나무, 누리장나무, 초피나무, 황경피나무 등의 운향과 식물들
   ④ 상수리나무를 비롯한 참나무류와 버드나무류는 수액식물로, 일부 나비류와 딱정벌레류에게 먹이를 제공
   ⑤ 대상지가 소음이나 대기오염이 비교적 심한 경우, 상록활엽수 등을 이용한 차폐 식재

18. **생물 서식처 습지 조성 시 호안처리 방법에 대하여 설명하시오.**
   ① 밀집된 식생대 조성
   ② 사람이 접근하지 못하도록 수변식재
   ③ 호안경사는 완만하게 조성
   ④ 일부 호안은 식재하지 않고 모래나 자갈 등으로 구성
   ⑤ 사람이 접근하는 호안의 경우 통나무나 돌 등을 이용하여 기슭이 무너지지 않도록 해야 함

19. **다공질 공간 제공기법**
   1) 다공질 공간
      작고 미세한 구멍이 많이 있는 공간으로 곤충 서식처 조성에 핵심적인 부분
   2) 종류
      ① 돌무더기 놓기 : 다양한 곤충의 산란 및 월동장소
      ② 통나무 쌓기 : 곤충이 선호하는 활엽수 이용(침엽수종은 곤충에게 바람직하지 않은 물질 배출)
      ③ 고목 배치
         - 썩은 공간을 선호하는 곤충에게 유용
         - 일부는 습하거나 그늘진 곳에 배치
         - 참나무류 : 딱정벌레 유충의 먹이
      ④ 나뭇가지 더미 놓기 : 서식처 및 먹이식물 주변에 배치하여 산란과 월동장소 제공
      ⑤ 낙엽층 및 부엽토 쌓기 : 일부 곤충들의 산란 및 월동장소

20. 곤충 생태원 설계 시 고려사항을 3가지 쓰시오.
    ① 산란장소
    ② 유충생활장소
    ③ 용화장소

21. BIOTOP(소생태계) 조성 시 고려사항을 6가지 쓰시오.
    ① 면적 : 면적이 클수록 종 소멸이 감소
    ② 개수와 배치 : 수가 충분하고 공간적으로 밀접한 결합, 모아서 배치
    ③ 코리더와 Stepping Stones : 서식지 사이의 이동을 가능하게 함
    ④ 완충대(에코톤) : 충분한 완충대가 외부 악영향을 최소화하도록 함
    ⑤ 서식지 윤곽 : 원형으로, 서식지 핵심구역의 비율이 최대가 되도록 함
    ⑥ 종과 비오톱의 여러 가지 결합

22. 반딧불이 먹이인 다슬기의 생육환경을 설명하시오.
    ① 하천의 상류와 산간계곡의 소하천에서 주로 서식
    ② 주로 돌에 붙어서 생활
    ③ 하상은 굵은 모래, 자갈이 주를 이룸
    ④ 물의 낙차가 있고 수류가 빠르며 용존산소량이 충분한 곳에서 서식

23. 반딧불이 서식처 조건 및 공간모형에 관해 설명하시오.(단, 반드시 산란장소, 유충의 생활장소, 용화장소, 휴식 및 비상공간/교미장소와 관계지어 설명할 것)

단계	구분	서식환경
알	산란장소	부화한 유충이 바로 물에 들어갈 수 있도록 생활장소 가까이의 부드러운 흙이나 이끼, 풀 위에 산란
유충	생활장소	① 작은 개울 • 수로 폭은 3m 정도, 수심은 15~30cm 정도 되는 유속이 느린 지역으로 다슬기, 달팽이 등 먹이가 풍부한 곳 • 다양한 크기의 돌과 자갈, 모래, 점토 등으로 이루어진 하상 ② 논 • 농한기 논에 적당한 토양수분이 유지되고 농약 사용이 규제되는 곳 • 자연적인 형태의 농수로 지역 ③ 휴경지 : 과거 논으로 경작되었던 휴경지로 습지상태가 유지되는 곳 ④ 못 : 수심은 5~40cm 정도 되며 물의 흐름이 느린 곳
번데기	용화장소	제방, 논둑, 논바닥 등의 습기 있는 흙, 풀뿌리 등에 번데기 방을 만듦
성충	교미장소	• 수로변의 풀, 수목의 잎에서 주로 이루어짐 • 주변 지역의 조명, 소음에 영향을 받지 않는 장소
	휴식 및 비상공간	• 성충의 비상거리는 100m 정도 개방된 공간이 확보되어야 함 • 볏잎 뒷면, 물가의 나뭇잎, 풀숲, 바위의 이끼 등에서 휴식함 • 수로를 중심으로 한쪽은 산림, 다른 한쪽은 논이나 습지 형태의 토지 이용이 유리함

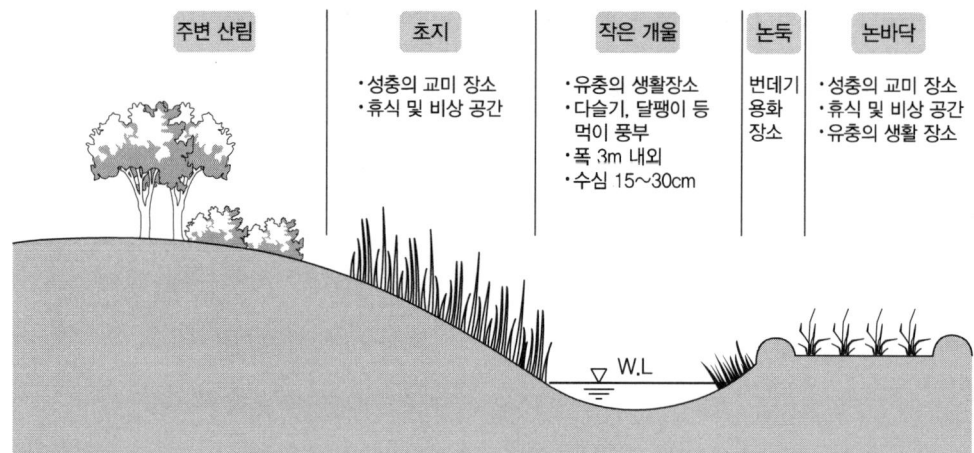

24. 어류의 생활사를 설명하시오.

① 주로 봄과 여름 사이에 산란
② 겨울에는 웅덩이나 강변의 풀 사이, 강바닥 등에서 가만 있기도 하며, 모래나 돌 밑에 잠겨 지내기도 함
③ 낮에는 먹이를 먹으며 생활, 밤에는 웅덩이에서 휴식

25. 어류 서식처 조성기법을 설명하시오.

① 수질관리 가능한 형태로 조성
② 휴식 및 은신터로서 웅덩이나 연안의 가장자리 부근에 수초나 돌 틈 조성
③ 여름철 수온 상승과 겨울철 동결심도를 고려한 1m 내외의 깊은 수심 일부 조성
④ 모래, 자갈, 진흙 등의 다양한 재료를 이용하여 다양한 저서환경을 제공
⑤ 어종과 산란지의 관계를 파악해서 필요로 하는 공간을 제공

26. 어류의 산란장소(모래자갈, 물풀, 돌밑)에 따른 어류를 2종 이상 쓰시오.

① 모래자갈 : 피라미, 갈겨니, 버들치
② 물풀 부착 : 붕어, 미꾸라지, 송사리
③ 돌 밑 부착 : 붕어, 밀어

27. 납자루류, 참붕어, 버들치, 조개류의 서식처 조건을 설명하시오.

종명	하상구조	수심(cm)	수온(℃)	DO	pH	산란장소
납자루류	모래자갈	20~100	25	2~5	7~8	조개류
참붕어	모래	50	30	2~5	6~7	돌
버들치	자갈	50~100	20	9	7	자갈
조개류	모래자갈	50	25	5~9	7	자갈모래

28. 미호종개의 서식처 특성을 설명하시오.

① 보호종

천연기념물 제454호, 멸종위기야생동물 1급

② 생활장소

하천구배가 완만한 평여울로 수심이 얕고, 모래질로 형성된 하상에서 모래 속을 파고 들어가며 생활, 산란기는 5~6월

③ 서식처 조성조건
- 하상 표면의 모래에는 부착조류인 규조류 번식
- 유기물과 점토가 퇴적되지 않아야 함
- 부착조류 중 사상체를 형성하는 녹조류와 남조류의 번식이 없어야 함

④ 서식처 특성
- 유폭 : 7~15m
- 수심 : 20~40cm
- 유속 : 0.1~0.2m/s(평여울)
- 하상 모래층 두께 : 30cm 이상
- 모래 직경 : 0.15~0.6mm
- 유수로 형태와 미소 서식처 : 급여울, 평여울, 소 형태의 웅덩이가 함께 분포

29. 버들치, 갈겨니, 붕어, 송사리, 은어, 연어의 서식처를 하천 상·중·하류와 바닥층 수온 등으로 분류하시오.

구분	버들치, 연어	갈겨니, 은어	붕어, 송사리
하천	상류	중류	하류
바닥층	자갈층	모래층	진흙
수온	낮음	보통	높음

30. 양서류의 생태적 특성을 설명하시오.

① 비교적 넓은 면적의 수환경과 그 주변의 습초지 등이 형성된 습지서식
② 파충류와 조류의 먹이
③ 꼬리의 유무에 따라 유미류와 무미류로 구분
- 유미류 : 도롱뇽, 꼬리치레도롱뇽, 고리도롱뇽 등
- 무미류 : 무당개구리, 산개구리, 북방산개구리, 한국산개구리, 맹꽁이 등

④ 양서류의 생활사

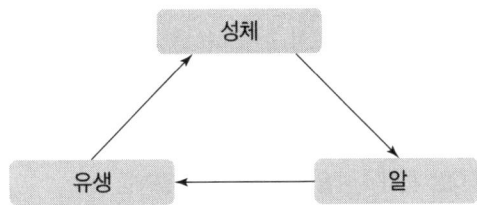

31. 한국산 양서류의 서식공간과 산란장소

종명	서식장소	산란장소	동면장소
산개구리	계곡, 하천	논, 저습지	계곡 주변
한국산개구리	습원, 습지, 논 주변	논, 저습지	논둑, 습지
옴개구리	풀숲, 물가, 도랑	하천	하천, 개울
금개구리	물가, 논, 밭도랑, 웅덩이	논, 저습지	논둑, 습원
참개구리	물가, 논, 밭고랑	논, 웅덩이	논둑, 수변
두꺼비	숲 속의 평지, 산림	논, 저습지, 호수	야산임연부, 계곡 돌 틈
물두꺼비	계곡, 산정상 부위	개천, 하천변	하천 돌 밑
청개구리	관목림, 논, 습원	논, 저습지	나무 밑동
수원청개구리	관목림, 논, 습원	논, 저습지	나무 밑동
맹꽁이	초지, 습원의 평지	웅덩이	웅덩이, 흙 밑
무당개구리	웅덩이, 계곡	계곡, 웅덩이	돌 밑

32. 도시지역에 도입 가능한 양서류의 서식환경

종류	서식지	산란지	동면지	기타
참개구리	밭고랑	웅덩이	수변	저습지, 웅덩이 : 100m² 이상
청개구리	관목림, 습지	저습지	나무 밑동	저습지, 주간 은신처는 활엽관목림, 사질저토 : 100m² 이상
맹꽁이	초지, 습초지	웅덩이	웅덩이, 흙 밑	저습지, 사질저토, 웅덩이 : 100m² 이상
한국산 개구리	습지	저습지	습지	최소한 저습지 : 50m² 이상
무당개구리	웅덩이	웅덩이	돌 밑	
옴개구리	풀숲	하천	하천, 개울	

33. 양서류 서식처 조성 시 고려사항

구분	조성 시 고려사항	비고
대상지와 습지의 크기	• 햇볕이 잘 들고 물이 너무 차갑지 않아야 올챙이의 성장에 적합하며, 습지 주변의 수목에 의해 그늘이 생기지 않도록 주의 • 습지의 크기는 크면 클수록 좋지만, 100m² 정도 이상이면 적당함 • 가까운 곳에 다른 습지나 개울이 있는 것이 바람직함	
습지의 모양과 수심	• 습지 모양은 변화가 있는 불규칙적인 형태가 바람직함 • 습지의 수심은 다양하게 조성해 주어야 하며, 습지 바닥에서 개구리가 동면하므로, 습지 바닥이 얼지 않을 정도의 깊이가 확보되어야 함 • 특히, 산란기(봄철)에는 개구리가 수심 10cm 정도 되는 곳에 산란을 하기 때문에 해당 수심의 서식처를 넓게 확보할 필요가 있음	• 수심은 50~75cm가 적당함 • 수위관리에 신경 써야 함
공급 수원	• 지하에서 용수가 솟아 나오는 장소가 습지 조성의 적지이며, 수원은 우수나 강물을 이용 • 동절기에는 두꺼운 얼음이 얼어 바닥으로 산소 공급이 장기간 차단되어, 동면 중이던 개구리가 죽을 수 있으므로 유지·관리가 필요	얼음에 구멍 뚫어주기 등
호안 처리	• 습지 주변의 숲이나 초지와 연결되는 지역은 사람들이 접근하지 못하도록 식재와 호안 처리에 유의하여야 함 • 호안은 양서류들의 이동통로로 이용되기 때문에 사람의 간섭을 피할 수 있도록 해주어야 함 • 호안경사도 완경사로 조성 • 사람이 접근할 수 있는 호안의 경우, 통나무나 돌을 이용하여 무너지지 않도록 함	
식재 계획	• 올챙이를 위한 적당한 차폐의 제공도 필요 • 대상지 인근의 양서류의 먹이가 되는 곤충들을 유인하기 위해 색깔이 화려한 자생 초화류를 도입함 • 광엽성 식생들은 도롱뇽 등의 서식처로 적합함 • 포트를 이용한 식재는 관리상 편리하며, 개방수면을 일정하게 유지하는 데 용이함 • 자생종 위주로 식재하고, 수생식물이 너무 무성하지 않게 관리(전체 수면적의 10~20%가 적당) • 습지 주변에 교목을 식재하여 습지에 햇볕이 드는 것을 차단하거나, 습지 바닥에 낙엽이 쌓이도록 해서는 안 됨	
주변 환경	• 양서류의 이동거리는 대략 15m 정도로, 반경 내에 다른 습지나 개울이 존재하는 것이 바람직함 • 올챙이 시기는 습지에서 서식하고, 성체가 되어서는 초지나 산림에서 서식하는 종도 있으므로 주변에 초지와 산림이 존재하는 것이 바람직함	

34. 양서류 서식처로서 소생물권(비오톱) 조성방안

① 저습지는 2개 이상의 습지로 구성하며, 하천의 굴곡이 형성되는 만곡부에 조성하여 상류에서 물이 흘러들어오고, 하류부에서는 물이 자연스럽게 빠지도록 조성
② 저습지의 규모는 30~50m² 정도로 함
③ 저습지 중간에는 양서류가 낮에 휴식을 취할 수 있는 구릉을 초지와 함께 조성
④ 2개의 습지 중 작은 습지의 깊은 수심은 100~150cm, 가장자리의 수심은 0~30cm 정도로 조성
⑤ 저습지 주변 초지의 경사각은 10℃, 가장자리 둘레의 면적은 최소한 2m로 유지(항상 물이 차 있어서 양서류나 어린 치어의 은신 공간을 조성해야 함)
⑥ 수심은 최고 1~35cm 내외로 만들어 주어야 하며, 중앙 부분에는 턱을 만들어 가끔 개구리가 휴식(일광욕 : 포식 후 먹이의 소화를 돕기 위함)할 공간을 조성해 줘야 함
⑦ 수변부에 다양한 수생식물을 식재하여 산란할 수 있는 공간을 조성, 이때 수질 상태가 pH 4.0 이하로 산성화되면 산란에 장애가 됨
⑧ 소생물권의 요소들을 다양하게 조성함으로써 다양한 식물종과 식생군집의 연쇄적인 생태계의 먹이사슬 구조가 형성되도록 함

35. 양서류 서식처 조성을 위한 식생 도입방안

① 자생식물인 갈대, 부들, 매자기 등 습지성 식물을 활용
② 식생 도입은 생물의 서식처, 먹이 장소와 관련됨
③ 습지성 식물과 수생식물의 유형을 구분 배치
④ 습지성 초본식물은 아름다우며, 다양한 곤충을 유인할 수 있는 종 도입
⑤ 검정말, 나사말 등은 물속 용존산소량의 증가를 가져와 수서곤충의 다양화에 기여하고, 이는 개구리의 생존율과 개체수의 증가를 가져옴
⑥ 양서류의 활동 범위를 고려한 서식 환경이 제공되어야 함

36. 양서류 서식처 단면

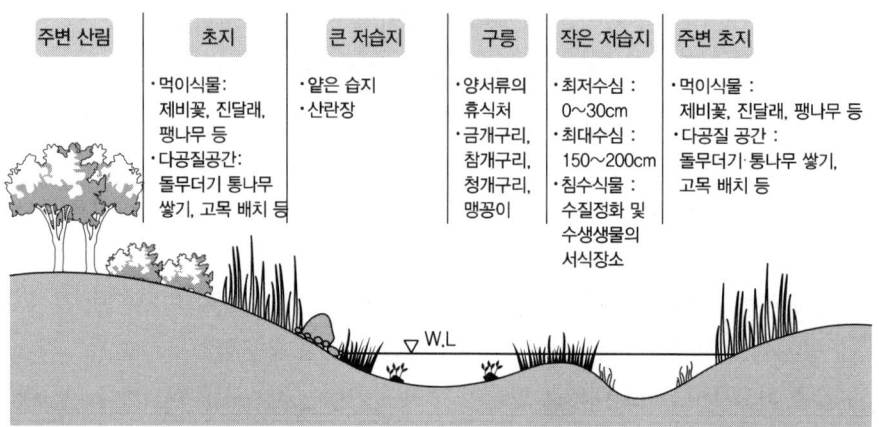

37. 양서류 서식공간의 특징을 계절별로 기술하시오.

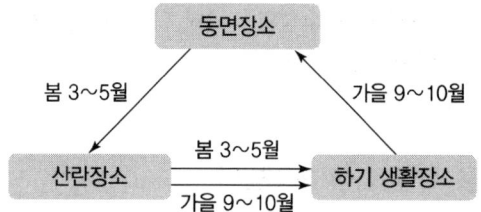

① 봄 : 산란시기
- 수심 10cm 정도 습지
- 따뜻하고 그늘이 없는 곳
- 이동통로 확보

② 여름·가을
- 초지에서 곤충 등을 먹음
- 이동통로 확보

③ 겨울 : 동면장소 제공(산림, 하천, 들판)

38. 남생이 서식지 복원

① 남생이 : 멸종위기 야생생물 2급
② 남생이 서식지 조건

구분	조건
공간	• 강과 이어진 논이나 늪, 냇가, 연못, 호수, 민물 등에 서식하며 낮에는 강가의 은신처에 몸을 숨긴다. • 기온이 높은 여름에는 기생충을 없애기 위해 바위에 올라가서 햇볕을 쬐며, 산란기에는 물가 모래톱에서 구덩이를 파고 알을 낳으며, 겨울철에는 강바닥에 진흙 속에서 동면한다.
먹이	• 잡식성으로 다양한 식물과 죽은 동물을 주식으로 함 • 개구리, 우렁이, 민물고기, 새우 따위의 갑각류, 다슬기, 양서류, 달팽이, 지렁이, 곤충류, 수초, 물풀, 떨어진 과실 등을 먹음 • 아침과 해질녘에 물가나 물속에서 작은 물고기, 우렁이, 물풀 등을 먹음 • 1, 2년생은 대기의 온도가 15℃ 이하로 내려가면 채식을 중단함
은신처	• 낮에는 강가의 돌 밑에 있거나 흙이나 진흙 속으로 파고 들어가 있으며, 날씨가 추워지면 물속의 진흙을 파고 들어가서 동면을 한다.
물	• 강의 중류, 하류, 호수, 연못, 늪, 논의 관개수로와 같이 유속이 약하거나 고인 담수에서 서식한다. • 주로 물에서 서식하며 헤엄치고 먹이를 잡아먹으며, 겨울잠을 잘 때도 물속의 강바닥의 진흙 속으로 들어가서 겨울을 난다.
기타	• 본래 번식기는 봄이지만, 가을에 번식하기도 함 • 산란기는 보통 6~7월 사이 • 미생물, 거머리류 및 기생충은 서식에 영향을 끼친다. • 물새나 공격적인 조류, 육식성 어류(블루길, 베스), 소형 포유류 및 설치류는 남생이의 유생이나 성체에게 위협이 된다. • 모기 유충은 면연력이 낮은 어린 유생에게 위협적이며 너구리나 개미 등은 산란한 알을 위협하는 포식자임 • 남생이의 가장 큰 생존 위협은 지역 개발과 담수 형태의 변형이다.

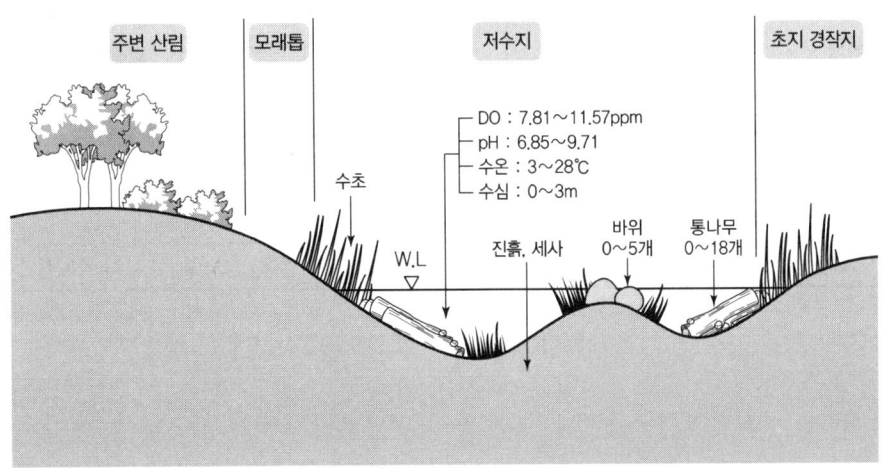

39. 조류와 인간의 거리

① 비간섭거리 : 조류가 사람의 모습을 알아차리면서도 달아나거나 경계의 자세를 취하는 일 없이 모이를 계속 먹거나 휴식을 계속할 수 있는 거리
② 경계거리 : 하고 있던 행동을 중지하고 사람 쪽을 바라보거나 경계음을 내거나 또는 꽁지와 깃을 흔드는 등의 행동을 취하는 거리
③ 회피거리 : 사람이 접근하면 수십 cm에서 수 m를 걸어다니거나 또는 가볍게 뛰기도 하면서 사람과의 일정한 거리를 유지하려고 하는 거리
④ 도피거리 : 사람이 접근함에 따라 단숨에 장거리를 날아가면서 도피를 시작하는 거리

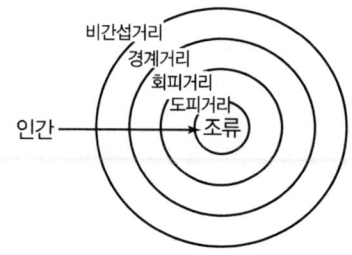

40. 서식장소에 따른 조류의 서식처 특성

구분	은신처	먹이	물	인간 영향
산새	• 수관, 관목, 초본 • 하층 식생이 풍부한 자연숲 • 바위틈(침식지형)	먹이자원(벌레, 열매)의 양이 많은 자연숲, 큰 숲	먹을 물, 목욕할 물 필요	적을수록
숲 가장자리새	산, 들	산새와 들새의 먹이와 유사	물이 있으면 좋음	적을수록
들새	관목이 꼭 있어야 함	벌레, 열매, 곡식, 양서류	물이 있으면 좋음(들에는 물이 많음)	적을수록
물새	• 물가의 식생(관목) • 아주 가까운 숲의 교목, 관목, 초지 • 휴식처는 사주부	• 유충, 곡식, 어류, 양서류 • 수면성 : 수심은 얕을수록 좋음 • 잠수성 : 잠수를 위한 적정 수심 확보	물이 없으면 안 됨	적을수록
도시새	도시녹지, 가로수, 주택, 교각	농작물, 쓰레기, 곤충, 열매, 양서류	도시 내 수자원	큰 영향 없음

41. 조류 서식처 조성방법

구분	내용
조류와 수심	• 깊은 곳 : 수면에서 생활하는 조류(쇠물닭 등) • 얕은 곳 : 물가에서 생활하는 조류(덤불해오라기, 황로 등)
조류와 물바닥	• 돌 틈, 바위 : 꼬마물떼새, 노랑할미새 등 • 모래, 자갈땅 : 쇠제비갈매기, 흰물떼새 등 • 점질토 토양 : 큰뒷부리도요, 물떼새류 등
조류와 식생	• 갈대밭, 억새, 줄풀 등 정수식물대 : 개개비, 물닭, 청둥오리 등 • 풀밭 : 덤불해오라기, 쇠오리, 흰뺨검둥오리, 알락도요, 고방오리 등 • 관목, 덤불류 : 고방오리 등 • 교목 : 황로, 왜가리, 검은댕기해오라기, 백로류 등 • 고목 : 호반새
조류와 물가장자리	• 약간 가파른 경사지 : 물총새류, 갈색제비 등 • 완만한 경사지 : 청호반새 등

42. 조류의 유인 및 서식환경 조성기법

① 수심 : 2m 이하 깊이, 다양한 수심

② 호안 : 가파른 제방 1.5~2m, 대부분의 조류는 완경사면 선호

③ 조류가 공중에서 인식할 수 있는 서식환경 조성 필요
- 개개비류 번식 및 이동 : 갈대군락 연속적 조성
- 쇠물닭 : 줄과 부들 군집 필요
- 붉은머리오목눈이 : 연속적인 관목과 덤불 조성
- 개방수면 : 수면적의 50% 내외로 개방수면 유지

④ 섬
- 길이와 폭의 비율=5 : 1~10 : 1이 적절
- 습지와 횡방향으로 위치(물의 흐름 방해 예방)
- 크기 : 전체 습지 면적의 1~5%, 최소 $4m^2$ 이상
- 섬끼리 15m 이상 거리 확보, 호안 가장자리로부터 15m 이상 이격
- 윤곽 : 습지의 모양처럼 불규칙한 곡선을 이용
- 내부경사는 10% 내외로 조성

⑤ 모래톱, 자갈톱 : 물떼새류의 산란지, 조류 휴식지
- 습지 조성 시 모래톱, 자갈톱 도입
- 하천 물흐름을 고려하여 자연스럽게 형성되도록 유도

⑥ 산림 : 다층구조 식재, 인공새집 가설

43. 조류 먹이식물 교목 3종, 관목 3종을 쓰시오.

① 교목 : 팥배나무, 산사나무, 산딸나무, 산수유, 마가목 등 붉은 열매가 열리는 교목
② 관목 : 백당나무, 찔레, 피라칸사, 낙상홍 등 붉은 열매가 열리는 관목

44. 조류 서식처 조성 시 휴식처 조성기법을 설명하시오.

① 식생은 야생동물, 특히 조류의 은신처나 피난처로 이용될 뿐만 아니라 먹이원으로 활용됨
② 멧새류를 위하여 주변 녹지에 조류의 식성을 만족시킬 수 있는 다양한 종자식물을 선정
③ 물새류를 위한 습지는 은신처나 번식장소로서의 저습지가 2/3, 먹이를 획득하기 위한 넓은 수면은 1/3의 비를 갖추어야 하며, 물새류가 가장 선호하는 수생식물은 수심 30~60cm 위치에 서식함
④ 수심이 얕은 곳에는 수면성 오리류(천둥오리, 흰뺨검둥오리, 쇠오리 등)가 주로 서식한다. 수면성 오리류는 거의 초식성으로 천변에 먹이가 되는 수초를 식재하여 이들의 먹이와 함께 서식처를 조성해 주어야 한다.
⑤ 물떼새, 도요새, 할미새류는 얕은 물가의 모래나 자갈밭에서 번식하기 때문에 하천변에 자갈(크기 7~15mm)밭과 모래밭을 조성하면 이들의 번식을 유도할 수 있음. 또한, 하안 식생을 유지하여 은신처로 작용할 수 있도록 하여야 함
⑥ 박새, 멧새, 참새류는 교목과 관목을 적절하게 잘 혼용하여 이들의 서식공간을 조성해 주고 이들의 먹이가 되는 종자식물을 많이 식재하여야 함

45. 조류와 인간의 비간섭거리 개념을 설명하고 비간섭거리 확보방법을 3가지 쓰시오.

① 비간섭거리 개념 : 조류와 인간과의 거리 중 종류가 인간을 인지하지만 자연스럽게 행동하는 거리를 말한다.
② 확보방법
 • 조류관찰대 • 사파리차 • 차폐식재

46. 조류 서식처의 조성순서

대상지역의 여건분석 → 부지현황조사 및 평가 → 복원목적의 설정 → 세부복원계획의 작성 → 관리 모니터링 실시

47. 조류관찰데크의 방위 설정 시 고려사항

① 정남향은 피함
② 남서쪽이나 남동쪽에 설치

48. 만들어지는 위치에 따라 구분한 갯벌의 3가지 유형

① 해안갯벌 ② 하구갯벌 ③ 석호갯벌

- 해안갯벌 : 내만의 해안선 전면에 발달하여 파도의 작용을 받아 형성
- 하구갯벌 : 하천의 하구부에 발달하고 하천으로부터 밀려내려온 퇴적물이나 솟구치는 파도의 작용을 받아 형성
- 석호갯벌 : 해수를 일부 받아들이는 기수성의 호소나 하구의 들어간 부분에 생기는 것으로 해안을 따라서 발달되어 형성

49. 수달의 서식처 요구조건

구분	설명
먹잇감	주로 어류를 섭식하므로 근처에 먹잇감이 풍부한 장소 필요
보금자리	하나의 서식지당 최소 2~3개의 보금자리 권장
배설 및 섭식장소	낮은 수심의 하천에 솟아 있는 둥근 바윗돌 필요
털 말리기 장소	초지, 흙과 같은 장소 필요
휴식장소	갈대 또는 물가에 길게 자란 초본류 필요
놀이공간(물)	물에서 자맥질하면서 놀 수 있는 공간 필요
은폐물	식생(초본, 목본 등)과 하천변에 바위 필요

50. 습지식물 종류

분류		주요 식물종
수생식물	정수식물	갈대, 줄, 애기부들, 꼬마부들, 부들, 고랭이류, 택사류, 매자기, 미나리, 보풀, 흑삼릉, 석창포, 물옥잠, 창포, 골풀, 물질경이 등
	부엽식물	노랑어리연꽃, 어리연꽃, 수련, 가래, 네가래 등
	침수식물	말즘, 붕어마름, 새우말, 나사말 등
	부유식물	자라풀, 개구리밥, 좀개구리밥 등
습생식물		• 초화류 : 물억새, 달뿌리풀, 털부처꽃, 물봉선, 고마리, 꽃창포, 노랑꽃창포, 붓꽃, 금불초, 동의나물, 수크령 등 • 관목류 : 갯버들, 키버들 등 • 교목류 : 버드나무, 수양버들, 오리나무, 신나무 등

51. 염생식물 종류

- 퉁퉁마디
- 해홍나물
- 칠면초
- 나문재

52. 습지의 유형을 구분하시오.

1) 내륙습지

　① 하천형
　　　• 유수역 : 하도습지, 보습지
　　　• 정수역 : 배후습지, 용천습지
　② 호수형 : 담수호습지, 우각호습지
　③ 산지형 : 고층습원(Bog), 저층습원(Fen), 저습지(Marsh), 소택지(Swamp)

2) 연안습지

53. 습지의 기능을 설명하시오.

① 수질정화 기능
③ 수문학·수리학적 기능
⑤ 높은 생산력
② 서식처 기능
③ 기후조절 기능

54. 연안습지가 생산성이 높은 이유

① 연안습지 : 만조위와 간조위 사이 조간대

② 생산성이 높은 이유
　• 육지와 해양이 만나는 곳으로 영양물질 풍부
　• 만조와 간조에 의한 다양한 환경 제공
　• 생물다양성 풍부

55. 습지 기능평가방법 중 HGM에 대하여 설명하시오.

① HGM(정밀기능평가 : Hydrogeomorphic)
　• 습지 평가에 대한 기능 지표를 설정하고 적용하는 것
　• 동일한 지역 및 유형별로 자연상태의 참조습지(Reference Wetland)와 비교하여 습지의 기능 수행 정도를 파악하고자 하는 것

- 절차 : HGM 시스템에 따른 습지분류→표준습지 선정→모델 및 기능지표평가→프로토콜의 적용

② 평가항목
- Hydrogeomorphic Method
- 수리·수문, 지형, 생태학적 특성을 고려하는 수문지형학적(HGM) 방법

기능평가 항목			
수문학적 측면	생지화학적 측면	식물 서식처	동물 서식처
• 단기지표수 저류 • 장기지표수 저류 • 에너지 감쇄 • 지표하 저류량 • 적정 지하수	• 양분순환 • 이입된 원소와 화합물의 제거 • 미립자의 보유 • 유기탄소 창출	• 특징적인 식물 군집의 유지 • 특징적인 생체량의 유지	• 서식처의 공간적 구조 유지 • 산재와 연결성의 유지 • 무척추동물의 분포와 수도 유지 • 척추동물의 분포와 수도 유지

> 참고

구분	평가방법	평가항목	수준
WET(Wetland Evaluation Technique)	습지의 효율성, 기회(잠재성), 사회문화적 중요성, 생물서식처 적합성에 대한 문항에 답을 하는 형식	습지의 물리적·화학적·생물학적 특성을 평가	개별습지
EMAP(Environmental Monitoring Assessment Program-Wetlands)	Reference Wetland를 지정하고 비교·분석	서식처의 특성, 수문학적 특성, 습지의 수질 특성 등을 평가	지역적, 국가적 수준
HGM	WET+EMAP	습지의 수문학적, 지형학적, 식생항목을 평가	지역적, 국가적 수준
RAM(Rapid Assessment Method)	1회답사로 평가	손쉽게 습지 기능평가 수행이 가능하여 활발하게 활동됨	
WET-Health	습지 내 교란수준을 주된 조사항목으로 봄	습지의 수문학적, 지형학적, 식생항목을 평가	

56. 대체습지 조성 시 On-site, Off-site 방법에 대하여 설명하시오.

① On-site : 유역 내에 대체습지 조성
② Off-site : 유역 외에 대체습지 조성

57. 수질정화습지의 수질정화기능 외 다른 기능을 3가지 이상 쓰시오.

① 서식처 기능
② 수문학·수리학적 기능
③ 기후조절 기능
④ 높은 생산력

58. 다음 보기의 (   ) 안에 들어갈 알맞은 말을 쓰시오.

습지를 관리하는 데 있어서 가장 바람직한 방법은 개발로 인한 습지의 훼손을 피하는 것인데 이때 불가피한 훼손을 최소화시키는 노력이 필요하게 되며 이 또한 현실적으로 어려운 경우 습지를 보상하게 되는데 (①)과 (②), (③)은 넓은 의미에서 대체에 포함된다. 이를 (④)라 한다.

① 창출, ② 복원, ③ 향상, ④ 대체습지

59. 수질정화습지 3단계의 명칭 및 조성방법에 대해 쓰시오.

구분	조성방법	개방수면	얕은 저습지	깊은 저습지
침전 습지	• 유물질 침전, 1단계 정화 • 자갈 및 모래 이용 바닥 • 식생 도입 없음, 낙차공 이용	20%	50%	30%
수질정화 습지	• 수생식물에 의한 수질정화 • 수생식물 85% 도입	15%	70%	15%
생물다양성 습지	• 다양한 재료 이용 • 다양한 수심, 다양한 서식처 • 모래 개펄 10%	50%	40%	

60. 적조의 정의, 원인, 발생시기, 피해 유형을 설명하시오.

1) 적조의 정의 및 원인

① 적조의 정의

플랑크톤의 증식으로 바다나 강, 운하, 호수 등의 색이 적색으로 변하는 현상

② 적조의 원인
- 부영양화
- 수온 상승
- 갯벌의 감소
- 물순환 저감

2) 적조의 발생시기 및 피해

① 발생시기 : 늦봄~여름

② 피해
- 수생식물, 어패류 폐사
- 독성물질 발생으로 생태계 교란
- 악취
- 인간 건강 피해

61. 하천의 종단구조에 따른 특징 및 분포수종과 생물

구분	특징	수목	생물
상류	• 경사 1/100 가장 급함 • 자갈이 많음 • 습도가 높음 • 수온 낮고 용존산소량 많음 • 빈영양 상태 • 침식작용	물푸레나무, 서어나무, 신나무, 갯버들, 달부리풀, 참억새	가재, 강도래, 날도래, 송어, 베스
중류	• 경사 1/100~1/500구배 • 작은 자갈 모래로 구성 • 수충부와 사주부 형성 • 홍수터가 넓고 수로가 사행형태 • 운반작용 • 생물다양성이 높음	버드나무, 오리나무, 찔레꽃, 붉나무, 비수리, 띠, 갈대, 물억새	왜가리, 해오라기, 원앙, 초식성 수서곤충, 붕어, 잉어
하류	• 경사 1/500 이하의 구배 • 유속이 느리고 모래와 점토질이 퇴적 • 규모 큰 습지 형성 • 수위 변동이 큼 • 유속 및 하폭의 변화는 거의 없음 • 수면 경사가 거의 일정	매자기, 애기부들, 갈대, 줄, 고마리, 미나리, 여뀌, 갈대, 염생식물	물떼세, 도요새, 철새

62. 하천의 기능

① 이수기능
  • 농업용수
  • 공업용수
  • 생활용수

② 치수기능
  • 홍수
  • 가뭄조절

③ 생태 · 환경기능
  • 지하수 공급원
  • 수질정화
  • 휴식공간 제공
  • 생물서식 및 이동통로
  • 도시 미기후 완화

63. 하천식생의 기능을 설명하시오.

① 수질정화 기능
② 수리·수문학적 기능
③ 서식처 기능
④ 하안 보호 기능
⑤ 경관 향상

64. 하천의 연결성

① 종적
② 횡적
③ 수직적
④ 시간적

65. 하천식생 복원 및 보전원칙

① 대조하천 선정
② 자기설계적 복원 유도
③ 천이과정 이해
④ 제한요인을 찾아 먼저 해결
⑤ 현존 자연 식생 유지
⑥ 통로식생 종적, 횡적 넓게
⑦ 적어도 저수로는 자유롭게
⑧ 식생의 내부 보호지+완충지 조성

66. 하천식생 관리기법

① 풀나무 관리
  - 풀 베기
  - 불 놓기
  - 가지치기

③ 수림화 관리
  - 뿌리 뽑음
  - 벌목

② 침입식물 관리
  - 예방
  - 방제

④ 자갈, 하상 식생관리
  - 침입식물 제거
  - 자갈 틈 사이 토사 제거

67. 하천식생이 하천에 미치는 영향

① 생물다양성 증대 : 서식지, 먹이 공급
② 수리조절 : 지표 유출량 조절, 지하수 재충전
③ 수질정화
④ 완충역할

68. 호안 서식처의 특징 3가지

① 육지생태계 수생태계 연결부
② 홍수·가뭄으로 인한 빈번한 환경변화
③ 영양물질 풍부

69. 콘크리트 지연재의 장점을 쓰시오.

① 시멘트의 응결시간을 늦추기 위해 쓰이는 재료
② 고온에 의한 경화촉진 방지
③ 워커빌리티 보유
④ 거푸집의 변형에 의한 콘크리트 균열 발생 방지
⑤ 수송 중 슬럼프의 감소를 저감

70. 수위변동지역의 특징과 생태적 경관의 복원방법

① 특징
  - 생물다양성 저조
  - 생물종 서식환경 열악함
  - 생태계 단절
  - 습지생태계에서 육지생태계로 천이 중

② 생태적 경관의 복원방법
  - 주변 자생종 유입
  - 자기설계적 복원 유도
  - 정기적인 댐 수문 개방으로 습지환경 조성
  - 상하류 생태계 연결 유도

71. 여울과 소에 대하여 설명하시오.

구분	여울	소
정의	하천바닥에 수심이 얕고 물의 흐름이 세고 빠른 구간	물의 흐름이 약해지는 곳, 수심이 깊고 유속이 완만
역할	• 폭기작용을 통하여 용존산소량 증가 • 유속이 빠른 구간 부착 조류 • 경사여울(급여울)/평여울	• 유속이 느려 부유물 및 오염물의 침전작용, 흡착작용 및 산화 분해작용 • 각종 영양물질과 부착조류 풍부 • 어류를 비롯한 수생생물 서식지 제고 • 홍수 시 피난처 제공

평면도	단면도
(여울-소-하폭 그림)	(고수위-저수위-수면 단면 그림)

72. 토양의 삼상분포

① 토양삼상 : 토양은 암석의 풍화물인 무기물과 동식물의 유체나 배설물 등의 유기물로부터 형성된 고체입자와 이들 입자 간의 공극으로 구성되어 있고, 공극에는 물과 공기가 들어 있다. 이 고체, 물, 공기를 토양의 삼상이라 한다.

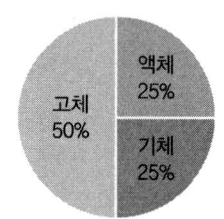

② 삼상분포 : 삼상을 용적비율로 표시한 것
  • 고상, 액상 : 표층 작고, 하층 큼
  • 기상 : 표층 크고, 하층 작음

73. 양이온 교환용량(CFC)

① 양이온 교환 : 토양입자의 표면은 음전하(−)로 되어 있고, 양이온을 흡착한다. 이 토양입자에 흡착된 양이온과 토양용액 속에 용해되어 있는 양이온 사이에는 교환반응이 일어난다.
② 교환성 양이온 : Ca^{++}, Mg^{++}, K^+, Na^+, H^+
③ CFC : 토양이 보유할 수 있는 교환성 양이온의 총량

74. 토양의 물리성 평가항목을 쓰시오.

평가항목		평가등급			
항목	단위	상급	중급	하급	불량
유효수분량	m^3/m^3	0.12 이상	0.12~0.08	0.08~0.04	0.04 미만
공극률	m^3/m^3	0.6 이상	0.6~0.5	0.5~0.4	0.4 이하
투수성	cm/s	10^{-3}	10^{-3}~10^{-4}	10^{-4}~10^{-5}	10^{-5} 미만
토양경도	mm	21 미만	21~24	24~27	27 이상

75. 토양의 화학성 평가항목을 쓰시오.

평가항목		평가등급			
항목	단위	상급	중급	하급	불량
pH	-	6.0~6.5	5.5~6.0 6.5~7.0	4.5~5.5 7.0~8.0	4.5 미만 8.0 이상
전기전도도(EC)	ds/m	0.2 미만	0.2~1.0	1.0~1.5	1.5 이상
염기치환용량(CEC)	cmol/kg	20 이상	20~6	6 미만	
전질소량(T-N)	%	0.12 이상	0.12~0.06	0.06 미만	
유효태인산함유량	mg/kg	200 이상	200~100	100 미만	
치환성칼륨(K^+)	cmol/kg	3.0 이상	3.0~0.6	0.6 미만	
치환성칼슘(Ca^{++})	cmol/kg	5.0 이상	5.0~2.5	2.5 미만	
치환성마그네슘(Mg^{++})	cmol/kg	3.0 이상	3.0~0.6	0.6 미만	
염분농도	%	0.05 미만	0.05~0.2	0.2~0.5	0.5 이상
유기물함량(OM)	%	5.0 이상	5.0~3.0	3.0 미만	

76. 토양층위를 설명하고 모식도를 그리시오.

토양의 층위	모식도
• O층(유기물층 : Organic Horizon) 　부분적으로 분해된 유기물 • A층(무기물표층 : Topmost Mineral Horizon) 　부식화된 유기물, 입단구조 발달 • E층(최대용탈층 : Eluvial, Maximum Leahing Horizon) 　점토, Al, Fe 산화물 등의 용탈층 • B층(집적층 : Illuvial Horizon) 　세점토, Al, Fe 산화물 용탈층 • C층(모재층 : Parent Material Layer)	O층(유기물층) A층(무기물표층) E층(최대용탈층) B층(집적층) C층(모재층)

77. 식물의 생존 최소토심, 생육 최적토심

(단위 : cm)

구분	지피	소관목	대관목	천근성 교목	심근성 교목
생존 최소토심	15	30	45	60	90
생육 최적토심	30	45	60	90	150

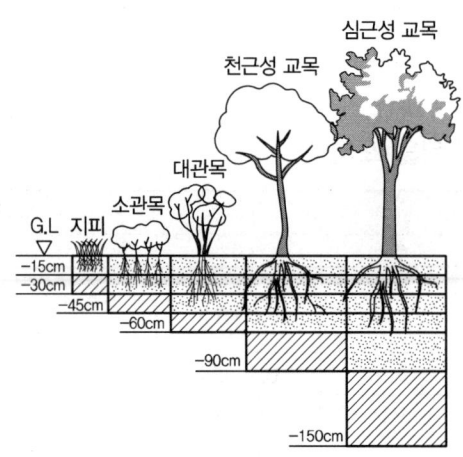

78. C/N비

① 단백질의 탄소질소비(C/N비)로 3 전후
② 단백질을 주성분으로 하는 세포원형질의 C/N비는 3~10 정도임
③ 잎의 질소함량과 광합성의 속도는 정비례 관계

79. T/R률

① 수목의 상층부 Tree/수목의 하층부 Root 비율
② 근계의 최대신장속도는 지상부와 비교하면 대단히 빠름
③ 근계는 호흡과 수분 흡수가 원활하게 이루어지는 것이 중요함
④ 건조조건이나 영양분이 빈약한 조건에서는 T/R률이 크게 되고, 질소비료를 사용하면 지하부보다 지상부의 생육을 촉진하는 경향이 있음

80. 포트재배나 식재 시 종자 발아가 잘 되게 하도록 실시하는 토양 조절 시 필요한 토양조절 처리항목 - 토양개량재(Amendment)

토양조절 처리항목			주 원료	토양개량재
계통		주된 기능		
유기물	동물, 식물질계	물리성, 화학성, 생물성	이탄, 갈탄, 가축, 계분, 수피, 톱밥, 도시쓰레기, 소변, 하수, 공장배수슬러지	피트모스 부식산질자재, 가축 및 인분, 바크퇴비, 발효자재, 슬러지 비료
		화학성	패화석, 게껍질	패화석 분말, 게껍질 분말
		미생물성	미생물 등	VA균근균자재, 토비부숙촉진제
	고분자계	물리성	유기화합물	합성고분자계 자재
무기물	광물질계	물리화학성	천연광물	벤토나이트, 제올라이트
		물리성	광물열처리품	소성버미큘라이트, 펄라이트, 이소라이트
		화학성	산업부산물, 암석풍화물	석탄회, 석고, 광재, 철분함유물
	보통비료	화학성	인광석, 사문암, 광재, 갈탄, 사문암, 석회암	인산질비료, 규산질, 망간질비료, 산화마그네슘비료, 석회질비료

81. 양이온 치환용량이 식물에 미치는 영향

① 양이온 치환용량 : 토양이 보유할 수 있는 교환성 양이온의 총량, 토양의 보비력 혹은 완충능력의 지표가 됨
② 토양의 보비력이 좋아지면 식물 생육환경 조건이 향상됨

82. 토양의 양이온 치환용량을 측정하는 지표

토양의 보비력 혹은 완충능력

83. 다음 (   ) 안에 들어갈 알맞은 말을 쓰시오.

인 : 식물의 양분이 되는 원소로서 (①) 구성원, 결핍 시 잎의 색이 (②)색, 우리나라 (③) 토양에 부족

① 핵단백질, 인지질
② 적갈
③ 화강암풍화토

84. C-N 비율이 클 때와 낮을 때 박테리아와 식물에 미치는 영향을 설명하시오.

1) C-N 비율
   ① C : 잎에서 탄수화물 축적, 미생물의 영양원
   ② N : 지하에서 흡수한 질소, 미생물의 에너지원
   ③ 이상적인 C-N 비율
   - 15~30
   - 30보다 크면 질소기아 현상 발생
   - 15보다 작으며 유기물의 무기물화가 이루어짐

2) C-N 비율이 높을 경우
   ① 미생물 번식 왕성
   ② 착화가 많아지며 결실이 좋음

3) C-N 비율이 낮을 경우
   ① 질소가 토양 중에 축적되어 용탈됨
   ② 영양생장

85. 천근성 교목의 생존 유효토심과 생육 유효토심은 얼마인가?

① 생존 유효토심 : 60cm
② 생육 유효토심 : 90cm

86. 토양의 병충해 방지기능

① 식물의 뿌리에 집을 짓고 살아가는 미생물, 뿌리 주변의 근거리에서 살아가는 미생물은 서로 필요한 양분을 나누며 공생한다. 식물은 광합성으로 만들어진 양분을 자신을 위해 쓰고, 일부는 뿌리의 삼출액으로 세균과 균류의 미생물에게 제공한다. 식물과 미생물은 서로 돕는 동맹 관계에 있다. 식물은 미생물에게 양분을 제공하고, 미생물은 식물의 병충해를 막아주는 방패가 되어 선(善) 순환 구조의 토양 먹이그물을 만든다.

② 식물이 해충의 공격을 받으면 뿌리 주변의 유용한 미생물에게 신호를 보내 가까이 끌어들여 자신의 면역력을 높인다.

87. 오염지역 토양 개선방법(3가지)

① 생태적 방법 : 미생물, 세균, 식물 이용
② 물리적 방법 : 열처리법, 세척법 등 이용
③ 화학적 방법 : 토양개량제, 비료 등 이용

88. 토양에 존재하는 NO_2^-(아질산염)보다 NH^+(암모늄)을 흡수할 때 식물은 더 적은 에너지로 탄수화물을 만들 수 있으나 NO_2^-를 많이 흡수하는 이유는?

① 대기 중 질소 : N_2의 매우 안정된 기체 질소로 존재
② 질소 고정 : 생물이 이용할 수 있는 무기질소의 형태로 전환 → NH^+(암모늄)
③ 질화작용 : 아질산세균, 질산세균에 의해 암모늄이 아질산염, 질산염으로 전환됨
④ 질화작용에 의해 식물의 흡수하기 쉽게 바뀜

89. 갯벌의 기능을 설명하시오.

① 서식처 기능
② 정화 기능
③ 높은 생산성
④ 수리·수문학적 기능
⑤ 기후조절

90. 갯벌 매립의 문제점

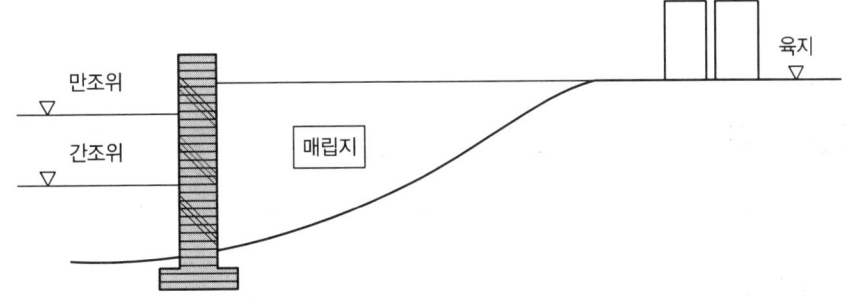

구분	문제점		
해양생태계 변화	• 해수유통량 감소	• 수질오염	• 생물 폐사
매립지의 문제점	• 비산먼지 발생 • 배수 불량	• 지반침하 • 염해 피해	
갯벌 기능 상실	• 에코존 상실 • 오염정화기능 상실	• 서식처 상실, 생물다양성 감소 • 경관 상실	

91. 다음 보기의 ( ) 안에 들어갈 알맞은 말을 쓰시오.

임해매립지에서 식재환경을 조성하는 경우 모세관 현상에 의한 염수의 최대 상승고보다 (①) 토양을 식재기반으로 하며 식재지반 깊이 교목 (②)m 이상, 관목식재지 (③)m 이상, 초화류 및 잔디식재지 (④)m 이상 확보

① 상층부, ② 1.5, ③ 1.0, ④ 0.6

92. 성토법과 객토치환법에 대해 설명하시오.

① 성토법 : 양질토를 마운딩하여 수목 생육 토심을 충분히 확보하는 방법

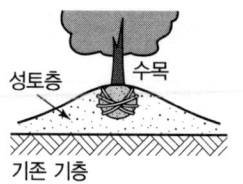 

② 객토치환법 : 매립지의 일부 또는 전체를 산흙으로 바꾸는 방법

93. 도로비탈면의 녹화과정

현황조사 → 녹화목적 설정 → 설계 및 시공 → 유지관리

94. 현황조사

녹화지역 구분	유형구분	토질	경도	경사도
국토핵심생태축	절토 / 성토	경암	27mm 이상	60° 이상
해양생태계		연암	23~27mm	45~60°
내륙생태계		점질토	10~23mm	30~45°
녹지자연도, 생태자연도		마사토	10mm 이하	30° 이하

95. 녹화 목적 설정

생태자연도 지역 구분		1등급 (자연경관복원형) 초본위주형, 관목혼합형, 목본군락형	2등급 (일반복원형) 초본위주형, 초본관목혼합형, 목본군락형	3등급 (일반복원형) 초본위주형, 초본관목혼합형
국토핵심생태축		○	○	○
해양생태계		○	○	○
내륙 생태계	녹지자연도 7등급 이상	○	○	○
	녹지자연도 7등급 미만		○	○

96. 시험시공 과정

시험시공계획 → 공법의 선정 → 시험시공 유지관리 → 시험시공 결과 분석 → 최적공법 선정 → 시공

97. 시험시공평가의 목적

① 녹화 품질 및 시공성을 정량적·경제적으로 분석
② 해당 비탈면의 환경여건에 부합하며, 지속성 있는 최적공법 선정
③ 녹화식물, 종자배합비율, 종자사용량 결정

98. 시험시공과정별 내용

과정	내용
공법 선정	• 시공 목적, 대상지, 환경조건, 복원목표내용 검토 • 비탈면 토질별 3개 공법 선정
모니터링	• 공법당 100~200m² 내에서 시공 • 시험시공 후 식생조사는 임의 방형구(1m×1m) 3개소 이상 조사
결과분석 및 최적공법 선정	• 생육판정기준표에 의한 주기적 결과 분석 • 녹화공법평가표에 의한 최적공법 선정

99. 자생식물의 종류

구분	종류
자생초본	쑥부쟁이, 개미취, 구절초, 기린초, 꿀풀, 도라지, 두메부추, 마타리, 돌마타리, 물레나물, 부처꽃, 산국, 술패랭이, 수크령, 층꽃, 타래붓꽃, 통풀, 패랭이, 비수리
자생목본	• 교목 : 자귀나무, 붉나무, 잣나무, 적송, 노간주, 참나무류, 해송 • 관목 : 낭아초, 싸리류, 덜꿩, 조팝, 개나리, 댕강, 백당
덩굴형	• 근상흡반력 : 담쟁이, 아이비, 송악, 줄사철, 마삭줄 • 덩굴손형 : 으아리, 포도, 장미덩굴, 청가시덩굴 • 정요경 : 등나무, 노박덩굴, 능소화

100. 시험시공 과정

구분	평가	항목		배점	배점기준
재료	정량적	토양 및 종자 품질			합격기준 미달 시 불합격
품질	정량적	식물생육	식생피복률 (전체) — 초본위주형, 초본관목혼합형	15	80% 이상(15) 79~60%(10) 60% 미만(5)
			식생피복률 (전체) — 목본군락형 자연경관복원형		70% 이상(15) 69~50%(10) 50% 미만(5)
			식생피복률 (한지형 초본 등 외래도입초종)	-5	점유율외래도입초본의 피복률에서 30% 미만(0) 30~59%(-3) 60% 이상(-5)
			식생생육량 (한지형 초종 제외)	5	양호(5) 보통(3) 불량(1)
			병충해	5	양호(5) 보통(3) 불량(1)
		출현종수	목본성립본수	10	식생생육판정기준표 복원목표의 달성도 80% 이상(10) 60~79%(7) 60% 미만(3)
			초본 및 목본의 출현종수	15	80% 이상(15) 60~79%(10) 60% 미만(5)
			생태계교란 및 위해종 침입	-5	하(0) 중(-3) 상(-5)
		식생기반재의 물리적 특성		10	양호(10) 보통(7) 불량(3)
		탈락 및 붕괴지점		5	양호(5) 보통(3) 불량(1)
	정성적	녹화 지속성 및 식생침입 가능성		5	양호(5) 보통(3) 불량(1)
		주변 환경과의 유사도		-5	양호(0) 보통(-3) 불량(-5)
		소 계			70%

구분	평가	항목	배점	배점기준
경제성	정량적	시공단가	30	130% 미만(30) 130~160%(24) 161~190%(18) 191~220%(12) 220% 초과(6)
		소 계		30%
		합 계		100%

101. 비탈면녹화공법

녹화공법		종류
식재공	초식공법	• 줄떼다지기 공법 • 평떼붙이기 공법 • 선떼붙이기 공법 • 새심기 공법
	식재공법	• 일반묘와 포트묘 식재공법 • 차폐수벽공법 • 소단상객토식재공법
파종공	인력파종공법	• 비탈점씨뿌리기 공법 • 줄씨뿌리기 공법 • 흩어씨뿌리기 공법
	기계파종공법	-
	항공씨뿌리기 공법	-

102. 표면복원기법재료 중 기존 비탈면과 녹화토양을 접착시키는 기능의 고분자인 재료를 이용한 기법

식생기반부착공 ┬ 얇은 식생기반부착공(5mm 이하)
　　　　　　　└ 두꺼운 식생기반부착공(10mm 이상)

103. 종자분산기법으로 종자, 물, 접착제, 침식방지제 및 비료, 색소를 함께 사용하는 기법

종비토공법 또는 식생기반부착공

104. 비탈면 상단·중단·하단에 맞는 공법을 다음 보기에서 찾아 쓰시오.

> 종자뿜어붙이기, 평떼 붙이기, 시멘트모르타르 붙이기, 개량씨드스프레이, 네트 공법, 차폐수벽, 두꺼운 식생기반재

① 비탈면 상단
- 두꺼운 식생기반재
- 시멘트모르타르 붙이기

② 비탈면 중단
- 종자뿜어붙이기
- 개량씨드스프레이
- 네트 공법

③ 비탈면 하단
- 평떼붙이기
- 차폐수벽

105. 탈면 보호공법 3가지와 공법별 종류

① 네트 종자뿜어붙이기 공법
- 코이어네트
- 코이어메시
- 코이어매트
- 쥬트네트
- 쥬트메시

② 종비토뿜어붙이기 공법
- R/S 녹색토공법
- 텍솔녹화토공법, SF 녹화공법
- ASNA 공법
- 배합토뿜어붙이기 공법(식양토)
- 원지반식생 정착공법

③ 초본식재공법
- 줄떼다지기 공법
- 선떼붙이기 공법
- 평떼붙이기 공법
- 새심기 공법

106. 시간이 다소 오래 소요되더라도 자연천이를 이용하여 절개지를 녹화시켜 복원하려 할 때 암반지역과 토심이 충분히 확보된 지역에 나타날 천이과정을 설명하시오(식생).

    초본 → 싸리류 → 수림화

107. 비탈면 녹화에서 정상천이 계열과 편향천이 계열이 나타나는데 이를 예를 들어 설명하시오.

    ① 정상천이(진행적 천이) 계열
    - 나지-초본-관목-수림화
    - 생태계가 안정적이고, 수직적 층화가 생기며, 생물종이 다양해지고, 현존 생체량이 증가하는 등의 방향으로 진행

    ② 편향천이(퇴행적 천이) 계열
    - 나지-초본-관목류-칡
    - 덩굴성 외래종 등 천이 방해 : 인위적 · 자연적 방해 작용으로 군집의 속성보다 단순하고 획일화될 경우

108. 수질정화 습지가 갖는 효과 중 수질 향상 외에 추가로 기대할 수 있는 효과를 쓰시오.(2가지 이상)

    ① 육지와 수생대를 연결하는 전이대로 생물다양성 증가
    ② 이탄층의 탄소저장
    ③ 홍수조절, 영양물질 저장
    ④ 오염물질 정화
    ⑤ 동식물 서식처
    ⑥ 동물 이동통로

109. 자연환경복원계획 수립에 있어 역사적 기록의 조사 및 분석이 중요한 항목 중 하나이다. 이러한 분석에 있어 활용될 수 있는 자료들 중 과거 문헌기록, 지형도(다양한 축척), 인공위성 영상 등을 제외하고 활용 가능한 자료 3가지를 쓰시오.

    토양지도, 과거 생태조사 자료와 위치정보, 과거 사진이나 그림, 과거 주민들의 이야기

110. 자연환경복원계획에서 비오톱의 개념과 기능을 설명하시오.

① 개념 : 생물들이 존재할 수 있도록 먹이, 물, 은신처 등이 있는 곳이며 성장하고 번식할 수 있는 서식처

② 기능 : 서식처 기능, 생물다양성 기능, 기후변화 완화기능, 이동통로기능, 오염정화기능, 물질순환기능

111. 다음 보기에 제시된 습지복원의 일반적인 과정을 순서에 알맞게 기호로 나열하시오.

| A : 복원대상지의 선정 | B : 복원의 목적 및 목표결정 | C : 모니터링 |
| D : 대상지 기초조사 | E : 설계 | F : 복원공사 |

A – D – B – E – F – C

112. 대체습지의 개념을 설명하시오.

습지의 불가피한 훼손을 최소화시키는 개발사업이 있을 때 습지 훼손의 회피와 최소화의 방법이 불가능할 경우 습지를 보상하게 되는데, 이 보상방법에 습지의 창출과 복원 향상이 포함된다. 이를 넓은 의미에서 대체습지라 한다.

원래 습지가 있던 지역과 다른 지역(Off Site)에 있는 습지보다는 동일 지역(혹은 유역) 내(On Site)에 습지를 조성하는 것이 바람직하다.

113. 생태복원사업의 효과적 목표 달성을 위한 체계적인 모니터링 및 유지관리 필요에 따라 환경부는 '생태복원사업 모니터링 및 유지관리 가이드라인'을 마련하였다. 사업 후 모니터링 단계에서의 평가항목을 쓰시오.

구분	평가항목
일반사항	위치 및 규모, 조성현황, 조성시기, 사업목표
생태기반환경	대기, 토양환경, 수환경
생물상	식물상 및 식생
	동물상
복원시설물	안전성과 관리 및 활용 상태 등, 훼손이나 활용빈도 등
주민만족도	이용객이나 방문자의 대상지 이용 만족도
종합분석 및 유지관리방안 제시	목표종 및 생태계 안정화를 위한 관리 방안 도출

114. 생태계보전부담금 반환사업과 자연마당 조성사업, 기타 생태계 복원, 대체자연의 조성 등 자연환경보전법에 근거하는 유사사업의 경우 환경부의 「생태복원사업 모니터링 및 유지관리 가이드라인」을 적용할 수 있다. 이 가이드라인에서 제시하는 모니터링의 원칙에서 (   ) 안에 알맞은 말을 쓰시오.

> - 실효성 확보를 위한 (①)인 모니터링
> - 관찰의 연속성을 확보할 수 있도록 대상지 내 공간별 (②) 설정
> - 자료의 활용 가치 확대를 위하여 모니터링 내용 (③)
> - 자료수집 방법 개선과 사업 목적의 달성 여부 (④)를 위한 정기적인 분석
> - 주민과 단체 등 지역 거버넌스가 모니터링 계획, 실행에 (⑤)

① 장기적·주기적
② 동일 지점
③ 기록
④ 평가
⑤ 참여

115. 생태계보전부담금 반환사업과 자연마당 조성사업, 기타 생태계 복원, 대체자연의 조성 등 자연환경보전법에 근거하는 유사사업의 경우 환경부의 「생태복원사업 모니터링 및 유지관리 가이드라인」을 적용할 수 있다. 이 가이드라인에 따라 모니터링 시행 후 모니터링결과를 종합분석 및 평가하여야 하는데, 모니터링평가 단계에서 필요한 필수 평가항목 4가지를 쓰시오.

① 멸종위기종 종수 변화
② 생태계 교란생물 종수 변화
③ 탄소저감량(또는 탄소저장량)
④ 주민만족도 결과

05 최근 기출문제 풀이

〈 2022년 1회 기출문제 〉

01 경관구성요소 3가지를 쓰시오.

풀이
① 바탕
② 조각
③ 통로

02 자연생태계와 도시생태계를 비교했을 때 도시생태계의 특이점 3가지를 쓰시오.

풀이
① 교란종 및 도시생태계에 적응한 일반종이 많다.
② 불투수면이 많아 강수의 토양침투율이 자연생태계보다 낮다.
③ 여름철 도심지의 기온이 높은 도심열섬현상이 나타난다.

03 환경부장관은 관련 규정에 의하여 생태계보전부담금을 납부하여야 하는 사람이 납부기한 이내에 이를 납부하지 아니한 경우에는 (ㄱ)일 이내에 기간을 정해서 이를 독촉하여야 하며, 체납된 생태계보전부담금에 대하여는 100분의 (ㄴ)에 상당하는 가산금을 부과한다. 환경부장관은 생태계보전부담금을 부과하고자 하는 때에는 (ㄷ)개월의 납부기간을 정해 통보해야 한다.

풀이
① ㄱ : 30
② ㄴ : 3
③ ㄷ : 1

04 리비히의 최소량법칙을 설명하시오.

풀이 생물체의 생장은 필요로 하는 성분 중 최소량으로 공급되는 양분(제한요인)에 의해 제한된다는 법칙

05 오염지역과 하천 주변의 완충역할을 하는 생물 서식이 가능한 선적인 지역을 쓰시오.

풀이 수변완충대

06 다음 보기에 있는 식물을 정수식물(2m 이상), 정수식물(2m 미만), 부엽식물, 부유식물, 침수식물로 구분하시오.

> 갈대, 줄, 애기부들, 부들, 고랭이류, 택사류, 매자기, 미나리, 보풀, 노랑어리연꽃, 수련, 가래, 붕어마름, 새우말, 나사말, 자라풀, 개구리밥 등

풀이
① 정수식물(2m 이상) : 갈대, 줄, 애기부들, 부들
② 정수식물(2m 이하) : 고랭이류, 택사류, 매자기, 미나리, 보풀
③ 부엽식물 : 노랑어리연꽃, 수련, 가래
④ 침수식물 : 붕어마름, 새우말, 나사말
⑤ 부유식물 : 자라풀, 개구리밥

07 훼손된 자연을 원래 상태 그대로 되돌려 놓는 것을 (ㄱ)이라 하고 원래 상태로는 아니지만 최대한 비슷한 상태로 만드는 것을 (ㄴ)이라고 하며, 생태계에 새로운 기능을 찾아 주는 것을 (ㄷ)이라고 한다.

풀이
① ㄱ : 복원
② ㄴ : 회복 또는 복구
③ ㄷ : 대체

08 벽면녹화 중 건물 상부에 식재용기를 설치하고 신장하는 덩굴을 늘어뜨려 녹화하는 방법을 쓰시오.

풀이 하수형

09 환경부장관은 (ㄱ)년마다 (ㄴ)의 심의를 거쳐 공원기본계획을 수립하여야 한다.

풀이
① ㄱ : 10
② ㄴ : 국립공원위원회

10 유네스코 생물보전지역에 대해 설명하시오.

풀이 ① 인간과 생물권(MAB)프로그램을 실행하는 하나의 방안으로 고안되었다.
② 생물권보전지역의 세 가지 기능은 보전, 지원, 발전이다.
③ 생물권보전지역의 구역은 핵심 · 완충 · 협력구역으로 구분한다.

11 기온이 높아 토양 내 수분 증발이 빠르게 일어나 매우 건조하며 연간 강수량이 50mm이하인 지역을 (①)이라고 하고 북반구와 남반구의 극지방으로 1년 중 대부분이 영하의 기온인 초원지대를 (②)이라고 한다. 여름은 길고 겨울은 짧으며 강수량이 높지만 계절별 차이가 커 홍수와 가뭄이 일어나는 지역은 (③)이라고 한다.

풀이 ① 사막
② 툰드라
③ 열대계절림

12 1,000마리의 개체군 중 번식이 가능한 암수가 각각 400마리일 때 유효개체군 크기는?

풀이 유효개체군 크기 : 세대가 거듭되어도 집단 내의 유전자빈도가 변하지 않고 유지되는 개체수의 최소숫자

$$\text{유효개체군} = \frac{4(\text{수컷의 수} \times \text{암컷의 수})}{\text{수컷의 수} + \text{암컷의 수}}$$

$$\therefore \text{유효개체군 크기} = \frac{4(400 \times 400)}{400 + 400} = 800 \text{마리}$$

〈 2022년 2회 기출문제 〉

01 생태적 지위와 다차원 지위를 설명하시오.

풀이 ① 생태적 지위 : 특정종이 이용하는 자원과 환경조건의 범위이다.
② 다차원 지위 : 실제로 한 종의 니치는 많은 유형의 자원(먹이, 섭식장소, 커버, 공간 등)을 포함한다. 다차원 지위는 한 종의 많은 이용자원을 의미한다.

02 자연환경보전사업의 모니터링항목에 대해 나열하시오.

풀이 ① 일반사항　　　　　　　② 생태기반환경
③ 생물상　　　　　　　　④ 복원시설물
⑤ 주민만족도　　　　　　⑥ 유지관리방안

03 SLOSS 논쟁에 대해 설명하시오.

풀이 ① 하나의 커다란 서식지와 작은 여러 개의 서식지 중 생물종의 보전효과가 더 큰 서식지 논쟁
② 하나의 커다란 서식지는 내부종의 부양에 유리하며 여러 개의 작은 서식지는 하나의 서식지가 교란되었을 경우 다른 서식지로 이동할 수 있는 종들에게 유리할 수 있다.

04 도시생태계와 자연생태계는 여러 차이점이 있다. 그중 도시생태계의 물순환 특징 3가지를 쓰시오.

풀이 ① 불투수면이 많아 우수의 토양침투가 어렵다.
② 침투되지 못한 우수유출량이 많아 도시홍수가 발생한다.
③ 지하시설물 증가, 불투수면 증가, 지하수 이용 증가 등에 의하여 지하수위가 낮고 지하수량이 감소한다.

05 환경용량에서 '환경수용력'을 설명하시오.

풀이 ① 환경용량 : 자연환경이 스스로 질적 수준을 일정하게 유지하는 능력
② 환경수용력 : 환경이 안정적으로 부양할 수 있는 특정종의 개체수

06 객토법을 설명하시오.

풀이) 원지반이나 하부 매립재료를 파내고 외부에서 반입한 흙으로 교체하는 방법이다.

07 열역학 제2법칙을 설명하시오.

풀이) 엔트로피 증가의 법칙 : 에너지의 흐름은 엔트로피가 증가하는 방향으로 흐른다.

08 서식지 단편화에서 거리효과에 대해 설명하시오.

풀이) ① 면적효과 : 서식지 면적이 클수록 종수나 개체수가 많아지는 효과
② 거리효과 : 서식지 상호 간의 거리가 가까울수록 생물의 왕래가 활발한 효과
③ 장벽효과 : 도로 등의 시설이 장벽이 되어 개체군의 이동을 어렵게 하는 효과

09 「자연환경보전법」상의 생태계, 생태·경관보전지역에 대해 설명하시오.

풀이) ① 생태계 : 식물·동물·미생물군집들과 무생물환경이 기능적인 단위로 상호작용하는 역동적인 복합체
② 생태·경관보전지역 : 생물다양성이 풍부하여 생태적으로 중요하거나 자연경관이 수려하여 특별히 보전할 가치가 큰 지역으로서 환경부장관이 지정·고시하는 지역

10 복원, 복구, 대체를 그래프로 표현하고 설명하시오.

풀이) ① 복원 : 훼손되기 전 원생태계로 생태계의 구조와 기능을 되돌리는 것
② 복구 : 훼손되기 전의 원생태계와 유사하게 생태계의 구조와 기능 일부를 개선하는 것
③ 대체 : 원생태계와 다른 생태계의 기능을 복원하는 것

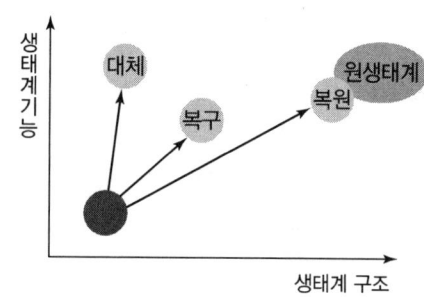

11 인간의 간섭 없이 식물의 천이과정을 볼 수 있는 유도공법에 대해 쓰시오.

풀이) 자연화기법(Naturalization)

〈 2022년 3회 기출문제 〉

01 콘크리트 지연제를 사용하는 목적에 대해 쓰시오.

풀이 ① 시멘트의 응결시간을 늦추기 위해 사용하는 재료
② 고온에 의한 경화촉진을 방지
③ 콘크리트를 칠 때 워커빌리티 유지
③ 거푸집의 변형에 의한 콘크리트의 균열 발생 방지

02 환경영향평가 시 평가분야 6가지를 쓰시오.

풀이 ① 자연생태환경
② 대기환경
③ 수환경
④ 토지환경
⑤ 생활환경
⑥ 사회·경제환경

03 도시생태계에 생물종수가 많은 이유를 쓰시오.

풀이 ① 다양한 도시구조 및 토지이용 패턴에 의한 이질성으로 특별한 생태적 지위 창출
② 인위적 영향에 의한 외래종 확산
③ 열섬현상에 의한 온난화
④ 과도한 영양공급으로 먹이획득이 쉬워짐
⑤ 철새의 텃새화

04 비오톱의 지도화 방법에 관한 3가지 용어와 정의를 쓰시오.

풀이 ① 선택적 지도화 : 보호할 가치가 높은 특별지역에 한해서 조사하는 방법
② 포괄적 지도화 : 전체 조사지역에 대한 자세한 비오톱을 조사하는 방법
③ 대표적 지도화 : 대표성이 있는 비오톱유형을 조사하여 이를 동일하거나 유사한 비오톱유형에 적용하는 방법

05 비오톱의 정의를 쓰시오.

풀이 인간의 토지이용에 직·간접적인 영향을 받아 특징지어진 지표면의 공간적 경계로서 생물군집이 서식하고 있거나 서식할 수 있는 잠재력을 가지고 있는 공간단위이다.

06 침입종 때문에 고유종이 멸종위기에 처하는 이유를 쓰시오.

풀이
① 침입종과 고유종의 니치가 중복될 경우 경쟁에서 침입종이 고유종에 우세하여 고유종의 먹이 및 서식지 등을 점유
② 침입종의 천적이 없을 경우 과다하게 번식하여 고유종의 개체수를 감소시킴
③ 침입종이 보유하고 있는 바이러스 및 균류 등에 의하여 새로운 질병이 전파되어 고유종의 개체수를 감소시킴

07 에코톤(추이대)의 정의를 쓰시오.

풀이 하나의 생물군집과 이와 인접하는 다른 생물군집 사이의 지역적 경계가 확실하지 않을 때 두 군집이 겹치는 지역이다.

08 모니터링의 정의를 쓰시오.

풀이 생태복원사업 후 생태기반환경과 생물종현황에 대한 주기적인 관찰을 통해 지속가능하고 순응적인 관리방안을 마련하여 사업의 목표를 달성하기 위한 과학적이고 체계적인 수단이다.

09 습지 복원 후 사람들이 복원지역에서 절도나 훼손을 일으키는 것을 뜻하는 용어를 쓰시오.

풀이 반달리즘

10 도로에 의한 파편화 과정과 저감대책에 대하여 설명하시오.

풀이
① 서식지 파편화 : 하나의 서식지가 도로 등으로 인하여 2개 이상의 서식지로 분절되는 현상
② 파편화 과정 : 천공 → 절단 → 단편화 → 응축 → 마모
③ 서식지 파편화 후 : 서식지 면적의 축소, 서식지 간 거리 증가, 도로 등의 장벽으로 인하여 내부종의 개체수 감소, 가장자리종의 증가가 나타날 수 있음
④ 저감대책 : 도로 건설 시 주요 서식지를 보전, 회피, 저감, 대체 등의 미티게이션을 실시

11 국토계획의 종류를 3가지 이상 쓰시오.

풀이
① 국토종합계획
② 도종합계획
③ 시·군종합계획
④ 지역계획
⑤ 부문별 계획

12 야생동물의 서식처 계획 시 이동로와 영역 확보를 제외한 필요 계획을 3가지 이상 쓰시오.

풀이
① 공간
② 은신처
③ 먹이
④ 수환경

13 생태자연도의 개념과 축척, 등급을 설명하시오.

풀이
① 생태자연도 : 산, 하천, 내륙습지, 호소, 농지, 도시 등에 대하여 자연환경을 생태적 가치, 자연성, 경관적 가치 등에 따라 등급화하여 작성된 지도
② 축척 : 1/25,000
③ 등급
- 1등급 : 생태적 가치, 자연성, 경관적 가치가 뛰어난 지역
- 2등급 : 1등급 권역의 외부지역으로서 1등급 권역의 보호를 위하여 필요한 지역
- 3등급 : 1등급 권역, 2등급 권역 및 별도관리지역으로 분류된 지역 외의 지역으로서 개발 또는 이용의 대상이 되는 지역
- 별도관리지역 : 다른 법률에 따라 보전되는 지역 중 역사적·문화적·경관적 가치가 있는 지역

〈 2023년 1회 기출문제 〉

01 Braun-Blanquet(식물사회학적)방법에 따른 우점도등급 5, 4, 3, 2, 1, +, r 중 다음에 해당하는 등급을 쓰시오.

피도가 낮고 산재되어 나타나는 개체	(ㄱ)
고립되어 드물게 나타나는 개체	(ㄴ)

풀이
① ㄱ : +
② ㄴ : r

참고 수도 및 피도범위 판정기준

계급	수도(Abundance)	피도범위(Cover)
r	한 개 또는 수개의 개체	고려하지 않음
+	다수의 개체이며	조사구(Releve) 면적의 5% 미만
1	어떤 경우나 조사구 면적의 5% 미만	
	많은 개체이면서	매우 낮은 피도 또는
	보다 적은 개체이면서	보다 높은 피도
2	매우 풍부하며 피도 5% 미만 또는 조사구 내에서 피도 5~25%	
3	수도를 고려하지 않으며	26~50%
4	수도를 고려하지 않으며	51~75%
5	수도를 고려하지 않으며	76~100%

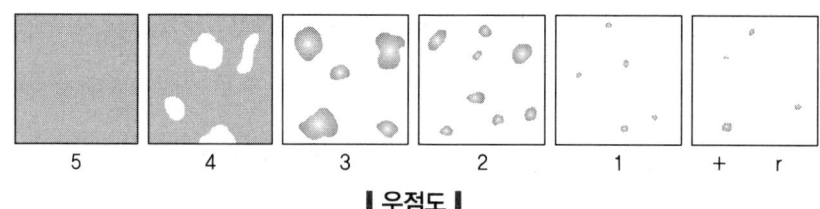

▮ 우점도 ▮

02 도시열섬현상의 저감방법 3가지를 쓰시오.

풀이 ① 화석연료 사용을 줄이고, 친환경에너지 전환
② 인공구조물을 건설 시 바람길 조성 및 알베도 증가 고려
③ 도시불투수면을 줄이고 생태면적률 증가

참고 도심열섬현상

1) 정의
   ① 도심지역 기온이 근교교외보다 1~4℃ 높게 나타나는 현상
   ② 등온선이 마치 섬처럼 폐곡선으로 나타나는 현상

2) 원인
   ① 화석연료(NOx, SOx)의 사용
      • 건물 냉난방
      • 자동차 배기가스, 매연
   ② 인공구조물 증가
      • 밀집한 고층건물
      • 알베도 증가
      • 바람길 차단
   ③ 불투수포장면 증가
      • 녹지량 감소로 자연투수량 감소
      • 물순환균형(고리)이 깨져 대기의 냉각기회 상실

3) 문제점
   ① 대기질 저하
      • 대기오염 가중
      • 스모그 발생
      • 호흡기질환 발생
   ② 생물상 변화
      • 식물 조기 개화
      • 병충해 증가
      • 생물다양성 감소
   ③ 에너지소비 악순환
      냉방기 사용 증가
   ④ 오염정화시설 증설

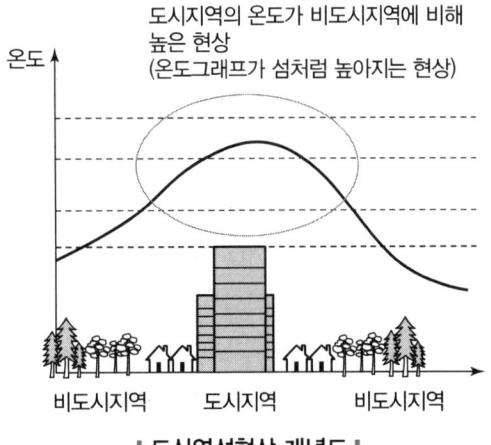

| 도심열섬현상 개념도 |

03 생태통로의 유형을 2가지로 구분하고, 부대시설의 종류를 2가지 이상 쓰시오.

풀이
① 생태통로의 유형 : 육교형, 박스형
② 부대시설의 종류 : 탈출구, 출입문, 노면진입 방지시설, 안내판

참고 생태통로 설치 및 관리지침(환경부, 2023년 11월)
  1) 용어의 정의
   ① 생태계 단절과 로드킬
      생태계 단절과 로드킬은 본 지침에서 제시한 생태통로 및 유도울타리 설치 등을 통하여 해결하고자 하는 사항이며 다음과 같이 정의된다.
      - 생태계 단절 : 생태계 단절 또는 파편화(Fragmentation)는 하나의 생태계가 여러 개의 작고 고립된 생태계로 분할되는 현상으로서, 여러 형태의 인간 활동에 의해 발생하며, 특히 도로와 철도 등의 선형적인 개발 행위가 생태계를 서로 단절시키는 중요한 요인으로 작용한다. 이러한 영향으로 인해 서식지가 작게 분리되고 생물이 고립되어 개체군 간의 이동 및 유전적 교환을 차단하여 환경에 대한 적응력을 약화시키는 등 장기적인 생물의 서식과 생존에 불리하게 작용한다.
      - 로드킬(Road-kill, Animal Traffic Accident, Animal Vehicle Collision) : 로드킬(동물 교통사고)은 길에서 동물이 운송수단에 의해 치어 죽는 현상으로서 도로에 의해 고립되어진 동물 개체군이 감소해가는 대표적인 과정이다.
   ② 생태통로와 유도울타리
      생태통로와 유도울타리는 생태계 단절과 로드킬 문제를 해결하기 위해 국내·외에서 가장 보편적으로 시행하는 효과적인 대책으로서 다음과 같이 정의된다.
      - 생태통로(Wildlife Passage, Wildlife Crossing Structure) : 생대통로(생태이동통로, 야생동물 이동통로)는 도로 및 철도 등에 의하여 단절된 생태계의 연결 및 야생동물의 이동을 위한 인공구조물로서, 야생 동물이 노면을 거치지 않고 도로를 건널 수 있도록 조성하며 일반적으로 볼 때 육교형(Overpass)과 터널형(Underpass)으로 구분된다. 「자연환경보전법」 제2조에서는 "생태통로라 함은 도로·댐·수중보·하구언 등으로 인하여 야생동·식물의 서식지가 단절되거나 훼손 또는 파괴되는 것을 방지하고, 야생동·식물의 이동을 돕기 위하여 설치되는 인공구조물·식생 등의 생태적 공간을 말한다."로 정의하고 있다.
      - 유도울타리(Wildlife-proof Fence, Wildlife-exclusion Fence) : 유도울타리는 야생동물이 도로로 침입하여 발생하는 로드킬을 방지하거나 생태통로까지 안전하게 유도하기 위해 설치하는 구조물로서 대개철망을 이용하여 만들며, 탈출구, 출입문, 노면진입 방지시설 등과 같은 부대시설을 포함한다.

③ 보조시설

생태통로와 유도울타리 이외에 해당하는 대책으로서 수로 탈출시설, 암거수로 부대시설, 도로횡단 부대시설 및 기타 부대시설 등의 소규모 시설을 의미하며 다음과 같이 정의된다.

- 수로 탈출시설 : 소형동물(소형 포유류, 양서류, 파충류)이 도로의 측구 및 배수로 또는 농수로에 빠질 경우에 대비해 경사로 등을 설치하여 탈출을 도와주는 시설을 의미한다.
- 암거수로 부대시설 : 도로 아래에 이미 설치된 수로박스와 수로관 등의 암거수로가 생태통로의 기능을 할 수 있도록 하기위해 턱이나 선반 등을 설치하여 동물이 물에 빠지지 않고 이동하거나, 입구부에 동물이 진입하기 쉽게 경사로 등을 설치하는 등의 구조를 일부 개선 또는 보충하는 시설물을 의미한다.
- 도로횡단 부대시설 : 하늘다람쥐와 청설모와 같이 주로 나무 위에서 생활하는 동물이 도로를 횡단할 수 있도록 도로 변에 기둥을 세우거나 가로대 등을 설치한 시설물을 의미한다.
- 부대시설 : 생태통로 등과 관련된 시설의 출입을 제한하는 안내 및 관리시설 등을 의미한다.

2) 본 지침에서 다루는 시설 유형

▼ 생태통로 시설 유형

분류		설치목적 및 시설규모·종류	형태
생태통로	육교형	• 야생동물의 이동 • 폭 −일반 지역 : 10m 이상 −주요 생태축 : 30m 이상	
		• 보행로 구분 및 차단벽 생태통로에 보행로를 설치하는 경우 차단벽을 설치	
		• 경사 생태통로 진·출입로의 평균 경사도는 1:2 또는 이보다 완만하도록 설치	

분류			설치목적 및 시설규모·종류	형태
생태통로	육교형	기타 유형	〈경관적 연결〉 • 경관 및 지역적 생태계 연결 • 너비 : 보통 100m 이상	
			〈개착식 터널의 보완〉 • 개착식 터널의 상부 보완을 통한 생태통로 기능 부여 • 너비 : 보통 100m 이상	
	터널형		• 개방도 0.7 이상 박스터널형 개방도 $= \dfrac{\text{입구단면적(폭×높이)}}{\text{길이}}$ 원형터널형 개방도 $= \dfrac{\text{입구단면적}}{\text{길이}}$	

▼ 유도울타리 유형

분류			설치목적 및 시설규모·종류	형태
유도울타리	울타리	높이	• 고라니 도약 높이를 반영 • 높이 : 1.5m	
		간격	지표면에서 50cm까지 상하 간격이 5cm 미만, 50~100cm까지는 10cm, 100cm 이상부터는 20cm로 설치	
		연장	육교형 생태통로 중심으로 상·하행선 양방향 각각 1km 이상 설치	
		기타	• 양서·파충류 유도울타리 • 총 50cm로, 10cm는 매립하고 지표면에서 40cm까지 설치 • 망 크기 : 1×1cm 이내	
			• 조류 유도울타리 • 조류의 비행 고도를 높여 로드킬 방지를 위한 도로변 수림대, 울타리 및 기둥 등	

분류			설치목적 및 시설규모·종류	형태
유도울타리	부대시설	탈출구	울타리 내에 침입한 동물의 도로 밖 탈출을 유도하는 시설(탈출경사로)	
		출입문	생태통로 및 시설 관리를 위한 출입시설	
		노면진입 방지시설	교차로나 진입로를 통한 동물 침입을 방지하기 위해 바닥에 동물이 밟기 꺼리는 재질로 노면 처리한 시설	
		안내판	유도울타리 출입문 근처에 사람의 출입/접근 차단 및 관리기관 담당연락처 안내	

▼ 보조시설 유형

분류		설치목적 및 시설규모·종류	형태
보조시설	수로 탈출시설	도로의 배수로 및 농수로 등에 빠진 양서류, 파충류, 소형포유류가 빠져 나오도록 하는 시설	
	암거수로 부대시설	수로박스 등의 기존 맹거 구조물을 야생동물이 생태통로처럼 이용할 수 있도록 하는 부대시설	
	도로횡단 부대시설	하늘다람쥐나 청설모 등이 도로를 안전하게 횡단할 수 있도록 설치한 기둥 등의 보조시설	

분류		설치목적 및 시설규모·종류	형태
보조시설	관리시설	• 점검로 생태통로 및 유도울타리 등의 관리를 위한 통행통로로 출입에 따른 세굴 등을 방지하기 위한 경사지 등에 설치	
		• 출입문 생태통로 관리를 위한 통로로 점검로와 유도울타리 관리 및 생태통로 모니터링에 이용	

※ (생태통로 설치·관리지침에 대한 적용례) 동 개정규정은 지침 개정(2023.11.) 이후 생태통로를 신규로 설치하기 위한 인·허가 등을 신청하는 경우부터 적용한다.

04 「환경정책기본법」에 따라 국토의 환경적 가치를 70개 주제도를 통해 평가하여 5등급으로 구분한 지도를 쓰시오.

풀이 ▶ 국토환경성평가지도

05 오존층은 지구대기권 중 높이 (ㄱ)~(ㄴ)km 높이에 위치하는 층으로 태양에서 방출되는 (ㄷ)을 흡수하여 지상의 생물체를 보호하고, (ㄹ)과 (ㅁ)과 같은 질병발생을 저감시킨다.

풀이 ▶ ㄱ : 20, ㄴ : 30, ㄷ : 자외선, ㄹ : 피부암, ㅁ : 백내장

06 농림지역(생태자연도 3등급)에서 100,0000m²의 개발사업을 수행하고자 하는 경우, 생태계보전부담금을 산출하고, 생태계보전부담금 반환의 최고액을 계산하시오.

풀이 ▶ ① 생태계보전부담금 : $100,000m^2 \times 300원 \times \left(\frac{3+2}{2}\right) = 75,000,000원$

② 생태계보전부담금 반환 최고액 : 생태계보전부담금 × 50% = 37,500,000원

참고 생태계보전부담금 = 면적 × 300원 × 지역계수

$$지역계수 = \frac{용도지역\ 지역계수 + 생태자연도\ 지역계수}{2}$$

▼ 지역계수

용도지역	주거지역/상업지역/공업지역/계획관리지역		녹지지역	생산관리지역	농림지역	보전관리지역	자연환경보전지역
	전·답·임야·염전·하천·유지·공원	그 외					
지역계수	1	0	2	2.5	3	3.5	4

생태자연도	1등급	2등급	3등급	별도 관리지역
지역계수	4	3	2	5

07 비오톱 지도화의 3가지를 쓰시오.

풀이 ① 선택적 지도화 ② 대표적 지도화 ③ 포괄적 지도화

참고 비오톱지도화 유형

비오톱지도화 유형	내용	특성
선택적 지도화	• 보호할 가치가 높은 특별지역에 한해서 조사하는 방법 • 속성 비오톱지도화 방법	• 단기적으로 신속하고 저렴한 비용으로 지도 제작 가능함 • 국토단위의 대규모 비오톱 제작에 유리 • 세부적인 정보를 제공하지 못함
포괄적 지도화	• 전체 조사지역에 대한 자세한 비오톱의 생물학적, 생태학적 특성을 조사하는 방법 • 모든 토지이용 유형의 도면화	• 내용의 정밀도가 높음 • 도시 및 지역단위의 생태계보전 등을 위한 자료로 활용 가능함 • 많은 인력과 시간, 비용이 소요됨
대표적 지도화	• 대표성이 있는 비오톱 유형을 조사하여 이를 통일하거나 유사한 비오톱 유형에 적용하는 방법 • 선택적 지도화와 포괄적 지도화 방법의 절충형	• 도시 차원의 생태계보전 자료로 활용 • 비오톱에 대한 많은 자료가 구축된 상태에서 적용이 용이함 • 시간과 비용이 절감됨

08 온실가스 배출을 줄이기 위해 기후변화협약에 따라 맺은 국제적인 의정서를 쓰시오.

풀이 교토의정서

참고
1) 몬트리올의정서(1989)
   ① 오존층 파괴물질 논의
   ② 1974년 캐나다 롤랜드 교수가 최초로 오존층 파괴문제를 제기
   ③ 1985년 빈협약 체결 - 오존층 파괴물질 생산·사용 규제
   ④ 염화불화탄소(CFC)의 단계적 감소방안 및 비가입국 통상제재기준

2) 사막방지협약(1994)
   ① UNCCD(UN Convention to Combat Desertification), UN사막화방지협약 채택
   ② 자연현상과 인간활동에 기인하는 토지황폐화
   ③ 사막화의 진행은 비가역적 현상으로 사막화방지를 위한 협약
   ④ GEF(세계환경기금) 등의 기금으로 아프리카 사헬, 중국 등지에서 GreenWall 프로젝트 수행

3) 기후변화협약(1992)
   ① UNFCCC(UN Framework Convention on Climate Change), 기후변화에 관한 유엔기본협약 채택
   ② 1987년 IPCC(Intergovernmental Panel on Climate Change), 기후변화에 관한 정부 간 협의체 결성
   ③ 온실가스 규제, 재정지원 기술이전문제 등 특수상황에 처한 국가 고려
   ④ CO_2 등 온실가스 방출제한 목적
   ⑤ IPCC 조사결과, 국제연합기본협약 채택의 필요에서 출발

4) 교토의정서(1997, CCP 3)
   ① 기후변화협약의 구체적 이행방안
   ② 온난화 방지를 위한 온실가스배출량 제한, 6대 온실가스 규정
   ③ 선진국 38개국 가입, 2008~2012년까지 1990년대 온실가스배출량의 5.2% 감축 목표
   ④ 3대 메커니즘으로 온실가스 감축의 탄력적 운용[배출권거래제도(ET ; Emission Trade)]
      ㉠ 할당량을 기초로 감축의무국들의 배출권 거래 허용
         • 청정개발제도(CDM ; Clear Development Mechanism)
      ㉡ 선진국이 개도국에 투자
      ㉢ 감축 실적을 선진국 실적으로 인정

② 개도국은 기술과 재원을 유치
  - 공동이행제도(JI ; Joint Implementation)
⑪ 선진국 간 공동으로 배출감축사업 이행

5) 파리협정(2005)
  ① 신기후체제 출범(Post 2020) : 전 지구적 기후변화 대응을 위한 파리협정 채택('15.12) 및 발효('16.11)
    - 목표 : 지구온도를 산업화 이전 대비 2℃ 상승 이하(well below 2℃)로 억제하고 나아가 1.5℃ 상승 이내로 유지하는 데 노력
      ※ 2℃ 목표 : 온실가스로 인한 기후변화를 인류가 감내할 수 있는 한계점 온도
    - 의의 : 기존 선진국 중심의 교토의정서(1997~2020)체제를 넘어서서 지구촌 모든 국가가 참여하는 보편적 기후변화체제 마련
    - 경과 : '11년 제17차 당사국 총회(더반)에서 '20년 이후 적용될 신체적 설립 합의, '12~'15년까지 15차례의 협상 끝에 파리협정 채택
    - 발효 : 미국, 중국, EU 등 주요국의 적극적인 비준 노력으로 '16.11.4 파리협정 발효(55개국 비준 및 그 국가들의 국제기준 온실가스 배출량 총합 비중이 전 세계 온실가스 배출량의 55% 이상이 되면 발효)
  ② 신기후체제(파리협정)의 특징
    ㉠ 감축 이외에 적응, 재원 등 다양한 분야 포괄
      - 온실가스 감축에만 집중한 교토의정서 체제를 넘어서 기후변화 대응을 위한 감축·적응을 위한 수단으로 재원·기술확보·역량배양 및 절차적 투명성 강조
    ㉡ 모든 국가 참여, 자발적 감축목표 설정
      - 선진국과 개발조상국 모두 참여하는 보편적 체제(40개국→189개국)로서, 상향식(bottom-up) 방식의 국가별 자발적인 온실가스 감축목표 설정(NDC)
    ㉢ 통합이행점검과 진전원칙 확립
      - 파리협정 당사국이 제출한 NDC가 2℃ 목표에 적절한지 검증을 위해 5년마다 글로벌 이행점검(global stocktake)체계 구축
      - 글로벌 이행점검 결과를 고려하여 모든 당사국은 5년마다 기존보다 진전된 새로운 NDC를 제출, 협정의 종료시점 없이 지속적인 진전(progression) 체계 구축
    ㉣ 다양한 행위자들의 참여
      - 당사국 대상인 국가뿐만 아니라, 다국적 기업·시민사회·민간 부문(ICAO, IMO) 등 국가 이외의 주체들이 참여할 수 있는 기반 마련

09 생물의 분포유형 3가지를 서술하고 그에 대하여 설명하시오.

풀이 개체군 분포방식

구분	임의분포	균일분포	군생분포
원인	• 자원의 고른 분포 • 개체들 간 상호작용 중립적	• 자원 경쟁이 심함 • 최소거리 균일하게 유지	• 자원의 밀집 또는 사회적 집단 형성 • 무리를 지어 분포함
사례	풀밭의 민들레 등	사막의 식물 등	무성생식하는 식물 등
그림			

10 다음 보기 중 피라미, 갈겨니, 버들치의 산란환경을 고르시오.

모래와 자갈, 물풀에 붙이기, 돌 밑

풀이 모래와 자갈

참고 산란장소별 어종
- 모래자갈 : 피라미, 갈겨니, 버들치
- 물풀 부착 : 붕어, 미꾸라지, 송사리
- 돌 밑 부착 : 붕어, 밀어

▼ 도입 가능 어종별 식처 조건

종명	하상구조	수심(cm)	수온(℃)	DO	pH	산란장소
납자루류	모래자갈	20~100	25	2~5	7~8	조개류
참붕어	모래	50	30	2~5	6~7	돌
버들치	자갈	50~100	20	9	7	자갈
조재류	모래자갈	50	25	5~9	7	자갈모래

▼ 버들치, 갈겨니, 붕어, 송사리, 은어, 연어의 서식처 분류

구분	버들치, 연어	갈겨니, 은어	붕어, 송사리
하천	상류	중류	하류
바닥층	자갈층	모래층	진흙
수온	낮음	보통	높음

11 「자연공원법」에 따른 공원마을지구에서 허용되는 행위 3가지를 쓰시오.

풀이 ① 공원자연환경지구에서 허용되는 행위
② 주거용 건축물의 설치 및 생활환경 기반시설의 설치
- 연면적 230m² 이하, 건폐율 60% 이하, 높이 2층 이하 단독주택
- 연면적 330m² 이하, 건폐율 60% 이하, 높이 3층 이하인 다세대주택(개축 또는 재축)

③ 공원마을지구의 자체 기능을 위하여 필요한 시설
- 연면적 300m² 이하, 건폐율 60% 이하, 높이 3층 이하
- 제1종 근린생활시설, 제2종 근린생활시설 중 총포판매사·단란주점 및 안마시술소를 제외한 시설
- 초등학교
- 액화가스 판매소
- 농어촌 민박사업용 시설
- 태양에너지 또는 풍력시설

④ 자체기능을 위하여 필요한 행위 : 물건을 쌓아 두거나 묶어 두는 행위(폐기물은 제외)
⑤ 환경오염을 일으키지 아니하는 가내공업

12 생태하천의 경사가 완만한 퇴적호안 공법 3가지를 쓰시오.

풀이 ① 수생식물
② 식생롤
③ 버드나무 섶단 호안

13 서식지 파편화에 대하여 설명하시오.

풀이 ① 서식지 파편화
파편화는 커다란 서식처가 두 개 이상의 작은 서식처로 나누어지는 것을 말한다. 서식처가 파편화되면 각각의 서식처 면적도 줄고, 서식처에 장벽이 생기게 된다.

② 서식지 파편화 영향
- 초기배제효과
- 장벽과 격리화
- 혼잡효과
- 국지적 멸종

14 다음의 빈칸을 채우시오.

> 경관생태학에서 (ㄱ)은 이질적인 공간요소들이 이루는 유형을 말하며, (ㄴ)은 서로 다른 경관 요소와 요소의 경계를 가로질러 일어나는 에너지와 물질, 생물, 정보의 이동원리와 함께 각각 다른 특징인 토지크기, 모양, 배열, 구성요소들 사이의 관계를 의미하며, (ㄷ)은 시간이 지남에 따른 경관의 변형을 의미한다.

풀이
① ㄱ : 구조
② ㄴ : 기능
③ ㄷ : 변화

15 개발사업으로 인하여 자연환경이 훼손되는 것을 방지하기 위하여 보전, 회피, 저감, 대체 등의 방법으로 훼손을 저감할 수 있다. 다음 그림에서 회피의 개념을 설명하고 아래 그림에서 회피의 방법으로 도로를 재설계하시오.

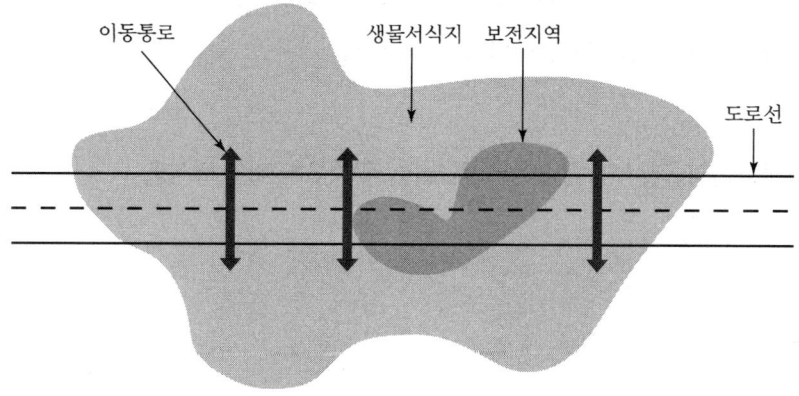

풀이
① 회피의 개념 : 자연환경의 훼손을 방지하기 위하여 보전지역을 피하여 개발행위를 진행함
② 재설계

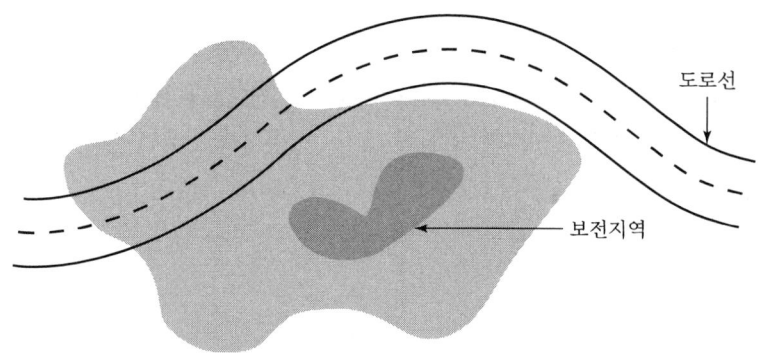

참고 미티게이션 개념도

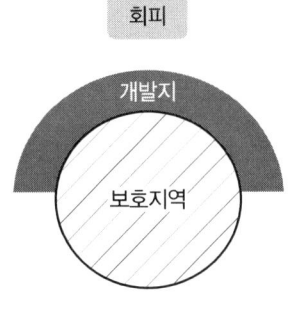

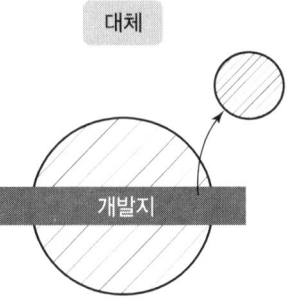

- 보호지역을 훼손하지 않고, 주변을 개발함
- 보호지역을 일부 훼손하지만 교량건설 등 훼손 면적 최소화
- 보호지역을 훼손하고 훼손한 면적 이상으로 다른 곳에 대체서식지를 조성함

⟨ 2023년 3회 기출문제 ⟩

01 수질정화습지의 기능 중 수질정화 외 2가지를 서술하시오.

풀이 ① 서식처 제공
② 수문학·수리학적 기능
③ 기후조절
④ 높은 생산성

02 경관생태학에서 큰 패치의 기능 3가지를 쓰시오.

풀이 ① 큰 내부 면적 증가 : 핵심지역 유지(생태계 우수지역)
② 내부종 서식지 제공
　• 큰 면적 요구 종
　• 다양한 서식지 요구 종
　• 희귀 서식지 요구 종
③ 종공급원(Source)

03 아래 (　)를 채우시오.

> 정부는 국가·지방자치단체 또는 사업자가 습지보호지역 또는 습지개선지역 중 (①) 이상에 해당하는 면적의 습지를 훼손하게 되는 경우에는 그 습지보호지역 또는 습지개선지역 중 (②) 이상에 해당하는 면적의 습지가 보존되도록 하여야 한다.

풀이 ① 1/4
② 1/2

04 GPP, NPP에 대하여 설명하시오.

풀이 ① GPP : 광합성 총량(총생산량)
② NPP : 순생산력, GPP−R(독립영향생물의 호흡량)

05 커다란 서식지가 단편화되면 나타나는 효과 3가지를 쓰시오.

풀이 ① 초기배제효과
② 장벽과 격리화
③ 혼잡효과

참고 파편화영향
① 초기배제효과 : 큰 면적을 요구하는 종이나 간섭에 민감한 종은 파편화 초기에 다른 서식지로 이동하거나 간섭에 민감한 종은 파편화 초기에 다른 서식처로 이동하거나 간섭의 영향으로 사라지는 것
② 장벽과 격리화 : 서식처 간 개체군의 이동이 단절되면 단위 개체군의 크기가 작아지고 결국 유지 가능한 최소 개체군 이하로 개체군의 크기가 줄어들어 점점 개체군 크기가 작아짐
③ 혼잡효과 : 파편화가 일어나면 초기에 파편화된 어느 한 패치로 많은 개체들이 모여들 수 있다 한 패치에 많은 개체들이 수용능력 이상으로 모여들 경우 자원에 대한 경쟁이 치열해져서 개체군 밀도가 낮아짐

06 아래는 클레멘츠의 천이계열을 나열한 것이다. ( )를 채우시오.

> 나지 → 이주 → 정주 → (①) → 상호관계 → (②)

풀이 ① 경쟁
② 안정화(극상)

07 제3차 자연보전계획에 따른 우리나라의 생태축 4가지 중 3가지를 쓰시오.

풀이 ① DMZ 생태축
② 백두대간 생태축
③ 도서연안 생태축
④ 5대강 수 생태축

08 다음 군집 A와 B의 종다양성을 Shannon 지수에 의해 계산하시오.(단, 계산의 편의상 log의 밑을 2로 하고($\log_2$), 표 안의 수치는 각 군집에 속하는 종의 관찰계수이다.)

구분	군집 A	군집 B
종 1	4	4
종 2	4	4
종 3	8	4
종 4	0	4

풀이
- 샤논지수 $= -\sum Pi(\log pi)$

구분	군집 A Pi(log pi)	군집 B Pi(log pi)
종 1	−0.5	−0.5
종 2	−0.5	−0.5
종 3	−0.5	−0.5
종 4	0	−0.5

- 군집 A : 1.5
- 군집 B : 2.0

09 람사르협약의 협약당사국은 습지를 보호하고 현명한 이용을 촉진하여야 한다. 습지의 현명한 이용에 대하여 설명하시오.

풀이 현명한 이용이란 일반적으로 '생태계의 자연적 특성을 유지하면서 이와 양립으로 인류에게 이익을 줄 수 있는 지속가능한 이용'으로 이해한다.

10 다람쥐의 출생률 0.7, 사망률 0.1, 이입률 0.3, 이출률 0.1일 경우 다람쥐의 생장률을 구하시오.

풀이 0.7−0.1+0.3−0.1=0.8

11 식물군집의 구배가 크고 초본 관목 조사에 유리한 식물조사방법은?

풀이 Braun-Blanquet 방법

12 다음이 설명하는 것은?

( )은 독일의 생물학자 에른스트 헤켈에 의해서 제창되었다. 자연 생태계와 동일한 의미로 쓰이나 그것보다 구체적인 지역과 생물군으로 성립된 생태계라고 할 수 있다. 인간의 토지이용에 직간접적인 영향을 받아 특정지어진 지표면 공간적 경계로서 생물군집이 서식하고 있거나 서식할 수 있는 잠재력을 가지고 있는 공간단위를 말한다.

풀이 비오톱

13 유네스코 맵 생물권보전지역의 공간모형의 공간 구분 3가지를 쓰시오.

풀이
① 핵심구역
② 완충구역
③ 협력(전이)구역

14 산불의 영향 4가지를 쓰시오.

풀이
① 자연생태계 파괴
② 토양침식
③ 재산피해
④ 공공 건강 피해

15 동물종 보호 시 행동권이 가장 넓은 종 개체군의 최소필요면적을 보호면적으로 설정하는 방법은?

풀이
① 최소존속개체군(MVP) : 한 종의 지속성을 보장할 수 있는 개체군
② 최소존속면적(MDA) : 존속하던 종이 산발적으로 일어나는 자연교란에 의해 절멸되지 않고 유지될 수 있는 최소한의 면적

16 벽면녹화 시 등반부착형에 대하여 설명하고 이용 가능한 식물 종 2가지 이상 쓰시오.

풀이 담쟁이덩굴, 줄사철, 송악, 능소화, 모람, 마삭줄, 수국류 등

참고

흡착형 식물	담쟁이덩굴, 줄사철, 송악, 능소화, 모람, 마삭줄, 수국류 등
감기형 식물	다래, 포도, 청미래덩굴, 머루, 계요등, 으아리, 으름덩굴, 인동 등
기타	장미(덩굴장미), 나무딸기 등
패널 설치형	관목류, 지피식물, 원예식물 중 속성생장을 하지 않고 잎이 풍성하여 녹화효과를 극대화할 수 있는 식물(사철류, 담쟁이덩굴류, 세덤류 등)

⟨ 2024년 1회 기출문제 ⟩

01 비탈면 녹화 시 예상성립본수 2,000본/m³일 경우 파종량(g/m²)을 구하시오.

구분	발아율(%)	순도(%)	립수/g
톨훼스큐	90	90	600
라이그라스	90	90	600
참싸리	60	90	100
새(인고초)	40	90	2,000

풀이

① 톨훼스큐 $= \dfrac{2,000}{0.9 \times 0.9 \times 600} = \dfrac{2,000}{486} = 4.12\,\text{g/m}^2$

② 라이그라스 $= \dfrac{2,000}{0.9 \times 0.9 \times 600} = \dfrac{2,000}{486} = 4.12\,\text{g/m}^2$

③ 참싸리 $= \dfrac{2,000}{0.6 \times 0.9 \times 100} = \dfrac{2,000}{54} = 37.04\,\text{g/m}^2$

③ 새 $= \dfrac{2,000}{0.4 \times 0.9 \times 2000} = \dfrac{2,000}{720} = 2.78\,\text{g/m}^2$

02 생태복원 사업은 생태복원 기획, 현황조사 및 분석, 기본구상, 시행, 모니터링 및 유지관리 등의 순서로 진행된다. 이 중 생태복원 기본구상 단계에서 기본방향, (①), (②), 사업전략, 대안 및 활용프로그램 등을 설정한다.

풀이 ① 사업목표
② 공간구상

03 비탈면 복원 시 식물을 도입하는 이유 3가지를 쓰시오.

풀이 ① 비탈면의 안정성 유지
② 토양 유실 방지
③ 경관향상

04 국토환경 개발 시 난개발/지속가능개발의 기초이론을 쓰시오.

풀이

구분	난개발	지속가능개발
이론	갈등이론	협력이론
수용력	물리적 수용력	환경용량 범위 내 수용력
접근방법	분야별 접근	통합적
형평성	계층 간 갈등	계층 간 형평성 추구
환경정의	훼손책임의 획일화	훼손책임의 차등화

참고

구분	난개발	지속가능개발
수용인구	물리적 수용능력	환경용량 범위 내 수용능력
이론	갈등이론	협력이론
계획기준	획일적임	지역 특성, 장소성 고려
접근방법	분야별 접근	통합적 접근
기반시설	미흡	제공
고용, 경제적 기회	미흡	제공
개발방법	피해받기 쉬움	피해를 최대한 줄임
사회적 형평성	계층 간의 갈등	세대 간, 계층 간 형평성 추구
환경정의	환경의무 이행 획일화	환경의무 이행 차등화

05 「야생생물 보호 및 관리에 관한 법률」에 따른 먹는 것이 금지되는 야생동물 중 멸종위기 야생동물이 아닌 파충류 3종의 국명을 적으시오.

풀이
① 까치살모사
② 능구렁이
③ 살모사
④ 유혈목이
⑤ 자라

참고 시행규칙 [별표 4] 먹는 것이 금지되는 야생동물(제8조 관련)
1. 공통 적용기준
   가. 야생동물을 가공·유통 및 보관하는 경우에는 죽은 것을 포함한다.
   나. 포유류, 조류, 양서류·파충류 : 살아 있는 생물체와 그 알을 포함한다.

2. 멸종위기 야생동물

구분	등급	종명
포유류	I급	가. 반달가슴곰 *Ursus thibetanus ussuricus* 나. 사향노루 *Moschus moschiferus parvipes* 다. 산양 *Naemorhedus caudatus* 라. 수달 *Lutra lutra*
포유류	II급	가. 담비 *Martes flavigula* 나. 물개 *Callorhinus ursinus* 다. 삵 *Prionailurus bengalensis*
조류	II급	가. 뜸부기 *Gallicrex cinerea* 나. 큰기러기 *Anser fabalis* 다. 흑기러기 *Branta bernicla*
파충류	II급	구렁이 *Elaphe schrenckii*

3. 멸종위기 야생동물 외의 야생동물

구분	종명
포유류	가. 고라니 *Hydropotes inermis* 나. 너구리 *Nyctereutes procyonoides* 다. 노루 *Capreolus pygargus* 라. 멧돼지 *Sus scrofa* 마. 멧토끼 *Lepus coreanus* 바. 오소리 *Meles leucurus*
조류	가. 가창오리 *Anas formosa* 나. 고방오리 *Anas acuta* 다. 쇠기러기 *Anser albifrons* 라. 쇠오리 *Anas crecca* 마. 청둥오리 *Anas platyrhynchos* 바. 흰뺨검둥오리 *Anas poecilorhyncha*
양서류	가. 계곡산개구리 *Rana huanrensis* 나. 북방산개구리 *Rana dybowskii* 다. 한국산개구리 *Rana coreana*
파충류	가. 까치살모사 *Gloydius saxatilis* 나. 능구렁이 *Dinodon rufozonatum* 다. 살모사 *Gloydius brevicaudus* 라. 유혈목이 *Rhabdophis tigrinus* 마. 자라 *Pelodiscus maackii*

06 자연교란에 대하여 쓰고 자연교란과 생물종의 생존관계에 대하여 설명하시오.

풀이
① 자연교란 : 자연적 원인으로 발생하며 일시적으로 생물을 죽이거나 생물량이 감소하지만 2차 천이가 이루어짐
② 자연교란과 생물종의 생존관계
  - 교란빈도 높음 : 천이 후기종 정착 어려움
  - 교란빈도 낮음 : 천이 후기종 정착 빠름
  - 중규모 교란설 : 교란빈도가 중간일 경우 종다양성이 가장 높다는 이론

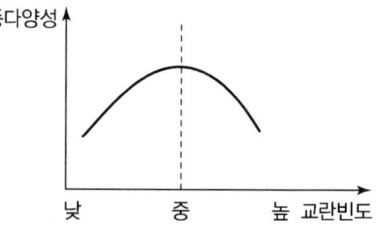

07 IUCN 재도입(Re-introduction Project)에 대하여 설명하시오.

풀이
- 멸종된 종을 그 종의 역사적인 서식범위 내에 다시 정착시키려는 시도
- 어떠한 재도입이든 그 주된 목적은 지구적 또는 지역적으로 멸종된 특정 종, 아종의 야생개체군을 지속적 생존이 가능하도록 정착시키는 것이다.

참고
① 재도입(Re-introduction) : 멸절되었거나 또는 멸종된 종을 그 종의 역사적인 서식범위 내에 다시 정착시키려는 시도이다. 어떠한 종류의 재도입이든 그 주목적은 지구적 또는 지역적으로 멸종 혹은 멸절된 특정 종, 아종, 또는 품종의 야생개체군을 지속적 생존이 가능하도록 정착시키는 것이어야 한다.
② 이입(Translocation) : 야생 개체나 개체군을 그 서식범위 내의 한 부분에서 다른 부분으로 의도적이고 인위적으로 이동시키는 것
③ 재강화/보충(Re-inforcement/Supplementation) : 기존의 동종 개체군에 개체를 보완하는 것
④ 보전적/온화한 도입(Conservation/Benign Introduction) : 특정 종의 기록된 분포지역은 아니지만 적절한 서식지와 생태-지리적 조건을 갖춘 지역 내에 그 종을 정착시키려는 노력. 이것은 해당 종의 보전을 목적으로 하며, 그 종의 역사적 분포지역 내에 서식지가 전혀 남아 있지 않을 때만 보전 방법으로 타당성을 가질 수 있다.

08 환경공간이론의 장소단위-경관지구-하부생물지역-생물지역에서 경관지구의 특징 3가지 기술하시오.

풀이
① 생물지역의 하위 단계
② 유역과 산맥에 의해 구분되며 관찰자가 인식할 수 있는 범위
③ 지역주민이 그 지역에 대한 친밀한 이름을 가지는 경우가 많음
④ 특정지역으로 인식하기도 함
⑤ 지형, 동·식물 서식현황, 유역, 토지이용패턴을 중심으로 일차적으로 구분하며, 현지답사를 통하여 문화 및 생활양식을 추가로 고려하여 구분

참고

구분	방법 및 특징
생물지역 (Bioregion)	• 생물지리학적 접근단위의 최대단위 • 지역에서의 독특한 기후, 지형, 식생, 유역, 토지이용 유형에 의해 구분 • 대상지역 경관에 있어 보전가치 평가 및 계획과 관리의 개념적 틀 제공
하부생물지역 (Sub-bioregion)	• 생물지역의 바로 아래 단계이며, 경관지구의 상위 단계 • 생물지역 내에서 자원, 문화 등에 있어 독특한 특징을 가진 경우에 해당
경관지구 (Landscape District)	• 생물지역의 하위 단계 • 유역과 산맥에 의해 구분되며 관찰자가 인식할 수 있는 범위 • 지역주민이 그 지역에 대한 친밀한 이름을 가지는 경우가 많으며, 특정지역으로 인식하기도 함 • 지형, 동·식물 서식현황, 유역, 토지이용패턴을 중심으로 일차적으로 구분하며, 현지답사를 통하여 문화 및 생활양식을 추가로 고려하여 구분
장소단위 (Place Unit)	• 경관지구의 하위단계이며 생물지리학적 지역구분에 있어 최소단위 • 독특한 시각적 특징을 지닌 지역으로 위요된 공간 • 시각적으로 즉각적인 구별가능 • 경계에 있어 식생, 지형, 능선 및 자연부락 등에 의해 결정

09 축적 1/500 지도에서 등고선 10m, 110m 간 수평거리 10cm일 때 경사도를 구하시오.

풀이
① 수평거리 구하기
$1 : 500 = 100 : x$
$x = 50,000 = 50\text{m}$

② 경사도 구하기
$\dfrac{10}{50} \times 100\% = 20\%$

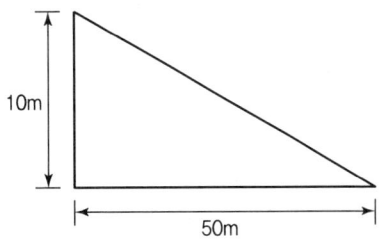

10 생물다양성의 보전 및 생물자원의 지속가능한 이용에 적합한 전통적 생활양식을 유지하여 온 개인 또는 지역사회의 지식, 기술 및 관행 등을 뜻하는 용어는?

풀이 전통지식

11 Davies(1996)가 말한 경관생태학에서 패치형태 정량화지표 3가지를 쓰시오.

풀이
① 신장
② 굴곡
③ 내부 및 주연부

참고 1) 조각의 크기와 형태
　　　조각크기에 따른 군집구조, 종다양도, 종의 존재
　　　① 큰 서식지에서는 행동권이 큰 동물 군집이 생존 가능하다.
　　　② 조각크기가 클수록 다양한 서식지 창출한다.
　　　③ 조각이 충분히 클 때에만 경계보다 폭이 커서 내부 조건을 발달시킬 수 있다.

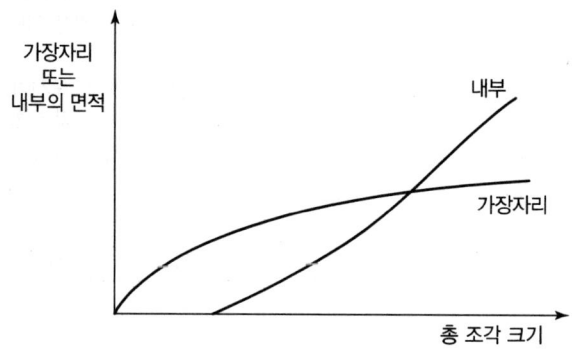

▮조각크기와 가장자리 및 내부면적 사이 일반적 관계▮

2) 조각면적과 종수의 관계
　　일반적으로 숲 조각의 면적이 크면 서식하는 종의 수는 많아진다.

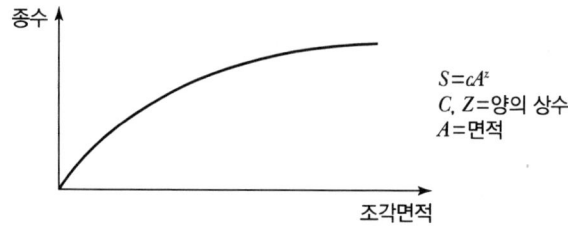

$S = cA^z$
C, Z = 양의 상수
A = 면적

원의 경우에는 핵심구역(회색원)과 내부(빗금부분)가 같다. 경계로부터 100m까지를 가장자리(백색부분)라 했을 때, 각 모양 아래 숫자는 전체 면적 1평방킬로미터에 대한 가장자리 면적의 백분율을 가리킨다.

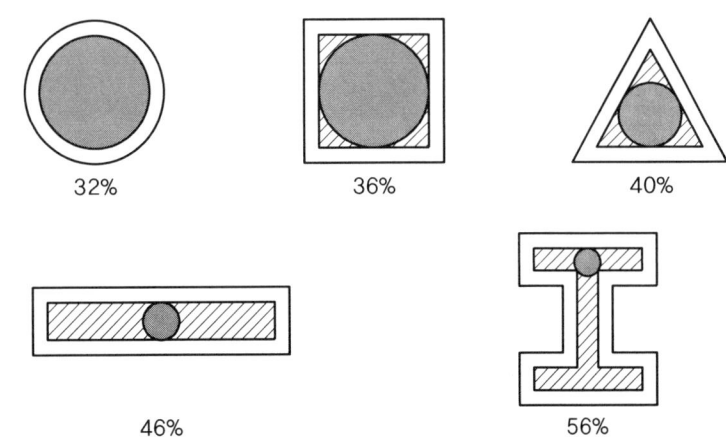

| 조각모양에 따른 핵심구역과 내부 그리고 가장자리 면적의 상대적인 크기 비교 |

12 소규모환경영향평가의 세부항목을 쓰시오.

풀이 1) 사업개요 및 지역 환경현황
   ① 사업개요
   ② 지역개황
   ③ 자연생태환경
   ④ 생활환경
   ⑤ 사회·경제환경

2) 환경에 미치는 영향 예측·평가 및 환경보전방안
   ① 자연생태환경(동·식물상 등)
   ② 대기질, 악취
   ③ 수질(지표, 지하), 해양환경
   ④ 토지이용, 토양, 지형·지질
   ⑤ 친환경적 자원순환, 소음·진동
   ⑥ 경관
   ⑦ 전파장해, 일조장해
   ⑧ 인구, 주거, 산업

> **참고** 시행령 [별표 1] 환경영향평가 등의 분야별 세부평가항목(제2조제1항 관련)

1. 전략환경영향평가
    가. 정책계획
        1) 환경보전계획과의 부합성
            가) 국가환경정책
            나) 국제환경 동향·협약·규범
        2) 계획의 연계성·일관성
            가) 상위 계획 및 관련 계획과의 연계성
            나) 계획목표와 내용과의 일관성
        3) 계획의 적정성·지속성
            가) 공간계획의 적정성
            나) 수요 공급 규모의 적정성
            다) 환경용량의 지속성
    나. 개발기본계획
        1) 계획의 적정성
            가) 상위계획 및 관련 계획과의 연계성
            나) 대안 설정·분석의 적정성
        2) 입지의 타당성
            가) 자연환경의 보전
                (1) 생물다양성·서식지 보전
                (2) 지형 및 생태축의 보전
                (3) 주변 자연경관에 미치는 영향
                (4) 수환경의 보전
            나) 생활환경의 안정성
                (1) 환경기준 부합성
                (2) 환경기초시설의 적정성
                (3) 자원·에너지 순환의 효율성
            다) 사회·경제 환경과의 조화성: 환경친화적 토지이용
2. 환경영향평가
    가. 자연생태환경 분야
        1) 동·식물상
        2) 자연환경자산
    나. 대기환경 분야
        1) 기상

        2) 대기질

        3) 악취

        4) 온실가스

    다. 수환경 분야

        1) 수질(지표·지하)

        2) 수리·수문

        3) 해양환경

    라. 토지환경 분야

        1) 토지이용

        2) 토양

        3) 지형·지질

    마. 생활환경 분야

        1) 친환경적 자원 순환

        2) 소음·진동

        3) 위락·경관

        4) 위생·공중보건

        5) 전파장해

        6) 일조장해

    바. 사회환경·경제환경 분야

        1) 인구

        2) 주거(이주의 경우를 포함한다)

        3) 산업

3. 소규모 환경영향평가

    가. 사업개요 및 지역 환경현황

        1) 사업개요

        2) 지역개황

        3) 자연생태환경

        4) 생활환경

        5) 사회·경제환경

    나. 환경에 미치는 영향 예측·평가 및 환경보전방안

        1) 자연생태환경(동·식물상 등)

        2) 대기질, 악취

        3) 수질(지표, 지하), 해양환경

        4) 토지이용, 토양, 지형·지질

5) 친환경적 자원순환, 소음 · 진동
6) 경관
7) 전파장해, 일조장해
8) 인구, 주거, 산업

13 야생동물이 도로로 침입하여 발생하는 로드킬을 방지하거나 생태통로까지 안전하게 유도하기 위해 설치하는 구조물의 명칭을 쓰시오.

풀이 유도울타리

14 도시지역에서 창출과 같은 생물종을 위한 새로운 서식지 조성 방안을 3가지 쓰시오.

풀이 ① 복원
② 향상
③ 대체

15 조사구 A지역에서 군집의 종수는 13종, B지역에서 군집의 종수는 21종, A와 B지역에서 공통으로 나타난 종이 7종이라 할 때 Jaccard 유사도 공식에 의한 군집유사도를 구하시오.

풀이 Jaccard 유사도 공식 $= \dfrac{A \cap B}{(A \cup B) - (A \cap B)} = \dfrac{7}{13+21-7} = \dfrac{7}{27}$

〈 2024년 2회 기출문제 〉

01 비오톱지도화 방법 중 (　　　　)는 전체 조사지역에 대한 자세한 비오톱의 생물학적, 생태학적 특성을 토사하는 방법으로 내용의 정밀도가 높고 도시 및 지역단위의 생태계보전 등을 위한 자료로 활용 가능한 방법이다.

풀이 포괄적 지도화

02 「야생생물보호에 관한 법률」에 따른 멸종위기 야생생물 중 고등균류에 해당하는 종의 국명을 쓰시오.

풀이 화경솔밭버섯(멸종위기 야생생물 Ⅱ급)

참고 시행규칙 [별표 1] 멸종위기 야생동물(제2조 관련)

1. 공통 적용기준
   가. 멸종위기 야생생물을 가공·유통·보관·수출·수입·반출 및 반입하는 경우에는 죽은 것을 포함한다.
   나. 포유류, 조류, 양서류·파충류, 어류, 곤충류, 무척추동물 : 살아 있는 생물체와 그 알 및 표본을 포함한다.
   다. 육상식물 : 살아 있는 생물체와 그 부속체[종자(種子, 씨앗), 구근(球根, 알뿌리), 인경(鱗莖, 비늘줄기), 주아(珠芽, 살눈), 덩이줄기, 뿌리] 및 표본을 포함한다.
   라. 해조류, 고등균류, 지의류 : 살아 있는 생물체와 그 포자 및 표본을 포함한다.
2. 포유류
   가. 멸종위기 야생생물 Ⅰ급

번호	국명	학명
1	늑대	*Canis lupus coreanus*
2	대륙사슴	*Cervus nippon hortulorum*
3	무산쇠족제비	*Mustela nivalis*
4	물범	*Phoca largha*
5	반달가슴곰	*Ursus thibetanus ussuricus*
6	붉은박쥐	*Myotis rufoniger*
7	사향노루	*Moschus moschiferus*
8	산양	*Naemorhedus caudatus*
9	수달	*Lutra lutra*
10	스라소니	*Lynx lynx*
11	여우	*Vulpes vulpes peculiosa*

번호	국명	학명
12	작은관코박쥐	Murina ussuriensis
13	표범	Panthera pardus orientalis
14	호랑이	Panthera tigris altaica

나. 멸종위기 야생생물 Ⅱ급

번호	국명	학명
1	담비	Martes flavigula
2	물개	Callorhinus ursinus
3	삵	Prionailurus bengalensis
4	큰바다사자	Eumetopias jubatus
5	토끼박쥐	Plecotus ognevi
6	하늘다람쥐	Pteromys volans aluco

3. 조류

가. 멸종위기 야생생물 Ⅰ급

번호	국명	학명
1	검독수리	Aquila chrysaetos
2	고니	Cygnus columbianus
3	넓적부리도요	Eurynorhynchus pygmeus
4	노랑부리백로	Egretta eulophotes
5	느시	Otis tarda
6	두루미	Grus japonensis
7	먹황새	Ciconia nigra
8	뿔제비갈매기	Thalasseus bernsteini
9	저어새	Platalea minor
10	참수리	Haliaeetus pelagicus
11	청다리도요사촌	Tringa guttifer
12	크낙새	Dryocopus javensis
13	호사비오리	Mergus squamatus
14	혹고니	Cygnus olor
15	황새	Ciconia boyciana
16	흰꼬리수리	Haliaeetus albicilla

나. 멸종위기 야생생물 Ⅱ급

번호	국명	학명
1	개리	Anser cygnoides
2	검은머리갈매기	Larus saundersi
3	검은머리물떼새	Haematopus ostralegus
4	검은머리촉새	Emberiza aureola
5	검은목두루미	Grus grus

번호	국명	학명
6	고대갈매기	*Larus relictus*
7	긴꼬리딱새	*Terpsiphone atrocaudata*
8	긴점박이올빼미	*Strix uralensis*
9	까막딱다구리	*Dryocopus martius*
10	노랑부리저어새	*Platalea leucorodia*
11	독수리	*Aegypius monachus*
12	따오기	*Nipponia nippon*
13	뜸부기	*Gallicrex cinerea*
14	매	*Falco peregrinus*
15	무당새	*Emberiza sulphurata*
16	물수리	*Pandion haliaetus*
17	벌매	*Pernis ptilorhynchus*
18	붉은가슴흰죽지	*Aythya baeri*
19	붉은배새매	*Accipiter soloensis*
20	붉은어깨도요	*Calidris tenuirostris*
21	붉은해오라기	*Gorsachius goisagi*
22	뿔쇠오리	*Synthliboramphus wumizusume*
23	뿔종다리	*Galerida cristata*
24	새매	*Accipiter nisus*
25	새호리기	*Falco subbuteo*
26	섬개개비	*Locustella pleskei*
27	솔개	*Milvus migrans*
28	쇠검은머리쑥새	*Emberiza yessoensis*
29	쇠제비갈매기	*Sterna albifrons*
30	수리부엉이	*Bubo bubo*
31	시베리아흰두루미	*Grus leucogeranus*
32	알락개구리매	*Circus melanoleucos*
33	알락꼬리마도요	*Numenius madagascariensis*
34	양비둘기	*Columba rupestris*
35	올빼미	*Strix aluco*
36	재두루미	*Grus vipio*
37	잿빛개구리매	*Circus cyaneus*
38	조롱이	*Accipiter gularis*
39	참매	*Accipiter gentilis*
40	청호반새	*Halcyon pileata*
41	큰고니	*Cygnus cygnus*
42	큰기러기	*Anser fabalis*
43	큰덤불해오라기	*Ixobrychus eurhythmus*
44	큰뒷부리도요	*Limosa lapponica*
45	큰말똥가리	*Buteo hemilasius*
46	팔색조	*Pitta nympha*

번호	국명	학명
47	항라머리검독수리	*Aquila clanga*
48	흑기러기	*Branta bernicla*
49	흑두루미	*Grus monacha*
50	흑비둘기	*Columba janthina*
51	흰목물떼새	*Charadrius placidus*
52	흰이마기러기	*Anser erythropus*
53	흰죽지수리	*Aquila heliaca*

4. 양서류 · 파충류

　가. 멸종위기 야생생물 Ⅰ급

번호	국명	학명
1	비바리뱀	*Sibynophis chinensis*
2	수원청개구리	*Dryophytes suweonensis*

　나. 멸종위기 야생생물 Ⅱ급

번호	국명	학명
1	고리도롱뇽	*Hynobius yangi*
2	구렁이	*Elaphe schrenckii*
3	금개구리	*Pelophylax chosenicus*
4	남생이	*Mauremys reevesii*
5	맹꽁이	*Kaloula borealis*
6	표범장지뱀	*Eremias argus*

5. 어류

　가. 멸종위기 야생생물 Ⅰ급

번호	국명	학명
1	감돌고기	*Pseudopungtungia nigra*
2	꼬치동자개	*Pseudobagrus brevicorpus*
3	남방동사리	*Odontobutis obscura*
4	모래주사	*Microphysogobio koreensis*
5	미호종개	*Cobitis choii*
6	얼룩새코미꾸리	*Koreocobitis naktongensis*
7	여울마자	*Microphysogobio rapidus*
8	임실납자루	*Acheilognathus somjinensis*
9	좀수수치	*Kichulchoia brevifasciata*
10	퉁사리	*Liobagrus obesus*
11	흰수마자	*Gobiobotia nakdongensis*

나. 멸종위기 야생생물 Ⅱ급

번호	국명	학명
1	가는돌고기	*Pseudopungtungia tenuicorpa*
2	가시고기	*Pungitius sinensis*
3	꺽저기	*Coreoperca kawamebari*
4	꾸구리	*Gobiobotia macrocephala*
5	다묵장어	*Lethenteron reissneri*
6	돌상어	*Gobiobotia brevibarba*
7	둑중개	*Cottus koreanus*
8	묵납자루	*Acheilognathus signifer*
9	버들가지	*Rhynchocypris semotilus*
10	부안종개	*Iksookimia pumila*
11	새미	*Ladislavia taczanowskii*
12	어름치	*Hemibarbus mylodon*
13	연준모치	*Phoxinus phoxinus*
14	열목어	*Brachymystax lenok tsinlingensis*
15	칠성장어	*Lethenteron japonicus*
16	큰줄납자루	*Acheilognathus majusculus*
17	한강납줄개	*Rhodeus pseudosericeus*
18	한둑중개	*Cottus hangiongensis*

6. 곤충류

가. 멸종위기 야생생물 Ⅰ급

번호	국명	학명
1	닻무늬길앞잡이	*Cicindela (Abroscelis) anchoralis*
2	붉은점모시나비	*Parnassius bremeri*
3	비단벌레	*Chrysochroa (Chrysochroa) coreana*
4	산굴뚝나비	*Hipparchia autonoe*
5	상제나비	*Aporia crataegi*
6	수염풍뎅이	*Polyphylla laticollis manchurica*
7	장수하늘소	*Callipogon (Eoxenus) relictus*
8	큰홍띠점박이푸른부전나비	*Sinia divina*

나. 멸종위기 야생생물 Ⅱ급

번호	종명	학명
1	깊은산부전나비	*Protantigius superans*
2	노란잔산잠자리	*Macromia daimoji*
3	대모잠자리	*Libellula angelina*
4	두점박이사슴벌레	*Prosopocoilus astacoides blanchardi*
5	뚱보주름메뚜기	*Haplotropis brunneriana*

번호	종명	학명
6	멋조롱박딱정벌레	Acoptolabrus mirabilissimus mirabilissimus
7	물방개	Cybister (Cybister) chinensis
8	물장군	Lethocerus deyrolli
9	불나방	Arctia caja
10	소똥구리	Gymnopleurus (Gymnopleurus) mopsus
11	쌍꼬리부전나비	Cigaritis takanonis
12	애기뿔소똥구리	Copris (Copris) tripartitus
13	여름어리표범나비	Mellicta ambigua
14	왕은점표범나비	Argynnis nerippe
15	윤조롱박딱정벌레	Acoptolabrus leechi yooni
16	은줄팔랑나비	Leptalina unicolor
17	참호박뒤영벌	Bombus (Megabombus) koreanus
18	창언조롱박딱정벌레	Acoptolabrus changeonleei
19	큰자색호랑꽃무지	Osmoderma caeleste
20	한국꼬마잠자리	Nannophya koreana
21	홍줄나비	Chalinga pratti

7. 무척추동물

가. 멸종위기 야생생물 Ⅰ급

번호	국명	학명
1	귀이빨대칭이	Cristaria plicata
2	나팔고둥	Charonia lampas
3	남방방게	Pseudohelice subquadrata
4	두드럭조개	Aculamprotula coreana

나. 멸종위기 야생생물 Ⅱ급

번호	국명	학명
1	갯게	Chasmagnathus convexus
2	거제외줄달팽이	Satsuma myomphala
3	검붉은수지맨드라미	Dendronephthya suensoni
4	금빛나팔돌산호	Tubastraea coccinea
5	기수갈고둥	Clithon retropictum
6	깃산호	Plumarella spinosa
7	대추귀고둥	Ellobium chinense
8	둔한진총산호	Euplexaura crassa
9	망상맵시산호	Echinogorgia reticulata
10	물거미	Argyroneta aquatica
11	밤수지맨드라미	Dendronephthya castanea
12	별혹산호	Ellisella ceratophyta

번호	국명	학명
13	붉은발말똥게	*Sesarmops intermedius*
14	선침거미불가사리	*Ophiacantha linea*
15	연수지맨드라미	*Dendronephthya mollis*
16	염주알다슬기	*Koreanomelania nodifila*
17	울릉도달팽이	*Karaftohelix adamsi*
18	유착나무돌산호	*Dendrophyllia cribrosa*
19	의염통성게	*Nacospatangus alta*
20	자색수지맨드라미	*Dendronephthya putteri*
21	잔가지나무돌산호	*Dendrophyllia ijimai*
22	착생깃산호	*Plumarella adhaerens*
23	참달팽이	*Koreanohadra koreana*
24	측맵시산호	*Echinogorgia complexa*
25	칼세오리옆새우	*Gammarus zeongogensis*
26	해송	*Myriopathes japonica*
27	흰발농게	*Austruca lactea*
28	흰수지맨드라미	*Dendronephthya alba*

8. 육상식물

　가. 멸종위기 야생생물 Ⅰ급

번호	국명	학명
1	광릉요강꽃	*Cypripedium japonicum*
2	금자란	*Gastrochilus fuscopunctatus*
3	나도풍란	*Sedirea japonica*
4	만년콩	*Euchresta japonica*
5	비자란	*Thrixspermum japonicum*
6	암매	*Diapensia lapponica var. obovata*
7	제주고사리삼	*Mankyua chejuense*
8	죽백란	*Cymbidium lancifolium*
9	탐라란	*Gastrochilus japonicus*
10	털복주머니란	*Cypripedium guttatum*
11	풍란	*Neofinetia falcata*
12	한라솜다리	*Leontopodium coreanum var. hallaisanense*
13	한란	*Cymbidium kanran*

　나. 멸종위기 야생생물 Ⅱ급

번호	국명	학명
1	가는동자꽃	*Lychnis kiusiana*
2	가시연	*Euryale ferox*
3	가시오갈피나무	*Eleutherococcus senticosus*

번호	국명	학명
4	각시수련	Nymphaea tetragona var. minima
5	개가시나무	Quercus gilva
6	갯봄맞이꽃	Glaux maritima var. obtusifolia
7	검은별고사리	Cyclosorus interruptus
8	구름병아리난초	Neottianthe cucullata
9	기생꽃	Trientalis europaea subsp. arctica
10	끈끈이귀개	Drosera peltata var. nipponica
11	나도범의귀	Mitella nuda
12	나도승마	Kirengeshoma koreana
13	나도여로	Zigadenus sibiricus
14	날개하늘나리	Lilium dauricum
15	넓은잎제비꽃	Viola mirabilis
16	노랑만병초	Rhododendron aureum
17	노랑붓꽃	Iris koreana
18	눈썹고사리	Asplenium wrightii
19	단양쑥부쟁이	Aster altaicus var. uchiyamae
20	대성쓴풀	Anagallidium dichotomum
21	대청부채	Iris dichotoma
22	대흥란	Cymbidium macrorhizon
23	독미나리	Cicuta virosa
24	두잎약난초	Cremastra unguiculata
25	매화마름	Ranunculus trichophyllus var. kadzusensis
26	무주나무	Lasianthus japonicus
27	물고사리	Ceratopteris thalictroides
28	물석송	Lycopodiella cernua
29	방울난초	Habenaria flagellifera
30	백부자	Aconitum coreanum
31	백양더부살이	Orobanche filicicola
32	백운란	Kuhlhasseltia nakaiana
33	복주머니란	Cypripedium macranthos
34	분홍장구채	Silene capitata
35	산분꽃나무	Viburnum burejaeticum
36	산작약	Paeonia obovata
37	삼백초	Saururus chinensis
38	새깃아재비	Woodwardia japonica
39	서울개발나물	Pterygopleurum neurophyllum
40	석곡	Dendrobium moniliforme
41	선모시대	Adenophora erecta
42	선제비꽃	Viola raddeana
43	섬개야광나무	Cotoneaster wilsonii

번호	국명	학명
44	섬시호	*Bupleurum latissimum*
45	섬현삼	*Scrophularia takesimensis*
46	세뿔투구꽃	*Aconitum austrokoreense*
47	손바닥난초	*Gymnadenia conopsea*
48	솔잎난	*Psilotum nudum*
49	순채	*Brasenia schreberi*
50	신안새우난초	*Calanthe aristulifera*
51	애기송이풀	*Pedicularis ishidoyana*
52	연잎꿩의다리	*Thalictrum coreanum*
53	왕제비꽃	*Viola websteri*
54	으름난초	*Cyrtosia septentrionalis*
55	자주땅귀개	*Utricularia yakusimensis*
56	장백제비꽃	*Viola biflora*
57	전주물꼬리풀	*Dysophylla yatabeana*
58	정향풀	*Amsonia elliptica*
59	제비동자꽃	*Lychnis wilfordii*
60	제비붓꽃	*Iris laevigata*
61	조름나물	*Menyanthes trifoliata*
62	죽절초	*Sarcandra glabra*
63	지네발란	*Cleisostoma scolopendrifolium*
64	진노랑상사화	*Lycoris chinensis* var. *sinuolata*
65	차걸이란	*Oberonia japonica*
66	참닻꽃	*Halenia coreana*
67	참물부추	*Isoetes coreana*
68	초령목	*Michelia compressa*
69	칠보치마	*Metanarthecium luteo-viride*
70	콩짜개란	*Bulbophyllum drymoglossum*
71	큰바늘꽃	*Epilobium hirsutum*
72	파초일엽	*Asplenium antiquum*
73	피뿌리풀	*Stellera chamaejasme*
74	한라송이풀	*Pedicularis hallaisanensis*
75	한라옥잠난초	*Liparis auriculata*
76	한라장구채	*Silene fasciculata*
77	해오라비난초	*Habenaria radiata*
78	혹난초	*Bulbophyllum inconspicuum*
79	홍월귤	*Arctous rubra*

9. 해조류

 멸종위기 야생생물 Ⅱ급

번호	국명	학명
1	그물공말	*Dictyosphaeria cavernosa*
2	삼나무말	*Coccophora langsdorfii*

10. 고등균류

 멸종위기 야생생물 Ⅱ급

번호	국명	학명
1	화경솔밭버섯	*Omphalotus guepiniiformis*

03 비점오염저감시설 중 저류시설과 침투시설에 대하여 설명하시오.

풀이
① 저류시설 : 강우유출수를 저류하여 침전 등에 의하여 비점오염물질을 줄이는 시설로 저류지 · 연못 등을 포함한다.
② 침투시설 : 강우유출수를 지하로 침투시켜 토양의 여과 · 흡착 작용에 따라 비점오염물질을 줄이는 시설로서 유공포장, 침투조, 침투저류지 침투도랑 등을 포함한다.

참고 비점오염저감시설의 설치 및 관리 · 운영 매뉴얼
 ① 자연형 시설
  • 저류시설 : 강우유출수를 저류하여 침전 등에 의하여 비점오염물질을 줄이는 시설로 저류지 · 연못 등을 포함한다.
  • 인공습지 : 침전, 여과, 흡착, 미생물 분해, 식생 식물에 의한 정화 등 자연상태의 습지가 보유하고 있는 정화능력을 인위적으로 향상시켜 비점오염물질을 줄이는 시설을 말한다.
  • 침투시설 : 강우유출수를 지하로 침투시켜 토양의 여과 · 흡착 작용에 따라 비점오염물질을 줄이는 시설로서 유공포장, 침투조, 침투저류지 침투도랑 등을 포함한다.
  • 식생형 시설 : 토양의 여과 · 흡착 및 식물의 흡착작용으로 비점오염물질을 줄임과 동시에, 동 · 식물 서식공간을 제공하면서 녹지경관으로 기능하는 시설로서 식생여과대와 식생수로 등을 포함한다.
 ② 장치형 시설
  • 여과형 시설 : 강유유출수를 집수조 등에서 모은 후 모래 · 토양 등의 여과재를 통하여 걸러 비점오염물질을 줄이는 시설을 말한다.

- 소용돌이형 시설 : 중앙회전로의 움직임으로 와류가 형성되어 기름·그리스(grease) 등 부유성 물질은 상부로 부상시키고, 침전 가능한 토사, 협착물은 하부로 침전·분리시켜 비점오염물질을 줄이는 시설을 말한다.
- 스크린형 시설 : 망과 여과·분리 작용으로 비교적 큰 부유물이나 쓰레기 등을 제거하는 시설로서 주로 전처리에 사용하는 시설을 말한다.
- 응집·침전 처리형 시설 : 응집제를 사용하여 비점오염물질을 응집한 후, 침강시설에서 고형물질을 침전·분리시키는 방법으로 부유물질을 제거하는 시설을 말한다.
- 생물학적 처리형 시설 : 전처리시설에서 토사 및 협잡물 등을 제거한 후 미생물에 의하여 콜로이드(colloid)성 용존성 유기물질을 제거하는 시설을 말한다.

04 하천 습지 복원 과정을 순서대로 나열하시오.

㉠ 현황조사 및 분석
㉡ 복원목표 및 목표, 대안 설정
㉢ 복원 계획 및 모니터링·평가
㉣ 유지관리
㉤ 다른 대상지에 적용

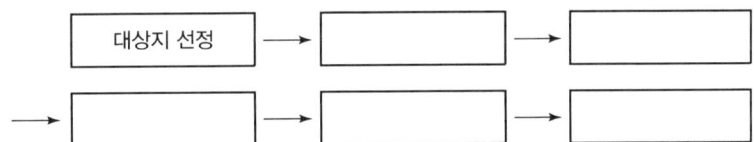

풀이 ㉠ 현황조사 및 분석 → ㉡ 복원목표 및 목표, 대안 설정 → ㉢ 복원 계획 및 모니터링·평가 → ㉣ 유지관리 → ㉤ 다른 대상지에 적용

05 일정한 지역의 식물 군락이나 군락을 구성하고 있는 종들이 시간의 추이에 따라 변천하여 가는 현상을 (　　　)라고 한다.

풀이 천이

06 경관생태학에서 경관을 이루는 구조적 요소를 크게 3가지로 구분한다. 3가지를 쓰고 설명하시오.

풀이 ① 바탕 : 가장 넓은 면적을 차지하고 연결성이 가장 좋은 경관
② 조각 : 생태적, 시각적 특성이 주변과 다르게 나타나는 비선형적인 지역인 경관요소
③ 통로 : 바탕에 놓여 있는 선형의 경관요소

07 특정 지역의 식물조사 결과 총 종 수 600종 중 귀화종 30종이 포함되어 있을 경우 귀화율과 도시화지수를 구하시오.(단, 남한의 귀화식물 종수 300종)

풀이 ① 귀화율

- 식 : $\dfrac{\text{해당 조사지역의 귀화식물 종수}}{\text{해당 조사지역의 관속식물 종수}} = \dfrac{30}{600} \times 100 = 5\%$ • 답 : 5%

② 도시화지수

- 식 : $\dfrac{\text{해당 조사지역의 귀화식물 종수}}{\text{남한의 귀화식물 종수}} = \dfrac{30}{300} \times 100 = 10\%$ • 답 : 10%

08 A개체군의 내적증가율이 1%일 때 개체군 크기가 1.5배가 되는 최소년도는?(단, ln2 = 0.6931, ln3 = 1.0986, ln = 1.609)

풀이 • [식 1] 인구증가율 1%, 첫 해의 인구 = p

n년 후 인구 : $1.01^n \times p$

인구가 1.5배가 되는 연수 : $1.01^n \times p > 1.5 \times p$

양변을 p로 나누고 log 함수를 이용하여 계산

$\log 1.01^n = n \times \log 1.01$

$\log 1.01 = 0.00995$

$\log 1.5 = 0.405465$

$n > \dfrac{0.405465}{0.00995} = 40.75$

답 : 41년

- [식 2] 공식 $N(t) = N(0)e^{rt}$

여기서, $N(t)$: t시간에 개체군 크기
$N(0)$: $t = 0$일 때 개체군 크기(초기 개체군 크기)
e : 자연로그(2.72)
r : 순간증가율 또는 내적증가율
t : 시간

$1.5 = 1 \times ert$

$rt = \ln(1.5)$

$t = \dfrac{\ln(1.5)}{r} = \dfrac{0.405465}{0.01} = 40.5465$

답 : 41년

09 북방산개구리와 같은 무리류와 도롱뇽과 같은 유미류를 구분하는 방법은?

풀이 ▶ 꼬리의 유무(꼬리가 있으면 유미류, 꼬리가 없으면 무미류)

10 생울타리용 식물의 생육조건을 쓰시오.

풀이 ▶ ① 전정에 강한 식물
② 지엽이 치밀하고 아름다운 식물
③ 병충해에 강한 식물

11 생태·경관보전지역으로 지정할 수 있는 요건을 쓰시오.

풀이 ▶ ① 자연상태가 원시성을 유지하고 있거나 생물다양성이 풍부하여 보전 및 학술적 연구가치가 큰 지역
② 지형 또는 지질이 특이하여 학술적 연구 도는 자연경관의 유지를 위하여 보전이 필요한 지역
③ 다양한 생태계를 대표할 수 있는 지역 또는 생태계의 표본지역
④ 그밖에 하천·산간계곡 등 자연경관이 수려하여 특별히 보전할 필요가 있는 지역으로서 대통령령으로 정하는 지역

12 대상지의 역사적 맥락을 조사하는 방법 3가지 쓰시오.

풀이 ▶ ① 탐문조사
② 문헌조사
③ 현장조사

13 종자 휴면 조건 3가지를 쓰시오.

풀이 ▶ ① 온도
② 수분
③ 산소

14 다음 ( )에 알맞은 말을 쓰시오.

(①) 경계는 경계 양쪽의 이웃 요소들 사이에 대비도가 크고 급변하는 직선형 경계를 말한다. 예를 들면 수변이 시멘트로 처리되니 수로와 육지는 경계에 의해서 분명하게 나누어진다. (②) 경계는 경계선의 양쪽으로 변하는 정도가 상대적으로 적고 곡선으로 나타나는 경우이다. 이러한 경계는 양쪽 방향에 대해 어떤 변화가 나타나느냐에 따라 여러 가지 유형으로 나누어 볼 수 있다.

풀이 ① 경성 ② 연성

15 육상곤충상을 조사하기 위한 채집방법을 5가지 쓰시오.

풀이 ① 채어잡기법 ② 쓸어잡기법 ③ 털어잡기법
④ 흡충관이용법 ⑤ 말레이즈트랩

참고 1) 육상곤충류의 직접채집방법

조사방법	내용
채어잡기법 (Brandishing Method)	빠르게 비행하고 있는 곤충을 포충망을 이용해 재빨리 낚아채 포획한다.
쓸어잡기법 (Sweeping Method)	포충망을 이용해 키 작은 초본류 등 식물군락을 구분하여 약 30회 정도 쓸어 잡는다. 곤충조사의 정량화 데이터로 이용할 수 있다.
털어잡기법 (Beating Method)	새우망이나 우산을 이용하여 목본류 등 식물의 밑통에 펼쳐놓고 식물을 타경하여 떨어지는 곤충을 채집한다.
흡충관이용법 (Aspirator Method)	손으로 포획하기 어려운 미세한 곤충류를 흡충관을 이용하여 포획한다.

2) 간접채집방법

조사방법		내용
말레이즈트랩 (Malaise Trap)		• 곤충류가 위로 올라가는 특성을 고려하여 설계된 트랩이다. • 곤충류가 그물집에 들어오면 위로 올라가 알코올이 담긴 채집병에 모이게 된다.
함정법 (Cup Trap)		• 종이컵에 먹이를 두고 땅의 표면까지만 묻어 포획하는 채집방법이다. • 땅을 기어다니는 곤충류가 주로 포획된다.
당밀유인법 (Sticky Trap)		• 화장솜이나 나무 표면에 혼합액을 묻혀 유인하는 채집방법이다. • 주로 개미류나 말벌류, 딱정벌레류가 채집된다.
황색수반채집 (Yellow Pan Trap)		• 꽃으로 모이는 곤충류의 습성을 이용한 포획방법이다. • 그릇 안에 물을 부어 곤충류가 빠지면 다시 나갈 수 없게 한 것이다. • 파리목, 벌목 같은 종류가 주로 채집된다.
야간등화채집 (Light Trap)		• 야간에 곤충류가 불빛에 의하여 모이는 특성을 이용하여 전등이나 불빛의 간섭이 없는 지역에서 조사를 실시한다. • 주로 나방류가 유입된다.

PART 06 작업형 문제풀이편 (제도편)

01 제도의 기초
02 기출문제

01 제도의 기초

01 시간
02 준비물
03 제도 실기시험
04 자주 나오는 표현
05 복원에서 많이 쓰이는 수목명과 규격

1 시간 : 필답 2시간+도면 3시간

2 준비물

제도샤프	지우개	지우개판
스케일(축척자)	종이테이프	원형 템플릿
30cm 자	삼각자	빗자루

① 제도샤프 : 제도샤프는 심 굵기가 0.2~1.0mm까지 다양하다. 시험을 보기 위해 가는 심 샤프 0.5mm(이하도 좋음)와 굵은 심 샤프 0.8mm(이상도 좋음)을 준비한다.
② 지우개 : 미술용 지우개 중 잘 지워지는 것을 선택한다.
③ 지우개판 : 필수품은 아니지만 제도 시 미세한 부분 수정에 유리하다.
④ 스케일 : 스케일은 1/100~1/600까지의 축척을 표현할 수 있다. 평면도 및 상세도를 그릴 때 필수품이다.
⑤ 종이테이프 : 시험을 볼 때 백지를 밑에 깔고 트레이싱지를 이용해 도면을 그리게 되는데 이때 종이테이프로 고정하면 편리하다.
⑥ 원형 템플릿 : 수목을 표현할 때 이용하면 편리하다.
⑦ 30cm 자 : A3 종이를 이용해 도면을 그리기 때문에 삼각자가 없더라도 30cm자를 이용할 수 있다.
⑧ 삼각자 : 가로선 및 세로선 표현 시 유용하다.
⑨ 빗자루 : 지우개로 수정 시 지우개 가루를 쓸어내기 위해 필요하다.

❸ 제도 실기시험

① 필답시험이 끝나고 20분 휴식 후 제도시험을 시작한다.
② 제도판은 시험장에 준비되어 있지만 개인적으로 제도판을 준비해 갈 수 있다.

③ 시험 시작 전 제도용 준비물 외에 모두 가방 안에 넣고 가방은 내려놓아야 한다.

④ 시험 시작 시
  ㉠ 감독관은 문제지와 답안지용 A3 백지와 트레이싱지 3~4장을 지급한다.

┃백지(프린터용 A3 용지)┃

┃트레이싱지(반투명함)┃

  ㉡ 문제지는 서술형으로 A4 3~4장 정도가 보통이다.(문제를 읽고 이해하는 시간이 오래 걸릴 수 있기 때문에 자주 출제되는 도면은 시험 전 한두 번 정도 그려보고 이미지를 기억하면 도움이 될 수 있다.)

⑤ 문제지와 답안지용 종이 확인 후
  ㉠ 제도판 중앙 정도에 백지를 종이테이프로 고정하고(백지를 아래에 깔아주면 도면 그릴 때 수월하다.)
    • 테두리를 그린다.(가로 세로 각 1cm를 남기고 테두리를 굵게 그린다.)
    • 좌측 상부에 수험번호와 감독관 확인란이 위치한다.(미리 그려져 있음)
    • 오른쪽 테두리에서 4cm 정도 거리를 두고 범례란을 그린다.

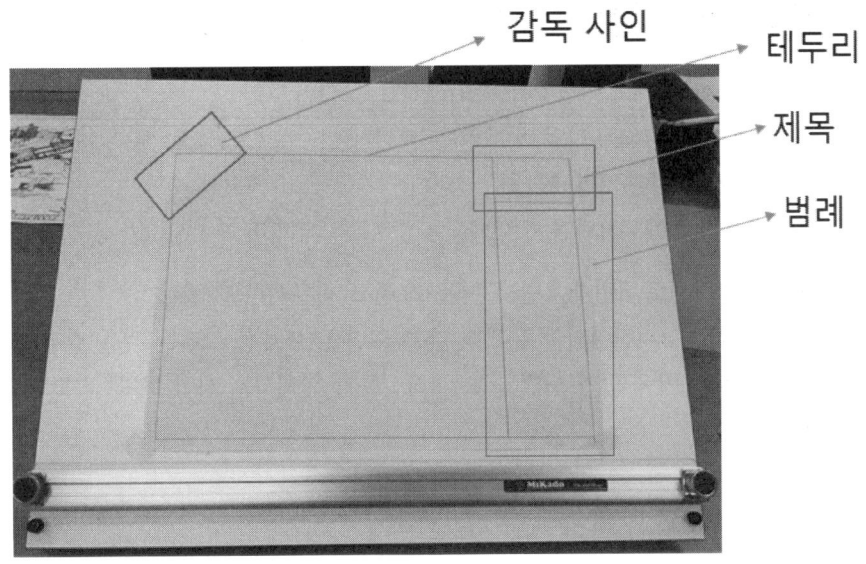

ⓛ 그 위에 1번 도면 트레이싱지를 종이테이프로 고정
- 백지에 그려진 테두리와 범례란을 그린다.(트레이싱지는 반투명이기 때문에 아래 백지에 그려진 테두리와 범례란을 따라 그리면 된다.)
- 문제지에 제시된 1번 도면을 그린다.(범례, 도면명, 바스케일과 방위 등을 잊지 않도록 주의한다.)
- 1번 도면이 마무리되면 종이테이프를 살짝 떼어 트레이싱지만 분리한다.

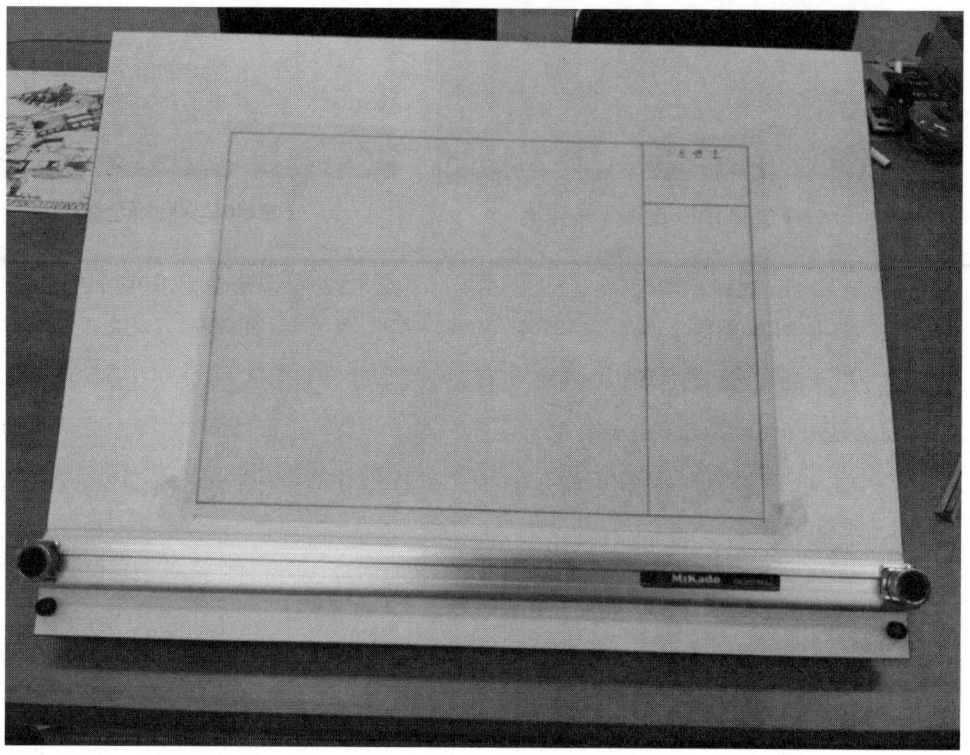

ⓒ 다시 2번 도면 트레이싱지를 종이테이프로 고정
- 백지에 그려진 테두리와 범례란을 그린다.
- 문제지에 제시된 2번 도면을 그린다.
- 2번 도면이 마무리되면 종이테이프를 살짝 떼어 트레이싱지만 분리한다.

ⓔ 위와 마찬가지로 3번과 4번 도면을 그리고 마무리하면 된다.

⑥ 제도시험 시간은 3시간이지만 문제를 읽고 도면을 3~4장 그리는 것을 감안하면 시간이 부족하기 쉽다. 시간 안에 답안 도면을 모두 작성하기 위해서는 시험 보기 전 도면 연습을 해 두면 도움이 된다.

4 자주 나오는 표현

① 바스케일
  ㉠ 스케일과 방위를 함께 표현한다.
  ㉡ 스케일자를 이용하여 스케일(1/100, 1/200, 1/300, 1/400, 1/500, 1/600)에 맞추어 그린다.

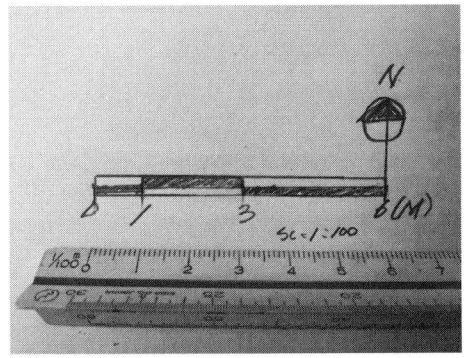
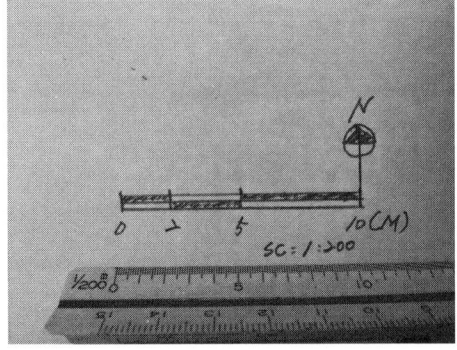
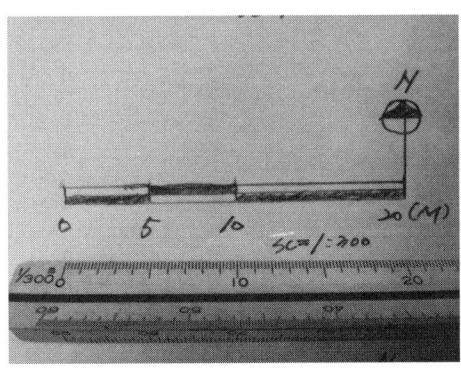
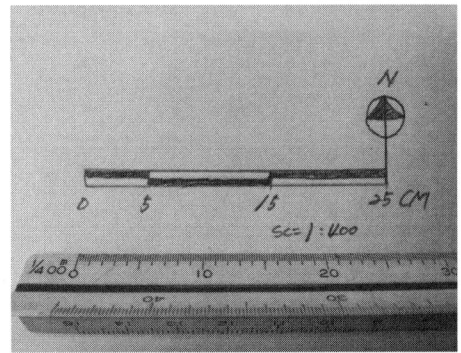
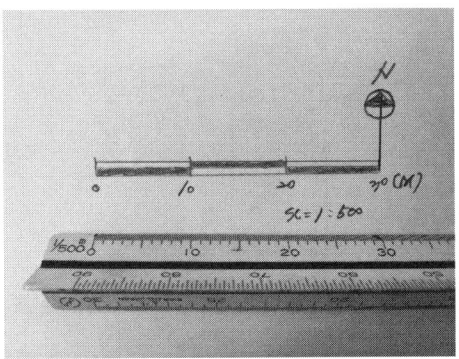
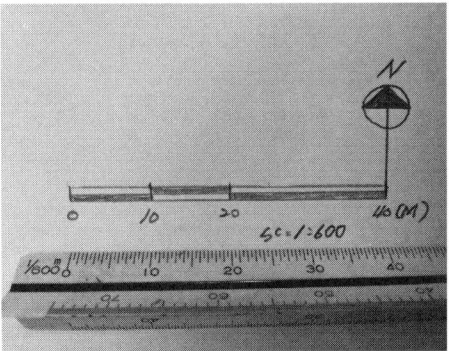

② 시설물
  ㉠ 조류관찰대

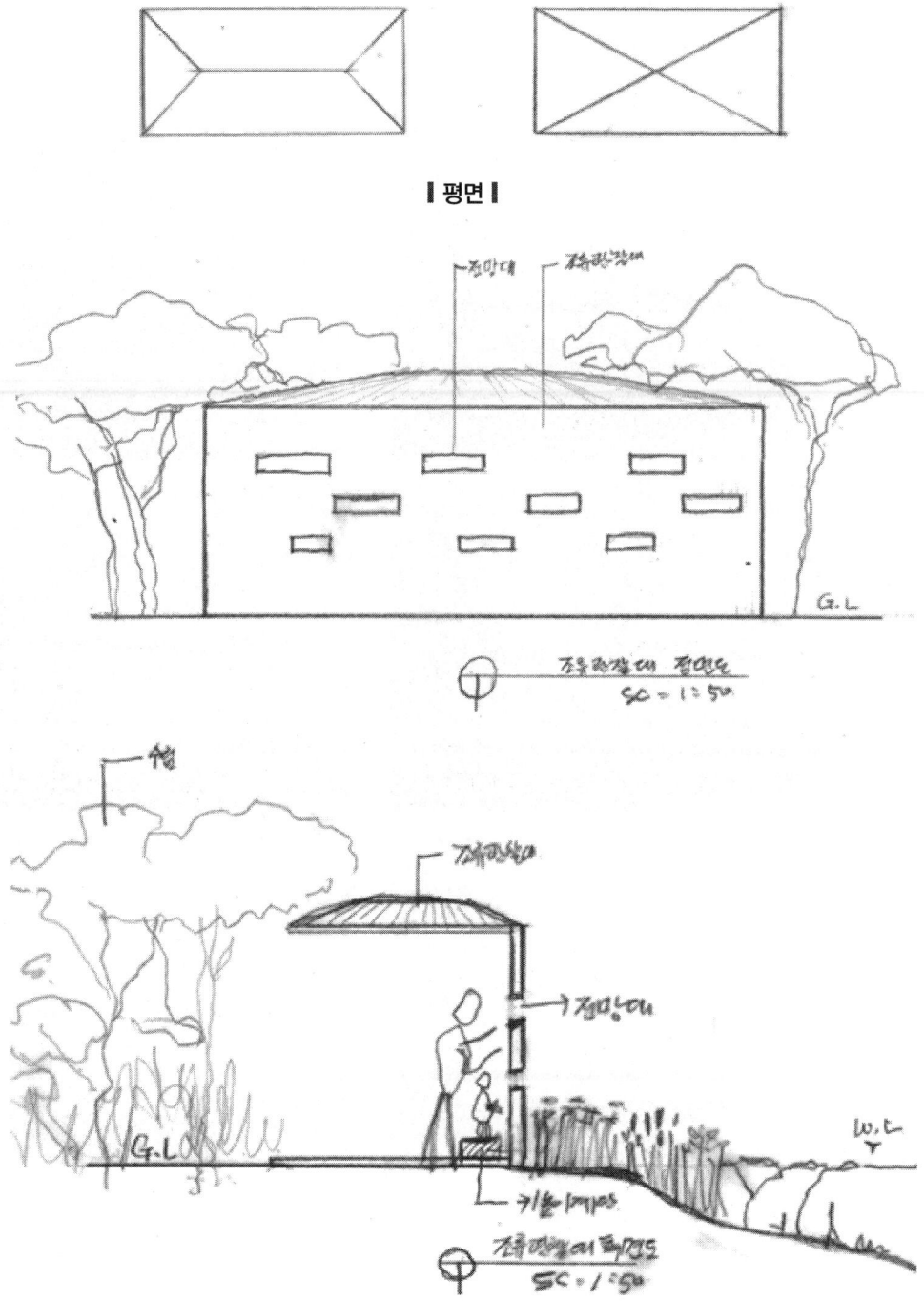

ⓛ 정자/벤치/퍼골라

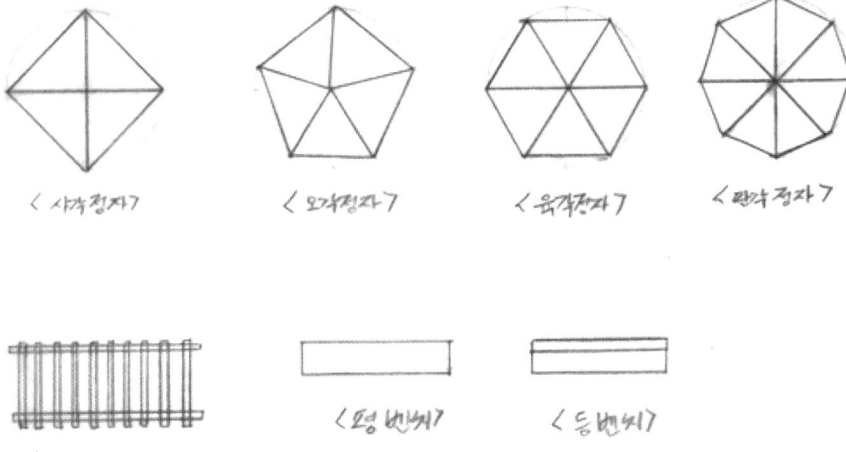

| 평면도 |

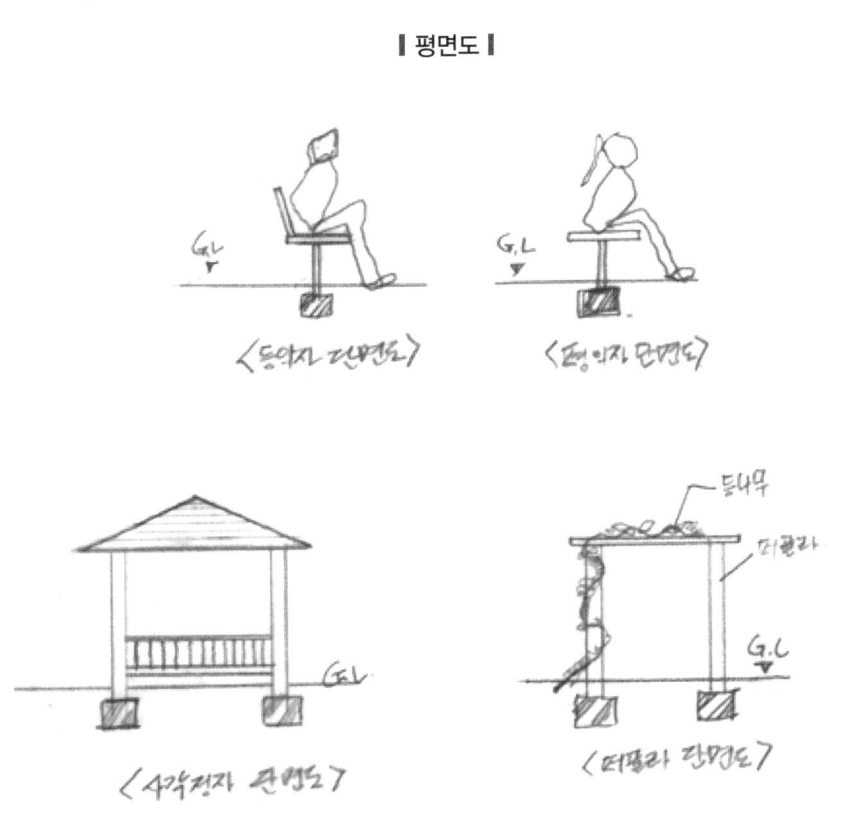

| 단면도 |

③ 포장단면도

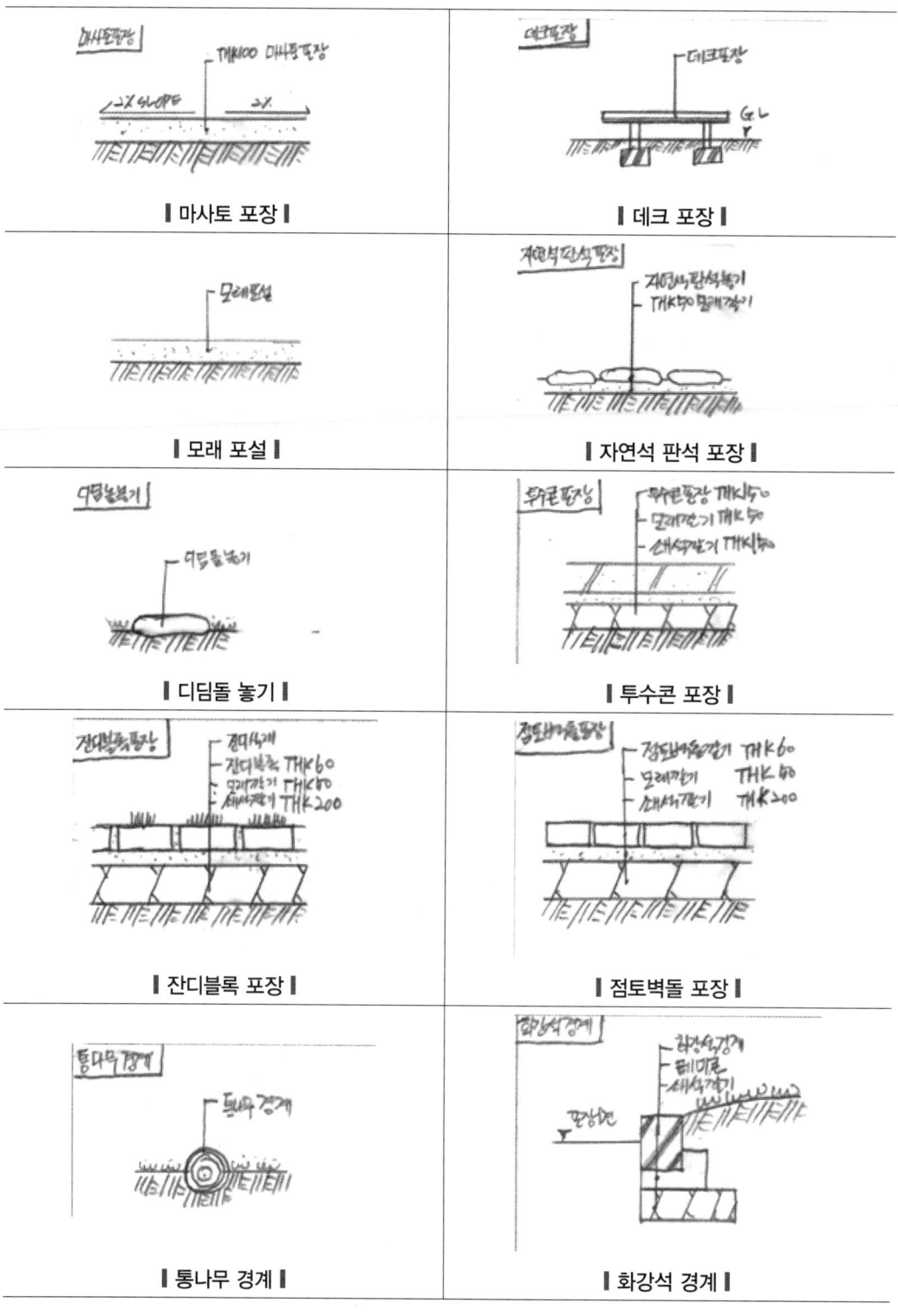

④ 수목
  ㉠ 교목
    • 침엽수 : 침엽수의 뾰족한 잎을 표현해줘야 한다.

〈평면도〉

〈입면도〉

- 활엽수 : 넓은 잎을 표현해줘야 한다.

ⓒ 관목 및 지피식물

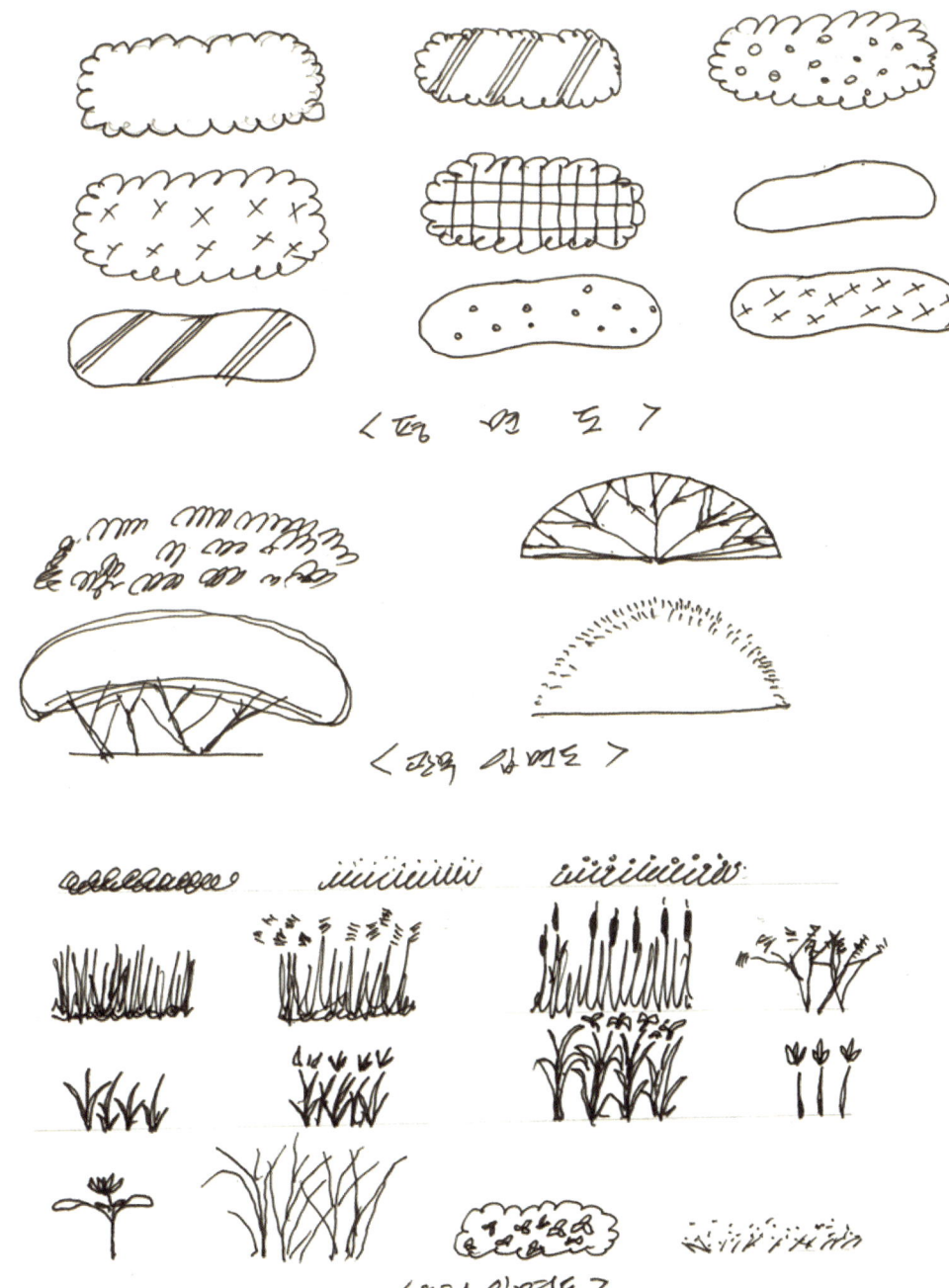

5 복원에서 많이 쓰이는 수목명과 규격

① 규격은 교목 관목 초본을 구분하여 2~3개 정도 사용하는 것이 좋다.
   ㉠ 교목
   - 침엽교목 규격 : H2.0×W1.5, H2.5×W1.8
   - 활엽교목 규격 : H2.0×R6, H2.5×R8
   - 관목 규격 : H0.4, H0.6
   - 초본 규격 : 4치포트
   - 대부분 식물은 위의 규격으로 대표될 수 있다.

▶ 습지식물
- **정수식물** : 갈대, 애기부들, 고랭이, 창포, 줄, 택사, 미나리 등
- **부엽식물** : 마름, 자라풀, 어리연꽃, 수련, 가래 등
- **부유식물** : 생이가래, 개구리밥 등
- **침수식물** : 검정말, 나사말, 말즘, 물수세미 등

▶ 육지식물

① 교목(침엽교목)
소나무, 잣나무, 주목, 비자나무, 스트로브잣나무, 메타세콰이어, 전나무, 구상나무

② 교목(활엽교목)
광나무, 까마귀쪽나무, 느릅나무, 느티나무, 돌배나무, 떡갈나무, 물박달나무, 물오리나무, 물푸레나무, 박달나무, 버드나무, 산벚나무, 산뽕나무, 산앵도나무, 상수리나무, 서어나무, 소사나무, 소태나무, 시무나무, 신갈나무, 신나무, 야광나무, 자귀나무, 졸참나무, 층층나무, 팥배나무, 피나무, 까치박달, 호랑버들, 때죽나무

③ 관목
가막살나무, 고추나무, 괴불나무, 국수나무, 꽝꽝나무, 나도국수나무, 노간주나무, 노린재나무, 미역줄나무, 박쥐나무, 병꽃나무, 붉나무, 붉은병꽃나무, 비목나무, 신가막실나무, 산조팝나무, 산초나무, 생강나무, 울괴불나무, 작살나무, 조팝나무, 좀깨잎나무, 좀작살나무, 쥐똥나무, 참조팝나무, 초피나무, 화살나무, 회나무, 회잎나무, 털고광나무, 참개암나무, 개암나무, 고광나무, 덜꿩나무, 개다래, 광대싸리, 다래, 바위말발도리, 산수국, 산철쭉, 조록싸리, 줄딸기, 철쭉, 청가시덩굴, 청미래덩굴, 키버들, 털진달래, 분꽃나무

④ 초본
구절초, 그늘사초, 금족제비고사리, 기름나물, 기름새, 기린초, 긴사상자, 김의털, 까치고들빼기, 꽃며느리밥풀, 꿩의다리, 나도바랭이, 남산제비꽃, 냉초, 넉줄고사리, 넓은잎그늘사초, 넓은잎외잎쑥, 노랑물봉선, 노랑원추리, 노랑제비꽃, 노루발, 노루오줌, 단풍마, 단풍취, 대사초, 더덕, 덩굴개별꽃, 돌나무, 두메고들빼기, 둥굴레, 말발도리, 매밋꽃, 매화말발도리, 맥문동, 외제비꽃, 물봉선, 물억새, 미꾸리낚시, 미나리냉이, 미역취, 민박쥐나물, 밀나물, 바위족제비고사리, 바위채송화, 반들사초, 방아풀, 백량금, 백선, 비비추, 산철쭉, 산개고사리, 산딸기, 산물통이, 산박하, 산부추, 산비늘고사리, 산비늘사초, 산씀바귀, 삼지구엽초, 삼주, 삿갓나무, 새, 새끼노루귀, 선덩굴바꽃, 선밀나물, 애기원추리, 애기족제비고사리, 양지꽃, 억새, 얼레지, 여뀌, 여로, 오리방풀, 오리새, 오미자, 왁살고사리, 용수염풀, 우산나물, 원추리, 으아리, 은대난초, 은방울꽃, 이고들빼기, 좀닭의장풀, 좀미역고사리, 지네고사리, 지리대사초, 지리바꽃, 진달래, 참개별꽃, 참나물, 참배암차즈기, 참새발고사리, 참싸리, 참취, 처녀고사리, 처녀치마, 천남성, 청사초, 큰애기나리, 큰천남성, 태백제비꽃, 털고사리, 털대사초, 털새, 투구꽃, 호밀풀, 홀아비꽃대

02 기출문제

KEY POINT

01 육교형 생태통로
02 조류습지 및 인공섬
03 조류습지 및 관찰숲
04 조류 관찰숲
05 폐도복원(1)
06 폐도복원(2)
07 폐도복원(3)
08 옥상잠자리서식지(1)
09 옥상잠자리서식지(2)
10 적지분석

1 육교형 생태통로

1. 도면 1에 주요생태축을 연결하는 육교형 생태통로 계획평면도를 작성하시오.

   ① 12m 도로 위를 횡단하는 육교형 생태통로 조성
   ② 폭은 30m, 길이 50m(유입부 포함)
   ③ 도로의 소음 및 불빛을 차단할 수 있을 것(차단벽, 차폐식재, 마운딩 등)
   ④ 이동동물종의 개방도 확보
   ⑤ 유도울타리 조성
   ⑥ 다층식재(교목 – 5종 이상, 관목 – 2종 이상, 초본 – 2종 이상)
   ⑦ 소형동물의 은신처가 되는 다공질공간 2가지 이상
   ⑧ SC=1/200
   ⑨ 범례 작성

2. 도면 2에 생태통로 단면도 작성

   ① SC=1/100
   ② 공간을 구분하고 각 공간에 대한 설명

3. 도면 3에 유도울타리 상세도 그리기

   ① 도면 왼쪽에 포유류 유도울타리 단면도와 정면도를 그리고 특징을 설명(SC=1/30)
   ② 도면 오른쪽에 양서파충류 유도울타리 단면도와 정면도를 그리고 특징을 설명(SC=1/30)

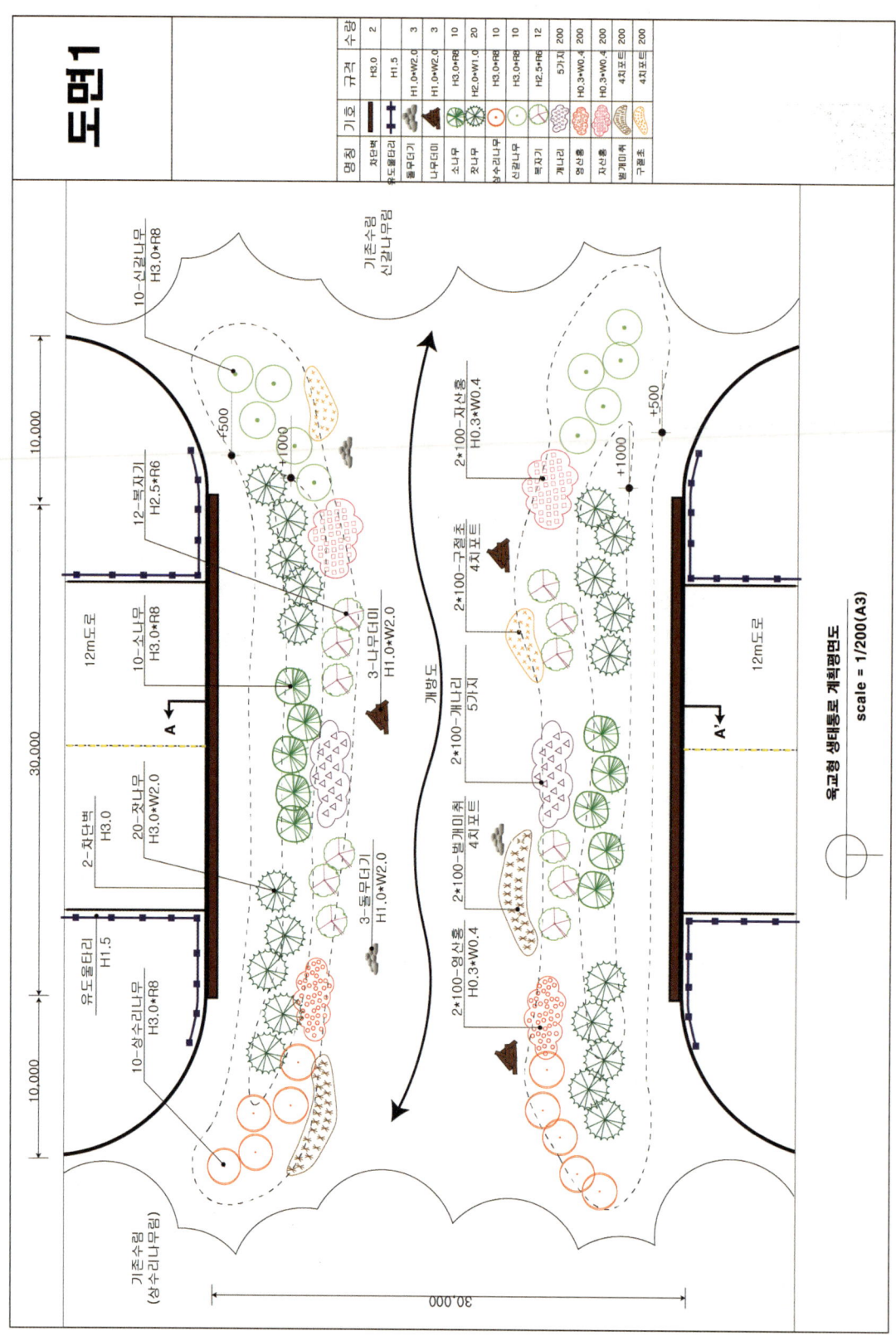

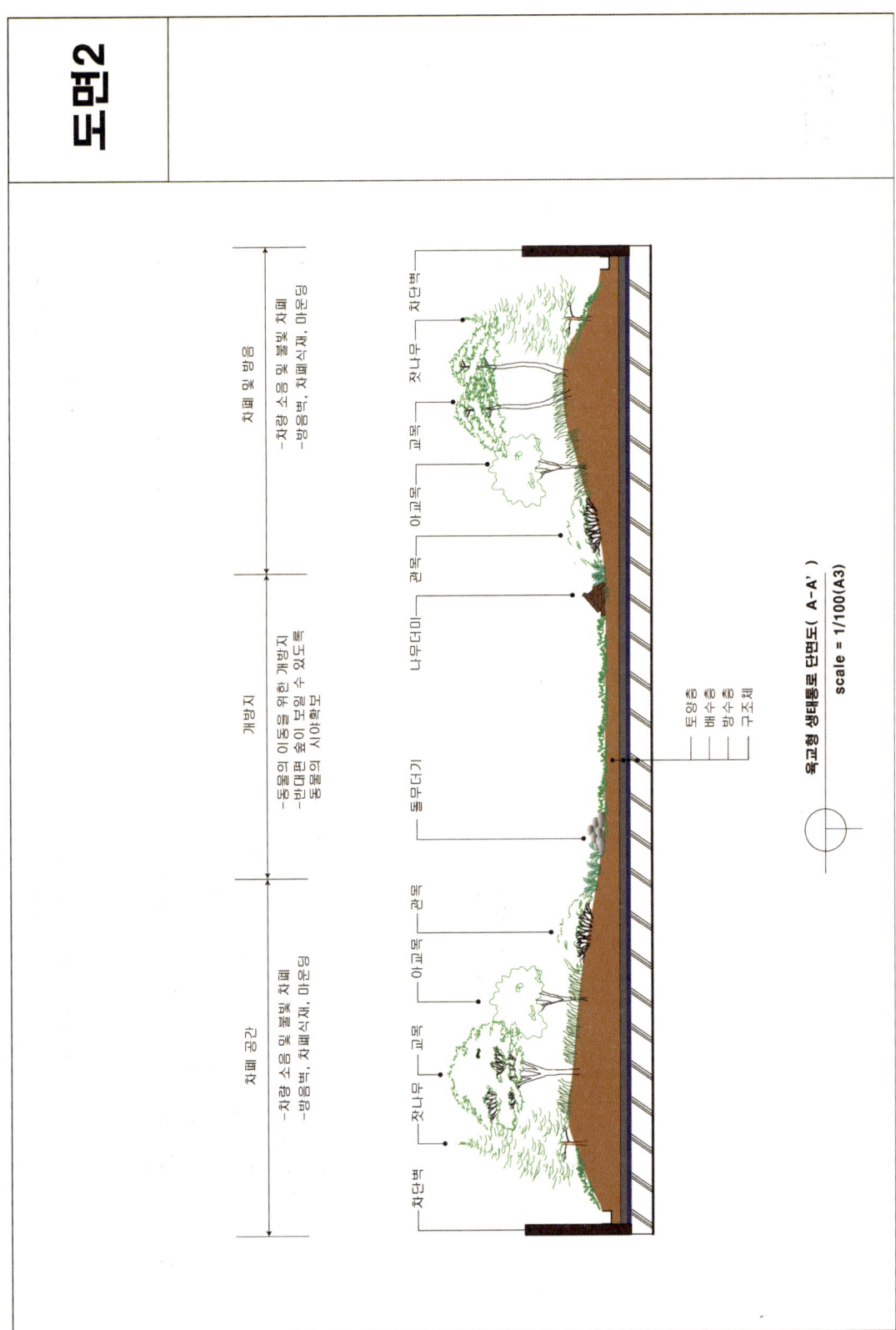

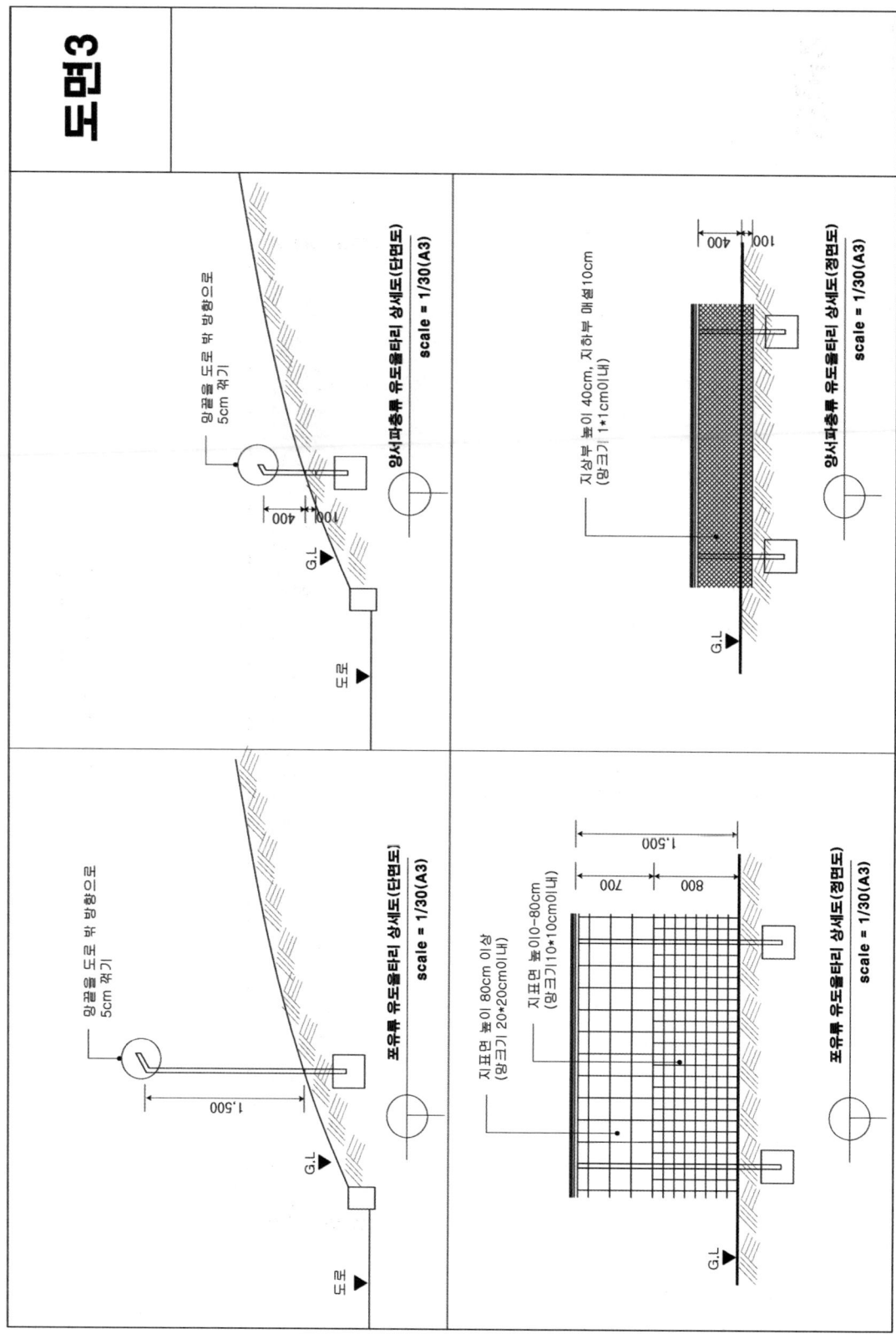

2 조류습지 및 인공섬

1. 도면 1에 55m×40m 공간의 조류습지 계획평면도 그리기

① 습지는 약 35m×25m 크기로 조성하고 중앙부에 위치
② 습지의 유입부는 서쪽에 유출부는 동쪽에 조성하고 유입부와 유출부 북쪽은 기존수림대 유지
③ 습지에 등고선(50cm 단위)을 표시하고 개방수면 확보
④ 습지 중앙에 인공섬을 적당한 크기로 조성하고 교목 1종 이상 식재, 다공질 공간 2개소 이상 조성
⑤ 인공섬 주변에 횃대 3개소 조성
⑥ 적절한 위치에 조류관찰대(10m×3m) 설치
⑦ 교목 5종 이상(조류 먹이식물 3종 포함), 관목 2종 이상, 초본 2종 이상 식재
⑧ 수생식물(정수-부엽-부유-침수) 각 2종 이상 식재
⑨ SC=1/200
⑩ 범례 작성
⑪ 방위표 작성

2. 도면 2에 인간과 조류와의 거리 4가지를 설명하고, 조류습지 단면도 그리기

① 도면 상단에 인간과 조류와의 거리 4가지를 설명하고 개념도 그리기
② 도면 하단에 조류습지 단면도 그리기
   • 인공섬이 포함되도록 할 것
   • 수생식물(정수-부엽-부유-침수)을 표현하고 각 2종 이상 쓰기
   • 습지의 공간을 구분하고 설명
   • SC=1/100

3. 도면 3에 조류관찰대 상세도를 그리시오.(단, 조류관찰대 크기는 5m×3m×H2.5m)

① 도면 상단 우측에 조류관찰대 정면도를 그리고 전망대의 위치를 그리시오(SC=1/30).
② 도면 상단 좌측에 키가 큰 성인과 키가 작은 아이 모두 조류를 관찰할 수 있는 방법 2가지를 설명하시오.
③ 도면 상단 좌측에 조류관찰대 앞에서 조류를 관찰하는 사람들의 모습을 보면서 조류들이 도망가는 것을 방지하는 방법을 설명하시오.
④ 도면 하단에 조류관찰대 단면도를 그리고 어른과 어린아이, 전망대 높이 등을 명시하시오(SC=1/30).

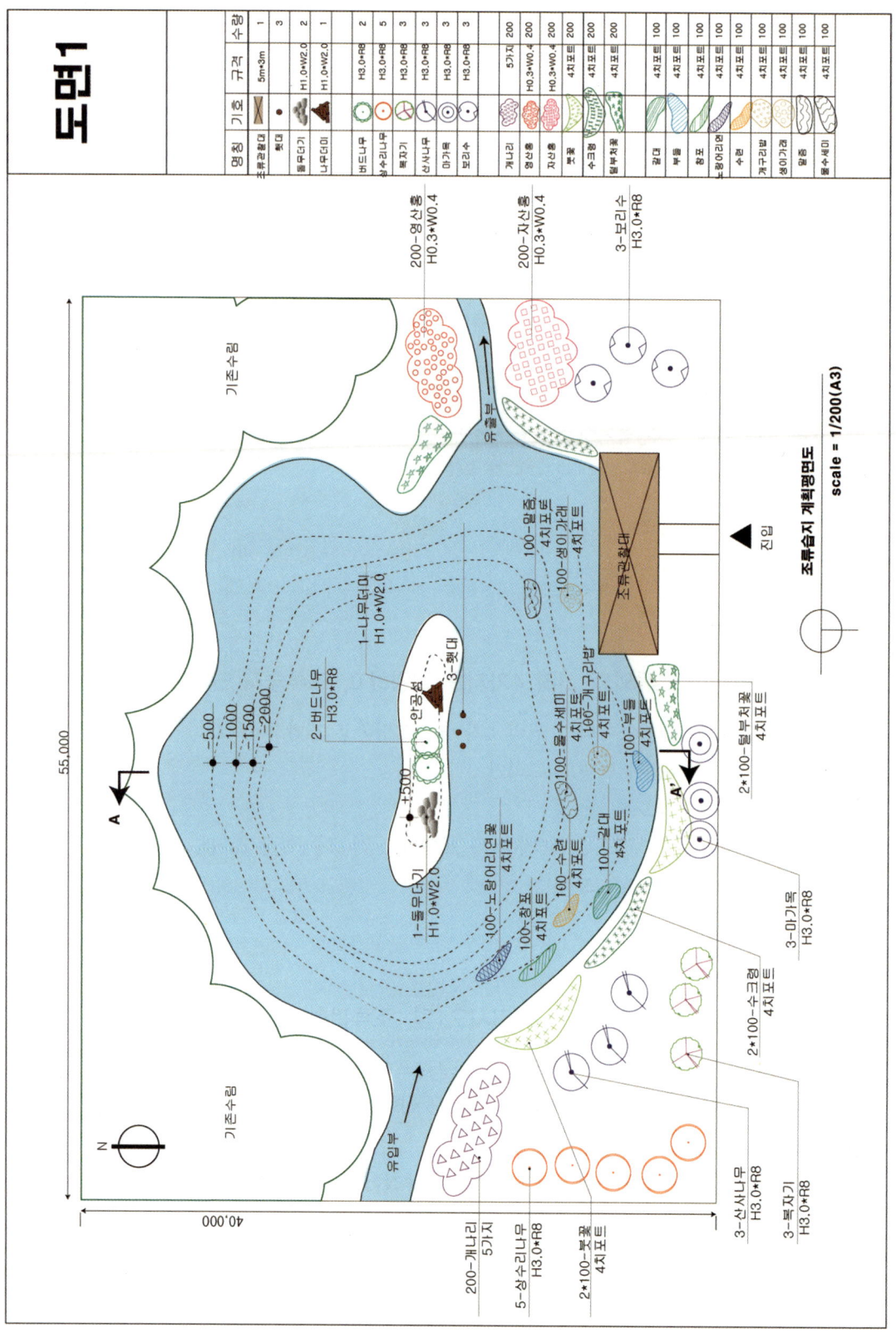

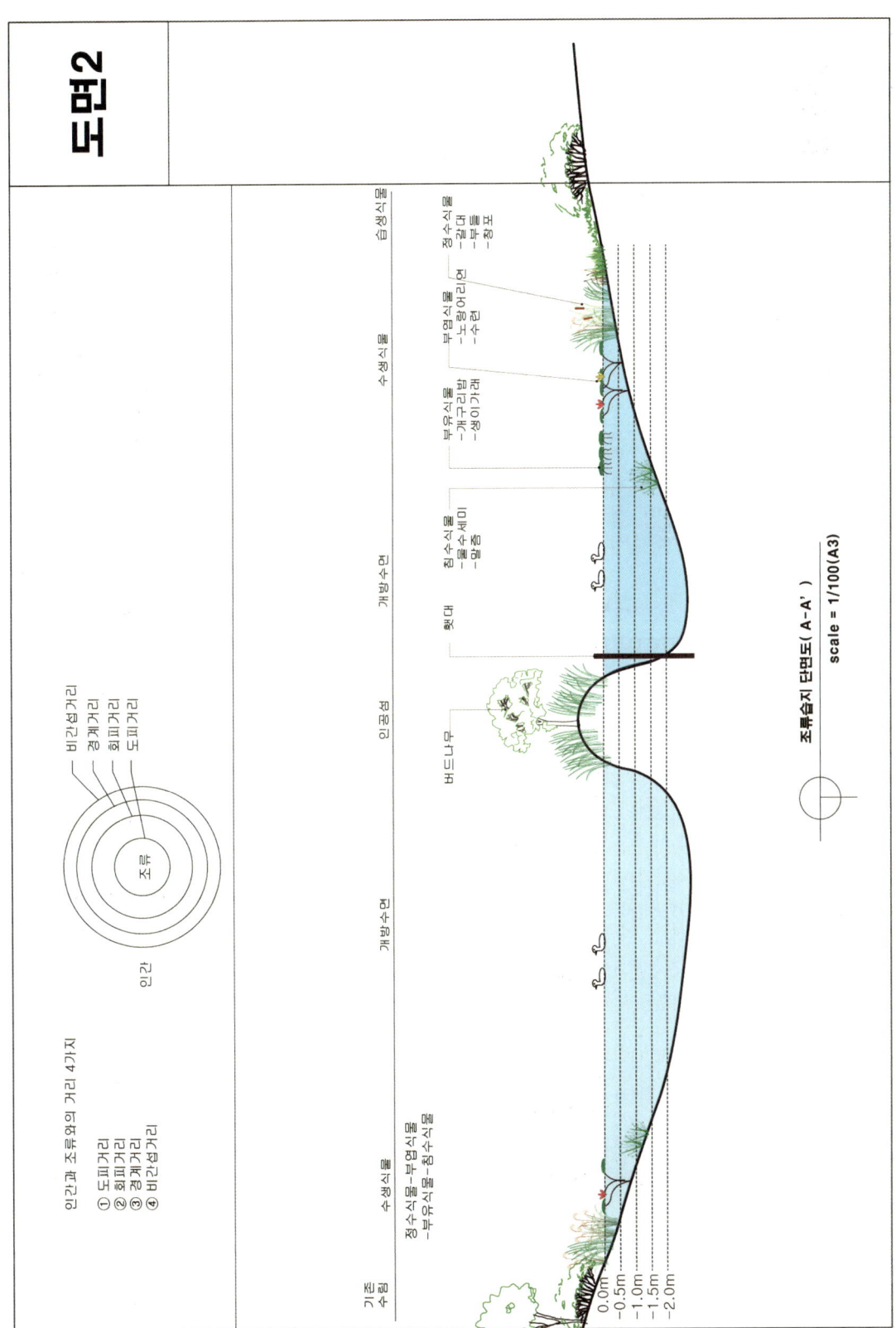

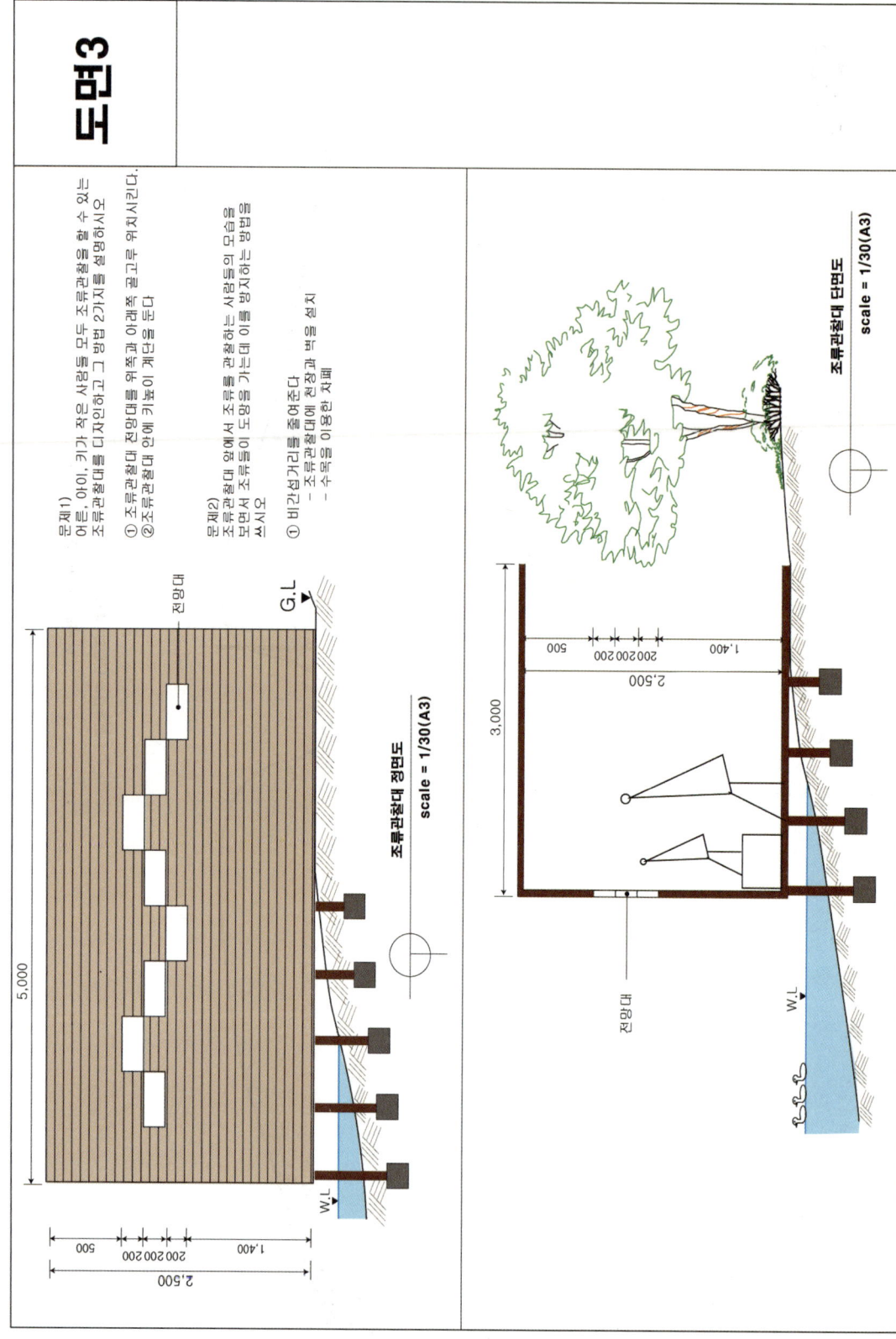

3 조류습지 및 관찰숲

1. **도면 1에 인간과 조류와의 거리를 설명하고, 50m×35m 공간의 조류습지 계획평면도를 그리시오.**

   ① 도면 상단에 인간과 조류와의 거리 4가지를 설명하고 개념도를 그리시오.
   ② 도면 하단에 조류습지 계획평면도를 그리시오.
   - 습지는 약 30m×20m 크기로 조성하고 중앙부에 위치
   - 습지의 유입부는 서쪽에, 유출부는 동쪽에 조성하고 유입부와 유출부 북쪽은 기존수림대 유지
   - 습지에 등고선(50cm 단위)을 표시하고 개방수면 확보
   - 서남쪽에 쉼터(10m×10m)를 조성하고 평의자 배치
   - 적절한 위치에 조류관찰대(10m×3m)와 조류치료소(R 2.5m)를 설치하고 쉼터와 동선(관찰로) 연결
   - 평면지형에 구릉지 조성
   - 교목 5종 이상(조류먹이식물 3종 포함), 관목 2종 이상, 초본 2종 이상 식재
   - 다공질 공간 2개소 이상
   - SC=1/200
   - 범례 작성
   - 방위표 작성

2. **도면 2에 습지(수생식물구역) 단면도와 인공식물섬 상세도 그리기**

   ① 도면 좌측에 습지(수생식물구역) 단면도를 그리고 키 2m 이상 정수식물 3가지, 키 2m 이하 정수식물 3가지, 부엽식물 2가지, 침수식물 2가지를 쓰시오(SC=None).
   ② 도면 우측 상단에 인공식물섬(5m×5m) 평면도를 그리시오.
   - 인공식물섬 크기는 5m×5m로 하시오.
   - 인공식물섬에 25cm×25cm 격자를 그리시오.
   - 인공식물섬에 꽃이 예쁜 정수식물 3종을 식재하시오.
   - SC=1/50
   ③ 도면 우측 하단에 인공식물섬 단면도를 그리시오.
   - 인공식물섬을 고정하는 방법을 그리시오.
   - 인공식물섬이 수면 위에 떠 있는 방법을 그리시오.
   - SC=None

3. 도면 3에 조류관찰대 상세도를 그리시오.(단, 조류관찰대 크기는 5m×3m×H2.5m)

① 도면 상단 우측에 조류관찰대 정면도를 그리고 전망대의 위치를 그리시오(SC=1/30).
② 도면 상단 좌측에 키가 큰 성인과 키가 작은 아이 모두 조류를 관찰할 수 있는 방법 2가지를 설명하시오.
③ 도면 상단 좌측에 조류관찰대 앞에서 조류를 관찰하는 사람들의 모습을 보면서 조류들이 도망가는 것을 방지하는 방법을 설명하시오.
④ 도면 하단에 조류관찰대 단면도를 그리고 어른과 어린아이, 전망대 높이 등을 명시하시오(SC=1/30).

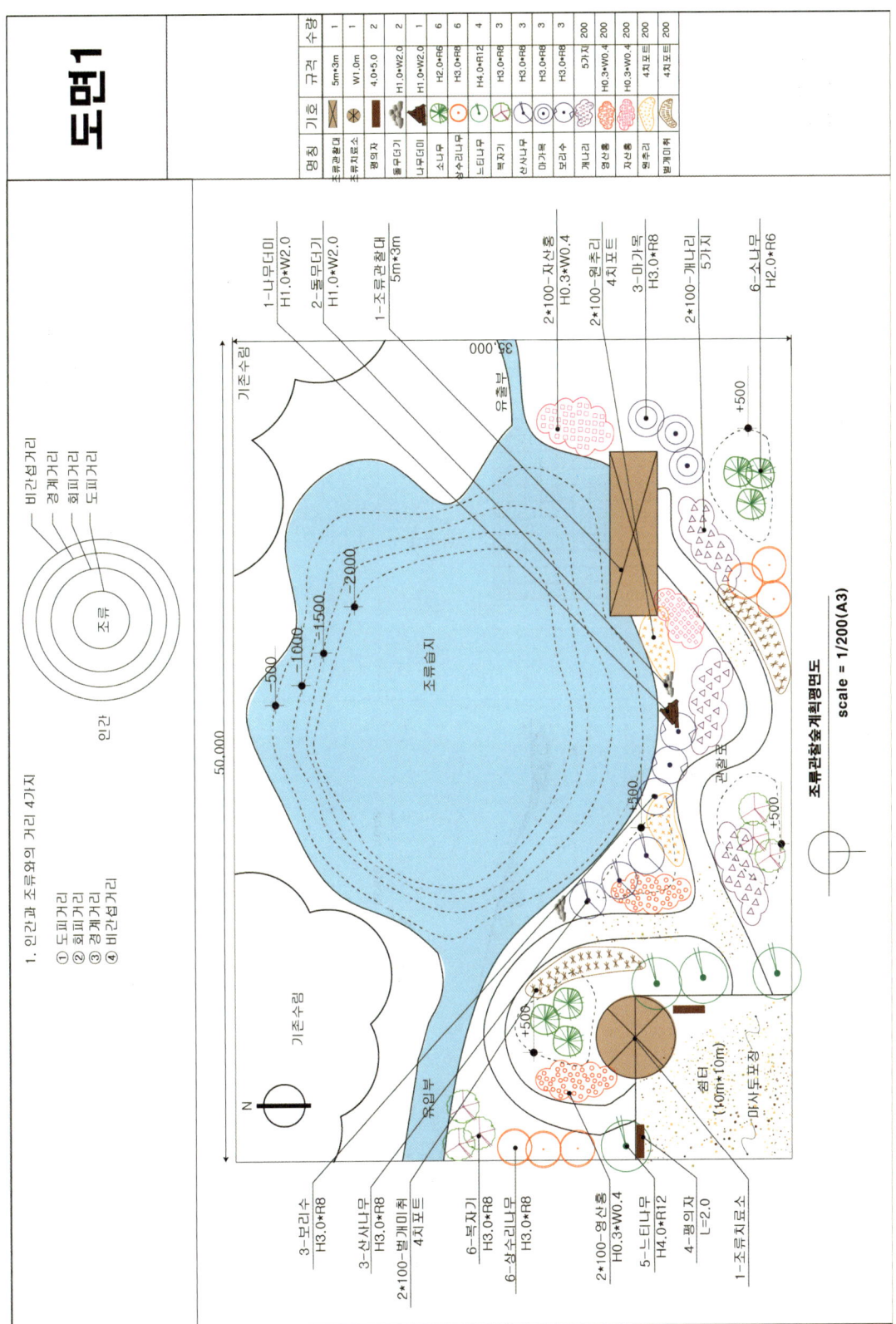

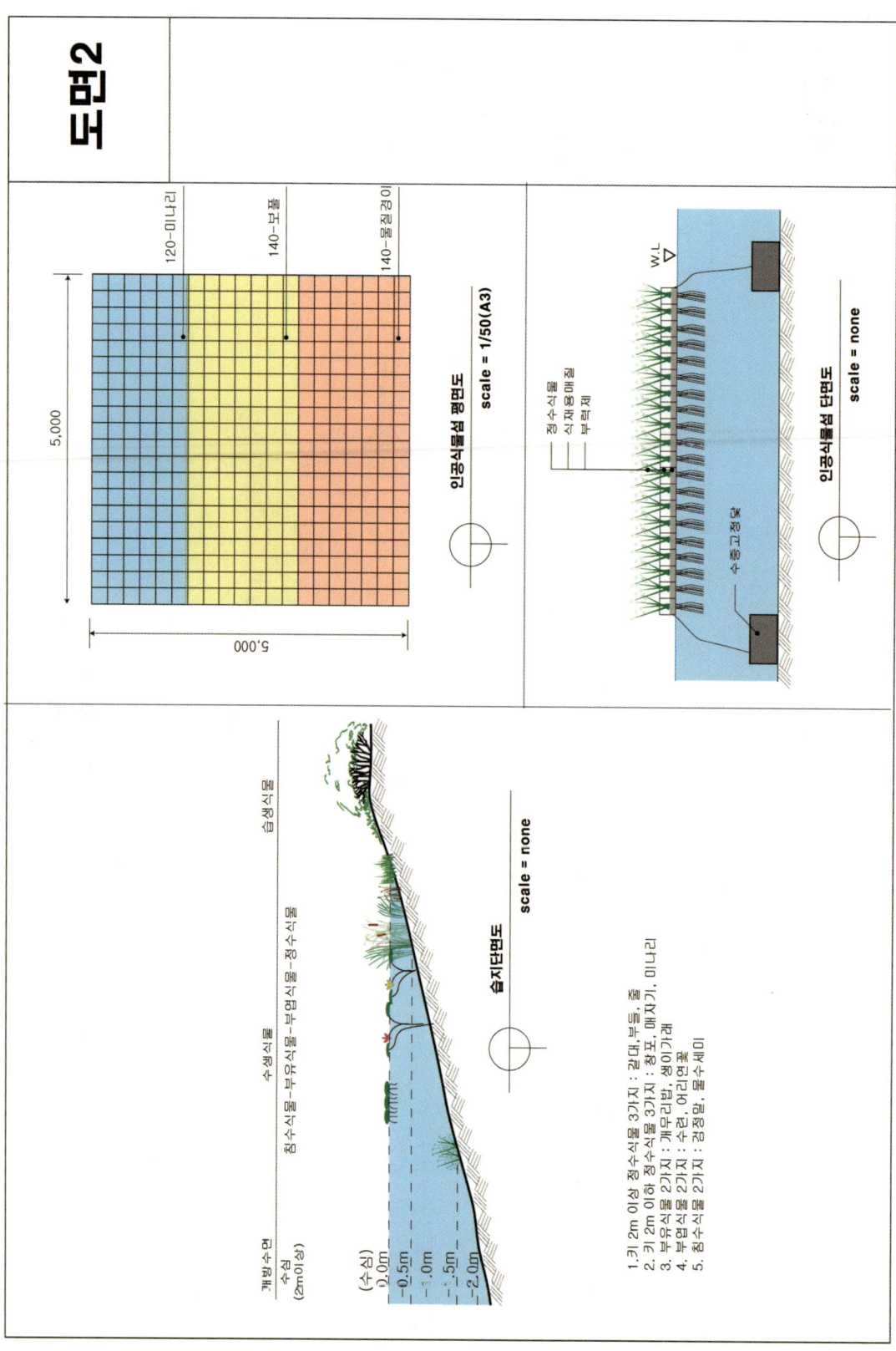

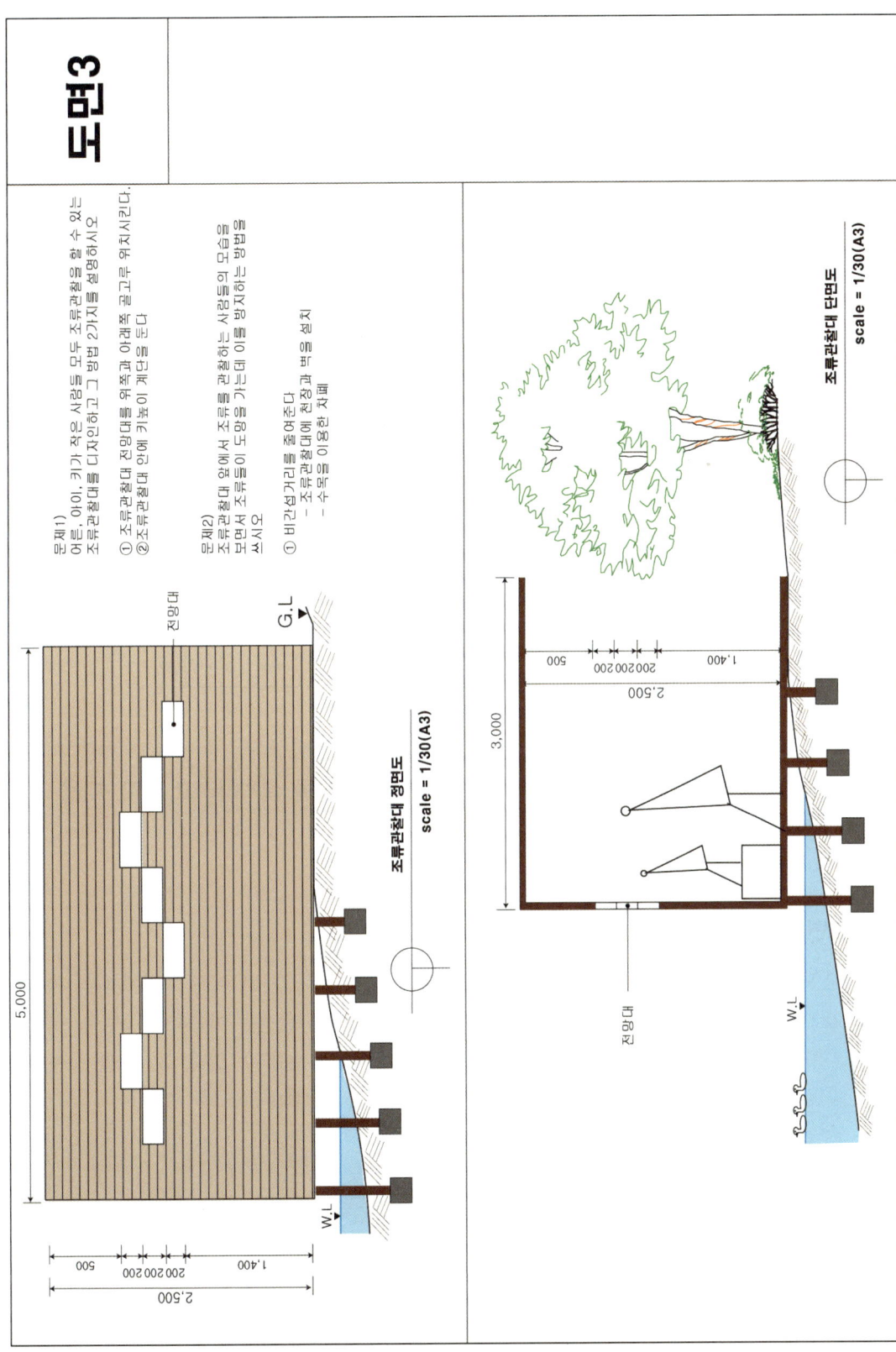

4 조류 관찰숲

우리나라 남해안 해안습지 지역에 습지와 인공섬, 조류 관찰숲을 조성할 계획이다. 아래 현황도와 같이 북동 방향으로 하천이 흐르고 기존수림(소나무, 참나무)과 갈대숲이 형성된 곳으로 다양한 생물종이 서식하고 있으며 특히, 다양한 조류의 관찰이 가능하다.

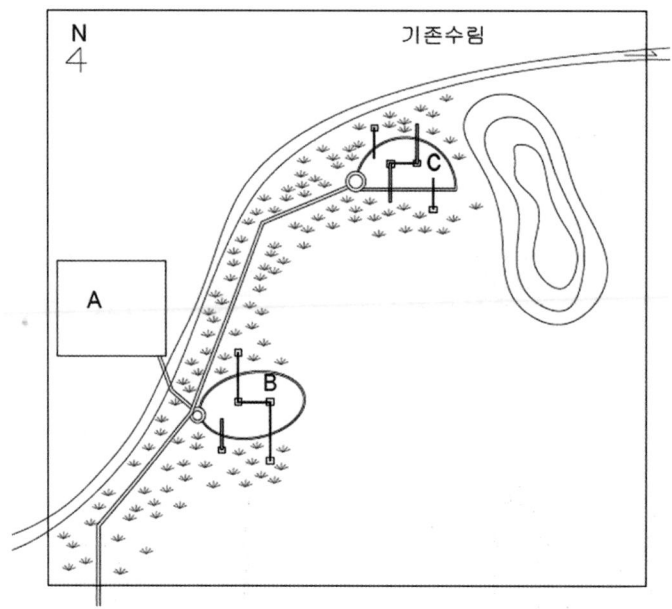

문제 1) A지역에 습지를 조성하고 수생식물 식재 및 인공섬을 설치하려고 한다. 다음 조건에 맞게 도면1을 그리시오.

1-1. 도면 좌측에 습지 단면도를 nonescale로 그리시오.

① 도다양한 수조류(Waterbirds)가 서식할 수 있는 방법을 2가지 이상 그림에 나타내시오.
② 정수식물 중 키 2m 이상 3종, 2m 이하 3종을 그리고 인출선을 이용하여 종명을 쓰시오.
③ 수중식물은 뿌리와 줄기, 잎의 위치에 따라 3가지로 구분할 수 있다. 3가지를 구분하고 각각 2종 이상을 그리고 인출선을 이용하여 종명을 쓰시오.

1-2. 도면 우측에 인공식물섬의 평면도와 단면도를 그리시오.

① 도면 우측 상단에 인공식물섬 평면도를 그리시오.
- 인공식물섬은 10m×10m 크기로 그리고 25cm×25cm 격자틀을 만들고 꽃이 아름다운 정수식물 3종을 식재하시오.
- SC=1/100

② 도면 우측 하단에 인공식물섬 단면도를 그리시오.
- 수심의 깊이는 2m로 하고 인공식물섬이 떠내려가지 않도록 고정할 수 있는 방법을 그리시오.
- SC=None

문제 2) B, C 지역 중 산림성 조류 관찰숲으로 적당한 곳을 선택하여 조류 관찰숲을 다음 조건에 맞게 도면 2에 그리시오.

2-1. 도면 상부에 인간과 조류와의 거리, 비간섭거리 줄이는 방법 등을 설명하시오.

① 도면 상부에 인간과 조류와의 거리를 설명하고 개념도를 그리시오.
② 도면 상부에 비간섭거리 줄이는 방법 3가지를 쓰시오.

2-2. 도면 하부에 조류 관찰숲을 적당한 비례를 이용하여 nonescale로 그리시오.

① 주변 수종을 포함하여 교목 3종 이상을 식재하시오.
② 조류 먹이식물 5종 이상 식재하시오.
③ 식재는 다층구조를 이룰 수 있도록 하고, 데크 주변으로 관목덤불을 조성하시오.
④ 쉼터에는 그늘목을 설치하여 이용객이 휴식할 수 있도록 하시오.
⑤ 곳곳에 구릉지를 만들어 자연스러운 지형의 변화를 주시오.
⑥ 나무, 돌, 식물을 이용한 소생물 서식처를 각각 3개소 이상 조성하시오.
⑦ 겨울철 조류 먹이와 둥지를 공급할 수 있는 방안을 그리시오.
⑧ 적당한 곳에 조류치료소를 설치하고 조류관찰 및 생태교육을 할 수 있도록 하시오.

문제 3) 버려지는 폐목재를 이용하여 아래와 같은 조류관찰대를 만들었다. 하지만 비행성 조류들이 인간을 인지하고 조류관찰대 주위에 접근하지 않는 문제점이 지적되어 이를 보완하고자 한다. 그에 맞는 조류관찰대의 정면도와 측면도를 그리시오. (SC=1/30)

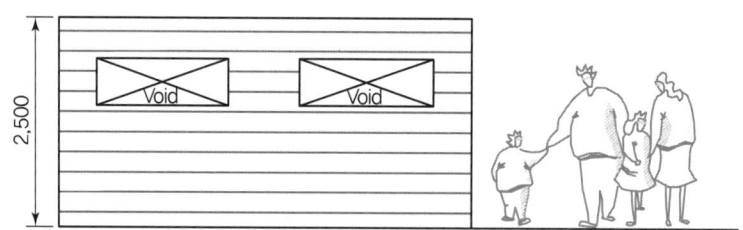

3-1. 비행성 조류들이 인간을 인지하지 못하고 조류관찰대 주위에서 자연스러운 먹이 및 휴식할 수 있는 방안을 포함하여 그리시오.

3-2. 키가 큰 사람과 키가 작은 사람 모두 조류관찰대를 이용할 수 있는 방안을 포함하여 그리시오.

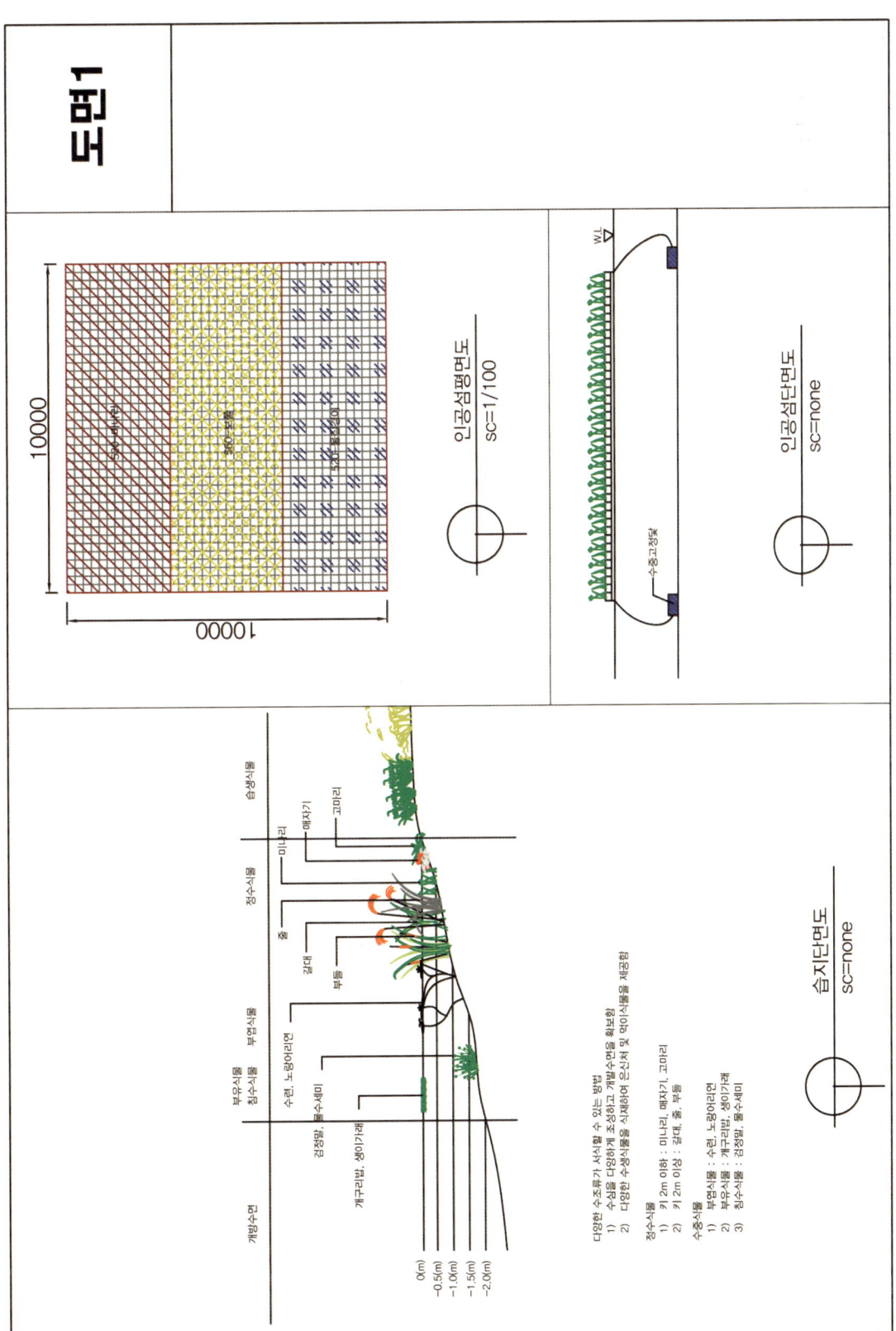

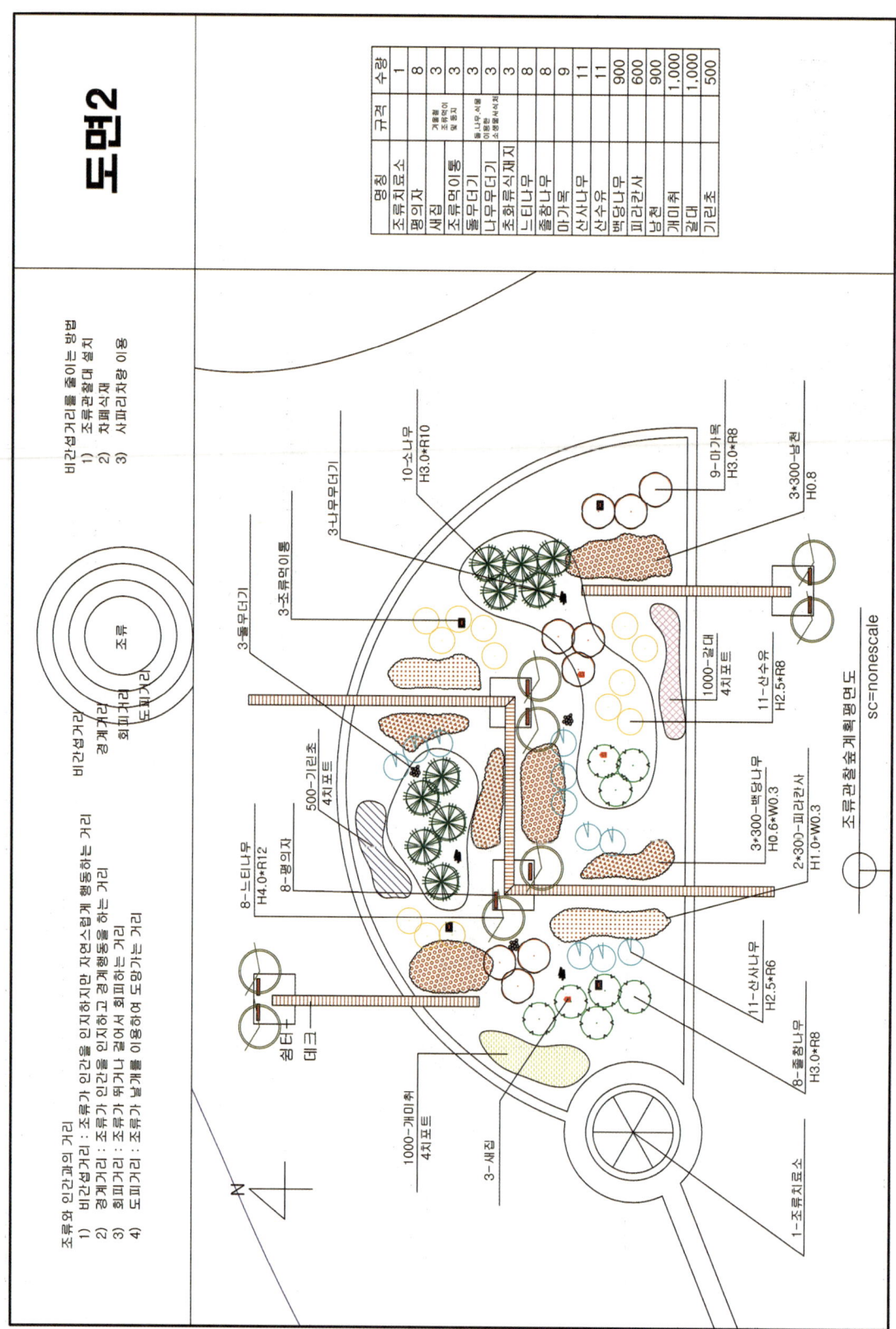

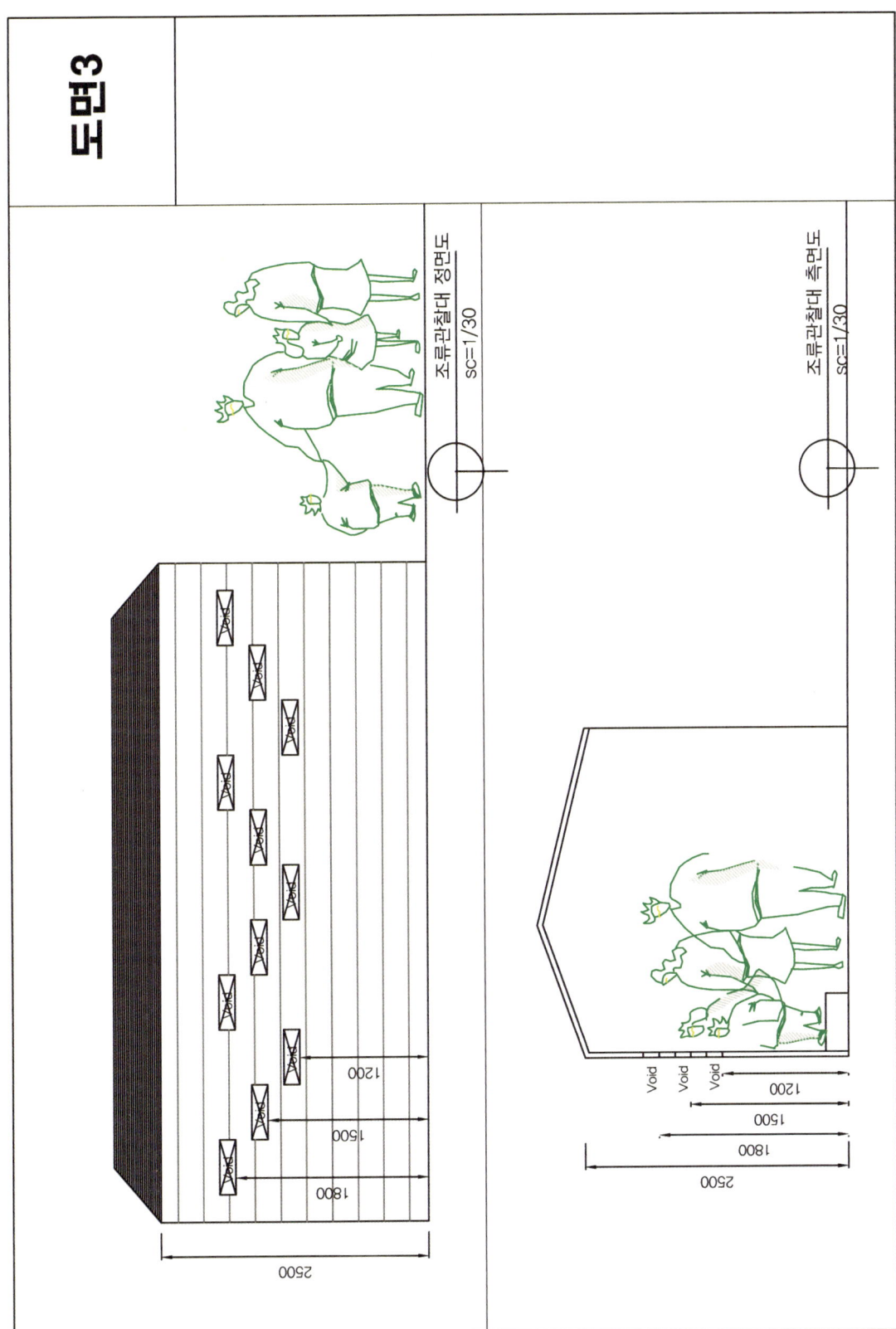

5 폐도복원(1)

1. 도면 1에 폐도복원계획평면도를 그리시오.

① 신설도로와 접하는 부분 중 한 곳에 진입광장(10m×10m)을 조성하시오.
- 포장은 기존포장을 유지하시오.
- 퍼걸러(4m×4m) 1개소를 설치하시오.
- 평의자 3개소를 설치하시오.

② 적절한 곳에 생태숲(40m×10m)을 조성하시오.
- 생태숲에 교목 3종 이상, 관목 2종 이상, 초본 2종 이상을 식재하시오.
- 모니터링 동선을 설치하시오.

③ 적절한 곳에 양서류 습지(20m×10m)를 조성하시오.
- 유입구와 유출구를 조성하시오.
- 습지 등고선(50cm 단위)을 그리시오.
- 습생식물 2종 이상, 수생식물 중 정수식물 2종 이상, 부엽식물 2종 이상 식재
- 소생물 서식처 2곳 이상 조성
- 모니터링 동선 설치

④ 적절한 곳에 천이유도공간(20m×10m)을 조성하시오.
- 천이유도공간은 개척화기법을 적용하시오.
- 모니터링 동선을 설치하시오.

⑤ SC=1/200

⑥ 폐도의 형태는 반원형으로 직선인 신설도로와 접하게 그리시오.

⑦ 범례를 작성하시오.

2. 도면 2에 단면도를 그리시오.

① 도면 상단에 양서류습지 단면도를 그리시오.
- SC=1/50
- 공간을 구분하고 설명하시오.
- 습생식물(교목, 관목, 초본)을 각 2종 이상, 수생식물(정수, 부엽, 부유, 침수)을 각 2종 이상 쓰시오.

② 도면 하단 좌측에 천이유도공간에 대한 단면도를 그리시오.
- SC=1/100
- 공간을 구분하고 설명하시오.

③ 도면 하단 우측에 생태숲 단면도를 그리시오.
- SC=1/100
- 공간을 구분하고 설명하시오.

3. 도면 3에 터널형 생태통로 평면도를 그리시오.

① 도면 상단 좌측에 우산종의 정의를 쓰고, 먹이피라미드를 그리시오.
② 도면 상단 우측에 터널형 생태통로(3m×3m×L10m) 모식도를 그리고 개방도를 계산하시오(SC=None).
③ 도면 하단에 터널형 생태통로 평면도를 그리시오.
- SC=1/50
- 생태통로 내부는 10m, 외부를 합쳐 길이 15m
- 외부는 부채꼴 형태로 넓어지게 하고 유도식재와 유도울타리 조성
- 내부에 수로가 흐르며 근처 계류와 이어지는 소규모 습지 조성
- 바닥은 모래밭으로 조성하고, 피난처로 이용되는 공간을 조성
- 물을 싫어하는 동물을 위한 이동로 조성

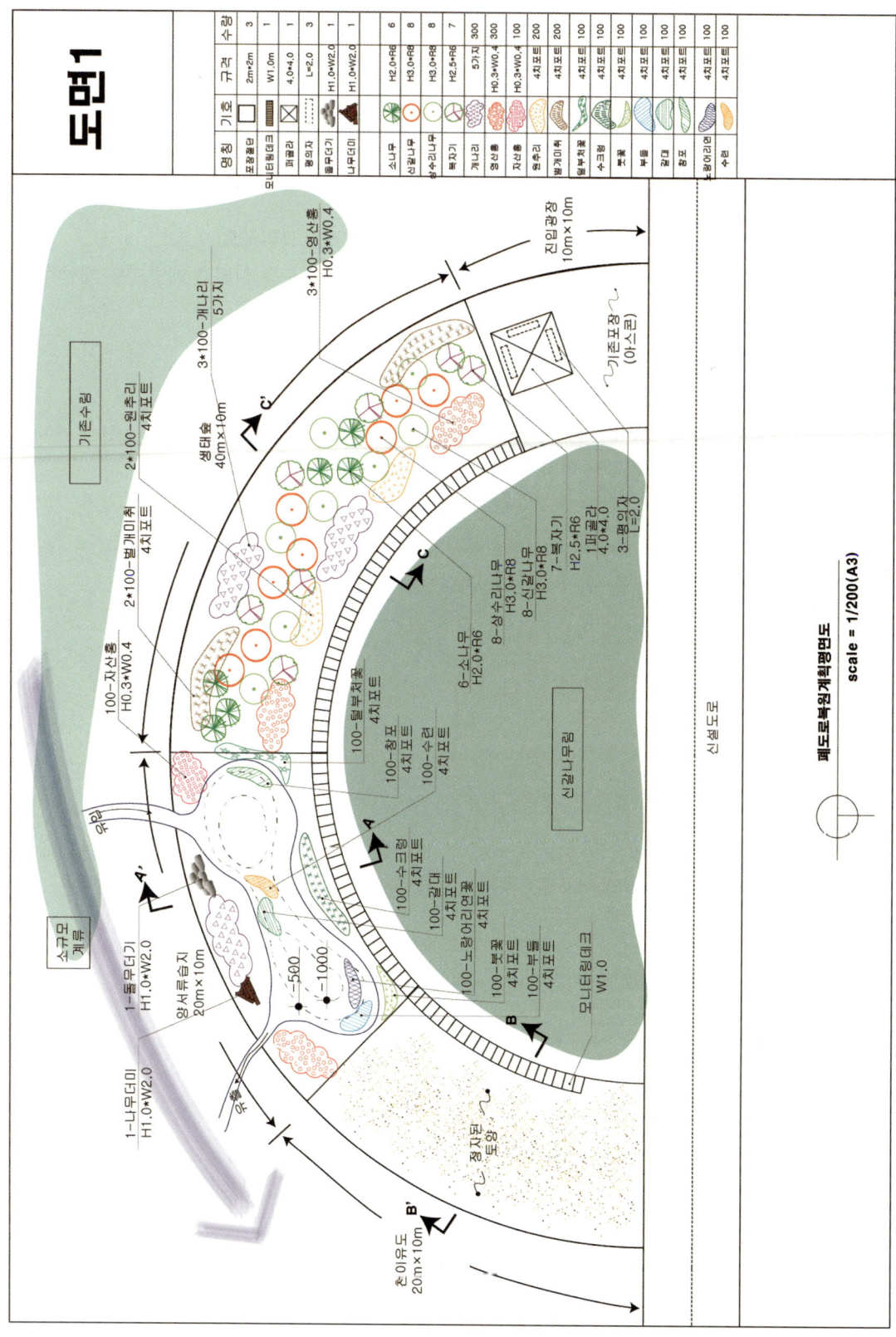

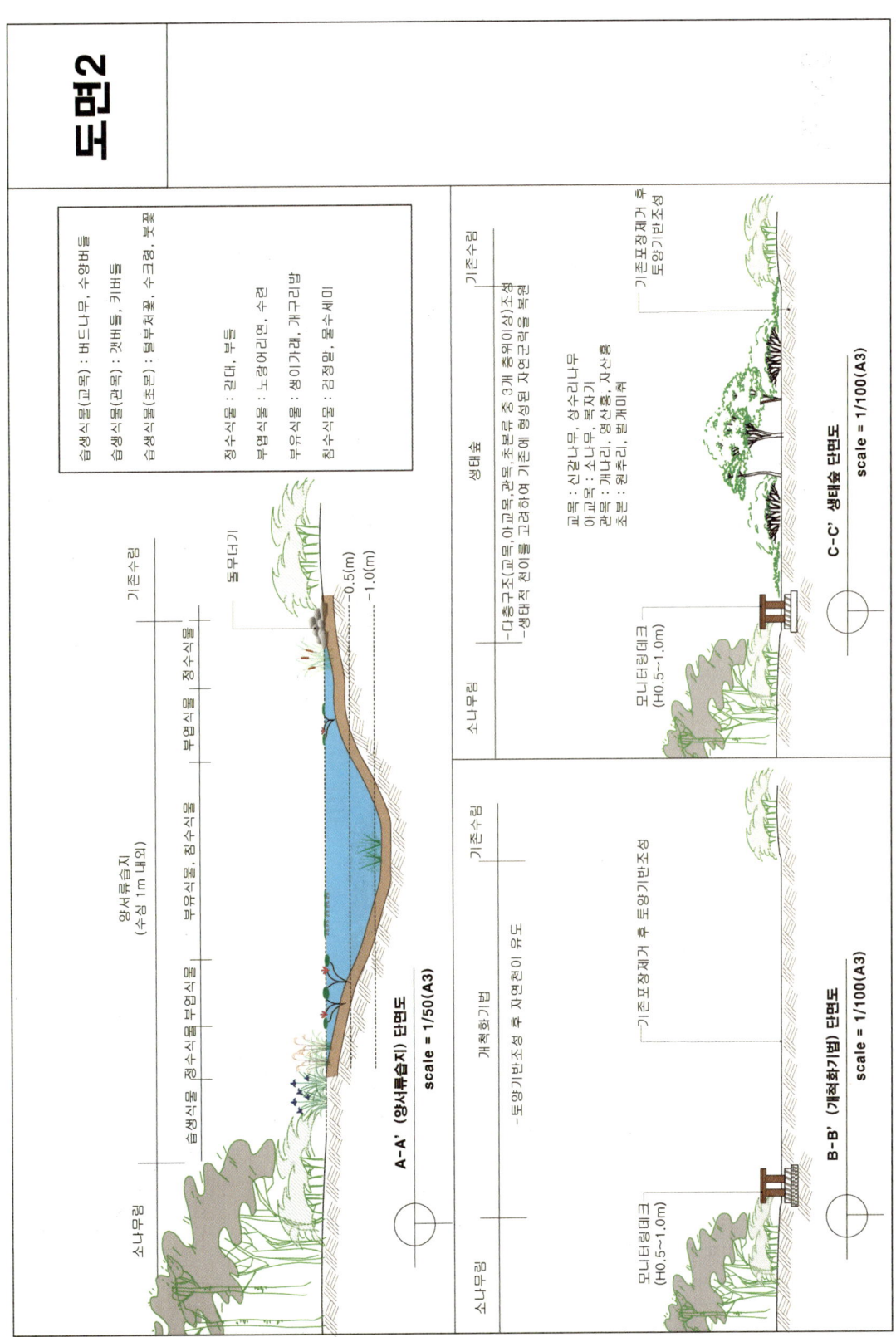

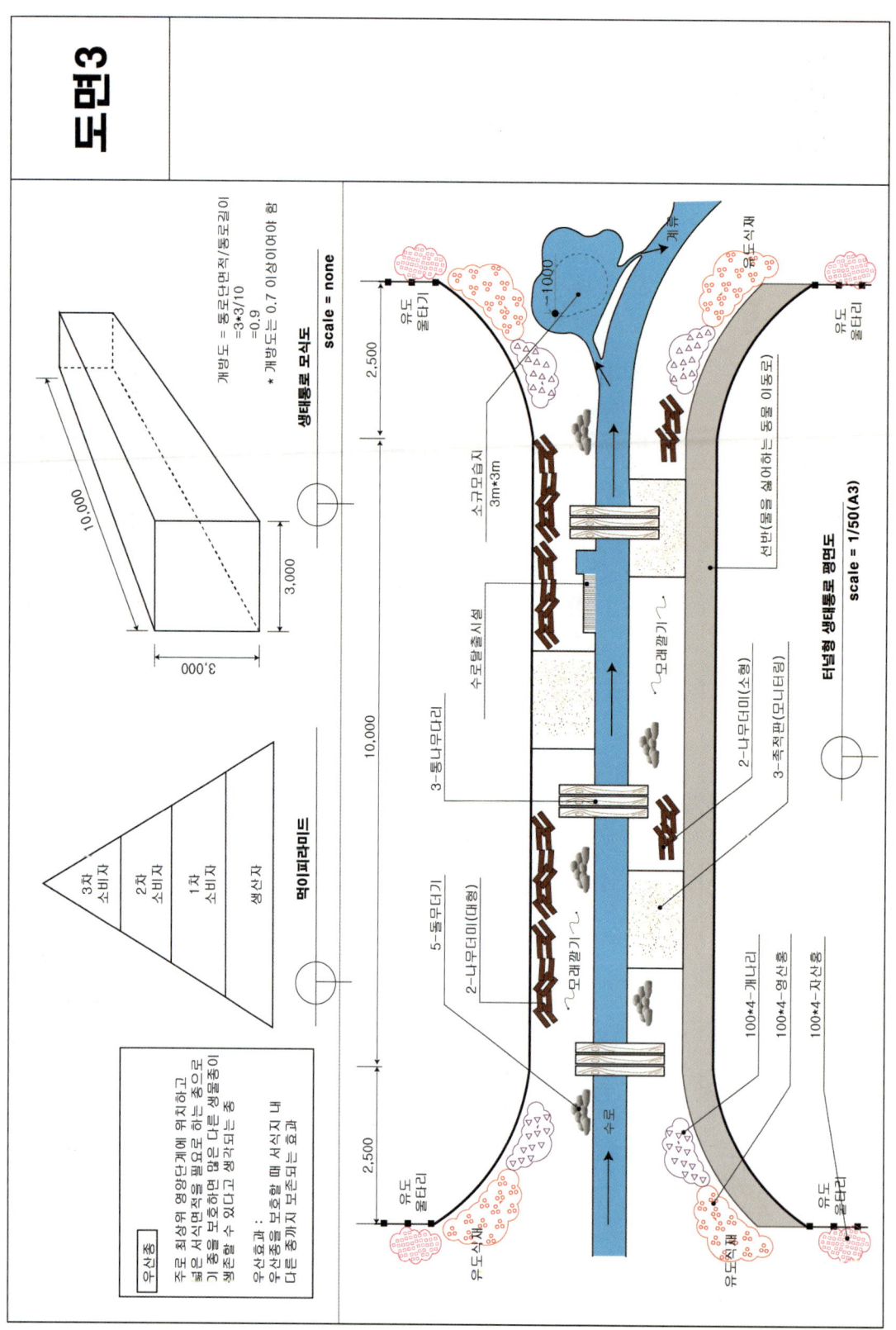

6 폐도복원(2)

1. 도면 1에 폐도복원계획평면도를 그리시오.

① 신설도로와 접하는 부분 중 한 곳에 진입광장(10m×10m)을 조성하시오.
  - 포장은 기존포장을 유지하시오.
  - 기존포장을 2m×2m 크기로 절단하고 신갈나무를 식재하시오(3개소).
② 적절한 곳에 핵화기법을 이용한 복원지(40m×10m)를 조성하시오.
  - 핵화기법에 맞게 복원지를 조성하시오.
  - 모니터링 동선을 설치하시오.
③ 적절한 곳에 양서류 습지(20m×10m)를 조성하시오.
  - 유입구와 유출구를 조성하시오.
  - 습지 등고선(50cm 단위)을 그리시오.
  - 습생식물 2종 이상, 수생식물 중 정수식물 2종 이상, 부엽식물 2종 이상 식재
  - 소생물 서식처 2곳 이상 조성
  - 모니터링 동선 설치
④ 적절한 곳에 천이유도공간(20m×10m)을 조성하시오.
  - 천이유도공간은 개척화기법을 적용하시오.
  - 모니터링 동선을 설치하시오.
⑤ SC=1/200
⑥ 폐도의 형태는 반원형으로 직선인 신설도로와 접하게 그리시오.
⑦ 범례를 작성하시오.

2. 도면 2에 단면도를 그리시오.

① 도면 좌측 상단에 진입광장 단면도를 그리시오.
  - SC=1/100
  - 공간을 구분하고 설명하시오.
② 좌측 하단에 양서류습지 단면도를 그리시오.
  - SC=1/100
  - 공간을 구분하고 설명하시오.
③ 도면 우측 상단에 천이유도공간 단면도를 그리시오.
  - SC=1/100
  - 공간을 구분하고 설명하시오.

④ 우측 하단에 핵화기법복원지의 단면도를 그리시오.
- SC=1/100
- 공간을 구분하고 설명하시오.

3. 도면 3에 습지방수층 조성기법에 대하여 설명하고 상세도를 그리시오.

① 도면 좌측 상단에 방수층 조성기법 3가지를 쓰고 특징을 설명하시오.
② 도면 좌측 하단, 우측 상단, 우측 하단에 각각의 방수층에 대한 상세도를 그리시오(SC=None).

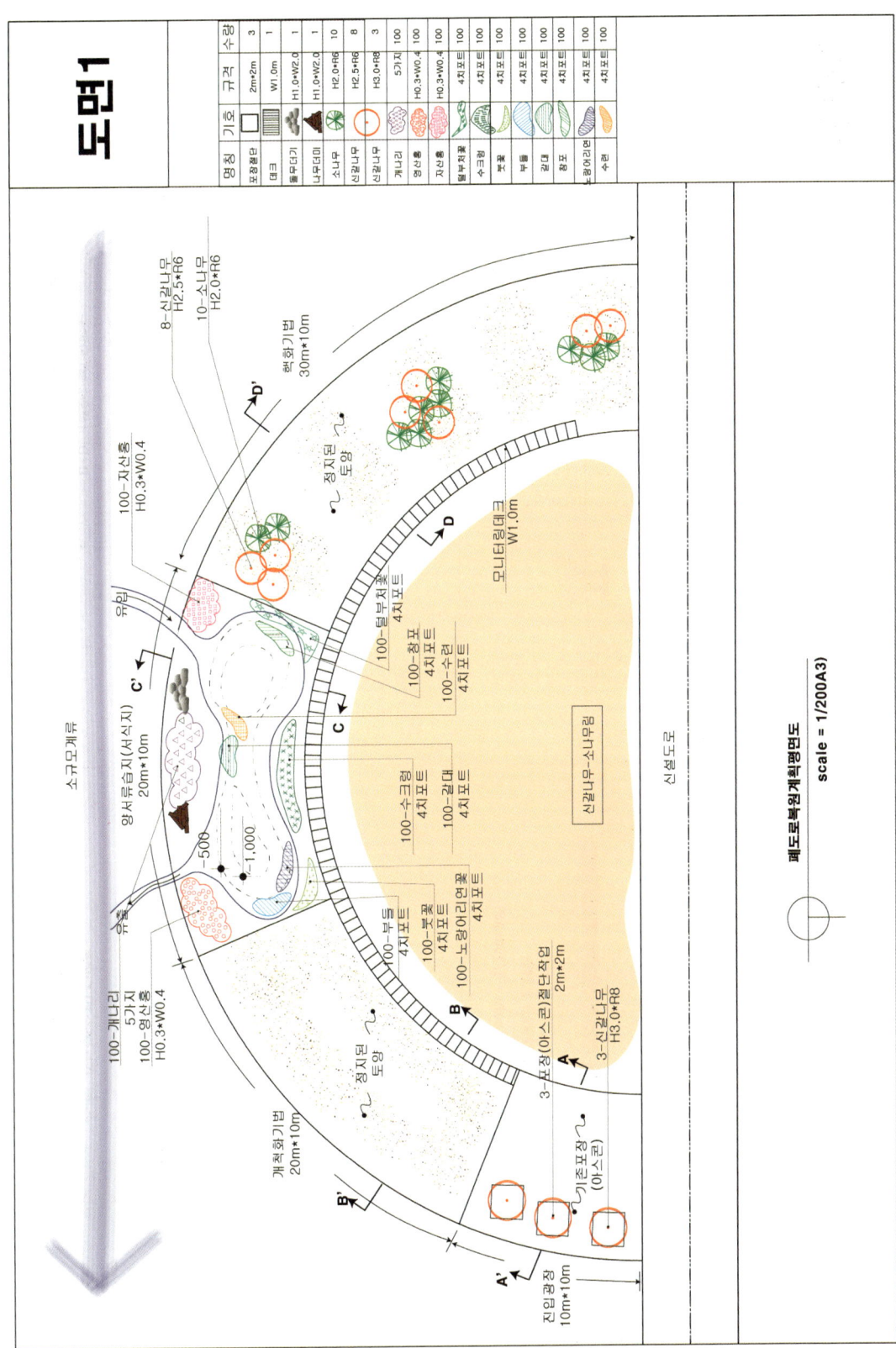

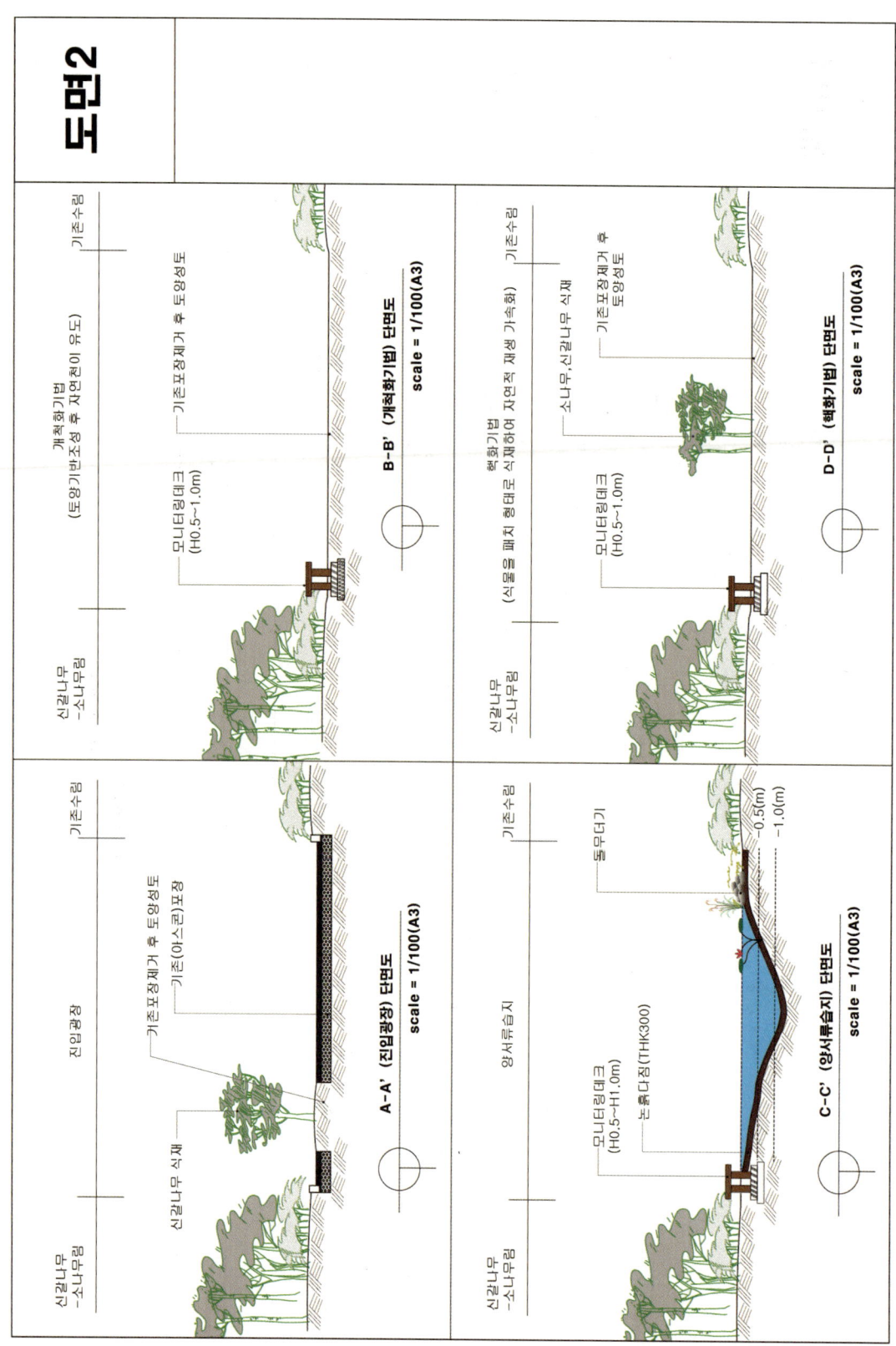

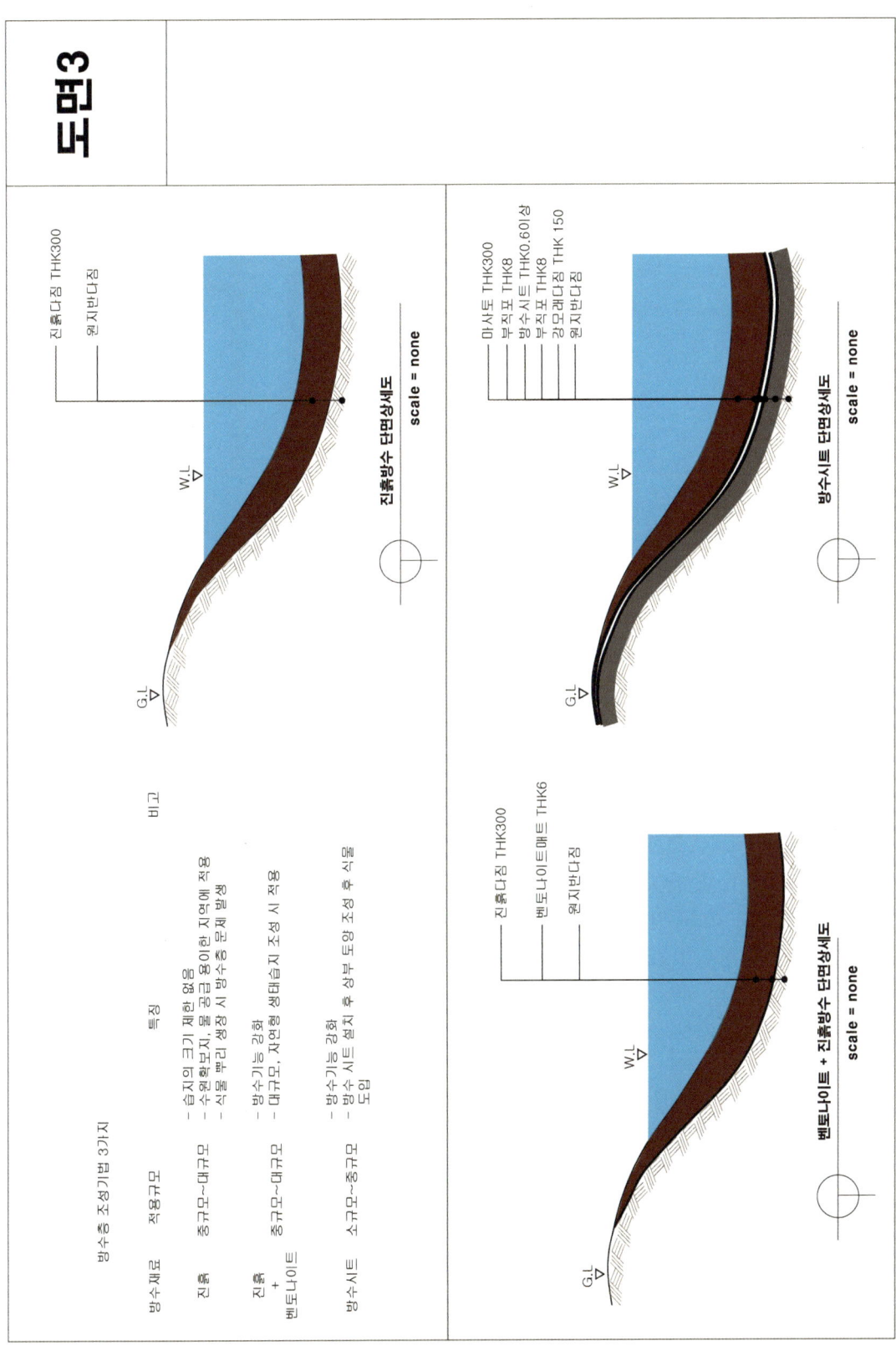

7 폐도복원(3)

문제 1) 다음은 강원도 지역의 폐도현황도이다. 다음 현황도를 보고 폐도복원 도면을 작성하시오(SC =None).

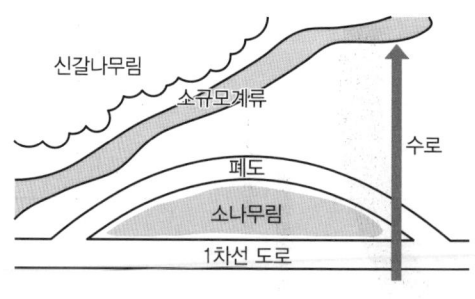

∥ 현황도 1 ∥

① 폐도의 크기는 약 W=10m, L=120m로 조성하시오.
② 서쪽 입구에 10m×10m 크기로 휴식, 학습, 관찰 공간을 조성하시오.
   • 인위적 시설을 배제하고 자연 소재를 이용하시오.
③ 서쪽 입구 옆에 50m×10m 크기의 신갈나무 생태숲을 조성하시오.
   • 아래 보기의 수목을 이용하여 4층 이상의 다층구조를 이루도록 식재하시오.
   • 외래종을 피하고 고유종 위주로 선별하여 식재하시오.
④ 적절한 위치를 선정하여 북방산개구리 서식습지를 40m×10m 크기로 조성하시오.
   • 육지 20%, 습지 80% 비율을 유지하시오.
   • 교목, 관목, 습생식물(초본), 정수식물, 부엽식물, 부유식물, 침수식물 각 2종 이상을 식재하고 개방수면의 비율은 50%를 유지하시오.
   • 최대수심은 1m로 하고 등고선을 20cm마다 표현하시오.
   • 습지 주변 개척화공법을 이용한 복원지역을 20m×10m 크기로 조성하시오.

〈보기〉

관중, 까치박달, 물푸레나무, 신갈나무, 피나무, 노린재나무, 당단풍나무, 철쭉, 생강나무, 단풍마, 상수리나무, 서양등골나물, 아까시나무, 족제비싸리, 애기나리, 개나리

문제 2) 문제 1)에서 작성한 폐도복원 도면 일부의 단면도를 그리시오(SC =None).

2-1. 도면 왼쪽에 북방산개구리 서식습지의 단면도를 그리시오.

　　① 수심은 20cm마다 표현하시오.
　　② 수심이 명확히 구분되는 단면을 2곳 이상 표현하시오.
　　③ 교목, 관목, 습생식물(초본), 정수식물, 부엽식물, 부유식물, 침수식물을 표현하고 인출선을 이용하여 각 2종 이상의 종명을 표기하시오.

2-2. 도면 오른쪽에 생태숲과 개척화공법 단면도를 그리시오.

　　① 생태숲은 위 보기 수종을 이용하여 4층 이상의 다층구조를 형성하시오.
　　② 인출선을 이용하여 층위당 2종 이상의 수종을 쓰시오.(층위 및 종명을 같이 적으시오.)
　　③ 개척화 공법에 대하여 설명하고, 인출선을 이용하여 개척화 공법 단면도를 표현하시오.

문제 3) 다음 현황도를 보고 도면을 작성하시오(SC =None).

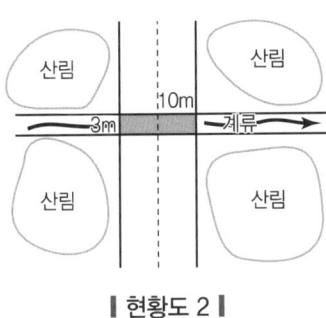

현황도 2

3-1. 도면 왼쪽 상단에 우산종에 대하여 설명하고 다음 보기의 종들이 모두 포함되는 먹이피라미드를 그리고 우산종을 고르시오.

〈보기〉

계곡산개구리, 고라니, 너구리, 다람쥐, 담비, 멧돼지, 맹꽁이, 신갈나무, 졸참나무, 산토끼

3-2. 현황도 2를 보고 도면 왼쪽 하단에 터널형 생태통로 모식도를 그리고 단면적을 계산하시오.

① 터널형 생태통로 가로 세로 길이는 3m×3m이다.
② 터널형 생태통로 단면적의 풀이 식과 답을 같이 적으시오.

3-3. 현황도 2를 보고 터널형 생태통로 단면도를 그리시오.

① 생태통로의 총 길이는 내부 10m, 입구부분 5m, 총길이 15m이다.
② 입구부분은 자연스러운 부채꼴 모양으로 그리시오.
③ 통로 내부에 수로를 조성하여 계류가 흐르게 하고 포유동물 이동을 위해 물이 흐르지 않는 부분을 조성하시오.
④ 야생동물 이동 모니터링을 위해 모래밭을 이용한 족적판을 설치하시오.
⑤ 돌무더기, 나무무더기 등 생태적 요소를 도입하시오.
⑥ 통로 내부 수로가 계류와 합쳐지도록 하고 3m×3m 크기의 소규모 습지를 조성하시오.

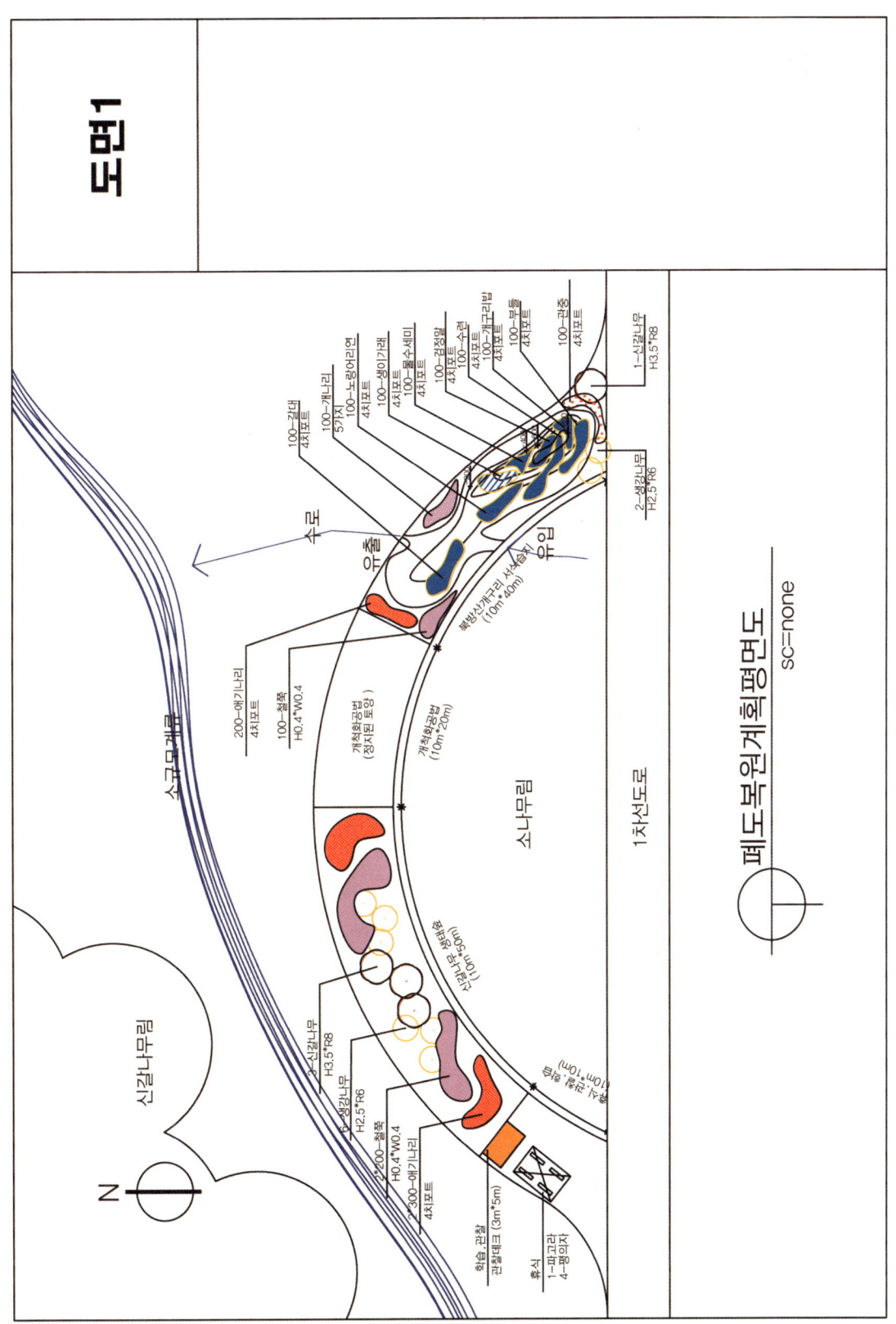

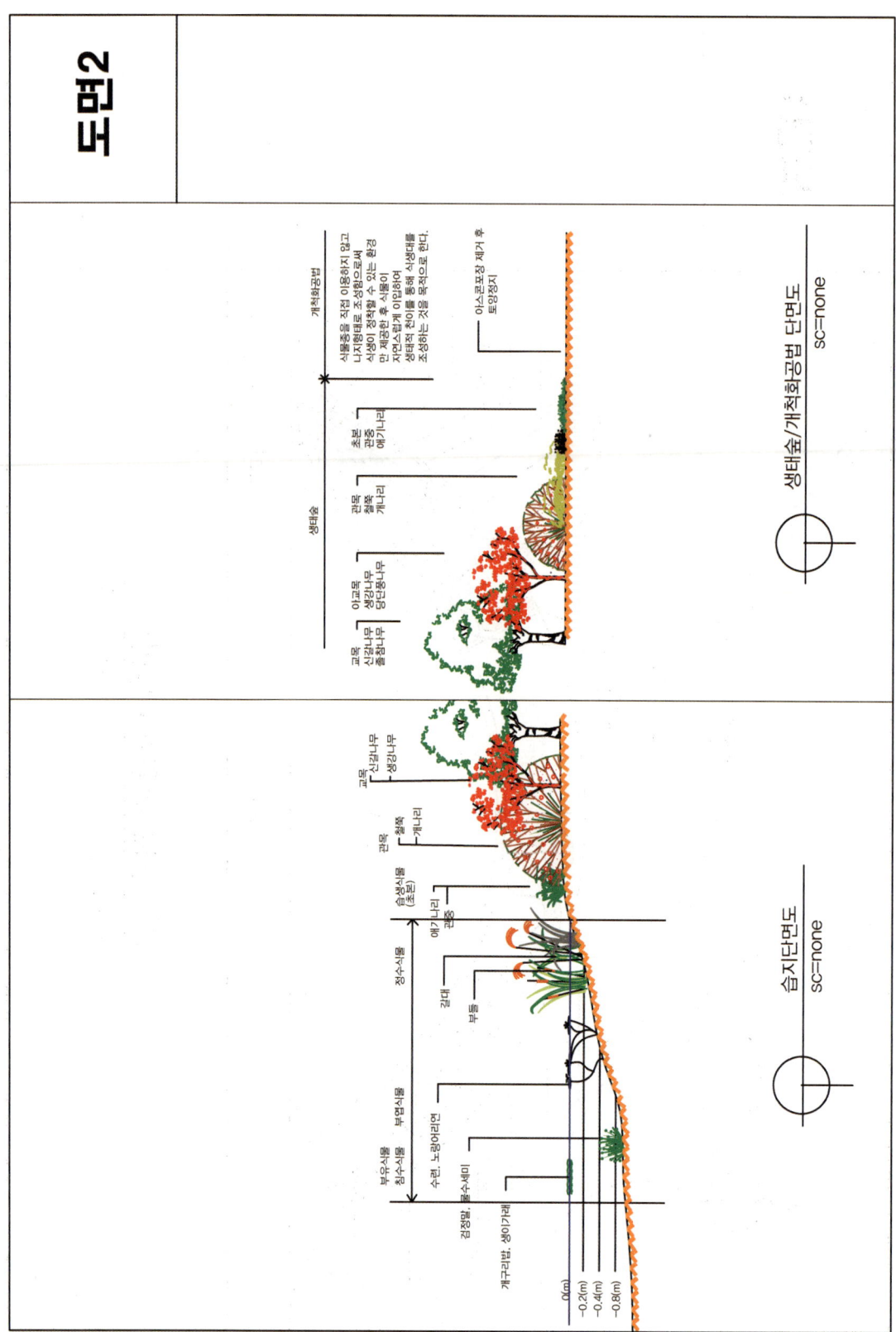

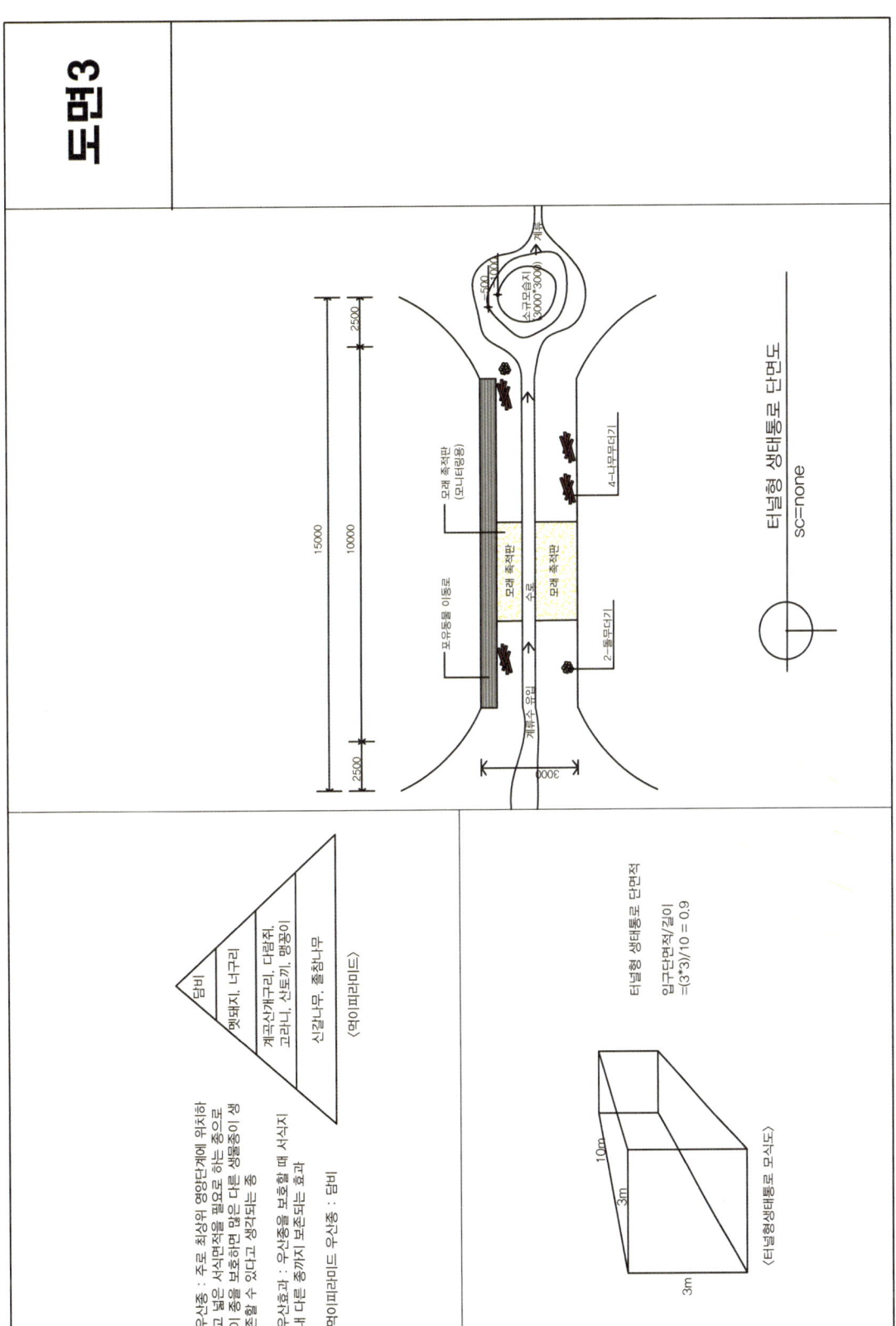

8 옥상잠자리서식지(1)

1. 도면 1에 옥상잠자리서식지 표준단면도를 그리시오.

   ① 도면 상단에 옥상잠자리서식지 7m를 SC=1/30로 그리시오.
   - 공간을 구분하고 공간에 대하여 설명하시오.
   - 도입식물은 습생식물, 수생식물(정수, 부엽)을 식재하시오.
   ② 도면 하단 좌측에 옥상방수층 상세단면도를 그리시오(SC=None).

2. 도면 2에 저관리형 옥상녹화 단면도와 수목성상별 토심단면도를 그리시오.

   ① 도면 좌측 상단에 저관리형 옥상녹화 단면도를 그리시오(SC=None).
   ② 도면 하단에 저관리형 옥상녹화 도입가능 식물종을 10종 이상 쓰시오.
   ③ 도면 우측 상단에 수목성상별 토심단면도를 교목, 아교목, 대관목, 소관목, 지피로 구분하여 그리고 토심을 명시하시오.

3. 도면 3에 벽면녹화개념도 및 우수재이용 개념도를 그리시오.

   ① 도면 상단에 벽면녹화방법 4가지를 그리고 설명을 쓰시오(SC=None).
   ② 도면 하단 좌측에 벽면녹화식물의 종류를 7가지 이상 쓰시오.
   ③ 도면 하단 우측에 우수재이용 순서를 쓰고 개념도를 그리시오(SC=None).

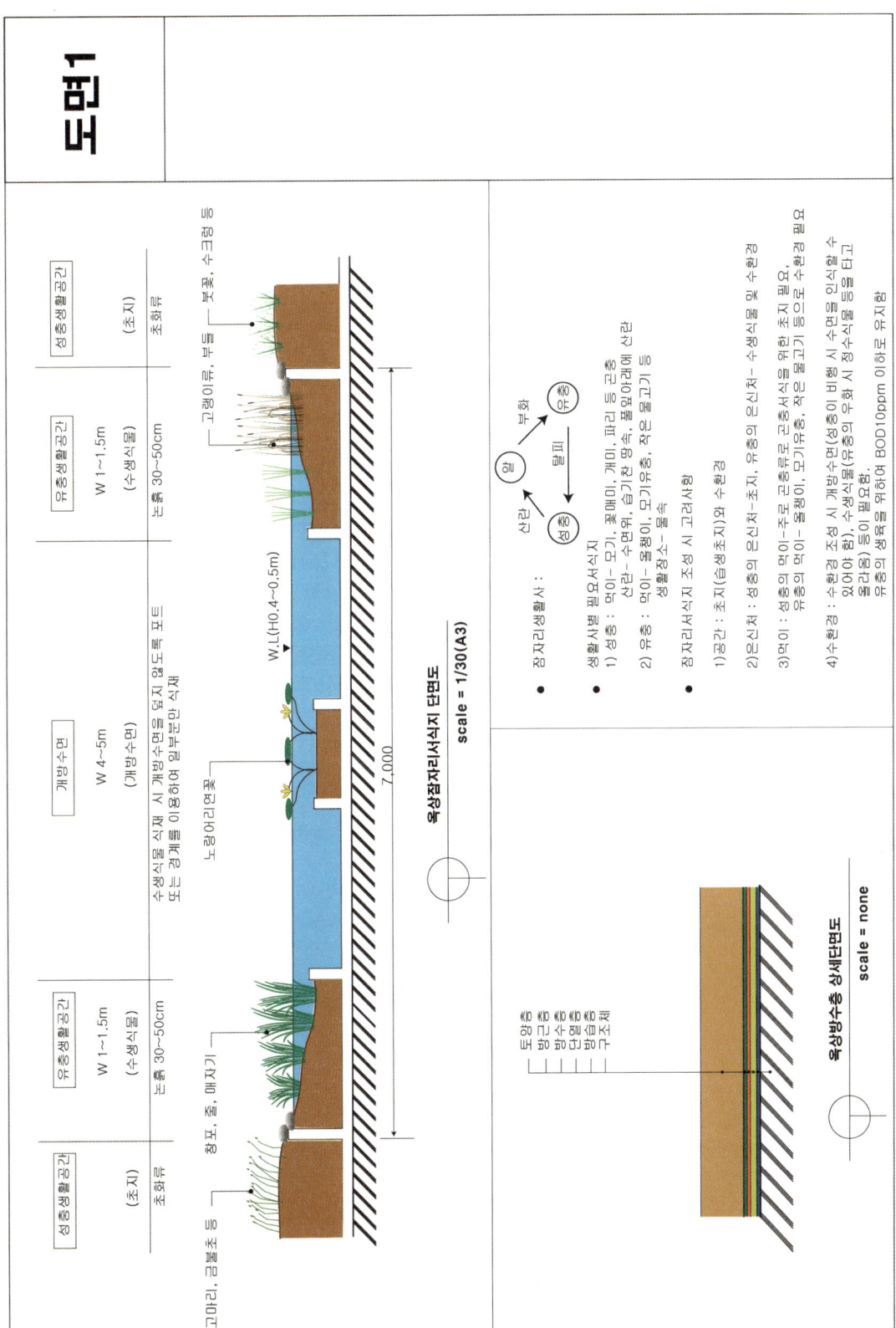

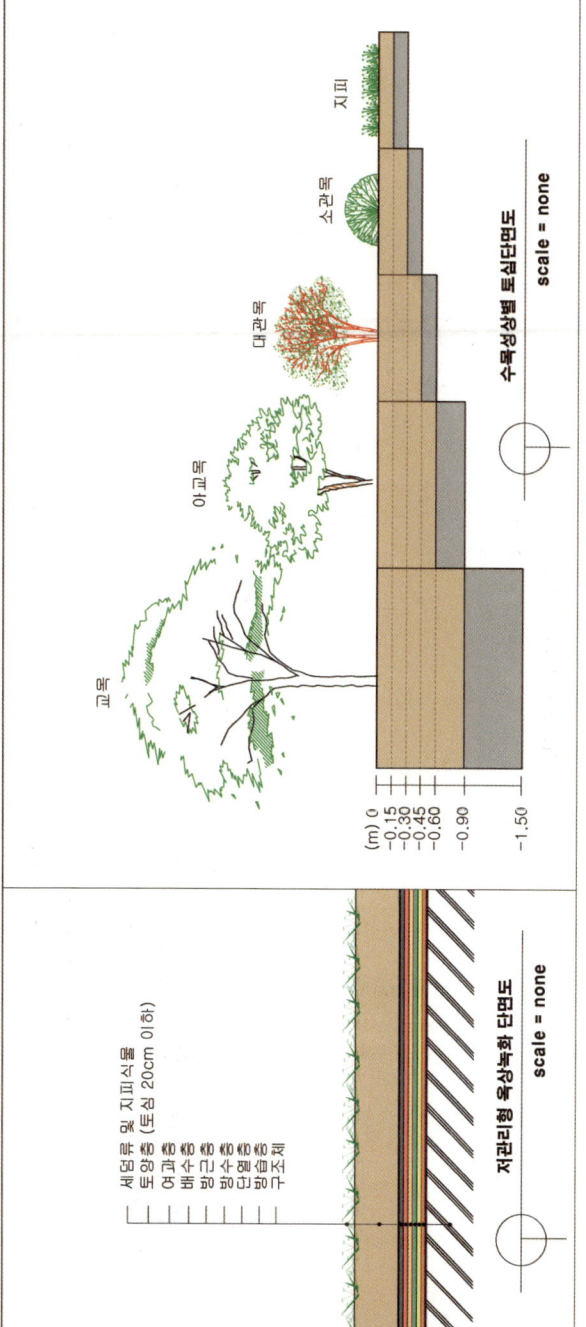

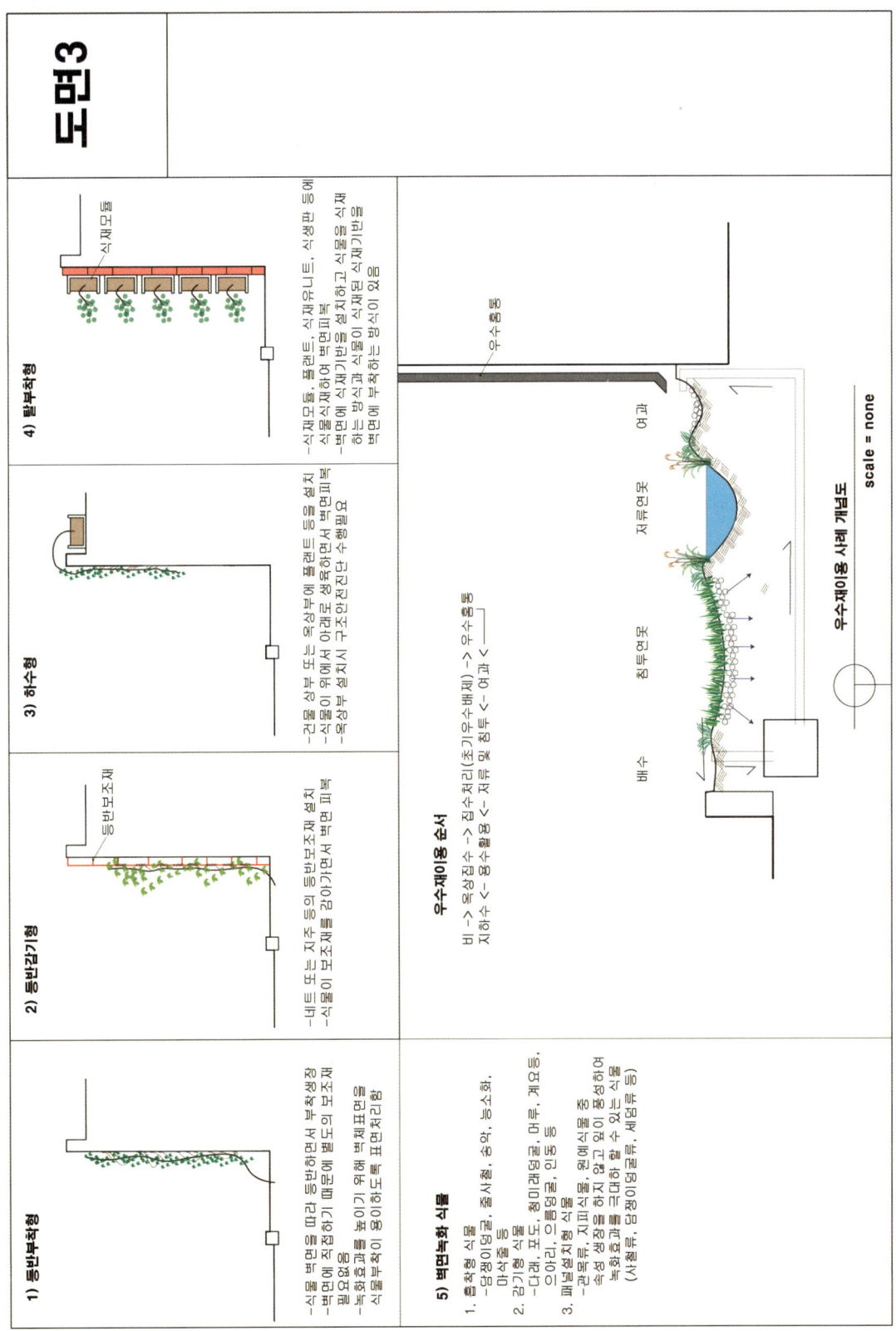

9 옥상잠자리서식지(2)

1. **도면 1에 옥상잠자리서식지 표준단면도를 그리시오.**

   ① 도면 상단에 옥상잠자리서식지 7m를 SC=1/30로 그리시오.
   - 공간을 구분하고 공간에 대하여 설명하시오.
   - 도입식물은 습생식물, 수생식물(정수, 부엽)을 식재하시오.

   ② 도면 하단 좌측에 옥상방수층 상세단면도를 그리시오(SC=None).

2. **도면 2에 저관리형 옥상녹화 단면도와 수목성상별 토심단면도를 그리시오.**

   ① 도면 좌측 상단에 저관리형 옥상녹화 단면도를 그리시오(SC=None).
   ② 도면 하단에 저관리형 옥상녹화 도입가능 식물종을 10종 이상 쓰시오.
   ③ 도면 우측 상단에 인공지반에서 수목성상별 토심단면도를 교목, 아교목, 대관목, 소관목, 지피로 구분하여 그리고 토심을 명시하시오.

3. **도면 3에 벽면녹화개념도 및 우수재이용 개념도를 그리시오.**

   ① 도면 좌측에 벽면녹화방법 3가지를 그리고 설명을 쓰시오(SC=None).
   ② 도면 하단 좌측에 벽면녹화식물의 종류를 7가지 이상 쓰시오.
   ③ 도면 우측에 우수재이용 순서를 쓰고 개념도를 그리시오(SC=None).

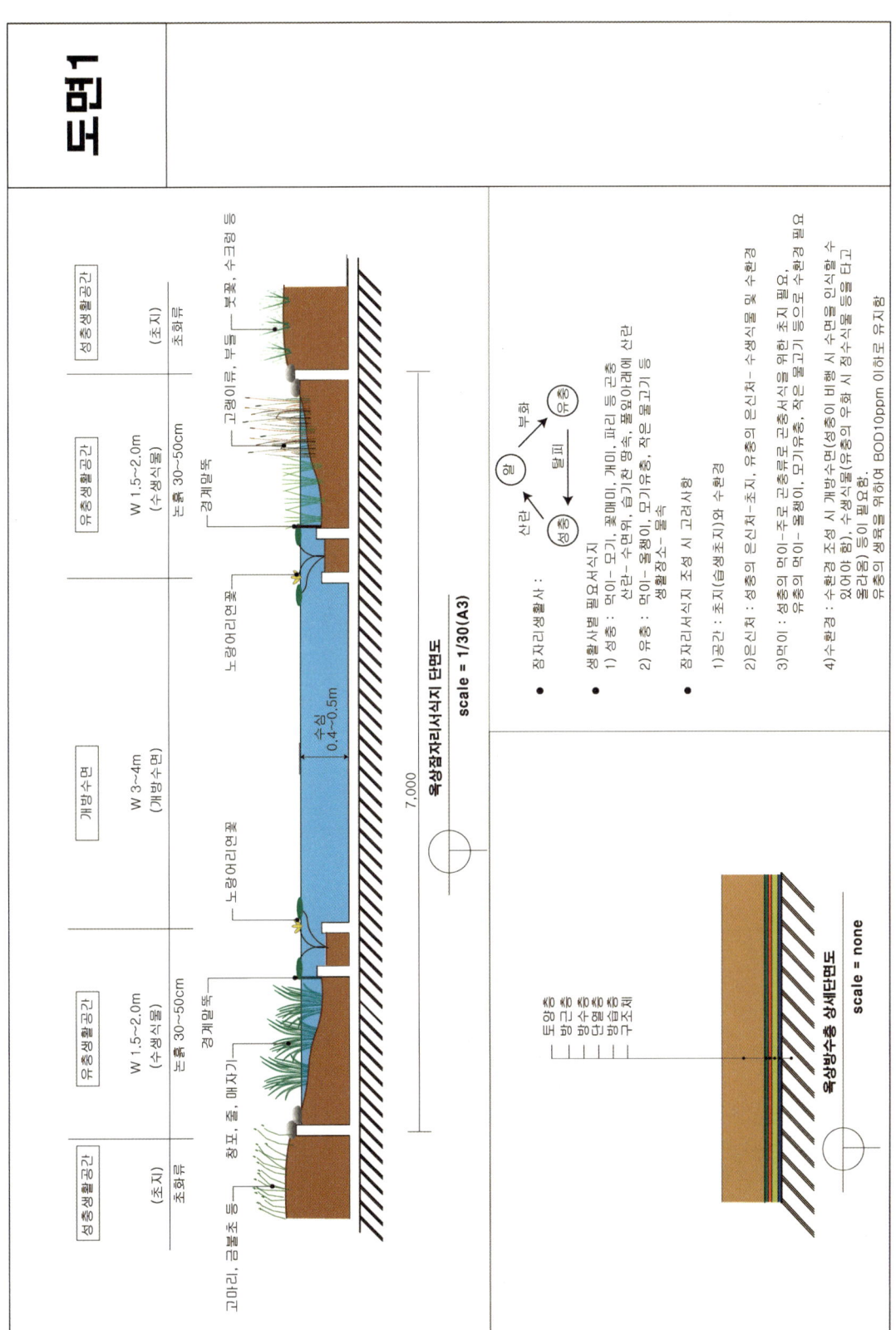

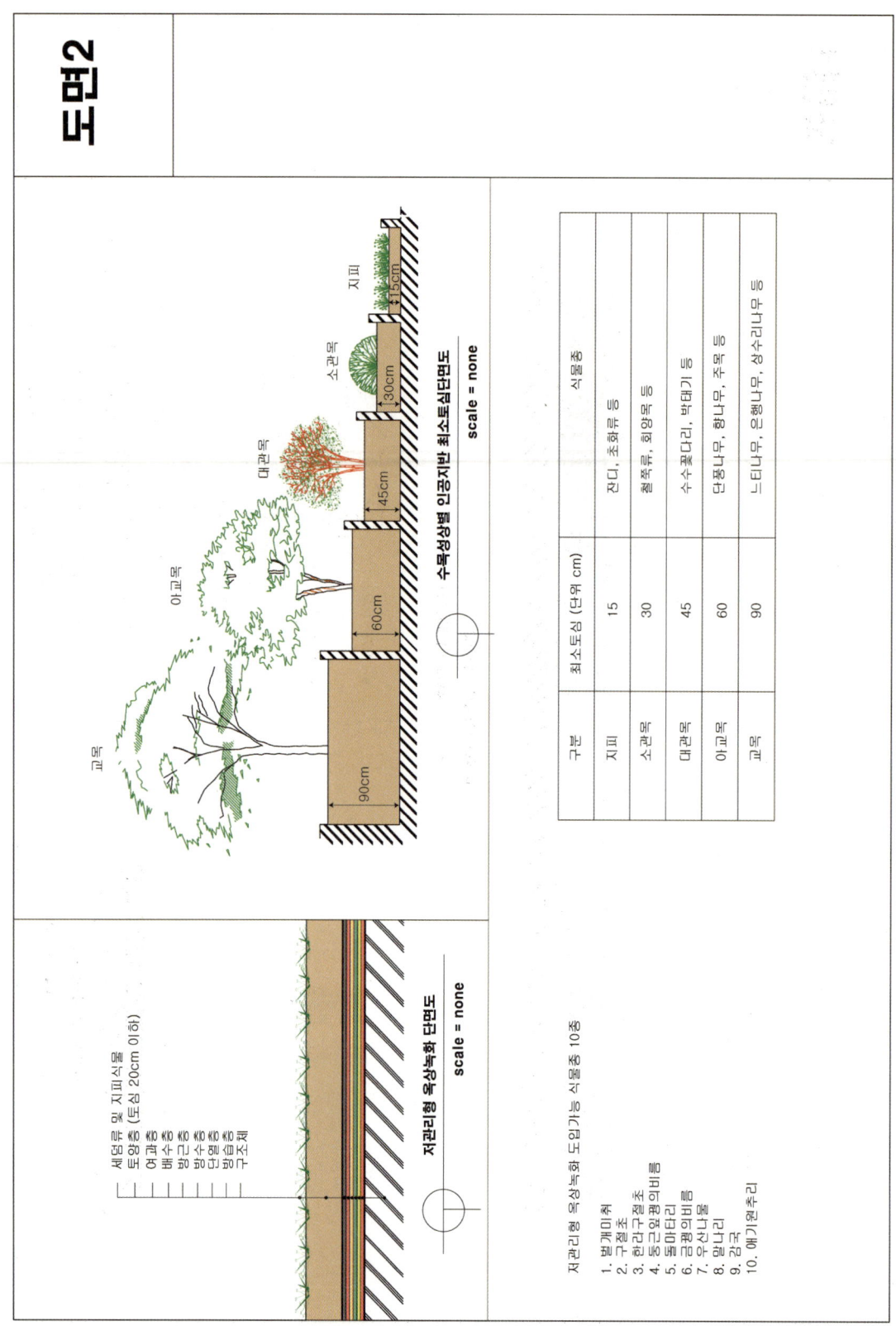

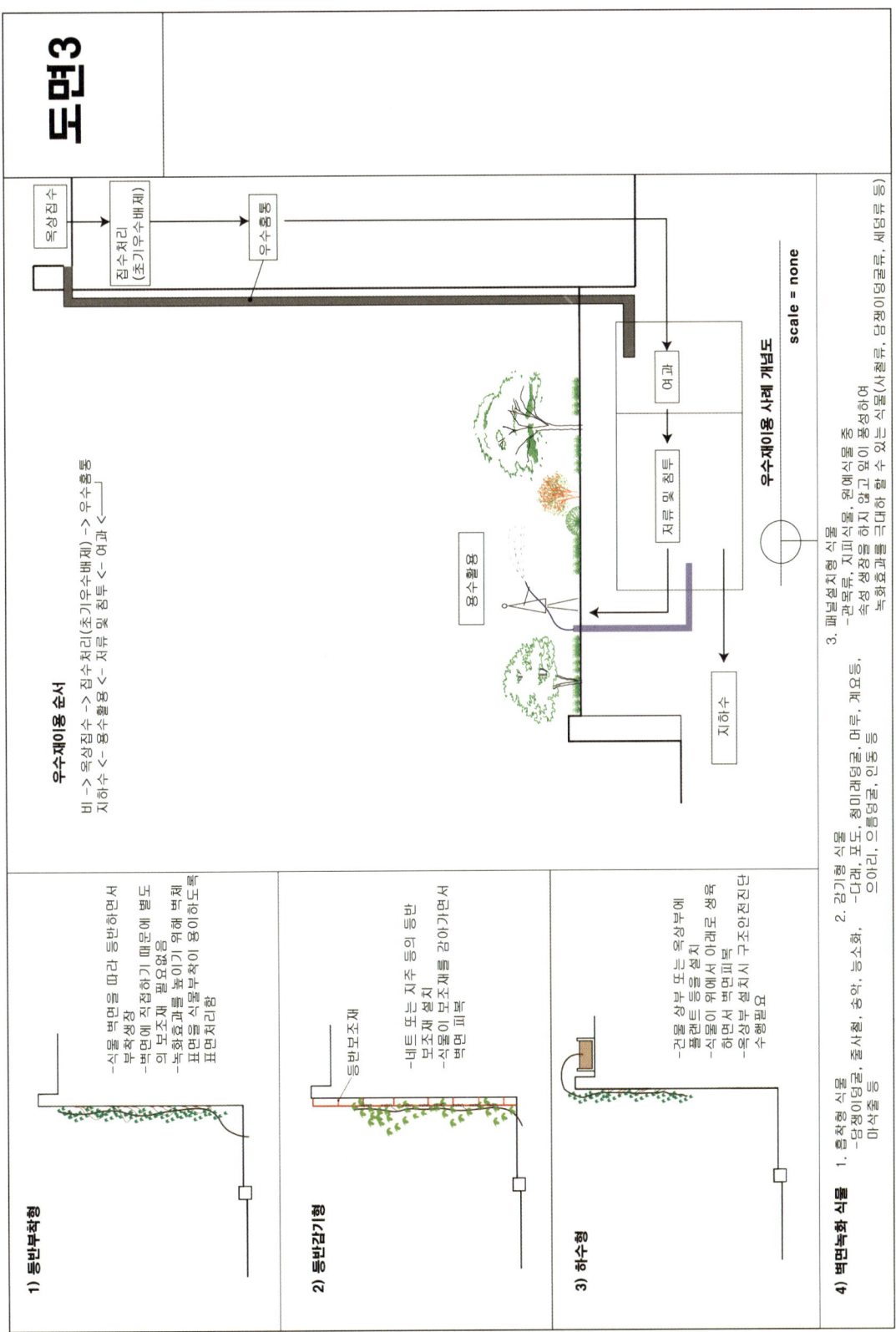

10 적지분석

1-1. 첫 번째 트레이싱지의 좌측에 1 : 5,000으로 매 100m 단위의 격자를 그리고 스케일, 스케일바, 방위를 표기하시오.

1-2. 문제 1-1번에서 그린 격자 안에 환경영향평가 점수를 기재하고, 택지개발적지(100,000m^2)를 선택하여 굵은 실선으로 표시하고 빗금을 그려 나타내시오.(단, 환경영향평가 A와 B의 가중치는 같고, 점수가 높을수록 보전가치가 높은 지역임)

1-3. 택지개발 적지를 선택한 이유를 첫 번째 트레이싱지의 우측 상단에 문제 번호와 함께 기재하시오.

1-4. 도로예정선에 습지가 포함되어 있어 대체습지를 조성하고자 한다. 세로 축에는 대체예정지역 a~e를 가로축에는 지형, 경사, 유수공급, 토지이용을 포함하는 행렬표(matrix)를 첫 번째 트레이싱지 우측 하단에 그리고, 대체습지로 알맞은 곳을 선택하여 그 적지를 선택한 이유를 문제 번호와 함께 적으시오.

1-5. 대체습지

① 도면 1 : 800m×800m의 지역이 1 : 50,000의 지형도에 등고선과 북쪽에서 남쪽으로 흐르는 지방 2급 하천과 그 하천을 따라 도로예정선과 습지 1곳(가), 산림절개지 1곳(나), 대체습지 대상지 5곳(a, b, c, d, e)이 표시되어 있음
② 도면 2 : 상황도면 1과 같은 지형도에 100m 단위로 격자가 있으며 각 격자 안에는 환경영향평가 A의 점수가 기재되어 있음
③ 도면 3 : 상황도면 2와 같으나 환경영향평가 B에 대한 점수가 기재되어 있음

| 도면 1. 지형도, 환경영향평가도 A/B) |

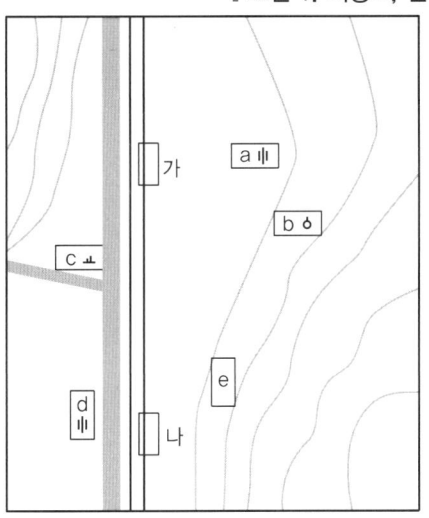 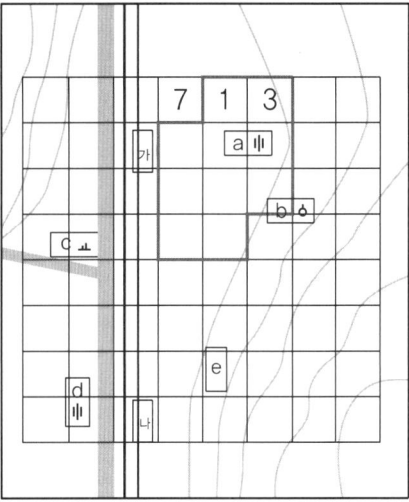

※ 왼쪽 그림 : a, b, c, d, e의 위치와 개수는 시험 때마다 다름
　오른쪽 그림 : 굵은 선은 표시되어 있지 않음

| 도면 2. 환경영향평가 A 점수표 |

2	3	3	3	1	2	4	1
3	4	1	1	3	1	4	2
3	1	3	1	1	0	3	1
3	2	3	0	1	3	2	2
3	4	4	2	2	2	3	3
3	4	4	3	3	3	2	4
3	3	4	3	2	3	3	3
1	2	3	3	1	1	3	3

| 도면 3. 환경영향평가 B 점수표 |

3	3	3	4	0	1	3	2
2	3	4	2	2	1	3	3
2	3	2	1	2	2	3	2
3	2	2	2	2	3	2	3
3	3	3	3	3	2	2	2
2	2	3	4	2	2	1	1
3	3	4	3	2	2	2	
2	1	2	3	3	3	3	3

2-1. 두 번째 트레이싱지에 선택한 적지를 1 : 300으로 확대하여 등고선과 수치를 표시하고 스케일을 표시하시오.

2-2. 문제 2-1번의 도면 위에 대체습지의 기본구상도를 그리시오.

① 대체습지의 면적은 훼손될 습지의 면적(약 40m×25m)과 비슷한 크기로 만들고자 한다. 습지의 형태는 반원형으로 하고 자연유하식으로 흐르며, 최대수심은 2.0m 내외로 설계하되 개방수면 50% 이상으로 하고 수중등고선은 50cm 단위로 표시하시오.

② 유입구와 유출구에는 폭 3m, 길이 9m의 식생대를 조성하고자 한다. 이 반원형 습지의 아래쪽에 진입광장(20m×15m, 직사각 형태)을 조성하시오. 진입로는 남쪽에 조성하고, 유입구에 데크를 조성하여 건너게 하며, 데크와 가까운 곳에 원형 관찰전망대를 조성하여 진입광장-데크-관찰전망대를 잇는 관찰로를 조성하시오.

3-1. 대체습지의 세부도면을 작성하시오.

① 도면 위에 30m×25m 크기의 육상부를 포함한 습지의 세부도면 위치를 그려 넣으시오.
② 세 번째 트레이싱지의 상단에 30m×25m 크기의 도면을 1/200로 확대하여 그리고 스케일을 표시하오.
③ 수중등고선을 50cm 단위로 그리고 정수식물 2종, 부엽식물 2종, 침수식물 2종을 식재하고, 육상식물은 4종 이상 다층구조가 되도록 식재하시오.

3-2. 대체습지의 세부도면을 작성하시오.

① 문제 3-1번의 도면 위에 위의 수중식생이 잘 나타나도록 적절한 위치를 선택하여 단면도를 그리시오.
② SC=1/50, 수중등고선은 점선으로 50cm 간격으로 그리시오.
③ 단면도 위에 식생지역을 구분하여 나타내고 식재수종명을 기입하시오.

4. 도로절개비탈면 횡단면도를 그리시오.

① 도로예정선 남측에 훼손된 절개지를 녹화복원하려고 한다. 네 번째 트레이싱지에 도로절개비탈면의 횡단면도를 1/200로 그리고, 스케일과 스케일바를 그리시오.
② 절개비탈면은 상단부터 토사층 H=4m, 리핑암층 H=5m, 암반층 H=20m로 구성되며, 토사층은 1:1.5 리핑암층은 1:1, 암반층은 1:0.7의 구배를 가지고, 암반층은 H=5m마다 3m의 소단을 주어 조성한다. 횡단면도에는 치수를 기입하고 토양층을 구분하여 기입하시오.
③ 수종 중 토사층은 교목 4종, 리핑암층은 관목 2종, 암반층은 초본 6종을 골라 기재하시오.

도면1

문제1-3

환경영향평가 A와 B 가중치는 같고,
접수가 낮아 보전가치가 타지역보다 낮고,
도로와 인접하고 있어 택지개발 적지임

문제1-4(행렬표)

구분	지형	경사	유수공급	토지이용
a	평지	없음	불량	밭
b	경사지	완만	불량	과수원
c	평지	없음	양호	논
d	평지	없음	양호	밭
e	경사지	급함	불량	산지

대체습지 적지 : C
경사가 없는 평지이고, 유수공급이 양호하고,
토지이용이 논습지로 타지역보다 대체습지를
조성하는 적지임

문제1-1, 1-2

5	6	6	7	3
5	7	5	7	5
5	4	5	3	3	2	3
6	5	5	1	5	3	3
6	7	7	3	2	2	6
5	6	7	5	5	5	5
6	6	7	5	5	5	5
3	3	5	4	4	6	5
		6	5	5	6	

적지분석도

scale = 1/5000(A3)

0 50 150 300(m)

N

도면2

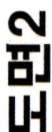

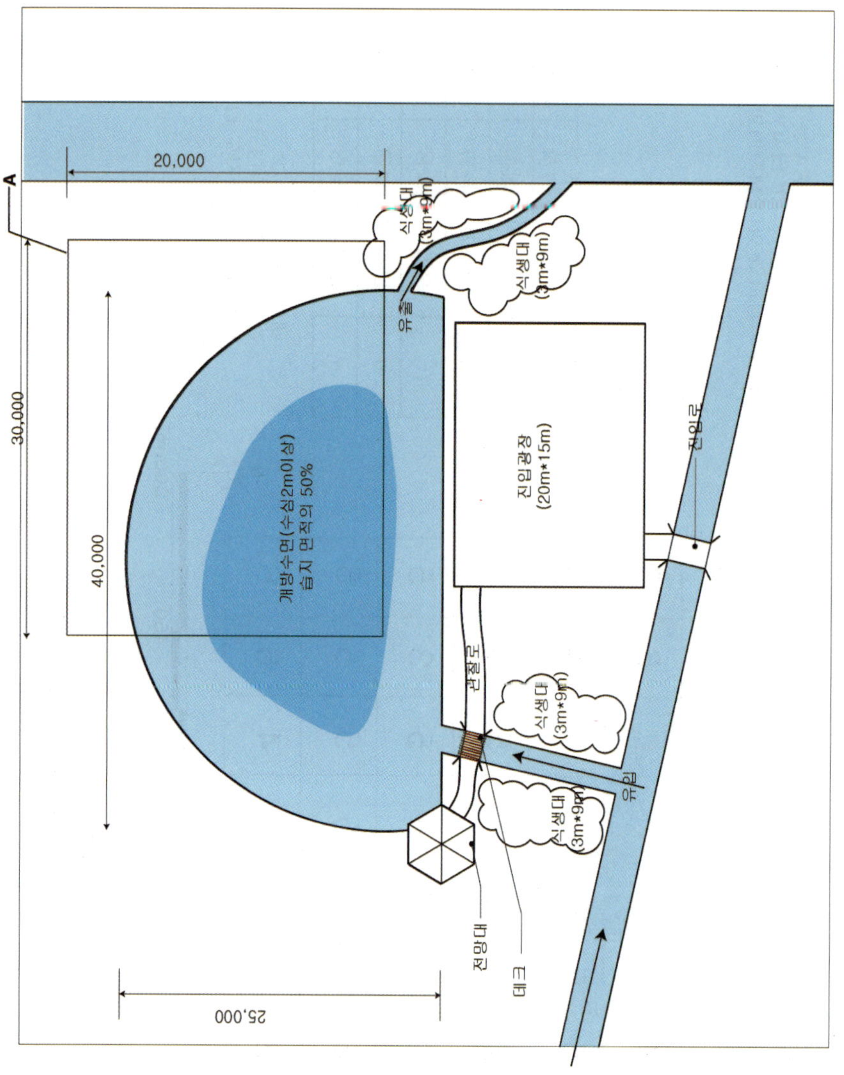

대체습지 개념도

scale = 1/300(A3)

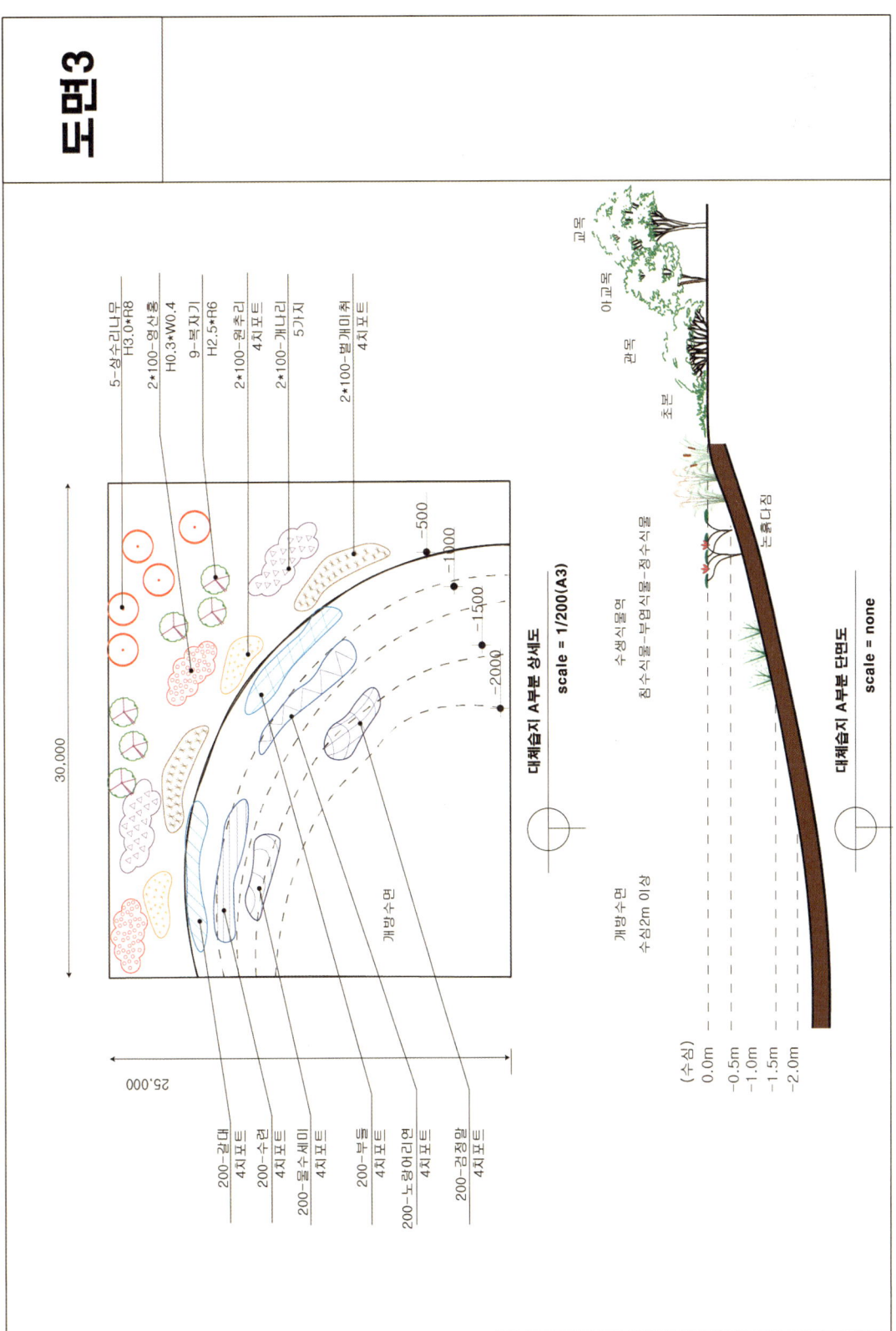

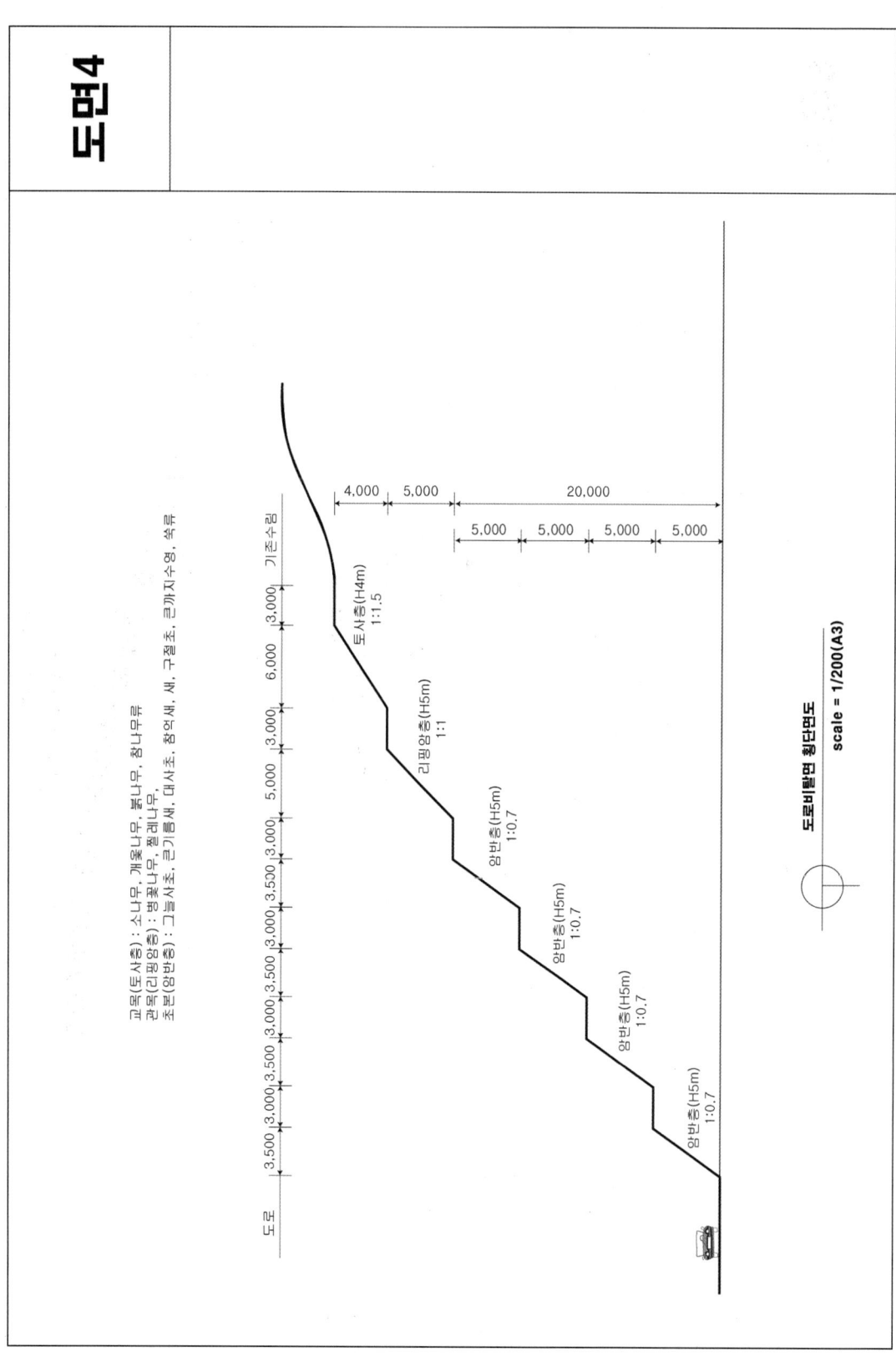

Reference

■ 참고문헌

- 공우석(2012), 「키워드로 보는 기후변화와 생태계」, 지오북
- 구본학(2018), 「습지생태학」, 도서출판 조경
- 국립산림과학원(2015.11), 「폐광지 및 폐채석장 복원 사례집」
- 국립생태원(2015), 「자연환경보전사업 설계 가이드라인」, 국립생태원
- 국립환경과학원 국립습지센터(2015.3), 「내륙습지 생태복원을 위한 안내서」, 국립환경과학원 국립습지센터
- 권태호 외(2012), 「환경생태학(생태계의 보전과 관리)」, 라이프사이언스
- 김윤성(2009), 「그림으로 이해하는 생태사상」, 개마고원
- 김인호(2015), 「조경 식재 설계」실습 교재
- 김재근 외(2006), 「생태조사방법론(자연생태복원대계 2)」, 보문당
- 김준호 · 서계홍 · 정연숙 외(2007), 「현대생태학(개정판)」, (주)교문사
- 김준민 외(2000), 「한국의 귀화식물」, 사이언스북스
- 김지연(2013), 「포인트 자연환경관리기술사」, 예문사
- 문석기(2004), 「생태공학」, 보문당
- 문석기(2005), 「환경계획학(자연생태복원대계 3)」, 보문당
- 우승현 외(2018.12.31), 「환경영향평가 생태분야 협의기준 현장가이드(Ⅰ), 생태통로 · 대체 서식지」, 환경부 · 국립생태원
- 이경재 외(2011), 「환경생태계획」, 광일문화사
- 이경재 외(2011), 「환경생태학」, 광일문화사
- 이도원(2016), 「경관생태학(환경계획과 설계, 관리를 위한 공간생리)」, 서울대학교 출판부
- 이동근(2008), 「경관생태학(자연생태복원대계 1)」, 보문당
- 이동근 · 김명수 · 구본학 외(2004), 「경관생태학」, 보문당
- 이동근 · 이명균 · 정태용(2014), 「생물다양성, 경제로 논하다」, 보문당
- 이우신, 박찬열, 임신재 외(2010), 「야생동물 생태 관리학」, 라이프사이언스
- 장민호 외(2020.12), 「표범장지뱀 대체서식지 조성 가이드북」, 국립생태원
- 정종배 · 양재의 · 김길용 외(2006), 「토양학」, 鄕文社
- 정회성, 변병설(2019), 「환경정책론」, 박영사
- 조동길(2011), 「생태복원계획 · 설계론」, 넥서스환경디자인연구원 출판부
- 조동길(2017), 「생태복원계획 · 설계론 제Ⅱ권」, 넥서스환경디자인연구원 출판부
- 차윤정 · 전승훈(2009), 「숲 생태학 강의」, 지성사
- 최재천 외(2011), 「기후변화교과서」, 도요새
- 생태편집위원회 편저(2011), 「생태계와 기후변화」, 한국생태학회
- 한국조경학회(2007), 「조경설계기준」, 기문당
- 한국조경학회(2007), 「조경시공학」, 문운당
- 홍선기 외(2005), 「생태복원공학(서식지와 생태공간의 보전과 관리)」, 라이프사이언스
- 환경부(2014.1), 「전략환경영향평가 업무 매뉴얼」, 진한엠앤비
- 환경부 · 한국환경공단(2015.6), 「川生人生 ; 생태하천 복원 어제와 오늘, 생태하천복원 가이드북」

- Andre F. Clewwll 외, 조동길 외 역(2015), 「생태복원」, 넥서스환경디자인연구원 출판부
- G. Tyler Miller 외, 김기대 외 역(2020), 「(21세기)생태와 환경」, 라이프사이언스
- Jonathan D. Ballou 외, 김백준 외 역(2014), 「보전유전학 입문」, 월드사이언스
- M. Galatowitsch, Susan(2012), 「Ecological Restoration」, Sinauer Associates Inc
- Richard B. Primack 저, 이상돈 외 역(2014), 「보전생물학」, 월드사이언스
- Richard T.T. Forman, 홍선기 외 역(2000), 「토지 모자이크」, 성균관대학교 출판부
- Thomas M. Smith 외, 강혜순 외 역(2011), 「생태학 7판」
- William J. Mitch 외, 강대석 외 역(2012), 「생태공학과 생태계 복원」, 한티미디어

■ 보고서 및 보도자료, 학술자료

- 건설교통부(1998.5), 「하천구역 내 나무심기 및 관리에 관한 기준」
- 과학기술정보통신부(2022.12.14), 「제1차 기후변화대응 기술개발 기본계획(2023~2032)」)
- 관계부처합동(2015.12), 「제2차 국가기후변화 적응대책 2016~2020」, 환경부
- 관계부처합동(2015.12), 「제4차 국가환경종합계획」, 환경부
- 관계부처합동(2018.11), 「제4차 국가생물다양성전략(2019~2023년)」, 환경부
- 관계부처합동(2019.10), 「제2차 기후변화대응 기본계획」, 환경부
- 관계부처합동(2020), 「제5차 국가환경 종합계획(2020~2040)」4, 환경부
- 관계부처합동(2021), 「제4차 지속가능발전 기본계획(2021~2040)」4
- 관계부처합동(2022.10.26), 「탄소중립 녹색성장 기술혁신전략」
- 구본덕(2006), 「과제설계 시의 건축설계개념 유형과 특성에 관한 연구」, 「대한건축학회논문집(22권 5호)」, 대한건축학회
- 국립생태원(2017), 「환경영향평가 협의를 위한 대체서식지 조성 가이드라인」
- 국립생태원(2021), 「수로 탈출시설 설치 가이드북」
- 국립생태원(2022), 「맹꽁이 대체서식지 조성 가이드북」
- 국토교통부(2009), 「도로비탈면 녹화공사의 설계 및 시공 지침」
- 국토교통부 수자원정책국(2013.4.16), 「친수구역 조성 지침」
- 김민수(2009), 「녹색성장 국가전략」, 대한산업공학회
- 김철환(2000), 「자연환경평가-식물군의 선정」, 「한국환경생물학회」
- 미래창조과학부(2016), 「한국의 모든 기후기술 한자리에(기후기술확보 로드맵(CTR)」T
- 산림청 산림생태계복원팀(2016), 「제2차 백두대간보호 기본계획 2016~2025」
- 안소은·김지영·이창훈 외(2009), 「환경가치를 고려한 통합정책평가 연구Ⅰ」, 한국환경정책·평가연구원
- 이덕환(2003), 「열역학의 새 패러다임 : 가역과 평형에서 비가역과 비평형으로」, 자연과학
- 이상윤(2014), 「국제 기후변화 협상동향과 대응전략(Ⅰ)」, KEI
- 이상윤(2015), 「2014년 신기후체제 협상결과 및 2015년 협상전략」, 「환경포럼(통권 198호)」, KEI
- 이승준(2016.2), 「기후변화 적응 및 손실과 피해에 관한 파리협정의 의의와 우리의 대응」, 「환경포럼(통권 206호)」, KEI
- 정대연, 「국가 지속가능발전지표 개발의 목적과 의의」
- 「하천식물자료집」(환경부 G-7 연구사업)
- 한국개발연구원(2008), 「예비타당성조사 수행을 위한 일반지침 수정·보완 연구(제5판)」
- 한국개발연구원(2008), 「정립중~버드내교 간 도로개설 예비타당성조사 보고서」
- 한국관광공사(2017), 「관광자원 개발 매뉴얼」
- 한국수자원공사(2011), 「조경공사 설계지침」
- 한국환경정책·평가연구원(2003), 「국토환경보전계획 수립 연구」

- 한국환경정책·평가연구원(2007), 「식물사회학적 이론에 의한 생태모델숲 조성기법」
- 홍문기·김제근(2017), 「습지 기능 평가의 동향 분석 및 제언」
- 환경부(2002), 「하천복원 가이드라인」
- 환경부(2005.9), 「도서·연안 생태축 보전방안」
- 환경부(2005), 「자연환경보전·이용시설 업무편람」
- 환경부(2005), 「자연환경보전·이용시설 설치·운영 가이드라인 연구」
- 환경부(2007), 「광역생태축 구축을 위한 연구」
- 환경부(2007), 「국토환경성평가지도 유지·관리 대행 사업 최종보고서」
- 환경부(2009), 「사업 유형별 평가서 작성을 위한 환경영향평가서 작성 가이드라인」
- 환경부(2009), 「생태환경 이용 및 관리 기술 : 통합정보관리시스템을 이용한 생물다양성 경제가치평가 지침서」
- 환경부(2010.6), 「생태통로 설치 및 관리지침」
- 환경부(2010.10), 「새만금 개발에 따른 환경관리 가이드라인」
- 환경부(2010), 「생태계보전협력금 반환사업 가이드라인」
- 환경부(2018.10), 「생태계보전협력금 반환사업 가이드라인」
- 환경부(2011), 「생태하천 복원 기술지침서」
- 환경부(2011.5.3), 「자연공원 삭도(索道) 설치·운영 가이드라인」
- 환경부(2011), 「훼손자연환경의 체계적 복원을 위한 연구」
- 환경부(2012), 「대체서식지 환경영향평가지침」
- 환경부(2012.12), 「제2차(2013~2022) 자연공원 기본계획」
- 환경부(2012), 「한국의 생물다양성 보고서」
- 환경부(2013.1.1), 「대체서식지 조성·관리 환경영향평가지침」
- 환경부(2013), 「환경영향평가 시 저영향개발(LID)기법 적용 매뉴얼」
- 환경부(2014.8), 「생태하천 복원사업 기술지침서」
- 환경부(2014), 「생태하천 복원 사후관리 매뉴얼」
- 환경부(2014.4, 2020.10), 「비점오염저감시설의 설치 및 관리·운영 매뉴얼」
- 환경부(2014.8), 「생태하천 복원 조사·평가 및 진단 매뉴얼」
- 환경부(2014.10), 「생태계보전협력금 반환사업 사례집」
- 환경부(2014.10), 「외래생물 유입에 따른 생태계 보호 대책」
- 환경부(2014.12), 「생태계보전협력금 업무편람 및 반환사업 가이드라인」
- 환경부(2014.12), 「유엔기후변화협약(UNFCCC)에 따른 제1차 대한민국 격년갱신보고서」
- 환경부(2014b), 「인공습지 조성 및 유지관리 가이드라인」
- 환경부(2015.8), 「개발사업 등에 대한 자연경관 심의지침」
- 환경부(2015), 「국가생태문화탐방로 조성·운영 가이드라인」
- 환경부(2015), 「신기후체제(Post-2020)」
- 환경부(2015), 「자연환경보전사업 설계 가이드라인」
- 환경부(2015), 「자연환경보전사업 설계 가이드라인」
- 환경부(2015.12), 「전략환경영향평가 업무 매뉴얼」
- 환경부(2016.5), 「교토의정서 이후 신 기후체제 파리협정 길라잡이」
- 환경부(2016), 「국립공원, 기후 변화 알려주는 계절 알리미 생물종 선정」
- 환경부(2016.7.1), 「생태면적률 적용 지침」
- 환경부(2016.7), 「자연환경보전·이용시설 조성 국고보조사업 업무지침」
- 환경부(2017.1), 「생태복원사업 모니터링 및 유지관리 가이드라인」
- 환경부(2017), 「자연마당 조성사업 가이드라인」
- 환경부(2017), 「자연마당 조성사업 기본 계획 및 설계 공모 지침서」

- 환경부(2018.6), 「제3차 습지보전기본계획(안)(2018~2022)」
- 환경부(2018.7), 「도시생태복원사업 시행지침 마련 연구 최종 보고서」
- 환경부(2019.8.30), 「제2차 외래생물 관리계획(2019~2023)」
- 환경부(2020.12.28), 「제4차 야생생물 보호 기본계획(2021~2025)」
- 환경부(2022), 「물 재이용시설 설계 가이드라인 개정 전문」
- 환경부(2022.4), 「환경영향평가 관련 규정집」)
- 환경부(2023.3.25), 「제1차 국가 탄소중립 녹색성장 기본계획(2023~2042)」)
- 환경부·국립환경과학원(2012), 「제4차 전국 자연환경조사지침」
- 환경부·국립환경과학원(2014), 「한국기후변화 평가보고서 2014」
- 환경부·국립환경과학원(2016), 「생물측정망조사 및 평가지침」
- 환경부 국토환경평가과(2013.1.1), 「친수구역 조성사업 환경성 검토 가이드라인」
- 환경부 국토환경평가과(2013.1.1), 「친환경 골프장 조성 및 운영을 위한 가이드라인」
- 환경부 국토환경평가과(2013.1.1), 「환경생태계획 수립을 위한 세부지침」
- 환경부·기획재정부(2019.12.30), 「제3차 배출권거래제 기본계획」
- 환경부 물환경정책국 토양지하수과(2013), 「표토 보전 종합 계획(2013~2017)」
- 환경부(2014.7), 「생태놀이터 "아이뜨락" 유형별 조성모델 가이드북」
- 환경부, (사)한국생태복원협회(2022), 「생태계보전협력금반환사업 사례집(2014~2022)」
- 환경부 수생태보전과(2016.2.23.), 「생태하천복원사업 업무추진 지침(예·결산, 사업관리)(9차 개정)」
- 환경부 자연보전국(2015.12), 「제3차 자연환경보전 기본계획(2016~2025)」
- 환경부 자연생태정책과(2022.2), 「도시생태축 복원사업 가이드라인」
- 환경부 자연정책과(2014.2), 「생태놀이터 조성 가이드라인」
- 환경부·한국환경공단(2011.1), 「생태하천 복원 기술지침서」
- 환경부·한국환경공단(2011.3), 「생태하천 복원 가이드북」
- 환경부·한국환경공단(2013.4), 「건강한 물순환체계 구축을 위한 저영향개발(LID) 기술요소 가이드라인」
- 환경부·해양수산부(2022.12), 「제4차 습지보전기본계획(2023~2027)」
- 환경부 G-7 연구사업 국내 여건에 맞는 자연형 하천공법 개발 연구팀(2001), 「하천식물자료집」
- Bach, D.H. and MacAskill, I.A.(1984), 「Vegetation in Civil and LandscapeEngineering」, Granada : London.

■ 인터넷 자료

- CBT
- 과학기술정보통신(www.msit.go.kr)
- 개별 공간정보 시스템(www.egis.me.go.kr/intro/each.do)
- 국가공간정보포털(www.nsdi.go.kr)
- 국가생물종지식정보시스템(www.nature.go.kr)
- 국가소음정보시스템(www.noiseinfo.or.kr)
- 국가수자원관리종합정보시스템(www.wamis.go.kr)
- 국립생물자원관(작성일 불명). 국가 기후변화 생물 지표종(https://species.nibr.go.kr)
- 국립생태원(www.nie.re.kr)
- 국토지리정보원(www.ngii.go.kr)
- 국립환경과학원(www.nier.go.kr)
- 국토환경성평가지도(www.ecvam.neins.go.kr)
- 기상청 날씨누리(www.weather.go.kr)

- 농어촌지하수관리시스템(www.groundwater.or.kr)
- 농업기상정보서비스(www.weather.rda.go.kr)
- 농지공간포털(www.njy.mafra.go.kr)
- 농촌용수종합정보시스템(www.rims.ekr.or.kr)
- 문화재 공간정보 서비스(www.gis-heritage.go.kr)
- 물환경정보시스템(www.water.nier.go.kr)
- 법제처(www.moleg.go.kr)
- 브이월드(www.map.vworld.kr)
- 산림공간정보(www.fgis.forest.go.kr)
- 산림청 - 산지정보시스템(www.forestland.go.kr)
- 생활환경안전정보시스템 초록누리(www.ecolife.me.go.kr)
- 순환자원정보센터(www.re.or.kr)
- 스마트서울맵, 더 스마트한 서울지도(www.map.seoul.go.kr)
- 씨:리얼(SEE:REAL)(www.seereal.lh.or.kr)
- 유네스코 한국위원회(www.unesco.or.kr)
- 유네스코 MAB 한국위원회(www.unescomab.or.kr)
- 유튜브(Dr.CY 리스크 강의 시리즈 - 지리정보시스템(GIS) 기본개념 정리 www.youtube.com/watch?v=GoGA69PN_7U)
- 자동차 배출가스 누리집(대국민)(www.mecar.or.kr)
- 토양지하수종합정보시스템(www.sgis.nier.go.kr)
- 토양환경정보시스템(흙토람)(www.soil.rda.go.kr)
- 토지이용규제지역・지구도(www.egis.me.go.kr/intro/use.do)
- 토지피복도(www.egis.me.go.kr/intro/land.do)
- 폐기물종합관리 시스템(올바로)(www.allbaro.or.kr)
- 하천관리지리정보웹시스템(www.river.go.kr)
- 화학물질정보처리시스템(www.kreach.me.go.kr)
- 환경공간정보서비스(www.egis.me.go.kr)
- 환경영향평가정보지원시스템(www.eiass.go.kr)
- 환경주제도(www.egis.me.go.kr/intro/envi.do)
- 환경부(www.unesco.or.kr)
- 환경부 환경통계포털(우리나라 주요환경지표)(http://stat.me.go.kr)
- CITES Secretariat(작성일 불명). CITES - Listed species. http://cites.org/eng/disc/species.php에서 2018.7.24. 검색
- Daum Cafe 자연생태복원기사(https://cafe.daum.net/gfhfsf)
- https://www.ncs.go.kr/unity/th03/ncsResultSearch.do(생태계 종합평가)
- https://www.ncs.go.kr/unity/th03/ncsResultSearch.do(생태복원 구상)
- https://www.ncs.go.kr/unity/th03/ncsResultSearch.do(생태기반환경복원 계획)
- https://www.ncs.go.kr/unity/th03/ncsResultSearch.do(생태기반환경복원 설계)
- https://www.ncs.go.kr/unity/th03/ncsResultSearch.do(생태기반환경 복원)
- https://www.ncs.go.kr/unity/th03/ncsResultSearch.do(서식지 복원)
- https://www.ncs.go.kr/unity/th03/ncsResultSearch.do(생태복원 현장관리)
- https://www.ncs.go.kr/unity/th03/ncsResultSearch.do(생태복원사업 타당성 검토)
- https://www.ncs.go.kr/unity/th03/ncsResultSearch.do(인문환경 조사)
- https://www.ncs.go.kr/unity/th03/ncsResultSearch.do(생태기반환경 조사)
- https://www.ncs.go.kr/unity/th03/ncsResultSearch.do(서식지 복원 계획)

- https://www.ncs.go.kr/unity/th03/ncsResultSearch.do(생태시설물 계획)
- https://www.ncs.go.kr/unity/th03/ncsResultSearch.do(서식지복원 설계)
  https://www.ncs.go.kr/unity/th03/ncsResultSearch.do(생태시설물 설계)
- https://www.ncs.go.kr/unity/th03/ncsResultSearch.do(생태시설물 설치)
- https://www.ncs.go.kr/unity/th03/ncsResultSearch.do(동물 조사)
- https://www.ncs.go.kr/unity/th03/ncsResultSearch.do(식물 조사)
- https://www.ncs.go.kr/unity/th03/ncsResultSearch.do(생태복원 도서작성)
- VESTAP 기후변화 취약성 평가도구(www.vestap.kei.re.kr)

■ 법제처 국가법령정보센터 사이트

- 「국토계획 및 환경보전계획의 통합관리에 관한 공동훈령」(국토교통부)
- 「국토계획평가에 관한 업무처리지침」
  [별표 1] 국토계획평가의 세부 평가기준 선정 고려사항
  [별표 2] 환경성 검토 세부 평가기준의 평가범위
- 「기후변화대응 기술개발 촉진법」
- 「기후변화대응 기술개발 촉진법」
- 「기후위기 대응을 위한 탄소중립·녹색성장 기본법」
- 「도시생태현황지도의 작성방법에 관한 지침」
- 「백두대간 보호에 관한 법률」
- 「생물다양성 보전 및 이용에 관한 법률」
- 「생태계교란 생물 지정고시」(환경부고시 제2017-265호, 2018.1.3.)
- 「습지보전법」
- 「야생생물 보호 및 관리에 관한 법률」
- 「야생생물 보호 및 관리에 관한 법률 시행규칙」[별표 1](개정 2017.12.29)
- 「야생생물 보호 및 관리에 관한 법률 시행규칙」[별표 3](개정 2018.2.1)
- 「야생생물 보호 및 관리에 관한 법률 시행규칙」[별표 6](개정 2015.3.25)
- 「온실가스 배출권의 할당 및 거래에 관한 법률」
- 「유입주의 생물 지정 고시」
- 「자연공원법」
- 「자연환경보전법」
- 「지속가능발전 기본법」
- 「환경영향평가법」
- 「환경영향평가서등에 관한 협의업무 처리규정」
- 「환경정책기본법」
- 「환경정책기본법 시행령」[별표 1](개정 2020.5.12)
- 「환경정책기본법 시행령」(개정 2018.5.28) [별표]

이효준
- 자연환경관리기술사
- 조경기사
- 환경영향평가사

김지연
- 자연환경관리기술사
- 조경기술사
- 환경영향평가사
- 문화재수리기술사

자연생태복원기사 실기
필답형+작업형

발행일 | 2017. 3. 20.   초판발행
2019. 1. 15.   개정 1판1쇄
2020. 3. 15.   개정 2판1쇄
2021. 6. 1.   개정 3판1쇄
2023. 7. 10.   개정 4판1쇄
2025. 1. 10.   개정 5판1쇄

저 자 | 이효준 · 김지연
발행인 | 정용수
발행처 | 예문사

주 소 | 경기도 파주시 직지길 460(출판도시) 도서출판 예문사
T E L | 031) 955-0550
F A X | 031) 955-0660
등록번호 | 11-76호

- 이 책의 어느 부분도 저작권자나 발행인의 승인 없이 무단 복제하여 이용할 수 없습니다.
- 파본 및 낙장은 구입하신 서점에서 교환하여 드립니다.
- 예문사 홈페이지 http://www.yeamoonsa.com

정가 : 35,000원

ISBN 978-89-274-5578-3   13520